모아
전기기사

실기 과년도 15개년

모아합격전략연구소

전기기사 자격시험 알아보기

01 전기기사는 어떤 업무를 담당하는가?

A. 전기기사는 전기 설비의 설계, 시공, 유지 보수, 안전 관리 및 연구 개발을 담당합니다. 주요 취업 분야는 한국전력공사, 전기기기 제조업체, 전기공사업체, 전기 설계 전문업체 등 다양하며, 전기부품과 장비의 설계, 제조, 실험을 담당하는 연구실에서도 근무할 수 있습니다. 특히 신기술의 급격한 발전과 에너지 절약형 기기의 개발로 인해 전기 전문가의 수요가 꾸준히 증가할 전망입니다.

02 전기기사 자격시험은 어떻게 시행되는가?

시행기관
한국산업인력공단

시험과목(필기)
전기자기학
전력공학
전기기기
회로이론 및 제어공학
전기설비기술기준

시행과목(실기)
전기설비설계 및 관리

검정방법(필기)
객관식 과목당 20문항
(과목당 20분)
※ 2025년부터 시험시간 단축

검정방법(실기)
필답형 2시간 30분

합격기준
필기 : 100점 만점에 과목당 40점 이상
전과목 평균 60점 이상
실기 : 100점 만점에 60점 이상

03 전기기사 자격시험은 언제 시행되는가?

구분	필기원서접수	필기시험	필기 합격자 발표 (예정자)	실기 원서접수	실기 시험	최종 합격자 발표일
2024년 제1회	01.23 ~ 01.26	02.15 ~ 03.07	03.13(수)	03.26 ~ 03.29	04.27 ~ 05.12	1차 : 05.29(수) 2차 : 06.18(화)
2024년 제2회	04.16 ~ 04.19	05.09 ~ 05.28	06.05(수)	06.25 ~ 06.28	07.28 ~ 08.14	1차 : 08.28(수) 2차 : 09.10(화)
2024년 제3회	06.18 ~ 06.21	07.05 ~ 07.27	08.07(수)	09.10 ~ 09.13	10.19 ~ 11.08	1차 : 11.20(수) 2차 : 12.11(수)

2025년 시험일정과 자세한 정보는 큐넷(https://www.q-net.or.kr)을 참고 바랍니다.

04 전기기사 최근 합격률은 어떠한가?

연도	필기			실기		
	응시	합격	합격률	응시	합격	합격률
2023	51,630명	11,477명	22.2%	23,643명	8,774명	37.1%
2022	52,187명	11,611명	22.2%	32,640명	12,901명	39.5%
2021	60,500명	13,365명	22.1%	33,816명	9,916명	29.3%
2020	56,376명	15,970명	28.3%	42,416명	7,151명	16.9%
2019	49,815명	14,512명	29.1%	31,476명	12,760명	40.5%
2018	44,920명	12,329명	27.4%	30,849명	4,412명	14.3%
2017	43,104명	10,831명	25.1%	25,309명	9,457명	37.4%

05 전기기사 자격시험 응시 사이트는 어디인가?

A. 큐넷(http://www.q-net.or.kr) 원서 접수는 온라인(인터넷, 모바일앱)에서만 가능합니다. 스마트폰, 태블릿PC 사용자는 모바일앱 프로그램을 설치한 후 접수 및 취소, 환불서비스를 이용하시기 바랍니다.

참 잘 만들어서 참 공부하기 쉬운
모아 전기기사 실기 과년도 15개년

이 책의 특징 살짝 엿보기

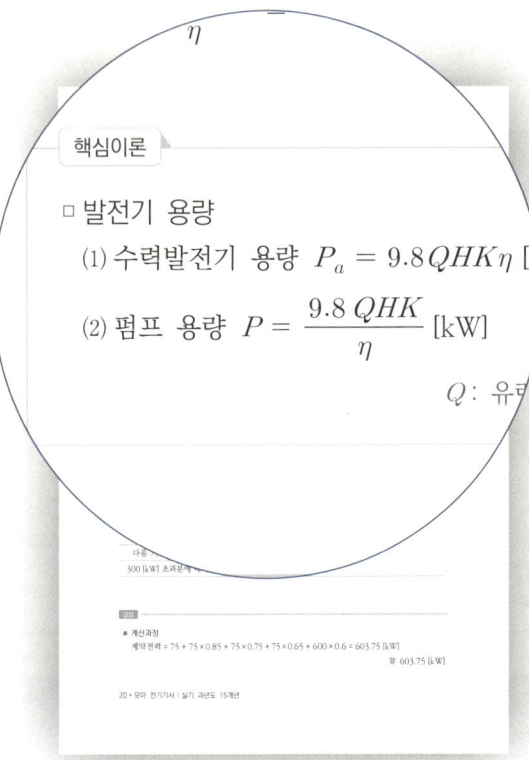

핵심이론 챙겨가기

기출문제와 연계된 **핵심이론을 별도로 정리**하여 중요한 내용을 복습하고 암기할 수 있게 구성했습니다.

중요성에 맞춰 학습하기

각 문항의 **배점정보를 제공**하여 문제의 **중요도에 맞춰 학습**할 수 있도록 준비했습니다.

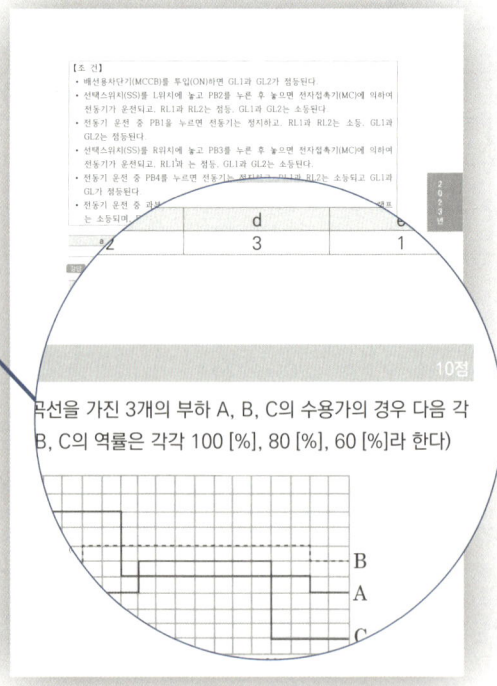

2024년 제3회

15개년 기출로 정복하기

적절한 분량의 기출문제가 효율적입니다.
최신 2024년부터 **15년치를 준비**하여
빠르게 합격할 수 있게 준비했습니다.

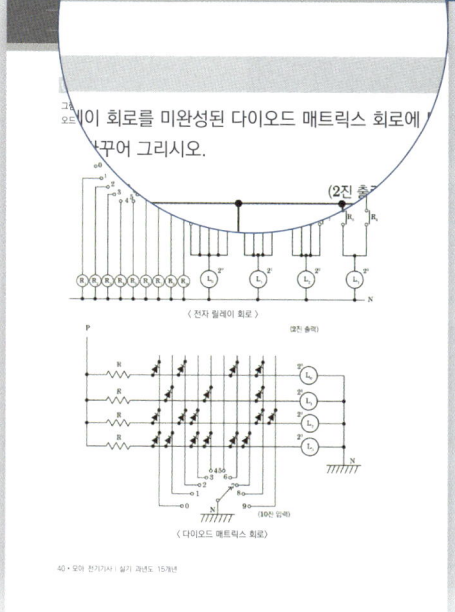

해설까지 한번에 확인하기

문제와 해설을 **연계해 배치**하여
모르는 부분을 바로 확인하며
학습효율을 극대화할 수 있게 했습니다.

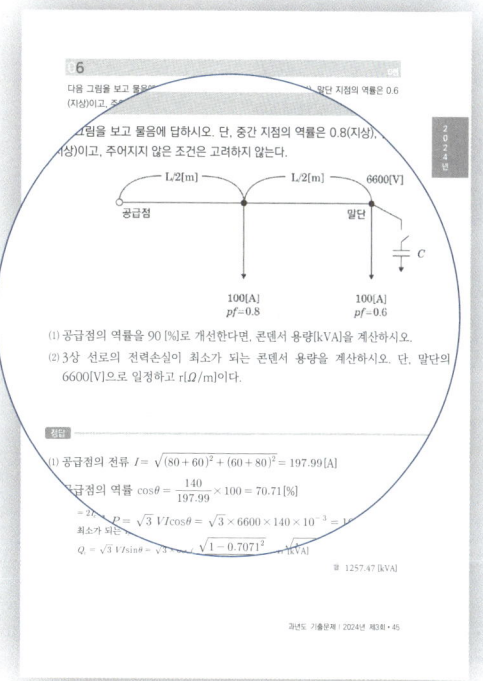

전기기사 실기 과년도 15개년
17일만에 완성하기

하루 소요 공부예정시간
대략 평균 5시간

📝 모아 전기기사 실기 과년도 15개년

DAY 1	2024년 제1회 2024년 제2회 2024년 제3회	**DAY 2**	2023년 제1회 2023년 제2회 2023년 제3회
DAY 3	2022년 제1회 2022년 제2회 2022년 제3회	**DAY 4**	2021년 제1회 2021년 제2회 2021년 제3회
DAY 5	2020년 제1회 2020년 제2회 2020년 제3회	**DAY 6**	2010년 제4, 5회 2019년 제1회 2019년 제2회
DAY 7	2019년 제3회 2018년 제1회 2018년 제2회	**DAY 8**	2018년 제3회 2017년 제1회 2017년 제2회
DAY 9	2017년 제3회 2016년 제1회 2016년 제2회	**DAY 10**	2016년 제3회 2015년 제1회 2015년 제2회
DAY 11	2015년 제3회 2014년 제1회 2014년 제2회	**DAY 12**	2014년 제3회 2013년 제1회 2013년 제2회
DAY 13	2013년 제3회 2012년 제1회 2012년 제2회	**DAY 14**	2012년 제3회 2011년 제1회 2011년 제2회
DAY 15	2011년 제3회 2010년 제1회 2010년 제2회	**DAY 16**	2010년 제3회

✏️ 학습 Comment

기출문제가 주를 이루고 있지만 이론을 바탕으로 학습하길 추천드리며 자주 나오는 계산문제들은 반드시 점수를 획득해야 하므로 놓치지 않도록 해주세요. 의외로 단답형 문제로 합격 여부가 갈리는 경우도 있으니 자주 나왔던 문제들은 따로 정리해서 틈틈이 연습하길 추천드립니다.
기출문제는 이론편을 학습했다면 많이 다뤘던 내용이므로 스스로 풀어본 후 문제풀이 강의를 수강해주시면 됩니다.

DAY 17 — 최종점검 - 계산문제에서 **계산기 사용 시 어려움이 없도록** 확인하시고, 따로 **체크해둔 문제 위주로 마무리**해주세요.

2025 모아 전기기사 시리즈

실기

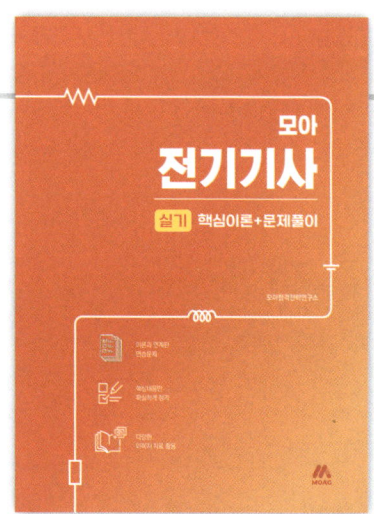
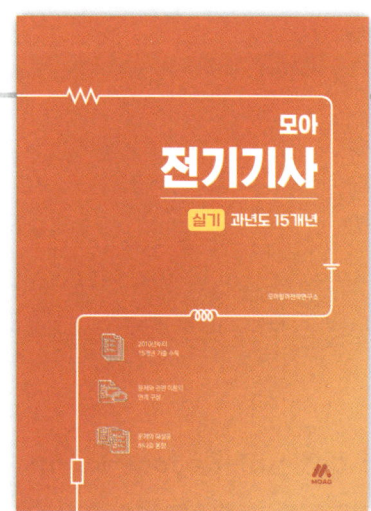

필기

『However difficult life may seem,
there is always something you can do and succeed at.』

아무리 인생이 어려워보일지라도,
당신이 할 수 있고, 성공할 수 있는 것은 언제나 존재한다.

영국의 천재 물리학자인 스티븐 호킹이 남긴 말입니다.

호킹은 갑작스러운 루게릭 병 발병으로 신체적 장애를 얻었지만,
포기하지 않고 기계를 통해 세상과 소통하며
물리학에서 눈부신 업적을 이뤄내게 됩니다.

아무리 어렵고 불가능해 보일지라도,
자기 자신을 믿고 할 수 있는 일을 해내다 보면
반드시 성공할 날이 올 것입니다.

여러분 모두가 합격이라는 결승점에 닿을 때까지
저희가 곁에서 응원하겠습니다.
포기하지 마세요!

천은지 드림

모아
전기기사

실기 과년도 15개년

모아합격전략연구소

이 책의 순서

과년도 15개년

2024년
- 2024년 제1회 ·········· 14
- 2024년 제2회 ·········· 27
- 2024년 제3회 ·········· 40

2023년
- 2023년 제1회 ·········· 54
- 2023년 제2회 ·········· 68
- 2023년 제3회 ·········· 86

2022년
- 2022년 제1회 ·········· 101
- 2022년 제2회 ·········· 115
- 2022년 제3회 ·········· 130

2021년
- 2021년 제1회 ·········· 145
- 2021년 제2회 ·········· 157
- 2021년 제3회 ·········· 173

2020년
- 2020년 제1회 ·········· 194
- 2020년 제2회 ·········· 211
- 2020년 제3회 ·········· 230
- 2020년 제4, 5회 ·········· 245

2019년
- 2019년 제1회 ·········· 257
- 2019년 제2회 ·········· 272
- 2019년 제3회 ·········· 287

2018년
- 2018년 제1회 ·········· 298
- 2018년 제2회 ·········· 313
- 2018년 제3회 ·········· 326

2017년
- 2017년 제1회 ·········· 341
- 2017년 제2회 ·········· 354
- 2017년 제3회 ·········· 366

2016년

2016년 제1회 ········· 382
2016년 제2회 ········· 398
2016년 제3회 ········· 414

2015년

2015년 제1회 ········· 427
2015년 제2회 ········· 441
2015년 제3회 ········· 455

2014년

2014년 제1회 ········· 467
2014년 제2회 ········· 483
2014년 제3회 ········· 498

2013년

2013년 제1회 ········· 512
2013년 제2회 ········· 530
2013년 제3회 ········· 545

2012년

2012년 제1회 ········· 559
2012년 제2회 ········· 571
2012년 제3회 ········· 584

2011년

2011년 제1회 ········· 602
2011년 제2회 ········· 615
2011년 제3회 ········· 627

2010년

2010년 제1회 ········· 638
2010년 제2회 ········· 650
2010년 제3회 ········· 664

모아 전기기사 실기

과년도 15개년

01

다음 도면은 154 [kV] 수용가의 수전설비 단선결선도의 일부분이다. 주어진 표와 도면을 이용하여 각 물음에 답하시오.

〈CT 표준규격〉

1차 정격 전류[A]	200	400	600	800	1200	1500
2차 정격 전류[A]	5					

〈변압기 표준용량〉

10	20	30	40	50	75	100

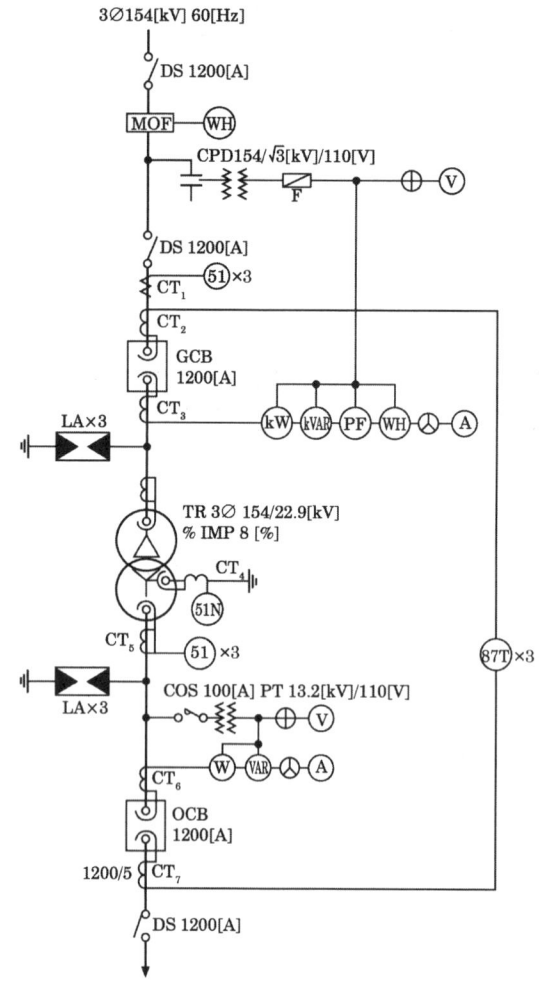

(1) 변압기 2차 부하설비용량이 51 [MW], 수용률이 70 [%], 부하역률이 90 [%]일 때 도면의 변압기 용량은 몇 [MVA]인지 주어진 표준용량표를 참고하여 답하시오.
(2) 변압기 1차 측 DS의 정격전압은 몇 [kV]인가?
(3) (1)에서 선정한 변압기용량을 기준으로 CT_1의 비는 얼마인지 계산하고 표에서 선정하시오. (단, 여유율은 1.25배로 고려한다.)
(4) VCB의 정격 차단전류가 23 [kA]일 때, 이 차단기의 차단용량은 몇 [MVA]인가?
(5) 과전류 계전기의 정격부담이 9 [VA]일 때 이 계전기의 임피던스는 몇 [Ω]인가?
(6) CT_7 1차 전류가 600 [A]일 때 CT_7의 2차에서 비율 차동 계전기의 단자에 흐르는 전류는 몇 [A]인가?

정답

■ 계산과정

(1) 변압기 용량 $= \dfrac{설비용량 \times 수용률}{역률} = \dfrac{51 \times 0.7}{0.9} = 39.67$ [MVA]

답 40 [MVA]

(2) 170 [kV]

(3) CT의 1차전류 $I = \dfrac{40 \times 10^6}{\sqrt{3} \times 154 \times 10^3} = 149.96$ [A]

배수 적용 $149.96 \times 1.25 = 187.45$ [A]

표에서 CT정격 200/5 선정

답 200/5

(4) 차단용량 $P_s = \sqrt{3}\, V_n I_s = \sqrt{3} \times 25.8 \times 23 = 1027.8$ [MVA]

답 1027.8 [MVA]

(5) 부담 $P = I^2 Z$ 에서 임피던스 $Z = \dfrac{P}{I^2} = \dfrac{9}{5^2} = 0.36$ [Ω]

답 0.36 [Ω]

(6) $I_2 = I_1 \times \dfrac{1}{CT비} \times \sqrt{3} = 600 \times \dfrac{5}{1200} \times \sqrt{3} = 4.33$ [A]

답 4.33 [A]

02

욕실 등 인체가 물에 젖어있는 상태에서 물을 사용하는 장소에 콘센트를 시설하는 경우에 설치하여야 하는 인체감전보호용 누전차단기의 정격감도전류와 동작시간은 얼마 이하를 사용하여야 하는가?

(1) 정격감도전류 : (   ) 이하   (2) 동작시간 : (   ) 이하

정답

(1) 정격감도전류 : 15 [mA]

(2) 동작시간 : 0.03 [sec]

03

다음은 전력퓨즈의 용단 및 동작특성에 관한 표이다. 괄호 안에 알맞은 내용을 쓰시오.

정격전류의 배수	불용단시간	용단시간
4배	①	-
6.3배	-	③
8배	0.5초 이내	-
10배	②	-
12.5배	-	0.5초 이내
19배	-	④

정답

정격전류의 배수	불용단시간	용단시간
4배	① 60초 이내	-
6.3배	-	③ 60초 이내
8배	0.5초 이내	-
10배	② 0.2초 이내	-
12.5배	-	0.5초 이내
19배	-	④ 0.1초 이내

04

그림과 같은 논리 회로의 명칭을 쓰고 진리표를 완성하시오.

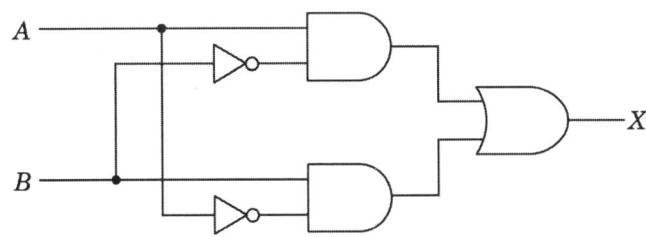

(1) 명칭을 쓰시오.

(2) 출력식을 쓰시오.

(3) 진리표를 완성하시오.

A	B	X
0	0	
0	1	
1	0	
1	1	

정답

(1) 배타적 논리합 회로(Exclusive OR)

(2) $X = A \cdot \overline{B} + \overline{A} \cdot B$

(3)

A	B	X
0	0	0
0	1	1
1	0	1
1	1	0

05

어떤 램프의 소비 전력이 200[V], 1000[W]이고 램프에서 나오는 광속이 2000[lm]이라면 이때 램프의 효율은 얼마인가? (단, 반드시 단위를 쓰시오.)

> 정답

■ 계산과정

램프의 효율 $\eta = \dfrac{2000}{1000} = 2\,[\text{lm/h}]$

☞ 답 $2\,[\text{lm/h}]$

06 5점

자동차단을 위한 보호장치의 동작시간이 0.2초, 보호장치를 통해 흐를 수 있는 예상 고장전류 실효값이 10000 [A]인 경우 보호도체의 최소 단면적을 구하시오. (단, 보호도체, 절연, 기타 부위의 재질 및 초기온도와 최종온도에 따라 정해지는 계수는 143이며, 동선을 사용하는 경우이다)

〈전선 표준 규격 [mm²]〉

6	10	16	25	35	50

> 정답

■ 계산과정

$S = \dfrac{\sqrt{I^2 t}}{k} = \dfrac{\sqrt{10000^2 \times 0.2}}{143} = 31.27\,[\text{mm}^2]$

☞ 답 표준규격 35 [mm²] 선정

핵심이론

□ 보호도체

보호도체의 단면적 계산(차단시간이 5초 이하)

$S = \dfrac{\sqrt{I^2 t}}{k}$

S : 단면적 [mm²]
I : 보호장치를 통하는 예상 고장전류 실횻값 [A]
t : 자동차단을 위한 보호장치의 동작시간 [s]
k : 재질 및 초기온도와 최종온도 계수

07

전력시시설물 공사감리업무 수행지침에서 정하는 전기공사업자는 공사현장에서 공사업무 수행상 필요한 서식을 비치하고 기록·보관하여야 한다. 서식의 종류 5가지를 쓰시오.

정답

① 하도급 현황 ② 주요인력 및 장비투입 현황
③ 작업계획서 ④ 기자재 공급원 승인현황
⑤ 주간공정계획 및 실적보고서 그 외 ⑥ 안전관리비 사용실적 현황
⑦ 각종 측정 기록표

08

그림과 같은 단상 3선식 회로에서 중성선이 × 점에서 단선되었다면 부하 A 및 부하 B의 단자전압은 몇 [V]인가?

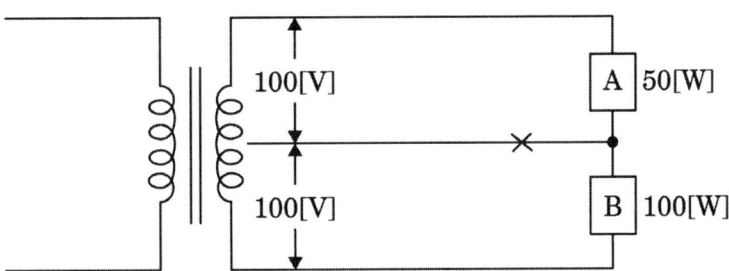

정답

- 계산과정
  - 소비전력 P와 부하의 저항 R은 서로 반비례 관계
  - $R_A : R_B = 2 : 1$
  - $V_A = \dfrac{R_A}{R_A + R_B} \times 200 = \dfrac{2}{2+1} \times 200 = 133.33\ [V]$
  - $V_B = \dfrac{R_B}{R_A + R_B} \times 200 = \dfrac{1}{2+1} \times 200 = 66.67\ [V]$

답 V_A=133.33 [V], V_B=66.67 [V]

09

총양정 25 [m], 양수량 18 [m/min] 물을 양수하는 데 필요한 펌프용 전동기의 소요 동력은 몇 [kW]인가? (단, 펌프의 효율은 82 [%]로 하고, 여유계수는 1.1로 한다)

정답

■ 계산과정

$$P = \frac{9.8\,QHK}{\eta} = \frac{9.8 \times \frac{18}{60} \times 25 \times 1.1}{0.82} = 98.60 \text{ [kW]}$$

답 98.60 [kW]

핵심이론

□ 발전기 용량
  (1) 수력발전기 용량 $P_a = 9.8QHK\eta$ [kW]
  (2) 펌프 용량 $P = \dfrac{9.8\,QHK}{\eta}$ [kW]

Q : 유량 $[m^3/s]$, H : 낙차높이 $[m]$, K : 여유계수, η : 효율

10

계약부하 설비에 의한 계약 최대전력을 정하는 경우에 부하설비 용량이 900 [kW]인 경우 전력회사와의 계약 최대전력은 몇 [kW]인가? (단, 계약최대전력 환산표는 다음과 같다)

구분	계약전력 환산율	비고
처음 75 [kW]에 대하여	100 [%]	
다음 75 [kW]에 대하여	85 [%]	
다음 75 [kW]에 대하여	75 [%]	-
다음 75 [kW]에 대하여	65 [%]	
300 [kW] 초과분에 대하여	60 [%]	

정답

■ 계산과정

계약전력 = 75 + 75×0.85 + 75×0.75 + 75×0.65 + 600×0.6 = 603.75 [kW]

답 603.75 [kW]

11

다음 계전기의 명칭을 쓰시오.

(1) OCR :

(2) GR :

(3) OPR :

(4) OVR :

(4) PWR :

정답

(1) 과전류계전기

(2) 지락계전기

(3) 결상계전기

(4) 과전압계전기

(5) 전력계전기

12

사용 중인 UPS의 2차 측에 단락사고 등이 발생했을 경우 UPS와 고장회로를 분리하는 방식 3가지를 쓰시오.

정답

① 배선용차단기에 의한 것

② 반도체보호용 한류형퓨즈에 의한 것(속단퓨즈)

③ 사이리스터를 사용한 반도체차단기에 의한 방법

13

변압비 3500/100 [V]인 단상 변압기 2대의 고압 측을 그림과 같이 직렬로 5500 [V] 전원에 연결하고, 저압 측에서 각각 3 [Ω], 5 [Ω]의 저항을 접속하였을 때, 고압 측의 단자 전압 E1과 E2는 몇 [V]인가?

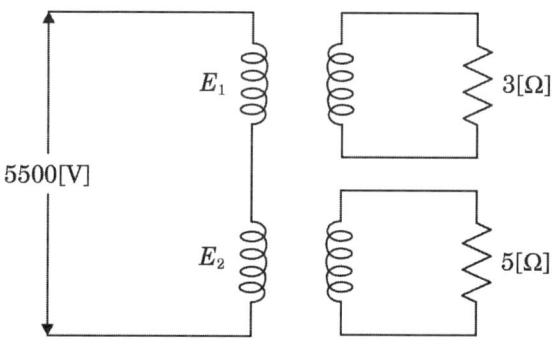

정답

■ 계산과정

$$E_1 = \frac{Z_1}{Z_1 + Z_2} \times E = \frac{3}{3+5} \times 5500 = 2062.5 [V]$$

$$E_2 = \frac{Z_2}{Z_1 + Z_2} \times E = \frac{5}{3+5} \times 5500 = 3437.5 [V]$$

답 $E_1 = 2062.5 [V]$, $E_2 = 3437.5 [V]$

14

연면적이 70000 [m²]인 빌딩에 조명설비 20 [VA/m²], 동력설비 35 [VA/m²], 냉방설비 40 [VA/m²]인 경우 이 빌딩에 전력을 공급하는 변압기의 용량은 몇 [kVA]인가?

정답

■ 계산과정

$(20 + 35 + 40) \times 70000 \times 10^{-3} = 6650$ [kVA]

답 6650 [kVA]

15

다음은 한국전기설비규정에 관한 내용이다 상주 감시를 하지 않는 변전소에 관하여 알맞은 내용을 빈칸에 넣으시오.

[보기]
- 변전소(이에 준하는 곳으로서 (①)[kV]를 초과하는 특고압의 전기를 변성하기 위한 것을 포함한다. 이하 같다)의 운전에 필요한 지식 및 기능을 가진 자(이하 "기술원"이라고 한다)가 그 변전소에 상주하여 감시를 하지 아니하는 변전소는 다음에 따라 시설하는 경우에 한한다.
- 사용전압이 (②)[kV] 이하의 변압기를 시설하는 변전소로서 기술원이 수시로 순회하거나 그 변전소를 원격감시 제어하는 제어소(이하에서 "변전제어소"라 한다)에서 상시 감시하는 경우

정답

① 50   ② 170

핵심이론

▫ 상주 감시를 하지 아니하는 변전소의 시설(KEC 351.9)

변전소(이에 준하는 곳으로서 50 kV를 초과하는 특고압의 전기를 변성하기 위한 것을 포함한다. 이하 같다)의 운전에 필요한 지식 및 기능을 가진 자(이하 "기술원"이라고 한다)가 그 변전소에 상주하여 감시를 하지 아니하는 변전소는 다음에 따라 시설하는 경우에 한한다.

가. 사용전압이 170 kV 이하의 변압기를 시설하는 변전소로서 기술원이 수시로 순회하거나 그 변전소를 원격감시 제어하는 제어소(이하에서 "변전제어소"라 한다)에서 상시 감시하는 경우

나. 사용전압이 170 kV를 초과하는 변압기를 시설하는 변전소로서 변전제어소에서 상시 감시하는 경우

16

송풍기용 유도 전동기(IM) 운전을 전동기 옆에서도 할 수 있고, 조금 떨어져 있는 제어실에서도 할 수 있는 시퀀스 제어 회로도를 푸시버튼스위치 ON, OFF 하나씩 사용하여 완성하시오.

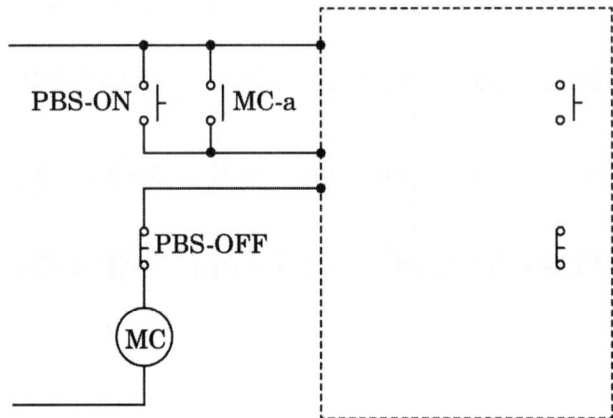

정답

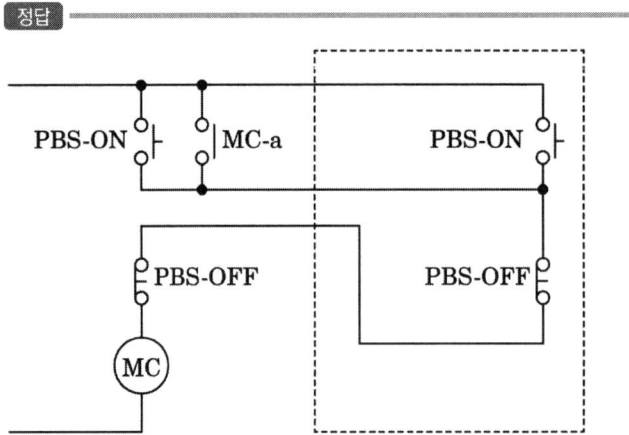

17

연축전지 정격용량 200 [Ah], 상시부하 10 [kW], 표준전압 100 [V]인 부동충전 방식의 2차 충전전류는 몇 [A]인가?

■ 계산과정

$$I_2 = \frac{\text{축전지의 정격 용량[Ah]}}{\text{축전지 방전율[h]}} + \frac{\text{상시부하 용량[VA]}}{\text{표준전압[V]}}$$

$$I_2 = \frac{200}{10} + \frac{10 \times 10^3}{100} = 120\,[\text{A}]$$

답 120 [A]

18

다음 PLC 래더다이어그램을 보고 프로그램을 완성하시오.

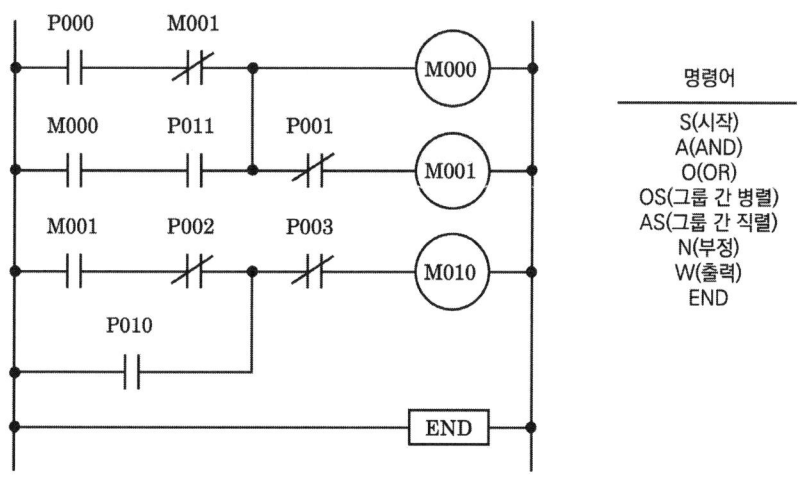

ADD	OP	DATA
0	S	P000
1	AN	M001
2	①	②
3	A	P011
4	③	-
5	④	M000
6	AN	P001
7	W	M001
8	⑤	⑥
9	AN	P002
10	⑦	P010
11	AN	P003
12	W	M010
13	⑧	

① S ② M000 ③ OS ④ W ⑤ S ⑥ M001 ⑦ O ⑧ END

정답

ADD	OP	DATA
0	S	P000
1	AN	M001
2	S	M000
3	A	P011
4	OS	-
5	W	M000
6	AN	P001
7	W	M001
8	S	M001
9	AN	P002
10	O	P010
11	AN	P003
12	W	M010
13	END	

2024년 제2회

01 (5점)

송전단 전압이 6600 [V]이고 배전선의 길이가 3 [km]인 배전선로의 수전단 전압을 6300 [V]로 유지하려 한다. 부하전력이 2000 [kW], 역률이 0.8이고 경동선의 인덕턴스와 정전용량은 무시한다고 하자. 이때 적당한 경동선의 굵기는 몇 [mm²]인지 다음 표를 참고하여 답하시오. 단, 경동선의 굵기는 전선의 공칭 단면적으로 표시하시오.

〈전선 표준 규격 [mm²]〉

1.5, 2.5, 4, 6, 10, 16, 25, 35, 50, 70, 95, 120

정답

■ 계산과정

$e = \sqrt{3}\,IR\cos\theta = 6600 - 6300 = 300\,[\text{V}]$

$R = \dfrac{e}{\sqrt{3}\,I\cos\theta} = \dfrac{300}{\sqrt{3} \times \dfrac{2000 \times 10^3}{\sqrt{3} \times 6300 \times 0.8} \times 0.8} = 0.95$

$A = \rho \dfrac{l}{R} = \dfrac{1}{55} \times \dfrac{3000}{0.95} = 57.42$

답 70 [mm²]

02 (6점)

중성점 직접 접지방식의 장단점을 각각 3가지씩 쓰시오.

(1) 장점

(2) 단점

정답

(1)
① 보호계전기 동작이 확실하다.
② 1선지락 시 건전상의 전위상승이 적다.
③ 선로 및 기기의 절연레벨을 경감시킬 수 있다.

(2)
① 지락전류로 인한 유도장해가 크다.
② 과도안정도가 나쁘다.
③ 지락전류가 매우 크기 때문에 기기에 기계적 충격을 주기 쉽다.

03 ··· 4점

한국전기설비규정에서 정하는 용어의 정의에 대해 빈칸에 알맞은 내용을 쓰시오.

(1) PEN 도체(Protective earthing conductor and neutral conductor) 도체 : (①)회로에서 (②) 겸용 보호도체
(2) PEL 도체(Protective earthing conductor and a line conductor) : (③)회로에서 (④) 겸용 보호도체

정답

(1) ① 교류   ② 중성선
(2) ③ 직류   ④ 선도체

04 ··· 5점

전류계 붙이개폐기의 기호 중 다음 그림의 기호가 의미하는 것은 무엇인지 모두 쓰시오.

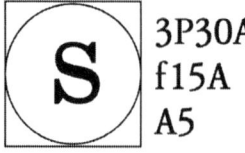

(1) 3P30A :
(2) f15A :
(3) A5 :

> **정답**

(1) 3극 30 [A]

(2) 퓨즈 정격 15 [A]

(3) 정격전류 5 [A]

05

다음 내용을 읽고 각 물음에 답하시오.

(1) 피뢰기 접지공사를 실시한 후, 접지저항을 보조 접지 2개 (A와 B)를 시설하여 측정하였더니 주접지와 A 사이의 저항은 86 [Ω], A와 B 사이의 저항은 156 [Ω], B와 주접지 사이의 저항은 80 [Ω]이었다. 피뢰기의 접지저항값을 구하시오.

(2) 다음 빈칸에 들어갈 내용을 보기에서 골라 적으시오.

【보 기】
접지도체, 보호도체, 접지시스템, 내부피뢰시스템, 계통접지, 보호접지

구분	설명
①	계통, 설비 또는 기기의 한 점과 접지극 사이의 도전성 경로 또는 그 경로의 일부가 되는 도체
②	감전에 대한 보호 등 안전을 위해 제공되는 도체
③	기기나 계통을 개별적 또는 공통으로 접지하기 위하여 필요한 접속 및 장치로 구성된 설비

> **정답**

■ 계산과정

(1) 콜라우시브리지법

$$R = \frac{1}{2}(R_{CA} + R_{BC} - R_{AB}) = \frac{1}{2}(86 + 80 - 156) = 5\ [\Omega]$$

답 5 [Ω]

(2) ① 접지도체   ② 보호도체   ③ 접지시스템

06

논리식이 다음과 같을 경우 유접점회로를 그리시오. 단, 각 접점의 식별 문자를 표기하고, 접속점 표기방식을 참고하시오.

〈논리식〉

$$L = (\overline{X} + Y + \overline{Z})(X + \overline{Y} + \overline{Z})$$

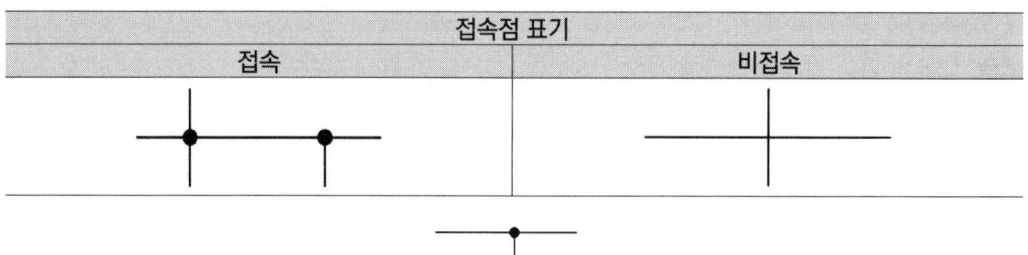

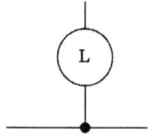

정답

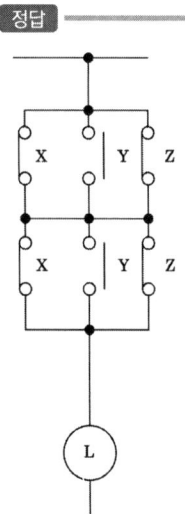

07

가로 10 [m], 세로 16 [m], 천장 높이 3.85 [m], 작업면 높이 0.85 [m]인 사무실에 천장 직부 형광등 F40×2를 설치하려고 한다.

(1) F40×2의 심벌을 KS C 0301 규정에 맞게 그리시오.
(2) 이 사무실의 실지수는 얼마인가?
(3) 이 사무실의 작업면 조도를 300 [lx], 천장 반사율 70 [%], 벽 반사율 50 [%], 바닥 반사율 10 [%], 형광등(F40×2) 1등당 광속 3150 [lm], 보수율 70 [%], 조명률 61 [%]로 한다면 이 사무실에 필요한 등기구는 몇 등인가?

정답

(1)

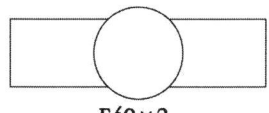

F40×2

(2) 실지수 $RI = \dfrac{XY}{H(X+Y)} = \dfrac{10 \times 16}{(3.85 - 0.85) \times (10 + 16)} = 2.05$ **답** 2.05

(3) 형광등 수 $N = \dfrac{EAD}{FU} = \dfrac{EA}{FUM} = \dfrac{300 \times (10 \times 16)}{3150 \times 2 \times 0.61 \times 0.7} = 17.84$ **답** 18등

핵심이론

□ 실지수의 결정
① 실지수는 실의 크기 및 형태를 나타내는 척도
② 실지수 $= \dfrac{X \cdot Y}{H(X+Y)}$

   X : 방의 가로 길이   Y : 방의 세로 길이   H : 작업면으로부터 광원의 높이

□ 광속의 결정
$FUN = EAD$

• E : 평균 조도 • A : 실내의 면적 • U : 조명률 • D : 감광 보상율
• N : 소요 등수 • F : 1등당 광속 • M : 보수율(감광 보상율의 역수)

08

그림과 같은 배선평면도와 주어진 조건을 이용하여 다음 각 물음에 답하시오.

【조 건】
- 사용하는 전선은 모두 450/750 [V] 일반용 단심 비닐절연전선 4 [mm²]이다.
- 박스는 모두 4각 박스를 사용하며, 기구 1개에 박스 1개를 사용한다. 2개 연등인 경우에는 각 1개씩을 사용하는 것으로 한다.
- 전선관은 콘크리트 매입 후강금속관이다.
- 층고는 3 [m]이고, 분전반의 설치 높이는 1.5 [m]이다.
- 3로 스위치 이외의 스위치는 단극스위치를 사용하며, 2개를 나란히 사용한 개소는 2개소이다.

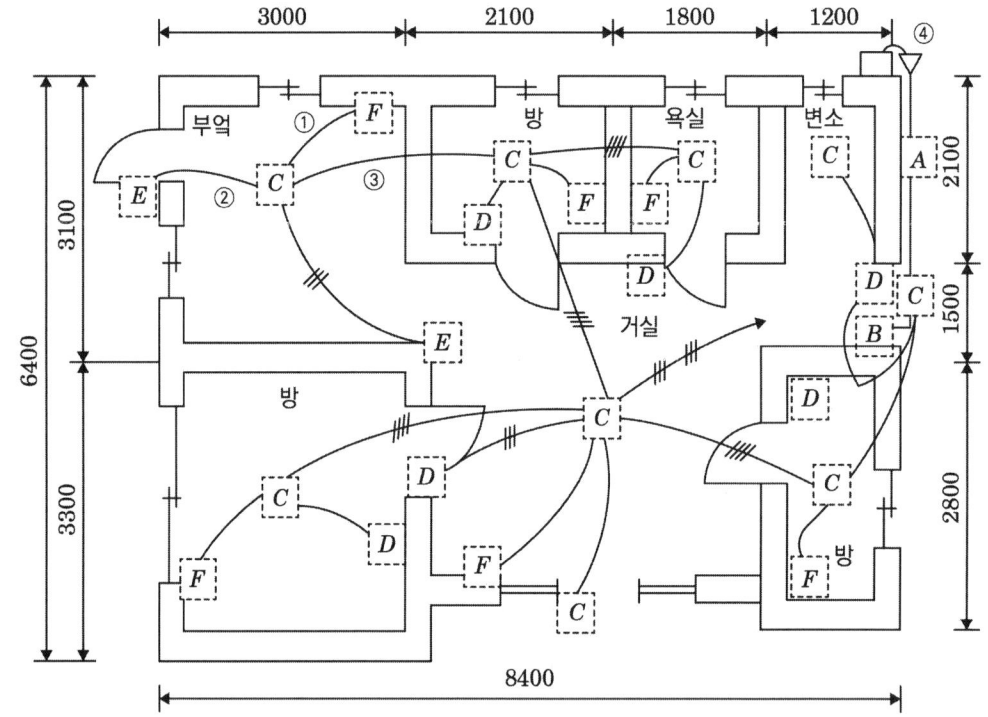

A : 적산전력계(전력량계)
B : 분전반(전등용)
C : 백열전등
D : 텀블러 스위치
E : 텀블러 스위치(3로 스위치)
F : 15 [A]콘센트

⑴ 점선으로 표시된 A~F의 위치에 배치할 기구의 그림기호를 그려 배선평면도를 완성하시오.
⑵ 배선평면도의 ①~③의 배선 가닥수는?
⑶ 도면에서 ④의 그림기호의 명칭은?
⑷ 배선평면도에 소요되는 4각박스와 부싱은 몇 개인가? (단, 자재의 규격은 구분하지 않고 개수만 산정한다)

정답

(1)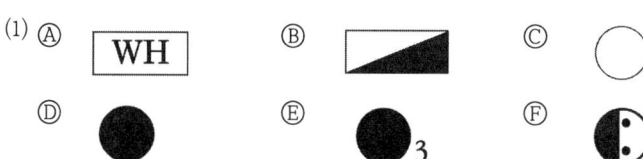

(2) ① 2가닥   ② 3가닥   ③ 4가닥

(3) 케이블 헤드

(4) 4각 박스 25개, 부싱 46개

09

전력계통의 문제점을 보완하기위한 단락용량의 경감대책을 3가지만 쓰시오.

정답

① 모선계통 계통분할 방식

② 한류리액터의 설치

③ 캐스캐이드 방식

10

다음에서 설명하고 있는 기기의 명칭을 쓰시오.

(1) 가공 배전선로 사고의 대부분은 조류 및 수목에 의한 접촉, 강풍, 낙뢰 등에 의한 플래시 오버 사고로서 이러한 사고 발생 시 신속하게 고장구간을 차단하고 사고점의 아크를 소멸시킨 후 즉시 재투입이 가능한 개폐장치이다.

(2) 보안상 책임 분계점에서 보수 점검 시 전로를 개폐하기 위하여 시설하는 것으로, 반드시 무부하 상태에서 개방하여야 한다. 근래에는 ASS를 사용하며, 66 kV 이상의 경우에는 이를 사용한다.

정답

(1) 리클로저

(2) 선로 개폐기

11

그림과 같이 환상직류배전선로에서 각 구간의 왕복 저항은 0.1 [Ω], 급전점 A의 전압은 100 [V], 부하점 B, D의 부하전류는 각각 30 [A], 50 [A]라 할 때 부하점 B의 전압은 몇 [V]인가?

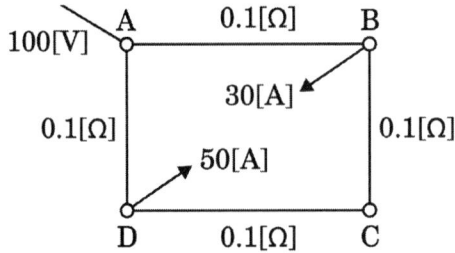

정답

■ 계산과정

$0.1I + 0.1(I-30) + 0.1(I-30) + 0.1(I-80) = 0$

$4I = 140$ [A]

$I = 35$ [A]

$V = 100 - 35 \times 0.1 = 96.5$ [V]

답 96.5 [V]

12

3상 3선식 3000 [V], 200 [kVA]의 배전선로의 전압을 3100 [V]로 승압하기 위해서 단상 변압기 3대를 그림과 같이 접속하였다. 이 변압기의 1차, 2차 전압과 용량을 계산하시오. (단, 변압기의 손실은 무시한다)

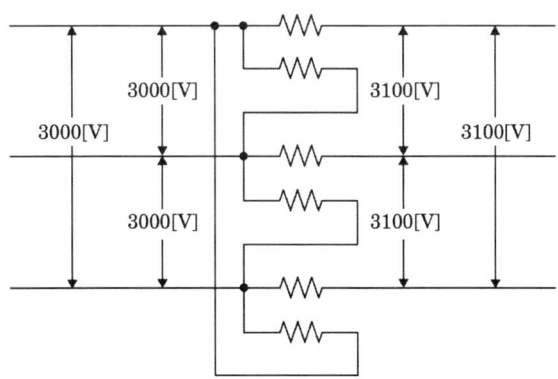

(1) 변압기 1·2차 전압
(2) 변압기 용량 [kVA]

정답

(1) $e_2 = \sqrt{\dfrac{V_2^2}{3} - \dfrac{V_1^2}{12}} - \dfrac{V_1}{2} = \sqrt{\dfrac{3100^2}{3} - \dfrac{3000^2}{12}} - \dfrac{3000}{2} = 66.31\,[\text{V}]$

답 1차 전압: 3000 [V], 2차 전압: 66.31 [V]

(2) $P = 3e_2 I_2 = 3 \times 66.31 \times \dfrac{200 \times 10^3}{\sqrt{3} \times 3100} = 7.41\,[\text{kVA}]$

답 7.41 [kVA]

13

연동선을 사용한 코일의 저항이 0 [℃]에서 4000 [Ω]이었다. 이 코일에 전류를 흘렸더니 그 온도가 상승하여 코일의 저항이 4,500 [Ω]이 되었을 때, 연동선의 온도를 구하시오.

정답

■ 계산과정

$R_T = R_0 [1 + \alpha(t_T - t_0)]$

표준연동선 $\alpha_0 = \dfrac{1}{234.5}$: 0 [℃]의 온도계수

$t = (\dfrac{R_T}{R_0} - 1) \times \dfrac{1}{\alpha} + t_0 = (\dfrac{4500}{4000} - 1) \times 234.5 + 0 = 29.31\,[℃]$

답 29.31 [℃]

14

다음 PLC 프로그램을 보고 래더다이어그램을 완성하시오. 단, 접속점 표기방식을 참고하여 작성하시오.

차례	명령어	번지	차례	명령어	번지
1	STR	P00	5	AND STR	-
2	OR	P01	6	AND NOT	P04
3	STR NOT	P02	7	OUT	P10
4	OR	P03	-	-	-

접속점 표기	
접속	비접속

정답

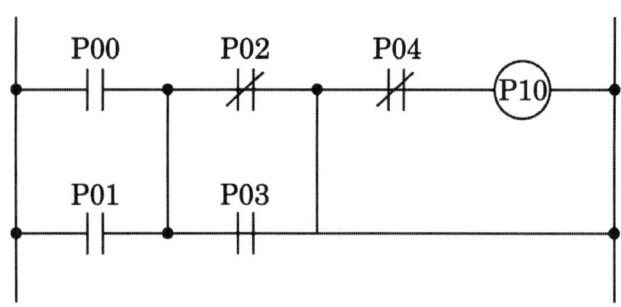

15

고휘도 방전램프(High Intensity Discharge Lamp)의 종류를 3가지만 쓰시오.

정답

① 고압 수은등
② 고압 나트륨등
③ 메탈 할라이드등

16

그림과 같은 Y결선에서 기본파와 제3고조파 전압만이 존재한다고 할 때 전압계의 눈금이 $V_p = 150$ [V], $V_l = 220$ [V]로 나타났다면 다음 물음에 답하시오. (단, 부하 측의 전압은 평형상태이다)

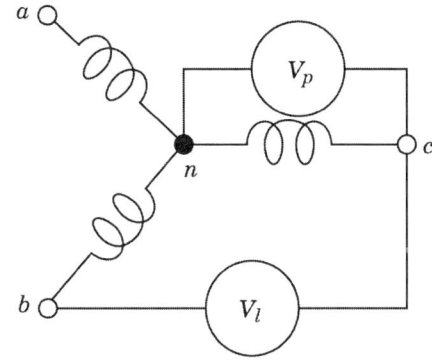

(1) 제3고조파 전압[V]은?
(2) 왜형률을 구하시오.

정답

■ 계산과정

(1) $V_p = \sqrt{V_1^2 + V_3^2} = 150 [\text{V}]$

$V_1 = \dfrac{220}{\sqrt{3}} = 127.02 [\text{V}]$

$V_3 = \sqrt{V_p^2 - V_1^2} = \sqrt{150^2 - 127.02^2} = 79.79 [\text{V}]$

답 79.79 [V]

(2) 왜형률 = $\dfrac{\text{전고조파의 실훗값}}{\text{기본파의 실훗값}} \times 100 = \dfrac{79.79}{127.02} \times 100 = 62.82$ [%]

답 62.82 [%]

17

다음 그림은 변류기를 영상 접속시켜 그 잔류회로에 지락계전기를 삽입시킨 것이다. 선로의 전압은 66 [kV], 중성점에 300[Ω]의 저항접지로 하였고, 변류기의 변류비는 300/5 [A]이다. 송전전력이 20,000 [kW], 역률이 0.8(지상)일 때 a상에 완전 지락 사고가 발생하였다. 물음에 답하시오. (단, 부하의 정상, 역상 임피던스 기타의 정수는 무시한다)

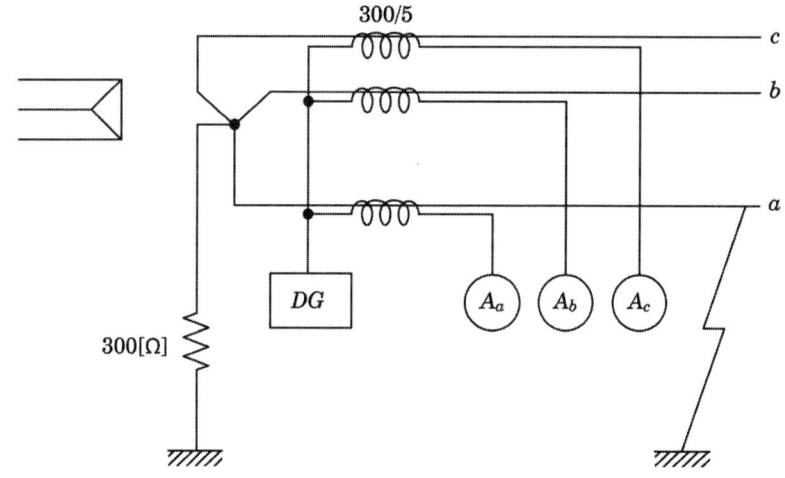

(1) 지락 계전기 DG에 흐르는 전류는 몇 [A]인지 구하시오.
(2) a상 전류계 A_a에 흐르는 전류는 몇 [A]인지 구하시오.
(3) b상 전류계 A_b에 흐르는 전류는 몇 [A]인지 구하시오.
(4) c상 전류계 A_c에 흐르는 전류는 몇 [A]인지 구하시오.

정답

■ 계산과정

(1) $I_g = \dfrac{E}{R} = \dfrac{66000}{\sqrt{3} \times 300} = 127.02$ [A]

$I_{DG} = 127.02 \times \dfrac{5}{300} = 2.12$ [A]

답 2.12 [A]

(2) 부하전류 $I = \dfrac{20000}{\sqrt{3} \times 66 \times 0.8} \times (0.8 - j0.6) = 174.95 - j131.22$ [A]

$I_a = I + I_g = 174.95 - j131.22 + 127.02 = \sqrt{(127.02 + 174.95)^2 + 131.22} = 329.25$ [A]

$A = 329.25 \times \dfrac{5}{300} = 5.49$ [A]

답 5.49 [A]

(3) $I = \dfrac{20000}{\sqrt{3} \times 66 \times 0.8} = 218.69 \, [\text{A}]$

$B = 218.69 \times \dfrac{5}{300} = 3.64 \, [\text{A}]$

답 3.64 [A]

(4) $C = 218.69 \times \dfrac{5}{300} = 3.64 \, [\text{A}]$

답 3.64 [A]

18

그림과 같이 A 변전소에서 B 변전소로 1회선 송전을 하고 있다. 이 경우 B 변전소의 (a) 차단기의 차단 용량을 계산하시오. 단, 계통의 %임피던스는 10 [MVA]기준으로 그림에 표시한 것으로 한다.

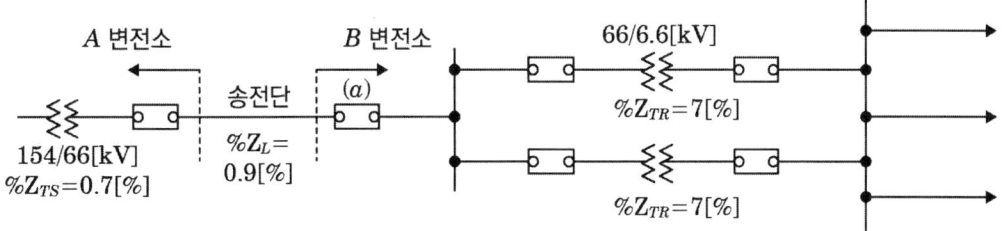

〈차단기 정격용량 [MVA]〉

50	100	200	300	500	750

정답

■ 계산과정

합성 %$Z = 0.7 + 0.9 = 1.6\,[\%]$

$P_s = \dfrac{100}{\%Z} P_n = \dfrac{100}{1.6} \times 10 = 625 \, [\text{MVA}]$

답 750 [MVA]

01

그림과 같은 전자 릴레이 회로를 미완성된 다이오드 매트릭스 회로에 다이오드를 추가시켜 다이오드 매트릭스 회로로 바꾸어 그리시오.

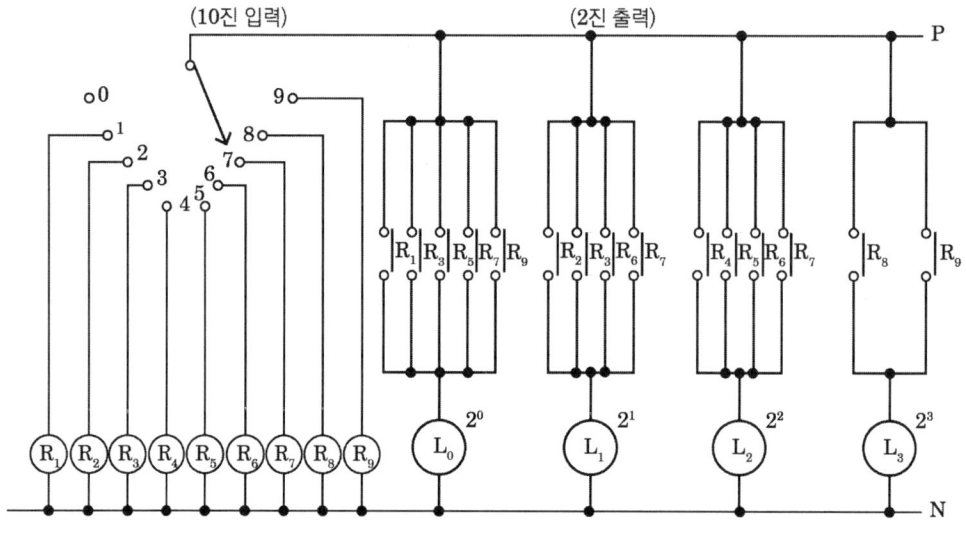

〈 전자 릴레이 회로 〉

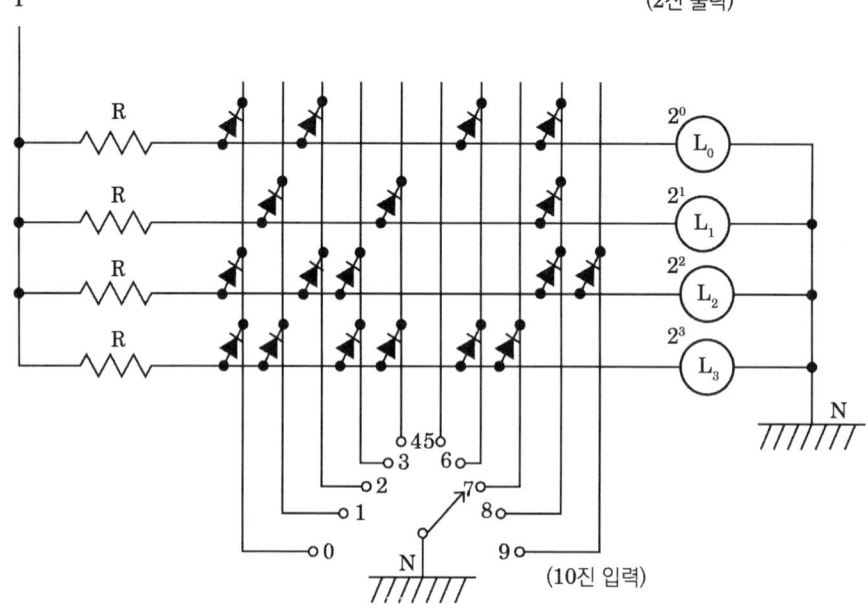

〈 다이오드 매트릭스 회로 〉

정답

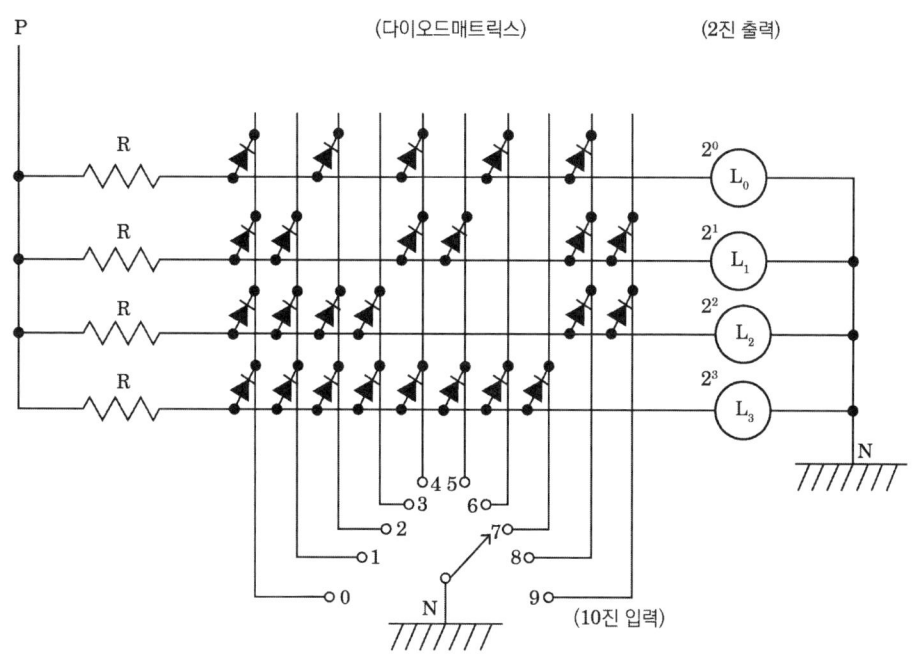

02
5점

전등부하 130 [kW], 동력부하 230 [kW], 하계부하 130 [kW], 동계부하 70 [kW]이고 역률 0.85, 부등률 1.3일 때 변압기 용량을 구하시오. 단, 변압기 용량은 20 [%]의 여유를 둔다.

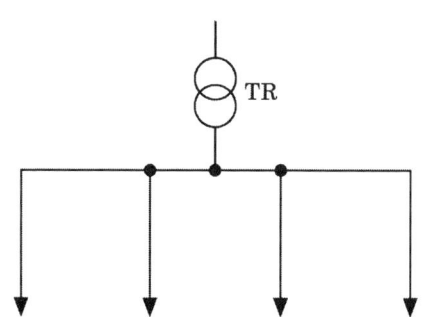

부하	전등부하	동력부하	하계부하	동계부하
전력 [kW]	130	230	130	70
수용률 [%]	70	80	70	65

〈 변압기의 표준용량 [kVA] 〉

50	100	250	300	400

정답

■ 계산과정
하계부하와 동계부하 중 큰 부하를 기준하고, 상용부하와 합산하여 계산하면
- $P = \dfrac{\text{설비용량} \times \text{수용률}}{\text{부등률} \times \text{역률}} \times \text{여유율}$

  $= \dfrac{130 \times 0.7 + 230 \times 0.8 + 130 \times 0.7}{1.3 \times 0.85} \times 1.2 = 397.47 \,[\text{kVA}]$

- 표에서 400 [kVA] 선정

답 400 [kVA]

03 (3점)

고압용 개폐기·차단기·피뢰기 및 기타 이와 유사한 기구가 동작할 시에 아크가 생기는 것은 목재의 벽 또는 천장 기타 가연성 물질로부터 몇 [m] 이상 떼어놓아야 하는가?

정답

1 [m]

> **핵심이론**
>
> □ 아크를 발생하는 기구의 시설(KEC 341.7)
> 고압용 또는 특고압용의 개폐기·차단기·피뢰기 기타 이와 유사한 기구(이하 이 조에서 "기구 등"이라 한다)로서 동작 시에 아크가 생기는 것은 목재의 벽 또는 천장 기타의 가연성 물체로부터 표에서 정한 값 이상 이격하여 시설하여야 한다.
>
> | 기구 등의 구분 | 간격 |
> |---|---|
> | 고압용의 것 | 1 m 이상 |
> | 특고압용의 것 | 2 m 이상(사용전압이 35 kV 이하의 특고압용의 기구 등으로서 동작할 때에 생기는 아크의 방향과 길이를 화재가 발생할 우려가 없도록 제한하는 경우에는 1 m 이상) |

04

한국전기설비규정에 의해 발전기는 다음과 같은 경우 자동으로 이를 전로로부터 차단하는 장치를 시설해야 한다. 빈칸에 알맞은 답을 쓰시오.

가. 발전기에 과전류나 과전압이 생긴 경우
나. 용량이 (①) [kVA] 이상의 발전기를 구동하는 수차의 압유 장치의 유압 또는 전동식 가이드밴 제어장치, 전동식 니이들 제어장치 또는 전동식 디플렉터 제어장치의 전원전압이 현저히 저하한 경우
다. 용량이 (②) [kVA] 이상의 발전기를 구동하는 풍차(風車)의 압유장치의 유압, 압축 공기 장치의 공기압 또는 전동식 브레이드 제어장치의 전원전압이 현저히 저하한 경우
라. 용량이 (③) [kVA] 이상인 수차 발전기의 스러스트 베어링의 온도가 현저히 상승한 경우
마. 용량이 (④) [kVA] 이상인 발전기의 내부에 고장이 생긴 경우
바. 정격출력이 (⑤) [kW]를 초과하는 증기터빈은 그 스러스트 베어링이 현저하게 마모되거나 그의 온도가 현저히 상승한 경우

정답

① 500　　② 100　　③ 2000　　④ 10000　　⑤ 10000

> **핵심이론**
>
> □ 발전기 등의 보호장치(KEC 351.3)
>   발전기에는 다음의 경우에 자동적으로 이를 전로로부터 차단하는 장치를 시설하여야 한다.
>   가. 발전기에 과전류나 과전압이 생긴 경우
>   나. 용량이 500 kVA 이상의 발전기를 구동하는 수차의 압유 장치의 유압 또는 전동식 가이드밴 제어장치, 전동식 니이들 제어장치 또는 전동식 디플렉터 제어장치의 전원전압이 현저히 저하한 경우
>   다. 용량이 100 kVA 이상의 발전기를 구동하는 풍차(風車)의 압유장치의 유압, 압축 공기장치의 공기압 또는 전동식 브레이드 제어장치의 전원전압이 현저히 저하한 경우
>   라. 용량이 2,000 kVA 이상인 수차 발전기의 스러스트 베어링의 온도가 현저히 상승한 경우
>   마. 용량이 10,000 kVA 이상인 발전기의 내부에 고장이 생긴 경우
>   바. 정격출력이 10,000 kW를 초과하는 증기터빈은 그 스러스트 베어링이 현저하게 마모되거나 그의 온도가 현저히 상승한 경우

05

다음에 주어진 표에 절연내력 시험전압은 몇 [V]인가? 빈칸을 채워 넣으시오.

공칭전압 [V]	최대사용전압 [V]	접지 방식	시험전압 [V]
6,600	6,900	비접지	①
13,200	13,800	중성점 다중접지	②
22,900	24,000	중성점 다중접지	③

정답

① $6900 \times 1.5 = 10350$ [V]

② $13800 \times 0.92 = 12696$ [V]

③ $24000 \times 0.92 = 22080$ [V]

핵심이론

□ 전로의 절연저항 및 절연내력(KEC 132)

구분	최대사용전압	시험전압	최소 전압
비접지	7 kV 이하	1.5배	500 V
	7 kV 초과	1.25배	10.5 kV
중성선 다중접지	7 kV ~ 25 kV	0.92배	-
중성점 접지식	60 kV 초과	1.1배	75 kV
중성점 직접접지식	60 kV ~ 170 kV	0.72배	-
	170 kV 초과	0.64배	-

06

다음 그림을 보고 물음에 답하시오. 단, 중간 지점의 역률은 0.8(지상), 말단 지점의 역률은 0.6(지상)이고, 주어지지 않은 조건은 고려하지 않는다.

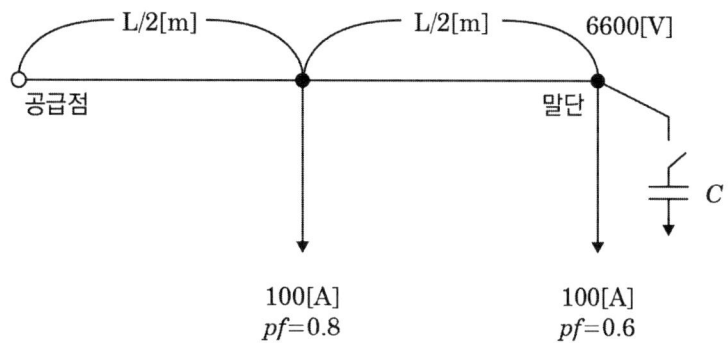

(1) 공급점의 역률을 90 [%]로 개선한다면, 콘덴서 용량[kVA]을 계산하시오.
(2) 3상 선로의 전력손실이 최소가 되는 콘덴서 용량을 계산하시오. 단, 말단의 전압은 6600[V]으로 일정하고 r[Ω/m]이다.

정답

(1) 공급점의 전류 $I = \sqrt{(80+60)^2 + (60+80)^2} = 197.99\,[A]$

공급점의 역률 $\cos\theta = \dfrac{140}{197.99} \times 100 = 70.71\,[\%]$

부하전력 $P = \sqrt{3}\,VI\cos\theta = \sqrt{3} \times 6600 \times 140 \times 10^{-3} = 1600.41\,[kW]$

콘덴서용량 $Q_c = 1600.41\left(\dfrac{\sqrt{1-0.7071^2}}{0.7071} - \dfrac{\sqrt{1-0.9^2}}{0.9}\right) = 825.33\,[kVA]$

답 825.33 [kVA]

(2) $P_l = 3I_{공급점}^2 R + 3I_{말단}^2 R$

$P_l = 3 \times (I_{공급점}^2 + I_{말단}^2)(\dfrac{L}{2} \times r)$

$I_{공급점}^2 + I_{말단}^2 = (\sqrt{(80+60)^2 + (60+80-I_c)^2})^2 + (\sqrt{60^2 + (80-I_c)^2})^2$

$= 2I_c^2 - 440I_c + (140^2 + 80^2)$

최소가 되는 $I_c = 110\,[A]$

$Q_c = \sqrt{3}\,VI\sin\theta = \sqrt{3} \times 6600 \times 110 \times 10^{-3} = 1257.47\,[kVA]$

답 1257.47 [kVA]

07

다음 그림은 TN계통의 TN-C-S 방식의 저압배전선로의 접지계통이다. 결선도를 완성하시오.

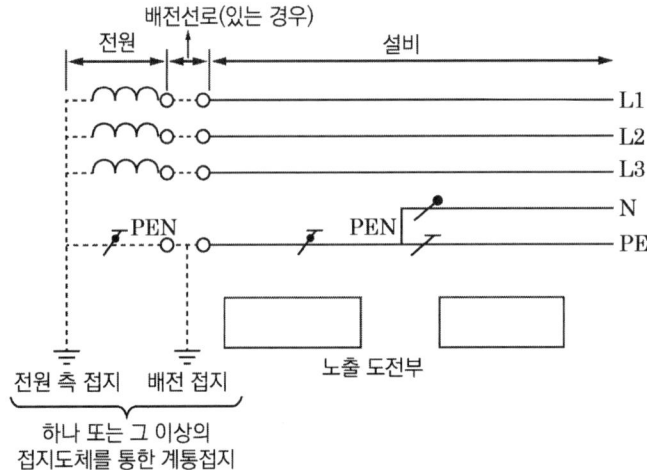

정답

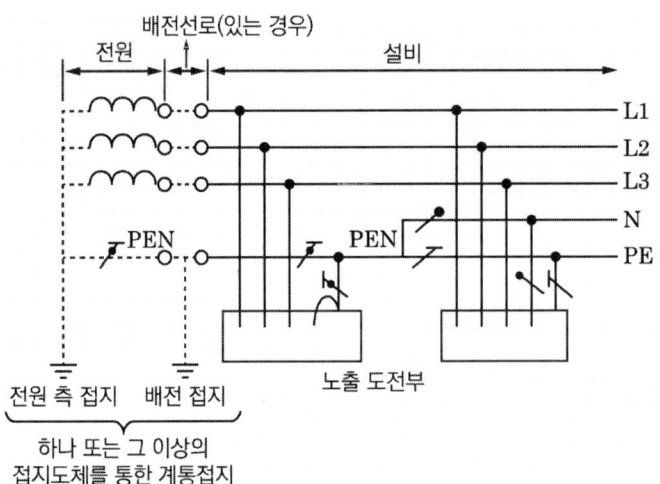

〈설비의 어느 곳에서 PEN이 PE와 N으로 분리된 3상 4선식 TN-C-S 계통〉

핵심이론

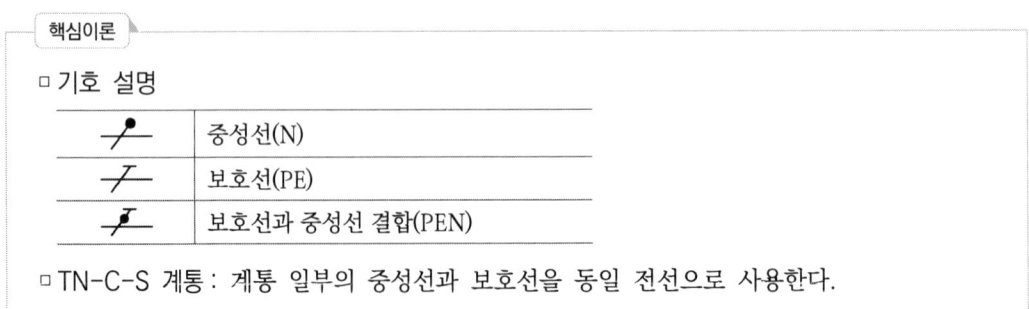

□ 기호 설명

기호	설명
⊥	중성선(N)
⊤	보호선(PE)
⊥	보호선과 중성선 결합(PEN)

□ TN-C-S 계통 : 계통 일부의 중성선과 보호선을 동일 전선으로 사용한다.

08

다음은 전력시설물 공사감리업무 수행지침과 관련된 사항이다. (   ) 안에 알맞은 내용을 답란에 쓰시오.

> 감리원은 설계도서 등에 대하여 공사계약문서 상호 간의 모순되는 사항, 현장실정과의 부합여부 등 현장 시공을 주안으로 하여 해당 공사 시작 전에 검토하여야 하며 검토 내용에는 다음 각 호의 사항 등이 포함되어야 한다.
> 1. 현장조건에 부합 여부
> 2. 시공의 (①) 여부
> 3. 다른 사업 또는 다른 공정과의 상호 부합 여부
> 4. (②), 설계설명서, 기술계산서, (③) 등의 내용에 대한 상호일치 여부
> 5. (④), 오류 등 불명확한 부분의 존재 여부
> 6. 발주자가 제공한 (⑤)와 공사업자가 제출한 산출내역서의 수량 일치 여부
> 7. 시공상의 예상문제점 및 대책 등

정답

① 실제 가능 ② 설계도면 ③ 산출내역서 ④ 설계도서의 누락 ⑤ 물량 내역서

09

다음은 컴퓨터 등 중요한 부하에 대한 무정전 전원공급을 위한 그림이다. "(가) ~ (마)"에 적당한 전기시설물의 명칭을 쓰시오.

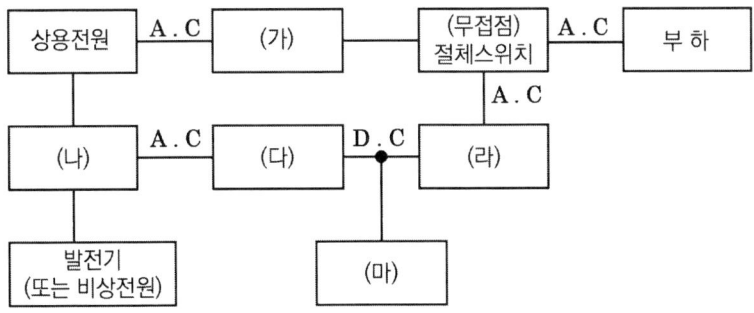

정답

(가) 자동전압조정기(AVR)   (나) 절체 스위치   (다) 정류기(컨버터)   (라) 인버터   (마) 축전지

10

다음은 한국전기설비규정의 지중전선로 시설에 관한 내용이다. 빈칸에 알맞은 답을 적으시오.

(1) 지중 전선로는 전선에 케이블을 사용하고 또한 (①)·암거식 또는 (②)에 의하여 시설하여야 한다.

(2) (①)에 의하여 시설하는 경우에는 매설 깊이를 (③) [m] 이상으로 하되, 매설 깊이를 충족하지 못한 장소에는 견고하고 차량 기타 중량물의 압력에 견디는 것을 사용할 것. 다만 중량물의 압력을 받을 우려가 없는 곳은 0.6 [m] 이상으로 한다.

정답

① 관로식   ② 직접 매설식   ③ 1.0[m]

핵심이론

□ 지중전선로의 시설(KEC 334.1)
  1. 지중 전선로는 전선에 케이블을 사용하고 또한 관로식·암거식(暗渠式) 또는 직접 매설식에 의하여 시설하여야 한다.
  2. 지중 전선로를 관로식 또는 암거식에 의하여 시설하는 경우에는 다음에 따라야 한다.
     가. 관로식에 의하여 시설하는 경우에는 매설 깊이를 1.0 m 이상으로 하되, 매설 깊이를 충족하지 못한 장소에는 견고하고 차량 기타 중량물의 압력에 견디는 것을 사용할 것. 다만 중량물의 압력을 받을 우려가 없는 곳은 0.6 m 이상으로 한다.
     나. 암거식에 의하여 시설하는 경우에는 견고하고 차량 기타 중량물의 압력에 견디는 것을 사용할 것

11

그림은 통상적인 단락, 지락 보호에 쓰이는 방식으로서 주보호와 후비보호의 기능을 지니고 있다. 도면을 보고 다음 각 물음에 답하시오.

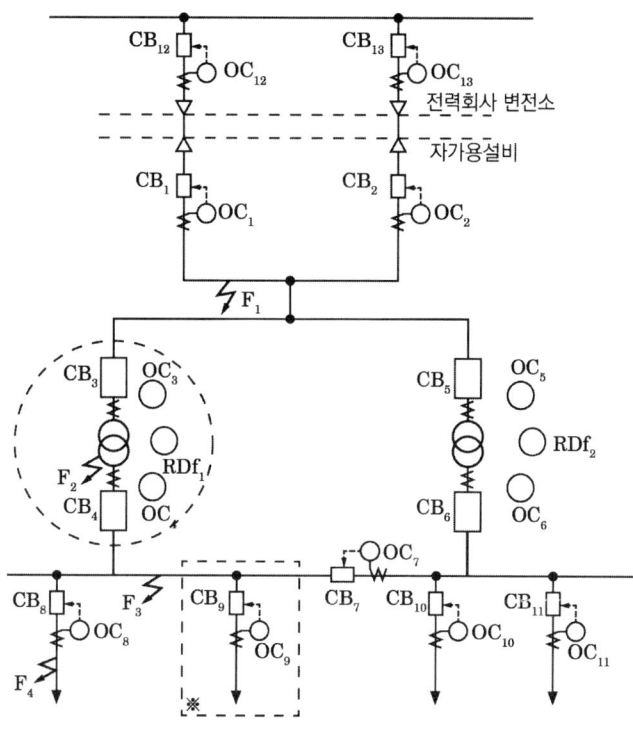

(1) 사고점이 F_1, F_2, F_3, F_4라고 할 때 주보호와 후비보호에 대한 다음 표의 ( ) 안을 채우시오.

사고점	주보호	후비보호
F_1	$OC_1 + CB_1$ And $OC_2 + CB_2$	①
F_2	②	$OC_1 + CB_1$ And $OC_2 + CB_2$
F_3	$OC_4 + CB_4$ And $OC_7 + CB_7$	$OC_3 + CB_3$ And $OC_6 + CB_6$
F_4	$OC_8 + CB_8$	$OC_4 + CB_4$ And $OC_7 + CB_7$

(2) 그림은 도면의 ※ 표시 부분을 좀 더 상세하게 나타낸 도면이다. 각 부분 ① ~ ④에 대한 명칭을 쓰고, 보호 기능 구성상 ⑤ ~ ⑦의 부분을 검출부, 판정부, 동작부로 나누어 표현하시오.

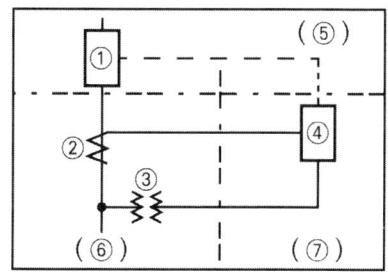

(3) 그림 F_2 사고와 관련된 검출부, 판정부, 동작부의 도면을 완성하시오. (단, 질문 "(2)"의 도면을 참고하시오)

정답

(1) ① OC_{12} + CB_{12} And OC_{13} + CB_{13}
② RDf_1 + OC_4 + CB_4 And OC_3 + CB_3

(2) ① 차단기 ② 변류기 ③ 계기용 변압기 ④ 과전류 계전기 ⑤ 동작부 ⑥ 검출부 ⑦ 판정부

(3)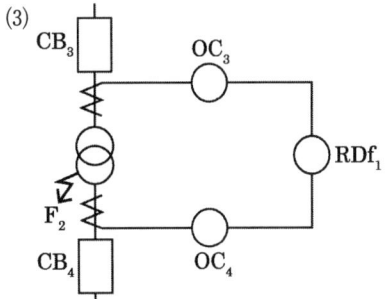

12 4점

한류형 전력 Fuse의 단점을 4가지 적으시오.

정답

(1) 동작시간-전류특성을 자유롭게 조절하지 못함

(2) 차단 시 과전압 발생

(3) 재투입 불가

(4) 과도전류에 용단되기 쉬움

13 6점

스폿 네트워크 수전방식의 특징을 3가지 쓰시오.

> 정답

(1) 무정전 전력공급 가능
(2) 공급신뢰도가 높고 전압변동률이 낮음
(3) 대도시 고부하밀도 지역에 적합

14   4점

전기설비 방폭기기의 구조에 따른 종류 중 4가지만 쓰시오.

> 정답

① 내압 방폭구조   ② 유입 방폭구조
③ 안전증 방폭구조   ④ 본질안전 방폭구조

15   7점

공칭전압이 140 [kV]인 송전선로가 있다. 이 선로의 4단자 정수는 A = 0.9, B = $j380$, C = $j0.5 \times 10^{-3}$, D = 0.9이라고 한다. 무부하 송전단에 154 [kV]를 인가하였을 때 다음을 구하시오.

(1) 수전단 전압 [kV] 및 송전단 전류 [A]를 구하시오.
   ① 수전단 전압
   ② 송전단 전류
(2) 수전단의 전압을 140 [kV]로 유지하려고 할 때 수전단에서 공급하여야할 무효전력 [kVA]를 구하시오.

> 정답

(1) ① 수전단 전압
   • 송전단전압 $V_s = AV_r + \sqrt{3}\,BI_r$, 무부하 시 $I_r = 0$
   • 수전단전압 $V_r = \dfrac{V_s}{A} = \dfrac{154}{0.9} = 171.11$ [kV]

   답 171.11 [kV]

② 송전단 전류

- 송전단전류 $I_s = C\dfrac{V_r}{\sqrt{3}} + DI_r$, 무부하 시 $I_r = 0$

- 수전단전류 $I_s = C\dfrac{V_r}{\sqrt{3}} = j0.5 \times 10^{-3} \times 171.11 \times 10^3 \times \dfrac{1}{\sqrt{3}} = j49.37$ [A]

답 j49.37 [A]

(2) 수전단 전압 140[kV]로 유지하기 위한 전류 I_r (조상기 전류)

- $V_s = AV_r + \sqrt{3}\,BI_r$ 에서

- $I_r = \dfrac{V_s - AV_r}{\sqrt{3}\,B} = \dfrac{154 - 0.9 \times 140}{\sqrt{3} \times j380} \times 10^3 = -j42.54$ [A]

조상설비용량 $Q_c = \sqrt{3} \times 140 \times 42.54 = 10315.40$ [kVA]

답 10315.40 [kVA]

16 5점

송전단 전압이 3300 [V]인 변전소로부터 5.8 [km] 떨어진 곳까지 지중으로 역률 0.9(지상) 500 [kW]의 3상 동력 부하에 전력을 공급할 때 케이블의 허용전류(또는 안전전류) 범위 내에서 전압 강하율이 10 [%]를 초과하지 않는 케이블을 다음 표에서 선정하시오. (단, 도체(동선)의 고유저항은 1/55 [Ω·mm²/m]로 하고 케이블의 정전용량 및 리액턴스 등은 무시한다)

〈 심선의 굵기와 허용 전류 〉

심선의 굵기 [mm²]	30	38	56	58	60	80	100	150	180
허용전류 [A]	40	60	90	100	110	120	130	190	220

정답

■ 계산과정

- 전압강하율 $\epsilon = \dfrac{V_s - V_r}{V_r}$ 에서 $V_r = \dfrac{V_s}{1+\epsilon} = \dfrac{3300}{1+0.1} = 3000$ [V]

- 전압강하 $e = V_s - V_r = 3300 - 3000 = 300$ [V]

- 부하전류 $I = \dfrac{P}{\sqrt{3}\,V\cos\theta} = \dfrac{500 \times 10^3}{\sqrt{3} \times 3000 \times 0.9} = 106.92$ [A]

- 전압강하 $e = \dfrac{P}{V_r}(R + X\tan\theta)$ 에서 리액턴스 등을 무시하므로,

$$e = \frac{P}{V}R \text{에서 저항 } R = \frac{eV}{P} = \frac{300 \times 3000}{500 \times 10^3} = 1.8\,[\Omega]$$

- $A = \rho\dfrac{l}{R} = \dfrac{1}{55} \times \dfrac{5800}{1.8} = 58.59\,[\text{mm}^2]$ 답 $60\,[\text{mm}^2]$

17

다음 그림의 명칭 및 용도를 쓰시오.

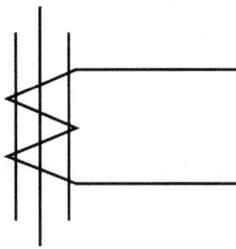

(1) 명칭
(2) 용도

정답

(1) 영상변류기
(2) 영상전류 검출

18

한류저항기의 설치목적을 2가지 쓰시오.

정답

(1) 계전기를 동작시킬 때 필요한 유효전류 발생
(2) 제3고조파 전압 발생 억제

실기 기출문제
전기기사

2023년 제1회

01
5점

다음 논리식에 대한 물음에 답하시오. (단, A, B, C는 입력이고 X는 출력이다)

【보 기】
$X = A + B \cdot \overline{C}$

(1) 논리식을 로직시퀀스도로 나타내시오.
(2) 2입력 NAND GATE를 최소로 사용하여 동일한 출력이 되도록 회로를 변환하시오.
(3) 2입력 NOR GATE를 최소로 사용하여 동일한 출력이 되도록 회로를 변환하시오.

정답

(1)

(2)

(3)

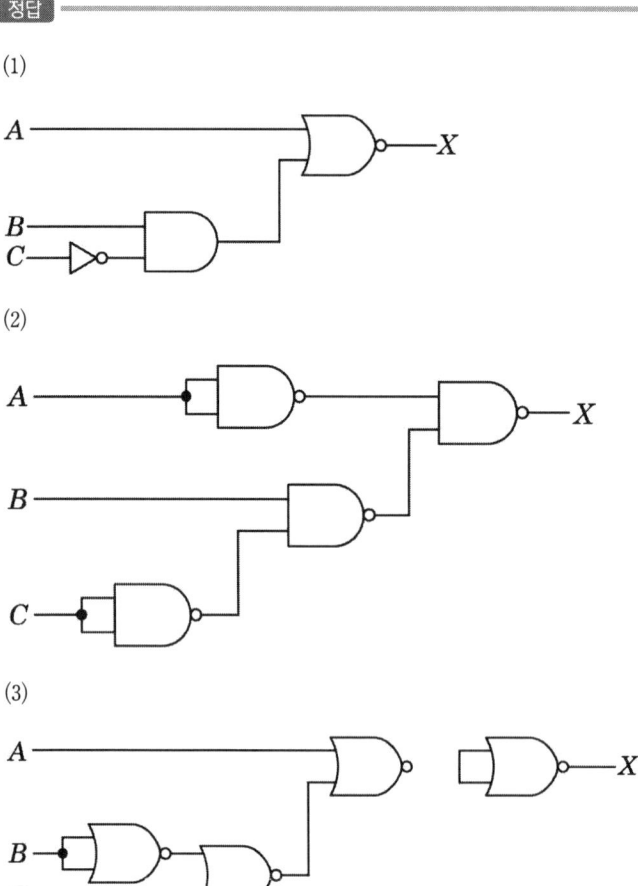

02

건축전기설비에서 전력설비의 간선을 설계하고자 한다. 간선 설계시 고려할 사항 4가지를 쓰시오.

정답

① 부하의 산정, 사용 상태 및 수용률

② 전기, 배선방식

③ 점검구에 대한 사항

④ 간선 방식에 대한 결정

핵심이론

□ 간선 설계 시 고려사항
  (1) 시공주와의 협의
    ① 전기방식, 배선방식
    ② 공장의 경우 부하의 사용상태나 수용률
    ③ 장래 증설의 유무와 이것에 대한 배려의 필요성
  (2) 건축 설계자와의 협의
    ① 간선 방식 및 경로에 대한 협의
    ② 점검구에 대한 사항
    ③ 수평, 수직 간선의 경로상의 관통부
  (3) 설비설계자와의 사전 협의
    ① 설비동력의 전기방식, 용량, 운전시간
    ② 동력제어방식, 제어반의 위치
    ③ 전기 간선이 설비의 배관 및 덕트와 동일한 샤프트 내에 함께 설치되는 경우에 위치 및 점검구에 대한 사항

03

지중 전선로는 어떤 방식에 의하여 시설하여야 하는지 3가지만 쓰시오.

정답

① 직접매설식 ② 관로식 ③ 암거식

04

전압 33,000 [V], 주파수 60 [Hz], 선로길이 7 [km] 1회선의 3상 지중 송전선로가 있다. 이 지중 전선로의 3상 무부하 충전전류 및 충전용량을 구하시오. (단, 케이블의 1선당 작용 정전용량은 0.4 [μF/km]라고 한다)

(1) 무부하 충전전류
(2) 충전용량

정답

(1) $I_c = \omega CEl = 2\pi f CEl = 2\pi \times 60 \times 0.4 \times 10^{-6} \times \dfrac{33000}{\sqrt{3}} \times 7 = 20.11$ [A]

답 20.11 [A]

(2) $Q_c = 3EI_c = 3 \times \dfrac{33000}{\sqrt{3}} \times 20.11 \times 10^{-3} = 1149.44$ [kVA]

답 1149.44 [kVA]

05

다음 그림과 같은 계통에서 모선 ③의 F점에서 3상 단락이 발생하였을 때 모선 ①-② 간, 모선 ②-③ 간, 모선 ③-① 간의 고장전력[MVA]과 고장전류[A]를 구하시오. 단, 그림에 표시된 수치는 모두 154 [kV], 100 [MVA]기준의 %임피던스이고, ①번 모선의 좌측은 전원 측 %Z이며 40[%], ②번 모선의 우측 %Z는 전원 측이고 4[%]이다.

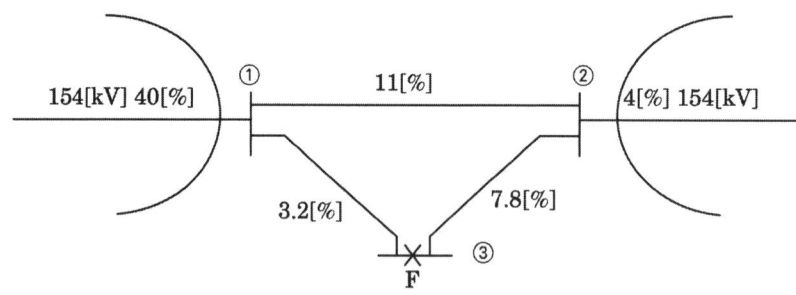

(1) 모선3-1의 고장전류 I_{s13}을 구하시오.
(2) 모선2-3의 고장전류 I_{s23}을 구하시오.
(3) 모선1-2의 고장전류 I_{s12}을 구하시오.
(4) 모선 3-1의 고장전력 P_{13}를 구하시오.
(5) 모선 2-3의 고장전력 P_{23}을 구하시오.
(6) 모선 1-2의 고장전력 P_{12}을 구하시오.

정답

Y결선 형태로 바꾸어주면 %임피던스는

$\%Z_1 = \dfrac{11 \times 3.2}{11 + 3.2 + 7.8} = 1.6\ [\%]$

$\%Z_2 = \dfrac{7.8 \times 11}{11 + 3.2 + 7.8} = 3.9\ [\%]$

$\%Z_3 = \dfrac{3.2 \times 7.8}{11 + 3.2 + 7.8} = 1.13\ [\%]$

F점에서 바라본 합성 %임피던스는

$\%Z = \dfrac{(40 + 1.6) \times (4 + 3.9)}{(40 + 1.6) + (4 + 3.9)} + 1.13 = 7.77\ [\%]$

F점의 단락전류는

$I_s = \dfrac{100}{\%Z} I_n = \dfrac{100}{7.77} \times \dfrac{100 \times 10^6}{\sqrt{3} \times 154 \times 10^3} = 4825\ [A]$

$I_{Y1} = \dfrac{4 + 3.9}{40 + 1.6 + 4 + 3.9} \times 4825 = 770.05\ [A]$

$I_{Y2} = \dfrac{40 + 1.6}{40 + 1.6 + 4 + 3.9} \times 4825 = 4054.95\ [A]$

$Z = \dfrac{10 V^2 \%Z}{P}$ 이므로

$Z_1 = \dfrac{10 \times 154^2 \times 1.6}{100 \times 10^3} = 3.79\ [\Omega]$

$Z_1 = \dfrac{10 \times 154^2 \times 3.9}{100 \times 10^3} = 9.25\ [\Omega]$

$Z_1 = \dfrac{10 \times 154^2 \times 1.13}{100 \times 10^3} = 2.68\ [\Omega]$

F지점에 단락사고가 발생했으므로 $V_3 = 0\ [V]$

$V_1 = Z_3 I_3 + Z_1 I_1 = 2.68 \times 4825 + 3.79 \times 770.05 = 15849.49\ [V]$

$V_2 = Z_3 I_3 + Z_2 I_2 = 2.68 \times 4825 + 9.25 \times 4054.95 = 50439.23\ [V]$

처음 문제의 조건으로 돌아와서 Z를 계산하면

$Z_{12} = \dfrac{10 \times 154^2 \times 11}{100 \times 10^3} = 26.09\ [\Omega]$

$$Z_{23} = \frac{10 \times 154^2 \times 7.8}{100 \times 10^3} = 18.5 \, [\Omega]$$

$$Z_{31} = \frac{10 \times 154^2 \times 3.2}{100 \times 10^3} = 7.59 \, [\Omega]$$

각 모선의 고장전류는

(1) $I_{s13} = \dfrac{V_1 - V_3}{Z_{13}} = 2088.21 \, [A]$

답 2088.21 [A]

(2) $I_{s23} = \dfrac{V_2 - V_3}{Z_{23}} = 2726.45 \, [A]$

답 2726.45 [A]

(3) $I_{s12} = \dfrac{V_1 - V_2}{Z_2} = -1325.79 \, [A]$

답 -1325.79 [A]

고장전력은 $P_s = 3I^2 Z$

(4) $P_{13} = 3I_{13}^2 Z_{13} = 3 \times (2088.21)^2 \times 7.59 \times 10^{-6} = 99.29 \, [\text{MVA}]$

답 99.29 [MVA]

(5) $P_{23} = 3I_{23}^2 Z_{23} = 3 \times (2726.45)^2 \times 18.5 \times 10^{-6} = 412.56 \, [\text{MVA}]$

답 412.56 [MVA]

(6) $P_{12} = 3I_{12}^2 Z_{12} = 3 \times (-1325.79)^2 \times 26.09 \times 10^{-6} = 137.58 \, [\text{MVA}]$

답 137.58 [MVA]

06

그림과 같이 3상 4선식 배전선로에 역률 100 [%]인 부하 L1-N, L2-N, L3-N이 각 상과 중성선간에 연결되어 있다. L1, L2, L3 상에 흐르는 전류가 220 [A], 172 [A], 190 [A]일 때 중성선에 흐르는 전류를 계산하시오.

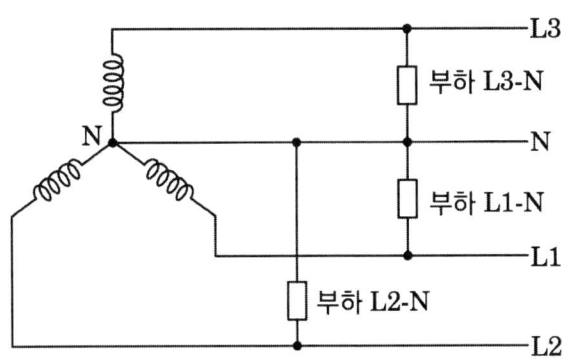

정답

■ 계산과정

$$I_N = I_{L1} + a^2 I_{L2} + a I_{L3}$$
$$= 220 + 172 \times (-\frac{1}{2} - j\frac{\sqrt{3}}{2}) + 190 \times (-\frac{1}{2} + j\frac{\sqrt{3}}{2})$$
$$= 39 + j15.59 [A]$$
$$|I_N| = \sqrt{39^2 + 15.59^2} = 42 [A]$$

답 42 [A]

07

전력용콘덴서의 개폐제어는 크게 수동조작과 자동조작이 있다. 자동조작방식을 제어요소에 따라 분류할 때 그 제어요소는 어떤 것이 있는지 4가지 쓰시오.

정답

① 수전점 무효전력에 의한 제어

② 수전점 전압에 의한 제어

③ 수전점 역률에 의한 제어

④ 개폐시간에 의한 제어

08

수전 전압이 22.9 [kV]이고 계약전력이 300 [kW], 3상 단락 전류가 7,000 [A]인 수용가에서 수전용 차단기의 정격차단용량은 몇 [MVA]인가? 단, 여유율은 고려하지 않는다.

정답

■ 계산과정

차단용량 $P_s = \sqrt{3}\, V_n I_s = \sqrt{3} \times 25.8 \times 7000 \times 10^{-3} = 312.81$ [MVA]

답 312.81 [MVA]

09

다음 조건과 같은 동작이 되도록 제어회로의 배선과 감시반 회로 배선 단자를 상호 연결하시오.

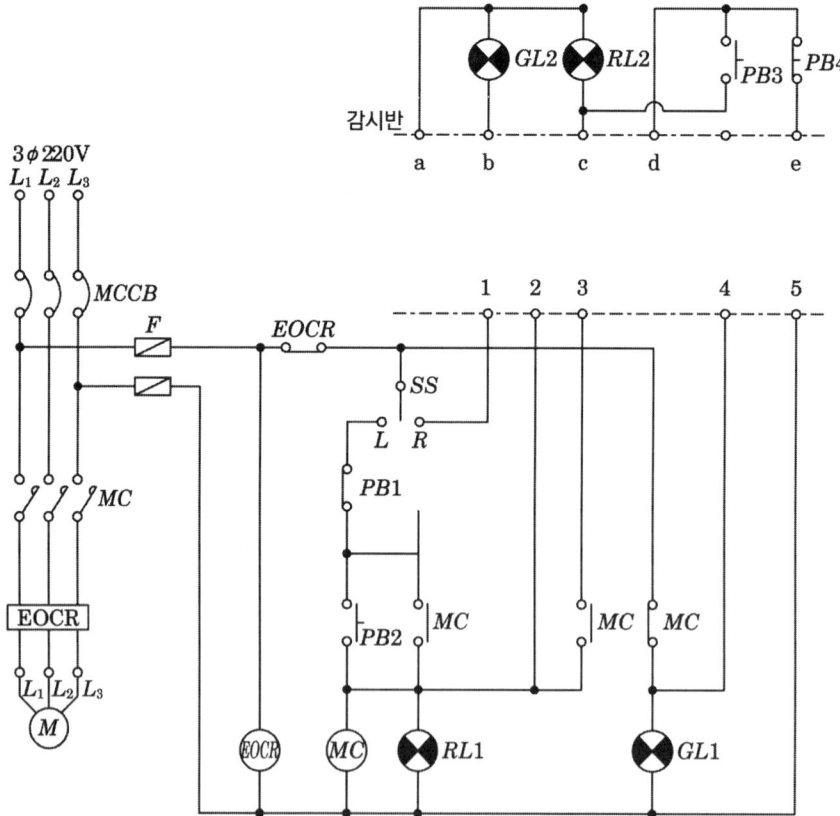

【조 건】
- 배선용차단기(MCCB)를 투입(ON)하면 GL1과 GL2가 점등된다.
- 선택스위치(SS)를 L위치에 놓고 PB2를 누른 후 놓으면 전자접촉기(MC)에 의하여 전동기가 운전되고, RL1과 RL2는 점등, GL1과 GL2는 소등된다.
- 전동기 운전 중 PB1을 누르면 전동기는 정지하고, RL1과 RL2는 소등, GL1과 GL2는 점등된다.
- 선택스위치(SS)를 R위치에 놓고 PB3를 누른 후 놓으면 전자접촉기(MC)에 의하여 전동기가 운전되고, RL1 과 는 점등, GL1과 GL2는 소등된다.
- 전동기 운전 중 PB4를 누르면 전동기는 정지하고, RL1과 RL2는 소등되고 GL1과 GL가 점등된다.
- 전동기 운전 중 과부하에 의하여 EOCR이 작동되면 전동기는 정지하고 모든 램프는 소등되며, EOCR을 RESET하면 초기상태로 된다.

a	b	c	d	e

정답

a	b	c	d	e
5	4	2	3	1

10

어느 변전소에서 그림과 같은 일부하 곡선을 가진 3개의 부하 A, B, C의 수용가의 경우 다음 각 물음에 대하여 답하시오. (단, 부하 A, B, C의 역률은 각각 100 [%], 80 [%], 60 [%]라 한다)

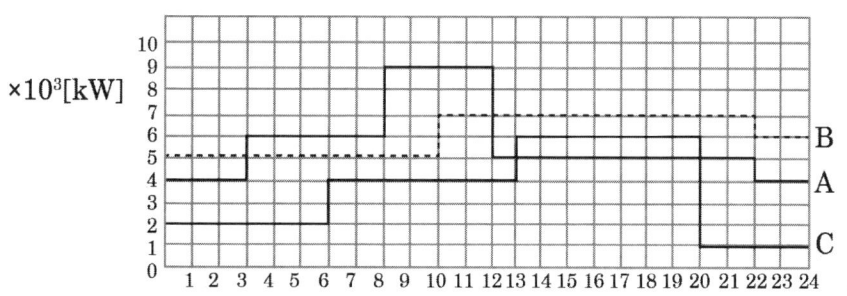

(1) 합성최대전력[kW]을 구하시오.

(2) 부등률을 구하시오.

(3) 종합 부하율[%]을 구하시오.

(4) 최대 부하시의 종합역률[%]을 구하시오.

> 정답

(1) $9000 + 7000 + 4000 = 20000\,[\text{kW}]$ 　　　답 20000 [kW]

(2) $\dfrac{9000 + 7000 + 6000}{20000} = 1.1$ 　　　답 1.1

(3) 각 수용가의 평균전력은

$$P_A = \frac{4\times3 + 6\times5 + 9\times4 + 5\times10 + 4\times2}{24}\times 10^3 = 5.67\times 10^3\,[\text{kW}]$$

$$P_B = \frac{5\times10 + 7\times12 + 6\times2}{24}\times 10^3 = 6.08\times 10^3\,[\text{kW}]$$

$$P_C = \frac{2\times6 + 4\times7 + 6\times7 + 1\times4}{24}\times 10^3 = 3.58\times 10^3\,[\text{kW}]$$

종합부하율 $= \dfrac{5.67 + 6.08 + 3.58}{20}\times 100 = 76.65\,[\%]$

답 76.65[%]

(4) 유효전력 $P = 9000 + 7000 + 4000 = 20000\,[\text{kW}]$

　무효전력 $Q = 0 + 5350 + 5333.33 = 10583.33\,[\text{kVar}]$

　종합역률 $\cos\theta = \dfrac{20000}{\sqrt{20000^2 + 10583.33^2}}\times 100 = 88.39\,[\%]$

답 88.39[%]

> 핵심이론

□ 변압기와 부하

(1) 수용률

① 수용설비가 동시에 사용되는 정도

② 수용률 $= \dfrac{\text{최대수용전력 [kW]}}{\text{총 부하설비용량 [kW]}} \times 100\,[\%]$

(2) 부등률

① 전력소비기기를 동시에 사용하는 정도

② 부등률 $= \dfrac{\text{수용설비 각각의 최대수용전력의 합 [kW]}}{\text{합성 최대수용전력 [kW]}} \geq 1$

③ 합성최대전력 $= \dfrac{\text{설비용량} \times \text{수용률}}{\text{부등률}}$

(3) 부하율

① 공급 설비가 어느 정도 유효하게 사용되는가를 나타냄

② 부하율이 클수록 공급설비가 유효하게 사용

③ 부하율 $= \dfrac{\text{평균수용전력 [kW]}}{\text{합성 최대수용전력 [kW]}} \times 100\,[\%]$

11

평형 3상 회로에 변류비 100/5인 변류기 2개를 그림과 같이 접속하였을 때 전류계에 3 [A]의 전류가 흘렀다. 1차 전류의 크기는 몇 [A]인가?

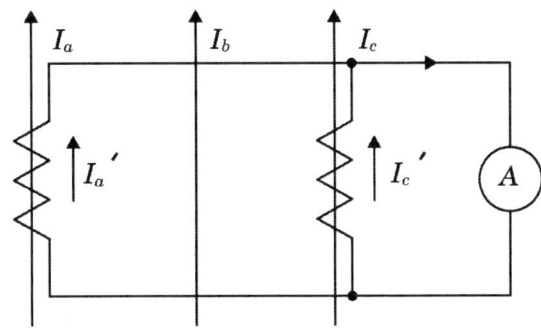

정답

■ 계산과정

가동접속 시 $I_1 = I_2 \times CT$비 $= 3 \times \dfrac{100}{5} = 60\,[\text{A}]$

답 60 [A]

12

다음 빈칸에 알맞은 값을 적으시오.

> 가공 전선로에 사용하는 지지물의 강도 계산에 적용하는 풍압 하중 중 을종 풍압하중은 전선 기타의 가섭선(架涉線) 주위에 두께 (①)mm, 비중 (②)의 빙설이 부착된 상태에서 수직 투영면적 372 Pa(다도체를 구성하는 전선은 333 Pa), 그 이외의 것은 갑종풍압하중의 2분의 1을 기초로 하여 계산한 것을 적용한다.

정답

① 6mm   ② 0.9

핵심이론

□ 풍압하중의 종별과 적용(KEC 331.6)
  가공 전선로에 사용하는 지지물의 강도 계산에 적용하는 풍압 하중 중 을종 풍압하중은 전선 기타의 가섭선(架涉線) 주위에 두께 6 mm, 비중 0.9의 빙설이 부착된 상태에서 수직 투영면적 372 Pa(다도체를 구성하는 전선은 333 Pa), 그 이외의 것은 갑종풍압하중의 2분의 1을 기초로 하여 계산한 것

13

회전날개의 지름이 31 [m]인 프로펠러형 풍차의 풍속이 16.5 [m/s]일 때 풍력 에너지[kW]를 계산하시오. (단, 공기의 밀도는 1.225 [kg/m³]이다)

정답

■ 계산과정

$P = \dfrac{1}{2}\rho A V^3 = \dfrac{1}{2} \times 1.225 \times \pi \times (\dfrac{31}{2})^2 \times 16.5^3 \times 10^{-3} = 2076.69\,[\text{kW}]$

답 2076.69 [kW]

14

전력용 콘덴서에 직렬 리액터를 사용하여 제3고조파를 제거할 경우 직렬 리액터의 용량은 콘덴서 용량의 몇 [%]인지 구하시오. 단, 주파수 변동 등을 고려하여 2 [%] 여유를 둔다.

정답

제3고조파를 제거하기 위한 조건 $3\omega L = \dfrac{1}{3\omega C} \rightarrow \omega L = 0.11 \times \dfrac{1}{\omega C}$

이론상 직렬리액터의 용량은 콘덴서 용량의 11 [%]

2 [%] 여유를 고려했을 경우 13 [%]

답 13 [%]

15

1차 정격전압이 6,600 [V], 권수비가 30인 3상 변압기가 있다. 다음 물음에 답하시오.

(1) 2차 정격전압[V]을 구하시오.
(2) 2차 측에 용량 50 [kW], 역률 0.8인 부하를 접속할 경우 1차 전류 및 2차 전류를 구하시오.
　① 1차 전류
　② 2차 전류
(3) 1차 입력[kVA]를 구하시오.

정답

■ 계산과정

(1) $V_2 = \dfrac{V_1}{a} = \dfrac{6600}{30} = 220\,[\text{V}]$ 　　답 220 [V]

(2) ① $I_2 = \dfrac{P}{\sqrt{3}\,V_2\cos\theta} = \dfrac{50\times 10^3}{\sqrt{3}\times 220\times 0.8} = 164.02\,[\text{A}]$ 　　답 164.02 [A]

　　② $I_1 = \dfrac{I_2}{a} = \dfrac{164.02}{30} = 5.47\,[\text{A}]$ 　　답 5.47 [A]

(3) $P = \sqrt{3}\,V_1 I_1 = \sqrt{3}\times 6600\times 5.47\times 10^{-3} = 62.53\,[\text{kVA}]$ 　　답 62.53 [kVA]

16　　　　　　　　　　　　　　　　　　　　　　　　　　　　　　　　　　6점

그림의 단상 3선식 계통에서 각 선에 흐르는 전류를 구하시오. (단, 부하의 역률은 100 [%]이다)

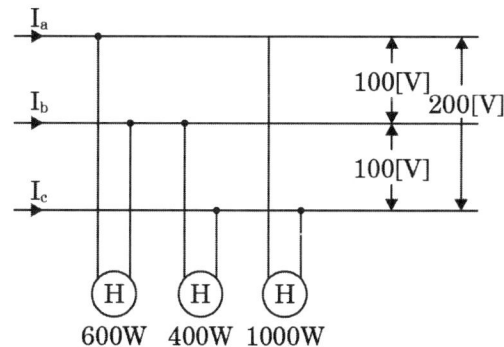

(1) I_a

(2) I_b

(3) I_c

정답

■ 계산과정

(1) $I_a = I_{ab} + I_{ac} = \dfrac{600}{V_{ab}} + \dfrac{1000}{V_{ac}} = \dfrac{600}{100} + \dfrac{1000}{200} = 11\,[\text{A}]$ 　　답 11 [A]

(2) $I_b = -I_{ab} + I_{bc} = -\dfrac{600}{V_{ab}} + \dfrac{400}{V_{bc}} = -\dfrac{600}{100} + \dfrac{400}{100} = -2\,[\text{A}]$ 　　답 -2 [A]

(3) $I_c = -I_{bc} - I_{ac} = -\dfrac{400}{V_{bc}} - \dfrac{1000}{V_{ac}} = -\dfrac{400}{100} - \dfrac{1000}{200} = -9\,[\text{A}]$ 　　답 -9 [A]

17

최대전력이 전달되도록 단자 a-b 사이에 저항을 삽입하고자 한다. 다음 각 물음에 답하시오. (단, 효율은 90 [%]이다)

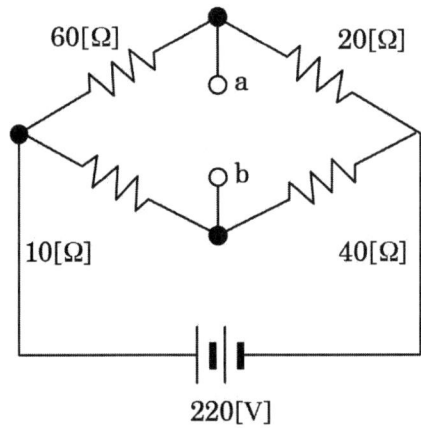

(1) 최대전력을 전달하기 위한 단자 a-b 사이에 넣어야 할 저항값을 구하시오.

(2) 10분간 전원을 인가할 경우 삽입한 저항이 한 일의 양은 몇 [kJ]인가 구하시오.

정답

■ 계산과정

(1) a-b 단자에서 본 테브난 등가저항은 $R_{th} = \dfrac{10 \times 40}{10+40} + \dfrac{60 \times 20}{60+20} = 23\ [\Omega]$

답 23 [Ω]

(2) a-b단자에서 본 $V_a = \dfrac{40}{10+40} \times 220 = 176\ [V]$

$V_b = \dfrac{20}{60+20} \times 220 = 55\ [V]$

테브난 등가전압은 $V_{th} = V_a - V_b = 176 - 55 = 121\ [V]$

최대소비전력 $P_m = \dfrac{V^2}{R} = \dfrac{(\frac{121}{2})^2}{23} = 159.14\ [W]$

한 일의양=전력량= $W = P_m t \eta = 159.14 \times 10 \times 60 \times 0.9 \times 10^{-3} = 85.94\ [kJ]$

답 85.94 [kJ]

18

가스절연 변전소의 특징을 5가지만 설명하시오. (단, 경제적이거나 비용에 관한 답은 제외한다)

정답

① 소형화가 가능하다.

② 충전부가 완전밀폐되어 안정성이 높다.

③ 육안점검이 불가능하다.

④ 대기 중의 오염물의 영향을 받지 않으므로 신뢰도가 높다.

⑤ 소음이 적고 친환경적이다.

2023년 제2회

01

다음 그림과 같은 송전계통의 S 지점에서 3상 단락사고가 발생하였다. 주어진 도면과 조건을 참고하여 다음 각 물음에 답하시오.

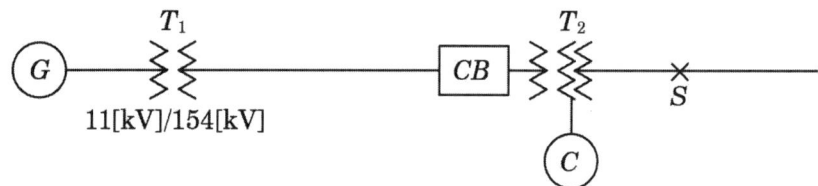

번호	기기명	용량	전압	%X[%]
1	발전기(G)	50,000 [kVA]	11 [kV]	25
2	변압기(T1)	50,000 [kVA]	11/154 [kV]	10
3	송전선	-	154 [kV]	8(10,000 [kVA] 기준)
4	변압기(T2)	1차 25,000 [kVA]	154 [kV]	12(25,000[kVA] 기준, 1차~2차)
		2차 30,000 [kVA]	77 [kV]	16(25,000[kVA] 기준, 2차~3차)
		3차 10,000 [kVA]	11 [kV]	9.5(10,000[kVA] 기준, 3차~1차)
5	조상기(C)	10,000 [kVA]	11 [kV]	15

(1) 변압기(T2)의 1차, 2차, 3차의 %리액턴스를 기준용량 10 [MVA]로 환산하시오.

① 1차

② 2차

③ 3차

(2) 변압기(T2)의 1차, 2차, 3차 자기 %리액턴스를 구하시오.

① 1차

② 2차

③ 3차

(3) 단락점 S에서 바라본 전원측의 10[MVA] 기준 합성 %리액턴스를 구하시오.

(4) 단락점의 차단용량[MVA]을 구하시오.

(5) 단락점의 고장전류[A]를 구하시오.

■ 계산과정

(1) ① 1차 $\%X_{12} = 12 \times \dfrac{10}{25} = 4.8[\%]$

② 2차 $\%X_{23} = 16 \times \dfrac{10}{25} = 6.4[\%]$

③ 3차 $\%X_{31} = 9.5 \times \dfrac{10}{10} = 9.5[\%]$

답 4.8 [%], 6.4 [%], 9.5 [%]

(2) ① 1차 $\%X_1 = \dfrac{1}{2}(X_{12} + X_{31} - X_{23}) = \dfrac{1}{2}(4.8 + 9.5 - 6.4) = 3.95[\%]$

② 2차 $\%X_2 = \dfrac{1}{2}(X_{12} + X_2 - X_{31}) = \dfrac{1}{2}(4.8 + 6.4 - 9.5) = 0.85[\%]$

③ 3차 $\%X_3 = \dfrac{1}{2}(X_{23} + X_{31} - X_{12}) = \dfrac{1}{2}(6.4 + 9.5 - 4.8) = 5.55[\%]$

답 3.95 [%], 0.85 [%], 5.55 [%]

(3) $\%X_G = 25 \times \dfrac{10}{50} = 5[\%]$

$\%X_{T1} = 10 \times \dfrac{10}{50} = 2[\%]$

$\%X_l = 8 \times \dfrac{10}{10} = 8[\%]$

$\%X_C = 15 \times \dfrac{10}{10} = 15[\%]$

단락점 S에서 바라본 합성 %리액턴스 $\dfrac{(5+2+8+3.95) \times (15+5.55)}{(5+2+8+3.95) + (15+5.55)} + 0.85 = 10.71[\%]$

답 10.71 [%]

(4) $P_s = \dfrac{100}{\%X} P_n = \dfrac{100}{10.71} \times 10 = 93.37[MVA]$ 　　답 93.37[MVA]

(5) $I_s = \dfrac{100}{\%X} I_n = \dfrac{100}{10.71} \times \dfrac{10 \times 10^6}{\sqrt{3} \times 77 \times 10^3} = 700.1[A]$ 　　답 700.1 [A]

02

평형 3상 회로에 그림과 같이 접속된 전압계의 지시치가 220 [V], 전류계의 지시치가 20 [A], 전력계의 지시치가 2 [kW]일 때 다음 각 물음에 답하시오.

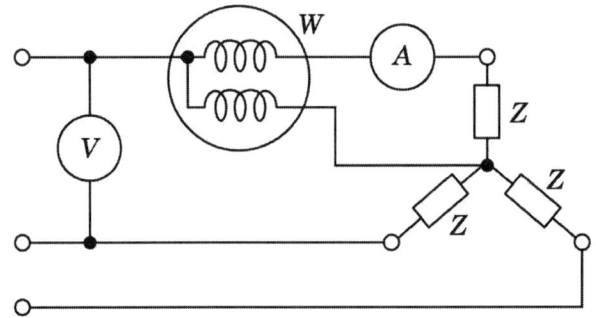

(1) 3상 부하 Z의 소비전력은 몇 [kW]인가?

(2) 부하의 임피던스 Z[Ω]을 복소수로 나타내시오.

정답

■ 계산과정

(1) $W_3 = 3W = 3 \times 2 = 6 [kW]$ 답 6[kW]

(2) 저항 $R = \dfrac{W}{I^2} = \dfrac{2 \times 10^3}{20^2} = 5 [\Omega]$

임피던스의 크기 $Z = \dfrac{V_p}{I_p} = \dfrac{\frac{220}{\sqrt{3}}}{20} = 6.35 [\Omega]$

리액턴스 $X = \sqrt{Z^2 - R^2} = \sqrt{6.35^2 - 5^2} = 3.91 [\Omega]$

임피던스 $Z = 5 + j3.91 [\Omega]$

답 $5 + j3.91 [\Omega]$

03

변류비가 50/5인 변류기 2대를 그림과 같이 접속하였을 때, 전류계에 2 [A]의 전류가 흘렀다. 이때 CT 1차 측의 전류를 구하시오.

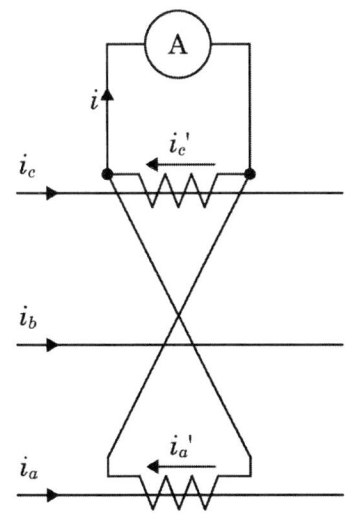

정답

■ 계산과정

차동접속 시 CT 1차 측 전류 = $2 \times \dfrac{1}{\sqrt{3}} \times \dfrac{50}{5} = 11.55$ [A]

답 11.55 [A]

04

다음 그림과 같이 점광원으로부터 원뿔 밑면까지의 거리가 4 [m]이고, 밑면의 반지름이 3 [m]인 원형면의 평균 조도가 100 [lx]라면 이 점광원의 평균 광도[cd]는?

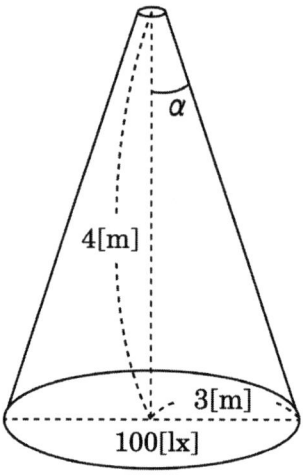

정답

■ 계산과정

$$\cos\alpha = \frac{4}{\sqrt{4^2+3^2}} = 0.8$$

입체각 $\omega = 2\pi(1-\cos\alpha)$ [sr]

조도 $E = \dfrac{F}{S} = \dfrac{\omega I}{r^2\pi} = \dfrac{2(1-\cos\alpha)I}{r^2}$

평균광도 $I = \dfrac{Er^2}{2(1-\cos\alpha)} = \dfrac{100 \times 3^2}{2 \times (1-0.8)} = 2250$ [cd]

답 2250 [cd]

05

유도 전동기 IM을 유도전동기가 있는 현장과 현장에서 조금 떨어진 제어실 어느 쪽에서든지 기동 및 정지가 가능하도록 하는 제어회로를 전자접촉기 MC와 누름버튼스위치 PBS-ON 및 PBS-OFF를 사용하여 점선 안에 그리시오.

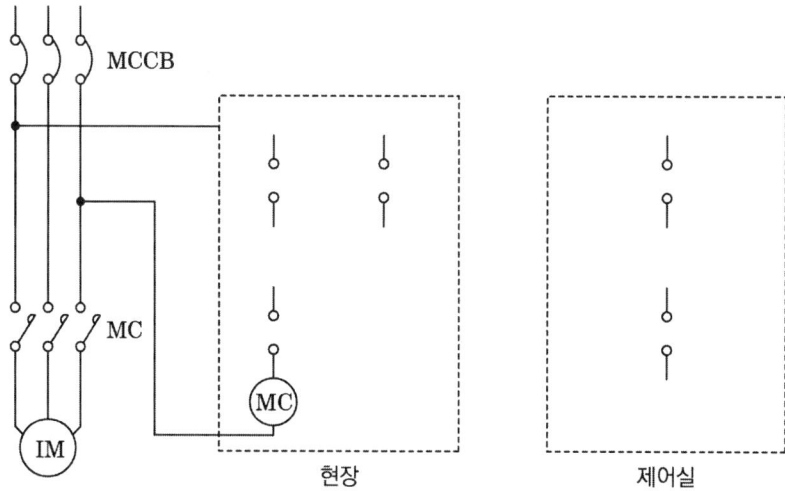

정답

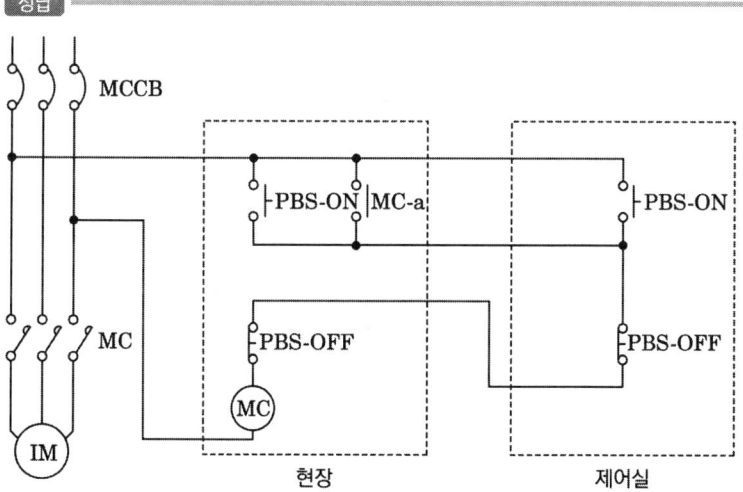

06

전동기 부하를 사용하는 곳의 역률개선을 위하여 회로에 병렬로 역률개선용 저압콘덴서를 설치하여 전동기의 역률을 90 [%] 이상으로 유지하려고 한다. 다음 물음에 답하시오.

(1) 정격전압 380 [V], 정격출력 7.5 [kW], 역률 80 [%]인 전동기의 역률을 90 [%]로 개선하고자 하는 경우 필요한 3상 콘덴서의 용량[kVA]을 구하시오.

(2) 물음 "(1)"에서 구한 3상 콘덴서의 용량[kVA]을 [μF]로 환산한 용량으로 구하시오. (단, 콘덴서는 Δ결선하고 정격주파수는 60 [Hz]로 계산한다)

정답

■ 계산과정

(1) $Q = P(\tan\theta_1 - \tan\theta_2) = 7.5\left(\dfrac{\sqrt{1-0.8^2}}{0.8} - \dfrac{\sqrt{1-0.9^2}}{0.9}\right) = 1.99$ [kVA]

답 1.99 [kVA]

(2) $Q = 3\omega CE^2 = 3\omega CV^2 = 1.99 [\text{kVA}]$

$C = \dfrac{Q}{2\omega V^2} = \dfrac{1.99 \times 10^3}{3 \times 2\pi \times 60 \times 380^2} \times 10^6 = 12.19$ [μF]

답 12.19 [μF]

07

분전반에서 긍장 50 [m]의 거리에 380 [V], 4극 3상 유도전동기 37 [kW]를 설치하였다. 전압강하를 5 [V] 이하로 하기 위해서는 전선의 굵기를 몇 [mm²]로 해야 하는가? (단, 전동기의 전부하 전류는 75 [A]고, 3상 3선식 회로이다)

정답

■ 계산과정

$A = \dfrac{30.8 LI}{1000e} = \dfrac{30.8 \times 50 \times 75}{1000 \times 5} = 23.1 [\text{mm}^2]$

답 25 [mm²]

핵심이론

배전 방식	전압강하	측정 기준
단상 2선식	$e = \dfrac{35.6LI}{1000A}$	선간
3상 3선식	$e = \dfrac{30.8LI}{1000A}$	선간
단상 3선식 3상 4선식	$e = \dfrac{17.8LI}{1000A}$	대지간

e : 전압강하[V], I : 부하전류[A]
L : 전선의 길이[m], A : 사용전선의 단면적[mm^2]

08 5점

다음은 한국전기설비규정에 의한 피뢰기의 설치장소이다. 다음 ( ) 안에 알맞은 내용을 쓰시오.

(1) (①)의 가공전선 인입구 및 인출구
(2) (②)에 접속하는 (③)변압기의 고압 및 특고압 측
(3) 고압 및 특고압 가공전선로로부터 공급 받는 (④)의 인입구
(4) 가공전선로와 (⑤)가 접속되는 곳

정답

① 발전소·변전소 또는 이에 준하는 장소

② 특고압 가공전선로

③ 배전용

④ 수용장소

⑤ 지중전선로

09

다음 그림은 설비용량 10[kW]인 A, B 수용가의 부하곡선이다. 다음 각 물음에 답하시오.

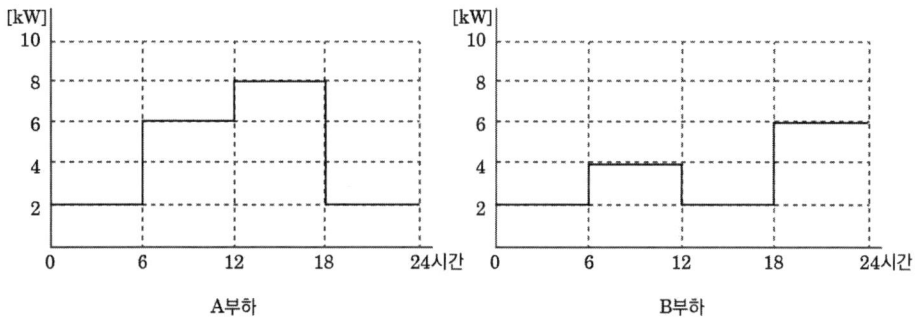

(1) A, B 각 수용가의 수용률을 구하시오

구분	계산식	수용률
A		
B		

(2) A, B 각 수용가의 부하율을 구하시오

구분	계산식	부하율
A		
B		

(3) 부등률을 구하시오.

정답

(1)

구분	계산식	수용률
A	$\dfrac{8 \times 10^3}{10 \times 10^3} \times 100 = 80[\%]$	80[%]
B	$\dfrac{6 \times 10^3}{10 \times 10^3} \times 100 = 60[\%]$	60[%]

(2)

구분	계산식	부하율
A	$\dfrac{\dfrac{(2+6+8+2)\times 6\times 10^3}{24}}{8\times 10^3}=56.25[\%]$	56.25[%]
B	$\dfrac{\dfrac{(2+4+2+6)\times 6\times 10^3}{24}}{6\times 10^3}=58.33[\%]$	58.33[%]

(3)

$$부등률 = \frac{수용설비\ 각각의\ 최대수용전력의\ 합\ [kW]}{합성\ 최대수용전력\ [kW]}$$

$$= \frac{(8+6)\times 10^3}{(8+2)\times 10^3} = 1.4$$

답 1.4

핵심이론

□ 변압기와 부하

(1) 수용률
 ① 수용설비가 동시에 사용되는 정도
 ② 수용률 = $\dfrac{최대수용전력\ [kW]}{총\ 부하설비용량\ [kW]} \times 100\ [\%]$

(2) 부등률
 ① 전력소비기기를 동시에 사용하는 정도
 ② 부등률 = $\dfrac{수용설비\ 각각의\ 최대수용전력의\ 합\ [kW]}{합성\ 최대수용전력\ [kW]} \geq 1$
 ③ 합성최대전력 = $\dfrac{설비용량 \times 수용률}{부등률}$

(3) 부하율
 ① 공급 설비가 어느 정도 유효하게 사용되는가를 나타냄
 ② 부하율이 클수록 공급설비가 유효하게 사용
 ③ 부하율 = $\dfrac{평균수용전력\ [kW]}{합성\ 최대수용전력\ [kW]} \times 100\ [\%]$

10

다음 그림은 TN-S 계통접지이다. 중성선 (N), 보호선 (PE), 보호선과 중선선을 겸한 선 (PEN)을 이용해 도면을 완성하고 표시하시오. (단, 중성선은 ╱, 보호선은 ╪. 보호선과 중성선을 겸한 선은 ╤로 표시한다)

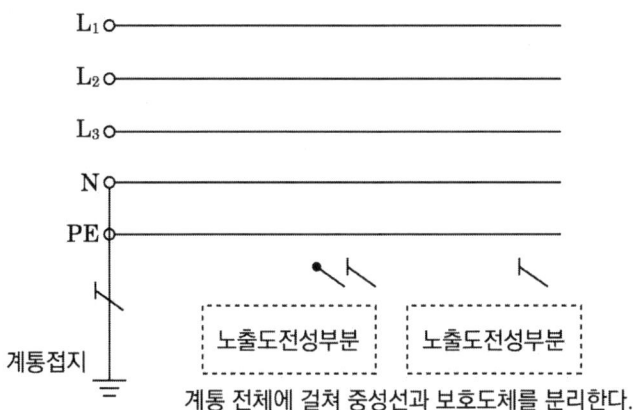

계통접지

계통 전체에 걸쳐 중성선과 보호도체를 분리한다.

정답

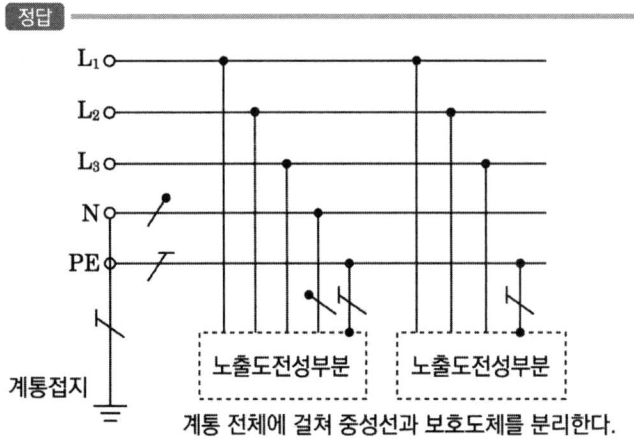

계통접지

계통 전체에 걸쳐 중성선과 보호도체를 분리한다.

11
6점

불평형 3상 교류회로에서 대칭분이 다음과 같을 경우 각 상의 전류 I_a[A], I_b[A], I_c[A]를 구하시오. 단, 각 상은 a, b, c의 순서이다.

영상분	$1.8 \angle -159.17°$
정상분	$8.95 \angle 1.14°$
역상분	$2.51 \angle 96.55°$

(1) I_a

(2) I_b

(3) I_c

정답

■ 계산과정

(1) $I_a = I_0 + I_1 + I_2 = 1.8 \angle -159.17° + 8.95 \angle 1.14° + 2.51 \angle 96.55° = 7.27 \angle 16.23°$[A]

답 $7.27 \angle 16.23°$[A]

(2) $I_b = I_0 + a^2 I_1 + a I_2 = 1.8 \angle -159.17° + (1 \angle 240° \times 8.95 \angle 1.14°) + (1 \angle 120° \times 2.51 \angle 96.55°) = 12.80 \angle -128.8°$[A]

답 $12.80 \angle -128.8°$[A]

(3) $I_c = I_0 + a I_1 + a^2 I_2 = 1.8 \angle -159.17° + (1 \angle 120° \times 8.95 \angle 1.14°) + (1 \angle 240° \times 2.51 \angle 96.55°) = 7.23 \angle -123.65°$[A]

답 $7.23 \angle -123.65°$[A]

12

다음 그림과 같이 변압기가 설치되어 있다. 주어진 조건을 이용하여 다음 각 물음에 답하시오.

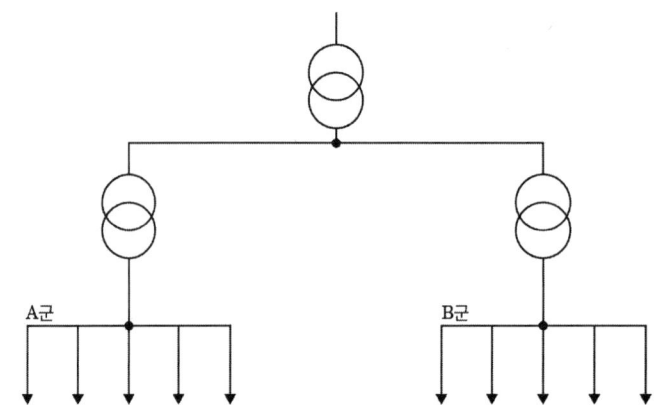

	A군	B군
설비용량 [kW]	50	30
역률	1	1
수용률	0.6	0.5
부등률	1.2	1.2
변압기 간 부등률	1.3	

(1) A군에 필요한 변압기 용량[kVA]을 구하시오.
(2) B군에 필요한 변압기 용량[kVA]을 구하시오.
(3) 고압간선에 걸리는 최대부하[kW]를 구하시오.

정답

■ 계산과정

(1) $P_A = \dfrac{50 \times 0.6}{1.2 \times 1} = 25 \,[\text{kVA}]$ 답 25 [kVA]

(2) $P_B = \dfrac{30 \times 0.5}{1.2 \times 1} = 12.5 \,[\text{kVA}]$ 답 12.5 [kVA]

(3) $\dfrac{25 \times 1 + 12.5 \times 1}{1.3} = 28.85 \,[\text{kW}]$ 답 28.85 [kW]

13

다음은 전기안전관리자 직무에 관한 고시의 내용이다. 다음 ( ) 안에 알맞은 내용을 쓰시오.

> ① 전기안전관리자는 관련 조항에 따라 수립한 점검을 실시하고, 다음 각 호의 내용을 기록하여야 한다. 다만, 전기안전관리자와 점검자가 같은 경우 별지 서식(제2호~제8호)의 서명을 생략할 수 있다.
> 1. 점검자
> 2. 점검 연월일, 설비명(상호) 및 설비용량
> 3. 점검 실시 내용(점검항목별 기준치, 측정치 및 그 밖에 점검 활동 내용 등)
> 4. 점검의 결과
> 5. 그 밖에 전기설비 안전관리에 관한 의견
> ② 전기안전관리자는 제1항에 따라 기록한 서류(전자문서를 포함한다)를 전기설비 설치 장소 또는 사업장마다 갖추어 두고, 그 기록서류를 (①)년간 보존하여야 한다.
> ③ 전기안전관리자는 관련 법에 따른 정기검사 시 제1항에 따라 기록한 서류(전자문서를 포함한다)를 제출하여야 한다. 다만, 전기안전종합정보시스템에 매월 (②)회 이상 안전관리를 위한 확인·점검 결과 등을 입력한 경우에는 제출하지 아니할 수 있다.

정답

① 4 ② 1

핵심이론

> □ 점검에 관한 기록·보존 (전기안전관리자의 직무에 관한 고시 제6조)
> ① 전기안전관리자는 제3조제2항에 따라 수립한 점검을 실시하고, 다음 각 호의 내용을 기록하여야 한다. 다만, 전기안전관리자와 점검자가 같은 경우 별지 서식(제2호~제8호)의 서명을 생략할 수 있다.
> 1. 점검자
> 2. 점검 연월일, 설비명(상호) 및 설비용량
> 3. 점검 실시 내용(점검항목별 기준치, 측정치 및 그 밖에 점검 활동 내용 등)
> 4. 점검의 결과
> 5. 그 밖에 전기설비 안전관리에 관한 의견
> ② 전기안전관리자는 제1항에 따라 기록한 서류(전자문서를 포함한다)를 전기설비 설치 장소 또는 사업장마다 갖추어 두고, 그 기록서류를 4년간 보존하여야 한다.
> ③ 전기안전관리자는 법 제11조에 따른 정기검사 시 제1항에 따라 기록한 서류(전자문서를 포함한다)를 제출하여야 한다. 다만, 법 제38조에 따른 전기안전종합정보시스템에 매월 1회 이상 안전관리를 위한 확인·점검 결과 등을 입력한 경우에는 제출하지 아니할 수 있다.

14

다음은 주택용 배선용차단기 과전류트립 동작시간 및 특성을 나타낸 표이다. 다음 표의 빈칸에 들어갈 알맞은 내용을 쓰시오.

형	순시트립 범위
①	$3I_n$ 초과 ~ $5I_n$ 이하
②	$5I_n$ 초과 ~ $10I_n$ 이하
③	$10I_n$ 초과 ~ $20I_n$ 이하

I_n : 차단기 정격전류

정격전류 구분	시간[분]	정격전류 배수	
		부동작전류	동작전류
63[A] 이하	60	④	⑤
63[A] 초과	120	④	⑤

정답

① B   ② C   ③ D   ④ 1.13   ⑤ 1.45

15

3300/220 [V]인 변압기 용량이 각각 250 [kVA], 200 [kVA]이고 %임피던스 강하가 각각 2.7 [%], 3 [%]일 때 병렬합성용량 [kVA]은?

정답

250 [kVA] 기준일 때 변압기 용량이 200 [kVA]인 기기의 %임피던스 강하는 $\frac{250}{200} \times 3 = 3.75 [\%]$ 이고, 공급 용량은 $\frac{2.7}{3.75} \times 250 = 180 [kVA]$ 이다.

이때 병렬합성용량은 $250 + 180 = 430 [kVA]$

답 430 [kVA]

16

다음 그림은 저항 $R = 20[\Omega]$, 전압 $V = 220\sqrt{2}\sin 120\pi t$ [V]이고 변압기의 권수비가 1 : 1일 때 브리지 회로를 나타낸 것이다. 다음 각 물음에 답하시오. 단, 직류 측 평활회로는 포함하지 않는다.

(1) 점선 안에 브리지 회로를 완성하시오.
(2) 평균전압 V_{dc}[V] 을 구하시오.
(3) R에 흐르는 평균전류[A]를 구하시오.

정답

(1)

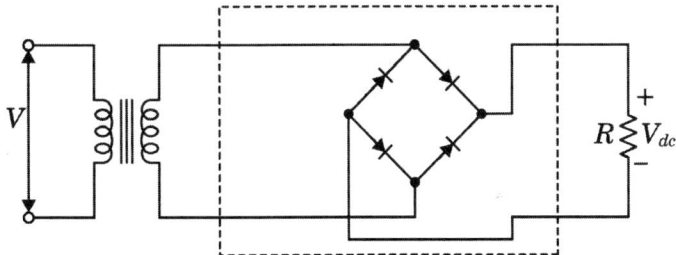

(2) $V_{dc} = 0.9 \times \dfrac{220\sqrt{2}}{\sqrt{2}} = 198$ [V] **답** 198[V]

(3) $I = \dfrac{V_{dc}}{R} = \dfrac{198}{20} = 9.9$[A] **답** 9.9[A]

17

고압 측 1선 지락사고 시 지락전류가 100[A]라면, 이 전로에 접속된 주상 변압기 380 [V] 측 한 단자에 중성점 접지공사를 할 때 접지저항값은 얼마 이하로 유지하여야 하는가? (단, 1초 초과 2초 이내에 자동적으로 전로를 차단하는 장치를 설치한 경우이다)

정답

■ 계산과정

$$R = \frac{300}{I_g} = \frac{300}{100} = 3\,[\Omega]$$

답 3 [Ω]

18

스위치 S_1, S_2, S_3에 의하여 직접 제어되는 계전기 A, B, C가 있다. 전등 Y_1, Y_2가 진리표와 같이 점등된다고 할 경우 다음 물음에 답하시오. (단, 최소 접점수로 접점을 표시하시오)

A	B	C	Y1	Y2
0	0	0	1	1
0	0	1	0	0
0	1	0	0	1
0	1	1	0	1
1	0	0	1	1
1	0	1	0	0
1	1	0	1	1
1	1	1	0	1

접속점 표기	
접속	비접속

(1) Y_1, Y_2의 논리식을 간소화하여 쓰시오.

(2) 논리식의 무접점 회로를 그리시오.

(3) 논리식의 유접점 회로를 그리시오.

■ 계산과정

(1) $Y_1 = \overline{A}\,\overline{B}\,\overline{C} + A\overline{B}\,\overline{C} + AB\overline{C}$

$= \overline{A}\,\overline{B}\,\overline{C} + A\overline{B}\,\overline{C} + A\overline{B}\,\overline{C} + AB\overline{C}$

$= \overline{B}\,\overline{C}(\overline{A} + A) + A\overline{C}(B + \overline{B}) = \overline{C}(A + \overline{B})$

$Y_2 = \overline{A}\,\overline{B}\,\overline{C} + \overline{A}B\overline{C} + \overline{A}BC + A\overline{B}\,\overline{C} + AB\overline{C} + ABC$

$= \overline{A}\,\overline{C}(\overline{B} + B) + BC(\overline{A} + A) + A\overline{C}(\overline{B} + B)$

$= \overline{A}\,\overline{C} + BC + A\overline{C} = (\overline{A} + A)\overline{C} + BC$

$= \overline{C} + BC = B + \overline{C}$

(2)

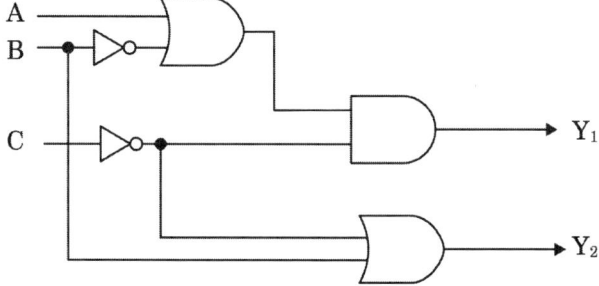

(3)

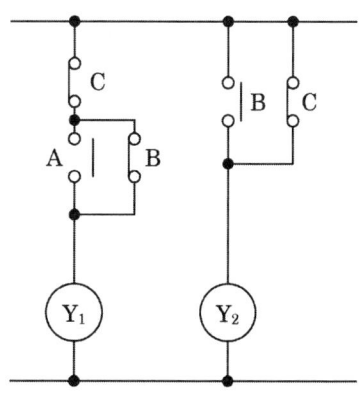

01

현장에서 시험용 변압기가 없을 경우에는 그림과 같이 주상 변압기 2대와 수저항기를 사용하여 변압기의 절연내력 시험을 할 수 있다. 이때 다음 물음에 답하시오. (단, 최대 사용전압 6,900 [V]의 변압기의 권선을 시험할 경우이며, $\dfrac{E_2}{E_1} = 105/6300$ [V]임)

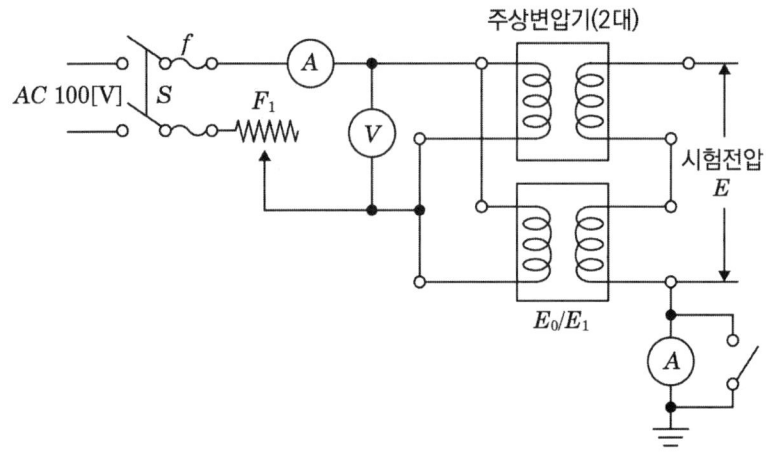

(1) 절연내력 시험전압은 몇 [V]이며, 이 시험전압을 몇 분간 가하여 이에 견디어야 하는가?
   ① 절연내력 시험전압
   ② 가하는 시간
(2) 시험 시 전압계 ⓥ로 측정되는 전압은 몇 [V]인가?
(3) 도면에서 오른쪽 하단의 접지되어 있는 전류계는 어떤 용도로 사용되는가?

정답

■ 계산과정

(1) ① $V = 6900 \times 1.5 = 10350$ [V]　　　　　답 10350[V]
    ② 10분

(2) $V = 10350 \times \dfrac{1}{2} \times \dfrac{105}{6300} = 86.25$ [V]　　　답 86.25[V]

(3) 누설전류 측정

핵심이론

□ 변압기 전로의 절연내력(KEC 135)

권선의 종류(최대사용전압 기준)	시험전압
최대 사용전압 7 kV 이하 단, 시험전압이 500V 미만으로 되는 경우에는 500 V	최대사용전압×1.5배
7 kV 초과 25 kV 이하의 권선으로서 중성점 접지식 전로에 접속하는 것	최대사용전압×0.92배
7 kV 초과 60 kV 이하의 권선 (2란의 것을 제외한다) 단, 시험전압이 10500V 미만으로 되는 경우에는 10500 V	최대사용전압×1.25배
60 kV를 초과하는 권선으로서 중성점 비접지식 전로에 접속하는 것	최대사용전압×1.25배
60 kV를 초과하는 권선으로서 중성점 접지식 전로에 접속하고 또한 성형결선의 권선의 경우에는 그 중성점에, 스콧결선의 권선의 경우에는 T좌 권선과 주좌 권선의 접속점에 피뢰기를 시설하는 것. 단, 시험전압이 75 kV 미만으로 되는 경우에는 75 kV	최대사용전압×1.1배
최대사용전압이 60 kV를 초과하는 권선으로서 중성점 직접접지식 전로에 접속하는 것. 다만, 170 kV를 초과하는 권선에는 그 중성점에 피뢰기를 시설하는 것에 한한다.	최대사용전압×0.72배
170 kV를 초과하는 권선으로서 중성점 직접접지식 전로에 접속하고 또한 그 중성점을 직접 접지하는 것	최대사용전압×0.64배
기타의 권선	최대사용전압×1.1배

02

다음 조건의 ①에 알맞은 내용을 써 넣으시오. (단, 한국전기설비규정을 따른다)

【조건】
그림과 같이 분기회로(S_2)의 보호장치(P_2)는 P_2의 분기점(O) 사이에 다른 분기회로 또는 콘센트의 접속이 없고 단락의 위험과 화재 및 인체에 대한 위험성이 최소화되도록 시설된 경우, 분기회로의 보호장치(P_2)는 분기회로의 분기점(O)으로부터 (①)[m]까지 이동하여 설치할 수 있다.

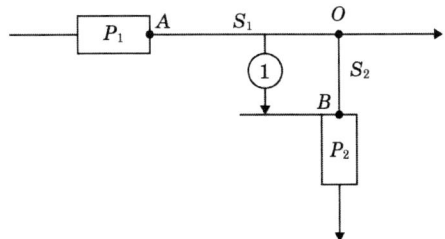

정답

① 3

> 핵심이론
>
> □ 과부하 보호장치의 설치 위치(KEC 212.4.2)
> 그림과 같이 분기회로(S2)의 보호장치(P2)는 P2의 분기점(O) 사이에 다른 분기회로 또는 콘센트의 접속이 없고 단락의 위험과 화재 및 인체에 대한 위험성이 최소화되도록 시설된 경우, 분기회로의 보호장치(P2)는 분기회로의 분기점(O)으로부터 3[m]까지 이동하여 설치할 수 있다.

03

연료전지(Fuel cell)발전의 특징 3가지를 쓰시오.

정답

① 소음과 진동이 거의 없다.

② 소규모 발전이 가능하다.

③ 크기에 비해 운전효율이 좋다.

> 핵심이론
>
> □ 연료전지 발전의 특징
> ① 소음과 진동이 거의 없다.
> ② 소규모 발전이 가능하다.
> ③ 크기에 비해 운전효율이 좋다.
> ④ 화석연료에 비해 친환경적 발전설비이다.
> ⑤ 다양한 형태로 설계가 가능하다.
> ⑥ 회전부분이 없어, 발전시스템의 신뢰도가 높다.

04

소선의 직경이 3.2[mm]인 37가닥의 연선을 사용할 경우 외경은 몇 [mm]인가?

정답

■ 계산과정

$N = 3n(n+1) + 1 = 37$

따라서 소선 수가 37가닥일 때 $n = 3$

$D = (2n+1)d = (2 \times 3 + 1) \times 3.2 = 22.4$ [mm]

답 22.4 [mm]

핵심이론

□ 연선의 각 요소
- 연선 소선 총수 $N = 3n(n+1) + 1$ [가닥]
- 연선 바깥지름 $D = (2n+1)d$ [mm]

05

차단기의 트립 방식에 대한 설명을 보고 빈칸에 들어갈 내용을 쓰시오.

트립 방식	설명
①	차단기의 주회로에 접속된 변류기의 2차 전류에 의해 트립되는 방식
②	충전된 콘덴서의 에너지에 의해 트립되는 방식
③	부족 전압 트립 장치에 인가되어 있는 전압의 저하에 의해 트립되는 방식

정답

① 과전류 트립 방식(변류기 2차 전류 트립 방식)

② 콘덴서 트립 방식(CTD 방식)

③ 부족 전압 트립 방식

06

6600/220 [V]인 두 대의 단상 변압기 A, B가 있다. A의 용량은 30 [kVA]로서 2차로 환산한 저항과 리액턴스의 값이 각각 $r_A = 0.03[Ω]$, $x_A = 0.04[Ω]$이고, B의 용량은 20 [kVA]로서 2차로 환산한 값이 각각 $r_B = 0.03[Ω]$, $x_B = 0.06[Ω]$이다. 이 두 변압기를 병렬 운전해서 40 [kVA]의 부하를 건 경우, A 변압기의 분담 부하 [kVA]는 얼마인가?

정답

■ 계산과정

$$\%Z_A = \frac{P_A Z_A}{10 V_2^2} = \frac{30 \times \sqrt{0.03^2 + 0.04^2}}{10 \times 0.22^2} = 3.1[\%]$$

$$\%Z_B = \frac{P_B Z_B}{10 V_2^2} = \frac{20 \times \sqrt{0.03^2 + 0.06^2}}{10 \times 0.22^2} = 2.77[\%]$$

부하분담비 $\frac{P_a}{P_b} = \frac{\%Z_B}{\%Z_A} \times \frac{P_A}{P_B} = \frac{2.77}{3.1} \times \frac{30}{20} = 1.34$

$$P_a + P_b = P_a + \frac{P_a}{1.34} = P_a(1 + \frac{1}{1.34}) = 40[kVA]$$

$$P_a = 22.91[kVA]$$

답 22.91 [kVA]

07

어떤 공장의 부하실적은 1일 평균 전력량이 192 [kWh]이며, 1일의 최대전력이 12 [kW]이고, 최대전력일 때의 전류값이 34 [A]이다. 다음 물음에 답하시오. (단, 이 공장은 220 [V], 11 [kW]인 3상 유도전동기를 부하설비로 사용한다고 한다)

(1) 일부하율은 몇 [%]인가?
(2) 최대공급전력일 때의 역률은 몇 [%]인가?

정답

■ 계산과정

(1) 일부하율 $= \dfrac{\frac{192}{24}}{12} \times 100 = 66.67[\%]$ 　　　　답 66.67 [%]

(2) $\cos\theta = \dfrac{12 \times 10^3}{\sqrt{3} \times 220 \times 34} \times 100 = 92.62[\%]$ 　　　　답 92.62 [%]

핵심이론

□ 부하율
① 공급 설비가 어느 정도 유효하게 사용되는가를 나타냄
② 부하율이 클수록 공급설비가 유효하게 사용
③ 부하율 $= \dfrac{\text{평균수용전력 [kW]}}{\text{합성 최대수용전력 [kW]}} \times 100\ [\%]$

08　　5점

정격차단전류가 24 [kA], VCB의 정격전압이 170[kV]일 때 VCB의 정격차단용량은 몇 [MVA]인가? 단, 아래의 정격용량표를 이용하여 선정하시오.

차단기의 정격 용량[MVA]

5800	6600	7300	9200	12000

정답

■ 계산과정

$P_s = \sqrt{3} \times 170 \times 24 = 7066.77[\text{MVA}]$ 　　　　답 7300 [MVA]

09　　4점

△-△결선으로 운전하던 중 한상의 변압기가 고장으로 제거되어 V-V결선으로 공급할 때 변압기의 출력비와 이용률은 각각 몇 [%]인가?

(1) 출력비
(2) 이용률

> 정답

(1) 출력비 $= \dfrac{\sqrt{3}\,P}{3P} = \dfrac{1}{\sqrt{3}} = 0.5774$ 답 57.74 [%]

(2) 이용률 $= \dfrac{\sqrt{3}\,P}{2P} = \dfrac{\sqrt{3}}{2} = 0.866$ 답 86.6 [%]

10   4점

다음은 한국전기설비규정의 과전류 보호에 관한 설명이다. 다음 빈칸에 알맞은 내용을 쓰시오.

【조 건】
중성선을 (①) 및 (②)하는 회로의 경우에 설치하는 개폐기 및 차단기는 (①) 시에는 중성선이 선도체보다 늦게 (①)되어야 하며, (②) 시에는 선도체와 동시 또는 그 이전에 (②)되는 것을 설치하여야 한다.

> 정답

① 차단   ② 재폐로

11   4점

다음 각 차단기의 약호에 알맞은 명칭을 쓰시오.

(1) OCB :
(2) GCB :
(3) ABB :
(4) MBB :

> 정답

(1) 유입차단기   (2) 가스차단기   (3) 공기차단기   (4) 자기차단기

12

다음 논리회로를 보고 다음과 같은 진리표를 완성하시오. (단, L은 Low이고, H는 High이다)

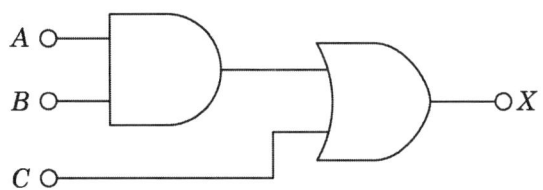

A	L	L	L	L	H	H	H
B	L	L	H	H	L	L	H
C	L	H	L	H	L	H	L
X							

정답

A	L	L	L	L	H	H	H
B	L	L	H	H	L	L	H
C	L	H	L	H	L	H	L
X	L	H	L	H	L	H	H

13

동기 발전기를 병렬 운전시키기 위한 조건을 4가지만 쓰시오.

정답

① 기전력의 크기가 같을 것

② 기전력의 위상이 같을 것

③ 기전력의 주파수가 같을 것

④ 기전력의 파형이 같을 것

14

그림은 전자개폐기 MC에 의한 시퀀스 회로를 개략적으로 그린 것이다. 이 그림을 보고 다음 각 물음에 답하시오.

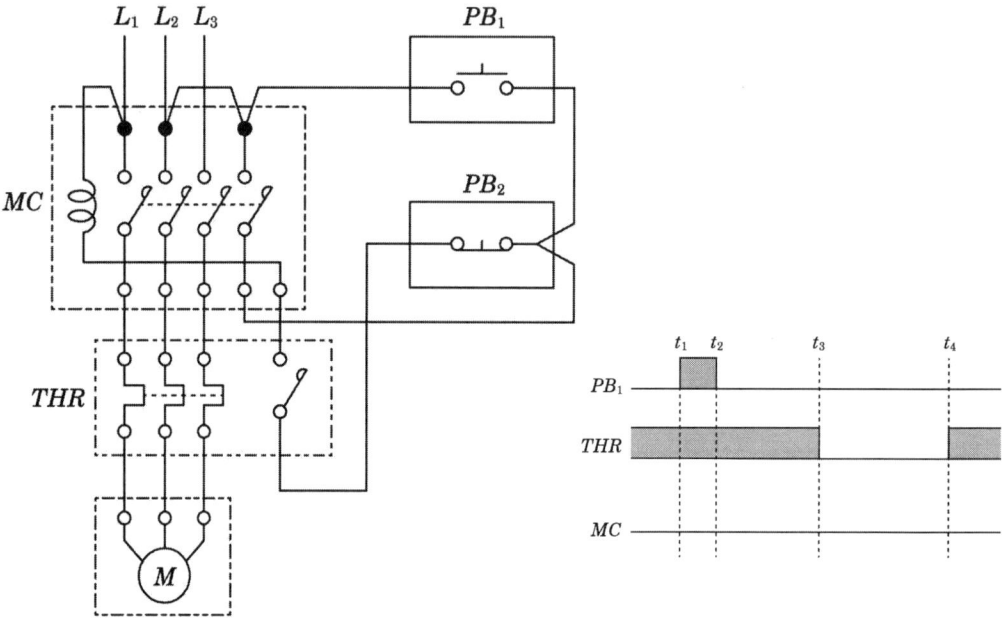

(1) 그림과 같은 회로용 전자개폐기 MC의 보조 접점을 사용하여 자기유지가 될 수 있는 일반적인 시퀀스 회로로 다시 작성하여 그리시오.

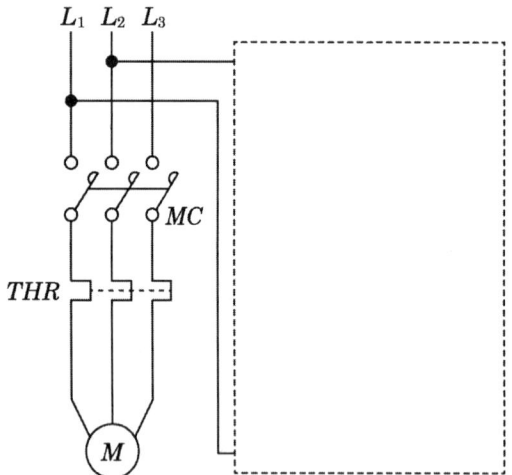

(2) 시간 t_3에 열동계전기가 작동하고, 시간 t_4에서 수동으로 복귀하였다. 이때의 동작을 타임 차트로 표시하시오.

정답

(1)

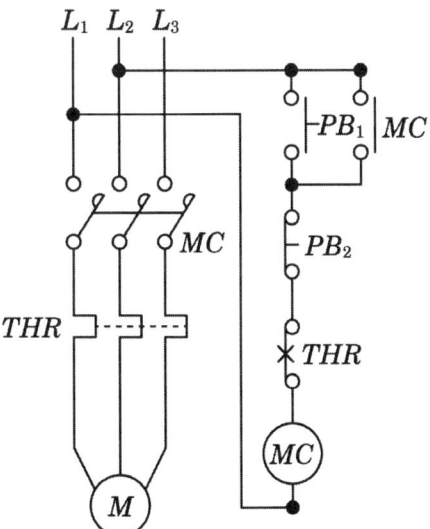

(2)

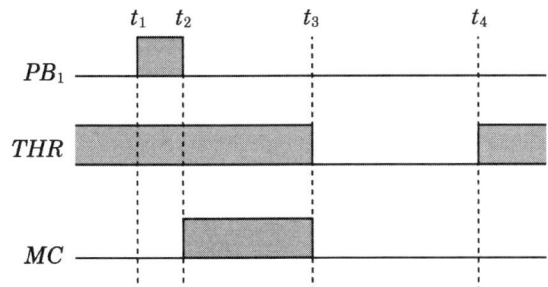

15

도면과 같은 345 [kV] 변전소의 단선도와 변전소에 사용되는 주요 제원을 이용하여 다음 각 물음에 답하시오.

[주변압기]
- 단권변압기 345 [kV]/154 [kV]/23 [kV]   Y-Y-△
  166.7 [MVA] × 3대 ≒ 500 [MVA]
- OLTC부 %임피던스(500 [MVA] 기준)
1차 ~ 2차 : 10 [%]
1차 ~ 3차 : 78 [%]
2차 ~ 3차 : 67 [%]

[차단기]
- 362 [kV] GCB 25 [GVA] 4,000 [A] ~ 2,000 [A]
- 170 [kV] D.S 4,000 [A] ~ 2,000 [A]
- 25.8 [kV] VCB (   ) [MVA] 2,500 [A] ~ 1,200 [A]

[단로기]
- 362 [kV] DS 4,000 [A]~2,000 [A]
- 170 [kV] DS 4,000 [A]~2,000 [A]
- 25.8 [kV] D.S 2,500 [A]~1,200 [A]

[피뢰기]
- 288 [kV] LA 10 [kA]
- 144 [kV] LA 10 [kA]
- 21 [kV] LA 10 [kA]

[분로 리액터]
- 22 [kV] Sh.R 30 [MVAR]

[주모선]

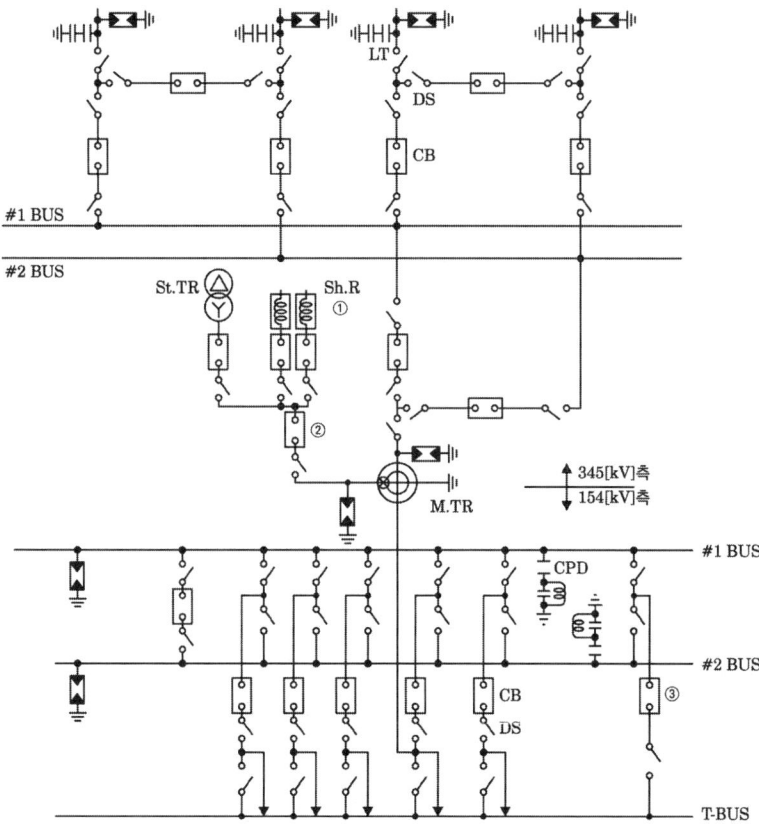

(1) 도면의 345 [kV] 측 모선방식은 어떤 모선방식인가?
(2) 도면에서 ①번 기기의 설치목적은 무엇인가?
(3) 도면에 주어진 제원을 참조하여 주변압기에 대한 등가%임피던스(Z_H, Z_M, Z_L)를 구하고 ②번 23 [kV] VCB의 차단용량을 계산하시오. (단, 그림과 같은 임피던스 회로는 100 [MVA] 기준)

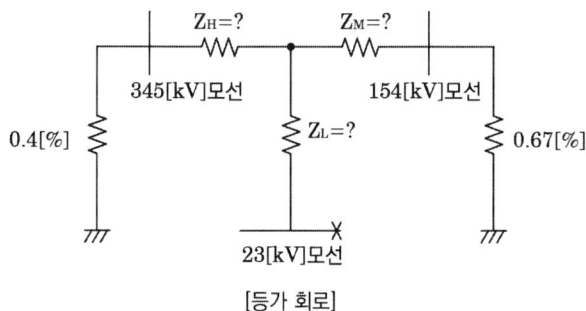

[등가 회로]

① 등가 %임피던스   ② VCB 차단용량

(4) 도면의 345 [kV] GCB에 내장된 계전기 BCT의 오차계급은 C800이다. 부담은 몇 [VA]인가?
(5) 도면의 ③번차단기의 설치목적을 설명하시오.

(6) 도면의 주변압기 1Bank(단상×3)을 증설하여 병렬 운전시키고자 한다. 이때 병렬운전 조건 4가지를 쓰시오.

정답

(1) 2중 모선방식의 1.5차단방식

(2) 페란티 현상 방지

(3) ①
$$Z_{HM} = 10 \times \frac{100}{500} = 2\,[\%]$$
$$Z_{LH} = 78 \times \frac{100}{500} = 15.6\,[\%]$$
$$Z_{ML} = 67 \times \frac{100}{500} = 13.4\,[\%]$$

%등가 임피던스 값은
$$Z_H = \frac{1}{2}(Z_{HM} + Z_{LH} - Z_{ML}) = \frac{1}{2}(2 + 15.6 - 13.4) = 2.1\,[\%]$$
$$Z_M = \frac{1}{2}(Z_{HM} + Z_{ML} - Z_{LH}) = \frac{1}{2}(2 + 13.4 - 15.6) = -0.1\,[\%]$$
$$Z_L = \frac{1}{2}(Z_{LH} + Z_{ML} - Z_{HM}) = \frac{1}{2}(15.6 + 13.4 - 2) = 13.5\,[\%]$$

답 $Z_H = 2.1\,[\%]$, $Z_M = -0.1\,[\%]$, $Z_L = 13.5\,[\%]$

②

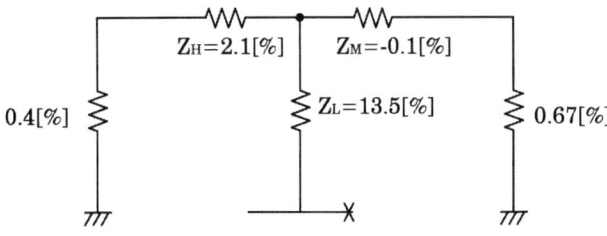

$$\%Z = 13.5 + \frac{(2.1 + 0.4) \times (-0.1 + 0.67)}{(2.1 + 0.4) + (-0.1 + 0.67)} = 13.96\,[\%]$$
$$P_s = \frac{100}{\%Z} \times P_n = \frac{100}{13.96} \times 100 = 716.33\,[\text{MVA}]$$

답 716.33 [MVA]

(4) 부담 $= I^2 Z = 5^2 \times 8 = 200\,[\text{VA}]$ 답 200 [VA]

(5) 모선 점검 시 무정전으로 점검하기 위해

(6) ① 극성이 일치할 것
② 정격전압(권수비)이 같은 것

③ %임피던스 강하(임피던스 전압)가 같을 것
④ 내부저항과 누설리액턴스의 비가 같을 것

16

VCB의 특징을 3가지를 적으시오.

정답

① 차단 시 소음이 작다.
② 차단시간이 가장 짧으며 가장 차단성능이 우수하다.
③ 기름이 사용되지 않아 화재에 가장 안전하다.

17

22.9 [kV-Y] 중성선 다중접지전선로에 정격전압 13.2 [kV], 정격용량 250 [kVA]의 단상 변압기 3대를 이용하여 그림과 같이 Y-△ 결선하고자 한다. 다음 물음에 답하시오.

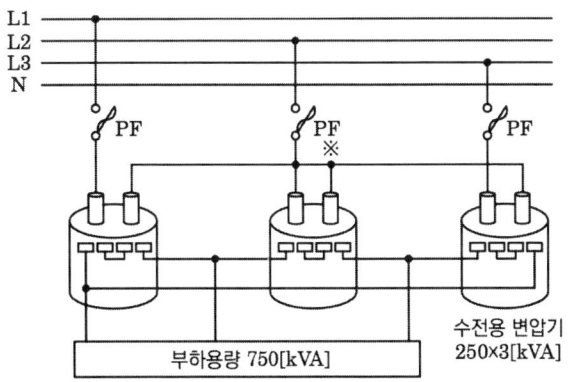

(1) 변압기 1차 측 Y결선의 중성점 (※부분)을 전선로의 N선에 연결하여야 하는지 연결하여서는 안 되는지 이유와 함께 설명하시오.
(2) PF 전력퓨즈의 용량은 몇 [A]인지 선정하시오. 단, 퓨즈는 전부하전류의 1.25배로 선정한다.

[퓨즈용량]
10 [A], 15 [A], 20 [A], 25 [A], 30 [A], 40 [A], 50 [A], 65 [A], 80 [A], 100 [A], 125 [A]

정답

(1) 연결하면 안 된다.
   이유 : 임의의 1상의 PF가 용단될 시 변압기가 역V결선이 되어 과부하로 변압기가 소손될 수 있다.

(2) 전부하전류 $I = \dfrac{750}{\sqrt{3} \times 22.9} = 18.91[A]$

   $18.91 \times 1.25 = 23.64\ [A]$

   답 25[A]

18   5점

다음 표와 같은 부하설비가 있다. 여기에 공급할 변압기 용량[kVA]을 구하시오.

수용가	설비용량[kW]	수용률[%]	부등률	역률[%]
전등	60	80	-	95
전열	40	50	-	90
동력	70	40	1.4	90

단상 변압기 표준용량

표준용량[kVA]	50, 75, 100, 150, 200, 300

정답

■ 계산과정

$P_{전등} = 60 \times 0.8 = 48\ [kW]$

$P_{전열} = 40 \times 0.5 = 20\ [kW]$

$P_{동력} = \dfrac{70 \times 0.4}{1.4} = 20\ [kW]$

$Q_{전등} = 60 \times 0.8 \times \dfrac{\sqrt{1-0.95^2}}{0.95} = 15.78[kVar]$

$Q_{전열} = 40 \times 0.5 \times \dfrac{\sqrt{1-0.9^2}}{0.9} = 9.69[kVar]$

$Q_{동력} = \dfrac{70 \times 0.4}{1.4} \times \dfrac{\sqrt{1-0.9^2}}{0.9} = 9.69[kVar]$

$P_a = \sqrt{(P_{전등}+P_{전열}+P_{동력})^2 + (Q_{전등}+Q_{전열}+Q_{동력})^2}$
$= \sqrt{(48+20+20)^2 + (15.78+9.69+9.69)^2} = 94.76[kVA]$

답 100[kVA]

01

154 [kV] 중성점 직접접지계통에서 접지계수가 0.75이고 여유도가 1.1일 때, 피뢰기 정격전압은 어떤 것을 선택해야 하는가?

피뢰기정격전압[kV]					
126	144	154	168	182	196

정답

■ 계산과정

$V = \alpha \beta V_m = 0.75 \times 1.1 \times 170 = 140.25 [kV]$

답 144[kV]

02

다음과 같은 380 [V] 선로에서 계기용 변압기의 PT비가 380/110 [V]일 때, 아래의 그림을 참고하여 다음 각 물음에 답하시오.

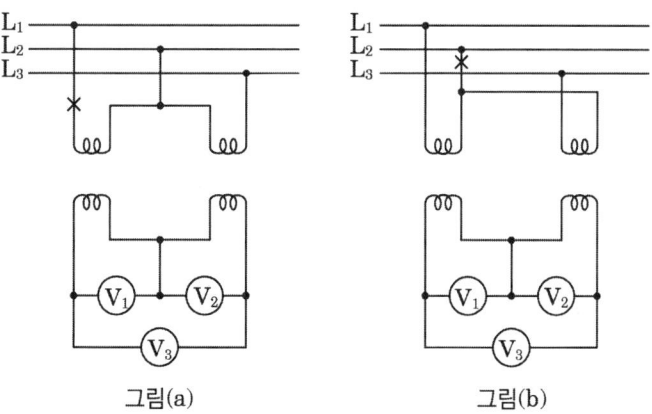

그림(a)   그림(b)

(1) 그림 (a)의 x지점에서 단선사고가 발생하였을 때 전압계 V_1, V_2, V_3의 지시값을 구하시오.
(2) 그림 (b)의 x지점에서 단선사고가 발생하였을 때 전압계 V_1, V_2, V_3의 지시값을 구하시오.

> 정답

■ 계산과정

(1) $V_1 = 0\,[\text{V}]$, $V_2 = 380 \times \dfrac{110}{380} = 110\,[\text{V}]$, $V_3 = V_1 + V_2 = 110\,[\text{V}]$

답 $V_1 = 0\,[\text{V}]$, $V_2 = 110\,[\text{V}]$, $V_3 = 110\,[\text{V}]$

(2) $V_1 = 380 \times \dfrac{1}{2} \times \dfrac{110}{380} = 55\,[\text{V}]$, $V_2 = 380 \times \dfrac{1}{2} \times \dfrac{110}{380} = 55\,[\text{V}]$, $V_3 = 0\,[\text{V}]$

답 $V_1 = 55\,[\text{V}]$, $V_2 = 55\,[\text{V}]$, $V_3 = 0\,[\text{V}]$

03 4점

용량이 500 [kVA]인 변압기에 역률 60 [%](지상), 500 [kVA]인 부하가 접속되어있다. 부하에 병렬로 전력용 커패시터를 설치하여 역률을 90 [%]로 개선하려고 할 때 이 변압기에 증설할 수 있는 부하 용량은 몇 [kW]인지 구하시오. 단, 증설 부하의 역률은 90 [%]이다.

> 정답

■ 계산과정

$P' = P_a(\cos\theta_2 - \cos\theta_1) = 500 \times (0.9 - 0.6) = 150\,[\text{kW}]$

답 150 [kW]

04 6점

전압 22900 [V], 주파수 60 [Hz], 1회선의 3상 지중 송전선로의 3상 무부하 충전전류 및 충전용량을 구하시오. 단, 송전선의 선로 길이는 7 [km], 케이블 1선당 작용 정전용량은 0.4 [μF /km]이다.

(1) 충전전류
(2) 충전용량

> 정답

■ 계산과정

(1) $I_c = \omega C E l = 2\pi \times 60 \times 0.4 \times 10^{-6} \times \left(\dfrac{22900}{\sqrt{3}}\right) \times 7 = 13.96\,[\text{A}]$

답 13.96 [A]

(2) $Q_c = 3EI_c = 3 \times \dfrac{22900}{\sqrt{3}} \times 13.96 \times 10^{-3} = 553.71$ [kVA]

답 553.71 [kVA]

05 5점

최대수요전력이 5000 [kW], 부하 역률이 0.9, 네트워크(network) 수전 회선수 4회선 네트워크 변압기의 과부하율이 130 [%]인 경우 네트워크 변압기 용량은 몇 [kVA] 이상이어야 하는가?

정답

■ 계산과정

$$과부하율[\%] = \dfrac{최대수요전력\ [kVA]}{네트워크변압기용량 \times (공급회선수-1)} \times 100$$

$$네트워크변압기용량 = \dfrac{\frac{5000}{0.9}}{4-1} \times \dfrac{100}{130} = 1424.50 [kVA]$$

답 1424.50 [kVA]

06 5점

전력용 커패시터에서 주파수가 50 [Hz]에서 60 [Hz]로 증가했을 때 흐르는 전류는 몇 [%]가 증가 또는 감소하는가?

정답

■ 계산과정

전압이 일정할 때 전류는 Z_C에 반비례 → I는 f에 비례

$\dfrac{60}{50} \times 100 = 120$ [%]

답 20 [%] 증가

07

측정범위 1[mA], 내부저항 20 [kΩ]의 전류계에 분류기를 붙여서 6 [mA]까지 측정하고자 한다. 몇 [kΩ]의 분류기를 사용하여야 하는지 계산하시오.

정답

■ 계산과정

$$I_m = \frac{R_p}{R_p + R_m} \times I = \frac{R_p}{R_p + 20 \times 10^3} \times 6 \times 10^{-3} = 0.001 [A]$$

$$R_p = \frac{20}{0.006 - 0.001} = 4000 [\Omega]$$

답 4 [kΩ]

08

다음 그림의 논리회로를 보고 질문에 답하시오.

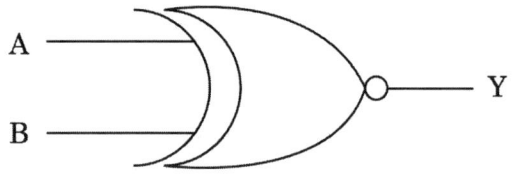

(1) 회로의 명칭을 쓰시오.
(2) 논리식을 쓰시오.
(3) 진리표를 완성하시오.

A	B	Y
0	0	
0	1	
1	0	
1	1	

정답

(1) 배타적 부정 논리합 회로 (Exclusive NOR)

(2) $X = \overline{A \oplus B}$

(3)

A	B	Y
0	0	1
0	1	0
1	0	0
1	1	1

09

논리식이 다음과 같을 경우 유접점회로를 그리시오. 단, 각 접점의 식별 문자를 표기하고, 접속점 비접속점 표기방식을 참고하여 작성하시오.

[논리식]
$L = (X + \overline{Y} + Z) \cdot (\overline{X} + Y)$

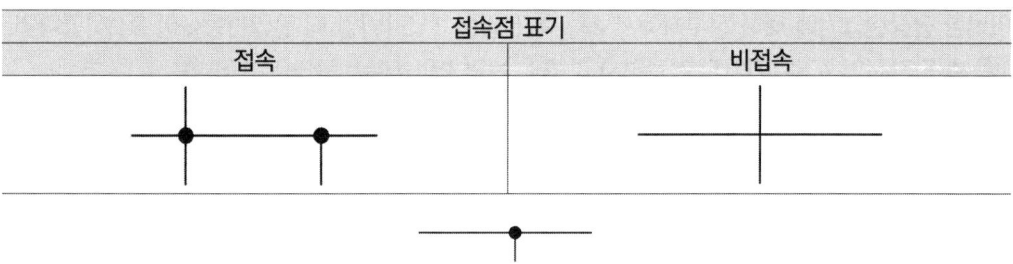

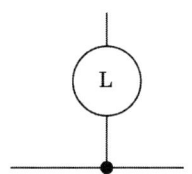

정답

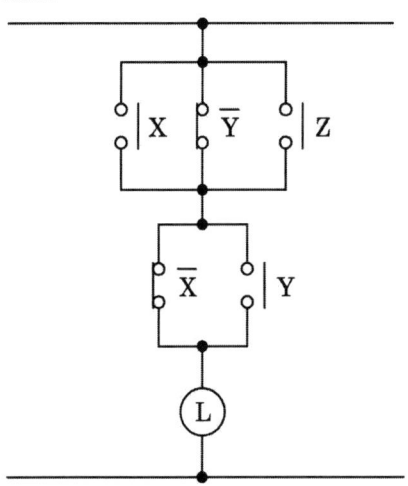

10 _5점_

어떠한 단상변압기에 대해 전부하에서 2차 측 전압이 115 [V]일 때 전압변동률이 2 [%]였다면, 1차 측 단자전압은 몇 [V]인지 계산하시오. (단, 변압기의 권수비는 20 : 1이다)

정답

■ 계산과정

전압변동률 $\delta = \dfrac{V_{20} - V_{2n}}{V_{2n}} \times 100 = \dfrac{V_{20} - 115}{115} \times 100 = 2[\%]$

$V_{20} = 115 \times 0.02 + 115 = 117.3[V]$

$V_1 = 117.33 \times 20 = 2346[V]$

답 2346[V]

11 _5점_

설계도서, 법령해석, 감리자의 지시 등이 서로 일치하지 않는 경우에 있어 계약으로 그 적용의 우선순위를 정하지 않을 때, 우선순위를 정하여 높은 순서에서 낮은 순서로 답하시오.

① 설계도면	② 공사시방서	③ 산출내역서
④ 전문시방서	⑤ 표준시방서	⑥ 감리자의 지시사항

정답

설계도서 해석의 우선순위

1. 공사시방서
2. 설계도면
3. 전문시방서
4. 표준시방서
5. 산출내역서
6. 승인된 상세시공도면
7. 관계법령의 유권해석
8. 감리자의 지시사항

답 ②, ①, ④, ⑤, ③, ⑥

12

다음 부하에 대해 발전기의 최소용량은 몇 [kVA]인지 다음 식을 이용하여 산정하시오. 단, 전동기의 [kW]당 입력 환산계수(a)는 1.45, 전동기의 기동계수(c)는 2, 발전기의 허용 전압강하계수는 1.45이다.

[발전기용량 산정식]

$PG \geq \sum P + (\sum P_m - P_L) \times a + (P_L \times a \times c) \times k$

PG: 발전기용량

$\sum P$: 전동기 외 부하의 입력용량합계 [kVA]

$\sum P_m$: 전동기부하의 용량합계 [kW]

P_L: 전동기 부하 중 기동용량이 가장 큰 전동기의 부하용량[kW]

a: 전동기의 [kW]당 입력[kVA] 용량계수

c: 전동기의 전동계수

k: 발전기의 허용 전압강하계수

구분	부하 종류	부하 용량
1	유도전동기 부하	37 × 1 [kW]
2	유도전동기 부하	10 × 5 [kW]
3	전동기 외 부하의 입력용량	30 [kVA]

> 정답

■ 계산과정
$PG = (30 + (10 \times 5) \times 1.45 + (37 \times 1.45 \times 2)) \times 1.45 = 304.21 [\text{kVA}]$

답 304.21[kVA]

13   5점

한국전기설비규정에 따라 기계기구 및 전선을 보호하기 위해서 과전류차단기를 시설해야 하는데, 과전류 차단기를 시설하지 않아도 되는 개소가 있다. 이 과전류차단기의 시설제한개소를 3가지 쓰시오. (단, 한국전기설비규정에서 규정하는 과전류차단기 시설 제한 개소 예외사항은 무시한다)

> 정답

접지공사의 접지도체, 다선식전로의 중성선, 전로의 일부에 접지공사를 한 저압 가공전선로의 접지 측 전선

> 핵심이론

□ 과전류차단기의 시설 제한(KEC 341.11)
접지공사의 접지도체, 다선식 전로의 중성선 및 322.1의 1부터 3까지의 규정에 의하여 전로의 일부에 접지공사를 한 저압 가공전선로의 접지 측 전선에는 과전류차단기를 시설하여서는 안 된다.

14

그림은 누전차단기를 적용하는 것으로 CVCF 출력단의 접지용 콘덴서 C_0는 5 [μF]이고, 부하측의 라인필터 대지정전용량은 $C_1 = C_2 = 0.1$ [μF], 누전차단기 ELB_1에서 지락점까지 케이블의 대지정전용량 $C_{L1} = 0.2$ [μF](ELB_1의 출력단에 지락 발생 예상), ELB_2에서 부하2까지 케이블의 대지정전용량은 $C_{L2} = 0.2$ [μF]이다. 지락저항은 무시하고 사용전압은 220 [V], 주파수는 60 [Hz]인 경우 다음 물음에 답하시오.

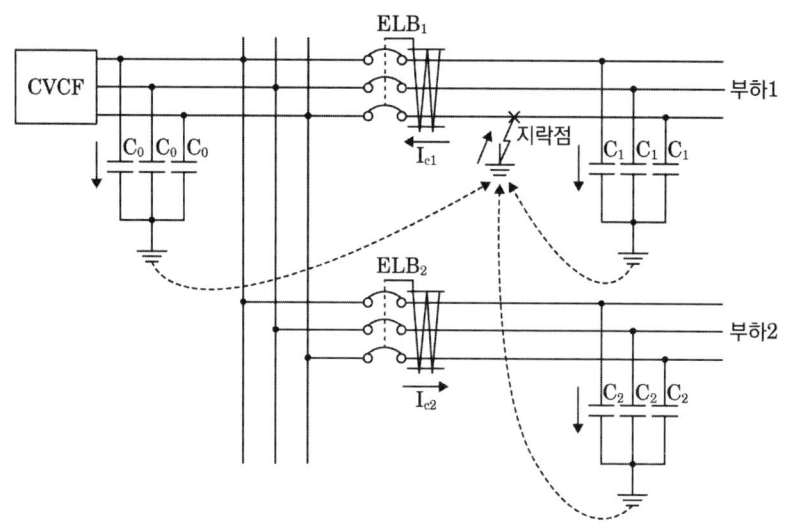

[조건]
① $I_g = 3 \times 2\pi f C E$로 계산한다.
② 누전차단기는 지락시 지락전류의 $\frac{1}{3}$에 동작 가능해야하며, 부동작전류는 지락전류의 2배로 한다.
③ 누전차단기의 시설 구분에 대한 기호는 다음과 같다.
○ : 누전차단기를 시설할 것
△ : 주택에 기계기구를 시설하는 경우에는 누전차단기를 시설할 것
□ : 주택 구내 또는 도로에 접한 면에 룸에어컨디셔너, 아이스박스, 진열장, 자동판매기 등 전동기를 부품으로 한 기계기구를 시설하는 경우에는 누전차단기를 시설하는 것이 바람직하다.
* 사람이 조작하고자 하는 기계기구를 시설한 장소보다 전기적인 조건이 나쁜 장소에서 접촉할 우려가 있는 경우에는 전기적 조건이 나쁜 장소에 시설된 것으로 취급한다.

(1) 도면에서 CVCF는 무엇인지 우리말 명칭을 쓰시오.
(2) 건전 피더, ELB_2에 흐르는 지락전류 I_{g2}는 몇 [mA]인가?
(3) 누전차단기 ELB_1, ELB_2가 불필요한 동작을 하지 않기 위해서 정격감도전류의 범위를 몇 [mA]으로 선정해야하는가? 단, 소수점 이하는 절사한다.

(4) 누전차단기의 시설 예에 대한 표의 빈칸에 ○, △, □으로 표시하시오.

기계기구 시설장소 전로의 대지전압	옥내		옥측		옥외	물기가 이는 장소
	건조한 장소	습기 많은 장소	우선 내	우선 외		
150[V] 이하	-	-	-			
150 [V] 초과 300[V] 이하			-			

정답

(1) 정전압 정주파수 공급 장치

(2) $I_{g2} = 3 \times 2\pi f(C_2 + C_{L2}) \times \dfrac{V}{\sqrt{3}} = 3 \times 2\pi \times 60 \times (0.1 + 0.2) \times 10^{-6} \times \dfrac{220}{\sqrt{3}} \times 10^3$

$= 43.1 \text{ [mA]}$ 답 43.1 [mA]

(3) • $I_{g1} = 3 \times 2\pi f \times (C_0 + C_2 + C_{L2} + C_1 + C_{L1}) \times \dfrac{V}{\sqrt{3}}$

$= 3 \times 2\pi \times 60 \times (5 + 0.1 + 0.2 + 0.1 + 0.2) \times 10^{-6} \times \dfrac{220}{\sqrt{3}} \times 10^3 = 804.46 \text{ [mA]}$

동작전류 $ELB_1 = I_{g1} \times \dfrac{1}{3} = 804.46 \times \dfrac{1}{3} = 268.15 \text{ [mA]}$

• $I_{g2} = 3 \times 2\pi f \times (C_0 + C_2 + C_{L1} + C_1 + C_{L2}) \times \dfrac{V}{\sqrt{3}}$

$= 3 \times 2\pi \times 60 \times (5 + 0.1 + 0.2 + 0.1 + 0.2) \times 10^{-6} \times \dfrac{220}{\sqrt{3}} \times 10^3 = 804.46 \text{ [mA]}$

동작전류 $ELB_2 = I_{g2} \times \dfrac{1}{3} = 804.46 \times \dfrac{1}{3} = 268.15 \text{ [mA]}$

• 부하1에 지락사고 발생

$I_{g2} = 3 \times 2\pi f(C_2 + C_{L2}) \times \dfrac{V}{\sqrt{3}}$

$= 3 \times 2\pi \times 60 \times (0.1 + 0.2) \times 10^{-6} \times \dfrac{220}{\sqrt{3}} \times 10^3 = 43.1 \text{ [mA]}$

$ELB_2 = 43.1 \times 2 = 86.2 \text{ [mA]}$

답 ELB_2 : 86~268 [mA]

• 부하2에 지락사고 발생

$I_{g1} = 3 \times 2\pi f(C_1 + C_{L1}) \times \dfrac{V}{\sqrt{3}}$

$= 3 \times 2\pi \times 60 \times (0.1 + 0.2) \times 10^{-6} \times \dfrac{220}{\sqrt{3}} \times 10^3 = 43.1 \text{ [mA]}$

$ELB_1 = 43.1 \times 2 = 86.2 \text{ [mA]}$

답 ELB_1 : 86~268 [mA]

(4)

기계기구 시설장소 전로의 대지전압	옥내		옥측		옥외	물기가 있는 장소
	건조한 장소	습기 많은 장소	우선 내	우선 외		
150[V] 이하	-	-	-	□	□	○
150[V] 초과 300[V] 이하	△	○	-	○	○	○

15 5점

대지의 고유저항률 400 [Ω·m], 직경 19 [mm], 길이 2400 [mm]인 접지봉을 모두 매입했다고 한다. 접지저항값은 얼마인가?

정답

■ 계산과정

접지봉의 접지저항 $R = \dfrac{\rho}{2\pi l} \ln \dfrac{2l}{r} = \dfrac{400}{2\pi \times 2400 \times 10^{-3}} \times \ln \dfrac{2 \times 2400 \times 10^{-3}}{19 \times 10^{-3}} = 165.13\,[\Omega]$

답 165.13 [Ω]

16 6점

다음 각상의 불평형 전압이 $V_a = 7.3 \angle 12.5°$[V], $V_b = 0.4 \angle -100°$[V], $V_c = 4.4 \angle 154°$[V]인 경우 대칭분 V_0, V_1, V_2를 구하시오.

(1) V_0

(2) V_1

(3) V_2

정답

■ 계산과정

(1) 영상전압 $V_0 = \dfrac{1}{3}(\dot{V}_a + \dot{V}_b + \dot{V}_c)$

$$V_0 = \frac{1}{3}(7.3\angle 12.5° + 0.4\angle -100° + 4.4\angle 154°) = 1.03 + j1.04 = 1.47\angle 45.28° \text{ [V]}$$

답 $1.47\angle 45.28°$ [V]

(2) 정상전압 $V_1 = \frac{1}{3}(\dot{V}_a + a\dot{V}_b + a^2\dot{V}_c)$

$$V_1 = \frac{1}{3}(7.3\angle 12.5° + 1\angle 120° \times 0.4\angle -100° + 1\angle 240° \times 4.4\angle 154°)$$
$$= 3.72 + j1.39 = 3.97\angle 20.49° \text{ [V]}$$

답 $3.97\angle 20.49°$ [V]

(3) 역상전압 $V_2 = \frac{1}{3}(\dot{V}_a + a^2\dot{V}_b + a\dot{V}_c)$

$$V_2 = \frac{1}{3}(7.3\angle 12.5° + 1\angle 240° \times 0.4\angle -100° + 1\angle 120° \times 4.4\angle 154°)$$
$$= 2.38 - j0.85 = 2.52\angle -19.65° \text{ [V]}$$

답 $2.52\angle -19.65°$ [V]

17

154 [kV] 계통 변전소에 다음 조건과 같은 정격전압 및 용량을 가진 3권선 변압기가 설치되어있다. 다음 물음에 답하시오. 단, 주어지지 않은 조건은 무시한다.

[조건]		
1차 전압 154 [kV]	2차 전압 66 [kV]	3차 전압 23 [kV]
1차 용량 100 [MVA]	2차 용량 100 [MVA]	3차 용량 50 [MVA]
$\%X_{12} = 9$ [%] (100 [MVA]기준)	$\%X_{23} = 3$ [%] (50 [MVA]기준)	$\%X_{13} = 8.5$ [%] (50 [MVA]기준)

(1) 각 권선의 %X를 100 [MVA] 기준으로 계산하시오.
(2) 1차 입력이 100 [MVA], 역률이 0.9(진상)이고 3차에 50 [MVA]의 전력용 커패시터를 접속했을 때, 2차 출력[MVA]과 역률[%]를 계산하시오.
(3) (2)의 조건에서 운전하던 중 1차 전압이 154 [kV]일 때 2차 전압[kV]과 3차 전압[kV]을 구하시오.

정답

■ 계산과정

(1) 100 [MVA] 기준으로 하면
- $\%X_{12} = 9$ [%]

- $\%X_{23} = 3 \times \dfrac{100}{50} = 6\ [\%]$

- $\%X_{13} = 8.5 \times \dfrac{100}{50} = 17\ [\%]$

- $\%X_1 = \dfrac{1}{2} \times (9+17-6) = 10\ [\%]$

- $\%X_2 = \dfrac{1}{2} \times (9+6-17) = -1\ [\%]$

- $\%X_3 = \dfrac{1}{2} \times (17+6-9) = 7\ [\%]$

답 $\%X_1 = 10[\%],\ \%X_2 = -1[\%],\ \%X_3 = 7\ [\%]$

(2)
- $P_1 = 100 \times 0.9 = 90\ [\text{MW}]$
- $Q_1 = 100 \times \sqrt{1-0.9^2} = 43.59\ [\text{MVar}]$
- $Q_3 = 50\ [\text{MVar}]$
- $P_2 = P_1 = 90\ [\text{MW}]$
- $Q_2 = Q_1 - Q_3 = -43.59 - (-50) = 6.41\ [\text{Mvar}]$
- $P_a = \sqrt{90^2 + 6.41^2} = 90.23\ [\text{MVA}]$
- $\cos\theta_2 = \dfrac{P_2}{P_a} \times 100 = \dfrac{90}{90.23} \times 100 = 99.75\ [\%]$

답 2차 출력 = 90.23 [MVA], 역률 = 99.75 [%]

(3)
- $\epsilon = \pm q\sin\theta$
- $\epsilon_1 = -10 \times \sqrt{1-0.9^2} \times \dfrac{100}{100} = -4.359\ [\%]$
- $\epsilon_2 = -10 \times \sqrt{1-0.9975^2} \times \dfrac{90.23}{100} = -0.064\ [\%]$
- $\epsilon_3 = -7 \times 1 \times \dfrac{50}{100} = -3.5\ [\%]$
- $\epsilon_{12} = \epsilon_1 + \epsilon_2 = -4.359 - 0.064 = -4.423\ [\%]$
- $\epsilon_{13} = \epsilon_1 + \epsilon_3 = -4.359 - 3.5 = -7.859\ [\%]$
- $V_2 = 66 \times (1-\epsilon_{12}) = 66 \times (1+0.04423) = 68.92\ [\text{kV}]$
- $V_3 = 23 \times (1-\epsilon_{13}) = 23 \times (1+0.07859) = 24.81\ [\text{kV}]$

답 $V_2 = 68.92[\text{kV}]\ V_3 = 24.81\ [\text{kV}]$

18 [5점]

다음 표의 부하 목록을 보고, 부하중심거리 공식을 이용하여 부하중심위치(X,Y)를 구하시오. (단, X는 X축 좌표, Y는 Y축 좌표를 의미한다)

구분	분류	소비전력량[kWh]	위치(X)[m]	위치(Y)[m]
1	물류저장소	120	4	4
2	유틸리티	60	9	3
3	사무실	20	9	9
4	생산라인	320	6	12

정답

■ 계산과정

부하중심거리 $L = \dfrac{L_1 I_1 + L_2 I_2 + L_3 I_3 + L_4 I_4}{I_1 + I_2 + I_3 + I_4} = \dfrac{L_1 W_1 + L_2 W_2 + L_3 W_3 + L_4 W_4}{W_1 + W_2 + W_3 + W_4}$

$X = \dfrac{120 \times 4 + 60 \times 9 + 20 \times 9 + 320 \times 6}{120 + 60 + 20 + 320} = 6 \text{ [m]}$

$Y = \dfrac{120 \times 4 + 60 \times 3 + 20 \times 9 + 320 \times 12}{120 + 60 + 20 + 320} = 9 \text{ [m]}$

답 $X = 6$ [m], $Y = 9$ [m]

2022년 제2회

01   5점

그림과 같이 전류계 3대를 갖고 부하전력 및 역률을 측정하려고 한다. 각 전류계의 눈금이 $A_1 = 10$ [A], $A_2 = 4$ [A], $A_3 = 7$ [A]일 때, 부하전력 및 역률은 얼마인가? (단, $R = 25$ [Ω])

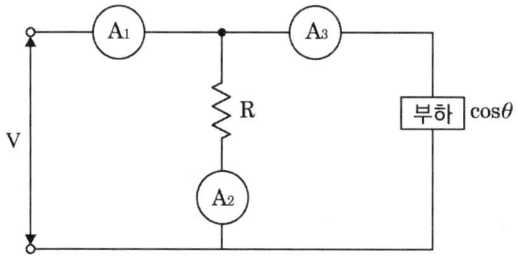

정답

(1) 부하전력 $P = \dfrac{R}{2}(A_1^2 - A_2^2 - A_3^2) = \dfrac{25}{2}(10^2 - 4^2 - 7^2) = 437.5$ [W]

답 437.5 [W]

(2) 역률 $\cos\theta = \dfrac{A_1^2 - A_2^2 - A_3^2}{2A_2 A_3} = \dfrac{10^2 - 4^2 - 7^2}{2 \times 4 \times 7} \times 100\% = 62.5$ [%]

답 62.5 [%]

02   4점

3상 3선식 1회선 배전선로의 말단에 늦은 역률 80 [%]인 평형 3상 부하가 있다. 변전소 인출구 전압이 6600 [V]인 경우 부하의 단자 전압을 6000 [V] 이하로 떨어뜨리지 않기 위한 부하전력은 몇 [kW]인지 구하시오. (단, 전선 1가닥 당 저항은 1.4 [Ω], 리액턴스는 1.8 [Ω]이라 하고 그 외 선로정수는 무시한다)

정답

■ 계산과정

- $e = \dfrac{P}{V_r}(R + X\tan\theta)$

- $P = \dfrac{e \times V_r}{R + X\tan\theta} = \dfrac{(6600 - 6000) \times 6000}{1.4 + 1.8 \times \dfrac{0.6}{0.8}} \times 10^{-3} = 1309.09\,[\text{kW}]$

답 1309.09[kW]

03

2차 정격전압이 2300 [V], 2차 정격전류가 43.5[A], 2차 측에서 본 합성저항이 0.66 [Ω], 무부하손이 1000 [W]인 변압기의 다음 조건에서의 효율을 구하시오.

(1) 전부하 시 역률 100 [%]와 80 [%]인 경우
(2) 반부하 시 역률 100 [%]와 80 [%]인 경우

정답

■ 계산과정

(1)
- 전부하시 역률 100[%]

$\eta = \dfrac{1 \times 2300 \times 43.5 \times 1}{1 \times 2300 \times 43.5 \times 1 + 1000 + 1^2 \times 43.5^2 \times 0.66} \times 100 = 97.8\,[\%]$

- 전부하시 역률 80[%]

$\eta = \dfrac{1 \times 2300 \times 43.5 \times 0.8}{1 \times 2300 \times 43.5 \times 0.8 + 1000 + 1^2 \times 43.5^2 \times 0.66} \times 100 = 97.27\,[\%]$

답 97.8 [%], 97.27 [%]

(2)
- 반부하시 역률 100[%]

$\eta = \dfrac{0.5 \times 2300 \times 43.5 \times 1}{0.5 \times 2300 \times 43.5 \times 1 + 1000 + 0.5^2 \times 43.5^2 \times 0.66} \times 100 = 97.44\,[\%]$

- 반부하시 역률 80[%]

$\eta = \dfrac{0.5 \times 2300 \times 43.5 \times 0.8}{0.5 \times 2300 \times 43.5 \times 0.8 + 1000 + 0.5^2 \times 43.5^2 \times 0.66} \times 100 = 96.83\,[\%]$

답 97.44 [%], 96.83 [%]

04

지표면상 10 [m] 높이에 수조가 있다. 이 수조에 초당 1 [m³]의 물을 양수하는 데 사용되는 펌프용 전동기에 3상 전력을 공급하기 위해 단상 변압기 2대를 V결선 하였을 때, 다음 물음에 답하시오. 단, 펌프 효율이 70 [%]이고 펌프축 동력에 20[%]의 여유를 두고, 펌프용 3상 농형 유도 전동기의 역률은 100 [%]이다)

(1) 펌프용 전동기의 출력은 몇 [kW]인가?
(2) 변압기 1대의 용량은 몇 [kVA]인가?

정답

(1) $P_a = \dfrac{9.8QH}{\eta}k = \dfrac{9.8 \times 1 \times 10}{0.7} \times 1.2 = 168$ [kW]

답 168 [kW]

(2) $P_v = \sqrt{3}\, P_1$ [kVA]

$P_1 = \dfrac{P_v}{\sqrt{3}} = \dfrac{168}{\sqrt{3}} = 96.99$ [kVA]

답 96.99 [kVA]

05

다음 그림과 같은 전력계통에서 각 부분의 %임피던스는 10 [MVA]의 기준용량으로 환산되어있을 때, 차단기 a에서의 단락용량[MVA]를 구하시오.

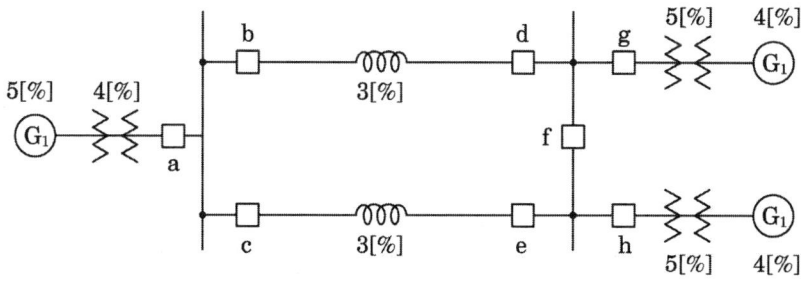

정답

■ 계산과정

차단기 전후에서 단락이 일어난 경우의 단락용량을 비교하여 더 큰 값을 선정한다.

$$P_s = \frac{100}{5+4} \times 10 = 111.11[\text{MVA}]$$

$$P_s' = \frac{100}{\frac{1}{2} \times (3+5+4)} \times 10 = 166.67[\text{MVA}]$$

답 166.67[MVA]

06   4점

다음 아래의 표를 이용하여 수용가의 합성최대전력을 구하시오.

	A	B	C	D
설비용량[kW]	10	20	20	30
수용률	0.8	0.8	0.6	0.6
부등률	1.3			

정답

■ 계산과정

$$합성최대전력 = \frac{10 \times 0.8 + 20 \times 0.8 + 20 \times 0.6 + 30 \times 0.6}{1.3} = 41.54[\text{kW}]$$

답 41.54[kW]

07   6점

다음 조건을 이용하여 불평형 3상 전류의 영상분, 정상분, 역상분을 구하시오. (I_a = 7.28 ∠ 15.95°, I_b = 12.81 ∠ -128.66°, I_c = 7.21 ∠ 123.69°, 상 순은 a-b-c이다)

(1) 영상분 I_0

(2) 정상분 I_1

(3) 역상분 I_2

정답

■ 계산과정

(1) 영상분 $I_0 = \dfrac{1}{3}(I_a + I_b + I_c)$

$I_0 = \dfrac{1}{3}(7.28\angle 15.95° + 12.81\angle -128.66° + 7.21\angle 123.69°)$

$= -1.67 - j0.67 = 1.8\angle -158.14°$ [A]

답 $1.8\angle -158.14°$ [A]

(2) 정상분 $I_1 = \dfrac{1}{3}(I_a + aI_b + a^2I_c)$

$I_1 = (7.28\angle 15.95° + 1\angle 120° \times 12.81\angle -128.66° + 1\angle 240° \times 7.21\angle 123.69°)$

$= 8.95 + j0.18 = 8.95\angle 1.15°$ [A]

답 $8.95\angle 1.15°$ [A]

(3) 역상분 $I_2 = \dfrac{1}{3}(I_a + a^2I_b + aI_c)$

$I_2 = (7.28\angle 15.95° + 1\angle 240° \times 12.81\angle -128.66° + 1\angle 120° \times 7.21\angle 123.69°)$

$= -0.29 + j2.49 = 2.51\angle 96.64°$ [A]

답 $2.51\angle 96.64°$ [A]

08   5점

폭 20 [m]인 도로의 양쪽에 간격 15 [m]를 두고 대칭 배열로 가로등이 점등되어 있다. 한 등의 전광속은 8000 [lm], 조명률은 45 [%]일 때, 도로의 평균조도를 계산하시오.

정답

■ 계산과정

평균조도 $E = \dfrac{FUN}{AD} = \dfrac{8000 \times 0.45 \times 1}{\dfrac{1}{2} \times 15 \times 20 \times 1} = 24$ [lx]

답 24 [lx]

핵심이론

□ 광속의 결정

$FUN = EAD$

- E : 평균 조도
- A : 실내의 면적
- U : 조명률
- D : 감광 보상율
- N : 소요 등수
- F : 1등당 광속
- M : 보수율(감광 보상율의 역수)

09

수전 전압 6,600 [V], 가공 전선로의 %임피던스가 58.5 [%]일 때 수전점의 3상 단락 전류가 8,000 [A]인 경우 기준 용량과 수전용 차단기의 차단 용량은 얼마인가?

〈 차단기의 정격 용량 [MVA] 〉

10	20	30	50	75	100	150	250	300	400	500

(1) 기준 용량
(2) 차단 용량

정답

(1) $I_n = \dfrac{I_s \times \%Z}{100} = \dfrac{8000 \times 58.5}{100} = 4680$ [A]

$P_n = \sqrt{3}\, VI_n = \sqrt{3} \times 6600 \times 4680 \times 10^{-6} = 53.5$ [MVA]

답 53.5 [MVA]

(2) $P_s = \sqrt{3}\, V_n I_s = \sqrt{3} \times 7.2 \times 8 = 99.77$ [MVA]

답 100 [MVA]

핵심이론

□ 단락전류
- 기준용량 $P_n = \sqrt{3} \times$ 공칭전압 $\times$ 정격전류
- 단락용량 $P_n = \sqrt{3} \times$ 공칭전압 $\times$ 단락전류
- 차단용량 $P_n = \sqrt{3} \times$ 정격전압 $\times$ 단락전류

10

그림과 같이 접속된 3상 3선식 고압 수전설비의 변류기 2차 전류가 언제나 4.2 [A]이었다. 이때 수전전력 [kW]을 구하시오. (단, 수전전압은 6600 [V], 변류비는 50/5 [A], 역률은 100 [%]이다)

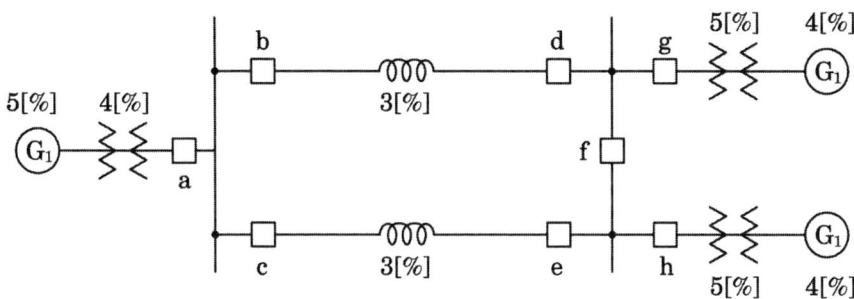

정답

■ 계산과정

$$P = \sqrt{3}\, V_1 I_1 \cos\theta \times 10^{-3} = \sqrt{3} \times 6600 \times 4.2 \times \frac{50}{5} \times 1 \times 10^{-3} = 480.12 \text{ [kW]}$$

답 480.12 [kW]

11

주어진 도면은 어떤 수용가의 수전설비의 단선결선도이다. 다음 도면을 이용하여 물음에 답하시오.

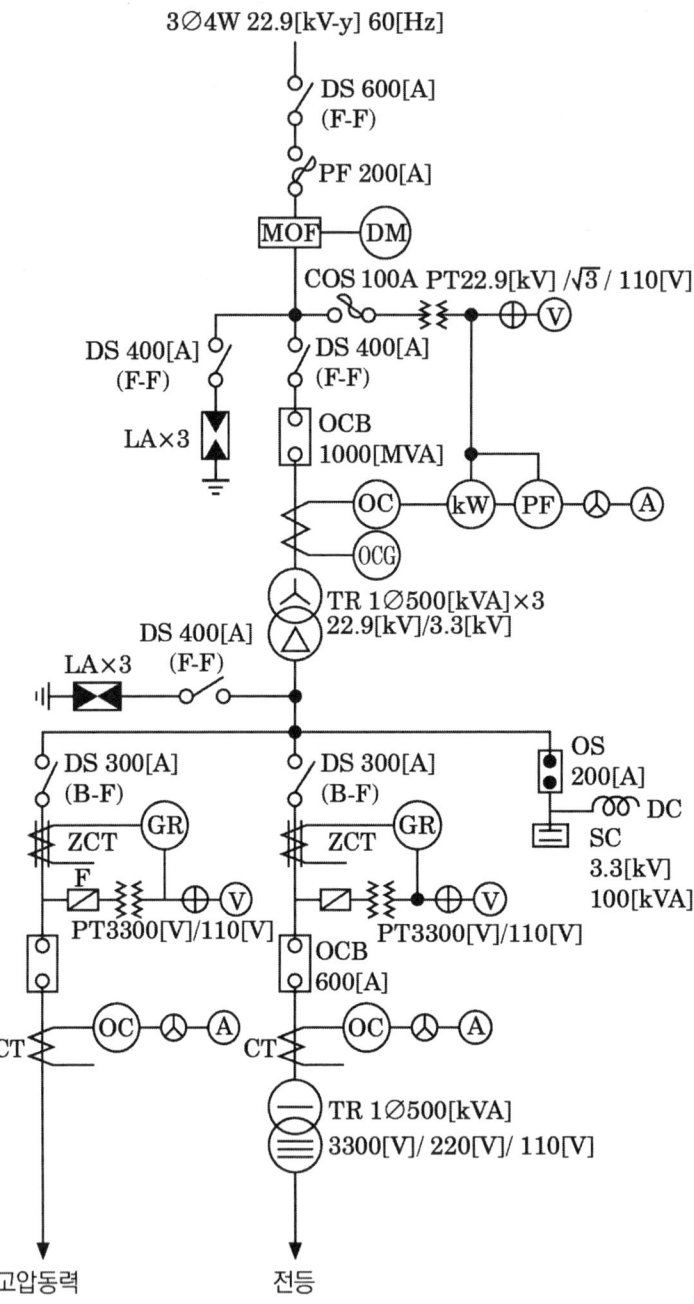

(1) 22.9 kV 측의 DS의 정격전압 [kV]은?

(2) MOF의 기능을 쓰시오.

(3) CB의 기능을 쓰시오.

(4) 22.9 kV 측의 LA의 정격전압 [kV]은?

(5) MOF에 연결되어 있는 (DM)은 무엇인가?

(6) 1대의 전압계로 3상 전압을 측정하기 위한 개폐기를 약호로 쓰시오.

(7) 1대의 전류계로 3상 전류를 측정하기 위한 개폐기를 약호로 쓰시오.

(8) PF의 기능을 쓰시오.

(9) ZCT 기능을 쓰시오.

(10) GR 기능을 쓰시오.

(11) SC의 기능을 쓰시오.

(12) 3.3 [kV] 측 CB에 적힌 600 [A]은 무엇을 의미하는가?

(13) OS의 명칭을 쓰시오.

정답

(1) 25.8 [kV]

(2) 고전압, 대전류를 저전압, 소전류로 변압·변류하여 전력량계에 공급한다.

(3) 부하전류 개폐 및 단락전류와 같은 고장전류 차단

(4) 18 [kV]

(5) 최대 수요 전력계

(6) VS

(7) AS

(8) • 부하전류는 안전하게 통전한다.
 • 어떤 일정값 이상의 과전류는 차단하고 전로나 기기를 보호한다.

(9) 지락사고 시 흐르는 영상전류(지락전류)를 검출하는 것으로 지락계전기(GR)와 조합하여 차단기를 차단시켜 사고범위를 작게 한다.

(10) 지락사고 시 동작하는 계전기로 영상전류를 검출하는 영상변류기(ZCT)와 조합하여 사용한다.

(11) 역률 개선

(12) 정격전류

(13) 유입 개폐기

12

5000 [kVA]의 수전설비를 갖는 수용가에서 5000 [kVA], 역률 75 [%](지상)의 부하를 공급하고 있다.

(1) 이 수용가에 1000 [kVA]의 전력용 커패시터를 연결할 경우 개선되는 역률은 몇 [%]인가?
(2) 전력용 커패시터 연결 후 역률 80 [%](지상)의 부하를 추가하여 운전할 때, 추가할 수 있는 최대 부하용량은 몇 [kW]인가?
(3) 1000 [kVA]의 전력용 커패시터를 설치하고 (2)에서 계산한 부하를 추가했을 때, 종합역률은 몇 [%]인가?

정답

■ 계산과정

(1) $P = 5000 \times 0.75 = 3750$ [kW]

$Q = 5000 \times \sqrt{1 - 0.75^2} = 3307.19$ [kVar]

$\cos\theta = \dfrac{3750}{\sqrt{3750^2 + (3307.19 - 1000)^2}} \times 100 = 85.17$ [%]

답 85.17 [%]

(2) $\sqrt{(3750 + 0.8P_a)^2 + (3307.19 - 1000 + 0.6P_a)^2} = 5000$ [kVA]

$P_a = 599.32$ [kVA]

$P = P_a \cos\theta = 599.32 \times 0.8 = 479.46$ [kW]

답 479.46 [kW]

(3)

합성역률 $= \dfrac{3750 + 479.46}{5000} \times 100 = 84.59$ [%]

답 84.59 [%]

13

다음 회로를 보고 물음에 답하시오.

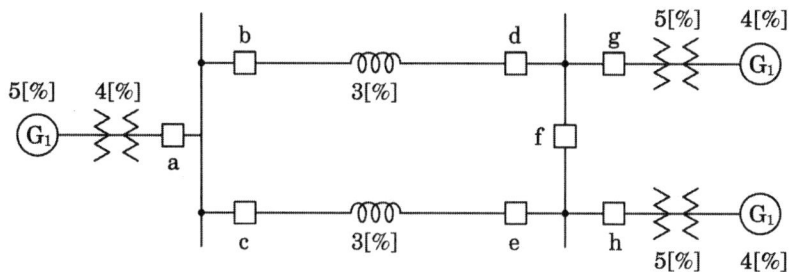

(1) 논리식을 작성하시오.
(2) 무접점회로를 완성하시오.

정답

(1)
$$Y_1 = (A + Y_1) \cdot \overline{B}$$
$$Y_2 = \overline{Y_1}$$

(2)

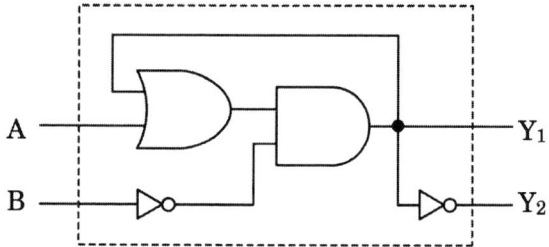

14

입력 A, B, C에 대한 출력이 Y_1, Y_2 이다. 진리표를 보고 물음에 답하시오.

A	B	C	Y_1	Y_2
0	0	0	0	1
0	0	1	0	1
0	1	0	0	1
0	1	1	0	0
1	0	0	0	1
1	0	1	1	1
1	1	0	1	1
1	1	1	1	0

접속점 표기	
접속	비접속

(1) 출력 Y_1, Y_2에 대해 간략한 논리식을 작성하시오.
(2) 논리회로를 그리시오.
(3) 시퀀스회로를 그리시오.

정답

■ 계산과정

(1) $Y_1 = A\overline{B}C + AB\overline{C} + ABC = (B+\overline{B})AC + AB\overline{C} = AC + AB\overline{C} = A(B+C)$

$Y_2 = \overline{A}\,\overline{B}\,\overline{C} + \overline{A}\,\overline{B}C + \overline{A}B\overline{C} + A\overline{B}\,\overline{C} + A\overline{B}C + AB\overline{C} = \overline{A}\,\overline{B}(\overline{C}+C) + A\overline{B}(C+\overline{C}) + B\overline{C}(A+\overline{A})$
$= \overline{A}\,\overline{B} + A\overline{B} + B\overline{C} = \overline{B} + \overline{C}$

(2)

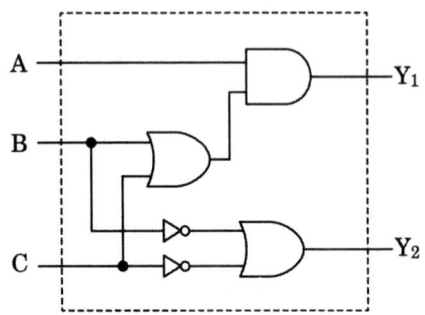

(3)

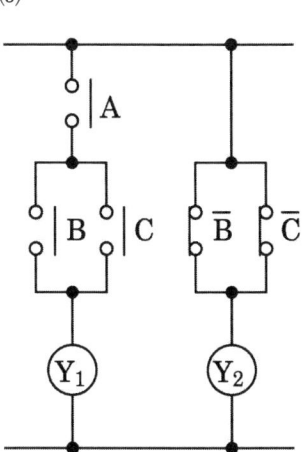

15

다음은 한국전기설비규정(KEC)에 의한 전선의 색상표이다. 빈칸에 알맞은 답을 쓰시오.

상	색상
L1	①
L2	흑색
L3	②
N	③
보호도체	④

> 정답

① 갈색   ② 회색   ③ 청색   ④ 녹색-황색

16

다음 약호에 대한 명칭을 쓰시오.

(1) PEM(protective earthing conductor and a mid-point conductor)
(2) PEL(protective earthing conductor and a line conductor)

정답

(1) 직류회로에서 중간도체 겸용 보호도체
(2) 직류회로에서 선도체 겸용 보호도체

17

안전관리업무를 대행하는 전기안전관리자는 전기설비가 설치된 장소 또는 사업장을 방문하여 점검을 실시해야 한다. 빈칸에 알맞은 값을 채우시오.

용량별		점검횟수	점검간격
저압	1 ~ 300 [kW] 이하	월 1회	20일 이상
	300 [kW] 초과	월 2회	10일 이상
고압 이상	1 ~ 300 [kW] 이하	월 1회	20일 이상
	300 [kW] 초과 ~ 500 [kW] 이하	월 (①)회	(②)일 이상
	500 [kW] 초과 ~ 700 [kW] 이하	월 (③)회	(④)일 이상
	700 [kW] 초과 ~ 1500 [kW] 이하	월 (⑤)회	(⑥)일 이상
	1500 [kW] 초과 ~ 2000 [kW] 이하	월 (⑦)회	(⑧)일 이상
	2000 [kW] 초과 ~	월 (⑨)회	(⑩)일 이상

정답

① 2 ② 10 ③ 3 ④ 7 ⑤ 4 ⑥ 5 ⑦ 5 ⑧ 4 ⑨ 6 ⑩ 3

18

다음 사항은 전력시설물 공사감리업무 수행지침 중 설계변경 및 계약금액의 조정 관련 감리업무와 관련된 사항이다 빈칸을 채우시오.

> 감리원은 설계변경 등으로 인한 계약금액의 조정을 위한 각종 서류를 공사업자로부터 제출받아 검토, 확인한 후 감리업자에게 보고하여야 하며 감리업자는 소속 비상주감리원에게 검토, 확인하게 하고 대표자 명의로 발주자에게 제출하여야 한다. 이때 변경설계도서의 설계자는 (①), 심사자는 (②)이 날인하여야 한다. 다만, 대규모 통합감리의 경우 설계자는 실제 설계담당감리원과 책임감리원이 연명으로 날인하고 변경설계도서의 표지양식은 사전에 발주처와 협의하여 정한다.

정답

① 책임감리원

② 비상주감리원

01

고압선로에서의 접지사고 검출 및 경보장치를 그림과 같이 시설하였다. A선에 누전사고가 발생하였을 때 다음 각 물음에 답하시오. (단, 전원이 인가되고 경보벨의 스위치는 닫혀있는 상태라고 한다)

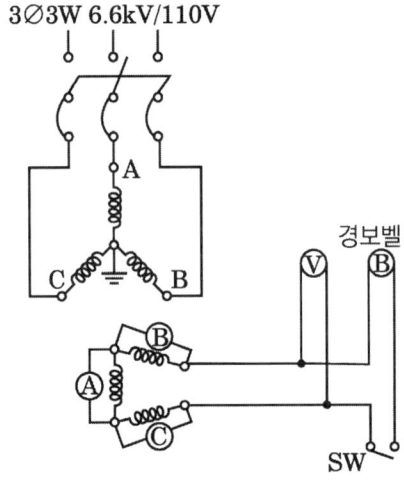

(1) 1차 측 A, B, C선의 대지전압은 몇 [V]인가?
   ① B선의 대지전압 :
   ② C선의 대지전압 :

(2) 2차 측 Ⓐ, Ⓑ, Ⓒ의 전구전압과 전압계 Ⓥ의 지시전압, 경보벨 Ⓑ에 걸리는 전압은 몇 [V]인가?
   ① Ⓑ 전구의 전압
   ② Ⓒ 전구의 전압
   ③ 전압계 Ⓥ의 지시 전압
   ④ 경보벨 Ⓑ에 걸리는 전압

정답

(1) ① $\dfrac{6,600}{\sqrt{3}} \times \sqrt{3} = 6,600\,[\text{V}]$ 　　　답 6,600 [V]

　② $\dfrac{6,600}{\sqrt{3}} \times \sqrt{3} = 6,600\,[\text{V}]$ 　　　답 6,600 [V]

(2) ① $\frac{110}{\sqrt{3}} \times \sqrt{3} = 110$ [V]   답 110 [V]

② $\frac{110}{\sqrt{3}} \times \sqrt{3} = 110$ [V]   답 110 [V]

③ $110 \times \sqrt{3} = 190.525$ [V]   답 190.53 [V]

④ $110 \times \sqrt{3} = 190.525$ [V]   답 190.53 [V]

02
6점

그림은 22.9 [kV-Y] 1000 [kVA] 이하에 적용 가능한 특별고압 간이 수전 설비의 표준 결선도이다. 이 결선도를 보고 다음 각 물음에 답하시오.

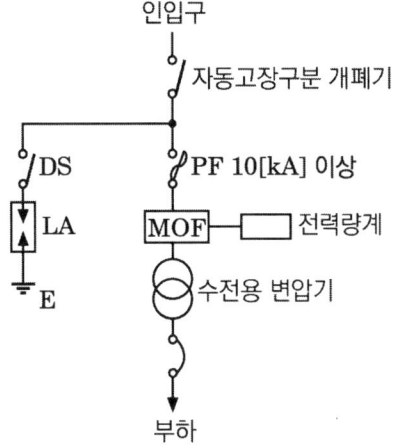

(1) 용량 300[kVA] 이하 ASS 대신에 사용할 수 있는 것은?

(2) 위 결선도에서 생략할 수 있는 것은?

(3) 22.9 [kV-Y]용의 LA는 어떤 것을 사용하여야 하는가?

(4) 인입선을 지중선으로 시설하는 경우로 공동 주택 등 고장 시 정전 피해가 큰 경우는 예비 지중선을 포함하여 몇 회선으로 시설하는 것이 바람직한가?

(5) 지중 인입선의 경우에 22.9 [kV-Y] 계통은 어떤 케이블을 사용해야 하는가?

(6) 300 [kVA] 이하인 경우 비대칭 차단 전류 용량 몇 [kA] 이상의 PF를 사용하는가?

정답

(1) 인터럽트 스위치(Int.Switch)

(2) LA용 DS

(3) Disconnector 또는 Isolator 붙임형
(4) 2회선
(5) CNCV-W 케이블(수밀형) 또는 TR CNCV-W (트리억제형) 케이블
(6) 10[kA]

> **핵심이론**
>
> □ 22.9[kV-Y] 1000[kVA] 이하를 시설하는 경우
> (1) LA용 DS는 생략할 수 있으며, 22.9[kV-Y]용의 LA는 Disconnector(또는 Isolator) 붙임형을 사용하여야 한다.
> (2) 인입선을 지중선으로 시설하는 경우에 공동주택 등 고장 시 정전피해가 큰 경우는 예비지중선을 포함하여 2회선으로 시설하는 것이 바람직하다.
> (3) 지중 인입선의 경우에 22.9[kV-Y] 계통은 CNCV-W 케이블(수밀형) 또는 TR CNCV-W(트리억제형)을 사용하여야 한다. 다만, 전력구·공동구·덕트·건물구내 등 화재의 우려가 있는 장소에서는 FR CNCO-W(난연)케이블을 사용하는 것이 바람직하다.
> (4) 300[kVA] 이하인 경우에는 PF 대신 COS(비대칭 차단전류 10[kA] 이상의 것)을 사용할 수 있다.

03 · 4점

다음은 상용전원과 예비전원 운전 시 유의하여야 할 사항이다. 괄호 안에 알맞은 내용을 쓰시오.

> 상용전원과 예비전원 사이에는 병렬운전을 하지 않는 것이 원칙이므로 수전용 차단기와 발전용 차단기 사이에는 전기적 또는 기계적 (①)을 시설해야 하며 (②)를 사용해야 한다.

정답

① 인터록
② 전환개폐기

04

다음 아래의 보호계전기의 약호에 따른 명칭을 쓰시오.

약호	명칭
OCR	①
OVR	②
UVR	③
GR	④

정답

① 과전류계전기   ② 과전압계전기   ③ 부족전압계전기   ④ 지락계전기

05

어느 기간 중에 수용가의 최대수용전력[kW]과 설비용량의 합계 [kW]와의 비를 말하는 것은 무엇인가?

정답

수용률

핵심이론

□ 변압기와 부하

(1) 수용률
① 수용설비가 동시에 사용되는 정도
② 수용률 = $\dfrac{\text{최대수용전력 [kW]}}{\text{총 부하설비용량 [kW]}} \times 100\,[\%]$

(2) 부등률
① 전력소비기기를 동시에 사용하는 정도
② 부등률 = $\dfrac{\text{수용설비 각각의 최대수용전력의 합 [kW]}}{\text{합성 최대수용전력 [kW]}} \geq 1$
③ 합성최대전력 = $\dfrac{\text{설비용량} \times \text{수용률}}{\text{부등률}}$

(3) 부하율
① 공급 설비가 어느 정도 유효하게 사용되는가를 나타냄
② 부하율이 클수록 공급설비가 유효하게 사용
③ 부하율 = $\dfrac{\text{평균수용전력 [kW]}}{\text{합성 최대수용전력 [kW]}} \times 100\,[\%]$

06 5점

발전기의 최대출력이 400 [kW], 일부하율이 40 [%], 중유의 발열량이 9600 [kcal/L], 열효율이 36 [%]일 때 하루 동안의 연료 소비량[L]은 얼마인가?

정답

■ 계산과정

- 효율 $\eta = \dfrac{860 Pt}{mH} \times$ 부하율

- $m = \dfrac{860 Pt}{\eta H} \times$ 부하율 $= \dfrac{860 \times 400 \times 24 \times 0.4}{0.36 \times 9600} = 955.56$ [L]

답 955.56 [L]

핵심이론

□ 발전기의 종합효율

$\eta = \dfrac{860 Pt}{mH}$ [kW]

m : 연료 [kg], H : 발열량 [kcal/kg], P : 출력 [kW], t : 시간 [h]

07 6점

전력계통에 이용되는 리액터의 설치 목적에 따른 리액터의 명칭을 쓰시오.

설치 목적	리액터 명칭
단락사고 시 단락전류 제한	①
페란티 현상 방지	②
중성점 접지용으로 아크 소호	③

정답

① 한류리액터   ② 분로리액터   ③ 소호리액터

08

전기설비의 방폭구조 종류 중 4가지만 쓰시오.

정답

① 내압 방폭구조 ② 유입 방폭구조 ③ 안전증 방폭구조 ④ 본질안전 방폭구조

09

다음 그림과 같이 5 [m]의 높이에 있는 백열전등에서 광도 12500 [cd]의 빛이 수평거리 7.5 [m]의 점 P에 주어지고 있다. 다음 각 물음에 답하시오.

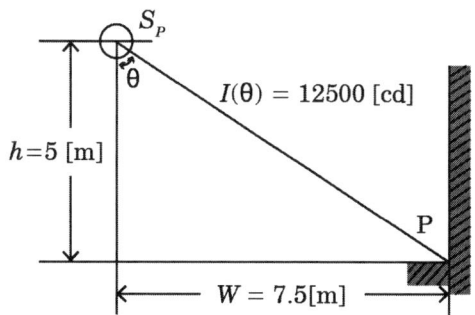

(1) P점의 수평면 조도를 구하시오.
(2) P점의 수직면 조도를 구하시오.

정답

(1) 수평면 조도

- $\cos\theta = \dfrac{5}{\sqrt{5^2+7.5^2}} = 0.55$

$$E_h = \dfrac{I}{r^2}\cos\theta = \dfrac{12500}{(\sqrt{5^2+7.5^2})^2} \times 0.55 = 84.62\,[\text{lx}]$$

답 84.62 [lx]

(2) 수직면 조도

- $\sin\theta = \dfrac{7.5}{\sqrt{5^2+7.5^2}} = 0.83$

$$E_h = \dfrac{I}{r^2}\sin\theta = \dfrac{12500}{(\sqrt{5^2+7.5^2})^2} \times 0.83 = 127.69\,[\text{lx}]$$

답 127.69 [lx]

> **핵심이론**
>
> □ 조도 계산
> - 수평면 조도 $E_h = E_n \cos\theta = \dfrac{I}{r^2}\cos\theta$
> - 수직면 조도 $E_v = E_n \sin\theta = \dfrac{I}{r^2}\sin\theta$

10   9점

다음 그림과 같은 사무실이 있다. 이 사무실의 평균조도를 200 [lx]로 하고자 할 때 다음 각 물음에 답하시오.

(1) 여기에 필요한 형광등 개수를 구하시오.
   (단, • 형광등은 40[W]를 사용한다.
   • 광속은 형광등 40[W] 사용 시 2500 [lm]으로 한다.
   • 조명률은 0.6으로 한다.
   • 감광보상률은 1.2로 한다.)

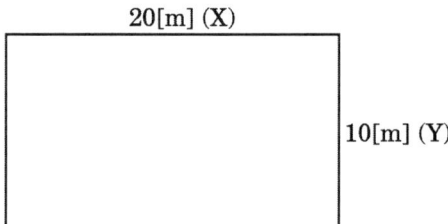

(2) 등기구를 답안지에 배치하시오.
   (단, • 기둥은 없는 것으로 한다.
   • 가장 경제적으로 할 것
   • 간격은 등기구 센터를 기준으로 한다.
   • 등기구는 ○으로 표현한다.)

(3) 등 간의 간격과 최외각에 설치된 등기구 건물 벽간의 간격(A, B, C, D)은 몇 [m]인가?

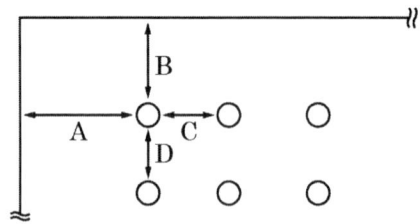

(4) 만일 주파수 60 [Hz]에 사용하는 형광방전등을 50[Hz]에서 사용한다면 광속과 점등 시간은 어떻게 되는가? (단, 증가, 감소, 빠름, 늦음 등으로 표현할 것)

(5) 양호한 전반조명이라면 등 간격은 등 높이의 몇 배 이하로 해야 하는가?

정답

(1) $N = \dfrac{EAD}{FU} = \dfrac{200 \times 10 \times 20 \times 1.2}{2500 \times 0.6} = 32$ [등]

    답 32[등]

(2)

(3) 가로 : $\dfrac{20}{8} = 2.5$ [m], 세로 : $\dfrac{10}{4} = 2.5$ [m]

등과 등 사이 : $\dfrac{3}{2}H$ 이하, 등과 벽 사이 : $\dfrac{1}{2}H$ 이하

    답 A : 1.25 [m]   B : 1.25 [m]   C : 2.5 [m]   D : 2.5 [m]

(4) 광속 : 증가,   점등시간 : 늦음

(5) 1.5배

11

그림과 같은 무접점 논리회로에 대응하는 유접점 릴레이(시퀀스) 회로를 그리고, 논리식으로 표현하시오.

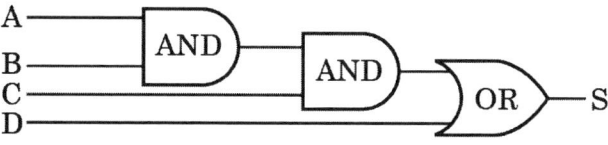

정답

(1)

(2) $S = A \cdot B \cdot C + D$

12

어떤 부하에 그림과 같이 접속된 전압계, 전류계 및 전력계의 지시치가 각각 V = 220 [V], I = 25 [A], W_1 = 5.6 [kW], W_2 = 2.4 [kW]이다. 다음 물음에 답하시오.

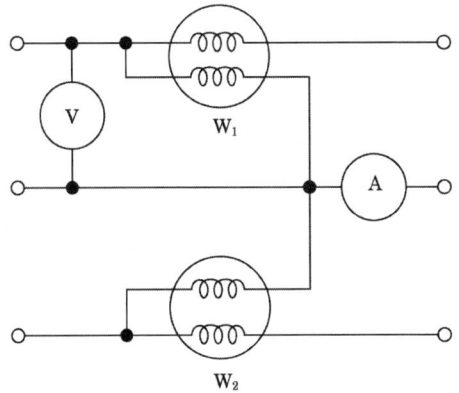

(1) 소비전력은 몇 [kW]인지 구하시오.
(2) 부하역률은 몇 [kW]인지 구하시오.

정답

(1) $P = W_1 + W_2 = 5.6 + 2.4 = 8$ [kW]

답 8 [kW]

(2) $P_a = \sqrt{3} \times 220 \times 25 \times 10^{-3} = 9.53$ [kVA]

$\cos\theta = \dfrac{P}{P_a} \times 100 = \dfrac{8}{9.53} \times 100 = 83.95$ [%]

답 83.95 [%]

13
10점

1상당 임피던스가 $0.3+j0.4[\Omega/km]$, 부하전압이 6000[V]인 3상 송전선로의 5[km] 지점에 1000[kW], 역률 0.8의 부하가 있다. 전력용 콘덴서를 이용하여 역률을 95[%]로 개선하였을 때, 다음 질문에 대해 역률 개선전의 몇 [%]인지 답하시오.

(1) 전압강하
(2) 전력손실

정답

■ 계산과정

(1) 개선 전 : $e_1 = \dfrac{1000\times 10^3}{6000}\times (0.3\times 5 + 0.4\times 5 \times \dfrac{0.6}{0.8}) = 500$ [V]

개선 후 : $e_2 = \dfrac{1000\times 10^3}{6000}\times (0.3\times 5 + 0.4\times 5 \times \dfrac{\sqrt{1-0.95^2}}{0.95}) = 359.56$ [V]

$\dfrac{e_2}{e_1}\times 100 = \dfrac{359.56}{500}\times 100 = 71.91$ [%]

답 71.91 [%]

(2) $P_l = \dfrac{P^2 R}{V^2 \cos^2\theta}$

P_l은 $\cos^2\theta$에 반비례한다. 따라서 $(\dfrac{0.8}{0.95})^2 \times 100 = 70.91$ [%]

답 70.91 [%]

14

A변압기의 정격용량이 20[kVA], %임피던스는 4[%]이고, B변압기의 정격용량이 75[kVA], %임피던스는 5[%]이다. 이때, 다음 물음에 답하시오. (단, 두 변압기는 정격전압, 내부저항, 누설리액턴스의 비가 같고 병렬연결 되어있다)

(1) 2차 측 부하용량이 60 [kVA]일 때, 각 변압기가 분담하는 전력은 몇 [kVA]인가?
(2) 2차 측 부하용량이 120 [kVA]일 때, 각 변압기가 분담하는 전력은 몇 [kVA]인가?
(3) 변압기가 과부하되지 않는 범위 내 2차측 최대 부하용량은 몇 [kVA]인가?

정답

■ 계산과정

(1) 부하분담비 : $\dfrac{P_a}{P_b} = \dfrac{\%Z_B}{\%Z_A} \times \dfrac{P_A}{P_B} = \dfrac{5}{4} \times \dfrac{20}{75} = \dfrac{1}{3}$

$P_b = 3P_a$

$P_a + P_b = 4P_a = 60 \ [\text{kVA}]$

답 $P_a = 15 \ [\text{kVA}], \ P_b = 45 \ [\text{kVA}]$

(2) 부하분담비 : $\dfrac{P_a}{P_b} = \dfrac{\%Z_B}{\%Z_A} \times \dfrac{P_A}{P_B} = \dfrac{5}{4} \times \dfrac{20}{75} = \dfrac{1}{3}$

$P_b = 3P_a$

$P_a + P_b = 4P_a = 120 \ [\text{kVA}]$

답 $P_a = 30 \ [\text{kVA}], \ P_b = 90 \ [\text{kVA}]$

(3) A변압기의 최대공급용량이 20 [kVA]이므로, $P_a + P_b = 4P_a = 80 \ [\text{kVA}]$

답 80 [kVA]

15

다음 무접점회로에 대해 물음에 답하시오.

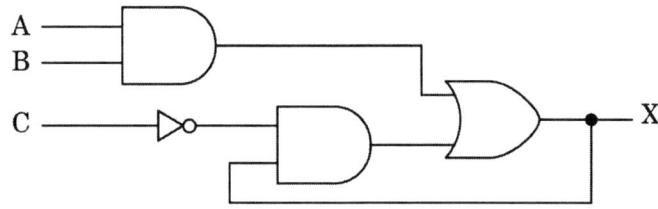

(1) 유접점회로로 나타내시오.
(2) 논리식으로 나타내시오.

정답

(1)
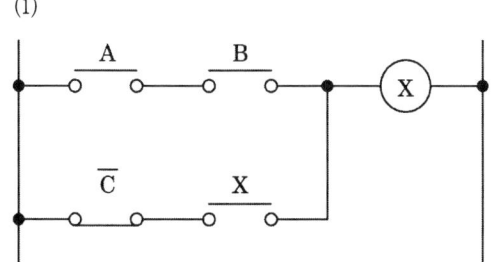

(2) $X = A \cdot B + \overline{C} \cdot X$

16

가로 10 [m], 세로 16 [m], 천장 높이 3.85 [m], 작업면 높이 0.85 [m]인 사무실에 천장 직부 형광등 F40×2를 설치하려고 한다.

(1) 이 사무실의 실지수는 얼마인가?
(2) 이 사무실의 작업면 조도를 300 [lx], 천장 반사율 70 [%], 벽 반사율 50 [%], 바닥 반사율 10 [%], 형광등(F40×2) 1등 당 광속 3150 [1m], 보수율 70 [%], 조명률 61 [%]로 한다면 이 사무실에 필요한 등기구는 몇 등인가?

정답

■ 계산과정

(1) 실지수 $RI = \dfrac{XY}{H(X+Y)} = \dfrac{10 \times 16}{(3.85-0.85) \times (10+16)} = 2.05$ 　답 2.05

(2) 형광등 수 $N = \dfrac{EAD}{FU} = \dfrac{EA}{FUM} = \dfrac{300 \times (10 \times 16)}{3150 \times 2 \times 0.61 \times 0.7} = 17.84$ 　답 18등

17

설비도면을 보고 다음 물음에 답하시오.

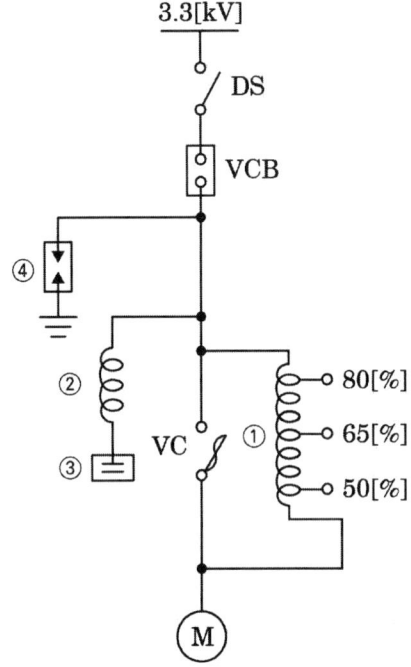

(1) 도면의 고압 유도 전동기 기동방식이 무엇인지 적으시오.

(2) 도면의 ①~④ 의 명칭을 적으시오.

정답

(1) 리액터 기동법

(2) ① 기동용 리액터　② 직렬 리액터　③ 전력용 콘덴서　④ 서지 흡수기

18 [7점]

단상 3선식 110/220 [V]을 채용하고 있는 어떤 건물이 있다. 변압기가 설치된 수전실로부터 100 [m] 되는 곳에 부하 집계표와 같은 분전반을 시설하고자 한다. 다음 조건과 전선의 허용전류표를 이용하여 다음 각 물음에 답하시오. 단, 중성선의 전압강하는 무시한다.

[조건]
- 전압변동률은 2 [%] 이하가 되도록 한다.
- 전압강하율은 2 [%] 이하가 되도록 한다.
- 후강 전선관 공사로 한다.
- 3선 모두 같은 선으로 한다.
- 부하의 수용률은 100 [%]로 적용한다.
- 후강 전선관 내 전선의 점유율은 48 [%] 이내를 유지한다.

[표1] 전선의 허용전류표

단면적 [mm^2]	허용전류 [A]	전선관 1본 이하 수용 시 [A]	피복포함 단면적 [mm^2]
5.5	34	31	28
14	61	55	66
22	80	72	88
38	113	102	121
50	133	119	161

[표2] 부하 집계표

회로 번호	부하 명칭	부하 [VA]	부하분담 [VA] A	부하분담 [VA] B	MCCB 크기 극수	MCCB 크기 AF	MCCB 크기 AT	비고
1	전등	2,400	1,200	1,200	2	50	15	
2	전등	1,400	700	700	2	50	15	
3	콘센트	1,000	1,000	-	1	50	20	
4	콘센트	1,400	1,400	-	1	50	20	
5	콘센트	600	-	600	1	50	20	
6	콘센트	1,000	-	1,000	1	50	20	
7	팬코일	700	700	-	1	30	15	
8	팬코일	700	-	700	1	30	15	
합계		9,200	5,000	4,200				

[표3] 후강전선관 규격

호칭	G16	G22	G28	G36	G42

(1) 간선의 공칭단면적 [mm²]을 선정하시오.
(2) 후강 전선관의 호칭을 표에서 선정하시오.
(3) 설비 불평형률은 몇 [%]인지 구하시오.

정답

(1) 부하분담이 큰 5,000 [VA]으로 부하전류를 선정 $I_A = \dfrac{5,000}{110} = 45.45$ [A]

단상 3선식에서 $e = \dfrac{17.8LI}{1000A}$

$A = \dfrac{17.8 \times 100 \times 45.45}{1,000 \times 110 \times 0.02} = 36.77$ [mm²]

답 38 [mm²]

(2) 전선의 총 단면적 $= 121 \times 3 = 363$ [mm²]

$A = \dfrac{1}{4}\pi d^2 \times 0.48 \geq 363$

$d \geq \sqrt{\dfrac{363 \times 4}{0.48 \times \pi}} = 31.03$ [mm]

답 G36

(3) $\dfrac{3,100 - 2,300}{\dfrac{1}{2} \times 9,200} \times 100 = 17.39$ [%]

답 17.39 [%]

핵심이론

□ 설비 불평형률
 ① 단상 3선식

  설비불평형률 $= \dfrac{\text{중성선과 각 전압 측 선간에 접속되는 부하설비용량의 차}}{\text{총 부하설비용량} \times \dfrac{1}{2}} \times 100$ [%]

 ② 3상 3선식 또는 3상 4선식

  설비불평형률 $= \dfrac{\text{각 간선에 접속되는 단상부하 총 설비용량의 최대와 최소의 차}}{\text{총 부하설비용량} \times \dfrac{1}{3}} \times 100$ [%]

01

고압 배전선의 구성과 관련된 미완성 환상식(루프식) 배전간선의 단선도를 완성하시오.

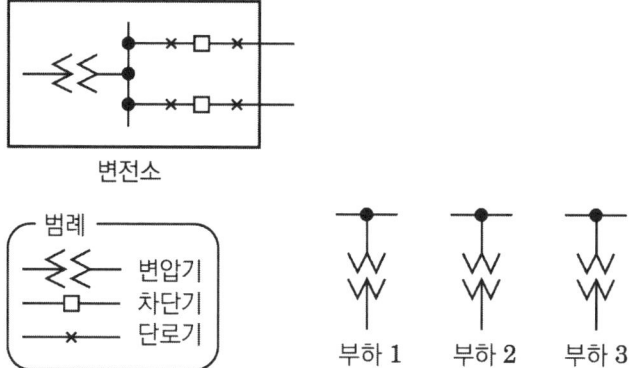

[정답]

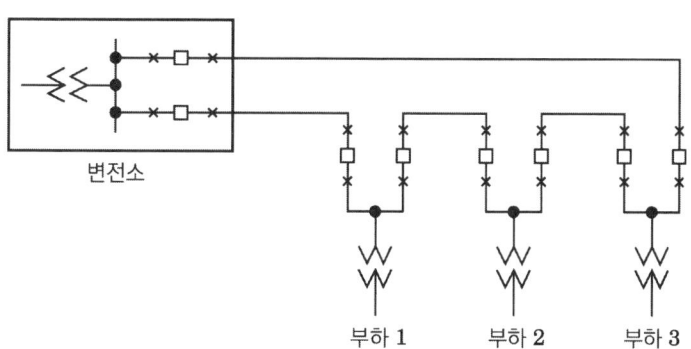

02

보조 릴레이 A, B, C의 계전기로 출력(H레벨)이 생기는 유접점 회로와 무접점 회로를 그리시오. 단, 보조릴레이의 접점은 모두 a접점만을 사용하도록 한다.

(1) A와 B를 같이 ON하거나 C를 ON 할 때 X_1 출력

　① 유접점 회로　　　　　　　　　　　② 무접점 회로

(2) A를 ON하고 B 또는 C를 ON 할 때 X_2 출력

　① 유접점 회로　　　　　　　　　　　② 무접점 회로

정답

(1) ① 유접점 회로　　　　　　　　② 무접점 회로

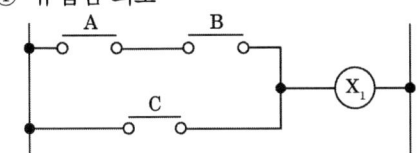
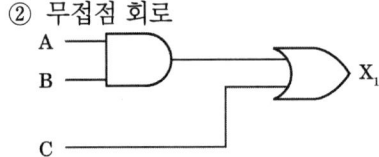

(2) ① 유접점 회로　　　　　　　　② 무접점 회로

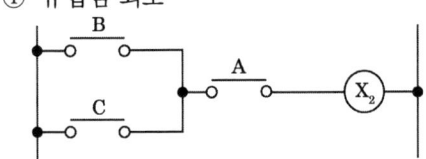
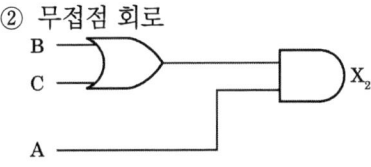

(1) 전력설비 부하용량

부하내용	면적을 적용한 부하용량[kVA]
조명	$22 \times 10000 \times 10^{-3} = 220$ [kVA]
콘센트	$5 \times 10000 \times 10^{-3} = 50$ [kVA]
OA 기기	$34 \times 10000 \times 10^{-3} = 340$ [kVA]
일반동력	$45 \times 10000 \times 10^{-3} = 450$ [kVA]
냉방동력	$43 \times 10000 \times 10^{-3} = 430$ [kVA]
OA 동력	$8 \times 10000 \times 10^{-3} = 80$ [kVA]
합계	1570 [kVA]

(2) 변압기 용량 산정

• 조명, 콘센트, 사무자동화 기기에 필요한 변압기 용량

$$TR_1 = (220 + 50 + 340) \times 0.7 = 427 \text{ [kVA]} \Rightarrow 500 \text{ [kVA]}$$

• 일반동력, 사무자동화동력에 필요한 변압기 용량

$$TR_2 = (450 + 80) \times 0.5 = 265 \text{ [kVA]} \Rightarrow 300 \text{ [kVA]}$$

• 냉방동력에 필요한 변압기 용량

$$TR_3 = 430 \times 0.8 = 344 \text{ [kVA]} \Rightarrow 400 \text{ [kVA]}$$

• 주변압기 용량

$$STR = \frac{427 + 265 + 344}{1.2} = 863.33 \text{ [kVA]} \Rightarrow 1000 \text{ [kVA]}$$

• 주변압기 용량 산정

(3) 주변압기에서부터 각 부하에 이르는 변전설비의 단선 계통도를 간단하게 그리시오.

정답

(1)

부하 내용	면적을 적용한 부하용량 [kVA]
조명	$22 \times 10000 \times 10^{-3} = 220$ [kVA]
콘센트	$5 \times 10000 \times 10^{-3} = 50$ [kVA]
OA 기기	$34 \times 10000 \times 10^{-3} = 340$ [kVA]
일반동력	$45 \times 10000 \times 10^{-3} = 450$ [kVA]
냉방동력	$43 \times 10000 \times 10^{-3} = 430$ [kVA]
OA 동력	$8 \times 10000 \times 10^{-3} = 80$ [kVA]
합 계	$157 \times 10000 \times 10^{-3} = 1570$ [kVA]

(2) • 조명, 콘센트, 사무자동화 기기에 필요한 변압기 용량 산정

$Tr_1 = (220 + 50 + 340) \times 0.7 = 427$ [kVA]   ∴ 500[kVA]

• 일반동력, 사무자동화동력에 필요한 변압기 용량 산정

$Tr_2 = (450 + 80) \times 0.5 = 265$ [kVA]   ∴ 300[kVA]

• 냉방동력에 필요한 변압기 용량 산정

$Tr_3 = 430 \times 0.8 = 344$ [kVA]   ∴ 500[kVA]

• 주변압기 용량 산정

$STr = \dfrac{427 + 265 + 344}{1.2} = 863.33$ [kVA]   ∴ 1000[kVA]

(3)

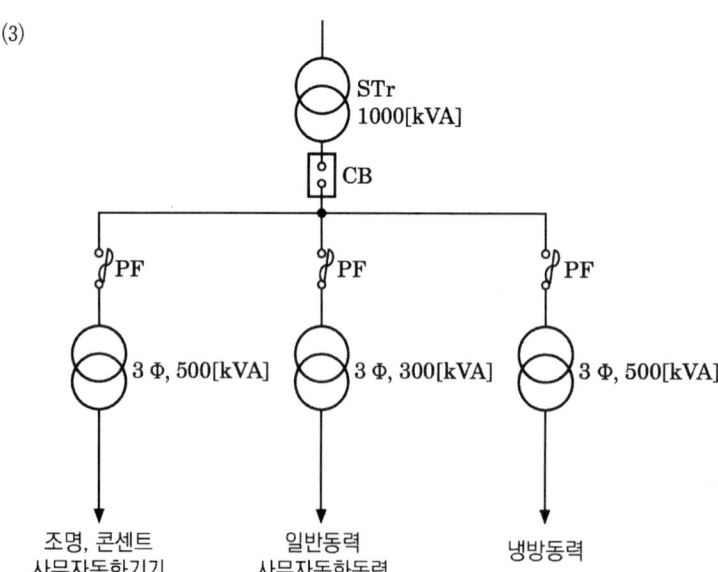

04

보정률이 -0.8 [%]이고 측정값이 103 [V]일 때 참값은 얼마인가?

정답

■ 계산과정

$$보정률 = \frac{참값 - 측정값}{측정값} \times 100 \, [\%]$$

$$-0.8 = \frac{참값 - 103}{103} \times 100 \, [\%]$$

참값 = 102.18 [V]

답 102.18 [V]

핵심이론

□ 오차 및 보정값
- 오차 = 측정값 − 참값
- 오차율 = $\frac{측정값 - 참값}{참값} \times 100 \, [\%]$
- 보정값 = 참값 − 측정값
- 보정률 = $\frac{참값 - 측정값}{측정값} \times 100 \, [\%]$

05

그림과 같이 Y결선된 평형 부하에 전압을 측정할 때 전압계의 지시값이 $V_p = 150$ V, $V_l = 220$ V로 나타났다. 다음 각 물음에 답하시오. 단, 부하 측에 인가된 전압은 각 상 평형전압이고 기본파와 제3고조파분 전압만 분포되어 있다.

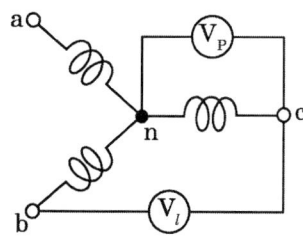

(1) 제3고조파 전압[V]을 구하시오.
(2) 전압의 왜형률[%]을 구하시오.

정답

■ 계산과정

(1) 상전압에는 3고조파가 포함되고, 선간전압에는 3고조파가 포함되지 않음

$$V_1 = \frac{V_l}{\sqrt{3}} = \frac{220}{\sqrt{3}} = 127.02 \text{ [V]}$$

$$V_3 = \sqrt{V_p^2 - V_1^2} = \sqrt{150^2 - 127.02^2} = 79.79 \text{ [V]}$$

답 79.79 [V]

(2) 왜형률 = $\dfrac{\text{전고조파 실횻값}}{\text{기본파의 실횻값}} \times 100 = \dfrac{79.79}{127.02} \times 100 = 62.82$ [%]

답 62.82 [%]

06 (5점)

4 [L]의 물을 15 [℃]에서 90 [℃]로 온도를 높이는 1 [kW]의 전열기로 30분간 가열하였다. 이 전열기의 효율을 계산하시오.

정답

■ 계산과정

$$\eta = \frac{cm(t-t_0)}{860Pt} \times 100\% = \frac{1 \times 4 \times (90-15)}{860 \times 1 \times 0.5} \times 100 = 69.77 \text{ [\%]}$$

답 69.77 [%]

핵심이론

□ 전열기의 효율

$$\eta = \frac{cm(t-t_0)}{860Pt} \times 100\%$$

c : 비열(물은 1), m : 물부피 [L], t : 나중온도 [℃]
t_o : 초기온도 [℃], P : 출력 [kW], t : 시간 [h]

07 (5점)

3상 4선식에서 역률 100[%]의 부하가 각 상과 중성선간에 연결되어 있다. a상, b상, c상에 흐르는 전류가 각각 10[A], 8[A], 9[A]이다. 중성선에 흐르는 전류의 크기의 절댓값은 몇 [A]인가?

정답

■ 계산과정

$$I_n = \dot{I}_a + \dot{I}_b + \dot{I}_c = 10 + 8\left(-\frac{1}{2} - j\frac{\sqrt{3}}{2}\right) + 9\left(-\frac{1}{2} + j\frac{\sqrt{3}}{2}\right)$$

$$= 1.5 + j0.866 \text{ [A]}$$

$$= \sqrt{1.5^2 + 0.866^2} = 1.732 \text{ [A]}$$

답 1.73 [A]

08

수전단 전압이 3000 [V]인 3상 3선식 배전선로의 수전단에 역률 0.8(지상)되는 520 [kW]의 부하가 접속되어 있다. 이 부하에 동일 역률의 부하 80 [kW]를 추가하여 600 [kW]로 증가시키되 부하와 병렬로 전력용 콘덴서를 설치하여 수전단 전압 및 선로전류를 일정하게 불변으로 유지하고자 할 때, 다음 각 물음에 답하시오. (단, 전선의 1선당 저항 및 리액턴스는 각각 1.78 [Ω] 및 1.17 [Ω] 이다)

(1) 이 경우에 필요한 전력용 콘덴서 용량은 몇 [kVA]인가?
(2) 부하 증가 전의 송전단 전압은 몇 [V]인가?
(3) 부하 증가 후의 송전단 전압은 몇 [V]인가?

정답

■ 계산과정

(1) 부하 증가 후의 역률 $\cos\theta_2$는 선로전류가 불변이므로,

$$\frac{P_1}{\sqrt{3}\,V\cos\theta_1} = \frac{P_2}{\sqrt{3}\,V\cos\theta_2} \text{에서 } \cos\theta_2 = \frac{P_2}{P_1}\cos\theta_1 = \frac{600}{520} \times 0.8 = 0.92$$

∴ 콘덴서 용량 $Q_c = P(\tan\theta_1 - \tan\theta_2) = 600\left(\frac{0.6}{0.8} - \frac{\sqrt{1-0.92^2}}{0.92}\right) = 194.4$ [kVA]

(2) 부하 증가 전의 송전단 전압 ($\cos\theta_1 = 0.8$)

$$V_s = V_r + \sqrt{3}\,I(R\cos\theta + X\sin\theta) = V_r + \frac{P}{V_r}(R + X\tan\theta)$$

$$= 3000 + \frac{520 \times 10^3}{3000}\left(1.78 + 1.17 \times \frac{0.6}{0.8}\right) = 3460.63 \text{ [V]}$$

(3) 부하 증가 후의 송전단 전압 ($\cos\theta_2 = 0.92$)

$$V_s = 3000 + \frac{600 \times 10^3}{3000}\left(1.78 + 1.17 \times \frac{\sqrt{1-0.92^2}}{0.92}\right) = 3455.68 \text{ [V]}$$

9   5점

용량 10[kVA], 철손 120[W], 전부하 동손 200[W]인 단상 변압기 2대를 V 결선하여 부하를 걸었을 때, 전부하 효율은 약 몇 [%]인가? 단, 부하의 역률은 $\dfrac{\sqrt{3}}{2}$이라 한다.

정답

■ 계산과정

단상 변압기가 2대이므로 철손, 동손 모두 2배가 된다.

$$\eta = \dfrac{P_v}{P_v + 2P_i + 2P_c} = \dfrac{\sqrt{3} \times 10 \times \dfrac{\sqrt{3}}{2}}{\sqrt{3} \times 10 \times \dfrac{\sqrt{3}}{2} + 2 \times 0.12 + 2 \times 0.2} \times 100 = 95.91\,[\%]$$

답 95.91 [%]

10   5점

지름 20 [cm]의 구형 외구의 광속발산도가 2,000 [rlx]라고 한다. 이 외구의 중심에 있는 균등 점광원의 광도는 얼마인가? (단, 외구의 투과율은 90 [%]이다)

정답

■ 계산과정

$$R = \dfrac{\tau I}{(1-\rho)r^2}\,[\text{rlx}]$$

$r = \dfrac{20 \times 10^{-2}}{2} = 0.1\,[\text{m}]$, $R = 2,000\,[\text{rlx}]$, $\tau = 0.9$, $\rho = 0$이므로

$$I = \dfrac{0.1^2}{0.9} \times 2,000 = 22.222\,[\text{cd}]$$

답 22.22 [cd]

11

다음은 수용가 설비의 전압강하에 대한 내용이다. 다음 물음에 답하시오.

(1) 다른 조건을 고려하지 않는다면 수용가 설비의 인입구로부터 기기까지의 전압강하는 아래 표의 값 이하이어야 한다. 표의 빈칸에 알맞은 답을 쓰시오.

설비의 유형	조명 [%]	기타 [%]
A-저압으로 수전하는 경우	①	②
B-고압 이상으로 수전하는 경우-a	③	④

※ a - 가능한 한 최종회로 내의 전압강하가 A유형의 값을 넘지 않도록 하는 것이 바람직하다. 사용자의 배선설비가 100 [m]를 넘는 전압강하는 미터 당 0.005 [%] 증가할 수 있으나 이러한 증가분은 0.5 [%]를 넘지 않아야 한다.

(2) 위에서 적용한 전압강하보다 더 큰 전압강하를 허용할 수 있는 기기를 두 가지 쓰시오.

정답

(1) ① 3   ② 5   ③ 6   ④ 8
(2) ① 기동 시간 중의 전동기   ② 돌입전류가 큰 기타 기기

핵심이론

□ 수용가 설비에서의 전압강하(KEC 232.3.9)

(1) 다른 조건을 고려하지 않는다면 수용가 설비의 인입구로부터 기기까지의 전압강하는 표의 값 이하이어야 한다.

설비의 유형	조명 [%]	기타 [%]
A-저압으로 수전하는 경우	3	5
B-고압 이상으로 수전하는 경우-a	6	8

a - 가능한 한 최종회로 내의 전압강하가 A유형의 값을 넘지 않도록 하는 것이 바람직하다. 사용자의 배선설비가 100 [m]를 넘는 전압강하는 미터당 0.005 [%] 증가할 수 있으나 이러한 증가분은 0.5 [%]를 넘지 않아야 한다.

(2) 다음의 경우에는 표 보다 더 큰 전압강하를 허용할 수 있다.
  ① 기동 시간 중의 전동기
  ② 돌입전류가 큰 기타 기기
(3) 다음과 같은 일시적인 조건은 고려하지 않는다.
  ① 과도과전압
  ② 비정상적인 사용으로 인한 전압 변동

12

다음 조명에 대한 각 물음에 답하시오.

(1) 어느 광원의 광색이 어느 온도의 흑체의 광색과 같을 때 그 흑체의 온도를 이 광원의 무엇이라 하는지 쓰시오.
(2) 빛의 분광 특성이 색의 보임에 미치는 효과를 말하며, 동일한 색을 가진 것이라도 조명하는 빛에 따라 다르게 보이는 특성을 무엇이라 하는지 쓰시오.

정답

(1) 색온도(Color temperature)
(2) 연색성(Color rendition)

13

전선 상호 간 및 전선과 대지 사이의 절연저항은 저압인 전로의 절연성능을 충족하도록 하고 있다. 다음은 전로의 사용전압에 따른 DC 시험전압과 절연저항을 규정하고 있는 표이다. 빈칸에 알맞은 답을 쓰시오.

전로의 사용전압 [V]	DC 시험전압	절연저항 [MΩ]
SELV 및 PELV	①	④
FELV, 500V 이하	②	⑤
500 V 초과	③	⑥

정답

① 250
② 500
③ 1,000
④ 0.5
⑤ 1.0
⑥ 1.0

> **핵심이론**
>
> □ 저압전로의 절연저항(기술기준 52조)
>
> (1) 누설전류 ≤ 최대공급전류 × $\dfrac{1}{2,000}$
>
> (2) 저압 전로에서 정전이 어려운 경우 등 절연저항 측정이 곤란한 경우 저항성분의 누설 전류가 1 mA 이하이면 그 전로의 절연성능은 적합한 것으로 본다.
>
> | 전로의 사용전압 [V] | DC 시험전압 | 절연저항 [MΩ] |
> | --- | --- | --- |
> | SELV 및 PELV | 250 | 0.5 |
> | FELV, 500 V 이하 | 500 | 1.0 |
> | 500 V 초과 | 1,000 | 1.0 |
>
> (3) ELV(Extra Low Voltage, 특별저압)
> (4) SELV, PELV : 1, 2차가 전기적으로 절연된 회로
> (5) FELV : 1, 2차가 전기적으로 절연되지 않은 회로

14 [4점]

다음은 지중케이블의 사고점 특정법과 절연의 건전도를 측정하는 방법을 열거한 것이다. 다음 방법 중 사고점 측정법과 절연 감시법을 구분하시오.

(1) Megger법	(2) Tanδ 측정법	(3) 부분 방전 측정법
(4) Murray Loop법	(5) Capacity Bridge법	(6) 펄스 레이더법

• 사고점 측정법 :

• 절연 감시법 :

정답

• 사고점 측정법 : (4), (5), (6)

• 절연 감시법 : (1), (2), (3)

15 (5점)

접지공사의 접지저항을 결정하는 중요한 요소를 3가지 쓰시오.

정답

① 접지도체와 접지전극의 전기저항

② 접지전극 주위의 토양의 전기저항 (대지저항률)

③ 접지전극과 대지와의 접촉저항

16 (6점)

주파수 60 [Hz]인 송전선의 특성임피던스가 600 [Ω]이고 선로길이가 L일 때 다음 물음에 답하시오. (단, 전파속도는 3×10^8 [km/s]이다)

(1) 인덕턴스 [H/km]와 커패시턴스 [F/km]를 각각 구하시오.

(2) 파장은 몇 [km]인가?

(3) 수전단에 이 선로의 특성임피던스와 같은 임피던스를 부하로 접속했을 경우, 송전단에서 본 부하측 임피던스[Ω]는?

정답

■ 계산과정

(1) $L = 0.4605 \times \dfrac{Z_0}{138} = 0.4605 \times \dfrac{600}{138} = 2 \, [mH/km] = 2 \times 10^{-3}$ [H/km]

$C = \dfrac{0.02413}{\dfrac{Z_0}{138}} = \dfrac{0.02413}{\dfrac{600}{138}} = 5.55 \times 10^{-3} \, [\mu F/km] = 5.55 \times 10^{-9}$ [F/km]

답 2×10^{-3} [H/km], 5.55×10^{-9} [F/km]

(2) $\lambda = \dfrac{v}{f} = \dfrac{3 \times 10^8}{60} = 5 \times 10^6$ [m]

답 5×10^6 [m]

(3) $Z_{in} = Z_0 \times \dfrac{Z_L + Z_0 \tanh(\gamma l)}{Z_0 + Z_L \tanh(\gamma l)}$ 에서 $Z_0 = Z_L$ 이므로

$Z = Z_0 = 600 [\Omega]$

답 $600 [\Omega]$

2021년 제2회

01 (4점)

ALTS의 명칭과 용도에 대해 쓰시오.

(1) 명칭 :

(2) 용도 :

정답

(1) 명칭 : 자동부하 전환개폐기

(2) 용도 : 이중전원을 확보하여 주전원 정전 시 또는 전압이 기준 값 이하로 떨어질 경우 예비전원으로 자동 절환되어 수용가가 계속 일정한 전원 공급을 받을 수 있게 한다.

02 (5점)

다음 빈칸을 채우시오.

사용전압 [V]	접지방식	절연내력 시험전압
6,900	비접지식	(1)
13,800	중성점 다중접지식	(2)
24,000	중성점 다중접지식	(3)

정답

(1) $6900 \times 1.5 = 10350$ [V]

(2) $13800 \times 0.92 = 12696$ [V]

(3) $24000 \times 0.92 = 22,080$ [V]

> **핵심이론**
>
> □ 전로의 절연저항 및 절연내력(KEC 132)
>
> | 구분 | 최대사용전압 | 시험전압 | 최소 전압 |
> |---|---|---|---|
> | 비접지 | 7 kV 이하 | 1.5배 | 500 V |
> | | 7 kV 초과 | 1.25배 | 10.5 kV |
> | 중성선 다중접지 | 7 kV 초과 25 kV 이하 | 0.92배 | - |
> | 중성점 접지식 | 60 kV 초과 | 1.1배 | 75 kV |
> | 중성점 직접접지식 | 60 kV 초과 170 kV 이하 | 0.72배 | - |
> | | 170 kV 초과 | 0.64배 | - |

03 6점

154 [kV], 60 [Hz]의 3상 송전선이 있다. 강심알루미늄의 전선을 사용하고 지름은 1.6 [cm], 등가선간거리는 400 [cm]이다. 25 [°C] 기준으로 상대공기밀도는 각 1이며, 날씨 계수는 1, 전선은 표면계수는 0.85이다. 이때 30 [°C]일 때 코로나 임계전압 [kV] 및 코로나 손실[kW/km/line]을 구하시오.

(1) 코로나 임계전압
(2) 코로나 손실(코로나 손실은 피크식을 이용할 것)

> **정답**
>
> (1) 25 [°C] 기준($t = 25°$)으로 상대공기 밀도 : $\frac{b}{760} \times \frac{273+20}{273+t} = \frac{b}{760} \times \frac{273+20}{273+25} = 1$
>
> 30 [°C]일 때 상대공기 밀도 : $1 \times \frac{273+25}{273+30} = 0.9835$
>
> $E_0 = 24.3 m_0 m_1 \delta d \log_{10} \frac{D}{r} = 24.3 \times 1 \times 0.85 \times 0.9835 \times 1.6 \times \log \frac{2 \times 400}{1.6}$ [kV]
>
> 답 87.72 [kV]
>
> (2) $P_c = \frac{241}{\delta}(f+25)\sqrt{\frac{d}{2D}}(E-E_0)^2 \times 10^{-5}$ [kW/km/line]
>
> $= \frac{241}{0.9835} \times (60+25) \times \sqrt{\frac{1.6}{2 \times 400}} \times \left(\frac{154}{\sqrt{3}} - 87.72\right)^2 \times 10^{-5}$
>
> $= 0.0132$ [kW/km/line]
>
> 답 0.01 [kW/km/line]

> 핵심이론

□ 코로나 임계전압 $E_0 = 24.3 m_0 m_1 \delta d \log_{10} \dfrac{D}{r}$

- 상대공기밀도 $\delta = \dfrac{0.386 b}{273 + t}$ (b 기압, t 온도)
- m_0 전선의 표면계수
- m_1 날씨계수
- D 등가선간거리
- d 전선의 직경
- r 전선의 반지름

□ 코로나 손실
$P_c = \dfrac{241}{\delta}(f+25)\sqrt{\dfrac{d}{2D}}(E-E_0)^2 \times 10^{-5}$ [kW/km/line]

04 5점

100 [V], 20 [A]용 단상 적산 전력계에 어느 부하를 가할 때 원판의 회전수 20회에 대하여 40.3 [초] 걸렸다. 만일 이 계기의 지시값 20 [A]에 있어서 오차가 +2[%]라 하면 부하전력은 몇 [kW]인가? (단, 이 계기의 계기정수는 1,000 [rev/kWh]이다)

> 정답

■ 계산과정

- 측정값 $= \dfrac{3600 n}{tk} = \dfrac{3600 \times 20}{40.3 \times 1000} = 1.79$ [kW]
- 오차율 $= \dfrac{측정값 - 참값}{참값} \times 100 = 2 = \dfrac{1.79 - 참값}{참값} \times 100$ [%]
- 부하전력 $= 1.75$ [kW]

답 1.75 [kW]

05

피뢰시스템의 각 등급은 다음과 같은 특징을 가진다. 위험성 평가를 기초로 하여 요구되는 피뢰시스템의 등급을 관계가 있는 것과 없는 것으로 분류하여라.

> ① 회전구체의 반경, 메시(Mesh)의 크기 및 보호각
> ② 인하도선 사이 및 환상도체 사이의 전형적인 최적 거리
> ③ 위험한 불꽃 방전에 대비한 이격거리
> ④ 접지극의 최소 길이
> ⑤ 수뢰부 시스템으로 사용되는 금속판과 금속관의 최소 두께
> ⑥ 접지도체의 최소 치수
> ⑦ 피뢰시스템의 재료 및 사용 조건

(1) 관계가 있는 것 :
(2) 관계가 없는 것 :

정답

(1) 관계가 있는 것 : ①, ②, ③, ④

(2) 관계가 없는 것 : ⑤, ⑥, ⑦

핵심이론

□ 피뢰시스템의 레벨(KS C IEC 62305-3)
  피뢰시스템의 각 레벨은 다음과 같은 특징을 가진다.
(1) 피뢰시스템의 레벨과 관계가 있는 데이터
  • 뇌파라미터
  • 회전구체의 반경 메시(mesh)의 크기 및 보호각
  • 인하도선사이 및 환상도체사이의 전형적인 거리
  • 위험한 불꽃방전에 대비한 이격거리
  • 접지극의 최소 길이
(2) 피뢰시스템의 레벨과 관계없는 데이터
  • 피뢰등전위본딩
  • 수뢰부시스템으로 사용되는 금속판과 금속관의 최소 두께
  • 피뢰시스템의 재료 및 사용 조건
  • 수뢰부시스템 인하도선 접지극의 재료 형상 및 최소치수
  • 접속도체의 최소 치수

06

i = 10sinωt + 4sin(2ωt + 30°) + 3sin(3ωt + 60°) [A]의 비정현파 전류에 대한 실횻값은 몇 [A]인가?

정답

■ 계산과정

$$I = \sqrt{\left(\frac{10}{\sqrt{2}}\right)^2 + \left(\frac{4}{\sqrt{2}}\right)^2 + \left(\frac{3}{\sqrt{2}}\right)^2} = 7.906 \text{ [A]}$$

답 7.91 [A]

07

지표면상 15 [m] 높이에 수조가 있다. 이 수조에 초당 0.2 [m³]의 물을 양수하려고 한다. 여기에 사용되는 펌프용 전동기에 3상 전력을 공급하기 위하여 단상 변압기 2대를 V결선하였다. 펌프 효율이 65 [%]일 때 물음에 답하시오. (단, 유도전동기의 역률은 85 [%]이며, 여유계수는 1.1로 한다)

(1) 펌프용 전동기의 소요동력은 몇 [kVA]인가?
(2) 변압기 1대의 용량은 몇 [kVA]인가?

정답

(1) • 펌프용 전동기용량 $P_a = \dfrac{9.8\,QHK}{\eta} \times \dfrac{1}{\cos\theta} = \dfrac{9.8 \times 0.2 \times 15 \times 1.1}{0.65 \times 0.85} = 58.53$ [kVA]

답 58.53 [kVA]

(2) • 변압기 1대 용량 $P_1 = \dfrac{P_v}{\sqrt{3}} = \dfrac{58.53}{\sqrt{3}} = 33.79$ [kVA]

답 33.79 [kVA]

08

22,900 [V], 60 [Hz], 1회선의 3상 지중 송전선의 무부하 충전용량 [kVA]은? (단, 송전선의 길이는 50 [Km], 1선의 1 [Km]당 정전용량은 0.01 [μF]이다)

정답

■ 계산과정

$$Q = 3\omega C E^2 = \omega C V^2 = 2\pi \times 60 \times 0.01 \times 10^{-6} \times 50 \times 22,900^2 \times 10^{-3} = 98.848\,[kVA]$$

답 98.85 [kVA]

09

그림과 같은 회로에서 최대 눈금 15 [A]의 직류 전류계 2개를 접속하고 전류 20 [A]를 흘리면 각 전류계의 지시는 몇 [A]인가? (단, 전류계 최대 눈금의 전압강하는 A_1이 75 [mV], A_2가 50 [mV])

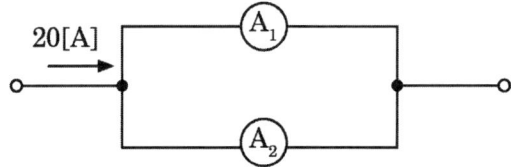

정답

■ 계산과정
- 전류계 내부 저항

$$R_1 = \frac{e_1}{I_1} = \frac{75 \times 10^{-3}}{15} = 5 \times 10^{-3}\,[\Omega],\quad R_2 = \frac{e_2}{I_2} = \frac{50 \times 10^{-3}}{15} = 3.33 \times 10^{-3}\,[\Omega]$$

- 전류 분배 법칙에 의해 각 전류계에 흐르는 전류 A_1, A_2는

$$A_1 = \frac{R_2}{R_1 + R_2} \times I = \frac{3.33 \times 10^{-3}}{5 \times 10^{-3} + 3.33 \times 10^{-3}} \times 20 = 8\,[A]$$

$$A_2 = I - A_1 = 20 - 8 = 12\,[A]$$

답 A_1 = 8 [A], A_2 = 12 [A]

10

정격전압 1차 6600 [V], 2차 210 [V], 10 [kVA]의 단상 변압기 2대를 승압기로 V결선하여 6300 [V]의 3상 전원에 접속하였다. 다음 물음에 답하시오.

(1) 승압된 전압은 몇 [V]인지 계산하시오.
(2) 3상 V결선 승압기의 결선도를 완성하시오.

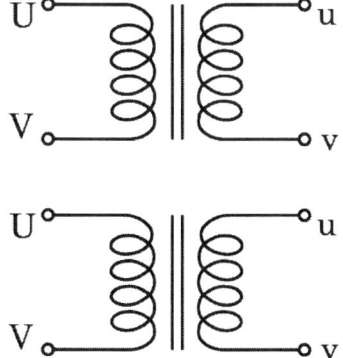

정답

■ 계산과정

(1) $V_2 = V_1\left(1 + \dfrac{1}{a}\right) = 6300\left(1 + \dfrac{210}{6600}\right) = 6500.45$ [V]

답 6500.45 [V]

(2)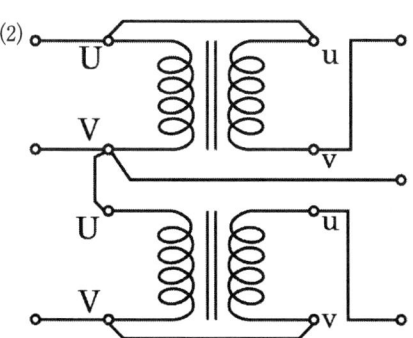

11

그림에서 B점의 차단기 용량을 100 [MVA]로 제한하기 위한 한류리액터의 리액턴스는 몇 [%]인가? (단, 10 [MVA]를 기준으로 한다)

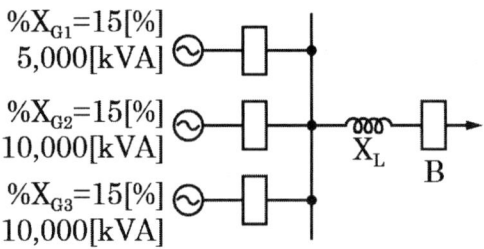

정답

■ 계산과정

- $P_s = \dfrac{100}{\%Z} P_n$ 에서 차단기용량 $P_s = 100$ [MVA], 기준용량 $P_n = 10$ [MVA]이므로

  $\%Z = \dfrac{100}{P_s} P_n = \dfrac{100}{100} \times 10 = 10$ [%]

- $\%Z_1 = \dfrac{기준용량}{정격용량} \times 15 = \dfrac{10000}{5000} \times 15 = 30$ [%]

- $\%Z_2 = \%Z_3 = \dfrac{기준용량}{정격용량} \times 15 = \dfrac{10000}{10000} \times 15 = 15$ [%]

- 각 발전기는 병렬연결이므로 $\%Z_T = \dfrac{1}{\dfrac{1}{\%Z_1} + \dfrac{1}{\%Z_2} + \dfrac{1}{\%Z_3}} = \dfrac{1}{\dfrac{1}{30} + \dfrac{1}{15} + \dfrac{1}{15}} = 6$ [%]

- 한류리액터는 $10 - 6 = 4$ [%]가 필요하다.

답 4 [%]

12 5점

3상 배전선로의 말단에 늦은 역률 80 [%]인 평형 3상의 집중부하가 있다. 변전소 인출구의 전압이 3300 [V]인 경우 부하의 단자전압을 3000 [V] 이하로 떨어뜨리지 않으려면 부하전력 [kW]은 얼마인가? (단, 전선 1선의 저항은 2 [Ω], 리액턴스 1.8 [Ω]으로 하고 그 이외의 선로정수는 무시한다)

정답

■ 계산과정

전압강하 $e = V_s - V_r = \dfrac{P}{V}(R + X\tan\theta)$에서

$P = \dfrac{eV}{R + X\tan\theta} = \dfrac{300 \times 3000}{2 + 1.8 \times \dfrac{0.6}{0.8}} = 268.66 \, [\text{kW}]$

답 268.66 [kW]

13 5점

다음 물음에 답하시오.

(1) 그림과 같은 송전 철탑에서 등가 선간거리 [m]는?

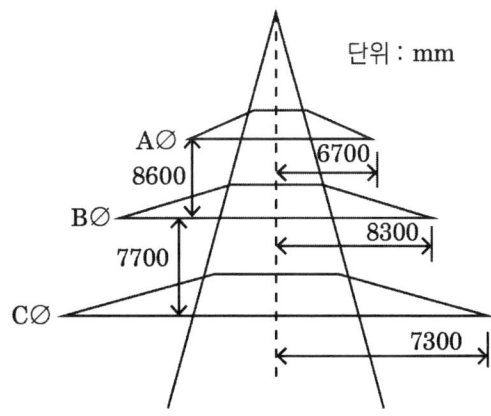

(2) 간격 400 [mm]인 정4각형 배치의 4도체에서 소선 상호 간의 기하학적 평균거리 [m]는?

정답

■ 계산과정

(1) $D_{AB} = \sqrt{8.6^2 + (8.3 - 6.7)^2} = 8.75$ [m]

$D_{BC} = \sqrt{7.7^2 + (8.3 - 7.3)^2} = 7.76$ [m]

$D_{CA} = \sqrt{(8.6 + 7.7)^2 + (7.3 - 6.7)^2} = 16.31$ [m]

등가선간거리 $D = \sqrt[3]{D_{AB} D_{BC} D_{CA}} = \sqrt[3]{8.75 \times 7.76 \times 16.31} = 10.35$ [m]

답 10.35 [m]

(2) 정사각형 배치의 등가평균거리 $D_0 = \sqrt[6]{2}\, D = \sqrt[6]{2} \times 0.4 = 0.45$ [m]

답 0.45 [m]

14

단상 2선식 220 [V] 옥내배선에서 소비전력 60 [W], 역률 90 [%]의 형광등 50개와 소비전력 100 [W]인 백열등 60개를 설치할 때 최소 분기 회로 수는 몇 회로인가? (단, 16 [A] 분기회로로 한다)

정답

■ 계산과정

- 유효전력 $P = 60 \times 50 + 100 \times 60 = 9,000$ [W]

- 무효전력 $Q = 60 \times \dfrac{\sqrt{1 - 0.9^2}}{0.9} \times 50 = 1,452.97$ [Var]

- 피상전력 $P_a = \sqrt{9000^2 + 1452.97^2} = 9,116.53$ [VA]

- $N = \dfrac{9116.53}{220 \times 16} = 2.59$ [회로]

답 16[A] 분기회로 3회로

15

다음은 3∅4W 22.9 [kV] 수전설비 단선 결선도이다. 다음 각 물음에 답하시오.

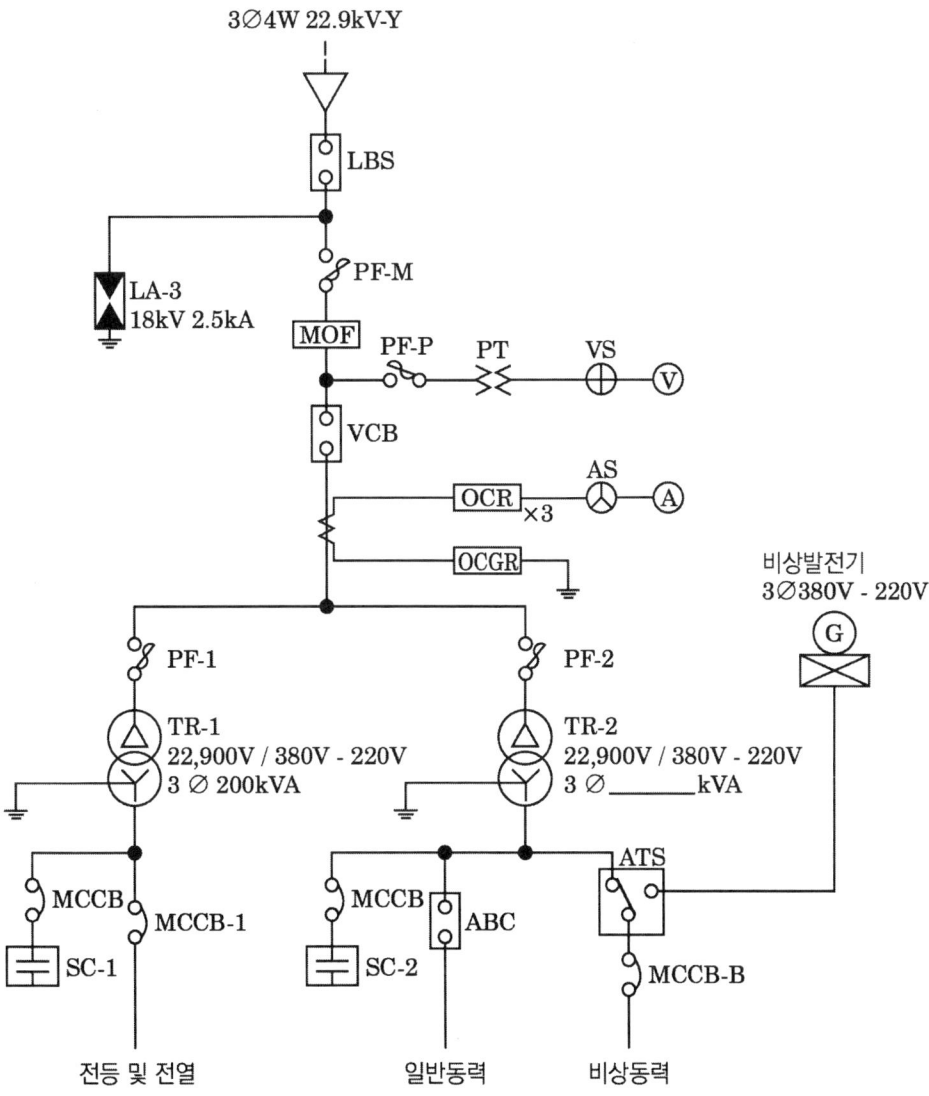

(1) 위 수전설비 단선결선도의 LA에 대하여 다음 물음에 답하시오.
① 우리말의 명칭을 쓰시오.
② 기능과 역할에 대해 간단히 설명하시오.
③ 성능조건 4가지를 쓰시오.

(2) 수전설비 단선결선도의 부하집계 및 입력 환산표를 완성하시오.
(단, 입력환산 [kVA]은 계산 값의 소수 둘째자리에서 반올림한다.)

구분	전등 및 전열	일반동력	비상동력
설비용량 및 효율	350 [kW] 100 [%]	635 [kW] 85 [%]	• 유도전동기1 : 7.5 [kW] 2대 85 [%] • 유도전동기2 : 11 [kW] 1대 85 [%] • 유도전동기3 : 15 [kW] 1대 85 [%] • 비상조명 : 8,000 [W] 100 [%]
평균(종합)역률	80 [%]	90 [%]	90 [%]
수용률	60 [%]	45 [%]	100 [%]

〈 부하집계 및 입력환산표 〉

구분		설비용량 [kW]	효율 [%]	역률 [%]	입력환산 [kVA]
전등 및 전열		350			
일반동력		635			
비상동력	유도전동기1	7.5×2			
	유도전동기2	11			
	유도전동기3	15			
	비상조명				
	소계	-	-	-	

(3) 단선결선도와 "(2)"항의 부하집계표에 의한 TR-2의 적정용량은 몇 [kVA]인지 구하시오.

[참고사항]
• 일반 동력군과 비상 동력군 간의 부등률은 1.3으로 본다.
• 변압기 용량은 15 [%] 정도의 여유를 갖게 한다.
• 변압기의 표준규격 [kVA]은 200, 300, 400, 500, 600으로 한다.

(4) 단선결선도에서 TR-2의 2차 측 중성점의 접지공사의 접지선 굵기 [mm^2]를 구하시오.

[참고사항]
• 접지선은 GV전선을 사용하고 표준 굵기 [mm^2]는 6, 10, 16, 25, 35, 50, 70으로 한다.
• 접지도체의 절연물의 종류 및 주위온도에 따라 정해지는 계수로 구리는 k=143이다.
• 고장전류는 변압기 2차 정격전류의 20배로 본다.
• 변압기 2차의 과전류 보호차단기는 고장전류에서 0.1초 이내에 차단되는 것이다.

(1) ① 피뢰기
   ② 기능 : 이상전압의 내습 시 이를 신속하게 대지로 방전하고 속류를 차단한다.
      역할 : 뇌전류 및 이상전압으로부터 전기기계기구를 보호한다.
   ③ • 충격파 방전 개시전압이 낮을 것
      • 제한전압이 낮을 것
      • 상용주파 방전 개시전압이 높을 것
      • 방전내량이 클 것
      • 속류를 차단할 수 있을 것

(2) 부하집계 및 입력 환산표

구 분		설비용량 [kW]	효율 [%]	역률 [%]	입력환산 [kVA]
전등 및 전열		350	100	80	$\frac{350}{0.8 \times 1} = 437.5$
일반동력		635	85	90	$\frac{635}{0.9 \times 0.85} = 830.1$
비상동력	유도전동기1	7.5×2	85	90	$\frac{7.5 \times 2}{0.9 \times 0.85} = 19.6$
	유도전동기2	11	85	90	$\frac{11}{0.9 \times 0.85} = 14.4$
	유도전동기3	15	85	90	$\frac{15}{0.9 \times 0.85} = 19.6$
	비상조명	8	100	90	$\frac{8}{0.9 \times 1} = 8.9$
	소계	-	-	-	62.5

(3) 변압기 TR-2의 용량

$$P_a = \frac{830.1 \times 0.45 + 62.5 \times 1}{1.3} \times 1.15 = 385.73 \ [\text{kVA}]$$

답 표준용량 400 [kVA] 선정

(4) $S = \dfrac{\sqrt{I^2 t}}{k} = \dfrac{20 \times \dfrac{400 \times 10^3}{\sqrt{3} \times 380} \times \sqrt{0.1}}{143} = 26.88 \ [\text{mm}^2]$

답 표준규격 35 [mm²] 선정

16

다음 등전위본딩에 관한 도체의 내용이다. 빈칸에 알맞은 값은?

(1) 주접지단자에 접속하기 위한 등전위본딩 도체는 설비 내에 있는 가장 큰 보호접지도체 단면적의 $\frac{1}{2}$ 이상의 단면적을 가져야 하고 다음의 단면적 이상이어야 한다.

   가. 구리 도체 (①) [mm^2]
   나. 알루미늄 도체 (②) [mm^2]
   다. 강철 도체 (③) [mm^2]

(2) 주접지단자에 접속하기 위한 보호본딩도체의 단면적은 구리 도체 (④) [mm^2] 또는 다른 재질의 동등한 단면적을 초과할 필요는 없다.

정답

① 6 [mm^2] ② 16 [mm^2] ③ 50 [mm^2] ④ 25 [mm^2]

핵심이론

□ 보호등전위본딩 도체(KEC 143.3.1)

(1) 주접지단자에 접속하기 위한 등전위본딩 도체는 설비 내에 있는 가장 큰 보호접지도체 단면적의 1/2 이상의 단면적을 가져야 하고 다음의 단면적 이상이어야 한다.
   가. 구리도체 6 [mm^2]
   나. 알루미늄 도체 16 [mm^2]
   다. 강철 도체 50 [mm^2]

(2) 주접지단자에 접속하기 위한 보호본딩도체의 단면적은 구리도체 25 [mm^2] 또는 다른 재질의 동등한 단면적을 초과할 필요는 없다.

17

다음 시퀀스 회로도를 보고 물음에 답하시오.

[동작설명]
① 전원을 투입하면 WL등이 점등한다.
② PBS1을 누르면 MC1, T1이 여자되어 TB2가 회전, PL1 점등한다(이때 X가 여자될 준비가 된다).
③ t1초 후 MC2, T2가 여자되어 TB3가 회전, PL2 점등, PL1 소등, T1 소자
④ t2초 후 MC3가 여자되어 TB4가 회전, PL3 점등, PL2 소등, T2 소자
⑤ PBS2를 누르면 X, T3, T4가 여자되며 MC3가 소자, GL은 소등한다.
⑥ t3초 후 MC2가 소자, PL2은 소등한다.
⑦ t4초 후 MC1이 소자, PL1은 소등한다.
⑧ 동작사항 진행 중 PBS3를 누르면 모든 동작이 RESET 된다.

(1) 빈칸에 알맞은 접점을 넣으시오.

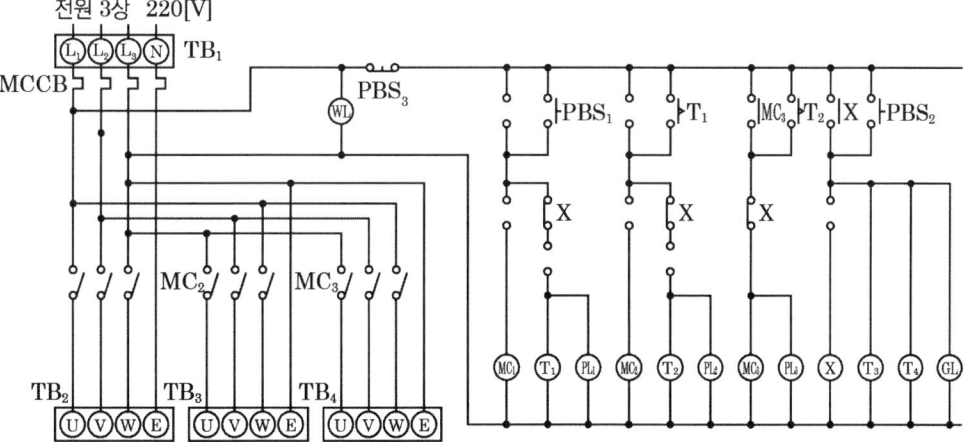

(2) 회로 동작에 맞는 타임차트를 완성하시오.

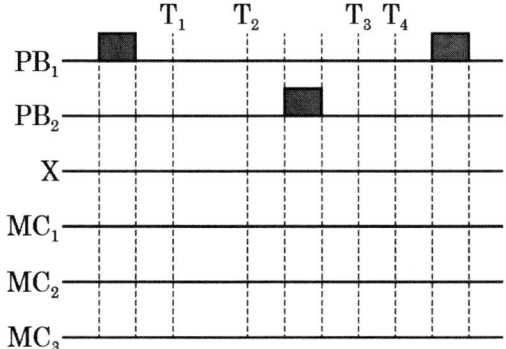

> 정답

(1)

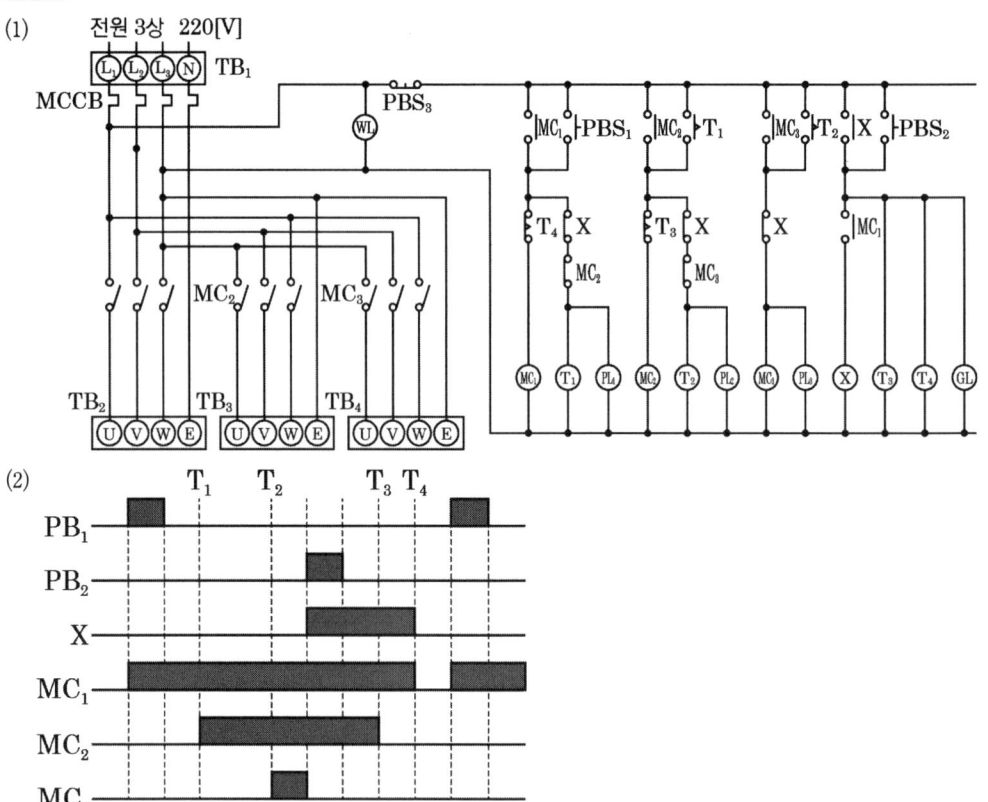

(2)

2021년 제3회

01   15점

가로 32 [m], 세로 20 [m]의 공장에 LED형광등 160 [W], 효율 123 [lm/W]의 직접 조명을 할 때 평균조도로 500 [lx]를 얻기 위한 광원의 소비전력을 구하려고 한다. 주어진 조건과 참고자료를 이용하여 다음 각 물음에 답하면서 순차적으로 구하시오.

[조건]
- 천장 반사율 75 [%], 벽면 반사율 50 [%]이다.
- 광원과 작업면의 높이는 6 [m]이다.
- 감광보상률의 보수 상태는 양호하다.
- 배광은 직접조명으로 한다.
- 조명 기구는 금속 반사갓 직부형이다.

[표1] 조명률, 감광보상률 및 설치 간격

번호	배광 설치 간격	조명 기구	감광 보상률(D)			반사율 ρ	천장	0.75			0.50			0.30	
			보수 상태				벽	0.5	0.3	0.1	0.5	0.3	0.1	0.3	0.1
			양	중	부	실지수		조명률 U [%]							
(1)	간접 0.80 S≤1.2H		전구			J0.6		16	13	11	12	10	08	06	05
			1.5	1.7	2.0	I0.8		20	16	15	15	13	11	08	07
						H1.0		23	20	17	17	14	13	10	08
						G1.25		26	23	20	20	17	15	11	10
						F1.5		29	26	22	22	19	17	12	11
			형광등			E2.0		32	29	26	24	21	19	13	12
			1.7	2.0	2.5	D2.5		36	32	30	26	24	22	15	14
						C3.0		38	35	32	28	25	24	16	15
						B4.0		42	39	36	30	29	27	18	17
						A5.0		44	41	39	33	30	29	19	18
(2)	반간접 0.70 0.10 S≤1.2H		전구			J0.6		18	14	12	14	11	09	08	07
			1.4	1.5	1.7	I0.8		22	19	17	17	15	13	10	09
						H1.0		26	22	19	20	17	15	12	10
						G1.25		29	25	22	22	19	17	14	12
						F1.5		32	28	25	24	21	19	15	14
			형광등			E2.0		35	32	29	27	24	21	17	15
			1.7	2.0	2.5	D2.5		39	35	32	29	26	24	19	18
						C3.0		42	38	35	31	28	27	20	19
						B4.0		46	42	39	34	31	29	22	21
						A5.0		48	44	42	36	33	31	23	22

번호	배광 설치 간격	조명 기구	감광 보상률(D) 보수 상태			반사율 ρ	천장	0.75			0.50			0.30	
							벽	0.5	0.3	0.1	0.5	0.3	0.1	0.3	0.1
			양	중	부	실지수		조명률 U [%]							
(3)	전반확산 0.40 ↑ ↓ 0.40 S≤1.2H					전구	J0.6	24	19	16	22	18	15	16	14
			1.3	1.4	1.5		I0.8	29	25	22	27	23	20	21	19
							H1.0	33	28	26	30	26	24	24	21
							G1.25	37	32	29	33	29	26	26	24
							F1.5	40	36	31	36	32	29	29	26
						형광등	E2.0	45	40	36	40	36	33	32	29
			1.4	1.7	2.0		D2.5	48	43	39	43	39	36	34	33
							C3.0	51	46	42	45	41	38	37	34
							B4.0	55	50	47	49	45	42	40	38
							A5.0	57	53	49	51	47	44	41	40
(4)	반직접 0.25 ↑ ↓ 0.55 S≤H					전구	J0.6	26	22	19	24	21	18	19	17
			1.3	1.4	1.5		I0.8	33	28	26	30	26	24	25	23
							H1.0	36	32	30	33	30	28	28	26
							G1.25	40	36	33	36	33	30	30	29
							F1.5	43	39	35	39	35	33	33	31
						형광등	E2.0	47	44	40	43	39	36	36	34
			1.6	1.7	1.8		D2.5	51	47	43	46	42	40	39	37
							C3.0	54	49	45	48	44	42	42	38
							B4.0	57	53	50	51	47	45	43	41
							A5.0	59	55	52	53	49	47	47	43
(5)	직접 0 ↑ ↓ 0.75 S≤1.3H					전구	J0.6	34	29	26	32	29	27	29	27
			1.3	1.4	1.5		I0.8	43	38	35	39	36	35	36	34
							H1.0	47	43	40	41	40	38	40	38
							G1.25	50	47	44	44	43	41	42	41
							F1.5	52	50	47	46	44	43	44	43
						형광등	E2.0	58	55	52	49	48	46	47	46
			1.4	1.7	2.0		D2.5	62	58	56	52	51	49	50	49
							C3.0	64	61	58	54	52	51	51	50
							B4.0	67	64	62	55	53	52	52	52
							A5.0	68	68	64	56	54	53	54	52

[표2] 실지수 기호

기호	A	B	C	D	E	F	G	H	I	J
실지수	5.0	4.0	3.0	2.5	2.0	1.5	1.25	1.0	0.8	0.6
범위	4.5 이상	4.5~3.5	3.5~2.75	2.75~2.25	2.25~1.75	1.75~1.38	1.38~1.12	1.12~0.9	0.9~0.7	0.7 이하

[실지수 그림]

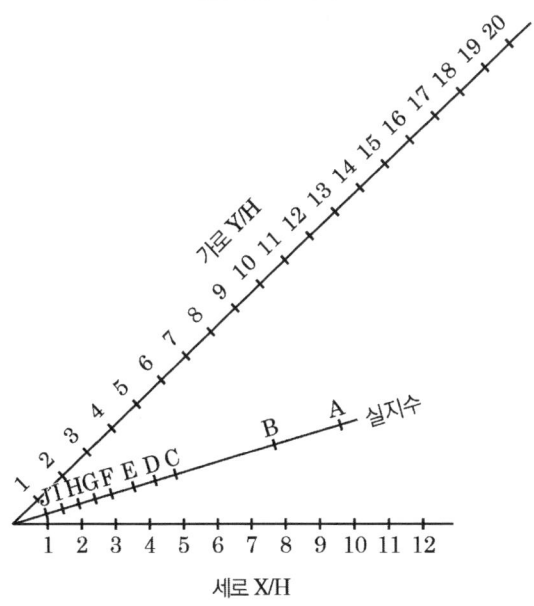

(1) 실지수 표를 이용하여 실지수를 구하시오.
(2) 실지수 그림을 이용하여 실지수를 구하시오.
(3) 조명률 표를 이용하여 조명률을 구하시오.
(4) 필요한 등수를 구하시오.
(5) 16 [A] 분기회로 수는 몇 회로인가? (단, 전압은 220 [V]이다)
(6) 등과 등 사이의 최대 거리는 얼마인가?
(7) 등과 벽 사이의 최대 거리는 얼마인가? (단, 벽면을 사용하지 않는 것으로 한다)
(8) ⊏◯⊐의 명칭은?

> **정답**

■ 계산과정

(1) $R.I = \dfrac{XY}{H(X+Y)} = \dfrac{32 \times 20}{6(32+20)} = 2.05$ [m], 표2에서 실지수 기호 E, 값 2.0 선정

답 실지수 기호 E, 값 2.0

(2) $\dfrac{Y}{H} = \dfrac{32}{6} = 5.33$, $\dfrac{X}{H} = \dfrac{20}{6} = 3.33$

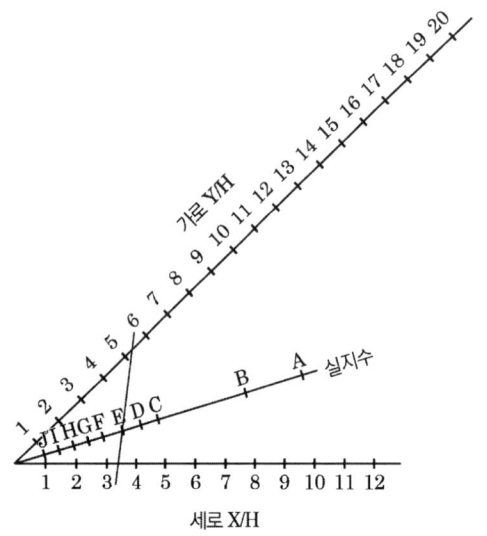

5.33과 3.33이 만나는 실지수 E선정   답 실지수 E

(3) 표1의 천장 반사율 75 [%], 벽면 반사율 50 [%]에서 직접조명, 실지수 E에 해당하는 58 [%] 선정   답 58 [%]

(4) 표1에서 직접조명의 보수상태 양호에 해당하는 감광보상률 1.4 선정

$$N = \frac{DEA}{FU} = \frac{1.4 \times 500 \times 32 \times 20}{160 \times 123 \times 0.58} = 39.249$$ 답 40 [등]

(5) 분기회로 수 $= \frac{40 \times 160}{220 \times 16} = 1.82$ 답 16 [A] 분기 2회로

(6) 표1에서 등과 등사이 간격 $S \leq 1.3H = 1.3 \times 6 = 7.8$ 답 7.8 [m]

(7) 벽면을 사용하지 않을 경우 $S \leq \frac{1}{2}H = \frac{1}{2} \times 6 = 3$ 답 3 [m]

(8) 형광등

핵심이론

□ 광속의 결정

$FUN = EAD$

- E : 평균 조도   • A : 실내의 면적   • U : 조명률   • D : 감광 보상율
- N : 소요 등수   • F : 1등당 광속   • M : 보수율(감광 보상율의 역수)

02

한국전기설비규정에 따라 사용전압 154 [kV]인 중성점 직접 접지식 전로의 절연 내력 시험을 하고자 한다. 시험전압과 시험방법에 대하여 다음 각 물음에 답하시오.

(1) 절연내력 시험전압
(2) 절연내력 시험방법

정답

(1) 시험전압 : 154000 × 0.72 = 110880 [V]

(2) 절연내력 시험할 부분에 최대사용전압에 의하여 결정되는 시험전압을 연속하여 10분간 가하여 견디어야 한다.

핵심이론

□ 전로의 절연저항 및 절연내력(KEC 132)

구분		최대사용전압	시험전압	최소 전압
비접지		7 kV 이하	1.5배	500 V
		7 kV 초과	1.25배	10.5 kV
중성선 다중접지		7 kV ~ 25 kV	0.92배	-
중성점 접지식		60 kV 초과	1.1배	75 kV
중성점 직접접지식		60 kV ~ 170 kV	0.72배	-
		170 kV 초과	0.64배	-

03 (5점)

송전단 전압이 3300 [V]인 변전소로부터 3 [km] 떨어진 곳까지 지중으로 역률 0.8(지상) 1000 [kW]의 3상 동력 부하에 전력을 공급할 때 케이블의 허용전류(또는 안전전류) 범위 내에서 수전단 전압을 3150 [V]로 유지하려고 할 때 케이블을 선정하시오. (단, 도체(동선)의 고유저항은 1.818×10^{-2} [Ω·mm²/m]로 하고 케이블의 정전용량 및 리액턴스 등은 무시한다)

정답

■ 계산과정

$e = \dfrac{P}{V_r}(R + X\tan\theta)$에서 리액턴스를 무시하므로 $e = \dfrac{P}{V_r}R$

저항 $R = \dfrac{eV_r}{P} = \dfrac{150 \times 3150}{10^6} = 0.4725$ [Ω]

$R = \rho\dfrac{l}{A} = 1.818 \times 10^{-2} \times \dfrac{3{,}000}{A}$에서 $A = \dfrac{1.818 \times 10^{-2} \times 3{,}000}{0.4725} = 115.43$ [mm²]

답 120 [mm²]

04 (5점)

어느 자가용 전기설비의 고장전류가 8 [kA]이고 CT비가 50/5 [A]일 때 변류기의 정격과전류강도(표준)은 얼마인지 쓰시오. (단, 사고 발생 후 0.2초 이내에 한전 차단기가 동작하는 것으로 한다)

정격1차 전류 [A] \ 정격1차전압 [kV]	6.6/3.3	22.9/13.2
60 [A] 이하	75배	75배
60 [A] 초과 500 [A] 미만	40배	40배
500 [A] 이상	40배	40배

정답

■ 계산과정

- 단시간 과전류 값 $I_p = I_m\sqrt{t} = 8000 \times \sqrt{0.2} = 3577.7$ [A]
- CT 과전류 강도 $S_n = \dfrac{I_p}{\text{정격1차 전류}} = \dfrac{3577.7}{50} = 71.55$

답 75배 선정

05

어느 빌딩 수용가가 자가용 디젤 발전기 설비를 계획하고 있다. 발전기 용량 산출에 필요한 부하의 종류 및 특성이 다음과 같을 때 주어진 조건과 참고자료를 이용하여 전부하를 운전하는 데 필요한 발전기 용량 [kVA]을 답안지의 빈칸을 채우면서 선정하시오. (단, 수용률을 적용한 kVA 합계를 구할 때는 유효분과 무효분을 나누어 구한다)

[조건]
① 전동기 기동시에 필요한 용량은 무시한다.
② 수용률 : 동력 전동기의 대수가 1대인 경우에는 100 [%], 2대인 경우에는 80 [%]를 적용, 전등, 기타 등은 100 [%]를 적용한다.
③ 전등, 기타의 역률은 100 [%]를 적용한다.

부하의 종류	출력 [kW]	극 수 (극)	대수 (대)	적용부하	기동 방법
전동기	37	8	1	소화전 펌프	리액터 기동
	22	6	2	급수펌프	리액터 기동
	11	6	2	배풍기	Y-△ 기동
	5.5	4	1	배수펌프	직입기동
전등, 기타	50	-	-	비상조명	-

[표1] 저압 특수 농형 2종 전동기(KSC 4202) [개방형·반밀폐형]

정격 출력 [kW]	극 수	동기 속도 [rpm]	전부하 특성 효율 η[%]	전부하 특성 역률 pf[%]	기동전류 I_0 각 상의 전류값 [A]	비 고 기동전류 I_0 각 상의 전류값 [A]	비 고 기동전류 I 각 상의 전류값 [A]	전부하 슬립 S [%]
5.5	4	1800	82.5 이상	79.5 이상	150 이하	12	23	5.5
7.5			83.5 이상	80.5 이상	190 이하	15	31	5.5
11			84.5 이상	81.5 이상	280 이하	22	44	5.5
15			85.5 이상	82.0 이상	370 이하	28	59	5.0
(19)			86.0 이상	82.5 이상	455 이하	33	74	5.0
22			86.5 이상	83.0 이상	540 이하	38	84	5.0
30			87.0 이상	83.5 이상	710 이하	49	113	5.0
37			87.5 이상	84.0 이상	875 이하	59	138	5.0
5.5	6	1200	82.0 이상	74.5 이상	150 이하	15	25	5.5
7.5			83.0 이상	75.5 이상	185 이하	19	33	5.5
11			84.0 이상	77.0 이상	290 이하	25	47	5.5
15			85.0 이상	78.0 이상	380 이하	32	62	5.5
(19)			85.5 이상	78.5 이상	470 이하	37	78	5.0
22			86.0 이상	79.0 이상	555 이하	43	89	5.0
30			86.5 이상	80.0 이상	730 이하	54	119	5.0
37			87.0 이상	80.0 이상	900 이하	65	145	5.0

정격 출력 [kW]	극 수	동기 속도 [rpm]	전부하 특성		기동전류 I_0 각 상의 전류값 [A]	비 고		전부하 슬립 S [%]
			효율 η [%]	역률 pf [%]		기동전류 I_0 각 상의 전류값 [A]	기동전류 I 각 상의 전류값 [A]	
5.5	8	900	81.0 이상	72.0 이상	160 이하	16	26	6.0
7.5			82.0 이상	74.0 이상	210 이하	20	34	5.5
11			83.5 이상	75.5 이상	300 이하	26	48	5.5
15			84.0 이상	76.5 이상	405 이하	33	64	5.5
(19)			85.5 이상	77.0 이상	485 이하	39	80	5.5
22			86.0 이상	77.5 이상	575 이하	47	91	5.0
30			86.5 이상	78.5 이상	760 이하	56	121	5.0
37			87.0 이상	79.0 이상	940 이하	68	148	5.0

[표2] 자가용 디젤 표준 출력 [kVA]

50	100	150	200	300	400

	효율 [%]	역률 [%]	입력 [kVA]	수용률 [%]	수용률 적용값 [kVA]
37 × 1					
22 × 2					
11 × 2					
5.5 × 1					
50					
계					

정답

	효율 [%]	역률 [%]	입력 [kVA]	수용률 [%]	수용률 적용값 [kVA]
37 × 1	87	79	$\dfrac{37}{0.87 \times 0.79} = 53.83$	100	53.83
22 × 2	86	79	$\dfrac{22 \times 2}{0.86 \times 0.79} = 64.76$	80	51.81
11 × 2	84	77	$\dfrac{11 \times 2}{0.84 \times 0.77} = 34.01$	80	27.21
5.5 × 1	82.5	79.5	$\dfrac{5.5}{0.825 \times 0.795} = 8.39$	100	8.39
50	100	100	50	100	50
계	-	-	210.99 [kVA]		189.36 [kVA]

- $P = 53.83 \times 0.79 + 64.76 \times 0.79 \times 0.8 + 34.01 \times 0.77 \times 0.8 + 8.39 \times 0.795 + 50$
  $= 161.08 \text{ [kW]}$

- $Q = 53.83 \times \sqrt{1-0.79^2} + 64.76 \times \sqrt{1-0.79^2} \times 0.8 + 34.01 \times \sqrt{1-0.77^2} \times 0.8$
  $+ 8.39 \times \sqrt{1-0.795^2} = 87.22 [kVar]$

- 수용률을 적용한 합계 발전기용량은 $\sqrt{161.08^2 + 87.22^2} = 183.18\ [kVA]$

  답 발전기 용량 : 200 [kVA]

06 5점

선간전압 200 [V], 역률 100 [%], 효율 100 [%], 용량 200 [kVA] 6펄스 3상 UPS에서 전원을 공급할 때 기본파전류와 제5고조파 전류를 계산하시오. (단, 제5고조파 저감계수 0.5이다)

(1) 기본파 전류를 구하시오.
(2) 제5고조파 전류를 구하시오.

정답

(1) 기본파 전류 $I_1 = \dfrac{200 \times 10^3}{\sqrt{3} \times 200} = 577.35\ [A]$

  답 577.35 [A]

(2) 제5고조파 전류 $I_n = \dfrac{K_n I}{n} = \dfrac{0.5 \times 577.35}{5} = 57.74\ [A]$

  답 57.74 [A]

07

그림과 주어진 조건 및 참고표를 이용하여 3상 단락용량, 3상 단락전류, 차단기의 차단용량 등을 계산하시오.

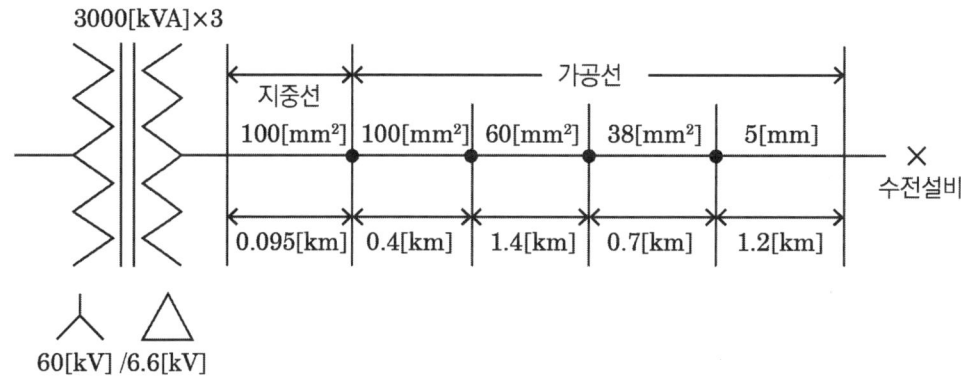

[조건]
수전설비 1차 측에서 본 1상당의 합성임피던스 %X_g = 1.5 [%]이고, 변압기 명판에는 7.4 [%]/9000 [kVA] (기준용량은 10000 [kVA])이다.

[표1] 유입차단기 전력퓨즈의 정격차단용량

정격전압 [V]	정격차단용량 표준치(3상 [MVA])						
3600	10	25	50	(75)	100	150	250
7200	25	50	(75)	100	150	(200)	250

[표2] 가공전선로(경동선) %임피던스

배선 방식		%r, %x 의 값은 [%/km]									
		100	80	60	50	38	30	22	14	5[mm]	4[mm]
3φ3W 3[kV]	%r	16.5	21.1	27.9	34.8	44.8	57.2	75.7	119.15	83.1	127.8
	%x	29.3	30.6	31.4	32.0	32.9	33.6	34.4	35.7	35.1	36.4
3φ3W 6[kV]	%r	4.1	5.3	7.0	8.7	11.2	18.9	29.9	29.9	20.8	32.5
	%x	7.5	7.7	7.9	8.0	8.2	8.4	8.6	8.7	8.8	9.1
3φ3W 5.2[kV]	%r	5.5	7.0	9.3	11.6	14.9	19.1	25.2	39.8	27.7	43.3
	%x	10.2	10.5	10.7	10.9	11.2	11.5	11.8	12.2	12.0	12.4

[주] 3상 4선식, 5.2 [kV] 선로에서 전압선 2선, 중앙선 1선인 경우 단락용량의 계획은 3상 3선식 3 [kV] 시에 따른다.

[표3] 지중케이블 전로의 %임피던스

배선 방식		%r, %x 의 값은 [%/km]										
		250	200	150	125	100	80	60	50	38	30	22
3φ3W	%r	6.6	8.2	13.7	13.4	16.8	20.9	27.6	32.7	43.4	55.9	118.5
3[kV]	%x	5.5	5.6	5.8	5.9	6.0	6.2	6.5	6.6	6.8	7.1	8.3
3φ3W	%r	1.6	2.0	2.7	3.4	4.2	5.2	6.9	8.2	8.6	14.0	29.6
6[kV]	%x	1.5	1.5	1.6	1.6	1.7	1.8	1.9	1.9	1.9	2.0	-
3φ3W	%r	2.2	2.7	3.6	4.5	5.6	7.0	9.2	14.5	14.5	18.6	-
5.2[kV]	%x	2.0	2.0	2.1	2.2	2.3	2.3	2.4	2.6	2.6	2.7	-

[주] 1) 3상 4선식, 5.2 [kV] 전로의 %r, %x의 값은 6 [kV] 케이블을 사용한 것으로 계산한 것이다.
 2) 3상 3선식 5.2 [kV]에서 전압선 2선, 중앙선 1선의 경우 단락용량의 계산은 3상 3선식 3 [kV] 전로에 따른다.

(1) 수전설비에서의 합성 %임피던스를 계산하시오.
(2) 수전설비에서의 3상 단락용량 [kVA]을 계산하시오.
(3) 수전설비에서의 3상 단락전류 [kA]를 계산하시오.
(4) 수전설비에서의 정격차단용량을 계산하고, 표에서 적당한 용량을 찾아 선정하시오.

정답

(1) ① 변압기 : 기준용량 10000 [kVA]으로 환산하면 $\%X_t = \dfrac{10000}{9000} \times 7.4 = 8.22$ [%]

② 지중선 : 표3에 의하여
$$\%Z_l = \%r + j\%x = (0.095 \times 4.2) + j(0.095 \times 1.7) = 0.399 + j0.1615$$

③ 가공선 : 표2에 의하여

	%r	%x
100 [mm²]	0.4 × 4.1 = 1.64	0.4 × 7.5 = 3
60 [mm²]	1.4 × 7 = 9.8	1.4 × 7.9 = 11.06
38 [mm²]	0.7 × 11.2 = 7.84	0.7 × 8.2 = 5.74
5 [mm²]	1.2 × 20.8 = 24.96	1.2 × 8.8 = 10.56
합계	44.24	30.36

④ 합성 %임피던스 $\%Z = \%Z_g + \%Z_t + \%Z_l$
$$= j1.5 + j8.22 + 0.399 + j0.1615 + 44.24 + j30.36$$
$$= 44.639 + j40.2415 = 60.1 \, [\%]$$

답 60.1 [%]

(2) 단락용량 $P_s = \dfrac{100}{\%Z} P_n = \dfrac{100}{60.1} \times 10000 = 16638.94$ [kVA]

> 답 16638.94 [kVA]

(3) 단락전류 $I_s = \dfrac{100}{\%Z} I_n = \dfrac{100}{60.1} \times \dfrac{10000}{\sqrt{3} \times 6.6} = 1455.53$ [A]

> 답 1.46 [kA]

(4) 차단용량 $P_s = \sqrt{3}\, V_n I_s = \sqrt{3} \times 7.2 \times 1.46 = 18.21$ [MVA]

> 답 25 [MVA]

08 5점

55 [mm²](0.3195 [Ω/km]), 전장 6 [km]인 3심 전력 케이블 어떤 중간지점에서 1선 지락사고가 발생하여 전기적 사고점 탐지법의 하나인 머레이 루프법으로 측정한 경로가 그림과 같은 상태에서 평형이 되었다고 한다. 측정점에서 사고지점까지의 거리를 구하시오.

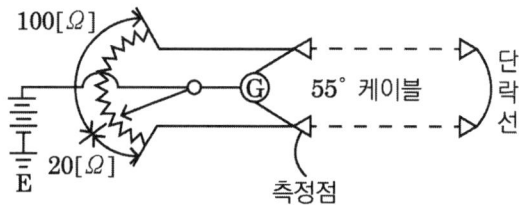

정답

■ 계산과정

고장점까지의 거리를 x, 전장을 L [km]라 하고 휘스톤 브리지의 원리를 이용하면

$20 \times (2L - x) = 100x \Rightarrow x = \dfrac{40L}{120} = \dfrac{40 \times 6}{120} = 2$ [km]

> 답 2 [km]

09

자동차단을 위한 보호장치의 동작시간이 0.5초이며, 보호장치를 통해 흐를 수 있는 예상 고장전류 실횻값이 25 [kA]인 경우 보호도체 최소 단면적을 구하시오. (단, 보호도체, 절연, 기타 부위의 재질 및 초기온도와 최종온도에 따라 정해지는 계수는 159이며, 동선을 사용하는 경우이다)

정답

■ 계산과정

$$S = \frac{\sqrt{t}}{K} I_s = \frac{\sqrt{0.5}}{159} \times 25{,}000 = 111.18 \ [\text{mm}^2]$$

답 표준규격 120 [mm²] 선정

핵심이론

□ 보호도체(KEC 142.3.2)

(1) 보호도체(PE)의 최소 단면적 산정 방법

선도체의 단면적 S	보호도체의 최소 단면적 [mm²]	
	선도체와 같은 경우	선도체와 다른 경우
S ≤ 16	S	(k₁/k₂)×S
16 < S ≤ 35	16 (a)	(k₁/k₂)×16
S > 35	S (a) / 2	(k₁/k₂)×(S/2)

- k_1 : 도체 및 절연의 재질에 따라 선정된 선도체에 대한 계수
- k_2 : 보호도체에 대한 계수
- a : PEN 도체의 최소단면적은 중성선과 동일하게 적용

(2) 보호도체의 단면적 계산(차단시간이 5초 이하)

$$S = \frac{\sqrt{I^2 t}}{k}$$

S : 단면적 [mm²]
I : 보호장치를 통하는 예상 고장전류 실횻값 [A]
t : 자동차단을 위한 보호장치의 동작시간 [s]
k : 재질 및 초기온도와 최종온도 계수

(3) 보호도체의 종류
- 다심케이블의 도체
- 충전도체와 같은 트렁킹에 수납된 절연도체 또는 나도체
- 고정된 절연도체 또는 나도체

10

△-Y 결선방식의 주변압기 보호에 사용되는 비율차동계전기의 간략화한 회로도이다. 주변압기 1차 및 2차 측 변류기(CT)의 미결선된 2차 회로를 완성하시오.

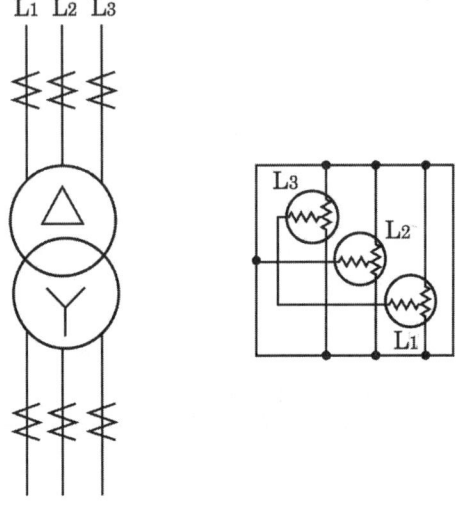

정답

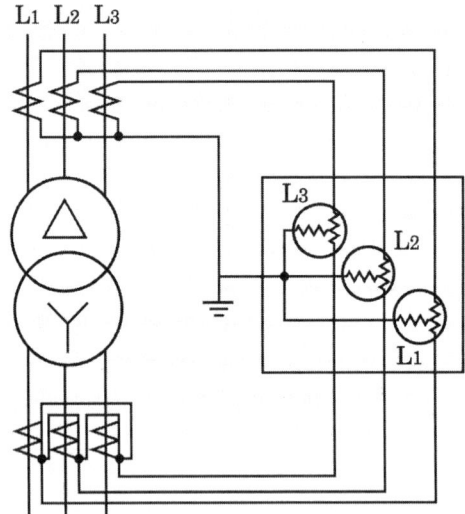

11

설계감리원은 필요한 경우 다음 각 호의 문서를 비치하고, 그 세부양식은 발주자의 승인을 받아 설계감리과정을 기록하여야 하며, 설계감리 완료와 동시에 발주자에게 제출하여야 한다. 다음 보기 중 이에 해당되지 않는 것을 3가지 골라 적으시오.

[보기]
- 근무상황부
- 공사 예정공정표
- 설계감리 검토의견 및 조치 결과서
- 설계도서 검토의견서
- 공사기성 신청서
- 설계자와 협의사항 기록부
- 설계수행 계획서
- 설계감리 주요검토결과
- 해당 용역관련 수발신 공문서 및 서류

정답

1. 공사 예정공정표 2. 공사기성 신청서 3. 설계수행 계획서

핵심이론

□ 설계용역의 관리(설계감리업무 수행지침 제8조)
설계감리원은 필요한 경우 다음 각 호의 문서를 비치하고, 그 세부양식은 발주자의 승인을 받아 설계감리과정을 기록하여야 하며, 설계감리 완료와 동시에 발주자에게 제출하여야 하며, 필요한 경우 전자매체(CD-ROM)로 제출할 수 있다.
1. 근무상황부
2. 설계감리일지
3. 설계감리지시부
4. 설계감리기록부
5. 설계자와 협의사항 기록부
6. 설계감리 추진현황
7. 설계감리 검토의견 및 조치 결과서
8. 설계감리 주요검토결과
9. 설계도서 검토의견서
10. 설계도서(내역서, 수량산출 및 도면 등)를 검토한 근거서류
11. 해당 용역관련 수·발신 공문서 및 서류
12. 그 밖에 발주자가 요구하는 서류

12

사용전압이 400 [V] 이상의 저압 옥내 배선의 가능 여부를 시설 장소에 따라 빈칸에 ○ 또는 × 표시로 답하시오. (단, 시설 가능한 곳은 ○, 시설할 수 없는 곳은 × 표시를 하시오)

배선 방법	옥내						옥측/옥외	
	노출장소		은폐된 장소					
			점검 가능		점검 불가능			
	건조한 장소	습기가 많은 장소 또는 수분이 있는 장소	건조한 장소	습기가 많은 장소 또는 수분이 있는 장소	건조한 장소	습기가 많은 장소 또는 수분이 있는 장소	우선 내	우선 외
케이블 공사	○		○				○	

정답

배선 방법	옥내						옥측/옥외	
	노출장소		은폐된 장소					
			점검 가능		점검 불가능			
	건조한 장소	습기가 많은 장소 또는 수분이 있는 장소	건조한 장소	습기가 많은 장소 또는 수분이 있는 장소	건조한 장소	습기가 많은 장소 또는 수분이 있는 장소	우선 내	우선 외
케이블 공사	○	○	○	○	○	○	○	○

13
5점

다음 PLC 래더다이어그램을 보고 논리회로를 그리시오. (단, 2입력 AND 소자, 2입력 OR 소자 및 NOT 소자를 사용한다)

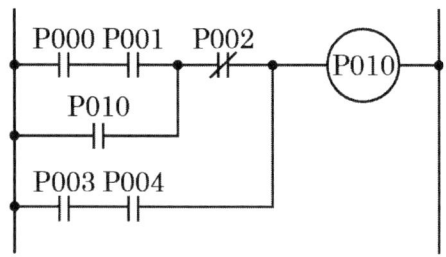

정답

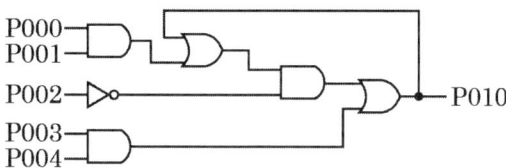

14

전동기 부하를 사용하는 곳의 역률개선을 위하여 회로에 병렬로 역률개선용 저압콘덴서를 설치(Y결선)하여 전동기의 역률을 개선하여 90 [%] 이상으로 유지하려고 한다. 다음 물음에 답하시오.

(1) 정격전압 380 [V], 정격출력 18.5 [kW], 역률 70 [%]인 전동기의 역률을 90 [%]로 개선하고자 하는 경우 필요한 3상 콘덴서의 용량[kVA]을 구하시오.
- 계산 :
- 답 :

(2) 물음 "(1)"에서 구한 3상 콘덴서의 용량[kVA]을 [μF]로 환산한 용량으로 구하시오.
- 계산 :
- 답 :

정답

(1) $Q_c = P\left(\dfrac{\sqrt{1-\cos\theta_1^2}}{\cos\theta_1} - \dfrac{\sqrt{1-\cos\theta_2^2}}{\cos\theta_2}\right) = 18.5\left(\dfrac{\sqrt{1-0.7^2}}{0.7} - \dfrac{\sqrt{1-0.9^2}}{0.9}\right) = 9.91$ [kVA]

답 9.91 [kVA]

(2) $Q_c = 3\omega C E^2 = 3\omega C \left(\dfrac{V}{\sqrt{3}}\right)^2 = \omega C V^2$

$C = \dfrac{Q_c}{\omega V^2} = \dfrac{9.91 \times 10^3}{2\pi \times 60 \times 380^2} \times 10^6 = 182.04$ [μF]

답 182.04 [μF]

15

다음의 계측장비를 주기적으로 교정하고 또한 안전장규의 성능을 적정하게 유지할 수 있도록 시험하여야 한다. 다음 표의 권장 교정 및 시험주기는 몇 년인가?

구분	년
절연 저항 측정기	
계전기 시험기	
접지저항 측정기	
절연저항계	
클램프미터	

정답

구분	년
절연 저항 측정기	1
계전기 시험기	1
접지저항 측정기	1
절연저항계	1
클램프미터	1

핵심이론

□ 계측장비 교정 등

	구분	년		구분	년
계측 장비 교정	계전기 시험기	1	안전 장구 시험	특고압 COS 조작봉	1
	절연 내력 시험기	1		저압 검전기	1
	절연유 내압 시험기	1		고압·특고압 검전기	1
	적외선 열화상 카메라	1		고압 절연 장갑	1
	전원 품질 분석기	1		절연 장화	1
	절연저항 측정기	1		절연 안전모	1
	회로 시험기	1			
	접지저항 측정기	1			
	클램프 미터	1			

16

다음 그림과 같이 냉각탑 환기팬에 높이 2.5 [m]인 조명탑을 8 [m] 간격을 두고 시설할 때 환기팬 중앙의 P 수평면 조도를 구하시오. (단, 중앙에서 광원으로 향하는 광도는 각각 270 [cd]이다)

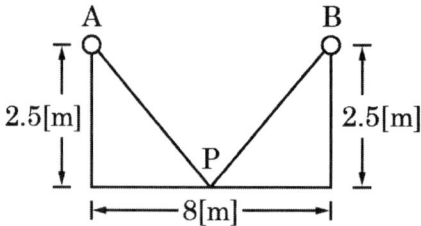

■ 계산과정

$$E_h = 2 \times \frac{I}{r^2} \cos\theta = 2 \times \frac{270}{4^2 + 2.5^2} \times \frac{2.5}{\sqrt{4^2 + 2.5^2}} = 12.86 \text{ [lx]}$$

답 12.86 [lx]

□ 조도 계산

- 수평면 조도 $E_h = E_n \cos\theta = \dfrac{I}{r^2} \cos\theta$

- 수직면 조도 $E_v = E_n \sin\theta = \dfrac{I}{r^2} \sin\theta$

17

다음 시퀀스도의 동작사항을 읽고 미완성 회로를 완성하시오.

[동작사항]
- PB_1을 누르면 MC_1과 T_1이 여자되고 자기유지한다.
- 이때 MC_1에 의해 GL이 점등된다.
- T_1의 설정시간 후 MC_2와 T_2, FR이 여자된다.
- 이때 MC_2의 접점에 의해 RL이 점등되고 MC_1이 소자되며 GL이 소등된다.
- FR에 의해 부저와 YL은 교대로 동작한다. 이때 FR의 a접점은 부저를 동작시킨다.
- T_2 설정시간 후 MC_2가 소자하며 RL이 소등한다.
- 이때 부저와 YL은 정지한다.
- 과부하시 EOCR에 의해 모든 동작은 정지하고 WL이 점등한다.

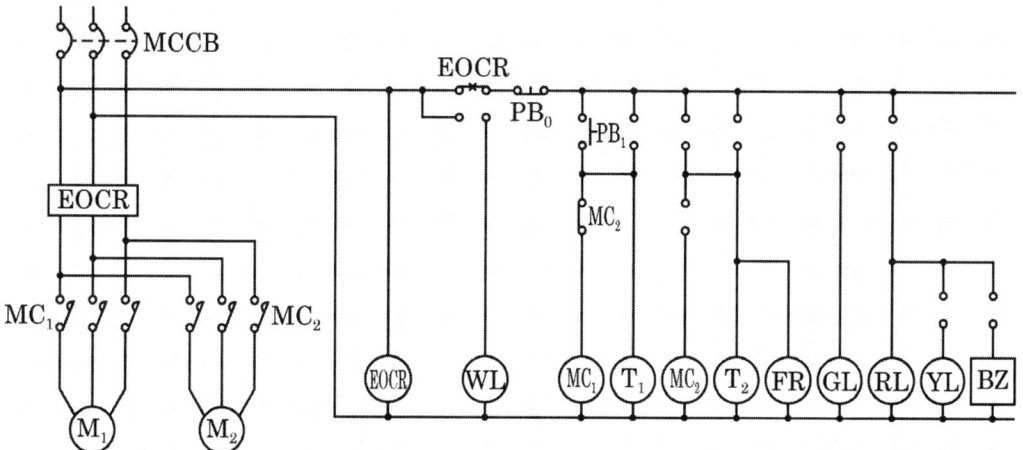

정답

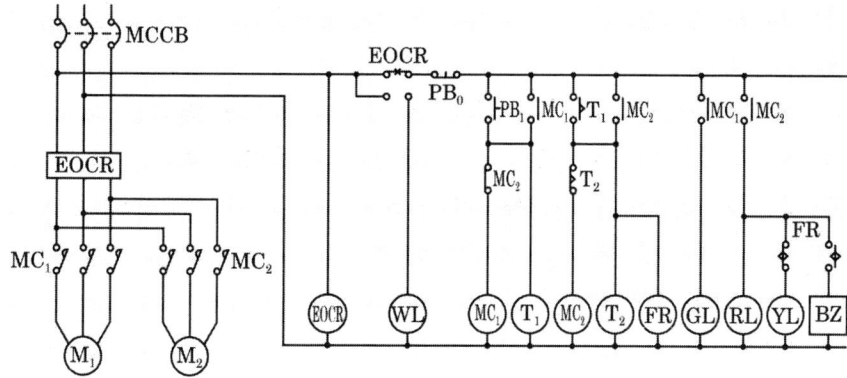

2020년 제1회

01 (5점)

건물의 보수공사를 하는데 32 [W] × 2 매입 개방형 형광등 30등을 32 [W] × 3 매입 루버형으로 교체하고, 20 [W] × 2 펜던트형 형광등 20등을 20 [W] × 2 직부 개방형으로 교체하였다. 철거되는 20 [W] × 2 펜던트형 등기구는 재사용할 것이다. 천장 구멍 뚫기 및 취부테 설치와 등기구 보강 작업은 계산하지 않으며, 공구손료 등을 제외한 직접 노무비만 계산하시오. (단, 인공계산은 소수점 셋째 자리까지 구하고 내선전공의 노임은 225,000원으로 한다)

〈 형광등 기구 설치 〉 (단위 : 등, 적용직종 내선전공)

종별	직부형	펜던트형	반매입 및 매입형
10 [W] 이하×1	0.123	0.150	0.182
20 [W] 이하×1	0.141	0.168	0.214
20 [W] 이하×2	0.177	0.215	0.273
20 [W] 이하×3	0.223	-	0.335
20 [W] 이하×4	0.323	-	0.489
30 [W] 이하×1	0.150	0.177	0.227
30 [W] 이하×2	0.189	-	0.310
40 [W] 이하×1	0.223	0.268	0.340
40 [W] 이하×2	0.277	0.332	0.415
40 [W] 이하×3	0.359	0.432	0.545
40 [W] 이하×4	0.468	-	0.710
110 [W] 이하×1	0.414	0.495	0.627
110 [W] 이하×2	0.505	0.601	0.764

[참고자료]
① 하면 개방형 기준, 루버 또는 아크릴 커버 형일 경우 해당 등기구 설치 품의 110 [%]
② 등기구 조립·설치, 결선, 지지금구류 설치, 장내 소운반 및 잔재 정리 포함
③ 매입 또는 반매입 등기구의 천정 구멍 뚫기 및 취부테 설치 별도 가산
④ 매입 및 반매입 등기구에 등기구보강대를 별도로 설치할 경우 이 품의 20 [%] 별도 계상
⑤ 광천장 방식은 직부형 품 적용
⑥ 방폭형 200 [%]

⑦ 높이 1.5 [m] 이하의 Pole형 등기구는 직부형 품의 150 [%] 적용 (기초대 설치 별도)

⑧ 형광등 안정기 교환은 해당 등기구 시설품의 110 [%]. 다만, 펜던트형은 90 [%]

⑨ 아크릴간판의 형광등 안정기 교환은 매입형 등기구 설치품의 120 [%]

⑩ 공동주택 및 교실 등과 같이 동일 반복 공정으로 비교적 쉬운 공사의 경우는 90 [%]

⑪ 형광램프만 교체 시 해당 등기구 1등용 설치품의 10 [%]

⑫ T-5(28 [W]) 및 FLP(36 [W], 55 [W])는 FL 40 [W] 기준 품 적용

⑬ 펜던트형은 파이프 펜던트형 기준, 체인 펜던트는 90 [%]

⑭ 등의 증가 시 매 증가 1등에 대하여 직부형은 0.005 [인], 매입 및 반매입형은 0.015 [인] 가산

⑮ 철거 30 [%], 재사용 철거 50 [%]

- 계산 :
- 답 :

정답

■ 계산과정

① 설치인공

32 W×3 매입 루버형 : 0.545×30×1.1 = 17.985 [인]

20 W×2 직부 개방형 : 0.177×20 = 3.54 [인]

② 철거인공

32 W×2 매입 개방형 : 0.415×30×0.3 = 3.735 [인]

20 W×2 펜던트형 : 0.215×20×0.5 = 2.15 [인]

③ 인공계

내선전공 = 17.985 + 3.54 + 3.735 + 2.15 = 27.41 [인]

④ 노무비

직접노무비 = 27.41×225,000 = 6,167,250 [원]

답 6,167,250 [원]

02

전등을 한 계통의 3개소에서 점멸하기 위하여 3로 스위치 2개와 4로 스위치 1개로 조합하는 경우 이들의 계통도를 동작이 완전하도록 결선을 완성하시오.

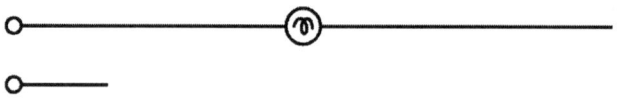

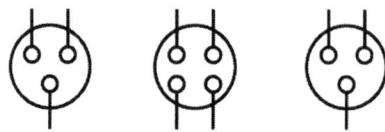

정답

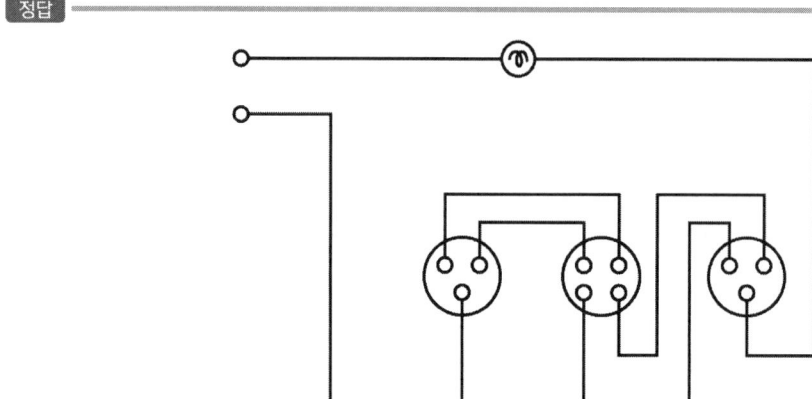

3

직경이 3.2 [mm]인 경동연선의 소선 총 가닥수가 37가닥일 때 연선의 바깥지름은 얼마인가?

- 계산 :
- 답 :

정답

■ 계산과정

$N = 3n(n+1) + 1$에서 $N = 37$일 때 층수 n은
$37 = 3n(n+1) + 1$ 이므로 $n = 3$
연선의 직경 D는 $D = (2n+1)d$ 식에서 $d = 3.2$ [mm]
$D = (2 \times 3 + 1) \times 3.2 = 22.4$ [mm]

답 22.4 [mm]

핵심이론

□ 연선의 각 요소
- 연선 소선 층수 $N = 3n(n+1) + 1$ [가닥]
- 연선 바깥지름 $D = (2n+1)d$ [mm]

4

설계자가 크기, 형상 등 전체적인 조화를 생각하여 형광등 기구를 벽면 상방 모서리에 숨겨서 설치하는 방식으로서 기구로부터의 빛이 직접 벽면을 조명하는 건축화 조명을 무슨 조명이라 하는가?

- 답 :

정답

코오니스 조명

05

다음 그림은 변류기를 영상 접속시켜 그 잔류 회로에 지락계전기 DG를 삽입시킨 것이다. 전압은 66 [kV], 중성점에 300 [Ω]의 저항 접지로 하였고, 변류기의 변류비는 300/5 [A]이다. 송전전력이 20,000 [kW], 역률이 0.8 (지상)일 때 a상에 완전 지락사고가 발생하였다. 다음 각 물음에 답하시오. (단, 분하의 정상·역상 임피던스, 기타의 정수는 무시한다)

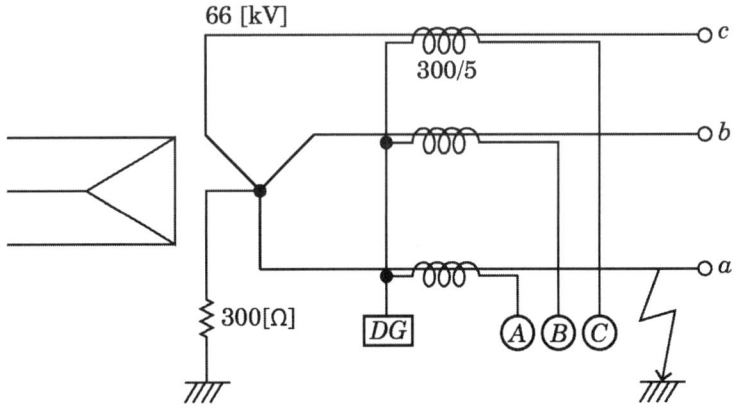

(1) 지락계전기 DG에 흐르는 전류는 몇 [A]인가?
(2) a상 전류계 A에 흐르는 전류는 몇 [A]인가?
(3) b상 전류계 B에 흐르는 전류는 몇 [A]인가?
(4) c상 전류계 C에 흐르는 전류는 몇 [A]인가?

정답

(1) 지락전류 $I_g = \dfrac{V_n}{R} = \dfrac{66,000}{\sqrt{3} \times 300} = 127.02$ [A]

$I_{DG} = I_g \times \dfrac{1}{CT비} = I_g \times \dfrac{5}{300} = 127.02 \times \dfrac{5}{300} = 2.117$ [A]

답 2.12 [A]

(2) 부하전류 $I_L = \dfrac{20,000}{\sqrt{3} \times 66 \times 0.8} \times (0.8 - j0.6) = 174.95 - j131.22$

- a상의 전류
  $I_a = I_L + I_g = 174.95 - j131.22 + 127.02 = \sqrt{(127.02 + 174.95)^2 + 131.22^2}$
  $= 329.248$ [A]

- 전류계 A의 전류 $i_a = I_a \times \dfrac{1}{CT비} = I_a \times \dfrac{5}{300} = 329.248 \times \dfrac{5}{300} = 5.487$ [A]

답 5.49 [A]

(3) 부하전류 $I_L = \dfrac{20,000}{\sqrt{3} \times 66 \times 0.8} \times \dfrac{5}{300} = 3.644$ [A]   답 3.64 [A]

(4) 부하전류 $I_L = \dfrac{20,000}{\sqrt{3} \times 66 \times 0.8} \times \dfrac{5}{300} = 3.644$ [A]   답 3.64 [A]

06

그림과 같이 차동계전기에 의하여 보호되고 있는 △-Y결선 30 [MVA], 33/11 [kV] 변압기가 있다. 고장전류가 정격전류의 200 [%] 이상에서 동작하는 계전기의 전류(i_r) 값은 얼마인가? (단, 변압기 1차 측 및 2차 측 CT의 변류비는 각각 500/5 [A], 2,000/5 [A]이다)

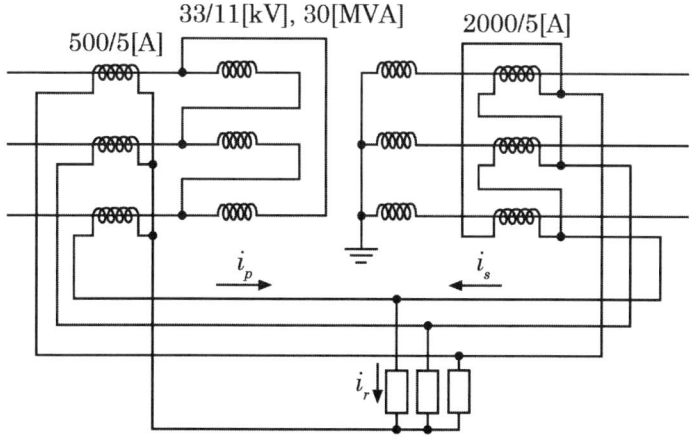

1차 전류	2차 전류

정답

1차 전류	2차 전류
$i_1 = \dfrac{30 \times 10^3}{\sqrt{3} \times 33} \times \dfrac{5}{500} = 5.248$ [A]	$i_2 = \dfrac{30 \times 10^3}{\sqrt{3} \times 11} \times \dfrac{5}{2,000} \times \sqrt{3} = 6.818$ [A]

i_r은 $|i_1 - i_2| = 2|5.25 - 6.82| = 3.14$ [A]

답 3.14 [A]

07

3층 사무실용 건물에 3상 3선식의 6,000 [V]를 200 [V]로 강압하여 수전하는 설비이다. 각종 부하설비가 표와 같을 때 참고자료를 이용하여 다음 물음에 답하시오.

[표1]

동력부하설비					
사용 목적	용량 [kW]	대수	상용동력 [kW]	하계동력 [kW]	동계동력 [kW]
• 난방관계					
- 보일러 펌프	6.0	1			6.0
- 오일기어 펌프	0.4	1			0.4
- 온수순환 펌프	3.0	1			3.0
• 공기조화관계					
- 1, 2, 3층 패키지 콤프레셔	7.5	6		45.0	
- 콤프레셔 팬	5.5	3	16.5		
- 냉각수 펌프	5.5	1		5.5	
- 쿨링타워	1.5	1		1.5	
• 급수, 배수 관계					
- 양수 펌프	3.0	1	3.0		
• 기타					
- 소화 펌프	5.5	1	5.5		
- 샷터	0.4	2	0.8		
합계			25.8	52.0	9.4

[표2]

조명 및 콘센트 부하 설비					
사용 목적	왓트 수 [W]	설치 수량	환산 용량 [VA]	총 용량 [VA]	비고
• 전등 관계					
- 수은등 A	200	4	260	1,040	200 [V] 고역률
- 수은등 B	100	8	140	1,120	100 [V] 고역률
- 형광등	40	820	55	45,100	200 [V] 고역률
- 백열전등	60	10	60	600	
• 콘센트 관계					
- 일반 콘센트		80	150	12,000	2P 15A
- 환기팬용 콘센트		8	55	440	
- 히터용 콘센트	1,500	2		3,000	
- 복사기용 콘센트		4		3,600	
- 텔레타이프용 콘센트		2		2,400	
- 룸쿨러용 콘센트		6		7,200	
• 기타					
- 전화 교환용 정류기		1		800	
계				77,380	

[참고자료1] 변압기 보호용 전력퓨즈의 정격전류

상수	단상				3상			
공칭전압	3.3 [kV]		6.6 [kV]		3.3 [kV]		6.6 [kV]	
변압기 용량 [kVA]	변압기 정격전류 [A]	정격전류 [A]	변압기 정격전류 [A]	정격전류 [A]	변압기 정격전류 [A]	정격전류 [A]	변압기 정격전류 [A]	정격전류 [A]
5	1.52	3	0.76	1.5	0.88	1.5	-	-
10	3.03	7.5	1.52	3	1.75	3	0.88	1.5
15	4.55	7.5	2.28	3	2.63	3	1.3	1.5
20	6.06	7.5	3.03	7.5	-	-	-	-
30	9.10	15	4.56	7.5	5.26	7.5	2.63	3
50	15.2	20	7.60	15	8.45	15	4.38	7.5
75	22.7	30	11.4	15	13.1	15	6.55	7.5
100	30.3	50	15.2	20	17.5	20	8.75	15
150	45.5	50	22.7	30	26.3	30	13.1	15
200	60.7	75	30.3	50	35.0	50	17.5	20
300	91.0	100	45.5	50	52.0	75	26.3	30
400	121.4	150	60.7	75	70.0	75	35.0	50
500	152.0	200	75.8	100	87.5	100	43.8	50

[참고자료2] 배전용 변압기의 정격

항목			소형 6 [kV] 유입 변압기							중형 6 [kV] 유입 변압기					
정격용량 [kVA]			3	5	7.5	10	15	20	30	50	75	100	150	200	300	500
정격 2차 전류 [A]	단상	105[V]	28.6	47.6	71.4	95.2	143	190	286	476	714	852	1430	1904	2857	4762
		210[V]	14.3	23.8	35.7	47.6	71.4	95.2	143	238	357	476	714	952	1429	2381
	3상	210[V]	8	13.7	20.6	27.5	41.2	55	82.5	137	206	275	412	550	825	1376
정격 전압	정격 2차 전압		6300 [V] 6/3 [kV] 공용 : 6300 [V]/3150 [V]							6300 [V] 6/3 [kV] 공용 : 6300 [V]/3150 [V]						
	정격 2차 전압	단상	210 [V] 및 105 [V]							200 [kVA] 이하의 것 : 210 [V] 및 105 [V] 200 [kVA] 초과의 것 : 210 [V]						
		3상	210 [V]							210 [V]						
탭 전압	전용량 탭 전압	단상	6900 [V], 6600 [V] 6/3 [kV] 공용 : 6300 [V]/3150 [V], 6600 [V]/3300 [V]							6900 [V], 6600 [V]						
		3상	6600 [V] 6/3 [kV] 공용 : 6600 [V]/3300 [V]							6/3 [kV] 공용 : 6300 [V]/3150 [V], 6600 [V]/ 3300 [V]						
	저감 용량 탭 전압	단상	6000 [V], 5700 [V] 6/3 [kV] 공용 : 6000 [V]/3000 [V], 5700 [V]/2580 [V]							6000 [V], 5700 [V]						
		3상	6600 [V] 6/3 [kV] 공용 : 6000 [V]/3300 [V]							6/3 [kV] 공용 : 6000 [V]/3000 [V], 5700 [V]/2850 [V]						
변압기의 결선	단상		2차 권선 : 분할결선							3상	1차 권선 : 성형권선 2차 권선 : 삼각권선					
	3상		1차 권선 : 성형권선, 2차 권선 : 성형권선													

[참고자료 3] 역률개선용 콘덴서의 용량 계산표 [%]   *kW를 kVA로 환산

개선 전 역률 \ 개선 후 역률	1.0	0.99	0.98	0.97	0.96	0.95	0.94	0.93	0.92	0.91	0.9	0.875	0.85	0.825	0.8	0.775	0.75	0.725	6.7
0.4	230	216	210	205	201	197	194	190	187	184	181	175	168	161	155	149	142	136	128
0.425	213	198	192	188	184	180	176	173	180	167	164	157	151	144	138	131	124	118	111
0.45	198	183	177	173	168	165	161	158	155	152	149	142	136	129	123	116	110	103	96
0.475	185	171	165	161	56	153	149	146	143	140	137	130	123	116	110	104	98	91	84
0.5	173	159	153	148	144	140	137	134	130	128	125	118	112	104	98	92	85	87	71
0.525	162	148	142	137	133	129	126	122	119	117	114	107	100	93	87	81	74	67	60
0.55	152	138	132	127	123	119	116	112	109	106	104	97	90	87	77	71	64	57	50
0.575	142	128	122	117	114	110	106	103	99	96	94	87	80	74	67	60	54	47	40
0.6	133	119	113	108	104	101	97	94	91	88	85	78	71	65	58	52	46	39	32
0.625	125	111	105	100	96	92	89	85	82	79	77	70	63	56	50	44	37	30	23
0.65	117	103	97	92	88	84	81	77	74	71	69	62	55	48	42	36	29	22	15
0.675	109	95	89	84	80	76	73	70	66	64	61	54	47	40	34	28	21	14	7
0.7	102	88	81	77	73	69	66	62	59	56	54	46	40	33	27	20	14	7	
0.725	95	81	75	70	66	62	59	55	52	49	46	39	33	26	20	13	7		
0.75	88	74	67	63	58	55	52	49	45	43	40	33	23	19	13	6.5			
0.775	81	67	61	57	52	49	45	42	39	36	33	26	19	12	6.5				
0.8	75	61	54	50	46	42	39	35	32	29	27	19	13	6					
0.825	69	54	48	44	40	36	33	29	26	23	21	14	7						
0.85	62	48	42	37	33	29	26	22	19	16	14	7							
0.875	55	41	35	30	26	23	19	16	13	10	7								
0.9	48	34	28	23	19	16	12	9	6	2.8									

(1) 동계 난방 때 온수 순환 펌프는 상시 운전하고, 보일러용과 오일 기어 펌프의 수용률이 60 [%]일 때 난방 동력 수용 부하는 몇 [kW]인가?

(2) 동력 부하의 역률이 전부 80 [%]라고 한다면 피상 전력은 각각 몇 [kVA]인가? (단, 상용 동력, 하계 동력, 동계 동력별로 각각 계산하시오)

구분	계산	답
상용 동력		
하계 동력		
동계 동력		

(3) 총 전기 설비 용량은 몇 [kVA]를 기준으로 하여야 하는가?

(4) 전등의 수용률은 70 [%], 콘센트 설비의 수용률은 50 [%]라고 한다면 몇 [kVA]의 단상 변압기에 연결하여야 하는가? (단, 전화 교환용 정류기는 100 [%] 수용률로서 계산한 결과에 포함시키며 변압기 예비율은 무시한다)

(5) 동력 설비 부하의 수용률이 모두 60 [%]라면 동력 부하용 3상 변압기의 용량은 몇 [kVA]인가? (단, 동력 부하의 역률은 80 [%]로 하며 변압기의 예비율은 무시한다)

(6) 상기 건물에 시설된 변압기 총 용량은 몇 [kVA]인가?

(7) 단상 변압기와 3상 변압기의 1차 측의 전류 퓨즈의 정격 전류는 각각 몇 [A]인가?
　① 단상 변압기
　② 3상 변압기

(8) 선정된 동력용 변압기 용량에서 역률을 95 [%]로 개선하려면 콘덴서 용량은 몇 [kVA]인가?

정답

(1) 난방 동력 수용부하 $= 3.0 + (6.0 + 0.4) \times 0.6 = 6.84$ [kW]　　　**답** 6.84 [kW]

(2)

구분	계산	답
상용 동력	$P = \dfrac{25.8}{0.8} = 32.25$ [kVA]	35.25 [kVA]
하계 동력	$P = \dfrac{52.0}{0.8} = 65$ [kVA]	65 [kVA]
동계 동력	$P = \dfrac{9.4}{0.8} = 11.75$ [kVA]	11.75 [kVA]

(3) 총 전기 설비 용량 $= 32.25 + 65 + 77.3 = 174.55$ [kVA]　　　**답** 174.55 [kVA]

(4) 전등 관계: $(1{,}040 + 1{,}120 + 45{,}100 + 600) \times 0.7 \times 10^{-3} = 33.5$ [kVA]

　콘센트 관계: $(12{,}000 + 440 + 3{,}000 + 3{,}600 + 2{,}400 + 7{,}200) \times 0.5 \times 10^{-3}$
　　　　　　　$= 14.32$ [kVA]

　기타: $800 \times 1 \times 10^{-3} = 0.8$ [kVA]

　• $P = 33.5 + 14.32 + 0.8 = 48.62$ [kVA]　　　**답** 50 [kVA]

(5) $P = \dfrac{(25.8 + 52.0)}{0.8} \times 0.6 = 58.35$ [kVA]　　　**답** 75 [kVA]

(6) 총 용량 $= 50 + 75 = 125$ [kVA]　　　**답** 125 [kVA]

(7) ① 참고자료1의 단상에서 50 [kVA]와 6.6 [kV]에 해당하는 변압기 보호용 전력퓨즈의 정격전류는 15 [A]이다.

　　　　　　　답 15 [A]

　② 참고자료1의 3상에서 75 [kVA]와 6.6 [kV]에 해당하는 변압기 보호용 전력퓨즈의 정격전류는 7.5 [A]이다.

　　　　　　　답 7.5 [A]

(8) $Q_c = 75 \times 0.8 \times 0.42 = 25.2$ [kVA]　　　**답** 25.2 [kVA]

08

그림과 같은 평형 3상 회로로 운전하는 유도전동기가 있다. 이 회로에 그림과 같이 2개의 전력계 W_1, W_2, 전압계 ⓥ, 전류계 Ⓐ를 접속한 후 지시값은 W_1 = 2 [kW], W_2 = 6.9 [kW], V = 200 [V], I = 30 [A]이었다. 다음 물음에 답하시오.

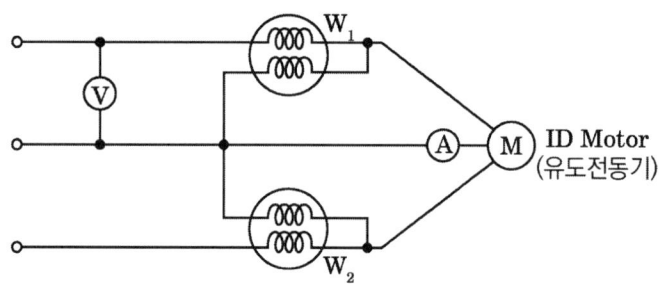

(1) 이 유도전동기의 역률은 몇 [%]인가?

(2) 역률을 90 [%]로 개선시키려면 콘덴서는 몇 [kVA]가 필요한가?

(3) 이 전동기로 만일 매분 20 [m]의 속도로 물체를 권상한다면 몇 [ton]까지 가능하겠는가? (단, 종합효율은 80 [%]로 적용한다.)

정답

(1) $\cos\theta = \dfrac{W_1 + W_2}{\sqrt{3}\, VI} \times 100 = \dfrac{(2 + 6.9) \times 10^3}{\sqrt{3} \times 200 \times 30} \times 100 = 85.64$ [%]

답 85.64 [%]

(2) $Q = (2 + 6.9) \times \left(\dfrac{\sqrt{1 - 0.8564^2}}{0.8564} - \dfrac{\sqrt{1 - 0.9^2}}{0.9} \right) = 1.055$ [kVA]

답 1.06 [kVA]

(3) $P = \dfrac{MV}{6.12\,\eta}$ [kW]에서

$W = \dfrac{6.12\,\eta\,P}{V} = \dfrac{6.12 \times 0.8 \times (2 + 6.9)}{20} = 2.178$ [ton]

답 2.18 [ton]

핵심이론

□ 권상용 전동기 출력

$P = \dfrac{WV}{6.12\eta}$ [kW]

W : 권상하중[ton], V : 분당 권상높이[m/min], η : 효율

09

ACSR 전선을 사용하는 가공 송전선로에 설치된 댐퍼의 역할을 간단히 서술하시오.

정답

가공 송전선의 진동을 억제한다.

10

고압 및 특고압 전로에 피뢰기를 시설하려고 한다. 피뢰기의 설치개소 3가지를 서술하시오.

①
②
③

정답

① 발전소·변전소 또는 이에 준하는 장소의 가공전선 인입구 및 인출구
② 특고압 가공전선로에 접속하는 배전용 변압기의 고압 측 및 특고압 측
③ 고압 및 특고압 가공전선로로부터 공급을 받는 수용장소의 인입구

핵심이론

□ 고압 및 특고압의 전로 중 다음에 열거하는 곳 또는 이에 근접한 곳에는 피뢰기를 시설하여야 한다.
  ① 발전소·변전소 또는 이에 준하는 장소의 가공전선 인입구 및 인출구
  ② 특고압 가공전선로에 접속하는 배전용 변압기의 고압 측 및 특고압 측
  ③ 고압 및 특고압 가공전선로로부터 공급을 받는 수용장소의 인입구
  ④ 가공전선로와 지중전선로가 접속되는 곳

11

다음은 22,900 [V]를 수전하는 자가용 수전설비 도면이다. 다음 물음에 대한 답을 적으시오.

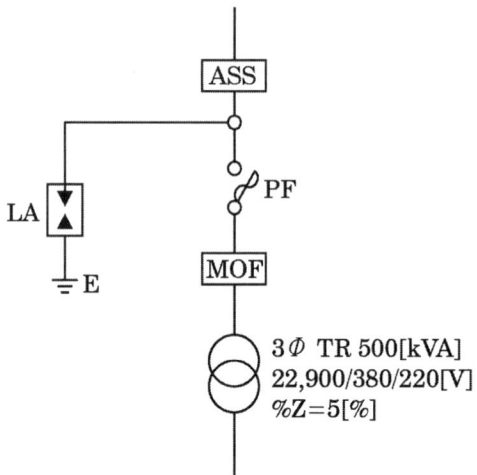

(1) ASS의 LOCK 전류의 최솟값은 얼마이며 또한 ASS의 LOCK 역할에 대해서 간단히 설명하시오.
 • LOCK 전류의 최솟값
 • ASS의 LOCK 역할

(2) 도면에서 피뢰기의 정격전압과 피뢰기의 피보호기 제1 대상이 되는 기기는 무엇인가?
 • 정격전압
 • 피보호기

(3) 한류형 Fuse의 단점 2가지를 적으시오.
 ①
 ②

(4) MOF의 과전류강도는 기기 설치점에서 단락전류에 의하여 계산 적용하되, 22.9 kV급으로서 60 A 이하의 MOF 최소 과전류강도는 전기사업자규격에 의한 (㉠)배로 하고, 계산한 값이 75배 이상인 경우에는 (㉡)배를 적용하며, 60 A 초과 시 MOF의 과전류강도는 (㉢)배로 적용한다. (   ) 안에 들어갈 알맞은 답안을 각각 답하시오.

(5) 3상 단락전류와 2상 단락전류를 각각 계산하시오.
 ① 3상 단락전류
 ② 선간 단락전류

정답

(1) 전류의 최솟값 : 800 [A] ±10 [%]
ASS의 LOCK 역할 : 제어장치의 기억장치로서 전원 측 차단기 또는 선로의 리클로저가 1회 순시 동작하여 선로가 정전될 때 ASS를 무전압 상태에서 개방시켜 고장점을 분리시키기 위한 장치

(2) 정격전압 : 18 [kV]
피보호기 : 전력용 변압기

(3) ① 재투입이 불가능하다.
② 결상 보호능력이 없다.

(4) ㉠ 75 ㉡ 150 ㉢ 40

(5) ① 3상 단락전류 $I_s = \dfrac{100}{5} \times \dfrac{500 \times 10^3}{\sqrt{3} \times 380} = 15{,}193.428$ [A]

답 15,193.43 [A]

② 2상 단락전류 $I_s = \dfrac{100}{5} \times \dfrac{500 \times 10^3}{220} = 45{,}454.545$ [A]

답 45,454.55 [A]

핵심이론

□ 단락전류
- 3상 $I_s = \dfrac{100}{\%Z} I_n = \dfrac{100}{\%Z} \dfrac{P}{\sqrt{3}\,V}$
- 단상 $I_s = \dfrac{100}{\%Z} I_n = \dfrac{100}{\%Z} \dfrac{P}{V}$

12

방의 가로길이 8 [m], 세로길이 10 [m], 방바닥에서 천장까지의 높이가 4.8 [m]인 방에 조명기구를 천장 직부형으로 시설하려고 한다. 이 방의 실지수는 얼마인가? (단, 작업하는 책상면의 높이는 방바닥에서 0.8 [m]이다)

정답

■ 계산과정

$$\frac{8 \times 10}{(4.8 - 0.8) \times (8 + 10)} = 1.111$$

답 1.11

> **핵심이론**
>
> □ 실지수의 결정
>   ① 실지수는 실의 크기 및 형태를 나타내는 척도
>   ② 실지수 $= \dfrac{X \cdot Y}{H(X+Y)}$
> X : 방의 가로 길이 Y : 방의 세로 길이 H : 작업면으로부터 광원의 높이

13.

변류기의 공칭 변류비는 100/5이다. 이때 변류기의 1차, 2차 전류를 측정한 결과 각각 250 [A]와 10 [A]일 때 변류기의 비오차는 몇 [%]인가?

정답

■ 계산과정

- 비오차 $= \dfrac{\text{공칭변류비} - \text{실제변류비}}{\text{실제변류비}} \times 100\ [\%]$ 식에서
- 공칭변류비 $= 100/5 = 20$
- 실제변류비 $= 250/10 = 25$
- 비오차 $= \dfrac{20 - 25}{25} \times 100 = -20\ [\%]$

답 -20 [%]

14

CT의 과전류에 대한 강도는 열적 과전류 강도와 기계적 과전류 강도로 구분되는데 각각에 대한 과전류 강도를 설명하시오.

(1) 열적 과전류 강도
(2) 기계적 과전류 강도

정답

(1) 열적 과전류 강도 $= \dfrac{\text{정격 과전류 강도}}{\sqrt{\text{통전시간}}}$

(2) 변류기의 기계적 과전류는 정격과전류강도에 상당하는 1차 전류(실횻값)의 2.5배에 상당하는 초기 최대 순싯값을 갖는 과전류를 흘려 이에 견디어야 한다.

핵심이론

□ 변류기의 과전류(내선규정 3220-6)

① 열적 과전류

통전시간 t초간에서 정격과전류강도 또는 $\dfrac{\text{과전류}}{\text{정격 1차 전류}}$는 다음과 같이 표시된다.

열적 과전류 강도 $= \dfrac{\text{정격 과전류 강도}}{\sqrt{\text{통전시간}}}$

② 기계적 과전류

변류기의 기계적 과전류는 정격과전류강도에 상당하는 1차 전류(실횻값)의 2.5배에 상당하는 초기 최대 순싯값을 갖는 과전류를 흘려 이에 견디어야 한다.

15

그림과 같은 방전특성을 갖는 부하에 필요한 축전지 용량은 몇 [Ah]인지 구하시오.
(단, 방전전류 : I_1 = 200 [A], I_2 = 300 [A], I_3 = 150 [A], I_4 = 100 [A]
　　방전시간 : T_1 = 130분, T_2 = 120분, T_3 = 40분, T_4 = 5분
　　용량환산시간 : K_1 = 2.45, K_2 = 2.45, K_3 = 1.46, K_4 = 0.45 보수율은 0.7을 적용한다)

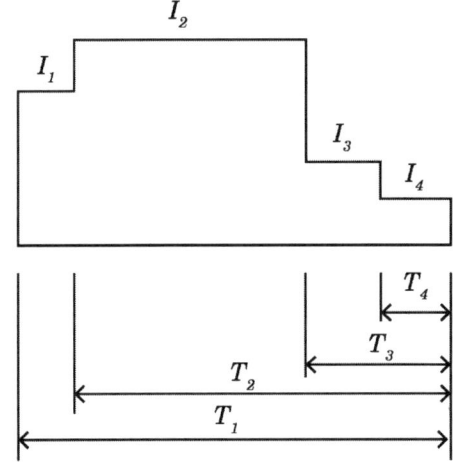

정답

■ 계산과정

$$C = \frac{1}{L}[K_1 I_1 + K_2(I_2 - I_1) + K_3(I_3 - I_2) + K_4(I_4 - I_3)] \text{ [Ah]}$$

$$= \frac{1}{0.7}\{2.45 \times 200 + 2.45 \times (300 - 200) + 1.46 \times (150 - 300) + 0.45(100 - 150)\}$$

$$= 705 \text{ [Ah]}$$

답 705 [Ah]

16

단상 변압기 500 [kVA] 3대와 예비 변압기 500 [kVA] 1대를 보유하고 있는 자가용 수용가에서 3상 부하를 운전하는 경우 낼 수 있는 변압기 최대출력은 몇 [kVA]인가?

• 계산 :

• 답 :

정답

■ 계산과정

$$P = 2 \times 500 \times \sqrt{3} = 1732.05 \text{ [kVA]}$$

답 1732.05 [kVA]

01

최대전류일 때 최대손실전력이 100 [kW]이고 부하율이 60 [%]이면 평균손실전력은 얼마인가 계산하시오. (단, 손실계수를 구하기 위한 정수 α는 0.2이다)

정답

■ 계산과정
- 손실계수 = $0.2 \times 0.6 + (1 - 0.2) \times 0.6^2 = 0.408$
- 평균손실전력 = $0.408 \times 100 = 40.8$ [kW]

답 40.8 [kW]

핵심이론

□ 손실계수
(1) 어떤 임의의 기간 중의 최대손실전력에 대한 평균손실전력의 비

(2) 손실계수 = $\dfrac{평균손실전력}{최대손실전력}$

(3) 부하율(F)과 손실계수(H)의 관계
① $1 \geq F \geq H \geq F^2 \geq 0$
② $H = \alpha F + (1 - \alpha)F^2$ α : 부하율 F에 따른 계수

02

고압 선로에서의 접지사고 검출 및 경보장치를 그림과 같이 시설하였다. A선에 누전사고가 발생하였을 때 다음 각 물음에 답하시오. (단, 전원이 인가되고 경보벨의 스위치는 닫혀있는 상태라고 한다)

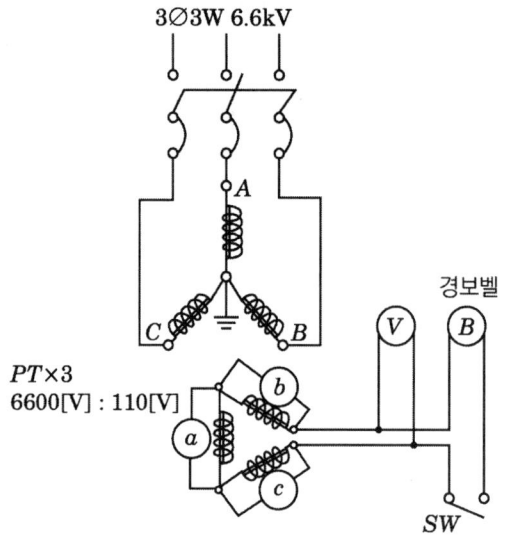

(1) 1차 측 A선의 대지 전압이 0 [V]인 경우 B선 및 C선의 대지 전압은 각각 몇 [V]인가?
   ① B선의 대지전압
   ② C선의 대지전압

(2) 2차 측 전구 ⓐ의 전압이 0 [V]인 경우 ⓑ 및 ⓒ 전구의 전압과 전압계 ⓥ의 지시 전압, 경보벨 ⑧에 걸리는 전압은 각각 몇 [V]인가?
   ① ⓑ 전구의 전압
   ② ⓒ 전구의 전압
   ③ 전압계 ⓥ의 지시 전압
   ④ 경보벨 ⑧에 걸리는 전압

정답

(1) ① $\dfrac{6{,}600}{\sqrt{3}} \times \sqrt{3} = 6{,}600\ [\text{V}]$ 답 6,600 [V]

　② $\dfrac{6{,}600}{\sqrt{3}} \times \sqrt{3} = 6{,}600\ [\text{V}]$ 답 6,600 [V]

(2) ① $\dfrac{110}{\sqrt{3}} \times \sqrt{3} = 110\ [\text{V}]$ 답 110 [V]

② $\dfrac{110}{\sqrt{3}} \times \sqrt{3} = 110$ [V]   답 110 [V]

③ $110 \times \sqrt{3} = 190.525$ [V]   답 190.53 [V]

④ $110 \times \sqrt{3} = 190.525$ [V]   답 190.53 [V]

03
6점

수전 전압 6,600 [V], 가공 전선로의 %임피던스가 60.5 [%]일 때 수전점의 3상 단락 전류가 7,000 [A]인 경우 기준 용량과 수전용 차단기의 차단 용량은 얼마인가?

〈 차단기의 정격 용량 [MVA] 〉

10	20	30	50	75	100	150	250	300	400	500

(1) 기준 용량

(2) 차단 용량

정답

(1) $I_n = \dfrac{7,000 \times 60.5}{100} = 4,235$ [A]

$P_n = \sqrt{3} \times 6,600 \times 4,235 \times 10^{-6} = 48.415$ [MVA]

답 48.41 [MVA]

(2) $P_s = \dfrac{100}{60.5} \times 48.412 = 80.019$ [MVA]

답 100 [MVA]

핵심이론

□ 단락전류
- 기준용량 $P_n = \sqrt{3} \times$ 공칭전압 $\times$ 정격전류
- 단락용량 $P_n = \sqrt{3} \times$ 공칭전압 $\times$ 단락전류
- 차단용량 $P_n = \sqrt{3} \times$ 정격전압 $\times$ 단락전류

04

그림과 같은 송전계통 S점에서 3상 단락사고가 발생하였다. 주어진 도면과 조건을 참고하여 T2 변압기의 각각 %리액턴스를 100 [MVA] 기준으로 환산하고, 1차(%X1), 2차(%X2), 3차(%X3)의 %리액턴스를 구하시오.

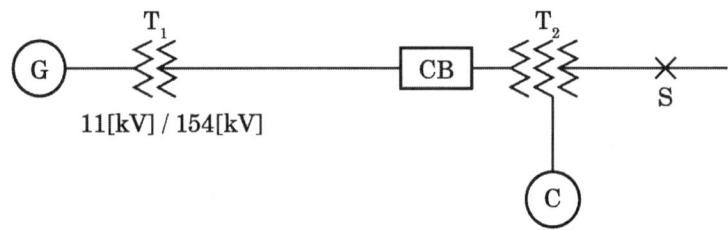

[조건]

번호	기기명	용량 [kVA]	전압 [kV]	%X
1	발전기(G)	50,000	11	30
2	변압기(T_1)	50,000	11/154	12
3	송전선		154	10 (10,000 [kVA] 기준)
4	변압기(T_2)	1차 25,000	154	12 (25,000 [kVA] 기준, 1차 ~ 2차)
		2차 30,000	77	15 (25,000 [0 기준, 2차 ~ 3차)
		3차 10,000	11	10.8 (10,000 [kVA] 기준, 3차 ~ 1차)
5	조상기(C)	10,000	11	20

① %X_1

② %X_2

③ %X_3

정답

① $\%X_{12} = \dfrac{100}{25} \times 12 = 48\ [\%]$

$\%X_{23} = \dfrac{100}{25} \times 15 = 60\ [\%]$

$\%X_{31} = \dfrac{100}{10} \times 10.8 = 108\ [\%]$

$\%X_1 = \dfrac{1}{2}(48 + 108 - 60) = 48\ [\%]$

답 48 [%]

② %$X_2 = \frac{1}{2}(48+60-108) = 0$ [%]

답 0 [%]

③ %$X_3 = \frac{1}{2}(60+108-48) = 60$ [%]

답 60 [%]

05

퓨즈 정격사항에 대하여 주어진 표의 빈칸에 쓰시오.

계통전압 [kV]	퓨즈정격	
	퓨즈 정격전압 [kV]	최대설계전압 [kV]
6.6	①	8.25
13.2	15	②
22 또는 22.9	③	25.8
66	69	④
154	⑤	169

정답

① 6.9 [kV] 또는 7.5 [kV]

② 15.5 [kV]

③ 23 [kV]

④ 72.5 [kV]

⑤ 161 [kV]

06

어느 변전소에서 그림과 같은 일부하 곡선을 가진 3개의 부하 A, B, C의 수용가에 있을 때 다음 각 물음에 답하시오. (단, 부하 A, B, C의 평균 전력은 각각 4500 [kW], 2,400 [kW], 및 900 [kW]라 하고 역률은 각각 100 [%], 80 [%], 60 [%]라 한다)

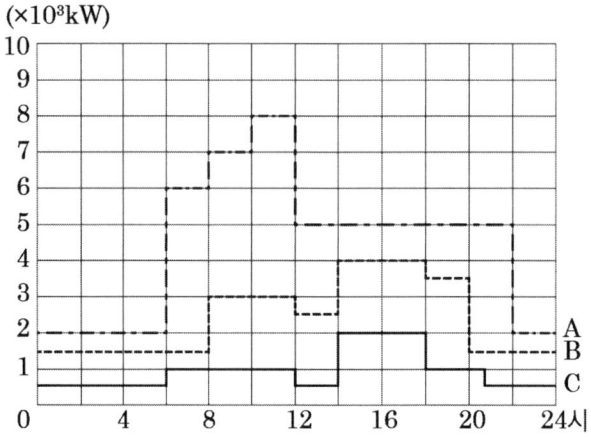

(1) 합성최대전력 [kW]을 구하시오.

(2) 종합 부하율 [%]을 구하시오.

(3) 부등률을 구하시오.

(4) 최대 부하 시의 종합역률 [%]을 구하시오.

(5) A수용가에 관한 다음 물음에 답하시오.
   ① 첨두부하는 몇 [kW]인가?
   ② 지속첨두부하가 되는 시간은 몇 시부터 몇 시까지인가?
   ③ 하루 공급된 전력량은 몇 [MWh]인가?

정답

(1) $8{,}000 + 3{,}000 + 1{,}000 = 12{,}000$ [kW]   답 12,000 [kW]

(2) $\dfrac{4{,}500 + 2{,}400 + 900}{12{,}000} = 0.65$ 답 65 [%]

(3) $\dfrac{8{,}000 + 4{,}000 + 2{,}000}{12{,}000} = 1.166$ 답 1.17

(4) $P = 12{,}000$ [kW]

$Q = 3{,}000 \times \dfrac{0.6}{0.8} + 1{,}000 \times \dfrac{0.8}{0.6} = 3{,}583.333$ [kVar]

$\cos\theta = \dfrac{12{,}000}{\sqrt{12{,}000^2 + 3{,}583.33^2}} \times 100 = 95.819$ [%]   답 95.82 [%]

(5) ① 8,000 [kW]

② 10 ~ 12 [시]

③ $4{,}500 \times 24 \times 10^{-3} = 108$ [MWh] 　　　　답 108 [MWh]

핵심이론

□ 변압기와 부하

(1) 수용률

① 수용설비가 동시에 사용되는 정도

② 수용률 = $\dfrac{\text{최대수용전력 [kW]}}{\text{총 부하설비용량 [kW]}} \times 100$ [%]

(2) 부등률

① 전력소비기기를 동시에 사용하는 정도

② 부등률 = $\dfrac{\text{수용설비 각각의 최대수용전력의 합 [kW]}}{\text{합성 최대수용전력 [kW]}} \geq 1$

③ 합성최대전력 = $\dfrac{\text{설비용량} \times \text{수용률}}{\text{부등률}}$

(3) 부하율

① 공급 설비가 어느 정도 유효하게 사용되는가를 나타냄

② 부하율이 클수록 공급설비가 유효하게 사용

③ 부하율 = $\dfrac{\text{평균수용전력 [kW]}}{\text{합성 최대수용전력 [kW]}} \times 100$ [%]

07 　　5점

3상 농형 유도전동기 IM의 Y-△기동 운전 제어의 미완성 시퀀스 도면이다. 문제에서 제시하는 동작 과정을 참고하여 미완성 유접점 시퀀스 도면을 완성하시오.

[동작과정]

PBS(ON) 버튼을 누르면 MCM과 타이머 T, 그리고 MCS가 동시에 여자되어 전동기는 Y결선으로 기동하기 시작한다. PBS(ON)에서 손을 떼어도 기동은 계속된다. 타이머 설정 시간 후 타이머에 의하여 MCS가 소자되고 MCD가 여자되어 기동은 완료됨과 동시에 전동기는 △결선으로 운전하기 시작된다. 전동기가 운전에 들어가면서 타이머 T는 소자되는 것으로 하였다. PBS(OFF) 버튼을 누르면 회로는 원래 상태로 복구되며 전동기는 정지한다. 또한 운전 중 전동기가 과부하 될 경우 THR이 여자되어 회로는 원래상태로 복구되며 전동기는 정지한다.

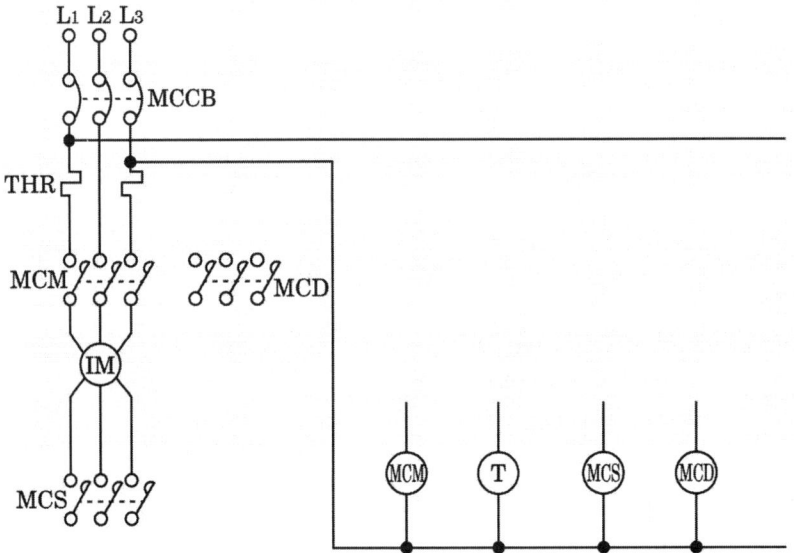

정답

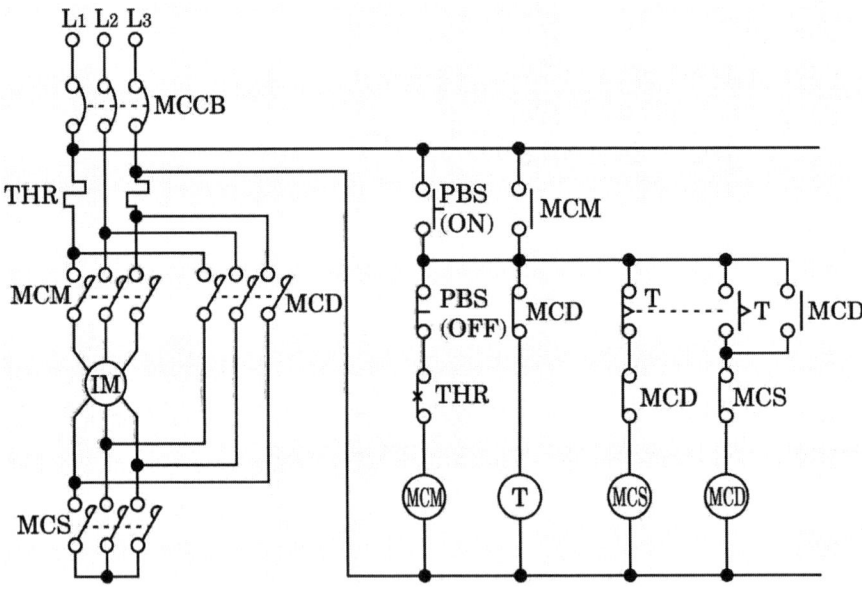

08

도로의 너비가 30 [m]인 곳에 양쪽으로 30 [m] 간격으로 지그재그 식으로 등주를 배치하여 도로 위의 평균조도를 6 [lx]가 되도록 하려면 각 등주에 사용되는 수은등은 몇 [W]의 것을 사용하면 되는지를 주어진 표를 참조하여 답하시오. (단, 노면의 광속이용률은 32 [%], 유지율은 80 [%]로 한다)

〈수은등의 광속〉

용량 [W]	전광속 [lm]
100	3,200 ~ 3,500
200	7,700 ~ 8,500
300	10,000 ~ 11,000
400	13,000 ~ 14,000
500	18,000 ~ 20,000

정답

■ 계산과정

$$F = \frac{30 \times 30 \times 6}{2 \times 0.32 \times 0.8} = 10,516.875 \text{ [lm]}$$

답 300 [W]

09

3.7 [kW]와 7.5 [kW]의 직입기동 농형 전동기 및 22 [kW]의 기동기 사용 권선형 전동기등 3대를 그림과 같이 접속하였다. 이때 다음 각 물음에 답하시오. (단, 공사 방법은 B1이고, XLPE 절연 전선을 사용하였으며, 정격전압은 200 [V]이고, 간선 및 분기회로에 사용되는 전선 도체의 재질 및 종류는 같다고 한다)

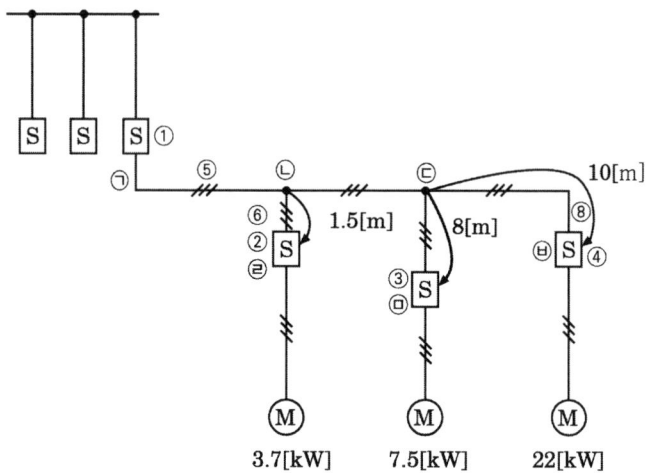

간선에 사용되는 과전류 차단기와 개폐기 (①)의 최소 용량은 몇 [A]인가?
- 선정과정 :
- 과전류 차단기 용량 :
- 개폐기 용량 :

(2) 간선의 최소 굵기는 몇 [mm²]인가?

[비고 1] 최소 전선 굵기는 1회선에 대한 것이며, 2회선 이상을 경우는 부록 500-2의 복수회로 보정계수를 적용하여야 한다.

[비고 2] 공사 방법 A1은 벽 내의 전선관에 공사한 절연전선 또는 단심케이블, B1은 벽면의 전선관에 공사한 절연전선 또는 단심 케이블, 공사방법 C는 벽면에 공사한 단심 또는 다심케이블을 시설하는 경우의 전선 굵기를 표시하였다.

[비고 3] "전동기중 최대의 것"에는 동시 기동하는 경우를 포함한다.

[비고 4] 과전류 차단기의 용량은 해당 조항에 규정되어 있는 범위에서 실용상 거의 최댓값을 표시한다.

[비고 5] 과전류 차단기의 선정은 최대 용량의 정격전류의 3배에 다른 전동기의 정격전류의 합계를 가산한 값 이하를 표시한다.

[비고 6] 이 표의 전선 굵기 및 허용전류는 부록 500-2에서 공사방법 A1, B1, C는 표 A.52-5에 의한 값으로 하였다.

[비고 7] 고리퓨즈는 300 [A] 이하에서 사용하여야 한다.

[표1] 전동기 공사에서 간선의 전선 굵기, 개폐기 용량 및 적정 퓨즈(200 [V], B종 퓨즈)

전동기 [kW] 수의 총계 [kW] 이하 ①	최대 사용 전류 [A] 이하 ①	배선종류에 의한 간선의 최소 굵기[mm²] ①						직입기동 전동기 중 최대 용량의 것										
		공사방법 A1 (3개선)		공사방법 B1 (3개선)		공사방법 C (3개선)		0.75	1.5	2.2	3.7	5.5	7.5	11	15	18.5	22	30	37~55
								기동기 사용 전동기 중 최대 용량의 것											
								-	-	-	5.5	7.5	11 / 15	18.5 / 22	-	30 / 37	-	45	55
		PVC	XLPE EPR	PVC	XLPE EPR	PVC	XLPE EPR	과전류차단기[A] ---------------(칸 위 숫자) ③ 개폐기 용량[A] ---------------(칸 아래 숫자) ④											
3	15	2.5	2.5	2.5	2.5	2.5	2.5	15/30	20/30	30/30	-	-	-	-	-	-	-	-	-
4.5	20	4	2.5	2.5	2.5	2.5	2.5	20/30	20/30	30/30	50/60	-	-	-	-	-	-	-	-
6.3	30	6	4	6	4	4	2.5	30/30	30/30	50/60	50/60	72/100	-	-	-	-	-	-	-
8.2	40	10	6	10	6	6	4	50/60	50/60	50/60	75/100	75/100	100/100	-	-	-	-	-	-
12	50	16	10	10	10	10	6	50/60	50/60	50/60	75/100	75/100	150/200	-	-	-	-	-	-
15.7	75	35	25	25	16	16	16	75/100	75/100	75/100	75/100	100/100	100/100	150/200	150/200	-	-	-	-
19.5	90	50	25	35	25	25	16	100/100	100/100	100/100	100/100	100/100	150/200	150/200	200/200	200/200	-	-	-
23.2	100	50	35	35	25	35	25	100/100	100/100	100/100	100/100	100/100	150/200	150/200	200/200	200/200	200/200	-	-
30	125	70	50	50	35	50	35	150/200	150/200	150/200	150/200	150/200	150/200	150/200	200/200	200/200	200/200	-	-
37.5	150	95	70	70	50	70	50	150/200	150/200	150/200	150/200	150/200	150/200	150/200	200/200	300/300	300/300	300/300	-
45	175	120	70	95	50	70	50	200/200	200/200	200/200	200/200	200/200	200/200	200/200	300/300	300/300	300/300	300/300	300/300
52.5	200	150	95	95	70	95	70	200/200	200/200	200/200	200/200	200/200	200/200	200/200	300/300	400/400	400/400	400/400	400/400
63.7	250	240	150	-	95	120	95	300/300	300/300	300/300	300/300	300/300	300/300	300/300	300/300	400/400	400/400	500/600	500/600
75	300	300	185	-	120	185	120	300/300	300/300	300/300	300/300	300/300	300/300	300/300	300/300	400/400	400/400	500/600	500/600
86.2	350	-	240	-	-	240	150	400/400	400/400	400/400	400/400	400/400	400/400	400/400	400/400	400/400	400/400	600/600	600/600

[표2] 200 [V] 3상 유도 전동기 1대인 경우의 분기회로(B종 퓨즈의 경우)

정격 출력 [kW]	전부하 전류 [A]	배선 종류에 의한 동 전선의 최소 굵기 [mm^2]					
		공사방법 A1		공사방법 B1		공사방법 C	
		PVC	XLPE, EPR	PVC	XLPE, EPR	PVC	XLPE, EPR
0.2	1.8	2.5	2.5	2.5	2.5	2.5	2.5
0.4	3.2	2.5	2.5	2.5	2.5	2.5	2.5
0.75	4.8	2.5	2.5	2.5	2.5	2.5	2.5
1.5	8	2.5	2.5	2.5	2.5	2.5	2.5
2.2	11.1	2.5	2.5	2.5	2.5	2.5	2.5
3.7	17.4	2.5	2.5	2.5	2.5	2.5	2.5
5.5	26	4	4	4	2.5	4	2.5
7.5	34	6	6	6	4	6	4
11	48	10	10	10	6	10	6
15	65	16	16	16	10	16	10
18.5	79	25	25	25	16	25	16
22	93	25	35	35	25	25	16
30	124	50	50	50	35	50	35
37	152	70	70	70	50	70	50

정격 출력 [kW]	전부하 전류 [A]	개폐기 용량 [A]				과전류 차단기(B종 퓨즈) [A]				전동기용 초과눈금 전류계의 정격전류	접지선의 최소 굵기 [mm^2]
		직입 기동		기동기 사용		직입 기동		기동기 사용			
		현장 조작	분기	현장 조작	분기	현장 조작	분기	현장 조작	분기		
0.2	1.8	15	15			15	15			3	2.5
0.4	3.2	15	15			15	15			5	2.5
0.75	4.8	15	15			15	15			5	2.5
1.5	8	15	30			15	20			10	4
2.2	11.1	30	30			20	30			15	4
3.7	17.4	30	60			30	50			20	6
5.5	26	60	60	30	60	50	60	30	50	30	6
7.5	34	100	100	60	100	75	100	50	75	30	10
11	48	100	200	100	100	100	150	75	100	60	16
15	65	100	200	100	100	100	150	100	100	60	16
18.5	79	200	200	100	200	150	200	100	150	100	16
22	93	200	200	100	200	150	200	100	150	100	16
30	124	200	400	200	200	200	300	150	200	150	25
37	152	200	400	200	200	200	300	150	200	200	25

[비고 1] 최소 전선 굵기는 1회선에 대한 것이며, 2회선 이상일 경우는 부록 500-2의 복수회로 보정계수를 적용 하여야 한다.

[비고 2] 공사 방법 A1은 벽 내의 전선관에 공사한 절연전선 또는 단심케이블 B1은 벽면의 전선관에 공사한 절연전선 또는 단심 케이블, 공사 방법 C는 벽면에 공사한 단심 또는 다심케이블을 시설하는 경우의 전선 굵기를 표시하였다.

[비고 3] 전동기 2대 이상을 동일회로로 할 경우는 간선의 표를 적용하여야 한다.

정답

(1) • 선정과정 : 전동기 kW 총계 = 3.7 + 7.5 + 22 = 33.2 [kW]이므로
  • 과전류 차단기 용량 : 150 [A]
  • 개폐기 용량 : 200 [A]

(2) 50 [mm^2]

10

아래의 표에서 금속관 부품의 특징에 해당하는 부품명을 쓰시오.

부품명	특징
①	관과 박스를 접속할 경우 파이프 나사를 죄어 고정시키는데 사용되며 6각형과 기어형이 있다.
②	전선 관단에 끼우고 전선을 넣거나 빼는 데 있어서 전선의 피복을 보호하여 전선이 손상되지 않게 하는 것으로 금속제와 합성수지제의 2종류가 있다.
③	금속관 상호 접속 또는 관과 노멀 밴드와의 접속에 사용되며 내면에 나사가 있으며 관의 양측을 돌리어 사용할 수 없는 경우 유니온 커플링을 사용한다.
④	노출 배관에서 금속관을 조영재에 고정시키는 데 사용되며 합성수지 전선관, 케이블 공사에도 사용된다.
⑤	배관의 직각 굴곡에 사용하며 양단에 나사가 나있어 관과의 접속에는 커플링을 사용한다.
⑥	금속관을 아웃렛 박스의 노크아웃에 취부할 때 노크아웃의 구멍이 관의 구멍보다 클 때 사용된다.
⑦	매입형의 스위치나 콘센트를 고정하는 데 사용되며 1개용, 2개용, 3개용 등이 있다.
⑧	전선관 공사에 있어 전등 기구나 점멸기 또는 콘센트의 고정, 접속함으로 사용되며 4각 및 8각이 있다.

정답

①	②	③	④	⑤	⑥	⑦	⑧
로크너트	부싱	커플링	새들	노멀밴드	링리듀서	스위치박스	아울렛박스

11 4점

축전지의 정격용량이 200 [Ah]이고, 상시부하가 10 [kW]이며, 표준전압이 100 [V]인 충전기의 2차 전류는 몇 [A]인가? (단, 상시부하의 역률은 1로 간주하며, 연축전지의 방전율은 10 [h], 알칼리축전지의 방전율은 5 [h]이다)

(1) 연축전지의 2차 전류
(2) 알칼리축전지의 2차 전류

정답

(1) $I = \dfrac{200}{10} + \dfrac{10 \times 10^3}{100} = 120$ [A]   답 120 [A]

(2) $I = \dfrac{200}{5} + \dfrac{10 \times 10^3}{100} = 140$ [A]   답 140 [A]

핵심이론

□ 충전기의 2차 전류
- $I_2 = \dfrac{\text{축전지의 정격용량 [Ah]}}{\text{축전지 방전율 [h]}} + \dfrac{\text{상시부하용량 [W]}}{\text{표준전압 [V]}}$
- 연축전지의 방전율은 10 [h], 알칼리축전지의 방전율은 5 [h]이다.

12 5점

시공 감리자의 공사 착공 신고서 검토 사항 중 착공 신고서에 포함되어야 할 서류를 나열한 것이다. ( ) 안에 들어갈 서류 3가지를 쓰시오.

(1) 시공 관리 책임자 지정 통지서
(2) (   )
(3) (   )
(4) (   )
(5) 작업 인원 및 장비 투입 계획서

정답

(2) 공사 예정 공정표

(3) 품질 관리 계획서

(4) 안전 관리 계획서

> **핵심이론**
>
> □ 착공신고서 검토 및 보고(전력시설물 공사감리업무 수행지침 제 59조)
>   감리원은 공사가 시작된 경우에는 공사업자로부터 다음 각 호의 서류가 포함된 착공신고서를 제출받아 적정성 여부를 검토하여 7일 이내에 발주자에게 보고하여야 한다.
>   1. 시공관리책임자 지정통지서(현장관리조직, 안전관리자)
>   2. 공사 예정공정표
>   3. 품질관리계획서
>   4. 공사도급 계약서 사본 및 산출내역서
>   5. 공사 시작 전 사진
>   6. 현장기술자 경력사항 확인서 및 자격증 사본
>   7. 안전관리계획서
>   8. 작업인원 및 장비투입 계획서
>   9. 그 밖에 발주자가 지정한 사항

13
5점

다음 주어진 단상 유도전동기의 종류에 따른 전동기 역회전 방법에 해당되는 보기를 찾아 답하시오.

[보기]
㉠ 역회전이 불가능하다.
㉡ 기동권선(보조권선) 두 개 선의 접속을 바꾼다.
㉢ 브러시 위치를 이동시켜 역회전시킬 수 있다.

(1) 분상 기동형 :
(2) 반발 기동형 :
(3) 쉐이딩 코일형 :

정답

(1) ㉡ (2) ㉢ (3) ㉠

14

특고압 및 저압 전로의 사용하는 차단기에 종류를 각각 3가지씩 쓰시오. (단, 답안은 약호와 명칭으로 적을 것.)

(1) 특고압 차단기

번호	약호	명칭
①		
②		
③		

(2) 저압 차단기

번호	약호	명칭
①		
②		
③		

정답

(1) 특고압 차단기

번호	약호	명칭
①	GCB	가스차단기
②	ABB	공기차단기
③	VCB	진공차단기

(2) 저압 차단기

번호	약호	명칭
①	ACB	기중차단기
②	MCCB	배선용차단기
③	ELB	누전차단기

15

옥내배선의 시설에 있어서 인입구 부근에 전기저항치가 3 [Ω] 이하의 값을 유지하는 수도관 또는 철골이 있는 경우에는 이것을 접지극으로 사용하여 이를 접지공사 한 저압전로의 중성선 또는 접지 측 전선에 추가접지 할 수 있다. 그림과 같이 추가 접지된 상태에서 저압 측에서 지락이 생긴 경우 추가접지가 없는 경우의 지락전류와 추가접지가 있는 경우의 지락전류값을 구하시오.

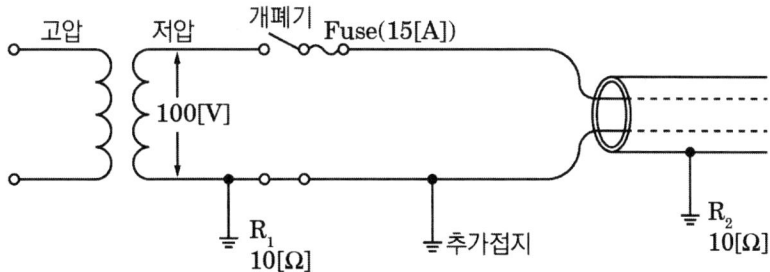

(1) 추가접지가 없는 경우
(2) 추가접지가 있는 경우

정답

(1) $I_s = \dfrac{100}{10+10} = 5$ [A] **답** 5 [A]

(2) $R = 10 + \dfrac{10 \times 3}{10+3} = 12.307$ [Ω]

$I_g = \dfrac{100}{12.307} = 8.125$ [A] **답** 8.13 [A]

16 12점

그림과 같은 단선 계통도를 보고 다음 물음에 답하시오. (단, 기준 Base를 100 [MVA]로 지정하고 소수점 다섯째 자리에서 반올림 할 것)

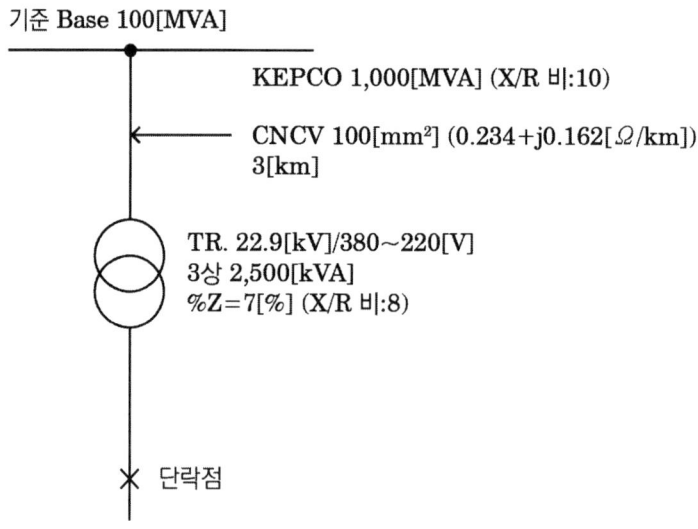

(1) 전원 측 임피던스 %Z, %R, %X를 구하시오.
  ① %Z
  ② %R
  ③ %X
  ④ 선로 측 케이블 임피던스 %Z_2을 구하시오.

(2) 변압기 임피던스 %Z_T, %R_T, %X_T를 Base 기준으로 구하시오.
  ① %Z_T
  ② %R_T
  ③ %X_T
  ④ 합성 임피던스 %Z를 구하시오.
  ⑤ 단락점에 흐르는 단락전류를 구하시오.

정답

(1) ① $\%Z = \dfrac{100}{1000} \times 100 = 10\,[\%]$

답 10 [%]

② $10^2 = (\%R)^2 + (10\%R)^2$ 식에서 $\%R = 0.99503\,[\%]$

답 0.995 [%]

③ $\%X = \sqrt{10^2 - 0.995^2} = 9.95037\,[\%]$

답 9.9504 [%]

④ $\%R_L = \dfrac{100 \times 10^3 \times 0.234 \times 3}{10 \times 22.9^2} = 13.38647\,[\%]$

$\%X_L = \dfrac{100 \times 10^3 \times 0.162 \times 3}{10 \times 22.9^2} = 9.26755\,[\%]$

$\%Z_L = \sqrt{13.38647^2 + 9.26755^2} = 16.28143\,[\%]$

답 16.2814 [%]

(2) ① $\%Z_T = \dfrac{100 \times 10^3}{2{,}500} \times 7 = 280\,[\%]$

답 280 [%]

② $280^2 = (\%R)^2 + (8\%R)^2$ 식에서 $\%R = 34.72972\,[\%]$

답 34.7297 [%]

③ $\%X = \sqrt{280^2 - 34.72972^2} = 277.83780\,[\%]$

답 277.8378 [%]

④ $\%R_0 = 0.99503 + 13.38647 + 34.72972 = 49.11122\,[\%]$

$\%X_0 = 9.95037 + 9.26755 + 277.83780 = 297.05572\,[\%]$

$\%Z_0 = \sqrt{49.11122^2 + 297.05572^2} = 301.08804\,[\%]$

답 301.088 [%]

⑤ $I_s = \dfrac{100}{301.08804} \times \dfrac{100 \times 10^3}{\sqrt{3} \times 380} = 50.46174\,[\text{kA}]$

답 50.4617 [kA]

01

단상 3선식 110/220 [V]을 채용하고 있는 어떤 건물이 있다. 변압기가 설치된 수전실로부터 60 [m] 되는 곳에 부하 집계표와 같은 분전반을 시설하고자 한다. 다음 조건과 전선의 허용전류표를 이용하여 다음 각 물음에 답하시오.

[조건]
- 전압변동률은 2 [%] 이하가 되도록 한다.
- 전압강하율은 2 [%] 이하가 되도록 한다.
- 후강 전선관 공사로 한다.
- 3선 모두 같은 선으로 한다.
- 부하의 수용률은 100 [%]로 적용한다.
- 후강 전선관 내 전선의 점유율은 48 [%] 이내를 유지한다.

[표1] 전선의 허용전류표

단면적 [mm^2]	허용전류 [A]	전선관 1본 이하 수용 시 [A]	피복포함 단면적 [mm^2]
6	54	48	32
10	75	66	43
16	100	88	58
25	133	117	88
35	164	144	104
50	198	175	163

[표2] 부하 집계표

회로 번호	부하 명칭	부하 [VA]	부하분담 [VA] A	부하분담 [VA] B	MCCB 크기 극 수	MCCB 크기 AF	MCCB 크기 AT	비고
1	전등	2,400	1,200	1,200	2	50	15	
2	전등	1,400	700	700	2	50	15	
3	콘센트	1,000	1,000	-	1	50	20	
4	콘센트	1,400	1,400	-	1	50	20	
5	콘센트	600	-	600	1	50	20	
6	콘센트	1,000	-	1,000	1	50	20	
7	팬코일	700	700	-	1	30	15	
8	팬코일	700	-	700	1	30	15	
합계		9,200	5,000	4,200				

(1) 간선의 공칭단면적 [mm²]을 선정하시오.

(2) 후강 전선관의 굵기 [mm]를 선정하시오.

(3) 간선 보호용 과전류 차단기의 용량(AF, AT)을 선정하시오. (단, AF의 규격은 30, 50, 60, 100, AT의 규격은 5, 10, 15, 20, 30, 40, 50, 60, 75, 100 중에 선정한다)

(4) 분전반의 복선 결선도를 완성하시오.

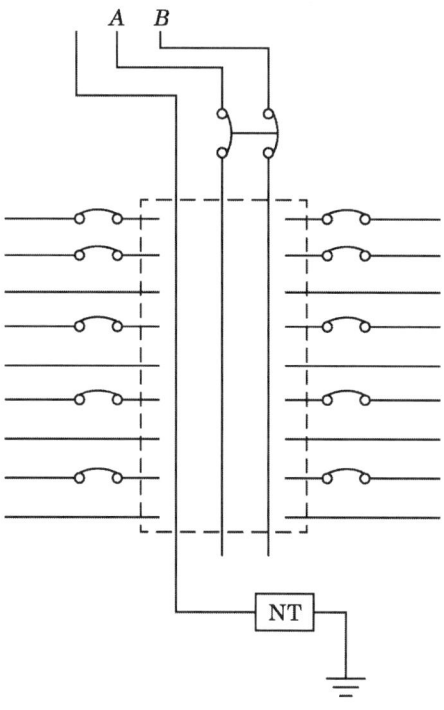

(5) 설비 불평형률은 몇 [%]인지 구하시오.

정답

(1) 부하분담이 큰 5,000으로 부하전류를 선정 $I_A = \dfrac{5,000}{110} = 45.45$ [A]

$$A = \dfrac{17.8 \times 60 \times 45.45}{1,000 \times 110 \times 0.02} = 22.06 \text{ [mm}^2\text{]}$$

답 25 [mm²]

(2) $\dfrac{\pi D^2}{4} \times 0.48 \geq 88 \times 3$

$D \geq \sqrt{\dfrac{88 \times 3 \times 4}{\pi \times 0.48}} = 26.46$ [mm]

답 28 [mm]

(3) AF : 100 [A], AT : 100 [A]

(4)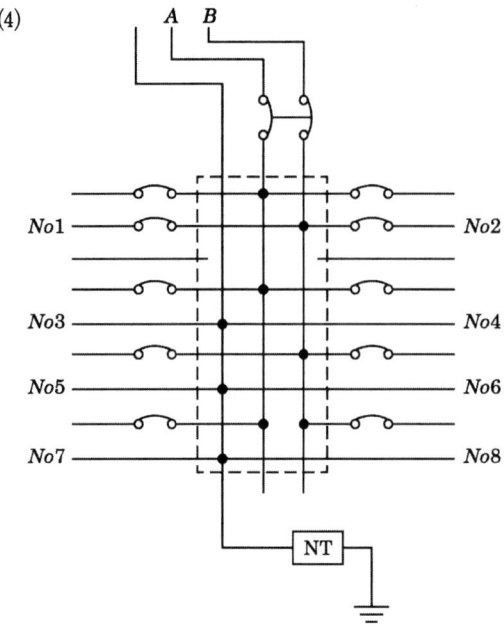

(5) $\dfrac{3{,}100 - 2{,}300}{\dfrac{1}{2} \times 9{,}200} \times 100 = 17.39\,[\%]$

답 17.39 [%]

핵심이론

□ 설비 불평형률

① 단상 3선식

$$\text{설비불평형률} = \dfrac{\text{중성선과 각 전압 측 선간에 접속되는 부하설비용량의 차}}{\text{총 부하설비용량} \times \dfrac{1}{2}} \times 100\,[\%]$$

② 3상 3선식 또는 3상 4선식

$$\text{설비불평형률} = \dfrac{\text{각 간선에 접속되는 단상부하 총 설비용량의 최대와 최소의 차}}{\text{총 부하설비용량} \times \dfrac{1}{3}} \times 100\,[\%]$$

02

그림과 같은 2 : 1 로핑의 기어레스 엘리베이터의 적재 하중은 1000 [kg], 속도는 140 [m/min] 이다. 구동 로프 바퀴의 지름은 760 [mm]이며, 기체 무게는 1500 [kg]인 경우 다음 물음에 답 하시오. (단, 평형률은 0.6, 엘리베이터의 효율은 기어레스에서 1 : 1 로핑인 경우는 85 [%], 2 : 1 로핑인 경우는 80 [%]이다)

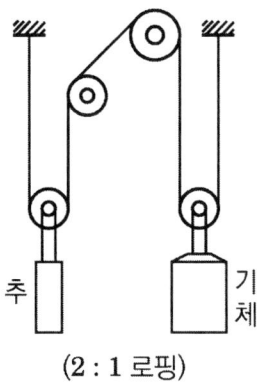

(2 : 1 로핑)

(1) 권상소요 동력이 몇 [kW]인지 계산하시오.
(2) 전동기의 회전수는 몇 [rpm]인지 계산하시오.

정답

(1) $P = \dfrac{WVK}{6.12\eta} = \dfrac{1000 \times 10^{-3} \times 140 \times 0.6}{6.12 \times 0.8} = 17.16$ [kW]

답 17.16 [kW]

(2) $N = \dfrac{V}{\pi D} = \dfrac{140 \times 2}{\pi \times 0.76} = 117.27$ [rpm]

답 117.27 [rpm]

핵심이론

□ 권상용 전동기 출력

$P = \dfrac{WV}{6.12\eta}$ [kW]

W : 권상하중[ton], V : 분당 권상 높이, η : 효율

03

다음 회로를 이용하여 각 물음에 답하시오.

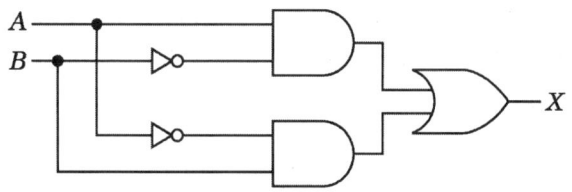

(1) 그림과 같은 회로의 명칭을 쓰시오.

(2) 논리식을 쓰시오.

(3) 다음의 진리표를 완성하시오.

A	B	X
0	0	
0	1	
1	0	
1	1	

정답

(1) 배타적 논리합 회로

(2) $X = A \cdot \overline{B} + \overline{A} \cdot B$

(3)

A	B	X
0	0	0
0	1	1
1	0	1
1	1	0

04

다음 요구사항을 만족하는 주회로 및 제어회로의 미완성 결선도를 직접 그려 완성하시오. (단, 접점 기호와 명칭 등을 정확히 나타내시오)

[요구사항]
- 전원스위치 MCCB를 투입하면 주회로 및 제어회로에 전원이 공급된다.
- 누름버튼스위치(PB_1)를 누르면 MC_1이 여자되고 MC_1의 보조점점에 의하여 RL이 점등되며, 전동기는 정회전한다.
- 누름버튼스위치(PB_1)를 누른 후 손을 떼어도 MC_1는 자기유지 되어 전동기는 계속 정회전한다.
- 전동기 운전 중 누름버튼스위치(PB_2)를 누르면 연동에 의하여 MC_1이 소자되어 전동기가 정지되고, RL은 소등된다. 이때 MC_2는 자기유지 되어 전동기는 역회전(역상제동을 함)하고 타이머가 여자되며, GL이 점등된다.
- 타이머 설정시간 후 역회전 중인 전동기는 정지하고 GL도 소등된다. 또한 MC_1과 MC_2의 보조 접점에 의하여 상호 인터록이 되어 동시에 동작되지 않는다.
- 전동기 운전 중 과전류가 감지되어 EOCR이 동작되면, 모든 제어회로의 전원은 차단되고 OL만 점등된다.
- EOCR을 리셋하면 초기상태로 복귀한다.

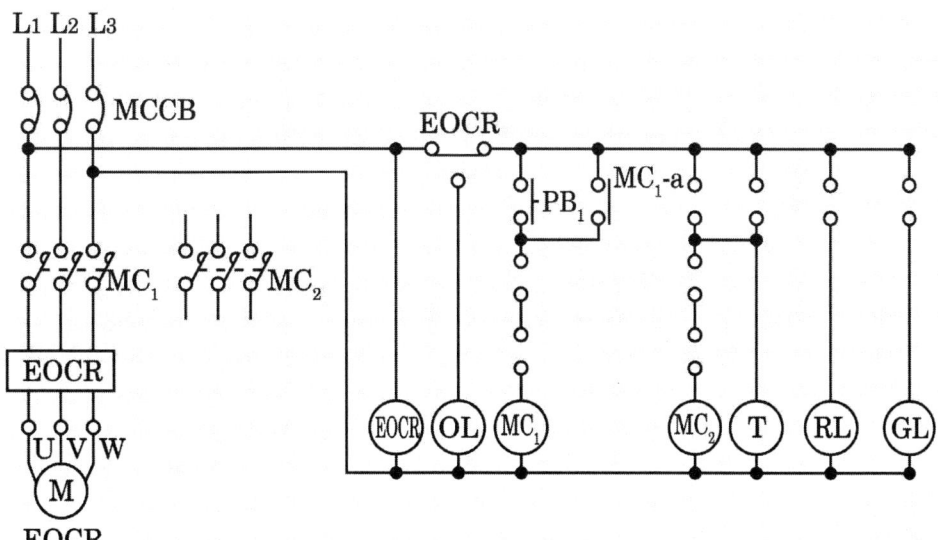

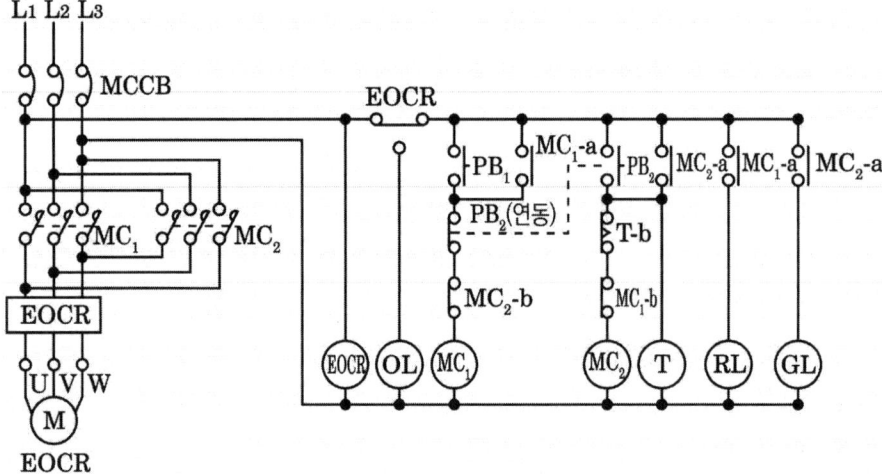

05   5점

그림과 같이 20 [kVA]의 단상변압기 3대를 사용하여 45 [kW], 역률 0.8(지상)인 3상 전동기부하에 전력을 공급하는 배전선이 있다. 지금 변압기 a, b의 중성점 n에 1선을 접속하여 an, nb 사이에 같은 수의 전구를 점등하고자 한다. 60 [W]의 전구를 사용하여 변압기가 과부하 되지 않는 한도 내에서 몇 등까지 점등할 수 있겠는가?

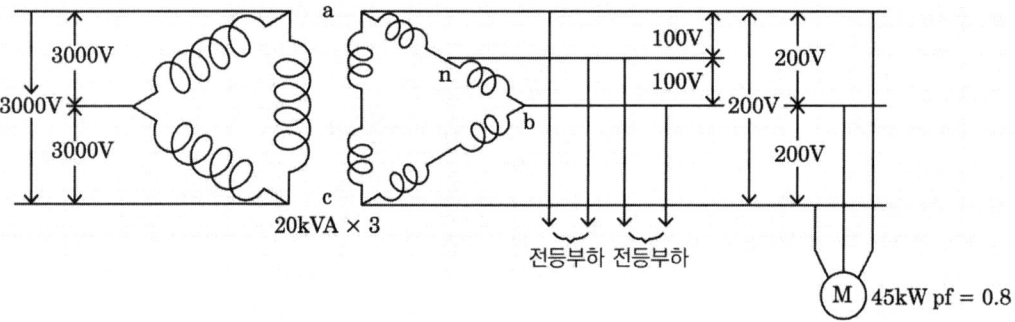

정답

■ 계산과정

$$20^2 = \left(\frac{45}{3} + P\right)^2 + \left(\frac{45}{3} \times \frac{0.6}{0.8}\right)^2$$

$$P = \sqrt{20^2 - \left(\frac{45}{3} \times \frac{0.6}{0.8}\right)^2} - \frac{45}{3} = 1.54 \text{ [kW]}$$

$$\triangle P = 1.54 \times \frac{3}{2} = 2.31 \text{ [kW]}$$

$$n = \frac{2.31 \times 10^3}{60} = 38.5 \text{ 등}$$

답 38등

06
5점

책임 설계감리원이 설계감리의 기성 및 준공을 처리할 때에 발주자에게 제출하는 준공서류 중 감리기록서류 5가지를 쓰시오. (단, 설계감리업무 수행지침을 따른다)

정답

① 설계감리 일지

② 설계감리 지시부

③ 설계감리 기록부

④ 설계감리 요청서

⑤ 설계자와 협의사항 기록부

핵심이론

□ 설계감리의 기성 및 준공(설계감리업무 수행지침 제13조)
책임 설계감리원이 설계감리의 기성 및 준공을 처리한 때에는 다음 각 호의 준공서류를 구비하여 발주자에게 제출하여야 한다.
1. 설계용역 기성부분 검사원 또는 설계용역 준공검사원
2. 설계용역 기성부분 내역서
3. 설계감리 결과보고서
4. 감리기록서류
   가. 설계감리일지
   나. 설계감리지시부
   다. 설계감리기록부
   라. 설계감리요청서
   마. 설계자와 협의사항 기록부
5. 그 밖에 발주자가 과업지시서상에서 요구한 사항

07   12점

면적 100 [m²] 강당에 분전반을 설치하려고 한다. 단위면적당 부하가 10 [VA/m²]이고 공사시 공법에 의한 전류 감소율은 0.7이라면 간선의 최소 허용전류가 얼마인 것을 사용하여야 하는가? (단, 배전전압은 220 [V]이다)

정답

■ 계산과정

$P = 100 \times 10 = 1,000$ [VA]

$I = \dfrac{1,000}{220 \times 0.7} = 6.49$ [A]

답 6.49 [A]

08   6점

정격 전압 6,000 [V], 정격 출력 5,000 [kVA]인 3상 교류 발전기의 여자 전류가 300 [A]일 때 무부하 단자 전압이 6,000 [V]이고, 또, 그 여자 전류에 있어서의 3상 단락 전류가 700 [A]라고 한다. 다음 물음에 답하시오.

(1) 단락비를 구하시오.

(2) 다음 보기를 보고 ( ) 안에 기입하시오.

> [보기]
> 높다(고), 낮다(고), 크다(고), 작다(고)

단락비가 큰 기계는 기기의 치수가 (①), 가격은 (②), 철손 및 기계손이 (③), 안정도가 (④), 전압 변동률은 (⑤), 효율은 (⑥)이다.

정답

(1) $I_m = \dfrac{5,000 \times 10^3}{\sqrt{3} \times 6,000} = 481.13$ [A]

$K = \dfrac{I_s}{I_m} = \dfrac{700}{481.13} = 1.45$

답 1.45

(2) ① 크고 ② 높고 ③ 크고 ④ 높고 ⑤ 작고 ⑥ 낮다

핵심이론

□ 단락비 $\left(K = \dfrac{100}{\%Z}\right)$가 크면

(1) 철손이 크며 효율이 낮다.
(2) 전압변동률, 전압강하, 전기자 반작용이 작다.
(3) 안정도가 높다.
(4) 선로 충전용량이 커진다.
(5) 동기임피던스, $\%Z$(퍼센트 임피던스)가 작다.
(6) 중량이 크다.
(7) 과부하 내량이 증가한다(가격 상승).
(8) 계자철심이 크고, 주 자속이 크다.

09 5점

폭이 15 [m]이고, 도로의 양쪽에 간격 20 [m]를 두고 대칭 배열로 가로등이 점등되어 있다. 한등의 전광속이 3000 [lm], 조명율은 0.45일 때 도로면의 평균조도 [lx]는?

정답

■ 계산과정

$$E = \dfrac{3{,}000 \times 0.45 \times 1}{\dfrac{1}{2} \times 15 \times 20 \times 1} = 9 \text{ [lx]}$$

답 9 [lx]

핵심이론

□ 조명의 계산
 $FUN = EAD$

E : 평균 조도, A : 실내의 면적, U : 조명, D : 감광 보상율, N : 소요 등수
F : 1등당 광속, M : 보수율(감광 보상율의 역수)

10

다음은 전동기의 결선도이다. 물음에 답하시오.

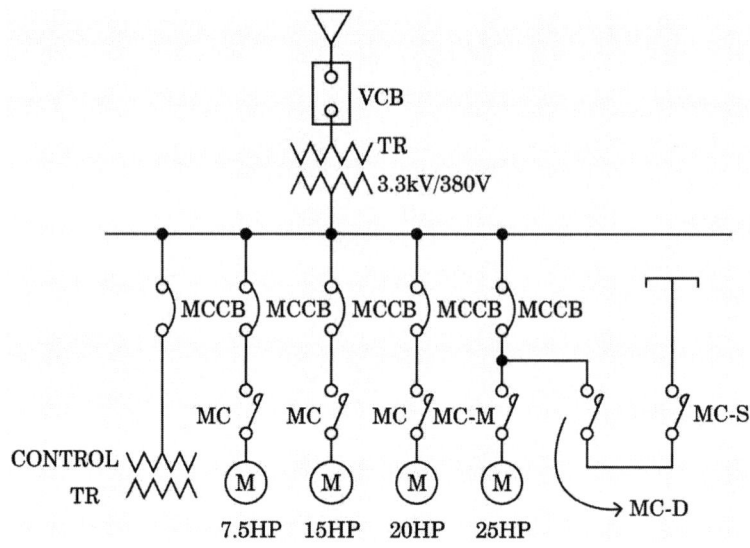

(1) 상기 결선도 3상 교류 유도전동기의 변압기 용량을 계산하여 선정하시오.
((1), (2)항의 수용률은 0.65이고 역률 0.9, 효율은 0.8이다)
(2) 25 [HP] 3상 농형 유도 전동기의 3선 결선도를 작성하시오. (단, 도면의 MC-M은 Main MC, MC-D는 델타 결선, MC-S는 와이 결선 MC이다)
(3) CONTROL TR(제어용 변압기)의 설치 목적은?

정답

(1) $P_r = \dfrac{(7.5 + 15 + 20 + 25) \times 0.746 \times 0.65}{0.9 \times 0.8} = 45.46$ [kVA]   답 50 [kVA]

(2)

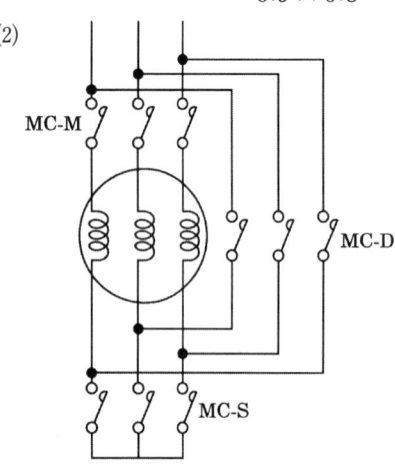

(3) 전동기 제어회로에 조작용 전원을 공급하기 위하여

11

전동기에 개별로 콘덴서를 설치할 경우 발생할 수 있는 자기여자현상의 발생 이유와 현상을 설명하시오.

(1) 이유
(2) 현상

정답

(1) 콘덴서의 진상 전류가 전동기 부하의 무부하 여자전류(지상전류)보다 크기 때문
(2) 전동기 단자 전압이 정격전압보다 더 큰 전압으로 나타난다.

12

154 [kV] 3상으로 2회선 수전 중 한 회선은 휴전 중이면 한 회선만 운전하고 있을 때, 운전 중인 회선과 휴전 중인 회선 사이의 정전용량이 각각 $C_a = 0.0001$ [μF/km], $C_b = 0.0006$ [μF/km], $C_c = 0.0004$ [μF/km], 대지와의 정전용량은 $C_s = 0.0048$ [μF/km]이다. 정전유도전압을 구하시오.

정답

■ 계산과정

$$E_n = \frac{\sqrt{C_a(C_a - C_b) + C_b(C_b - C_c) + C_c(C_c - C_a)}}{C_a + C_b + C_c + C_s} \times \frac{V}{\sqrt{3}}$$

$$= \frac{\sqrt{0.0001 \times (0.0001 - 0.0006) + 0.0006 \times (0.0006 - 0.0004) + 0.0004 \times (0.0004 - 0.0001)}}{0.0001 + 0.0006 + 0.0004 + 0.0048}$$

$$\times \frac{154,000}{\sqrt{3}}$$

$$= 6,568.78 \text{ [V]}$$

답 6,568.78 [V]

13

변압기 용량 1,000 [kVA]인 변전소에서 200 [kW], 500 [kVar]의 부하에 400 [kW], 역률 0.8 부하를 증설하고, 여기에 350 [kVar]의 커패시터를 병렬로 연결하여 역률을 개선할 때 다음 물음에 답하시오.

(1) 커패시터 설치 전의 종합 역률을 구하시오.
(2) 커패시터 설치 후, 전동기 부하 200 [kW]를 추가할 때 변압기 1,000 [kVA]가 과부하 되지 않으려면 전동기의 역률은 얼마 이상 되어야 하는가?
(3) 새로운 부하 추가 시 종합역률은 얼마인가?

정답

(1) 유효전력 $P = 200 + 400 = 600$ [kW], 무효전력 $Q = 500 + 400 \times \dfrac{0.6}{0.8} = 800$ [kVar]

합성역률 $\cos\theta = \dfrac{P}{\sqrt{P^2 + Q^2}} \times 100 = \dfrac{600}{\sqrt{600^2 + 800^2}} \times 100 \,[\%] = 60\,[\%]$

답 60 [%]

(2) 변압기 용량만큼 피상전력이 되어야 과부하되지 않는다.

$1,000 = \sqrt{(600 + 200)^2 + (800 - 350 + Q)^2}$ (Q: 전동기의 무효전력)

- 전동기의 무효전력 $Q = 150\,[kVar]$
- 전동기 역률 $\cos\theta = \dfrac{200}{\sqrt{200^2 + 150^2}} \times 100\,[\%] = 80\,[\%]$

(3) 유효전력 $P = 200 + 400 + 200 = 800$ [kW]

무효전력 $Q = 500 + 400 \times \dfrac{0.6}{0.8} + 200 \times \dfrac{0.6}{0.8} - 350 = 600$ [kVar]

합성역률 $\cos\theta = \dfrac{P}{\sqrt{P^2 + Q^2}} \times 100 = \dfrac{800}{\sqrt{600^2 + 800^2}} \times 100\,[\%] = 80\,[\%]$

답 80 [%]

14

그림은 변압기 내부고장을 검출하여 변압기를 보호하기 위해 설치되는 어떤 계전기 회로도이다. 다음 물음에 답하시오.

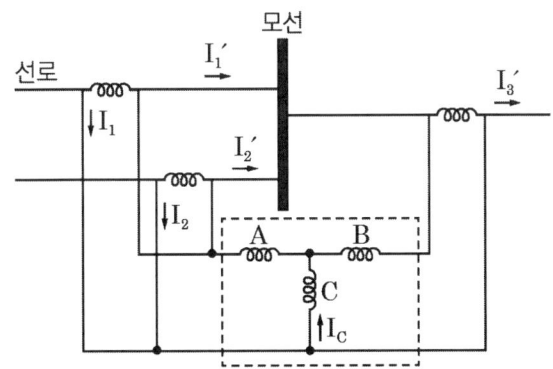

(1) 점선 내부의 계전기 명칭을 쓰시오.

(2) A, B, C 코일의 명칭을 쓰시오.

(3) B코일에 흐르는 전류에 대한 수식을 쓰시오.

정답

(1) 비율차동계전기

(2) A : 억제 코일
    B : 억제 코일
    C : 동작 코일

(3) $|i_1 + i_2 - i_3|$

15

계기용 변성기 (변류기)에 따른 옥내용 변류기에 대한 내용이다. 다음 ( )에 들어갈 내용을 적으시오.

> **옥내용 변류기의 다른 사용 상태**
> a) 태양열 복사에너지의 영향은 무시해도 좋다.
> b) 주위의 공기는 먼지, 연기, 부식 가스, 증기 및 염분에 의해 심각하게 오염되지 않는다.
> c) 습도의 상태는 다음과 같다.
>   1) 24시간 동안 측정한 상대 습도의 평균값은 (①)를 초과하지 않는다.
>   2) 24시간 동안 측정한 수증기압의 평균값은 (②) [kPa]를 초과하지 않는다.
>   3) 1달 동안 측정한 상대 습도의 평균값은 (③) [%]를 초과하지 않는다.
>   4) 1달 동안 측정한 수증기의 평균값은 (④) [kPa]를 초과하지 않는다.

정답

① 95

② 2.2

③ 90

④ 1.8

01

3상 6,600 [V] 수전 단독 수용가의 전용 수전 T/L이 다음과 같은 경우 각 물음에 대하여 답하시오.

• 전용 수전 T/L : 사용전선 ACSR 240 [mm^2] (0.2 [Ω/km]), 긍장 1,000 [m]
• 단독수용가 1일 전력 사용 현황(부하 역률 : 0.9)

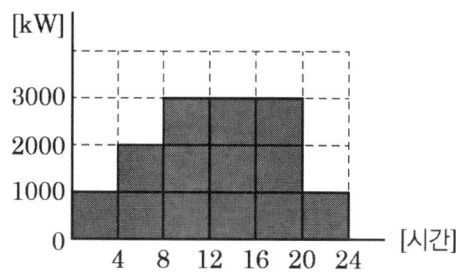

(1) 부하율을 구하시오.
(2) 손실계수를 구하시오.
(3) 1일 손실 전력량을 구하시오.

정답

(1) 평균전력 = $\dfrac{1000 \times 8 + 2000 \times 4 + 3000 \times 12}{24}$ = 2166.67 [kW]

부하율 = $\dfrac{평균전력}{최대전력} \times 100$ = $\dfrac{2166.67}{3000} \times 100$ = 72.22 [%]

답 72.22 [%]

(2) 손실계수 = $\dfrac{일정기간\ 중\ 평균전력손실}{일정기간\ 중\ 최대전력손실} \times 100$ [%]

• 평균전력손실

$P_{L-a} = \dfrac{3I^2R \times 4 + 3(2I)^2R \times 4 + 3(3I)^2R \times 4 \times 3 + 3I^2R \times 4}{24} = 16.5I^2R$

• 최대전력손실 $P_{L-a} = 3(3I)^2R$

손실계수 = $\dfrac{16.5I^2R}{27I^2R} \times 100 = 61.11 [\%]$

답 61.11 [%]

(3) 평균전력손실 $= 16.5I^2R$

$= $ 평균전력손실$\times 24 = 396I^2R = 396\left(\dfrac{1000}{\sqrt{3}\times 6.6\times 0.9}\right)^2 \times 0.2\times 10^{-3}$ [kW]

$= 748.22$ [kWh]

답 748.22 [kWh]

2   8점

가로 10 [m], 세로 16 [m], 천장높이 3.85 [m], 작업면 높이 0.85 [m]인 사무실에 천장 직부 형광등 F40 × 2를 설치하려고 한다.

(1) F40×2의 심벌을 그리시오.
(2) 이 사무실의 실지수는 얼마인가?
(3) 이 사무실의 작업면 조도를 300 [lx], 천장 반사율 70 [%], 벽 반사율 50 [%], 바닥 반사율 10 [%], 40 [W] 형광등 1등의 광속 3150 [lm], 보수율 70 [%], 조명률 61 [%]로 한다면 이 사무실에 필요한 소요 등기구 수는 몇 등인가?

정답

(1)
F40×2

(2) 실지수 $= \dfrac{XY}{H(X+Y)} = \dfrac{10\times 16}{(3.85-0.85)\times(10+16)} = 2.05$

(3) $N = \dfrac{EAD}{FU} = \dfrac{300\times 10\times 16}{(3150\times 2)\times 0.61\times 0.7} = 17.84$

답 18 [등]

핵심이론

□ 광속의 결정
$FUN = EAD$

E : 평균 조도 A : 실내의 면적 U : 조명률 D : 감광 보상율
N : 소요 등 수 F : 1등당 광속 M : 보수율(감광 보상율의 역수)

03

CT에 관한 다음 각 물음에 답하시오.

(1) Y-△로 결선한 주변압기의 보호로 비율차동계전기를 사용한다면 CT의 결선은 어떻게 하여야 하는지를 설명하시오.
(2) 통전 중에 있는 변류기의 2차 측 기기를 교체하고자 할 때 가장 먼저 취하여야 할 조치를 설명하시오.
(3) 수전전압이 22.9 [kV], 수전설비의 부하전류가 40 [A]이다. 60/5 [A]의 변류기를 통하여 과부하 계전기를 시설하였다. 120 [%]의 과부하에서 차단시킨다면 과부하 트립 전류값은 몇 [A]로 설정해야 하는가?

정답

(1) 주 변압기 1차 측에 사용되는 변류기는 △결선, 2차 측에 사용되는 변류기는 Y결선을 한다.
(변압기 결선과 반대로 결선한다.)
(2) 2차 측을 단락시킨다.
(3) 과전류 계전기의 전류 탭 $I_t = 40 \times \dfrac{5}{60} \times 1.2 = 4$ [A]

답 4 [A]

04.

방폭구조에 관한 다음 물음에 답하시오.

(1) 방폭형 전동기에 대하여 설명하시오.
(2) 전기설비의 방폭구조 종류 중 3가지만 쓰시오.

정답

(1) 지정된 폭발성가스 중에서 사용에 적합하도록 특별히 고려된 전동기
(2) 내압 방폭구조, 유입 방폭구조, 압력 방폭구조, 안전증 방폭구조

05

그림과 같은 3상 3선식 380 [V]의 수전회로가 있다. 설비불평형률은 얼마인가? (단, ⓗ는 전열기 부하이고, ⓜ은 전동기 부하이다)

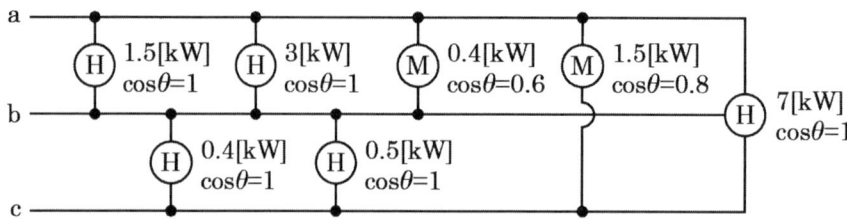

정답

■ 계산과정

$$\text{불평형률} = \frac{(1.5 + 3 + \frac{0.4}{0.6}) - (0.4 + 0.5)}{\frac{1}{3}(1.5 + 3 + \frac{0.4}{0.6} + 0.4 + 0.5 + \frac{1.5}{0.8} + 7)} \times 100 = 85.67\,[\%]$$

답 85.67 [%]

핵심이론

□ 설비 불평형률

① 단상 3선식

$$\text{설비불평형률} = \frac{\text{중성선과 각 전압 측 선간에 접속되는 부하설비용량의 차}}{\text{총 부하설비용량} \times \frac{1}{2}} \times 100\,[\%]$$

② 3상 3선식 또는 3상 4선식

$$\text{설비불평형률} = \frac{\text{각 간선에 접속되는 단상부하 총 설비용량의 최대와 최소의 차}}{\text{총 부하설비용량} \times \frac{1}{3}} \times 100\,[\%]$$

06

답안지의 그림은 3상 4선식 전력량계의 결선도를 나타낸 것이다. PT와 CT를 사용하여 미완성 부분의 결선도를 완성하시오.

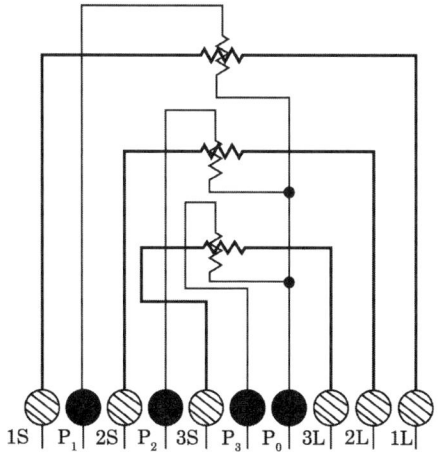

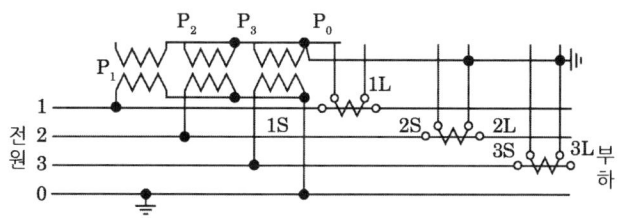

정답

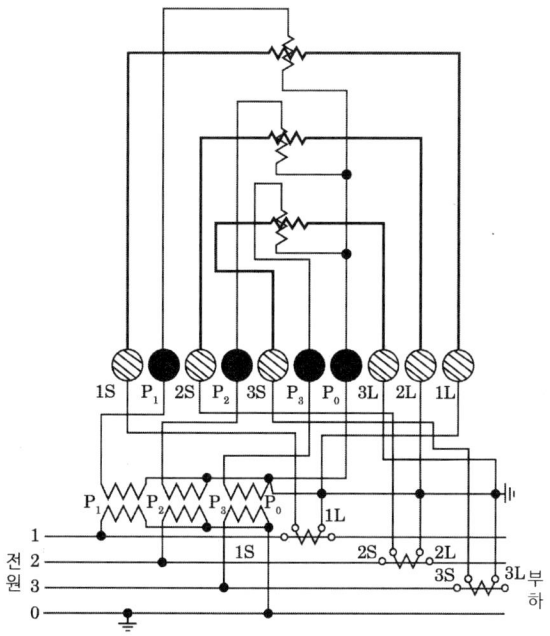

07

다음과 같은 아파트 단지를 계획하고 있다. 주어진 규모 및 참고자료를 이용하여 다음 각 물음에 답하시오.

[규모]
① 아파트 동수 및 세대 수 : 2동, 300세대
② 세대당 면적과 세대 수 : 표

동별	세대당 면적 [m²]	세대 수	동별	세대당 면적 [m²]	세대 수
1동	50	30	2동	50	50
	70	40		70	30
	90	50		90	40
	110	30		110	30

③ 가산 [VA] : 80 [m²] 이하 750 [VA], 150 [m²] 이하 1000 [VA]
④ 계단, 복도, 지하실 등의 공용면적 1동 : 1700 [m²], 2동 : 1700 [m²]
⑤ [m²]당 상정부하
   아파트 : 30 [VA/m²], 공용 부분 : 7 [VA/m²]
⑥ 수용률
   70세대 이하 65 [%]   100세대 이하 60 [%]
   150세대 이하 55 [%]   200세대 이하 50 [%]

[조건]
① 모든 계산은 피상전력을 기준한다.
② 역률은 100 [%]로 보고 계산한다.
③ 주변전실로부터 1동까지는 150 [m]이며 동내의 전압강하는 무시한다.
④ 각 세대의 공급방식은 110/220 [V]의 단상 3선식으로 한다.
⑤ 변전실의 변압기는 단상 변압기 3대로 구성한다.
⑥ 동간 부등률은 1.4로 본다.
⑦ 공용 부분의 수용률은 100 [%]로 한다.
⑧ 주변전실에서 각 동까지의 전압강하는 3 [%]로 한다.
⑨ 간선은 후강전선관 배관으로 NR 전선을 사용하며 간선의 굵기는 300[mm²] 이하를 사용하여야 한다.
⑩ 이 아파트 단지의 수전은 13200/22900 [V]의 Y 3상 4선식의 계통에서 수전한다.

⑪ 사용설비에 의한 계약전력은 사용 설비의 개별 입력의 합계에 대하여 다음 표의 계약전력 환산율을 곱한 것으로 한다.

구분	계약전력 환산율	비고
처음 75 [kW]에 대하여	100 [%]	계산의 합계수치 단수가 1 [kW] 미만일 경우 소수점 이하 첫째자리에서 반올림한다.
다음 75 [kW]에 대하여	85 [%]	
다음 75 [kW]에 대하여	75 [%]	
다음 75 [kW]에 대하여	65 [%]	
300 [kW] 초과분에 대하여	60 [%]	

(1) 1동의 상정부하는 몇 [VA]인가?

(2) 2동의 수용부하는 몇 [VA]인가?

(3) 이 단지의 변압기는 단상 몇 [kVA]짜리 3대를 설치하여야 하는가? (단, 변압기의 용량은 10 [%]의 여유율을 보며 단상 변압기의 표준용량은 75, 100, 150, 200, 300 [kVA] 등이다.)

정답

(1) 상정부하 = 바닥면적 × [m²]당 상정부하 + 가산부하

세대당 면적 [m²]	상정부하 [VA/m²]	가산부하 [VA]	세대 수	상정부하 [VA]
50	30	750	30	(50×30 + 750)×30 = 67,500
70	30	750	40	(70×30 + 750)×40 = 114,000
90	30	1000	50	(90×30 + 1000)×50 = 185,000
110	30	1000	30	(110×30 + 1000)×30 = 129,000
합계				495,500 [VA]

∴ 공용면적까지 고려한 상정부하 = 495,500 + 1700 × 7 = 507,400 [VA]

답 507,400 [VA]

(2)

세대당 면적 [m²]	상정부하 [VA/m²]	가산부하 [VA]	세대 수	상정부하 [VA]
50	30	750	50	(50×30 + 750)×50 = 112,500
70	30	750	30	(70×30 + 750)×30 = 85,500
90	30	1000	40	(90×30 + 1000)×40 = 148,000
110	30	1000	30	(110×30 + 1000)×30 = 129,000
합계				475,000 [VA]

∴ 공용면적까지 고려한 수용부하 = 475,000 × 0.55 + 1700 × 7 = 273,150 [VA]

답 273,150 [VA]

(3) 변압기 용량 $= \dfrac{495500 \times 0.55 + 1700 \times 7 + 273150}{1.4} \times 10^{-3} = 398.27 \,[\text{kVA}]$

변압기 1대의 용량 $= \dfrac{398270}{3} \times 1.1 \times 10^{-3} = 146.03 \,[\text{kVA}]$

따라서, 표준용량 150 [kVA]를 산정한다.

답 150 [kVA]

08   6점

전력계통의 발전기, 변압기 등의 증설이나 송전선의 신·증설로 인하여 단락·지락전류가 증가하여 송변전 기기의 손상이 증대되고, 부근에 있는 통신선의 유도장해가 증가하는 등의 문제점이 예상된다. 따라서 이러한 문제점을 해결하기 위하여 전력계통의 단락용량의 경감 대책을 세워야 한다. 이 대책을 3가지만 쓰시오.

정답

① 고 임피던스 기기를 채택한다.

② 모선계통을 분리 운용한다.

③ 한류 리액터를 설치한다.

09   5점

초고압 송전전압이 345 [kV]이다. 송전거리가 200 [km]인 경우 1회선당 가능한 송전전력은 몇 [kW]인지 Still 식에 의해 구하시오.

정답

■ 계산과정

$V = 5.5 \sqrt{0.6 l + \dfrac{P}{100}} \,[\text{kV}]$

$P = \left[\left(\dfrac{V}{5.5} \right)^2 - 0.6\, l \right] \times 100 = \left[\left(\dfrac{345}{5.5} \right)^2 - 0.6 \times 200 \right] \times 100 = 381471.07 \,[\text{kW}]$

답 381,471.07 [kW]

10

감리원은 해당 공사 완료 후 준공검사 전에 사전 시운전 등이 필요한 부분에 대하여는 공사업자에게 시운전을 위한 계획을 수립하여 시운전 30일 이내에 제출하도록 하여야 하는데, 이때 발주자에게 제출하여야 할 서류 5가지를 쓰시오.

정답

① 시운전 일정 ② 시운전 항목 및 종류 ③ 시운전 절차
④ 시험장비 확보 및 보정 ⑤ 기계·기구 사용계획

핵심이론

□ 준공검사 등의 절차(전력시설물 공사감리업무 수행지침 제59조)
감리원은 해당 공사 완료 후 준공검사 전에 사전 시운전 등이 필요한 부분에 대하여는 공사업자에게 다음 각 호의 사항이 포함된 시운전을 위한 계획을 수립하여 시운전 30일 이내에 제출하도록 하고, 이를 검토하여 발주자에게 제출하여야 한다.
(1) 시운전 일정
(2) 시운전 항목 및 종류
(3) 시운전 절차
(4) 시험장비 확보 및 보정
(5) 기계·기구 사용계획
(6) 운전요원 및 검사요원 선임계획

11

조명에서 광원이 발광하는 원리 3가지를 쓰시오.

정답

① 온도방사 ② 전기 루미네센스 ③ 전계 루미네센스

핵심이론

□ 조명으로 빛을 발광하는 방법
• 온도방사
• 전기 루미네센스
• 전계 루미네센스
• 방사 루미네센스
• 음극선 루미네센스
• 생물 루미네센스

12

다음 그림은 어느 수용가의 수전설비 계통도이다. 다음 각 물음에 답하시오.

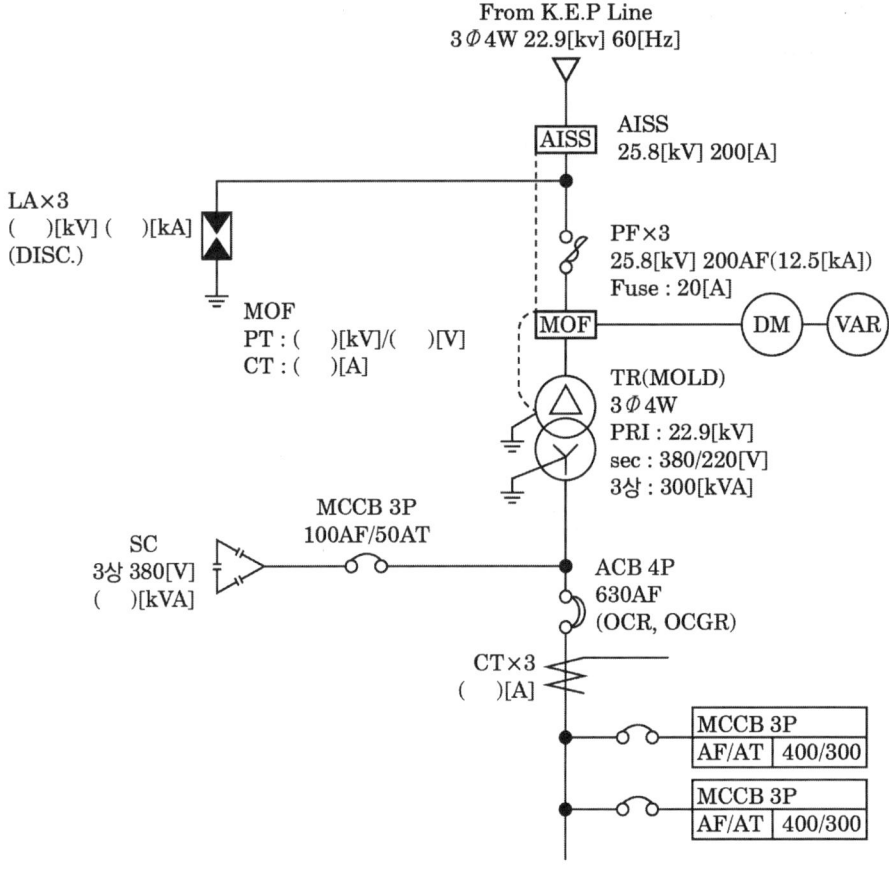

(1) AISS의 명칭을 쓰고, 기능을 2가지 쓰시오.

(2) 피뢰기의 정격전압 및 공칭 방전전류를 쓰고, 도면에서 DISC.의 기능을 간단히 설명하시오.

(3) MOF의 정격을 구하시오.

(4) Mold TR의 장점 및 단점을 각각 2가지만 쓰시오.

(5) ACB의 명칭을 쓰시오.

(6) CT비를 구하시오.

정답

(1) • 명칭 : 기중형 고장구간 자동 개폐기
   • 기능 : ① 고장구간을 자동으로 개방하여 사고파급을 방지
          ② 전부하 상태에서 자동(또는 수동)으로 개방하여 과부하 보호

(2) • 정격전압 : 18 [kV], 공칭 방전전류 : 2500 [A]
   • DSIC.의 기능 : 피뢰기 고장 시 개방되어 피뢰기를 대지로부터 분리

(3) • PT비 : 13200/110
   • CT비 : $I_1 = \dfrac{300}{\sqrt{3} \times 22.9} = 7.56$ [A] : 10/5

(4) • 장점 ① 난연성이 우수하다. ② 전력손실이 적다.
   • 단점 ① 충격파 내전압이 낮다.
         ② 수지층에 차폐물이 없으므로 운전 중 코일 표면과 접촉하면 위험하다.

(5) 기중차단기

(6) 계산 : $I_1 = \dfrac{300 \times 10^3}{\sqrt{3} \times 380} \times (1.25 \sim 1.5) = 569.75 \sim 683.70$ [A]   답 600/5

13 5점

다음과 같은 래더다이어그램을 보고 PLC 프로그램을 완성하시오. (단, 타이머 설정시간 t는 0.1초 단위이다)

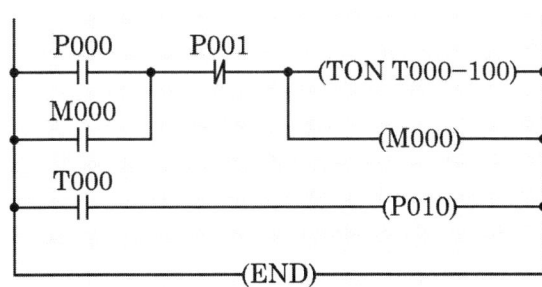

ADD	OP	DATA
0	LOAD	P000
1		
2		
3	TON	T000
4	DATA	100
5		
6		
7	OUT	P010
8	END	-

정답

ADD	OP	DATA
0	LOAD	P000
1	OR	M000
2	AND NOT	P001
3	TON	T000
4	DATA	100
5	OUT	M000
6	LOAD	T000
7	OUT	P010
8	END	-

14　　5점

전등 60 [W] 8개 사용, 전등 1개 기준으로 정액제일 경우 한 달(30일) 205원, 종량제의 경우 기본요금 100원에 1 [kWh]당 10원이 추가될 때, 종량제와 정액제 한 달 요금이 같아지려면 종량제의 경우 일일 평균 몇 시간 점등시켜야 하는가? (단, 전등 1개의 가격은 65원이고 수명은 1000 [h]이며, 정액제의 경우 수용가 측에서 전구비를 부담하지 않고, 종량제일 경우 수용가 측에서 전구비를 부담한다)

정답

- 정액제 1개월 요금 = $205 \times 8 = 1640$ [원]
- 종량제 1개월 요금 (하루 t 시간 사용 시)
  $= 100 + (60 \times 8 \times t \times 30 \times 10^{-3} \times 10) + \left(\dfrac{65}{1000} \times 8 \times t \times 30\right)$ [원]
- 종량제 1개월 요금 = 정액제 1개월 요금
  $= 100 + 60 \times 8 \times t \times 30 \times 10^{-3} \times 10 + \dfrac{65}{1000} \times 8 \times t \times 30 = 1640$ [원]

답 t = 9.65 [h]

01

단상 변압기 2대로 V결선하여 정격출력 11 [kW], 역률 0.8, 효율 0.85 의 3상 유도전동기를 운전 하려고 한다. 이 경우 변압기 1대 용량 [kVA]은 어떻게 되는가?

〈 변압기의 표준용량 [kVA] 〉

| 5 | 7.5 | 10 | 15 | 20 | 25 | 50 | 75 | 100 |

정답

■ 계산과정

- 전동기 입력 $P = \dfrac{11}{0.8 \times 0.85} = 16.18$ [kVA]
- V결선 출력 $P_v = \sqrt{3}\, P_1 = 16.18$ [kVA]
- $P_1 = \dfrac{P_v}{\sqrt{3}} = \dfrac{16.18}{\sqrt{3}} = 9.34$ [kVA]

답 10 [kVA] 선정

02

3상 배전선로의 말단에 늦은 역률 80 [%]인 평형 3상의 집중부하가 있다. 변전소 인출구의 전압이 6600 [V]인 경우 부하의 단자전압을 6000 [V] 이하로 떨어뜨리지 않으려면 부하전력 [kW]은 얼마인가? (단, 전선 1선의 저항은 1.4 [Ω], 리액턴스 1.8 [Ω]으로 하고 그 이외의 선로정수는 무시한다)

정답

■ 계산과정

- 전압강하 $e = V_s - V_r = \dfrac{P}{V}(R + X\tan\theta)$
- $P = \dfrac{eV}{R + X\tan\theta} = \dfrac{600 \times 6000}{1.4 + 1.8 \times \dfrac{0.6}{0.8}} = 1{,}309{,}090$ [W] $= 1309.09$ [kW]

답 1309.09 [kW]

03

Spot Network 수전방식에 대하여 다음 물음에 답하시오.

(1) Spot Network 방식이란?
(2) 특징 3가지를 작성하시오.

정답

(1) 배전용 변전소로부터 2회선 이상의 배전선으로 수전하는 방식으로 배전선 1회선에 사고가 발생한 경우일지라도 다른 건전한 회선으로부터 자동적으로 수전할 수 있는 무정전 방식으로서 신뢰도가 매우 높은 방식

(2) ① 무정전 전원공급이 가능하다. ② 기기 이용률이 좋아진다. ③ 전압 변동률이 적다.

> **핵심이론**
>
> □ Spot Network 수전방식
> ① 무정전 전원공급이 가능하다.
> ② 기기 이용률이 좋아진다.
> ③ 전압 변동률이 적다.
> ④ 전력손실이 감소한다.
> ⑤ 부하기기 증가에 따른 적응성이 우수하다.
> ⑥ 2차 변전소 수량을 줄일 수 있다.

04

그림과 같이 구형 광원의 전광속이 18,500 [lm]일 때 다음 물음에 답하시오.

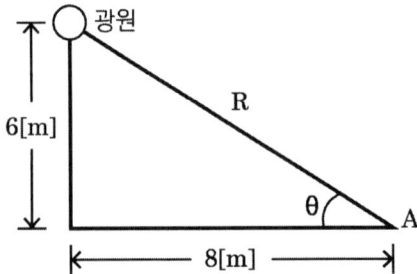

(1) 광원의 광도[cd]를 구하시오.
(2) A점의 수평면 조도[lx]를 구하시오.

정답

(1) $I = \dfrac{F}{\omega} = \dfrac{F}{4\pi} = \dfrac{18500}{4\pi} = 1472.18\,[\text{cd}]$

답 1472.18 [cd]

(2) $E_h = \dfrac{I}{R^2}\cos(90-\theta) = \dfrac{1472.18}{6^2+8^2} \times \dfrac{6}{\sqrt{6^2+8^2}} = 8.83\,[\text{lx}]$

답 8.83 [lx]

핵심이론

□ 조도 계산

- 수평면 조도 $E_h = E_n\cos\theta = \dfrac{I}{r^2}\cos\theta$
- 수직면 조도 $E_v = E_n\sin\theta = \dfrac{I}{R^2}\sin\theta$

05

그림과 같은 회로의 출력을 입력변수로 나타내고 AND 회로 1개, OR 회로 2개, NOT 회로 1개를 이용한 등가회로를 그리시오.

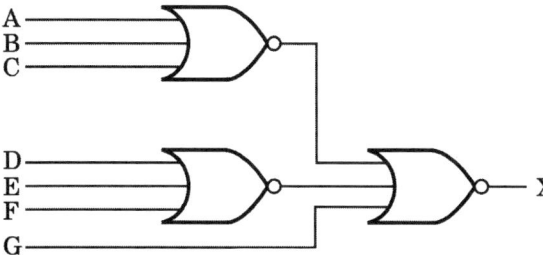

(1) 출력식
(2) 등가회로

정답

(1) $X = \overline{\overline{(A+B+C)} + \overline{(D+E+F)} + G}$
$= (A+B+C)\cdot(D+E+F)\cdot\overline{G}$

(2)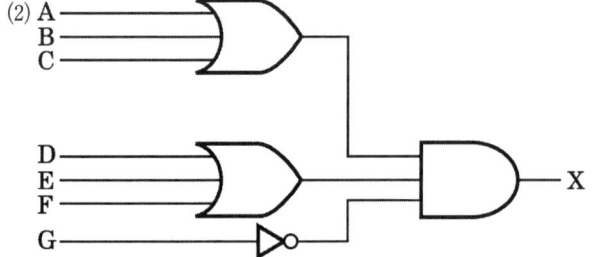

06

태양광 발전의 장점 4가지와 단점 2가지를 작성하시오.

정답

- 장점
  ① 규모에 관계없이 발전 효율이 일정하다.
  ② 태양 빛이 있는 곳이라면 어디에서나 설치가 가능하다.
  ③ 자원이 반영구적이다.
  ④ 확산광(산란광)도 이용할 수 있다.

- 단점
  ① 태양광의 에너지 밀도가 낮다.
  ② 비가 오거나 흐린 날씨에는 발전능력이 저하한다.

핵심이론

□ 태양광 발전
 (1) 장점
  ① 규모에 관계없이 발전 효율이 일정하다.
  ② 태양 빛이 있는 곳이라면 어디에서나 설치가 가능하다.
  ③ 자원이 반영구적이다.
  ④ 확산광(산란광)도 이용할 수 있다.
 (2) 단점
  ① 태양광의 에너지 밀도가 낮다.
  ② 비가 오거나 흐린 날씨에는 발전능력이 저하한다.
  ③ 초기투자비용이 높다.

07

다음 조건을 이용하여 변압기 용량을 구하라.

[조건]
- 부하는 일반부하 100 [kW], 전등부하 250 [kW], 하계부하 140 [kW], 동계부하 60 [kW]이다.
- 종합 부하 역률은 90 [%]이다.
- 각 부하군 간 부등률은 1.35이다.
- 변압기 용량은 15 [%]의 여유를 주도록 한다.

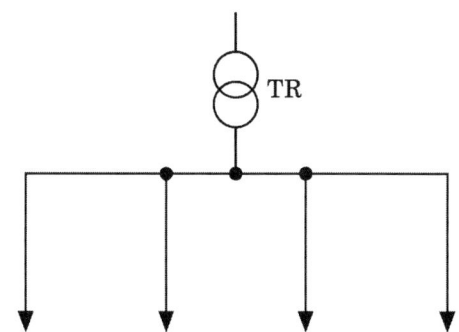

부하	일반부하	전등부하	하계부하	동계부하
전력 [kW]	100	250	140	60
수용률 [%]	70	50	80	60

〈 변압기의 표준용량 [kVA] 〉

50	100	250	300	350

정답

■ 계산과정

하계부하와 동계부하 중 큰 부하를 기준하고, 상용부하와 합산하여 계산하면

- $P = \dfrac{\text{설비용량} \times \text{수용률}}{\text{부등률} \times \text{역률}} \times \text{여유율}$

  $= \dfrac{100 \times 0.7 + 250 \times 0.5 + 140 \times 0.8}{1.35 \times 0.9} \times 1.15 = 290.58 \ [\text{kVA}]$

- 표에서 300 [kVA] 선정

답 300 [kVA]

08   6점

진공차단기(VCB : Vacuum Circuit Breaker)의 특징 3가지를 작성하시오.

정답

① 차단성능이 우수하고, 차단시간이 짧다.
② 수명이 길다.
③ 기름이 사용되지 않아 화재에 대한 안전성이 우수하다.

> **핵심이론**
>
> □ 진공차단기(VCB : Vacuum Circuit Breaker)
>   (1) 장점
>   ① 차단성능이 우수하고, 차단시간이 짧다.(전류 차단 후의 절연회복 능력이 크므로)
>   ② 수명이 길다.
>   ③ 기름이 사용되지 않아 화재에 대한 안전성이 우수하다.
>   ④ 소형·경량이다.
>   ⑤ 완전밀봉형으로 안전하며 소음도 적다.
>   (2) 단점
>   ① 개폐서지가 발생한다.
>   ② 진공도의 열화판정이 곤란하다.

09   4점

공급변압기의 2차 측 단자에서 최원단의 부하에 이르는 전선의 길이가 60 m를 초과하는 경우의 전압강하는 제1항에 관계없이 부하전류로 계산한다. 이에 따라 아래의 표를 채우시오.

공급변압기의 2차 측 단자 또는 인입선 접속점에서 최원단의 부하에 이르는 사이의 전선길이 [m]	전압강하 [%]	
	전기사업자로부터 저압으로 전기를 공급받는 경우	사용장소 안에 시설하는 전용변압기에서 공급하는 경우
120 이하	4 이하	(③) 이하
200 이하	(①) 이하	6 이하
200 초과	(②) 이하	(④) 이하

정답

① 5   ② 6   ③ 5   ④ 7

10

접지 저항을 측정하고자 한다. 다음 각 물음에 답하시오.

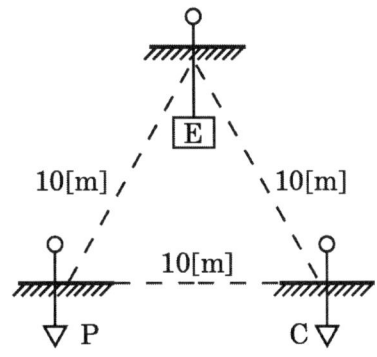

(1) 접지저항을 측정하기 위하여 사용되는 계기나 측정 방법을 2가지 쓰시오.

(2) 그림과 같이 본 접지 E에 제1 보조접지 P, 제2 보조접지 C를 설치하여 본 접지 E의 접지저항값을 측정하려고 한다. 본 접지 E의 접지저항은 몇 [Ω]인가? (단, 본 접지와 P 사이의 저항값은 86 [Ω], 본 접지와 C 사이의 접지저항값은 92 [Ω], P와 C 사이의 접지저항값은 160 [Ω]이다.)

정답

(1) ① 콜라우시 브리지에 의한 3극 접지저항 측정법
  ② 어스테스터에 의한 접지저항 측정법

(2) $R_E = \frac{1}{2}(R_{EP} + R_{EC} - R_{PC}) = \frac{1}{2}(86 + 92 - 160) = 9\ [\Omega]$

답 9 [Ω]

11

그림과 같은 3상 3선식 220 [V]의 수전회로가 있다. Ⓗ는 전열부하이고, Ⓜ은 역률 0.8의 전동기이다. 아래의 그림을 보고 다음 각 물음에 답하시오.

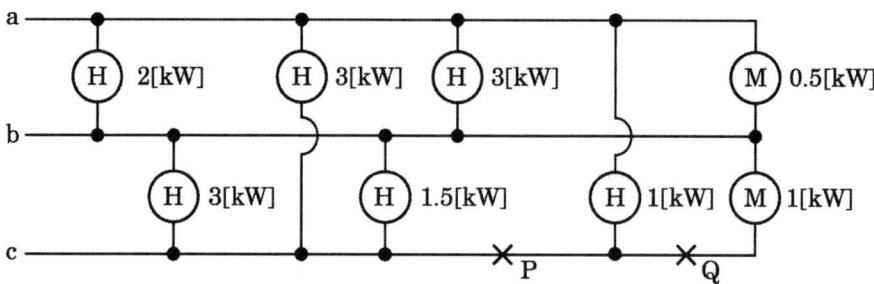

(1) 저압 수전의 3상 3선식 선로인 경우에 설비불평형률은 몇 [%] 이하로 하여야 하는가?
(2) 그림의 설비불평형률은 몇 [%]인가? (단, P, Q점은 단선이 아닌 것으로 계산한다)
(3) P, Q점에서 단선이 되었다면 설비불평형률은 몇 [%]가 되겠는가?

정답

(1) 30 [%]

(2) 설비불평형률 $= \dfrac{\left(3 + 1.5 + \dfrac{1}{0.8}\right) - (3 + 1)}{\dfrac{1}{3}\left(2 + 3 + \dfrac{0.5}{0.8} + 3 + 1.5 + \dfrac{1}{0.8} + 3 + 1\right)} \times 100 = 34.15\ [\%]$

답 34.15 [%]

(3) 설비불평형률 $= \dfrac{\left(2 + 3 + \dfrac{0.5}{0.8}\right) - 3}{\dfrac{1}{3}\left(2 + 3 + \dfrac{0.5}{0.8} + 3 + 1.5 + 3\right)} \times 100 = 60\ [\%]$

답 60 [%]

핵심이론

□ 설비 불평형률

① 단상 3선식

설비불평형률 $= \dfrac{\text{중성선과 각 전압 측 선간에 접속되는 부하설비용량의 차}}{\text{총 부하설비용량} \times \dfrac{1}{2}} \times 100\ [\%]$

② 3상 3선식 또는 3상 4선식

설비불평형률 $= \dfrac{\text{각 간선에 접속되는 단상부하 총 설비용량의 최대와 최소의 차}}{\text{총 부하설비용량} \times \dfrac{1}{3}} \times 100\ [\%]$

12

다음 논리회로를 보고 다음 각 물음에 답하시오.

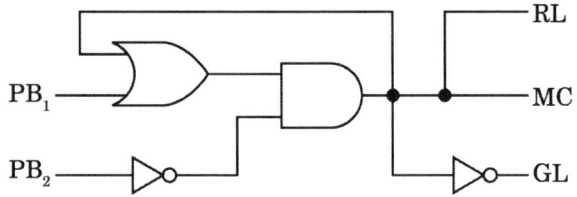

(1) 논리회로를 보고 다음 시퀀스 회로를 완성하시오.

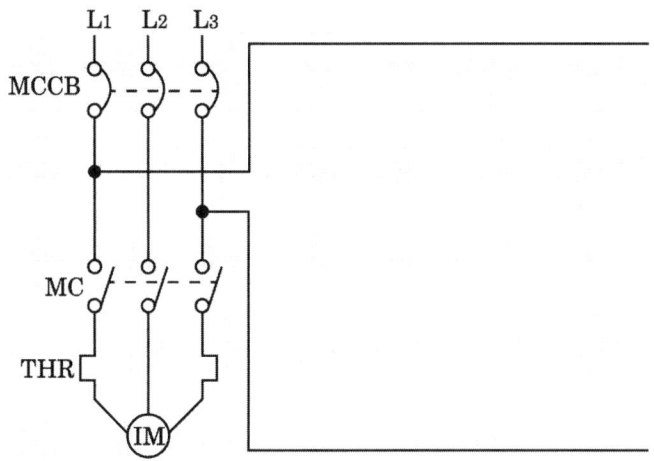

(2) 출력 MC, RL, GL을 논리식으로 표현하시오.

정답

(1)
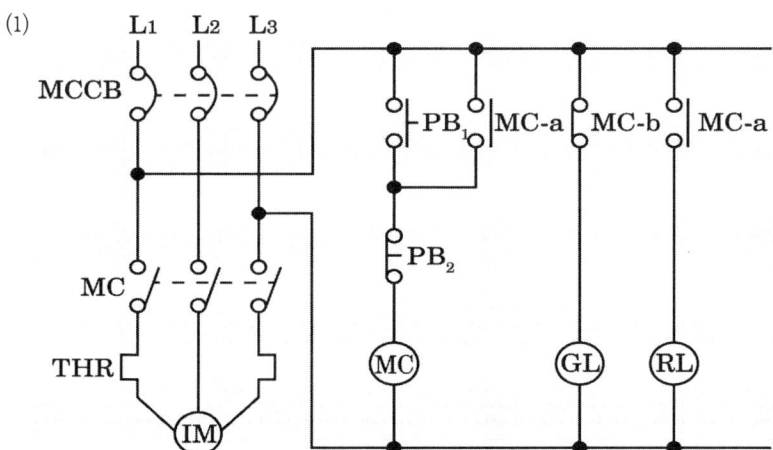

(2) ① $MC = (PB_1 + MC) \cdot \overline{PB_2}$ ② $GL = \overline{MC}$ ③ $RL = MC$

13

부하의 역률 개선에 대한 다음 각 물음에 답하시오.

(1) 역률을 개선하는 원리를 간단히 설명하시오.

(2) 부하설비의 역률이 저하하는 경우 수용가가 볼 수 있는 손해를 두 가지만 쓰시오.

(3) 어느 공장의 3상 부하가 30 [kW]이고, 역률이 65 [%]이다. 이것의 역률을 90 [%]로 개선하려면 전력용 콘덴서는 몇 [kVA]가 필요한가?

정답

(1) 유도성 부하를 사용하게 되면 역률이 저하한다. 이것을 개선하기 위하여 부하에 병렬로 콘덴서를 설치하여 진상전류를 흘려줌으로써 무효전력을 감소시켜 역률을 개선한다.

(2) ① 전력손실이 커진다.
    ② 전기요금이 증가한다.

(3) $Q_c = P(\tan\theta_1 - \tan\theta_2) = 30 \times \left(\dfrac{\sqrt{1-0.65^2}}{0.65} - \dfrac{\sqrt{1-0.9^2}}{0.9} \right) = 20.54$ [kVA]

답 20.54 [kVA]

14

그림은 통상적인 단락, 지락 보호에 쓰이는 방식으로서 주보호와 후비보호의 기능을 지니고 있다. 도면을 보고 다음 각 물음에 답하시오.

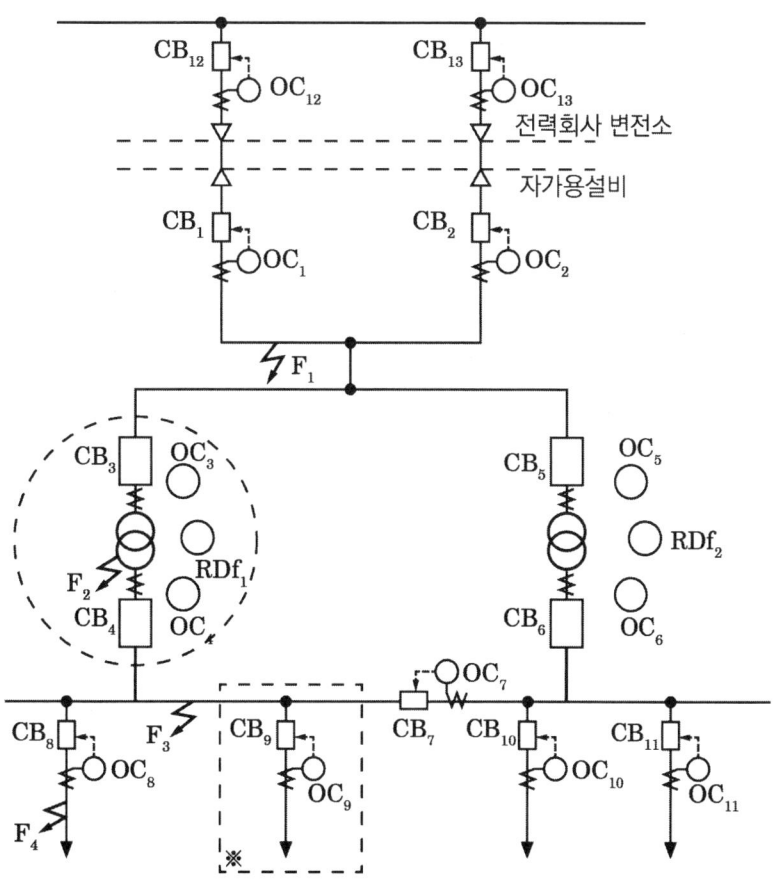

(1) 사고점이 F_1, F_2, F_3, F_4라고 할 때 주보호와 후비보호에 대한 다음 표의 ( )안을 채우시오.

사고점	주보호	후비보호
F_1	$OC_1 + CB_1$ And $OC_2 + CB_2$	①
F_2	②	$OC_1 + CB_1$ And $OC_2 + CB_2$
F_3	$OC_4 + CB_4$ And $OC_7 + CB_7$	$OC_3 + CB_3$ And $OC_6 + CB_6$
F_4	$OC_8 + CB_8$	$OC_4 + CB_4$ And $OC_7 + CB_7$

(2) 그림은 도면의 ※ 표시 부분을 좀 더 상세하게 나타낸 도면이다. 각 부분 ①~④에 대한 명칭을 쓰고, 보호 기능 구성상 ⑤~⑦의 부분을 검출부, 판정부, 동작부로 나누어 표현하시오.

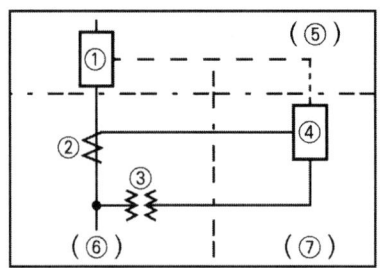

(3) 답란의 그림 F_2 사고와 관련된 검출부, 판정부, 동작부의 도면을 완성하시오. (단, 질문 "(2)"의 도면을 참고하시오)

(4) 자가용 전기 설비에 발전 시설이 구비되어 있을 경우 자가용 수용가에 설치되어야 할 계전기는 어떤 계전기인가?

정답

(1) ① $OC_{12} + CB_{12}$ And $OC_{13} + CB_{13}$
   ② $RDf_1 + OC_4 + CB_4$ And $OC_3 + CB_3$

(2) ① 차단기 ② 변류기 ③ 계기용 변압기 ④ 과전류 계전기 ⑤ 동작부 ⑥ 검출부 ⑦ 판정부

(3)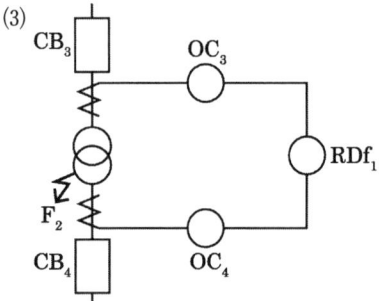

(4) ① 과전류 계전기
   ② 주파수 계전기
   ③ 부족전압 계전기
   ④ 비율 차동 계전기
   ⑤ 과전압 계전기

15

다음 그림과 같은 3상 3선식 배전선로가 있다. 각 물음에 답하시오. (단, 전선 1가닥의 저항은 0.5 [Ω/km]라고 한다.)

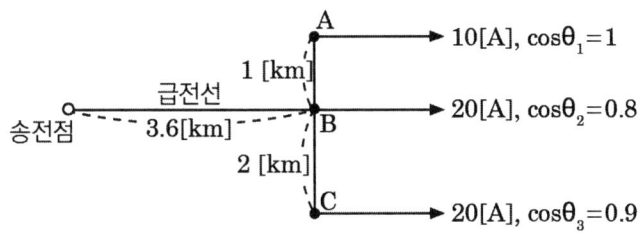

(1) 급전선에 흐르는 전류는 몇 [A]인가?
(2) 전체 선로손실은 몇 [kW]인가?

정답

(1) $\dot{I} = \dot{I}_a + \dot{I}_b + \dot{I}_c$

$= 10 + 20(0.8 - j0.6) + 20(0.9 - j\sqrt{1-0.9^2})$

$= 44 - j20.72$ [A]

- $|I| = \sqrt{44^2 + 20.72^2} = 48.63$ [A]

답 48.63 [A]

(2) $P_l = 3I^2R + 3I_a^2R_a + 3I_b^2R_b + 3I_c^2R_c$

$= 3 \times 48.63^2 \times (3.6 \times 0.5) + 3 \times 10^2 \times (1 \times 0.5) + 3 \times 20^2 \times (2 \times 0.5)$

$= 14120.34$ [W] $= 14.12$ [kW]

답 14.12 [kW]

16

답안지의 그림과 같은 수전설비 계통도의 미완성 도면을 보고 다음 각 물음에 답하시오.

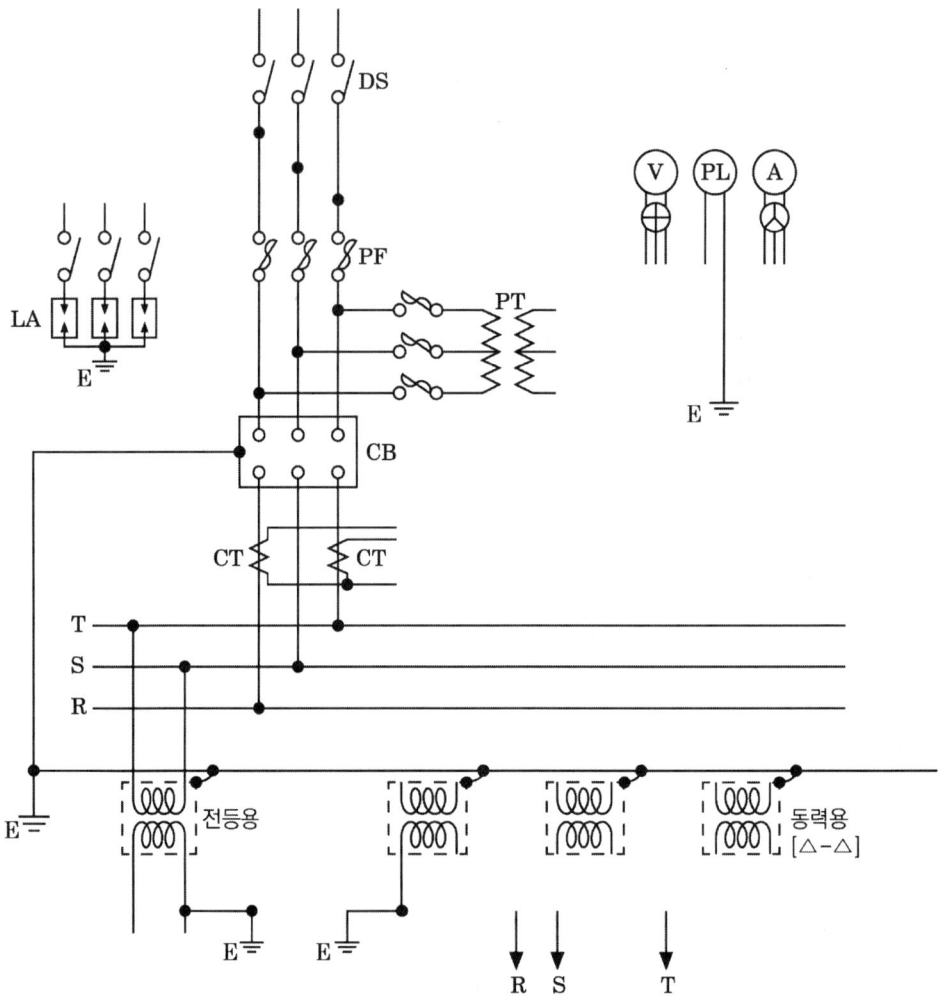

(1) 계통도를 완성하시오.
(2) 통전 중에 있는 변류기 2차 측 기기를 교체하고자 할 때 가장 먼저 취하여야 할 조치와 그 이유는 무엇인가?
(3) 인입구 개폐기로 DS 대신 사용하는 기기의 명칭과 약호를 쓰시오.
(4) VCB를 설치하고 몰드변압기를 사용할 때 보호기기의 명칭과 설치 위치를 쓰시오.

(1)

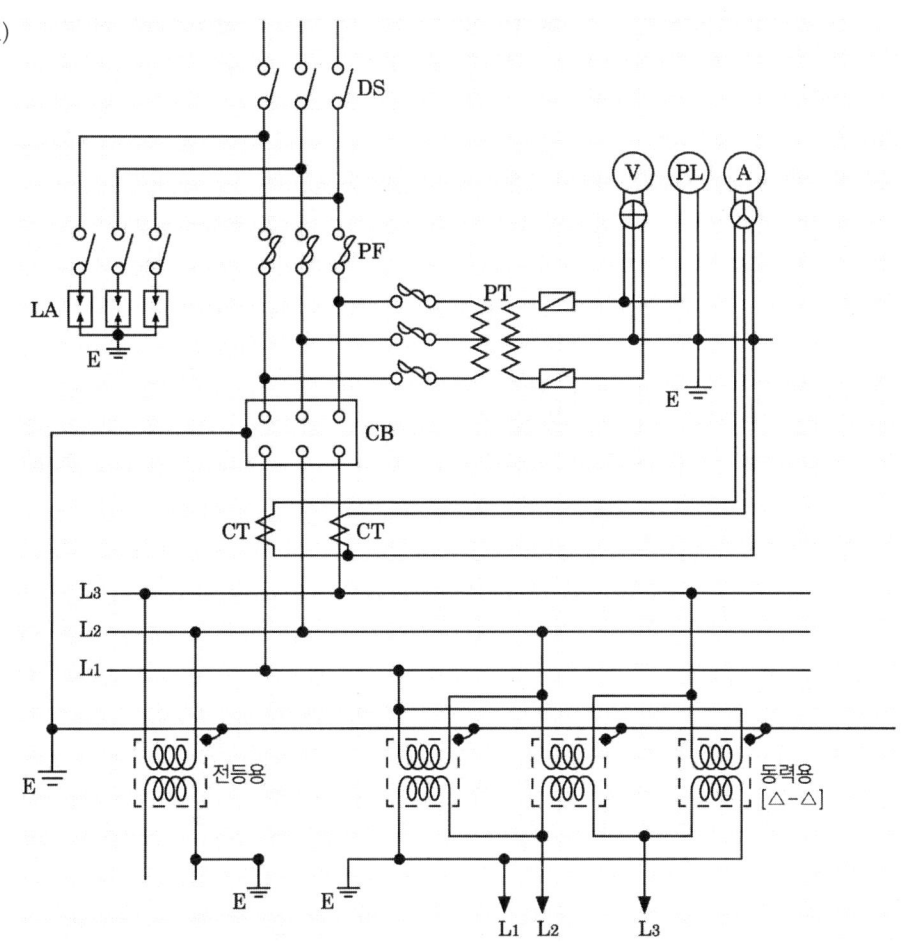

(2) • 조치 : 2차 측 단락
   • 이유 : 변류기 2차 측 개로 시 변류기 1차 측 부하전류가 모두 여자전류가 되어 변류기 2차 측에 고전압을 유기하여 변류기의 절연을 파괴할 수 있다.

(3) • 명칭 : 자동고장구분개폐기
   • 약호 : ASS

(4) • 명칭 : 서지 흡수기
   • 설치 위치 : 진공 차단기 2차 측과 몰드형 변압기 1차 측 사이에 설치

01

3상 4선식 교류 380 [V], 50 [kVA] 부하가 변전실 배전반에서 270 [m] 떨어져 설치되어 있다. 허용 전압강하는 얼마이며 이 경우 배전용 케이블의 최소 굵기는 얼마로 하여야 하는지 계산하시오. (단, 전기사용장소 내 시설한 변압기이며, 케이블은 IEC 규격에 의한다)

[케이블 규격] 6, 10, 16, 25, 35, 50, 70 [mm^2]

(1) 허용 전압강하를 계산하시오.
(2) 케이블의 굵기를 선정하시오.

정답

(1) $e = 380 \times 0.07 = 26.6$ [V]   답 26.6 [V]

(2) • 부하전류 $I = \dfrac{P}{\sqrt{3}\,V} = \dfrac{50 \times 10^3}{\sqrt{3} \times 380} = 75.97$ [A]

• 전선의 굵기 $A = \dfrac{17.8IL}{1000e} = \dfrac{17.8 \times 75.97 \times 270}{1000 \times 220 \times 0.07} = 23.71$ [mm^2]   답 25 [mm^2]

핵심이론

□ 내선규정 1415-1. 전선길이 60 [m]를 초과하는 경우의 전압강하

공급변압기의 2차 측 단자 또는 인입선 접속점에서 최원단의 부하에 이르는 사이의 전선길이 [m]	전압강하 [%]	
	사용장소 안에 시설하는 전용변압기에서 공급하는 경우	전기사업자로부터 저압으로 전기를 공급받는 경우
120 이하	5 이하	4 이하
200 이하	6 이하	5 이하
200 초과	7 이하	6 이하

□ 전압강하

배전방식	전압강하	측정 기준
단상 2선식	$e = \dfrac{35.6LI}{1000A}$	선간
3상 3선식	$e = \dfrac{30.8LI}{1000A}$	선간
단상 3선식 3상 4선식	$e = \dfrac{17.8LI}{1000A}$	대지간

02

지락사고 시 계전기가 동작하기 위하여 영상전류를 검출하는 방법 3가지를 서술하시오.

정답

① ZCT(영상변류기)에 의한 검출
② Y결선의 잔류회로에 의한 검출(CT 3대 사용)
③ 3차 권선부 CT를 이용한 검출(3차 영상분로의 영상전류 검출)

03

다음은 전압등급 3 [kV]인 SA의 시설 적용을 나타낸 표이다. 빈칸에 적용 또는 불필요를 구분하여 쓰시오.

차단기 종류 2차 보호기기	전동기	변압기			콘덴서
		유입식	몰드식	건식	
VCB	①	②	③	④	⑤

정답

① 적용 ② 불필요 ③ 적용 ④ 적용 ⑤ 불필요

핵심이론

□ 서지흡수기의 적용 범위

차단기 종류 전압등급 2차 보호기기	VCB				
	3 [kV]	6 [kV]	10 [kV]	20 [kV]	30 [kV]
전동기	적용	적용	적용	-	-
변압기 유입식	불필요	불필요	불필요	불필요	불필요
변압기 몰드식	적용	적용	적용	적용	적용
변압기 건식	적용	적용	적용	적용	적용
콘덴서	불필요	불필요	불필요	불필요	불필요
변압기와 유도기기와의 혼용 사용 시	적용	적용	-	-	-

[주] 상기 표에서와 같이 VCB를 사용 시 반드시 서지흡수기를 설치하여야 하나 VCB와 유입변압기를 사용할 때는 설치하지 않아도 된다.

04

주어진 도면은 어떤 수용가의 수전설비의 단선결선도이다. 다음 도면을 이용하여 물음에 답하시오.

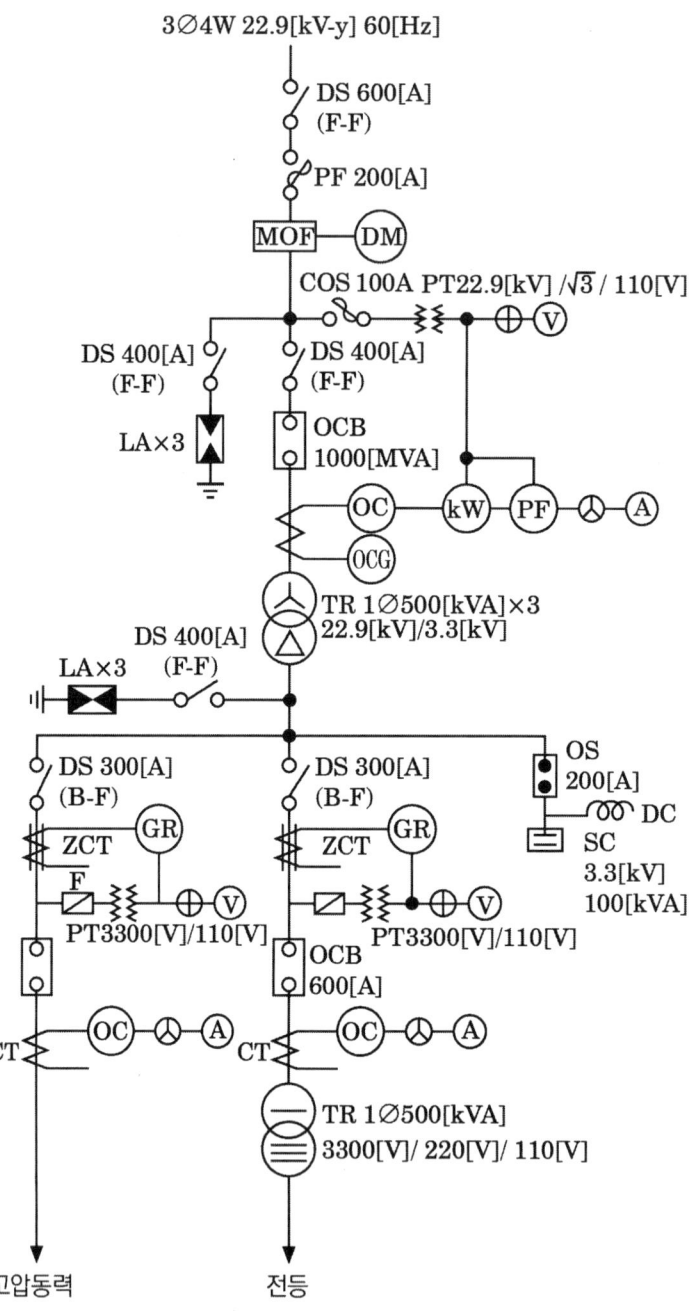

(1) 22.9 kV 측의 DS의 정격전압 [kV]은?

(2) MOF의 기능을 쓰시오.

(3) CB의 기능을 쓰시오.

⑷ 22.9 kV 측의 LA의 정격전압 [kV]은?

⑸ MOF에 연결되어 있는 (DM)은 무엇인가?

⑹ 1대의 전압계로 3상 전압을 측정하기 위한 개폐기를 약호로 쓰시오.

⑺ 1대의 전류계로 3상 전류를 측정하기 위한 개폐기를 약호로 쓰시오.

⑻ PF의 기능을 쓰시오.

⑼ ZCT 기능을 쓰시오.

⑽ GR 기능을 쓰시오.

⑾ SC의 기능을 쓰시오.

⑿ 3.3 [kV] 측 CB에 적힌 600 [A]은 무엇을 의미하는가?

⒀ OS의 명칭을 쓰시오.

정답

⑴ 25.8 [kV]

⑵ 고전압, 대전류를 저전압, 소전류로 변압·변류하여 전력량계에 공급한다.

⑶ 부하전류 개폐 및 단락전류와 같은 고장전류 차단

⑷ 18 [kV]

⑸ 최대 수요 전력계

⑹ VS

⑺ AS

⑻ • 부하전류는 안전하게 통전한다.
  • 어떤 일정값 이상의 과전류는 차단하고 전로나 기기를 보호한다.

⑼ 지락사고 시 흐르는 영상전류(지락전류)를 검출하는 것으로 지락계전기(GR)와 조합하여 차단기를 차단시켜 사고범위를 작게 한다.

⑽ 지락사고 시 동작하는 계전기로 영상전류를 검출하는 영상변류기(ZCT)와 조합하여 사용한다.

⑾ 역률 개선

⑿ 정격전류

⒀ 유입 개폐기

5   6점

전압 22,900 [V], 주파수 60 [Hz], 선로길이 7 [km] 1회선의 3상 지중 송전선로가 있다. 이때의 3상 무부하 충전전류 및 충전용량을 구하시오. (단, 케이블의 1선당 작용 정전용량은 0.4 [μF/km] 라고 한다)

(1) 무부하 충전전류
(2) 충전용량

정답

(1) $I_c = \omega CE = 2\pi f\, Cl\, E = 2\pi \times 60 \times 0.4 \times 10^{-6} \times 7 \times \dfrac{22900}{\sqrt{3}} = 13.96$ [A]

답 13.96 [A]

(2) $Q_c = 3EI_c = 3 \times \dfrac{22900}{\sqrt{3}} \times 13.96 \times 10^{-3} = 553.71$ [kVA]

답 553.71 [kVA]

6   6점

감리원은 설계도서 등에 대하여 공사계약문서 상호 간의 모순되는 사항, 현장 실정과의 부합여부 등 현장 시공을 주안으로 하여 해당 공사 시작 전에 검토하여야 한다. 검토하여야 할 사항 3가지를 적으시오.

정답

① 현장조건에 부합 여부
② 시공의 실제가능 여부
③ 다른 사업 또는 다른 공정과의 상호 부합 여부

핵심이론

□ 설계도서 등의 검토(전력시설물 공사감리업무 수행지침 제8조)
  감리원은 설계도서 등에 대하여 공사계약문서 상호 간의 모순되는 사항, 현장 실정과의 부합 여부 등 현장 시공을 주안으로 하여 해당 공사 시작 전에 검토하여야 하며 검토 내용에는 다음 각 호의 사항 등이 포함되어야 한다.
  1. 현장조건에 부합 여부
  2. 시공의 실제가능 여부
  3. 다른 사업 또는 다른 공정과의 상호 부합 여부

4. 설계도면, 설계설명서, 기술계산서, 산출내역서 등의 내용에 대한 상호 일치 여부
5. 설계도서의 누락, 오류 등 불명확한 부분의 존재 여부
6. 발주자가 제공한 물량 내역서와 공사업자가 제출한 산출내역서의 수량 일치 여부
7. 시공 상의 예상 문제점 및 대책 등

07 | 6점

다음은 분전반 설치에 관한 내용이다. ( ) 안에 알맞은 내용을 답란에 쓰시오.

(1) 분전반은 각 층마다 설치한다.
(2) 분전반은 분기회로의 길이가 (①) m 이하가 되도록 설계하며, 사무실 용도인 경우 하나의 분전반에 담당하는 면적은 일반적으로 1,000 m² 내외로 한다.
(3) 1개 분전반 또는 개폐기함 내에 설치할 수 있는 과전류장치는 예비회로(10 ~ 20%)를 포함하여 42개 이하(주개폐기 제외)로 하고, 이 회로수를 넘는 경우는 2개 분전반으로 분리하거나 (②)으로 한다. 다만, 2극, 3극 배선용 차단기는 과전류장치 소자 수량의 합계로 계산한다.
(4) 분전반의 설치 높이는 긴급 시 도구를 사용하거나 바닥에 앉지 않고 조작할 수 있어야 하며, 일반적으로는 분전반 상단을 기준하여 바닥 위 (③) m로 하고, 크기가 작은 경우는 분전반의 중간을 기준하여 바닥 위 (④) m로 하거나 하단을 기준하여 바닥 위 (⑤) m 정도로 한다.
(5) 분전반과 분전반은 도어의 열림 반경 이상으로 이격하여 안전성을 확보하고, 2개 이상의 전원이 하나의 분전반에 수용되는 경우에는 각각의 전원 사이에는 해당하는 분전반과 동일한 재질로 (⑥)을 설치해야 한다.

정답

① 30 ② 자립형 ③ 1.8 ④ 1.4 ⑤ 1.0 ⑥ 격벽

08

도면은 유도전동기 IM의 정회전 및 역회전용 운전의 단선 결선도이다. 이 도면을 이용하여 다음 각 물음에 답하시오. (단, 52F는 정회전용 전자접촉기이고, 52R은 역회전용 전자접촉기이다)

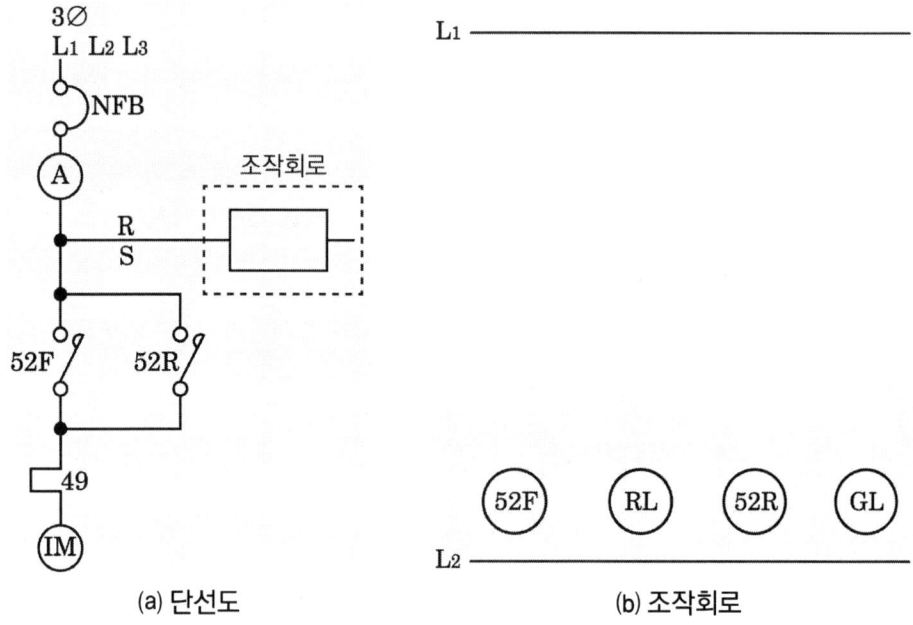

(1) 단선도 (a)를 이용하여 3선 결선도를 그리시오. (단, 점선 내의 조작회로는 제외하도록 한다)
(2) 주어진 단선 결선도를 이용하여 정·역회전을 할 수 있도록 조작회로 (b)를 그리시오. (단, 누름버튼 스위치 OFF 버튼 2개, ON 버튼 2개 및 정회전 표시램프 RL, 역회전 표시램프 GL도 사용하도록 한다)

정답

(1)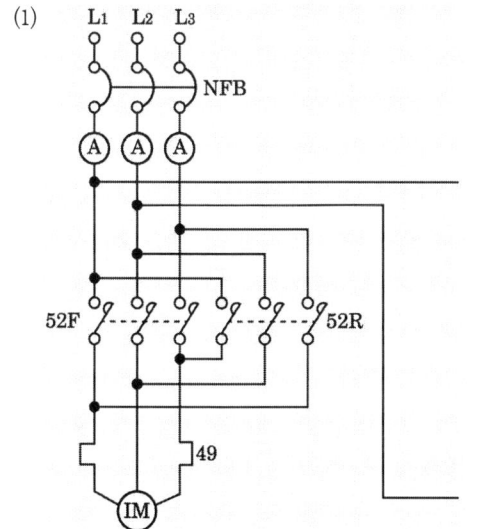

(2)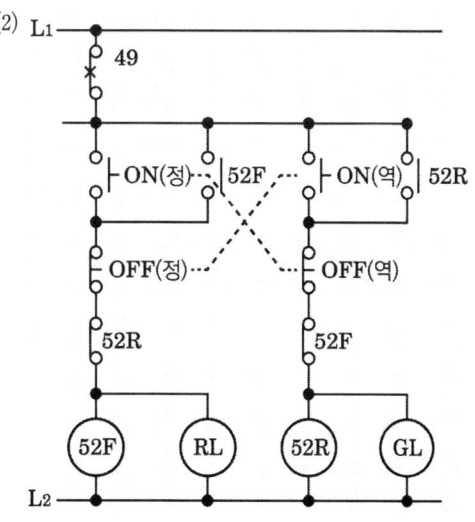

09

도면과 같이 345 [kV] 변전소의 단선도와 변전소에 사용되는 주요 제원을 이용하여 다음 각 물음에 답하시오.

〈 345[kV] 변전소 단선도 〉

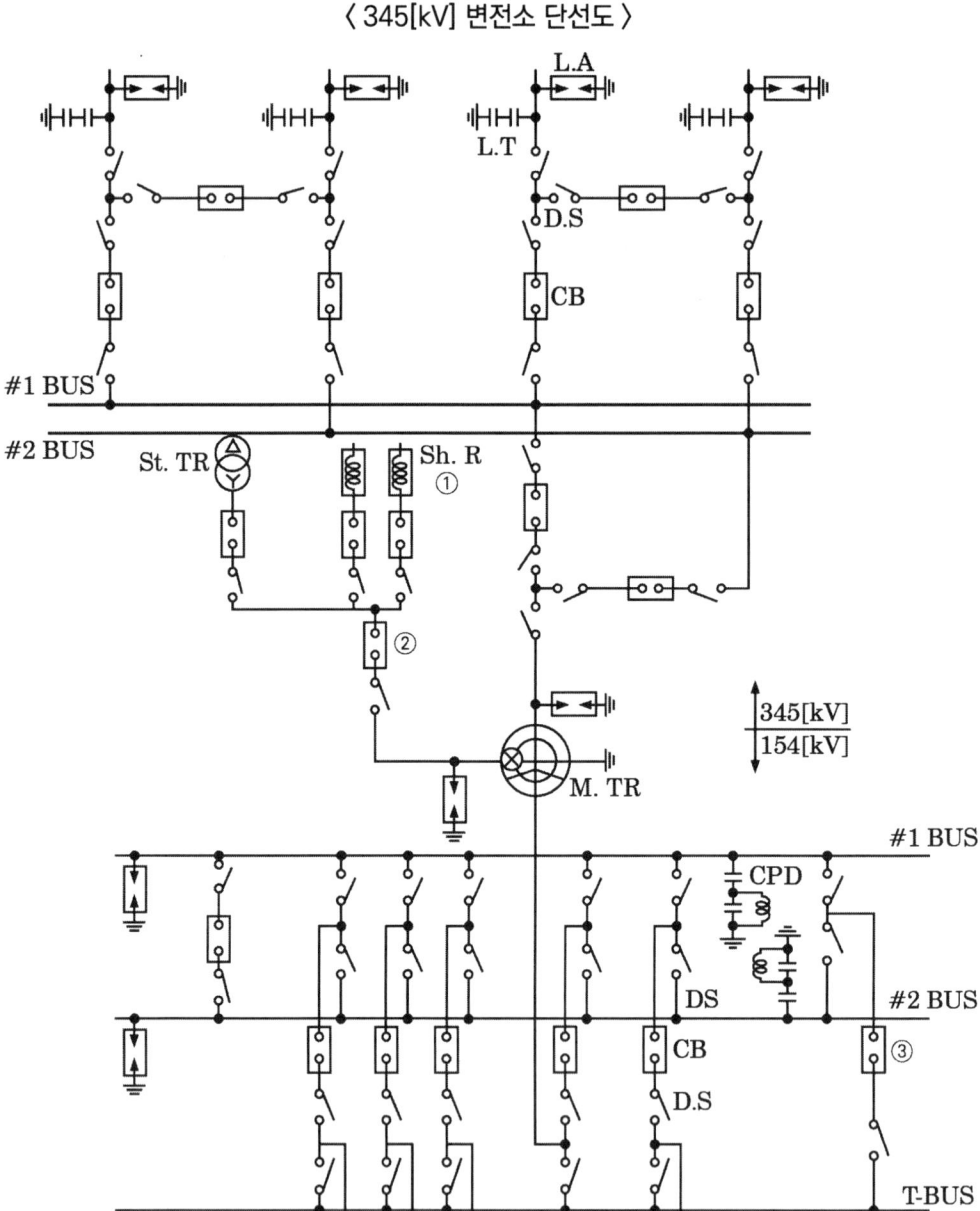

[주변압기]
단권변압기 345 kV/154 kV/23 kV (Y-Y-△)
166.7 [MVA]×3대 ≒ 500 [MVA]
OLTC부 %임피던스(500 MVA 기준)
- 1차 ~ 2차 : 10 [%]
- 1차 ~ 3차 : 78 [%]
- 2차 ~ 3차 : 67 [%]

[차단기]
- 362 [kV] GCB 25 [GVA] 4000 [A] ~ 2000 [A]
- 170 [kV] GCB 15 [GVA] 4000 [A] ~ 2000 [A]
- 25.8 [kV] VCB (   ) [MVA] 2500 [A] ~ 1200 [A]

[단로기]
- 362 [kV] DS 4000 [A] ~ 2000 [A]
- 170 [kV] DS 4000 [A] ~ 2000 [A]
- 25.8 [kV] DS 2500 [A] ~ 1200 [A]

[피뢰기]
- 288 [kV] LA 10 [kA]
- 144 [kV] LA 10 [kA]
- 21 [kV] LA 10 [kA]

[분로 리액터]
- 23 [kV] Sh.R 30 [MVar]

[주모선]
Al-Tube 200ø

(1) 도면의 345 [kV] 측 모선 방식은 어떤 모선 방식인가?
(2) 도면에서 ①번 기기의 설치 목적은 무엇인가?
(3) 도면에 주어진 제원을 참조하여 주변압기에 대한 등가 %임피던스(Z_H, Z_M, Z_L)를 구하고 ②번 23 [kV] VCB의 차단용량을 계산하시오. (단, 그림과 같은 임피던스 회로는 100 [MVA] 기준이다.)

〈 등가 회로 〉

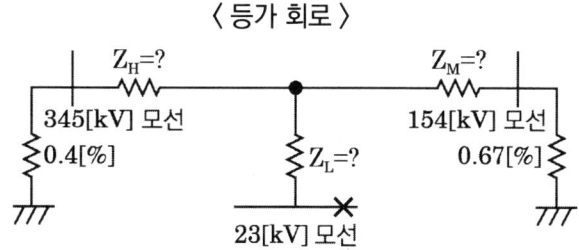

(4) 도면의 345 kV GCB에 내장된 BCT의 오차계급은 C800이다. 부담은 몇 [VA]인가?

(5) 도면의 ③번 차단기의 설치 목적을 설명하시오.

(6) 도면의 주변압기 1 Bank(단상×3대)을 증설하여 병렬 운전시키고자 한다. 이때 병렬운전 조건 4가지를 쓰시오.

정답

(1) 2중 모선방식의 1.5 차단방식

(2) 페란티 현상 방지

(3) ① 등가 %임피던스(500 [MVA] 기준)
- 1차 ~ 2차 : $Z_{HM} = 10$ [%]
- 2차 ~ 3차 : $Z_{ML} = 67$ [%]
- 3차 ~ 1차 : $Z_{LH} = 78$ [%]이므로

100[MVA] 기준으로 환산하면
- $Z_{HM} = \dfrac{100}{500} \times 10 = 2$ [%]
- $Z_{ML} = \dfrac{100}{500} \times 67 = 13.4$ [%]
- $Z_{LH} = \dfrac{100}{500} \times 78 = 15.6$ [%]

∴ 등가 임피던스
- $Z_H = \dfrac{1}{2}(Z_{HM} + Z_{LH} - Z_{ML}) = \dfrac{1}{2}(2 + 15.6 - 13.4) = 2.1$ [%]
- $Z_M = \dfrac{1}{2}(Z_{HM} + Z_{ML} - Z_{LH}) = \dfrac{1}{2}(2 + 13.4 - 15.6) = -0.1$ [%]
- $Z_L = \dfrac{1}{2}(Z_{LH} + Z_{ML} - Z_{HM}) = \dfrac{1}{2}(15.6 + 13.4 - 2) = 13.5$ [%]

② 23[kV] VCB 차단용량을 등가 회로로 그리면

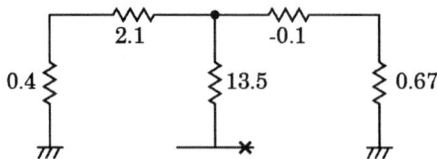

따라서, 등가회로를 알기 쉽게 다시 그리면 아래와 같이 된다.

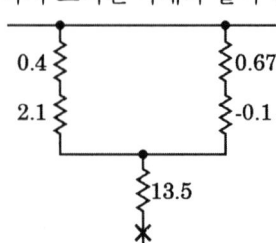

23[kV] VCB 설치점까지 전체 임피던스

$\%Z = 13.5 + \dfrac{(2.1 + 0.4)(-0.1 + 0.67)}{(2.1 + 0.4) + (-0.1 + 0.67)} = 13.96\,[\%]$

∴ 23[kV] VCB 단락용량 $P_s = \dfrac{100}{\%Z}P_n = \dfrac{100}{13.96} \times 100 = 716.33\,[\text{MVA}]$

답 716.33 [MVA]

(4) 오차 계급 $C800$에서 임피던스는 $8\,[\Omega]$이므로 부담 $I^2R = 5^2 \times 8 = 200\,[\text{VA}]$

(5) 모선절체 : 무정전으로 점검하기 위해

(6) ① 정격전압(전압비)이 같을 것 ② 극성이 같을 것
 ③ %임피던스가 같을 것 ④ 내부저항과 누설 리액턴스 비가 같을 것

10
5점

고압 동력 부하의 사용 전력량을 측정하려고 한다. CT 및 PT 취부 3상 적산 전력량계를 그림과 같이 오결선(1S와 1L 및 P1과 P3가 바뀜)하였을 경우 어느 기간 동안 사용 전력량이 3000 [kWh]였다면 그 기간 동안 실제 사용 전력량은 몇 [kWh]이겠는가? (단, 부하 역률은 0.80이라 한다)

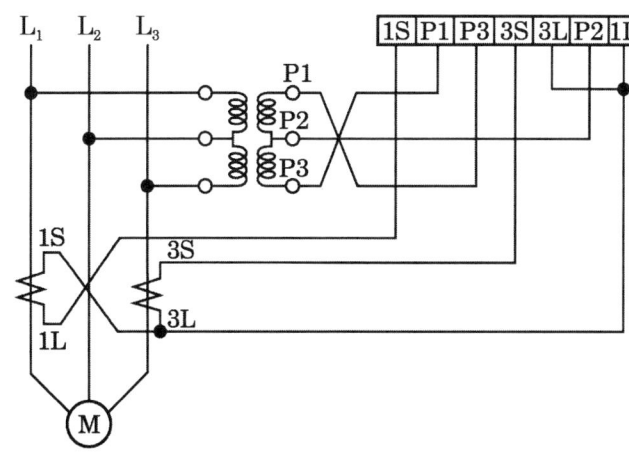

정답

- $W = W_1 + W_2 = 2VI\sin\theta$, $VI = \dfrac{W_1 + W_2}{2\sin\theta} = \dfrac{3000}{2 \times 0.6} = \dfrac{1500}{0.6}$

- 실제 사용 전력량 $\acute{W} = \sqrt{3} \times VI\cos\theta = \sqrt{3} \times \dfrac{1500}{0.6} \times 0.8 = 3464.1\,[\text{kWh}]$

답 3464.1 [kWh]

11

다음 각 물음에 답하시오.

(1) 묽은 황산의 농도는 표준이고, 액면이 저하하여 극판이 노출되어 있다. 어떤 조치를 하여야 하는가?

(2) 축전지의 과방전 및 방치상태, 가벼운 Sulfation(설페이션) 현상 등이 생겼을 때 기능 회복을 위해 실시하는 충전 방식은?

(3) 알칼리 축전지의 공칭전압은 몇 [V/cell]인가?

(4) 부하의 허용 최저전압이 115 [V]이고, 축전지와 부하 사이의 전압강하가 5 [V]일 경우 직렬로 접속한 축전지 개수가 55개라면 축전지 한 셀당 허용 최저 전압은 몇 [V]인가?

정답

(1) 증류수를 보충한다.

(2) 회복충전

(3) 1.2 [V/cell]

(4) $V_1 = \dfrac{V_a + V_c}{n} = \dfrac{115 + 5}{55} = 2.18$ [V] 답 2.18 [V]

12

지중선을 가공선과 비교하여 장단점을 각각 3가지만 쓰시오.

정답

- 장점
  ① 외부 기상 여건 등의 영향이 거의 없다.
  ② 지하 시설로 설비 보안 유지가 용이하다.
  ③ 설비의 단순 고도화로 보수 업무가 비교적 적다.

- 단점
  ① 고장점의 발견 및 복구가 어렵다.
  ② 발생열의 구조적 냉각장해로 가공전선에 비해 송전용량이 작다.
  ③ 설비 구성상 신규수용 대응 탄력성이 결여된다.

> **핵심이론**
>
> □ 지중전선로
>   (1) 장점
>   ① 외부 기상 여건 등의 영향이 거의 없다.
>   ② 지하 시설로 설비 보안 유지가 용이하다.
>   ③ 설비의 단순 고도화로 보수 업무가 비교적 적다.
>   ④ 차폐 케이블 사용으로 유도장해가 경감된다.
>   ⑤ 쾌적한 도심 환경 조성이 가능하다.
>   ⑥ 충전부 절연으로 안전성이 확보된다.
>   (2) 단점
>   ① 고장점의 발견 및 복구가 어렵다.
>   ② 발생열의 구조적 냉각장해로 가공전선에 비해 송전용량이 작다.
>   ③ 설비 구성상 신규수용 대응 탄력성이 결여된다.
>   ④ 외상사고, 접속개소 시공불량에 의한 영구사고가 발생할 수 있다.
>   ⑤ 건설기간이 길고, 건설비용이 고가이다.

13   6점

차도폭 20 [m], 등주 길이 10 [m] (pole)인 등을 대칭배열로 설계하고자 한다. 조도 22.5 [lx] 감광보상률 1.5, 조명률 0.5, 광속 20000 [lm], 250 [W]의 메탈할라이드등을 사용한다.

(1) 등주 간격을 구하시오.
(2) 운전자의 눈부심 방지를 위하여 컷오프(Cutoff) 조명일 때 최소 등 간격을 구하시오.
(3) 보수율을 구하시오.

정답

(1) 도로 양측 대칭배열 $S = \dfrac{AB}{2}$ [m²], $A = 20$, $F = 20000$, $U = 0.5$, $D = 1.5$

$B = \dfrac{FUN}{DEA} = \dfrac{20000 \times 0.5 \times 2}{1.5 \times 22.5 \times 20} = 29.63$ [m]

답 29.63 [m]

(2) $S \leq 3H = 3 \times 10 = 30$ [m]

답 30 [m] 이하

(3) 보수율 $= \dfrac{1}{\text{감광보상률}} = \dfrac{1}{1.5} = 0.67$

답 0.67

> **핵심이론**
>
> □ 광속의 결정
> $FUN = EAD$
>
> - E : 평균 조도
> - A : 실내의 면적
> - U : 조명률
> - D : 감광 보상율
> - N : 소요 등수
> - F : 1등당 광속
> - M : 보수율(감광 보상율의 역수)

14 5점

CT 비오차에 관하여 다음 물음에 답하시오.

(1) 비오차가 무엇인지 설명하시오.

(2) 비오차를 구하는 공식을 작성하시오. (단, 비오차 ε, 공칭 변류비 K_n, 측정변류비 K이다)

정답

(1) 공칭변류비와 측정변류비와의 차이를 측정변류비에 대한 백분율로 나타낸 것으로 변류비 오차를 나타낸다.

(2) $\epsilon = \dfrac{K_n - K}{K} \times 100$ [%]

15 4점

GPT의 변압비는 $\dfrac{3300}{\sqrt{3}} / \dfrac{110}{\sqrt{3}}$ 이다. 이때 영상전압을 구하시오.

정답

$V_0 = \dfrac{110}{\sqrt{3}} \times 3 = 110\sqrt{3} = 190.53$ [V]   **답** 190.53 [V]

2019년 제3회

01 · 4점

전압 1.0183 [V]를 측정하는데 측정값이 1.0092 [V]이었다. 이 경우의 다음 각 물음에 답하시오. (단, 소수점 이하 넷째 자리까지 구하시오)

(1) 오차
(2) 오차율
(3) 보정(값)
(4) 보정률

정답

(1) 오차 = 측정값 − 참값 = 1.0092 − 1.0183 = −0.0091 [V]   답 −0.0091 [V]

(2) 오차율 = $\dfrac{오차}{참값}$ = $\dfrac{-0.0091}{1.0183}$ = −0.0089   답 −0.0089

(3) 보정값 = 참값 − 측정값 = 1.0183 − 1.0092 = 0.0091 [V]   답 0.0091 [V]

(4) 보정률 = $\dfrac{보정값}{측정값}$ = $\dfrac{0.0091}{1.0092}$ = 0.0090   답 0.0090

02 · 5점

50 [kW], 30 [kW], 15 [kW], 25 [kW] 의 부하 설비에 수용률이 각각 50 [%], 65 [%], 75 [%], 60 [%]라고 할 경우 변압기 용량을 결정하시오. (단, 부등률은 1.2, 종합 부하 역률은 80 [%]로 한다)

변압기 표준용량 [kVA]	25, 30, 50, 75, 100, 150, 200

정답

$$P_a = \dfrac{50 \times 0.5 + 30 \times 0.65 + 15 \times 0.75 + 25 \times 0.6}{0.8 \times 1.2} = 73.7 \text{ [kVA]}$$

답 75 [kVA]

03

선로의 길이가 30 [km]인 3상 3선식 2회선 송전선로가 있다. 수전단에 30 [kV], 6000 [kW], 역률 0.8의 3상 부하에 공급할 경우 송전 손실을 10 % 이하로 하기 위해서는 전선의 굵기를 얼마로 하여야 하는가? 단, 전선의 굵기는 다음 표와 같으며 사용전선의 고유저항은 1/55 [Ω/mm² · m]로 한다.

전선 굵기 [mm²]	2.5, 4, 6, 10, 16, 25, 35, 70, 90

정답

- 1회선당 전류 $I = \dfrac{6000}{\sqrt{3} \times 30 \times 0.8} \times \dfrac{1}{2} = 72.17$ [A]

- 1회선당 전력손실 $P_l = 6000 \times 0.1 \times \dfrac{1}{2} = 300$ [kW]

- $P_l = 3I^2 R$, $R = \rho \dfrac{l}{A}$ 이므로 $P_l = 3I^2 R = 3I^2 R = 3I^2 \times \rho \dfrac{l}{A}$

- $A = 3I^2 \times \rho \dfrac{l}{P_l} = 3 \times 72.17^2 \times \dfrac{1}{55} \times \dfrac{30 \times 10^3}{300 \times 10^3} = 28.41$ [mm²]

답 35 [mm²]

04

단자전압 3000 [V]인 선로에 3000/210 [V]인 승압기 2대를 V결선하여 40 [kW], 역률 0.75인 3상 부하에 전력을 공급하는 경우 승압기 1대의 용량은 몇 [kVA]로 하여야 하는가?

정답

- 승압된 전압 $V_2 = V_1\left(1 + \dfrac{1}{a}\right) = 3000\left(1 + \dfrac{210}{3000}\right) = 3210$ [V]

- 부하전류 $I_2 = \dfrac{P}{\sqrt{3}\,V_2\cos\theta} = \dfrac{40 \times 10^3}{\sqrt{3} \times 3210 \times 0.75} = 9.59$ [A]

- 승압기 1대 용량 $P_a = eI_2 = 210 \times 9.59 \times 10^{-3} = 2.01$ [kVA]

답 2.01 [kVA]

05

다음 그림은 리액터 기동정지 조작회로의 미완성 도면이다. 이 도면에 대하여 다음 물음에 답하시오.

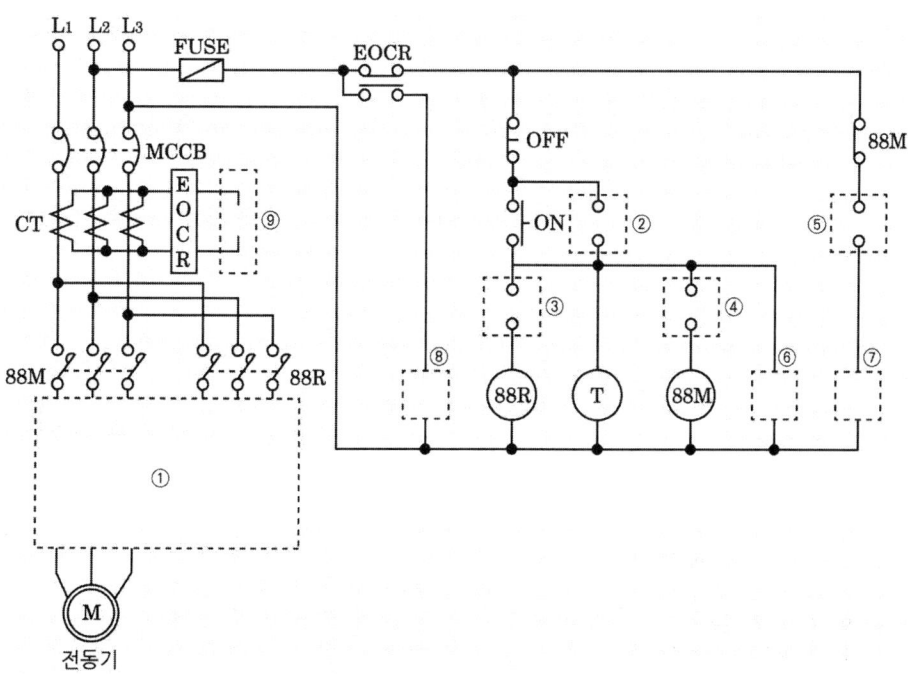

(1) ① 부분의 미완성 주회로를 회로도에 직접 그리시오.

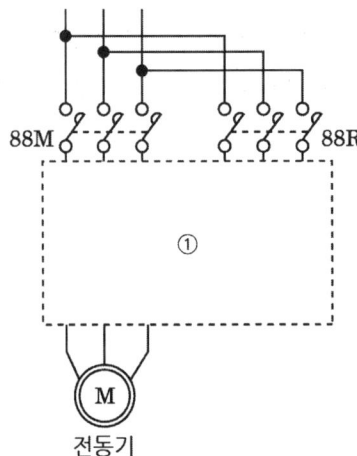

(2) 제어회로에서 ②, ③, ④, ⑤ 부분의 접점을 완성하고 그 기호를 쓰시오.

구분	②	③	④	⑤
접점 및 기호				

(3) ⑥, ⑦, ⑧, ⑨ 부분에 들어갈 Lamp와 계기의 그림기호를 그리시오.
(예 : Ⓖ 정지, Ⓡ 기동 및 운전, Ⓨ 과부하로 인한 정지)

구분	⑥	⑦	⑧	⑨
접점 및 기호				

(4) 직입기동 시 시동전류가 정격전류의 6배가 되는 전동기를 65 [%] 탭에서 리액터 기동한 경우 기동전류는 약 몇 배 정도가 되는지 계산하시오.

(5) 직입기동 시 시동토크가 정격토크의 2배였다고 하면 65 [%] 탭에서 리액터 기동한 경우 기동토크는 어떻게 되는지 설명하시오.

정답

(1)

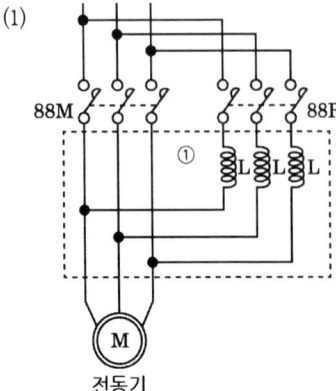

(1)
구분	②	③	④	⑤
접점 및 기호	T-a	88M	T-a	88R

(2)
구분	⑥	⑦	⑧	⑨
접점 및 기호	Ⓡ	Ⓖ	Ⓨ	Ⓐ

(4) 기동전류 $I_s \propto V_1$이고, 시동전류는 정격전류의 6배이므로 $I_s = 6I \times 0.65 = 3.9I$

답 3.9배

(5) 시동토크 $T_s \propto V_1^2$이고, 시동토크는 정격토크의 2배이므로 $T_s = 2T \times 0.65^2 = 0.85T$

답 0.85배

06

변압기 단락시험을 하고자 한다. 그림을 보고 다음 각 물음에 답하시오.

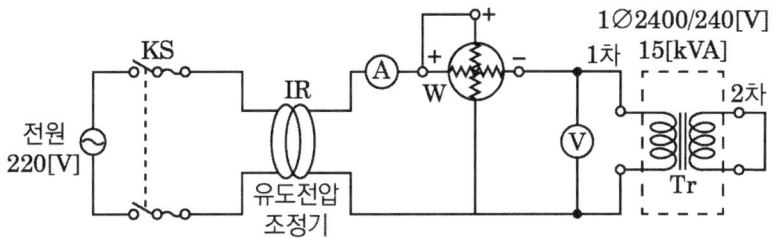

(1) KS를 투입하기 전에 유도 전압 조정기(IR) 핸들은 어디에 위치시켜야 하는가?

(2) 시험할 변압기를 사용할 수 있는 상태로 두고, 유도전압 조정기의 핸들을 서서히 돌려 전류계의 지시값이 (   )와 같게 될 때까지 전압을 가한다. 이때 어떤 전류가 전류계에 표시되는가?

(3) 유도전압조정기의 핸들을 서서히 돌려 전압을 인가하여 단락시험을 하였다. 이때 전압계의 지시값을 (   ) 전압, 전력계의 지시값을 (   ) 와트라 한다. (   )에 공통으로 들어갈 말은?

(4) %임피던스는 $\dfrac{\text{임피던스 전압}}{(\qquad)} \times 100 \, [\%]$이다. (   ) 안에 들어갈 말은?

정답

(1) 전압이 0 V가 되도록 위치시킨다. (2) 1차 정격전류 (3) 임피던스 (4) 1차 정격전압

07 (4점)

반사율 ρ, 투과율 τ, 반지름 r 인 완전 확산성 구형 글로브 중심의 광도 I의 점광원을 켰을 때, 광속발산도 R [rlx]의 계산식을 작성하시오.

정답

$$R = \frac{\tau I}{r^2(1-\rho)} \; [\text{rlx}]$$

08 (5점)

가스절연 변전소의 특징을 5가지만 설명하시오. (단, 경제적이거나 비용에 관한 답은 제외한다)

정답

① 소형화 할 수 있다.
② 충전부가 완전히 밀폐되어 안정성이 높다.
③ 소음이 적고 환경조화를 기할 수 있다.
④ 대기 중의 오염물의 영향을 받지 않으므로 신뢰도가 높다.
⑤ 조작 중 소음이 적고 라디오 방해전파를 줄여 공해문제를 해결해 준다.

핵심이론

▫ GIS(가스절연 개폐장치)
  (1) 장점
    ① 절연내력이 우수한 SF_6 가스로 설치면적이 줄어든다.
    ② 소음이 적다.
    ③ 충격 및 화재의 위험이 적다.
    ④ 주위 환경과 조화가 된다.
    ⑤ 설치공기가 단축된다.
    ⑥ 보수점검 주기가 길어진다.
  (2) 단점
    ① 내부를 직접 볼 수 없다.
    ② 내부점검이 곤란하다.
    ③ 가스압력과 수분 등을 감시해야 한다.
    ④ 기기가 고가이다.
    ⑤ 한랭지, 산악지방에서는 액화방지대책이 필요하다.

09

제3고조파의 유입으로 인한 사고를 방지하기 위하여 콘덴서 회로에 콘덴서 용량의 11 [%]인 직렬 리액터를 설치하였다. 이 경우에 콘덴서의 정격전류(정상 시 전류)가 10 [A]라면 콘덴서 투입 시의 전류는 몇 [A]가 되겠는가?

정답

■ 계산과정

직렬 리액터 설치할 경우 콘덴서 투입 시 과도 돌입전류

$$I_{c.\max} = \left(1 + \sqrt{\frac{X_C}{X_L}}\right) \times I_c = \left(1 + \sqrt{\frac{X_C}{0.11 X_C}}\right) \times 10 = 40.15 \text{ [A]}$$

답 40.15 [A]

10

피뢰기 접지공사를 실시한 후, 접지저항을 보조 접지 2개(A와 B)를 시설하여 측정하였더니 주접지와 A 사이의 저항은 86 [Ω], A와 B 사이의 저항은 156 [Ω], B와 주접지 사이의 저항은 80 [Ω] 이었다. 피뢰기의 접지 저항값을 구하시오.

정답

■ 계산과정

$$R_0 = \frac{1}{2}(86 + 80 - 156) = 5 \text{ [Ω]}$$

답 5 [Ω]

11

역률이 0.6인 30 [kW] 전동기 부하와 24 [kW]의 전열기 부하에 전원을 공급하는 변압기가 있다. 이때 변압기 용량을 구하시오.

단상 변압기 표준용량 [kVA]	1, 2, 3, 5, 7.5, 10, 15, 20, 30, 50, 75, 100, 150, 200

> 정답

- 전동기의 유효전력 30 [kW]

- 전동기의 무효전력 $30 \times \dfrac{0.8}{0.6} = 40$ [kVar]

- 전열기의 유효전력 24 [kW]

- 부하 피상전력 $P_a = \sqrt{(30+24)^2 + 40^2} = 67.2$ [kVA]

답 75 [kVA]

12

다음 PLC 프로그램을 보고 다음 물음에 답하시오.

Step	명령어	번지
0	LOAD	P000
1	OR	P010
2	AND NOT	P001
3	AND NOT	P002
4	OUT	P010

(1) PLC 래더 다이어그램을 그리시오.
(2) 논리회로를 그리시오.

> 정답

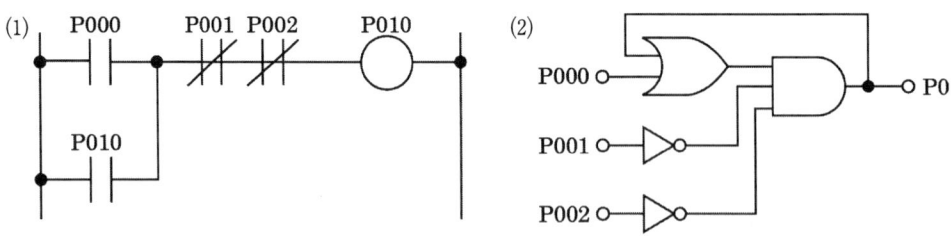

13

시설장소별 적용할 피뢰기의 공칭방전전류를 쓰시오.

공칭방전전류	적용 조건
①	• 154 [kV] 이상의 계통 • 66 [kV] 및 그 이하의 계통에서 Bank 용량이 3000 [kVA]를 초과하거나 특히 중요한 곳 • 장거리 송전케이블(배전선로 인출용 단거리 케이블은 제외) 및 정전축전기 Bank를 개폐하는 곳 • 배전선로 인출 측(배전 간선 인출용 장거리 케이블은 제외)
②	• 66 [kV] 및 그 이하의 계통에서 Bank 용량이 3000 [kVA] 이하인 곳
③	• 배전선로

정답

① 10,000 [A] ② 5000 [A] ③ 2500 [A]

14

주어진 조건을 참조하여 다음 각 물음에 답하시오.

[조건]
차단기 명판(Name plate)에 BIL 150 [kV], 정격차단전류 20 [kA], 차단시간 5사이클, 솔레노이드(Solenoid)형 이라고 기재 되어 있다. 단, BIL은 절연계급 20호 이상의 비유효 접지계에서 계산하는 것으로 한다.

(1) BIL이란 무엇인가?
(2) 이 차단기의 정격전압은 몇 [kV]인가?
(3) 이 차단기의 정격 차단용량은 몇 [MVA]인가?

정답

(1) 기준충격절연강도

(2) $BIL = 절연계급 \times 5 + 50$ [kV]

• 절연계급 $= \dfrac{BIL - 50}{5} = \dfrac{150 - 50}{5} = 20$ [kV]

• 공칭전압 $=$ 절연계급 $\times 1.1 = 20 \times 1.1 = 22$ [kV]

- 정격전압 = 공칭전압 × $\dfrac{1.2}{1.1}$ = 22 × $\dfrac{1.2}{1.1}$ = 24 [kV]

답 24 [kV]

(3) 차단용량 $P_s = \sqrt{3}\, V_n I_s = \sqrt{3} \times 24 \times 20 = 831.38$ [MVA]

답 831.38 [MVA]

핵심이론

□ 용량 선정 계산
- $P = \sqrt{3}$ × 정격전압 × 정격차단전류
- 정격전압 = 공칭전압(수전전압) × $\dfrac{1.2}{1.1}$

15
6점

우리나라에서 송전계통에 사용하는 차단기의 정격전압과 정격차단시간을 나타낸 표이다. 다음 빈칸을 채우시오. (단, 사이클은 60[Hz] 기준이다)

공칭전압 [kV]	22.9	154	345
정격전압 [kV]	①	②	③
정격차단시간 [c/s] (Cycle은 60 HZ 기준)	④	⑤	⑥

정답

① 25.8 ② 170 ③ 362 ④ 5 ⑤ 3 ⑥ 3

16

그림은 고압 전동기 100 HP 미만을 사용하는 고압 수전설비 결선도이다. 이 그림을 보고 다음 각 물음에 답하시오.

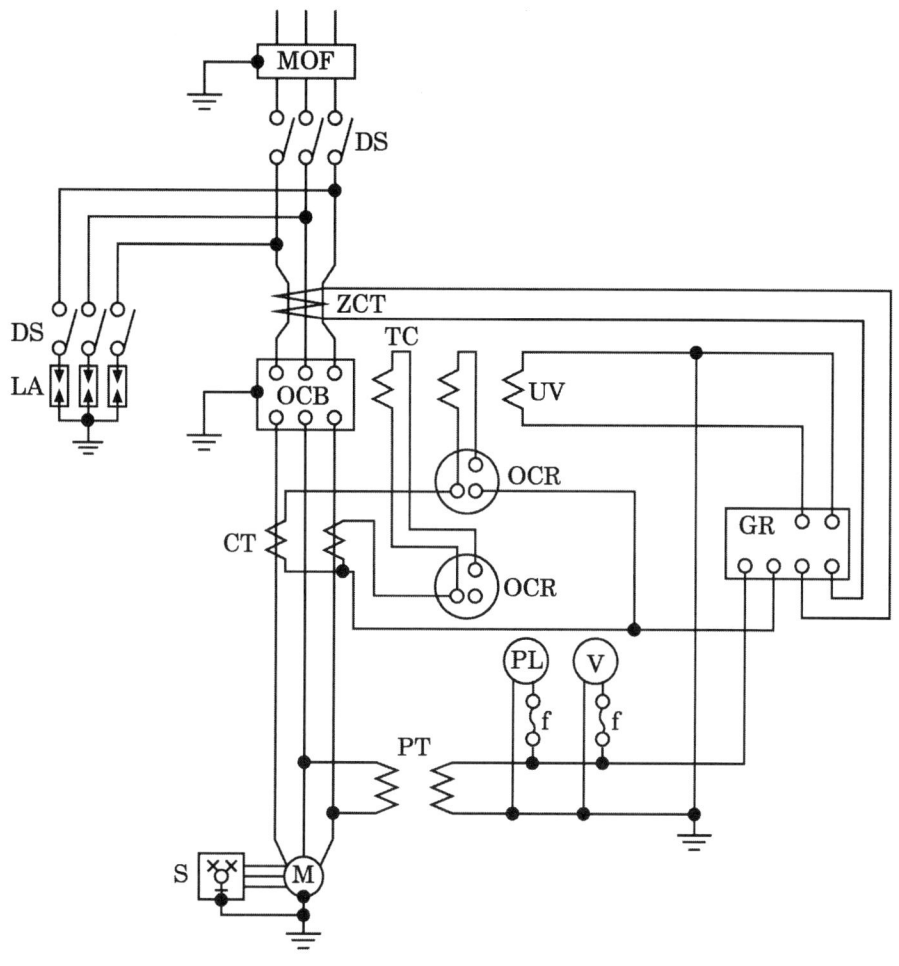

(1) 계전기용 변류기는 차단기의 전원 측에 설치하는 것이 바람직하다. 무슨 이유에서인가?
(2) 본 도면에서 생략할 수 있는 부분은?
(3) 진상 콘덴서에 연결하는 방전코일의 목적은?
(4) 도면에서 다음의 명칭은?
 • ZCT
 • TC

정답

(1) 보호 범위를 넓히기 위하여
(2) LA용 DS
(3) 콘덴서에 축적된 잔류전하 방전
(4) • ZCT : 영상변류기 • TC : 트립코일

01

전력시설물 공사감리업무 수행지침에서 정하는 전기공사업자가 해당 공사현장에서 공사업무 수행 상 비치하고 기록·보관하여야 하는 서식을 5가지만 쓰시오.

정답

① 하도급 현황
② 주요인력 및 장비투입 현황
③ 작업계획서
④ 기자재 공급원 승인현황
⑤ 주간공정계획 및 실적보고서

핵심이론

□ 일반 행정업무(전력시설물 공사감리업무 수행지침 제16조)
공사업자는 다음 각 호의 서식 중 해당 공사현장에서 공사업무 수행 상 필요한 서식을 비치하고 기록·보관하여야 한다.
① 하도급 현황
② 주요인력 및 장비투입 현황
③ 작업계획서
④ 기자재 공급원 승인현황
⑤ 주간공정계획 및 실적보고서
⑥ 안전관리비 사용실적 현황
⑦ 각종 측정 기록표

02

건축전기설비에서 전력설비의 간선을 설계하고자 한다. 간선 설계 시 고려할 사항 5가지를 쓰시오.

정답

① 점검구에 대한 사항
② 부하의 산정, 사용 상태 및 수용률
③ 장래 증설의 유무와 이것에 대한 배려의 필요성
④ 간선 방식에 대한 결정
⑤ 전기, 배선방식

> 핵심이론

□ 간선 설계 시 고려사항

(1) 시공주와의 협의사항
  ① 전기방식, 배선방식
  ② 공장의 경우 부하의 사용상태나 수용률
  ③ 장래 증설의 유무와 이것에 대한 배려의 필요성

(2) 건축 설계자와의 협의사항
  ① 간선 경로에 대한 위치와 넓이
  ② 점검구에 대한 사항
  ③ 수평, 수직 간선의 경로상의 관통부

(3) 설비설계자와의 사전 협의
  ① 설비동력의 전기방식, 용량, 운전시간
  ② 동력제어방식, 제어반의 위치
  ③ 전기 간선이 설비의 배관 및 덕트와 동일한 샤프트 내에 함께 설치되는 경우에 위치 및 점검구에 대한 사항

03

가공선로를 통하여 송전하는 경우 이상전압 발생을 방지하기 위한 방법 3가지를 쓰시오.

> 정답

① 피뢰기 설치에 의한 기기 보호
② 가공지선에 의한 뇌차폐
③ 매설지선에 의한 철탑 접지저항 저감

04

고장전류가 10000 [A], 전류 통전시간 0.5 [sec], 접지선의 허용온도 상승이 1,000 [℃]일 때, 접지선의 공칭단면적 [mm²]을 구하시오. (단, 공칭단면적은 6, 10, 16, 25, 35, 50 [mm²])

정답

- 온도상승 $\theta = 0.008 \left(\dfrac{I}{A}\right)^2 t$ [℃]

- 접지선 단면적 $A = \sqrt{\dfrac{0.008\,t}{\theta}} \times I = \sqrt{\dfrac{0.008 \times 0.5}{1000}} \times 10000 = 20$ [mm²]

　　　　　　　　　　　　　　　　　　　　　　　답 표준규격 25 [mm²] 선정

05

수전 전압 6600 [V], 가공 전선로의 %임피던스가 58.5 [%]일 때 수전점의 3상 단락 전류가 8000 [A]인 경우 기준용량과 수전용 차단기의 차단용량은 얼마인가?

〈 차단기의 정격 용량 [MVA] 〉

10	20	30	50	75	100	150	250	300	400	500

(1) 기준용량
(2) 차단용량

정답

(1) 기준용량

- 단락전류 $I_s = \dfrac{100}{\%Z} I_n$ 에서

- 정격전류 $I_n = \dfrac{\%Z}{100} I_s = \dfrac{58.5}{100} \times 8000 = 4{,}680$ [A]

- 기준용량 $P_n = \sqrt{3}\,VI_n = \sqrt{3} \times 6600 \times 4680 \times 10^{-6} = 53.5$ [MVA]

　　　　　　　　　　　　　　　　　　　　　　　답 53.5 [MVA]

(2) 차단용량
　단락전류가 8 [kA]이므로 정격차단전류 8 [kA] 선정
　$P_s = \sqrt{3}\,V_n I_s = \sqrt{3} \times 7.2 \times 8 = 99.77$ [MVA]　　　**답** 표에서 100 [MVA] 선정

> **핵심이론**
>
> □ 단락전류
> - 기준용량 $P_n = \sqrt{3} \times$ 공칭전압 $\times$ 정격전류
> - 단락용량 $P_n = \sqrt{3} \times$ 공칭전압 $\times$ 단락전류
> - 차단용량 $P_n = \sqrt{3} \times$ 정격전압 $\times$ 단락전류

06

전력퓨즈의 역할은 무엇인지 간단히 쓰시오.

정답

① 부하전류를 안전하게 통전한다.

② 일정치 이상의 과전류는 차단하여 전로나 기기를 보호한다.

③ 단락전류 차단을 목적으로 한다.

07

1차 정격전압이 6600 [V], 권수비가 30인 변압기가 있다. 다음 물음에 답하시오.

〈 변압기 표준용량 〉

변압기 표준용량 [kVA]	10, 15, 20, 30, 50, 75, 100, 150, 200, 300, 500, 750, 1000

(1) 2차 정격전압 [V]을 구하시오.
(2) 용량 50 [kW] 역률 0.8 부하를 2차에 접속할 경우 1차 전류 및 2차 전류를 구하시오.
(3) 1차 측 정격용량 [kVA]를 구하시오

정답

(1) 2차 정격전압 $V_2 = \dfrac{V_1}{a} = \dfrac{6600}{30} = 220$ [V]

답 220 [V]

(2) ① 1차 전류 : $I_1 = \dfrac{P}{V_1 \cos\theta} = \dfrac{50 \times 10^3}{6600 \times 0.8} = 9.47$ [A] 답 9.47 [A]

② 2차 전류 : $I_2 = \dfrac{P}{V_2 \cos\theta} = \dfrac{50 \times 10^3}{220 \times 0.8} = 284.09$ [A] 답 284.09 [A]

(3) $P = V_1 I_1 = 6600 \times 9.47 \times 10^{-3} = 62.5$ [kVA] 답 표준규격 75 [kVA] 선정

08

이 수용가의 부하는 역률 1.0의 부하 50[kW]와 역률 0.8(지상)의 부하 100 [kW]이다. 이 부하에 공급하는 변압기에 대해서 다음 물음에 답하시오.

(1) △결선하였을 경우 필요한 1대당 최저 용량 [kVA]을 선정하시오.

〈 변압기 표준용량 〉

변압기 표준용량[kVA]	10, 15, 20, 30, 50, 75, 100, 150, 200, 300, 500, 750, 1000

(2) 운전 중 1대가 고장인 경우 V결선하여 운전한다면 이때의 과부하율을 구하시오.

(3) △결선 시의 동손을 $W_\triangle$, V결선 시의 동손을 W_V라 했을 때 $\dfrac{W_\triangle}{W_V}$를 구하시오. (단, 변압기는 단상 변압기를 사용하고, 부하는 변압기 V결선 시 과부하 시키지 않는 것으로 한다)

정답

(1) • 유효전력 $P = 50 + 100 = 150$ [kW]

• 무효전력 $Q = 0 + 100 \times \dfrac{0.6}{0.8} = 75$ [kVar]

• 피상전력 $P_a = \sqrt{150^2 + 75^2} = 167.71$ [kVA]

• △결선 시 변압기 1대용량 $P_1 = \dfrac{P_\triangle}{3} = \dfrac{167.71}{3} = 55.90$ [kVA]

답 표준규격 75 [kVA] 선정

(2) • 부하용량 $P_V = \sqrt{3}\, P_1 = 167.71$ [kVA]

• 변압기 1대 부담용량 $P_1 = \dfrac{167.71}{\sqrt{3}} = 96.83$ [kVA]

• 과부하율 $= \dfrac{96.83}{75} \times 100 = 129.11$ [%]

답 129.11 [%]

(3) ① V결선 시 과부하 되지 않는 부하용량 $P_V = \sqrt{3}\,P_1$

② △결선 시 부하율 $m = \dfrac{P_V}{P_\triangle} = \dfrac{\sqrt{3}\,P_1}{3P_1} = \dfrac{1}{\sqrt{3}}$

③ 단상변압기 1대 전부하동손을 1[W]라 가정한다면,

- △결선 동손 : $P_{c\triangle} = m^2 P_c \times 3$대 $= \left(\dfrac{1}{\sqrt{3}}\right)^2 \times 1 \times 3 = 1$ [W]

- V결선 동손 : $P_{cV} = m^2 P_c \times 2$대 $= 1^2 \times 1 \times 2 = 2$ [W]

④ 동손비율 $\dfrac{W_\triangle}{W_V} \times 100 = \dfrac{1}{2} \times 100 = 50$ [%]

답 50 [%]

09

답안지 그림은 옥내 배선도의 일부를 표시한 것이다. ㉠, ㉡전등은 A스위치로 ㉢, ㉣전등은 B 스위치로 점멸되도록 설계하고자 한다. 각 배선에 필요한 최소 전선 가닥 수를 표시하시오.

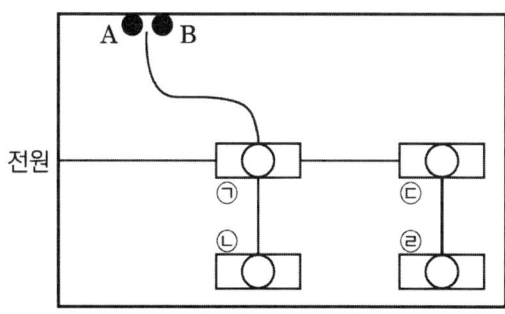

정답

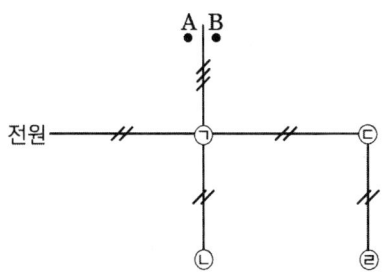

> **핵심이론**
>
> □ 배선 실체도

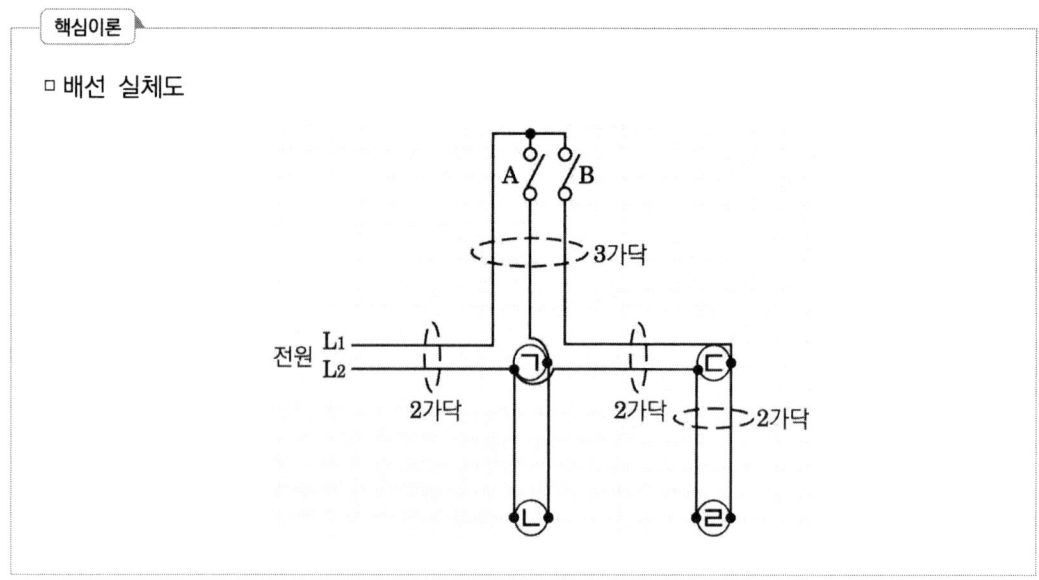

10

그림과 같은 단상 3선식 배전선의 a, b, c 각 선간에 부하가 접속되어 있다. 전선의 저항은 3선이 같고, 각각 0.06 [Ω]이라고 한다. ab, bc, ca 간의 전압을 구하시오. (단, 부하의 역률은 변압기의 2차 전압에 대한 것으로 하고, 또 선로의 리액턴스는 무시한다.)

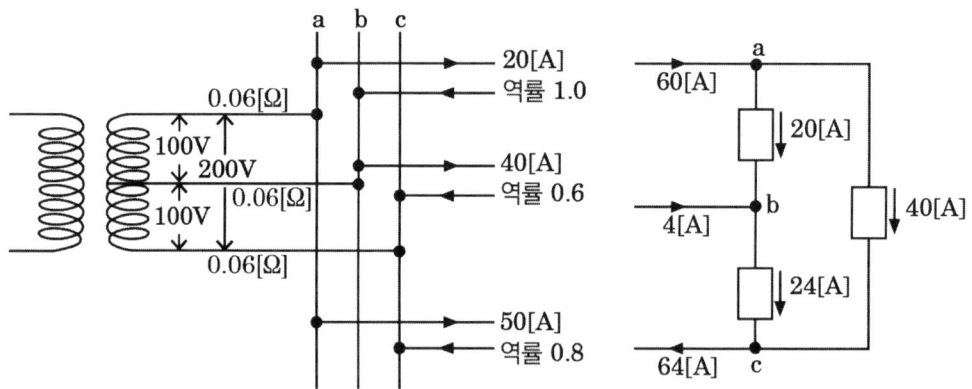

> **정답**

- $V_{ab} = 100 - (60 \times 0.06 - 4 \times 0.06) = 96.64$ [V]

- $V_{bc} = 100 - (4 \times 0.06 + 64 \times 0.06) = 95.92$ [V]

- $V_{ca} = 200 - (60 \times 0.06 + 64 \times 0.06) = 192.56$ [V]

답 V_{ab} = 96.64 [V], V_{bc} = 95.92 [V], V_{ca} = 192.56 [V]

11

단상 3선식 110/220[V]을 채용하고 있는 어떤 건물이 있다. 변압기가 설치된 수전실로부터 50 [m] 되는 곳에 부하집계표와 같은 분전반을 시설하고자 한다. 다음 조건과 전선의 허용전류표를 이용하여 다음 각 물음에 답하시오.

[조건]
- 전압변동률은 2 [%] 이하가 되도록 한다.
- 전압강하율은 2 [%] 이하가 되도록 한다.
- 후강 전선관 공사로 한다.
- 3선 모두 같은 선으로 한다.
- 부하의 수용률은 100 [%]로 적용한다.
- 후강 전선관 내 전선의 점유율은 48 [%] 이내를 유지한다.

[표1] 전선의 허용전류표

단면적 [mm^2]	허용전류 [A]	전선관 1본 이하 수용 시 [A]	피복 포함 단면적 [mm^2]
6	54	48	32
10	75	66	43
16	100	88	58
25	133	117	88
35	164	144	104
50	198	175	163

[표2] 부하 집계표

회로 번호	부하 명칭	부하 [VA]	부하분담 [VA] A	부하분담 [VA] B	MCCB 크기 극수	MCCB 크기 AF	MCCB 크기 AT	비고
1	전등	2,400	1,200	1,200	2	50	15	
2	전등	1,400	700	700	2	50	15	
3	콘센트	1,000	1,000	-	1	50	20	
4	콘센트	1,400	1,400	-	1	50	20	
5	콘센트	600	-	600	1	50	20	
6	콘센트	1,000	-	1,000	1	50	20	
7	팬코일	700	700	-	1	30	15	
8	팬코일	700	-	700	1	30	15	
합계		9,200	5,000	4,200				

(1) 간선의 공칭단면적[mm²]을 선정하시오.

(2) 후강 전선관의 굵기[mm]를 선정하시오.

(3) 간선 보호용 과전류 차단기의 용량(AF, AT)을 선정하시오. (단, AF의 규격은 30, 50, 60, 100, AT의 규격은 5, 10, 15, 20, 30, 40, 50, 60, 75, 100 중에 선정한다)

(4) 분전반의 복선 결선도를 완성하시오.

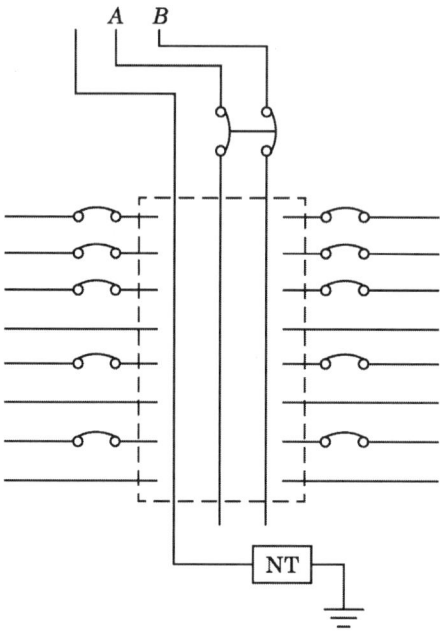

(5) 설비 불평형률은 몇 [%]인지 구하시오.

정답

(1) A선의 전류 $I_A = \dfrac{5000}{110} = 45.45$ [A]

　　B선의 전류 $I_B = \dfrac{4200}{110} = 38.18$ [A]

　　I_A, I_B 중 큰 값인 45.45 [A]를 기준으로 전선의 굵기를 선정한다.

　　$\therefore A = \dfrac{17.8LI}{1000e} = \dfrac{17.8 \times 50 \times 45.45}{1000 \times 110 \times 0.02} = 18.39$ [mm²]

답 25[mm²]

(2) [표1]에서 25 [mm²] 전선의 피복 포함 단면적이 88 [mm²]이므로

　　전선의 총 단면적 $A = 88 \times 3 = 264$ [mm²]

　　문제의 조건에서 후강전선관 내단면적의 48 [%]를 유지한다 하였으므로

　　$A = \dfrac{1}{4}\pi d^2 \times 0.48 \geq 264$

$$\therefore d = \sqrt{\frac{264 \times 4}{0.48 \times \pi}} = 26.46 \, [\text{mm}]$$

답 28 [mm] 후강전선관

(3) AF : 100 [A], AT : 100 [A]

(4)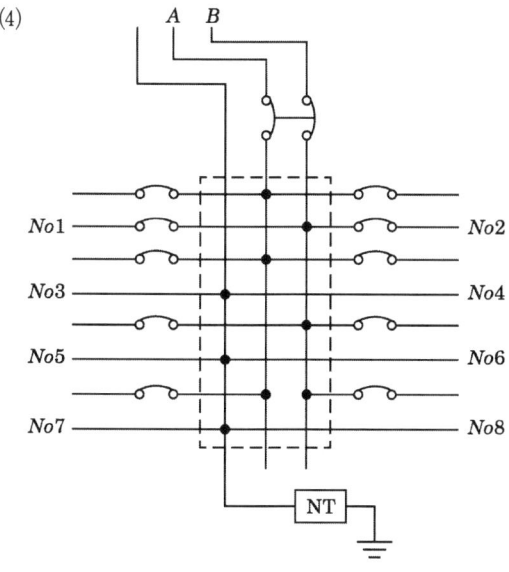

(5) 설비 불평형률 $= \dfrac{3100 - 2300}{\dfrac{1}{2}(5000 + 4200)} \times 100 = 17.39 \, [\%]$

답 17.39 [%]

12

CT 및 PT에 대한 다음 각 물음에 답하시오.

(1) CT는 운전 중에 개방하여서는 아니 된다. 그 이유는?

(2) PT의 2차 측 정격 전압과 CT의 2차 측 정격전류는 일반적으로 얼마로 하는가?

(3) 3상 간선의 전압 및 전류를 측정하기 위하여 PT와 CT를 설치할 때, 다음 그림의 결선도를 답안지에 완성하시오. 퓨즈와 접지가 필요한 곳에는 표시를 하시오.
   퓨즈는 ▱, PT는 ⊰⊱, CT는 ⊱로 표현하시오.

> 정답

(1) 변류기 1차 측 부하전류가 모두 여자전류가 되어 변류기 2차 측에 고전압을 유기하여 변류기의 절연을 파괴할 수 있다.

(2) • PT의 2차 정격 전압 : 110[V]
 • CT의 2차 정격 전류 : 5[A]

(3)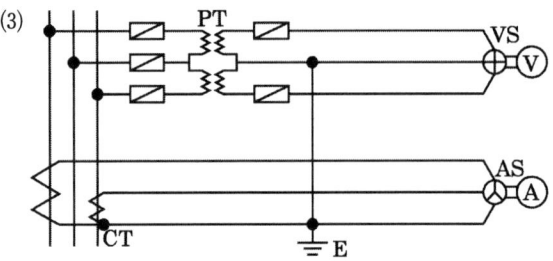

13

그림과 같은 22.9 [kV-Y] 간이 수전 설비에 대한 결선도를 보고 다음 각 물음에 답하시오.

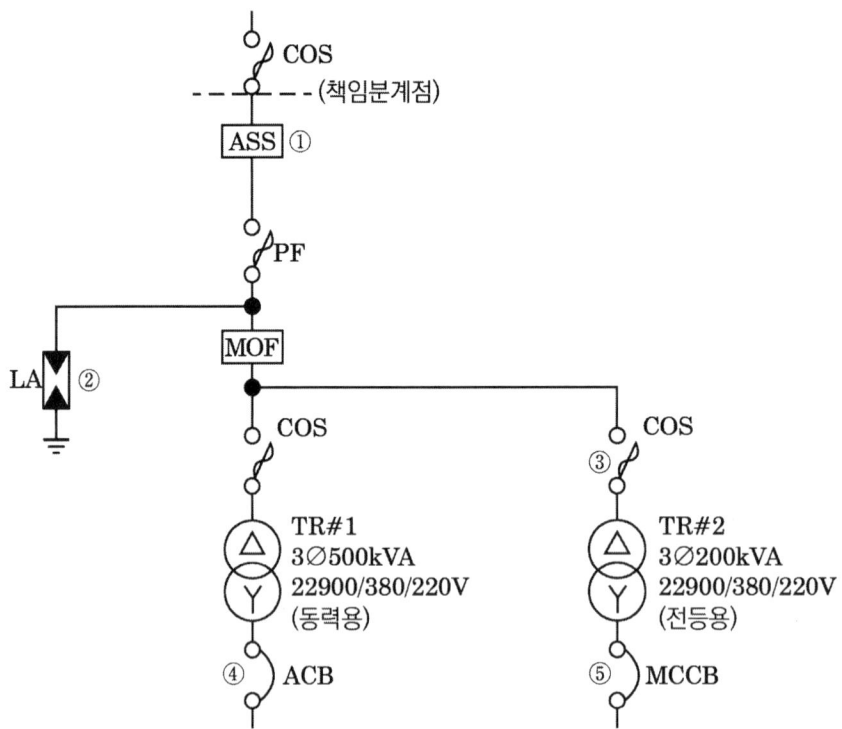

(1) 수변전실의 형태 Cubicle Type으로 할 경우 고압반(HV : High voltage) 4면과 저압반(LV : Low voltage)은 2개의 면으로 구성되어 있다. 수용되는 수배전반과 기기의 명칭을 쓰시오.

(2) 도면에 표시된 ①, ②, ③ 기기의 최대설계전압과 정격전류를 쓰시오.
(3) ④, ⑤ 차단기의 용량(AF, AT)은 어느 것을 선정하면 되겠는가?

> 정답

(1) • 고압반 4면 : 전력퓨즈, 피뢰기, 전력 수급용 계기용 변성기, 컷아웃 스위치, 동력용 변압기, 전등용 변압기,
  • 저압반 2면 : 기중 차단기, 배선용 차단기

(2) ① ASS • 설계최대전압 : 25.8 [kV] • 정격전류 : 200 [A]
  ② LA • 설계최대전압 : 18 [kV]   • 정격전류 : 2,500 [A]
  ③ COS • 설계최대전압 : 25 [kV]   • 정격전류 : 100 [AF], 8 [A]

(3) ④ $I_1 = \dfrac{500 \times 10^3}{\sqrt{3} \times 380} = 759.67$ [A]

　　　　　　　　　　　　　　　　　답 AF : 800 [A], AT : 800 [A]

⑤ $I_2 = \dfrac{200 \times 10^3}{\sqrt{3} \times 380} = 303.87$ [A]

　　　　　　　　　　　　　　　　　답 AF : 400 [A], AT : 350 [A]

> 핵심이론

□ 배선용 차단기(MCCB)

Frame	100			225			400		
기본형식	A11	A12	A13	A21	A22	A23	A31	A32	A33
극 수	2	3	4	2	3	4	2	3	4
정격전류 [A]	60, 75, 100			125, 150, 175, 200, 225			250, 300, 350, 400		

□ 기중 차단기(ACB)

TYPE	G1	G2	G3	G4
정격전류 [A]	600	800	1000	1250
정격절연전압 [V]	1000	1000	1000	1000
정격사용전압 [V]	660	660	660	660
극 수	3, 4	3, 4	3, 4	3, 4
과전류 Trip 장치의 정격전류 [A]	200, 400, 630	400, 630, 800	630, 800, 1000	800, 1000, 1250

14

그림은 PB-ON 스위치를 ON한 후 일정 시간이 지난 다음에 MC가 동작하여 전동기 M이 운전되는 회로이다. 여기에 사용한 타이머 ⓣ는 입력신호를 소멸했을 때 열려서 이탈되는 형식인데 전동기가 회전하면 릴레이 ⓧ가 복구되어 타이머에 입력 신호가 소멸되고 전동기는 계속 회전할 수 있도록 할 때 이 회로는 어떻게 고쳐야 하는가?

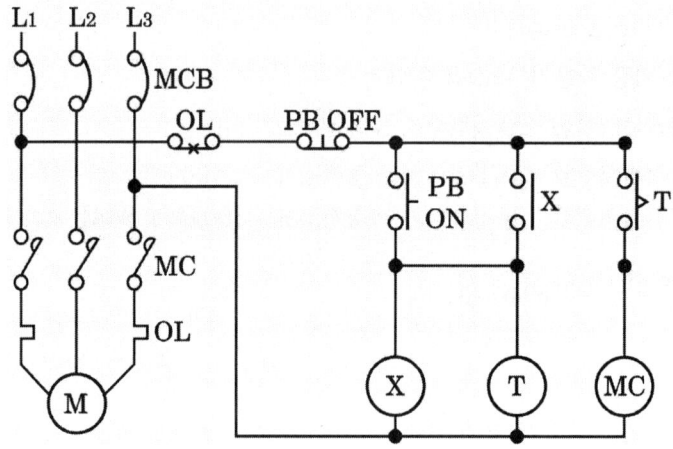

정답

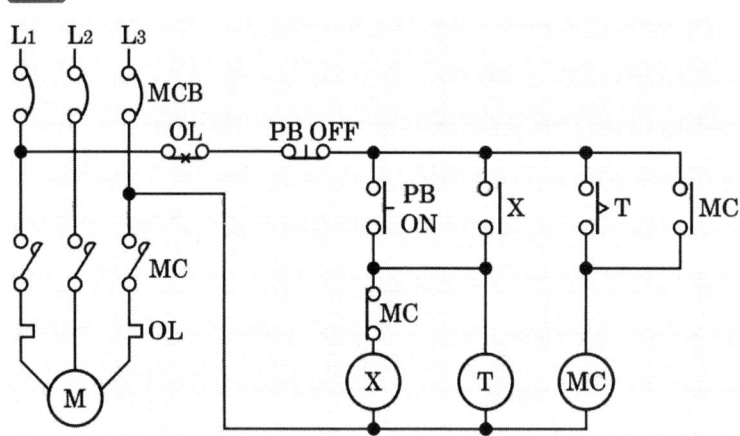

15

다음 그림과 같은 유접점식 시퀀스 회로를 무접점 시퀀스 회로로 바꾸어 그리시오.

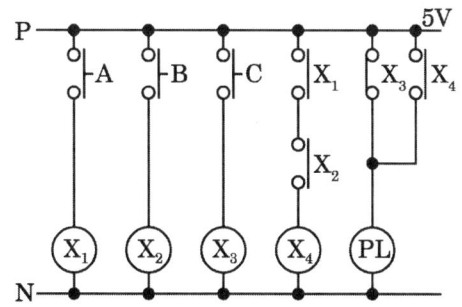

정답

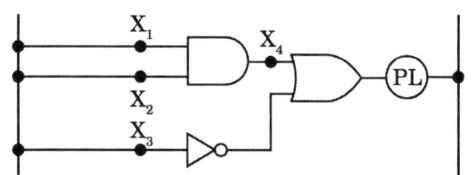

16

다음 그림은 TN계통의 TN-C-S 방식의 저압배전선로의 접지계통이다. 결선도를 완성하시오.
(단, 중성선은 ─╱•─, 보호선은 ─╱─, 보호선과 중성선을 겸한 선 ─╱•─로 표시한다)

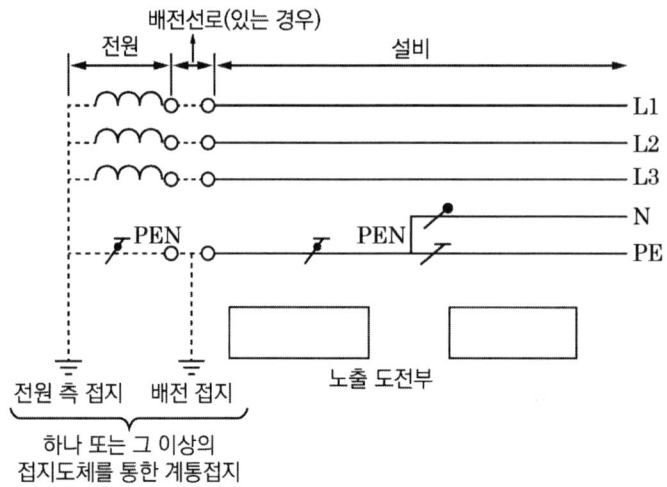

정답

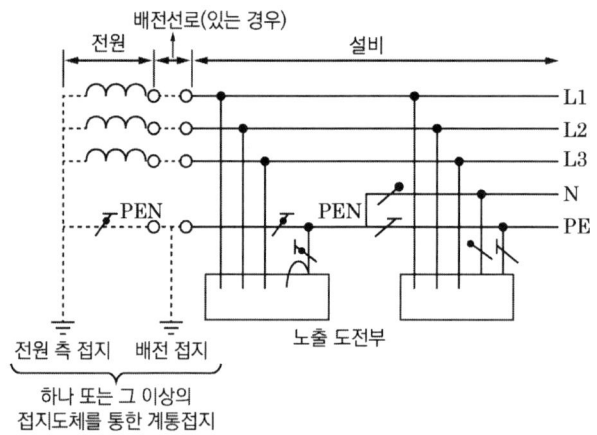

〈설비의 어느 곳에서 PEN이 PE와 N으로 분리된 3상 4선식 TN-C-S 계통〉

핵심이론

□ 기호 설명

기호	설명
─╱•─	중성선(N)
─╱─	보호선(PE)
─╱•─	보호선과 중성선 결합(PEN)

□ TN-C-S 계통 : 계통 일부의 중성선과 보호선을 동일 전선으로 사용한다.

01

어느 건물의 부하는 하루에 240 [kW]로 5시간, 100 [kW]로 8시간, 75 [kW]로 나머지 시간을 사용한다. 이에 따른 수전설비를 450 [kVA]로 하였을 때에 부하의 평균 역률이 0.8이라면 이 건물의 수용률과 일 부하율은?

(1) 수용률
(2) 부하율

정답

(1) 수용률 $= \dfrac{\text{최대수용전력}}{\text{설비용량}} \times 100 = \dfrac{240}{450 \times 0.8} \times 100 = 66.67 \,[\%]$

답 66.67 [%]

(2) 부하율 $= \dfrac{\text{평균전력}}{\text{최대수용전력}} \times 100 = \dfrac{240 \times 5 + 100 \times 8 + 75 \times 11}{240 \times 24} \times 100 = 49.05 \,[\%]$

답 49.05 [%]

핵심이론

□ 변압기와 부하

(1) 수용률
 ① 수용설비가 동시에 사용되는 정도
 ② 수용률 $= \dfrac{\text{최대수용전력 [kW]}}{\text{총 부하설비용량 [kW]}} \times 100 \,[\%]$

(2) 부등률
 ① 전력소비기기를 동시에 사용하는 정도
 ② 부등률 $= \dfrac{\text{수용설비 각각의 최대수용전력의 합 [kW]}}{\text{합성 최대수용전력 [kW]}} \geq 1$
 ③ 합성최대전력 $= \dfrac{\text{설비용량} \times \text{수용률}}{\text{부등률}}$

(3) 부하율
 ① 공급 설비가 어느 정도 유효하게 사용되는가를 나타냄
 ② 부하율이 클수록 공급설비가 유효하게 사용
 ③ 부하율 $= \dfrac{\text{평균수용전력 [kW]}}{\text{합성 최대수용전력 [kW]}} \times 100 \,[\%]$

02

55 [mm²](0.3195 [Ω/km]), 전장 3.6 [km]인 3심 전력 케이블 어떤 중간지점에서 1선 지락사고가 발생하여 전기적 사고점 탐지법의 하나인 머레이 루프법으로 측정한 경로가 그림과 같은 상태에서 평형이 되었다고 한다. 측정점에서 사고지점까지의 거리를 구하시오.

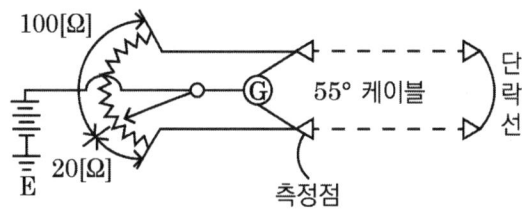

정답

■ 계산과정
고장점까지의 거리를 x, 전장을 L [km]라 하고 휘스톤 브리지의 원리를 이용하면

$$20 \times (2L - x) = 100x \Rightarrow \therefore x = \frac{40L}{120} = \frac{40 \times 3.6}{120} = 1.2 \text{ [km]}$$

답 1.2[km]

03

다음 각상의 불평형 전압이 $V_a = 7.3 \angle 12.5°$[V], $V_b = 0.4 \angle -100°$[V], $V_c = 4.4 \angle 154°$[V]인 경우 대칭분 V_0, V_1, V_2를 구하시오.

(1) V_0

(2) V_1

(3) V_2

정답

(1) 영상전압 $V_0 = \frac{1}{3}(\dot{V}_a + \dot{V}_b + \dot{V}_c)$

$$V_0 = \frac{1}{3}(7.3 \angle 12.5° + 0.4 \angle -100° + 4.4 \angle 154°) = 1.03 + j1.04 = 1.47 \angle 45.28° \text{ [V]}$$

답 $1.47 \angle 45.28°$ [V]

(2) 정상전압 $V_1 = \dfrac{1}{3}(\dot{V_a} + a\dot{V_b} + a^2\dot{V_c})$

$V_1 = \dfrac{1}{3}(7.3\angle 12.5° + 1\angle 120° \times 0.4\angle -100° + 1\angle 240° \times 4.4\angle 154°)$
$= 3.72 + j1.39 = 3.97\angle 20.49°$ [V]

답 $3.97\angle 20.49°$ [V]

(3) 역상전압 $V_2 = \dfrac{1}{3}(\dot{V_a} + a^2\dot{V_b} + a\dot{V_c})$

$V_2 = \dfrac{1}{3}(7.3\angle 12.5° + 1\angle 240° \times 0.4\angle -100° + 1\angle 120° \times 4.4\angle 154°)$
$= 2.38 - j0.85 = 2.52\angle -19.65°$ [V]

답 $2.52\angle -19.65°$ [V]

04

조명기구에서 기구배광에 따른 조명방식의 종류 5가지를 쓰시오.

정답

직접조명, 반직접조명, 전반확산조명, 반간접조명, 간접조명

핵심이론

□ 조명 방식 분류
 (1) 조명기구의 배광에 의한 분류
  직접조명, 반직접조명, 전반확산조명, 반간접조명, 간접조명
 (2) 조명기구 배치에 의한 분류
  전반조명, 국부조명, 전반·국부 병용 조명
 (3) 건축화 조명
  코퍼조명, 다운라이트조명, 핀홀라이트, 광량조명, 광천장조명, 코니스조명, 루버조명, 밸런스조명, 코브조명, 코너조명

05

변압기 중성점 접지(계통접지)의 목적 3가지를 쓰시오.

정답

① 1선 지락 사고 시 건전상의 전위 상승 억제

② 보호계전기의 동작을 확실하게 하기위해서

③ 저, 고압 혼촉 사고 시 저압 측 전위 상승 억제

6

도면은 어떤 배전용 변전소의 단선 결선도이다. 이 도면과 주어진 조건을 이용하여 다음 각 물음에 답하시오.

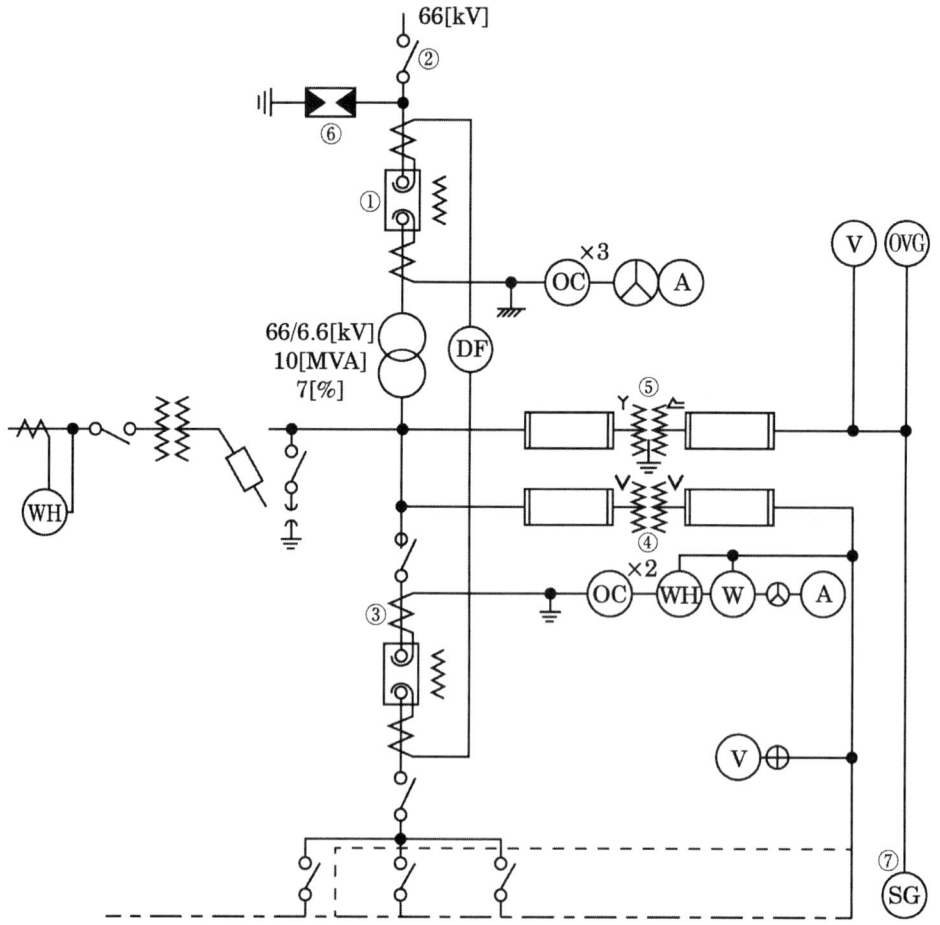

[조건]
① 주변압기의 정격은 1차 정격전압 66 [kV], 2차 정격전압 6.6 [kV], 정격용량은 3상 10 [MVA]라고 한다.
② 주변압기의 1차 측(즉, 1차 모선)에서 본 전원 측 등가 임피던스 100 [MVA] 기준으로 16 [%]이고, 변압기의 내부 임피던스는 자기 용량 기준으로 7 [%]라고 한다.
③ 또한 각 Feeder에 연결된 부하는 거의 동일하다고 한다.
④ 차단기의 정격차단용량, 정격전류, 단로기의 정격전류, 변류기의 1차 정격전류표준은 다음과 같다.

정격전압 [kV]	공칭전압 [kV]	정격차단용량 [MVA]	정격전류 [A]	정격차단시간 [Hz]
7.2	6.6	25	200	5
		50	400, 600	5
		100	400, 600, 800, 1,200	5
		150	400, 600, 800, 1,200	5
		200	600, 800, 1,200	5
		250	600, 800, 1,200, 2,000	5
72.5	66	1,000	600, 800	3
		1,500	600, 800, 1,200	3
		2,500	600, 800, 1,200	3
		3,500	800, 1,200	3

• 단로기 또는 선로 개폐기 정격 전류의 표준 규격
  72 [kV] : 600 [A], 1,200 [A]
  7.2 [kV] 이하 : 400 [A], 600 [A], 1000 [A], 2000 [A]
• CT 1차 정격 전류 표준 규격(단위 : [A])
  50, 75, 100, 150, 200, 300, 400, 600, 800, 1200, 1500, 2000
• CT 2차 정격 전류는 5 [A], PT의 2차 정격 전압은 110 [V]이다.

(1) 차단기 ①에 대한 정격 차단 용량과 정격 전류를 산정하시오.
(2) 선로 개폐기 ②에 대한 정격 전류를 산정하시오.
(3) 변류기 ③에 대한 1차 정격 전류를 산정하시오.
(4) PT ④에 대한 1차 정격 전압은 얼마인가?
(5) ⑤로 표시된 기기의 명칭은 무엇인가?
(6) 피뢰기 ⑥에 대한 정격전압은 얼마인가?
(7) ⑦의 역할을 간단히 설명하시오.

정답

(1) $P_s = \dfrac{100}{\%Z} P_n = \dfrac{100}{16} \times 100 = 625 \text{[MVA]}$ ∴ 차단용량 표에서 1000 [MVA] 선정

$I_n = \dfrac{P}{\sqrt{3}\,V} = \dfrac{10 \times 10^3}{\sqrt{3} \times 66} = 87.48 \text{ [A]}$ ∴ 정격전류 표에서 600 [A] 선정

답 차단용량 1000 [MVA], 정격전류 600 [A]

(2) 선로 개폐기에 흐르는 전류

$I_n = \dfrac{P}{\sqrt{3}\,V} = \dfrac{10 \times 10^3}{\sqrt{3} \times 66} = 87.48 \text{ [A]}$ ∴ 조건에서 600 [A] 선정

답 600 [A]

(3) 변압기 2차 정격전류 : $I_{2n} = \dfrac{10 \times 10^3}{\sqrt{3} \times 6.6} = 874.77 \text{ [A]}$

변류기 1차 전류 : $I_{2n} \times (1.25 \sim 1.5) = 874.77 \times (1.25 \sim 1.5) = 1093.46 \sim 1312.16 \text{ [A]}$

∴ 변류기 1차 정격 전류는 표에서 1,200[A] 선정

답 1,200 [A]

(4) 6,600 [V]

(5) 접지형 계기용 변압기

(6) 72 [kV]

(7) 다회선 배전 선로에서 지락 사고 시 지락 회선을 선택 차단

07

인텔리전트 빌딩(Intelligent building)은 빌딩 자동화 시스템, 사무 자동화 시스템, 정보통신 시스템, 건축 환경을 총 망라한 건설과 유지관리의 경제성을 추구하는 빌딩이라 할 수 있다. 이러한 빌딩의 전산시스템을 유지하기 위하여 비상전원으로 사용되고 있는 UPS에 대해서 다음 각 물음에 답하시오.

(1) UPS를 우리말로 표현하시오.

(2) UPS에서 AC → DC부와 DC → AC로 변환하는 부분의 명칭을 각각 무엇이라 부르는가?
- AC → DC 변환부 :
- DC → AC 변환부 :

(3) UPS가 동작되면 전력공급을 위한 축전기가 필요한데, 그 때의 축전지 용량을 구하는 공식을 쓰시오. (단, 기호를 사용할 경우, 사용 기호에 대한 의미를 설명하도록 한다.)

> **정답**

(1) 무정전 전원 공급 장치

(2) AC → DC : 컨버터
DC → AC : 인버터

(3) $C = \dfrac{1}{L} KI \,[\text{Ah}]$ C : 축전지의 용량 [Ah], L : 보수율(경년용량 저하율),
K : 용량환산 시간계수, I : 방전전류 [A]

08

답안지의 도면은 3상 농형 유도 전동기 IM의 Y-△ 기동 운전 제어의 미완성 회로도이다. 이 회로도를 보고 다음 각 물음에 답하시오.

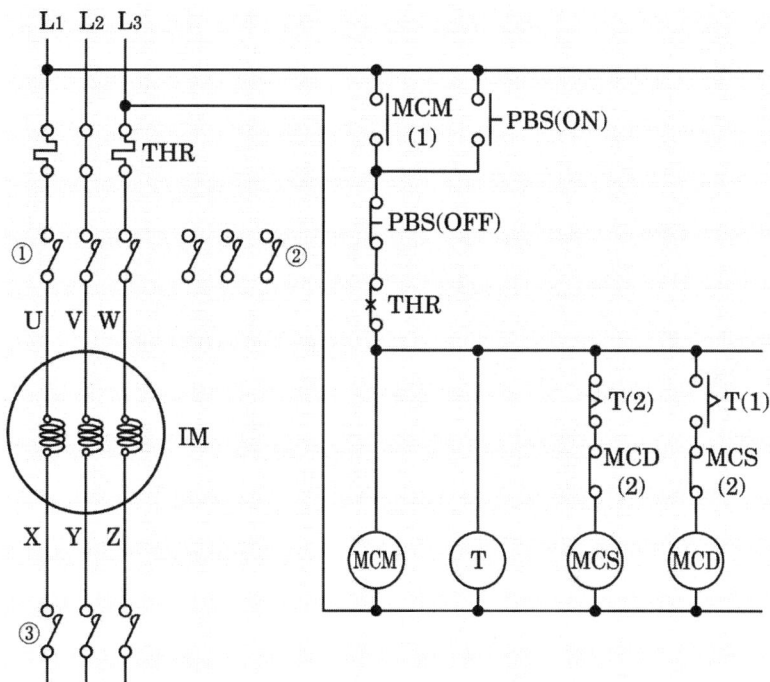

(1) ① ~ ③에 해당되는 전자 접촉기 접점의 약호는 무엇인가?
(2) 전자접촉기 MCS는 운전 중에는 어떤 상태로 있겠는가?
(3) 미완성 회로도의 주회로 부분에 Y-△ 기동 운전 결선도를 작성하시오.

정답

(1) ① MCM
　② MCD
　③ MCS

(2) 복구(무여자) 상태

(3)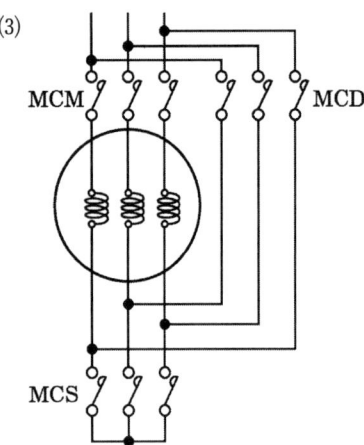

9

그림과 같은 송전계통 S점에서 3상 단락사고가 발생하였다. 주어진 도면과 조건을 참고하여 다음 각 물음에 답하시오.

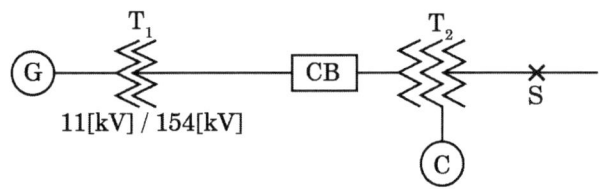

[조건]

번호	기기명	용량	전압	%Z
1	발전기(G)	50,000 [kVA]	11 [kV]	25
2	변압기(T1)	50,000 [kVA]	11/154 [kV]	10
3	송전선		154 [kV]	8 (10,000 [kVA] 기준)
4	변압기(T2)	1차 : 25,000 [kVA]	154 [kV]	12 (25,000 [kVA] 기준, 1차 ~ 2차)
		2차 : 25,000 [kVA]	77 [kV]	16 (25,000 [kVA] 기준, 2차 ~ 3차)
		3차 : 10,000 [kVA]	11 [kV]	9.5 (10,000 [kVA] 기준 3차 ~ 1차)
5	조상기(C)	10,000 [kVA]	11 [kV]	15

(1) 변압기(T2)의 각각 %리액턴스를 기준용량 10 [MVA]로 환산하시오.
(2) 변압기(T2)의 1차(P), 2차(S), 3차(T)의 %리액턴스를 구하시오.
(3) 발전기에서 고장점까지 10 [MVA] 기준 합성 %리액턴스를 구하시오.
(4) 고장점의 단락용량은 몇 [MVA]인지 구하시오.
(5) 고장점의 단락전류는 몇 [A]인지 구하시오.

정답

(1) 1차 ~ 2차 간 $\%X_{P-S} = \dfrac{10}{25} \times 12 = 4.8\,[\%]$ 　답 4.8 [%]

　　2차 ~ 3차 간 $\%X_{S-T} = \dfrac{10}{25} \times 16 = 6.4\,[\%]$ 　답 6.4 [%]

　　3차 ~ 1차 간 $\%X_{T-P} = \dfrac{10}{10} \times 9.5 = 9.5\,[\%]$ 　답 9.5 [%]

(2) 1차 $\%X_P = \dfrac{1}{2}(4.8 + 9.5 - 6.4) = 3.95\,[\%]$ 　답 3.95 [%]

　　2차 $\%X_S = \dfrac{1}{2}(4.8 + 6.4 - 9.5) = 0.85\,[\%]$ 　답 0.85 [%]

　　3차 $\%X_T = \dfrac{1}{2}(9.5 + 6.4 - 4.8) = 5.55\,[\%]$ 　답 5.55 [%]

(3) ① 10 [MVA] 기준 %리액턴스 환산

　　・ 발전기 $\%X_G = \dfrac{10}{50} \times 25 = 5\,[\%]$

　　・ 변압기(T1) $\%X_T = \dfrac{10}{50} \times 10 = 2\,[\%]$

　　・ 송전선 $\%X_l = 8\,[\%]$

　　・ 조상기 $\%X_c = 15\,[\%]$

　② 발전기 ~ T2변압기 1차까지 $\%X_1 = 5 + 2 + 8 + 3.95 = 18.95\,[\%]$

　　・ 조상기 ~ T2변압기 3차까지 $\%X_2 = 15 + 5.55 = 20.55\,[\%]$

　　・ 합성 $\%X = \dfrac{\%X_1 \times \%X_2}{\%X_1 + \%X_2} + \%X_S = \dfrac{18.95 \times 20.55}{18.95 + 20.55} + 0.85 = 10.71\,[\%]$

　　　답 10.71 [%]

(4) 고장점 단락용량 $P_s = \dfrac{100}{\%X} P_n = \dfrac{100}{10.71} \times 10 = 93.37\,[\text{MVA}]$ 　답 93.37 [MVA]

(5) 고장점 단락전류 $I_s = \dfrac{100}{\%X} I_n = \dfrac{100}{10.71} \times \dfrac{10 \times 10^6}{\sqrt{3} \times 77 \times 10^3} = 700.1\,[\text{A}]$ 　답 700.1 [A]

10

부하의 최대수요전력(Peak Power)을 억제하는 방법 3가지를 쓰시오.

정답

① 부하의 피크 컷 제어

② 부하의 피크 시프트 제어

③ 부하의 프로그램 제어방식

> **핵심이론**
>
> ▫ 부하의 최대수요전력(Peak Power) 억제 방법
>   ① 부하의 피크 컷 제어
>   ② 부하의 피크 시프트 제어
>   ③ 부하의 프로그램 제어방식
>   ④ 자가용 발전설비의 가동에 의한 피크 제어

11

다음에 주어진 표에 절연내력 시험전압은 몇 [V]인가? 빈칸을 채워 넣으시오.

공칭전압 [V]	최대사용전압 [V]	접지 방식	시험전압 [V]
6,600	6,900	비접지	①
13,200	13,800	중성점 다중접지	②
22,900	24,000	중성점 다중접지	③

정답

① $6900 \times 1.5 = 10350$ [V]

② $13800 \times 0.92 = 12696$ [V]

③ $24000 \times 0.92 = 22080$ [V]

> **핵심이론**
>
> □ 전로의 절연저항 및 절연내력(KEC 132)
>
> | 구분 | | 최대사용전압 | 시험전압 | 최소 전압 |
> |---|---|---|---|---|
> | 비접지 | | 7 kV 이하 | 1.5배 | 500 V |
> | | | 7 kV 초과 | 1.25배 | 10.5 kV |
> | 중성선 다중접지 | | 7 kV ~ 25 kV | 0.92배 | - |
> | 중성점 접지식 | | 60 kV 초과 | 1.1배 | 75 kV |
> | 중성점 직접접지식 | | 60 kV ~ 170 kV | 0.72배 | - |
> | | | 170 kV 초과 | 0.64배 | - |

12

다음 상용전원과 예비전원 운전 시 유의하여야 할 사항이다. (　) 안에 알맞은 내용을 쓰시오.

> 상용전원과 예비전원 사이에는 병렬운전을 하지 않는 것이 원칙이므로 수전용 차단기와 발전용차단기 사이에는 전기적 또는 기계적 (①)을 시설해야 하며 (②)를 사용해야 한다.

정답

① 인터록　② 전환개폐기

13

200 [kVA] 단상변압기 2대로 V결선하여 3상 부하에 전원 공급하는 경우 공급규정에 따라 한전과 전력수급계약 시 계약수전전력은 얼마인가? (단, 소수점 첫째자리에서 반올림 할 것)

정답

■ 계산과정

계약전력 = (200 + 200) × 0.866 = 346.4 [kW]

답 346 [kW]

> 핵심이론
>
> □ 한국전력공사 전기공급약관
> 【제12조 계약전력 산정】
> • △ 또는 Y결선의 경우 결선된 단상변압기 용량의 합계
> • 동일용량의 변압기를 V결선한 경우, 결선된 단상변압기 용량합계의 0.866배
> • 서로 다른 용량의 변압기를 V결선한 경우
>   [큰 용량의 변압기(A), 작은 용량의 변압기(B)] = (A - B) + (B×2×0.866)

14

PLC 프로그램을 보고 다음 물음에 답하시오.

> ① S : 입력 a 접점(신호)   ② SN : 입력 b 접점(신호)
> ③ A : AND a 접점   ④ AN : AND b 접점
> ⑤ O : OR a 접점   ⑥ ON : OR b 접점
> ⑦ W : 출력
>
> | 스텝 | 명령어 | 번지 |
> |---|---|---|
> | 0 | S | P000 |
> | 1 | AN | M000 |
> | 2 | ON | M001 |
> | 3 | W | P011 |

(1) PLC 래더 다이어그램을 그리시오.
(2) 출력의 논리식을 쓰시오.

> 정답

(1)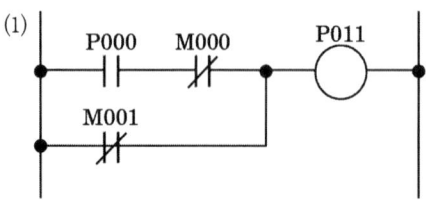

(2) $P011 = P000 \cdot \overline{M000} + \overline{M001}$

15

다음 논리식을 간단히 하시오.

(1) $Z = (A + B + C)A$

(2) $Z = \overline{A}C + BC + AB + \overline{B}C$

정답

(1) $Z = (A + B + C) \cdot A = A + A \cdot B + A \cdot C = A \cdot (1 + B + C) = A$

(2) $Z = \overline{A} \cdot C + B \cdot C + A \cdot B + \overline{B} \cdot C = A \cdot B + C \cdot (\overline{A} + B + \overline{B}) = A \cdot B + C$

01

공칭전압이 140 [kV]인 송전선로가 있다. 이 선로의 4단자 정수는 A = 0.9, B = $j70.7$, C = $j0.52 \times 10^{-3}$, D = 0.9이라고 한다. 무부하 송전단에 154 [kV]를 인가하였을 때 다음을 구하시오.

(1) 수전단 전압 [kV] 및 송전단 전류 [A]를 구하시오.
   ① 수전단 전압
   ② 송전단 전류
(2) 수전단의 전압을 140 [kV]로 유지하려고 할 때 수전단에서 공급하여야할 무효전력 [kVA]를 구하시오.

정답

(1) ① 수전단 전압
- 송전단전압 $V_s = AV_r + \sqrt{3}BI_r$, 무부하 시 $I_r = 0$
- 수전단전압 $V_r = \dfrac{V_s}{A} = \dfrac{154}{0.9} = 171.11$ [kV]

답 171.11 [kV]

② 송전단 전류
- 송전단전류 $I_s = C\dfrac{V_r}{\sqrt{3}} + DI_r$, 무부하 시 $I_r = 0$
- 수전단전류 $I_s = C\dfrac{V_r}{\sqrt{3}} = j0.52 \times 10^{-3} \times 171.11 \times 10^3 \times \dfrac{1}{\sqrt{3}} = j51.37$ [A]

답 $j51.37$ [A]

(2) 수전단 전압 140[kV]로 유지하기 위한 전류 I_r (조상기 전류)
- $V_s = AV_r + \sqrt{3}BI_r$ 에서
- $I_r = \dfrac{V_s - AV_r}{\sqrt{3}B} = \dfrac{154 - 0.9 \times 140}{\sqrt{3} \times j70.7} \times 10^3 = j228.65$ [A]

조상설비용량 $Q_c = \sqrt{3} \times 140 \times 228.65 = 55444.68$ [kVA]

답 55444.68 [kVA]

02

그림에서 각 지점간의 저항을 동일하다고 가정하고 간선 AD 사이에 전원을 공급하려고 한다. 전력 손실이 최소가 되는 지점을 구하시오.

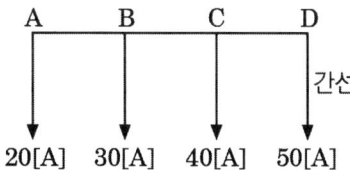

정답

■ 계산과정

각 구간의 저항을 R이라 하면 전력손실 $P_l = I^2R$ [W]에서

① A점을 급전점으로 하였을 경우

$P_A = (30+40+50)^2R + (40+50)^2R + (50)^2R = 25000R$ [W]

② B점을 급전점으로 하였을 경우

$P_B = (20)^2R + (40+50)^2R + (50)^2R = 11000R$ [W]

③ C점을 급전점으로 하였을 경우

$P_C = (20)^2R + (20+30)^2R + (50)^2R = 5400R$ [W]

④ D점을 급전점으로 하였을 경우

$P_D = (20)^2R + (20+30)^2R + (20+30+40)^2R = 11000R$ [W]

∴ C점에서 전력 공급 시 전력손실이 최소가 된다.

답 C점

03

정격 출력 500 [kW]의 디젤 발전기가 있다. 이 발전기를 발열량 10,000 [kcal/L]인 중유 250 [L]을 사용하여 1/2부하에서 운전하는 경우 몇 시간 운전이 가능한지 계산하시오. (단, 발전기의 열효율은 34.4 [%]이다.)

정답

■ 계산과정

- 효율 $\eta = \dfrac{860 Pt}{mH} \times$ 부하율에서

- 시간 $t = \dfrac{mH\eta}{860 P \times 부하율} = \dfrac{250 \times 10000 \times 0.344}{860 \times 500 \times 0.5} = 4$ [h]

답 4시간

핵심이론

□ 디젤 발전기의 종합효율

$\eta = \dfrac{860 Pt}{mH}$ [kW]

m : 연료 [kg], H : 발열량 [kcal/kg], P : 출력 [kW], t : 시간 [h]

04

22.9 [kV], 1,000 [kVA] 폐쇄형 큐비클식 변전실을 수변전설계하려고 한다. 다음 물음에 답하시오.

(1) 변전실의 유효높이는 몇 [m]인가?
(2) 추정 면적은 몇 [m²]인가? (단, 추정계수는 1.4이다.)

정답

(1) 4.5 [m]
(2) $A = k \times (변압기\ 용량\ kVA)^{0.7} = 1.4 \times 1000^{0.7} = 176.25$ [m²]

답 176.25 [m²]

> **핵심이론**
>
> □ 큐비클식 수변전 설비의 변전실 높이
>   폐쇄형 큐비클식 수변전 설비가 설치된 변전실인 경우로서 특고압수전 또는 변전 기기가 설치되는 경우 4.5 m 이상, 고압의 경우 3 m 이상의 유효 높이를 확보한다.
>
> □ 변전실 추정 면적 산출식
> $A = k \times (변압기\ 용량\ kVA)^{0.7}$ k : 추정계수
>   • 특별고압에서 고압 변성 시 $k = 1.7$
>   • 특별고압에서 저압 변성 시 $k = 1.4$
>   • 고압에서 저압 변성 시 $k = 0.98$

05

가공 전선로와 비교한 지중 전선로의 장점과 단점을 각각 4가지씩 쓰시오.

> **정답**

(1) 장점(4가지)
    ① 외부 기상 여건 등의 영향이 거의 없음
    ② 지하 시설로 설비 보안 유지 용이
    ③ 설비의 단순 고도화로 보수 업무가 비교적 적음
    ④ 차폐 케이블 사용으로 유도장해 경감
    ⑤ 쾌적한 도심 환경 조성

(2) 단점(4가지)
    ① 고장점 발견 및 복구가 어려움
    ② 발생열의 구조적 냉각장해로 가공전선에 비해 송전용량이 작음
    ③ 설비 구성상 신규 수용 대응 탄력성 결여
    ④ 건설기간이 길고, 건설비용이 고가임

06

오실로스코프의 감쇄 Probe는 입력 전압의 크기를 10배의 배율로 감소시키도록 설계되어 있다. 그림에서 오실로스코프의 입력 임피던스 R_s는 1 [MΩ]이고, Probe의 내부 저항 R_p는 9 [MΩ]이다.

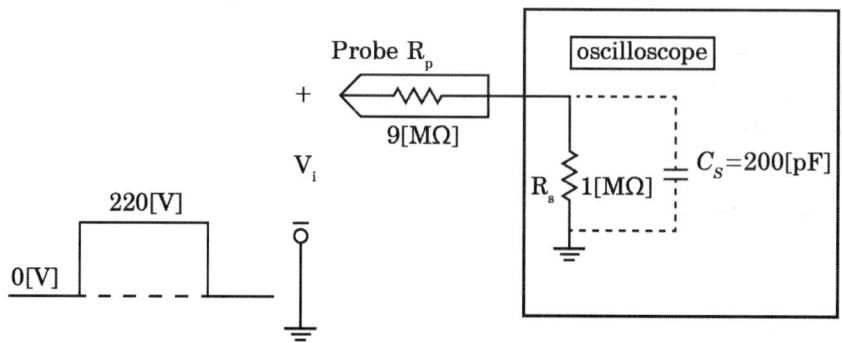

(1) 이때 Probe의 입력전압을 V_i = 220 [V]라면 오실로스코프에 나타나는 전압은?

(2) 오실로스코프의 내부저항 R_s = 1 [MΩ]과 C_s = 200 [pF]의 콘덴서가 연결되어 있을 때 콘덴서 C_s에 대한 테브난 등가회로가 다음과 같다면 시정수 τ 와 V_i = 220 [V]일 때의 테브난 등가전압 E_{th}를 구하시오.

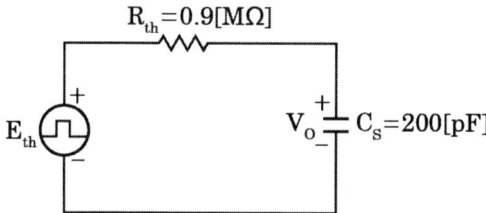

(3) 인가 주파수가 10 [kHz]일 때 주기는 몇 [msec]인가?

정답

(1) $V_0 = \dfrac{R_s}{R_p + R_s} \times V_i = \dfrac{1}{9+1} \times 220 = 22$ [V]

답 22 [V]

(2) • 시정수 $\tau = R_{th} C_s = 0.9 \times 10^6 \times 200 \times 10^{-12} = 180 \times 10^{-6}$ [sec] = 180 [μs]

• 등가전압 $E_{th} = \dfrac{R_s}{R_p + R_s} \times V_i = \dfrac{1}{9+1} \times 220 = 22$ [V]

(3) $T = \dfrac{1}{f} = \dfrac{1}{10 \times 10^3} = 0.1 \times 10^{-3}$ [sec] = 0.1 [msec]

답 0.1 [msec]

07

도면은 어느 154 [kV] 수용가의 수전 설비 단선 결선도의 일부분이다. 주어진 표와 도면을 이용하여 다음 각 물음에 답하시오.

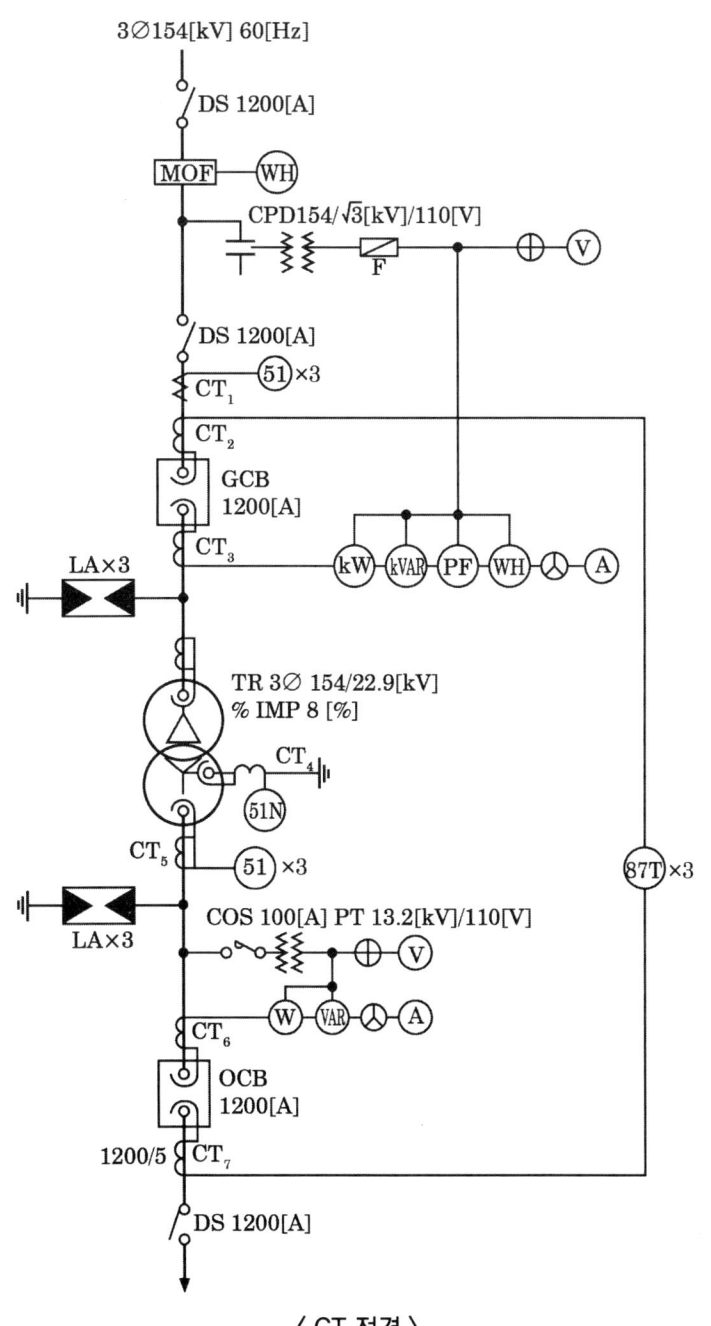

⟨ CT 정격 ⟩

1차 정격 전류[A]	200	400	600	800	1,200	1,500
2차 정격 전류[A]	5					

(1) 변압기 2차 부하설비용량이 51 [MW], 수용률이 70 [%], 부하역률이 90 [%]일 때 도면의 변압기 용량은 몇 [MVA]가 되는가?
(2) 변압기 1차 측 DS의 정격전압은 몇 [kV]인가?
(3) CT_1의 비는 얼마인지를 계산하고 표에서 선정하시오.
(4) GCB 내에 사용되는 가스는 주로 어떤 가스가 사용되는지 그 가스의 명칭을 쓰시오.
(5) OCB의 정격 차단전류가 23 [kA]일 때, 이 차단기의 차단용량은 몇 [MVA]인가?
(6) 과전류 계전기의 정격부담이 9 [VA]일 때 이 계전기의 임피던스는 몇 [Ω]인가?
(7) CT_7 1차 전류가 600 [A]일 때 CT_7의 2차에서 비율 차동 계전기의 단자에 흐르는 전류는 몇 [A]인가?

정답

(1) 변압기 용량 $= \dfrac{\text{설비용량} \times \text{수용률}}{\text{역률}} = \dfrac{51 \times 0.7}{0.9} = 39.67$ [MVA]

답 39.67 [MVA]

(2) 170 [kV]

(3) CT의 1차전류 $I = \dfrac{39.67 \times 10^6}{\sqrt{3} \times 154 \times 10^3} = 148.72$ [A]

배수 적용 $148.72 \times (1.25 \sim 1.5) = 185.9 \sim 223.08$ [A]

표에서 CT정격 200/5 선정

답 200/5

(4) SF_6 (육불화황)

(5) 차단용량 $P_s = \sqrt{3}\, V_n I_s = \sqrt{3} \times 25.8 \times 23 = 1027.8$ [MVA]

답 1027.8 [MVA]

(6) 부담 $P = I^2 Z$ 에서 임피던스 $Z = \dfrac{P}{I^2} = \dfrac{9}{5^2} = 0.36$ [Ω]

답 0.36 [Ω]

(7) $I_2 = I_1 \times \dfrac{1}{CT\text{비}} \times \sqrt{3} = 600 \times \dfrac{5}{1200} \times \sqrt{3} = 4.33$ [A]

답 4.33 [A]

8

변압기 모선방식을 3가지 쓰시오.

정답

① 단일모선   ② 복모선(이중모선)   ③ 환상모선(루프모선)

9

어느 건물의 부하는 하루에 240 [kW]로 5시간, 100 [kW]로 8시간, 75 [kW]로 나머지 시간을 사용한다. 이에 따른 수전설비를 450 [kVA]로 하였을 때, 부하의 평균역률이 0.8인 경우 다음 각 물음에 답하시오.

(1) 이 건물의 수용률 [%]을 구하시오.
(2) 이 건물의 일부하율 [%]을 구하시오.

정답

(1) 수용률 = $\dfrac{최대수용전력}{설비용량} \times 100 = \dfrac{240}{450 \times 0.8} \times 100 = 66.67$ [%]

(2) 부하율 = $\dfrac{평균전력}{최대수용전력} \times 100 = \dfrac{240 \times 5 + 100 \times 8 + 75 \times 11}{240 \times 24} \times 100 = 49.05$ [%]

10

다음은 가공 송전선로의 코로나 임계전압을 나타낸 식이다. 이 식을 보고 다음 각 물음에 답하시오.

$$E_0 = 24.3\, m_0 m_1 \delta d \log_{10} \dfrac{D}{r} \text{ [kV]}$$

(1) 기온 t [℃]에서의 기압을 b [mmHg]라고 할 때 $\delta = \dfrac{0.386\,b}{273 + t}$ 로 나타내는데 이 δ는 무엇을 의미하는지 쓰시오.

(2) m_1이 날씨에 의한 계수라면, m_0는 무엇에 의한 계수인지 쓰시오.

(3) 코로나에 의한 장해의 종류 2가지만 쓰시오.

(4) 코로나 발생을 방지하기 위한 주요 대책 2가지만 쓰시오.

> 정답

(1) 상대 공기 밀도

(2) 전선표면의 상태계수

(3) ① 코로나 손실
    ② 코로나 잡음
    ③ 통신선에의 유도 장해
    ④ 전선의 부식 촉진

(4) ① 굵은 전선을 사용한다.
    ② 복도체를 사용한다.
    ③ 가선 금구를 개량한다.

> 핵심이론

□ 코로나 임계전압 $E_0 = 24.3 m_0 m_1 \delta d \log_{10} \dfrac{D}{r}$

- 상대공기밀도 $\delta = \dfrac{0.386 b}{273 + t}$ (b 기압, t 온도)
- m_0 전선의 표면계수
- m_1 날씨계수
- D 등가선간거리
- d 전선의 직경
- r 전선의 반지름

11

다음은 3Φ4W 22.9[kV] 수전설비 단선 결선도이다. 다음 각 물음에 답하시오.

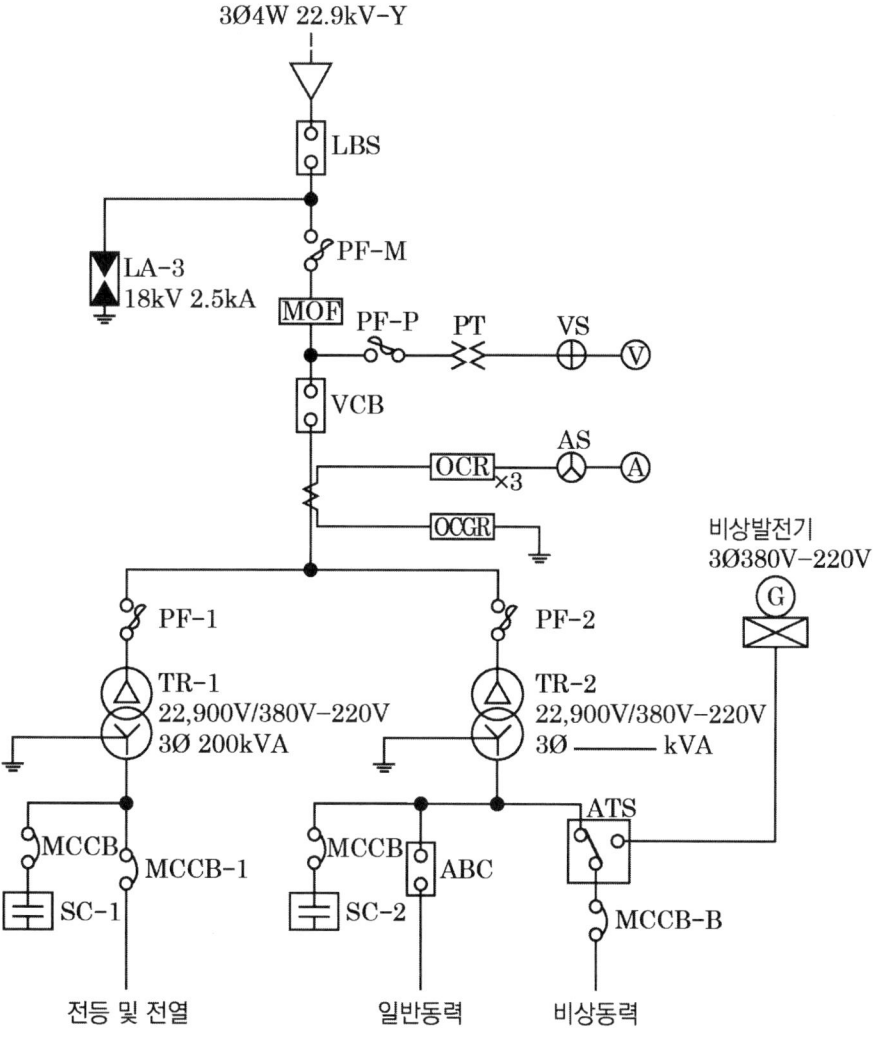

(1) 위 수전설비 단선결선도의 LA에 대하여 다음 물음에 답하시오.
   ① 우리말의 명칭을 쓰시오.
   ② 기능과 역할에 대해 간단히 설명하시오.
   ③ 성능조건 4가지를 쓰시오.

(2) 수전설비 단선결선도의 부하집계 및 입력 환산표를 완성하시오. (단, 입력환산 [kVA]은 계산 값의 소수 둘째자리에서 반올림한다.)

구분	전등 및 전열	일반동력	비상동력
설비용량 및 효율	350 [kW] 100 [%]	635 [kW] 85 [%]	• 유도전동기1 : 7.5 [kW] 2대 85 [%] • 유도전동기2 : 11 [kW] 1대 85 [%] • 유도전동기3 : 15 [kW] 1대 85 [%] • 비상조명 : 8,000 [W] 100 [%]
평균(종합)역률	80 [%]	90 [%]	90 [%]
수용률	60 [%]	45 [%]	100 [%]

〈 부하집계 및 입력환산표 〉

구분		설비용량 [kW]	효율 [%]	역률 [%]	입력환산 [kVA]
전등 및 전열		350			
일반동력		635			
비상동력	유도전동기1	7.5×2			
	유도전동기2	11			
	유도전동기3	15			
	비상조명				
	소계	-	-	-	

(3) 단선결선도와 "(2)"항의 부하집계표에 의한 TR-2의 적정용량은 몇 [kVA]인지 구하시오.

[참고사항]
• 일반 동력군과 비상 동력군 간의 부등률은 1.3으로 본다.
• 변압기 용량은 15 [%] 정도의 여유를 갖게 한다.
• 변압기의 표준규격 [kVA]은 200, 300, 400, 500, 600으로 한다.

(4) 단선결선도에서 TR-2의 2차 측 중성점의 접지공사의 접지선 굵기[mm^2]를 구하시오.

[참고사항]
• 접지선은 GV전선을 사용하고 표준굵기 [mm^2]는 6, 10, 16, 25, 35, 50, 70으로 한다.
• GV전선의 허용최고 온도는 160 [℃]이고 고장전류가 흐르기 전의 접지선의 온도는 30 [℃]로 한다.
• 고장전류는 정격전류의 20배로 본다.
• 변압기 2차의 과전류 보호차단기는 고장전류에서 0.1초 이내에 차단되는 것이다.
• 변압기 2차의 과전류 차단기의 정격전류는 변압기 정격전류의 1.5배로 한다.

정답

(1) ① 피뢰기

② • 기능 : 이상전압의 내습 시 이를 신속하게 대지로 방전하고 속류를 차단한다.
　• 역할 : 뇌전류 및 이상전압으로부터 전기기계기구를 보호한다.

③ • 충격파 방전 개시전압이 낮을 것
　• 제한전압이 낮을 것
　• 상용주파 방전 개시전압이 높을 것
　• 방전내량이 클 것
　• 속류를 차단할 수 있을 것

(2) 부하집계 및 입력 환산표

구분		설비용량 [kW]	효율 [%]	역률 [%]	입력환산 [kVA]
전등 및 전열		350	100	80	$\dfrac{350}{0.8 \times 1} = 437.5$
일반동력		635	85	90	$\dfrac{635}{0.9 \times 0.85} = 830.1$
비상동력	유도전동기1	7.5×2	85	90	$\dfrac{7.5 \times 2}{0.9 \times 0.85} = 19.6$
	유도전동기2	11	85	90	$\dfrac{11}{0.9 \times 0.85} = 14.4$
	유도전동기3	15	85	90	$\dfrac{15}{0.9 \times 0.85} = 19.6$
	비상조명	8	100	90	$\dfrac{8}{0.9 \times 1} = 8.9$
	소계	-	-	-	62.5

(3) 변압기 TR-2의 용량

$$P_a = \frac{830.1 \times 0.45 + 62.5 \times 1}{1.3} \times 1.15 = 385.73 \, [\text{kVA}]$$

답 표준용량 400 [kVA] 선정

(4) 온도 상승식 $\theta = 0.008 \left(\dfrac{I}{A}\right)^2 \cdot t$ [℃]에서

온도상승 130℃, 고장전류 20배, 통전시간 0.1초일 때, $A = 0.0496 I_n$

TR-2의 2차 측 정격전류 $I_2 = \dfrac{P}{\sqrt{3}\,V} = \dfrac{400 \times 10^3}{\sqrt{3} \times 380} = 607.74 \, [\text{A}]$

접지선 굵기 $A = 0.0496 I_n = 0.0496 \times 607.74 \times 1.5 = 45.22 \, [\text{mm}^2]$

답 표준규격 50[mm²] 선정

12

교류용 적산전력계에 대한 다음 각 물음에 답하시오

(1) 잠동(Creeping) 현상에 대하여 설명하고 잠동을 막기 위한 유효한 방법을 2가지만 쓰시오.
   ① 잠동현상
   ② 잠동을 방지하기 위한 방법
(2) 적산전력계가 구비해야 할 전기적, 기계적 및 기능상 특성을 3가지만 쓰시오.

정답

(1) ① 잠동 : 무부하 상태에서 정격 주파수, 정격 전압의 110 [%]를 인가하여 계기의 원판이 1회전 이상 회전하는 현상
   ② 방지대책
      • 원판에 작은 구멍을 뚫는다.
      • 원판에 작은 철편을 붙인다.

(2) 구비조건
   ① 부하특성이 좋을 것
   ② 기계적 강도가 클 것
   ③ 온도나 주파수 변화에 보상이 되도록 할 것
   ④ 과부하 내량이 클 것
   ⑤ 옥내 및 옥외 설치가 적당 할 것

13

다음 각 용어의 정의를 쓰시오.

(1) 중성선(中性線)
(2) 분기회로(分岐回路)
(3) 등전위본딩

정답

(1) 다선식전로에서 전원의 중성극에 접속된 전선을 말한다.
(2) 간선에서 분기하여 분기과전류차단기를 거쳐서 부하에 이르는 사이의 배선을 말한다.
(3) 등전위성을 얻기 위해 전선간을 전기적으로 접속하는 조치를 말한다.

14

주어진 표는 어떤 부하의 데이터이다. 이 데이터를 수용할 수 있는 발전기 용량을 산정하시오.

〈 출력산정에 사용되는 부하표 〉

구분	부하의 종류	출력 [kW]	전부하 특성			
			역률 [%]	효율 [%]	입력 [kVA]	입력 [kW]
No.1	유도전동기	37×6	87	81	52.5×6	45.7×6
No.2	유도전동기	11	84	77	17	14.3
No.3	전등·기타	30	100	-	30	30
합계			88	-		

(1) 전부하로 운전하는 데 필요한 정격용량 [kVA]은 얼마인가?

(2) 전부하로 운전하는 데 필요한 엔진출력은 몇 [PS]인가? (단, 발전기 효율은 92 [%])

정답

(1) $P_a = \dfrac{\sum P}{\cos\theta} = \dfrac{45.7 \times 6 + 14.3 + 30}{0.88} = 361.93$ [kVA]

답 361.93 [kVA]

(2) $\acute{P} = \dfrac{\sum P}{\eta} \times \dfrac{1}{0.7355} = \dfrac{45.7 \times 6 + 14.3 + 30}{0.92} \times \dfrac{1}{0.7355} = 470.69$ [PS]

답 470.69 [PS]

핵심이론

□ 단위변환
- 1 [HP] = 746 [W]
- 1 [PS] = 735.5 [W]

15

ALTS의 명칭과 사용 용도를 쓰시오.

(1) 명칭 :

(2) 용도 :

정답

(1) 자동부하 전환개폐기(Auto Load Transfer Switch)

(2) 22.9 kV-Y 배전선로에 사용되는 개폐기로 큰 피해를 입을 수 있는 수용가에 이중전원을 확보하여 주전원 정전시 또는 주전원이 기준전압 이하로 떨어질 경우 예비전원으로 자동 절체되어 수용가에 높은 신뢰도로 전원을 공급하기 위한 기기

01

그림과 같은 단상 2선식 회로에서 공급점 A의 전압이 220 [V]이고, A-B 사이의 1선마다의 저항이 0.02 [Ω], B-C 사이의 1선마다 저항이 0.04 [Ω]이라 하면 40 [A]를 소비하는 B점의 전압 V_B와 20 [A]를 소비하는 C 점의 전압 V_C를 구하시오. (단, 부하의 역률은 1이다)

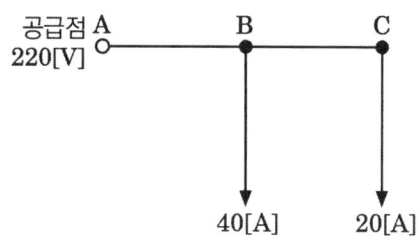

(1) B점 전압 V_B
(2) C점 전압 V_C

정답

(1) $V_B = V_A - 2(I_B + I_C)R_{AB} = 220 - 2 \times (40 + 20) \times 0.02 = 217.6$ [V] 답 217.6 [V]

(2) $V_C = V_B - 2I_C R_{BC} = 217.6 - 2 \times 20 \times 0.04 = 216$ [V] 답 216 [V]

02

조명의 전등효율(Lamp Efficiency)과 발광효율(Luminous Efficiency)에 대해 설명하시오.

(1) 전등효율
(2) 발광효율

정답

(1) 전등효율 : 전력소비 P에 대한 전발산광속 F의 비율을 전등효율 η라 한다.

$$\eta = \frac{F}{P} \text{ [lm/W]}$$

(2) 발광효율 : 방사속 ∅에 대한 광속 F의 비율을 그 광원의 발광효율 ϵ이라 한다.

$$\epsilon = \frac{F}{\emptyset} \text{ [lm/W]}$$

3

공장 구내 사무실 건물에 220/440 V 단상 3선식을 채용하고, 공장 구내 변압기가 설치된 변전실에서 60 m 되는 곳의 부하를 아래 표 "부하 집계표"와 같이 배분하는 분전반을 시설하고자 한다. 이 건물의 전기설비에 대하여 참고자료를 이용하여 다음 물음에 답하시오. (단, 전압강하는 2% 이하로 하여야 하고 후강전선관으로 시설하며, 간선의 수용률은 100%로 한다)

[표1] 부하집계표

회로 번호	부하 명칭	총부하 [VA]	부하분담 [VA] A선	부하분담 [VA] B선	MCCB 규격 극수	MCCB 규격 AF	MCCB 규격 AT	비고
1	전등1	4920	4920		1	30	20	
2	전등2	3920		3920	1	30	20	
3	전열기1	4000	4000(AB칸)		2	50	20	
4	전열기2	2000	2000(AB칸)		2	30	15	
합계		14840						

[표2] 후강 전선관 굵기의 선정

도체 단면적 [mm²]	전선본수 1	2	3	4	5	6	7	8	9	10
	전선관의 최소 굵기 [호]									
2.5	16	16	16	16	22	22	22	28	28	28
4	16	16	16	22	22	22	28	28	28	28
6	16	16	22	22	22	28	28	28	36	36
10	16	22	22	28	28	36	36	36	36	36
16	16	22	28	28	36	36	36	42	42	42
25	22	28	28	36	36	42	54	54	54	54
35	22	28	36	42	54	54	54	70	70	70
50	22	36	54	54	54	70	70	82	82	82
70	28	42	54	54	54	70	70	82	82	82
95	28	54	54	70	70	70	82	92	92	104
120	36	54	54	70	70	70	82	92		
150	36	70	70	82	82	92	104	104		
185	36	70	82	92	104					
240	42	82	92	104						

(1) 간선의 굵기를 산정하시오.
(2) 간선 설비에 필요한 후강 전선관의 굵기를 산정하시오.

(3) 분전반의 복선 결선도를 작성하시오.

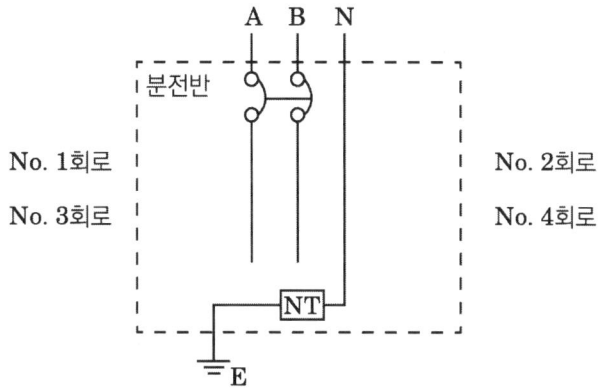

(4) 부하 집계표에 의한 설비 불평형률을 계산하시오. (※ 전선 굵기 중 상과 중선선(N)의 굵기는 같게 한다.)

정답

(1) 부하가 많은 쪽을 기준으로 하여 전류를 구하면

$I_A = \dfrac{4920}{220} + \dfrac{4000+2000}{440} = 36$ A

$e' = 220 \times 0.02 = 4.4$ V

$A = \dfrac{17.8 \, LI}{1000 \, e'} = \dfrac{17.8 \times 60 \times 36}{1000 \times 4.4} = 8.74 \,[\text{mm}^2]$ **답** 표준규격 10 [mm²] 선정

(2) 표2에 의하여 10 [mm²] 3본인 경우 22호 후강 전선관 선정 **답** 22호

(3)

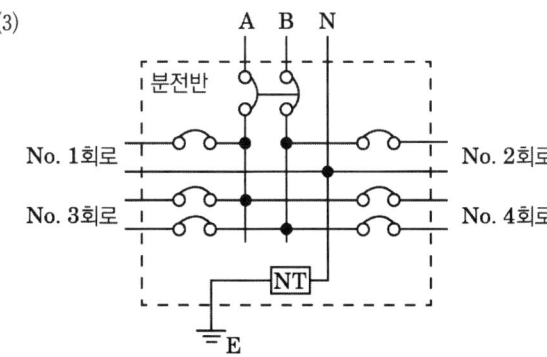

(4) 설비 불평형률 = $\dfrac{\text{중성선과 각 전압 측 전선 간에 접속되는 부하설비용량의 차}}{\text{총 부하설비용량의 } 1/2} \times 100$

$= \dfrac{4920 - 3920}{14840 \times \dfrac{1}{2}} \times 100 = 13.48\,[\%]$ **답** 13.48 [%]

04

각 방향에 900cd의 광도를 갖는 광원을 높이 3m에 취부한 경우 직하로부터 30° 방향의 수평면 조도 [lx]를 구하시오.

정답

■ 계산과정

수평면 조도 $E_h = \dfrac{I}{r^2} \cos\theta = \dfrac{I}{h^2} \cos^3\theta = \dfrac{900}{3^2} \times \cos^3 30° = 64.95 \, [\text{lx}]$

답 64.95 [lx]

05

22.9 KV/380-220 V 변압기 결선은 보통 △-Y 결선방식을 사용하고 있다. 이 결선방식에 대한 장점과 단점을 각각 2가지씩 쓰시오.

(1) 장점(2가지)

(2) 단점(2가지)

정답

(1) 장점
  ① 한쪽 Y결선의 중성점을 접지 할 수 있다.
  ② 결선의 상전압은 선간전압의 $1/\sqrt{3}$ 이므로 절연이 용이하다.

(2) 단점
  ① 1상에 고장이 생기면 전원 공급이 불가능해 진다.
  ② 중성점 접지로 인한 유도장해를 초래한다.

06

입력 설비용량 20 [kW] 2대, 30 [kW] 2대의 3상 380 [V] 유도전동기군이 있다. 그 부하곡선이 아래 그림과 같을 경우 최대수용전력[kW], 수용률[%], 일부하율[%]을 각각 구하시오.

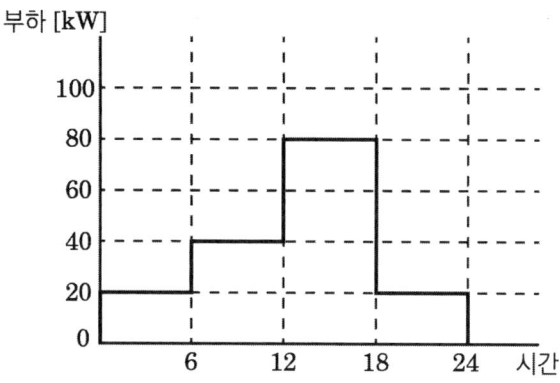

(1) 최대수용전력
(2) 수용률
(3) 일부하율

정답

(1) 80 [kW]

(2) 수용률 $= \dfrac{\text{최대수용전력}}{\text{설비용량}} \times 100 = \dfrac{80}{20 \times 2 + 30 \times 2} \times 100 = 80\,[\%]$

답 80 %

(3) 일부하율 $= \dfrac{\text{평균전력}}{\text{최대수용전력}} \times 100 = \dfrac{(20+40+80+20) \times 6}{80 \times 24} \times 100 = 50\,[\%]$

답 50 %

07

그림과 같은 방전특성을 갖는 부하에 대한 축전지 용량은 몇 [Ah]인가?

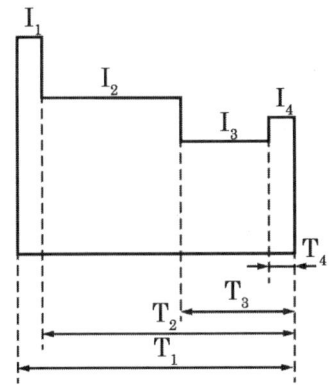

[조건]
- 방전전류 [A] : $I_1 = 500$, $I_2 = 300$, $I_3 = 100$, $I_4 = 200$
- 방전시간 [분] : $T_1 = 120$, $T_2 = 119.9$, $T_3 = 60$, $T_4 = 1$
- 용량환산 시간계수 : $K_1 = 2.49$, $K_2 = 2.49$, $K_3 = 1.46$, $K_4 = 0.57$
- 보수율은 0.8을 적용한다.

정답

■ 계산과정

$$C = \frac{1}{L}\left[K_1 I_1 + K_2(I_2 - I_1) + K_3(I_3 - I_2) + K_4(I_4 - I_3)\right]$$

$$= \frac{1}{0.8}\left[2.49 \times 500 + 2.49(300 - 500) + 1.46(100 - 300) + 0.57(200 - 100)\right]$$

$$= 640\ [\text{Ah}]$$

답 640 [Ah]

08

다음은 전력시설물 공사감리업무 수행지침과 관련된 사항이다. ( ) 안에 알맞은 내용을 답란에 쓰시오.

> 감리원은 설계도서 등에 대하여 공사계약문서 상호 간의 모순되는 사항, 현장실정과의 부합여부 등 현장 시공을 주안으로 하여 해당 공사 시작 전에 검토하여야 하며 검토 내용에는 다음 각 호의 사항 등이 포함되어야 한다.
> 1. 현장조건에 부합 여부
> 2. 시공의 (①) 여부
> 3. 다른 사업 또는 다른 공정과의 상호 부합 여부
> 4. (②), 설계설명서, 기술계산서, (③) 등의 내용에 대한 상호일치 여부
> 5. (④), 오류 등 불명확한 부분의 존재 여부
> 6. 발주자가 제공한 (⑤)와 공사업자가 제출한 산출내역서의 수량 일치 여부
> 7. 시공상의 예상문제점 및 대책 등

정답

① 실제 가능   ② 설계도면   ③ 산출내역서   ④ 설계도서의 누락   ⑤ 물량 내역서

09

발전기에 대한 다음 각 물음에 답하시오.

(1) 정격전압 6000 V, 용량 5000 kVA인 3상 교류 발전기에서 여자전류가 300 A, 무부하 단자전압은 6000 V, 단락전류 700 A라고 한다. 이 발전기의 단락비는 얼마인가?

(2) "단락비가 큰 교류 발전기는 일반적으로 기계의 치수가 (①), 가격이 (②), 풍손, 마찰손, 철손이 (③), 효율은 (④), 전압변동률은 (⑤), 안정도는 (⑥)"에서 ( ) 안에 알맞은 말을 쓰되, ( ) 안의 내용은 크다(고), 적다(고), 높다(고), 낮다(고) 등으로 표현한다.

(3) 비상용 동기 발전기의 병렬운전 조건 4가지를 쓰시오.

정답

(1) $I_n = \dfrac{P_n}{\sqrt{3}\,V_n} = \dfrac{5000 \times 10^3}{\sqrt{3} \times 6000} = 481.13\text{ A}$ ∴ 단락비 $K_s = \dfrac{I_s}{I_n} = \dfrac{700}{481.13} = 1.45$

(2) ① 크고   ② 높고   ③ 크고   ④ 낮고   ⑤ 적고   ⑥ 높다

(3) ① 기전력의 크기가 같을 것
   ② 기전력의 위상이 같을 것
   ③ 기전력의 파형이 같을 것
   ④ 기전력의 주파수가 같을 것

핵심이론

□ 단락비 $\left(K = \dfrac{100}{\%Z}\right)$ 가 크면

(1) 철손이 크며 효율이 낮다.
(2) 전압변동률, 전압강하, 전기자 반작용이 작다.
(3) 안정도가 높다.
(4) 선로 충전용량이 커진다.
(5) 동기임피던스, $\%Z$(퍼센트 임피던스)가 작다.
(6) 중량이 크다.
(7) 과부하 내량이 증가한다(가격 상승).
(8) 계자철심이 크고, 주 자속이 크다.

10

그림과 같은 무접점 논리회로를 유접점 시퀀스회로로 변환하여 나타내시오.

〈 무접점 논리회로 〉

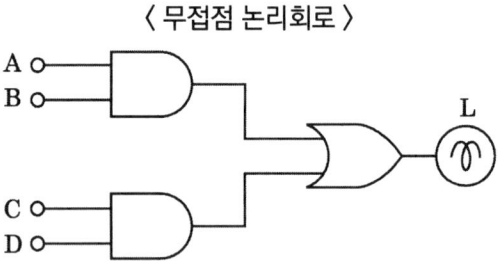

정답

11

그림과 같이 Y결선된 평형 부하에 전압을 측정할 때 전압계의 지시값이 V_p = 150 [V], V_l = 220 [V]로 나타났다. 다음 각 물음에 답하시오. (단, 부하 측에 인가된 전압은 각 상 평형전압이고 기본파와 제3고조파분 전압만 분포되어 있다)

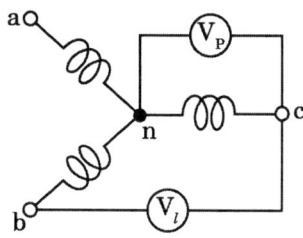

(1) 제3고조파 전압 [V]을 구하시오.
(2) 전압의 왜형률 [%]을 구하시오.

정답

(1) 상전압에는 3고조파가 포함되고, 선간전압에는 3고조파가 포함되지 않음

$$V_1 = \frac{V_l}{\sqrt{3}} = \frac{220}{\sqrt{3}} = 127.02 \text{ [V]}$$

$$V_3 = \sqrt{V_p^2 - V_1^2} = \sqrt{150^2 - 127.02^2} = 79.79 \text{ [V]}$$

답 79.79 [V]

(2) 왜형률 = $\frac{\text{전고조파의 실횻값}}{\text{기본파의 실횻값}} \times 100 = \frac{79.79}{127.02} \times 100 = 62.82$ [%]

답 62.82 [%]

12

에너지 절약을 위한 동력설비의 대응방안 중 5가지만 쓰시오.

정답

① 고효율 전동기 채용
② 부하 역률개선(역률개선용 콘덴서를 전동기별로 설치)
③ 전동기 제어시스템(VVVF 시스템) 적용
④ 에너지 절약형 공조기기 System 채택
⑤ 부하에 맞는 적정용량의 전동기 선정

13

접지설비에서 보호도체에 대한 다음 각 물음에 답하시오.

(1) 보호선이란 안전을 목적(가령 감전보호)으로 설치된 전선으로서 다음 표의 단면적 이상으로 선정하여야 한다. ① ~ ③에 알맞은 보호선 최소 단면적의 기준을 각각 쓰시오.

[표] 보호도체의 단면적

선도체의 단면적 S [mm^2]	보호도체의 최소 단면적 [mm^2] (보호선의 재질이 선도체와 같은 경우)
S ≤ 16	①
16 ≤ S ≤ 35	②
35 ≤ S	③

(2) 보호선의 종류를 2가지만 쓰시오.

정답

(1) ① S ② 16 ③ S/2

(2) ① 다심케이블의 전선
   ② 고정배선의 나도체 또는 절연도체

핵심이론

□ 보호도체(KEC 142.3.2)
(1) 보호도체(PE)의 최소 단면적 산정 방법

선도체의 단면적 S	보호도체의 최소 단면적(mm^2, 구리)	
	선도체와 같은 경우	선도체와 다른 경우
S ≤ 16	S	$(k_1/k_2) \times S$
16 < S ≤ 35	16 (a)	$(k_1/k_2) \times 16$
S > 35	S (a) / 2	$(k_1/k_2) \times (S/2)$

k_1 : 도체 및 절연의 재질에 따라 선정된 선도체에 대한 계수
k_2 : 보호도체에 대한 계수

(2) 보호도체의 단면적 계산(차단시간이 5초 이하)

$$S = \frac{\sqrt{I^2 t}}{k}$$

S : 단면적 [mm^2]   I : 보호장치를 통하는 예상 고장전류 실횻값 [A]
t : 자동차단을 위한 보호장치의 동작시간 [s]   k : 재질 및 초기온도와 최종온도 계수

(3) 보호도체의 종류
- 다심케이블의 도체
- 충전도체와 같은 트렁킹에 수납된 절연도체 또는 나도체
- 고정된 절연도체 또는 나도체

14

특고압 수전 설비에 대한 다음 각 물음에 답하시오.

(1) 동력용 변압기에 연결된 동력부하 설비용량이 350 [kW], 부하역률은 85%, 효율 85%, 수용률은 60%라고 할 때 동력용 3상 변압기의 용량은 몇 kVA인지를 산정하시오. (단, 변압기의 표준 정격용량은 다음 표에서 선정한다.)

동력용 3상 변압기 표준용량 [kVA]

| 200 | 250 | 300 | 400 | 500 | 600 |

(2) 3상 농형 유도전동기에 전용 차단기를 설치할 때 전용 차단기의 정격전류 [A]를 구하시오. (단, 전동기는 160 [kW]이고, 정격전압은 3300 [V], 역률은 85%, 효율은 85%이며, 차단기의 정격전류는 전동기 전류의 3배로 계산한다)

정답

(1) $T_r = \dfrac{\text{설비용량} \times \text{수용률}}{\text{역률} \times \text{효율}} = \dfrac{350 \times 0.6}{0.85 \times 0.85} = 290.66 \,[\text{kVA}]$

답 300 [kVA]

(2) • 부하전류 $I = \dfrac{P}{\sqrt{3}\, V \cos\theta\, \eta} = \dfrac{160 \times 10^3}{\sqrt{3} \times 3300 \times 0.85 \times 0.85} = 38.74\,[\text{A}]$

• 차단기 정격전류 $I_n = 3I = 3 \times 38.74 = 116.22\,[\text{A}]$

답 116.22 [A]

15

그림과 같이 접속된 3상 3선식 고압 수전설비의 변류기 2차 전류가 언제나 4.2 [A]이었다. 이때 수전전력 [kW]을 구하시오. (단, 수전전압은 6600 [V], 변류비는 50/5 [A], 역률은 100 [%]이다)

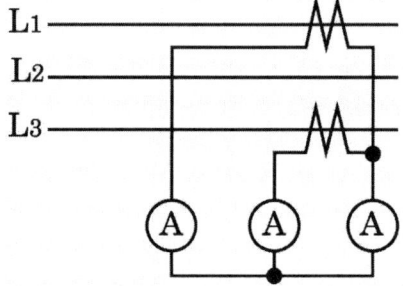

정답

■ 계산과정

$P = \sqrt{3}\, V_1 I_1 \cos\theta \times 10^{-3} = \sqrt{3} \times 6600 \times 4.2 \times \dfrac{50}{5} \times 1 \times 10^{-3} = 480.12\,[\text{kW}]$

답 480.12 [kW]

16

전동기의 진동과 소음이 발생되는 원인에 대하여 다음 각 물음에 답하시오.

(1) 진동이 발생하는 원인을 5가지만 쓰시오.

(2) 전동기 소음을 크게 3가지로 분류하고 각각에 대하여 설명하시오.

정답

(1) 진동 원인
  ① 회전자의 정적 · 동적 불평형
  ② 베어링의 불량
  ③ 상대 기기와의 연결 불량 및 설치 불량
  ④ 회전자의 편심
  ⑤ 에어 갭의 회전 시 변동
(2) 전동기 소음
  ① 기계적 소음 : 진동, 브러쉬의 진동, 베어링 등의 원인
  ② 전자적 소음 : 철심이 주기적인 자력, 전자력에 의해 진동하며 발생되는 소음
  ③ 통풍 소음 : 팬, 회전자의 에어덕트 등 팬 작용으로 발생되는 소음

17

공급점에서 30 [m]의 지점에 80 [A], 45 [m]의 지점에 50 [A], 60 [m]의 지점에 30 [A]의 부하가 걸려 있을 때, 부하 중심까지의 거리를 구하시오.

정답

- 계산과정

중심거리 $L = \dfrac{L_1 I_1 + L_2 I_2 + L_3 I_3}{I_1 + I_2 + I_3} = \dfrac{30 \times 80 + 45 \times 50 + 60 \times 30}{80 + 50 + 30} = 40.31$ [m]

답 40.31 [m]

18

3상 농형 유도전동기의 기동방식 중 리액터 기동방식에 대하여 설명하시오.

정답

기동 시 유도전동기에 직렬로 리액터를 설치하여 전동기에 인가되는 전압을 감압시켜 기동하는 방법

01

정격전류가 320 [A]이고, 역률 0.85인 3상 유도전동기가 있다. 다음 제시한 자료에 의하여 전압강하를 구하시오.

[참고]
- 전선편도 길이 : 150 m
- 사용전선의 특징 : R = 0.18 Ω/km, ωL = 0.102 Ω/km, ωC는 무시한다.

정답

■ 계산과정
- 1선당 저항 $R = 0.18 \times 0.15 = 0.027\ [\Omega]$
- 1선당 리액턴스 $X = 0.102 \times 0.15 = 0.0153\ [\Omega]$
- 전압강하 $e = \sqrt{3}\,I(R\cos\theta + X\sin\theta)$
  $= \sqrt{3} \times 320 \times (0.027 \times 0.85 + 0.0153 \times \sqrt{1-0.85^2}) = 17.19\ [V]$

답 17.19 [V]

02

고조파 전류는 각종 선로나 간선에 에너지절약 기기나 무정전전원장치 등이 증가되면서 선로에 발생하여 전원의 질을 떨어뜨리고 과열 및 이상 상태를 발생시키는 원인이 되고 있다. 고조파 전류를 방지하기 위한 대책을 3가지만 쓰시오.

정답

① 전력변환 장치의 수를 크게 한다.

② 고조파 필터를 사용하여 제거한다.

③ 변압기 결선에서 △결선을 채용, 고조파 순환회로를 구성하여 외부에 고조파가 나타나지 않도록 한다.

03

배전선로의 전압조정기를 3가지만 쓰시오.

정답

① 자동전압 조정기(SVR, IVR)   ② 고정 승압기   ③ 병렬 콘덴서

04

그림은 3상 유도전동기의 Y-△ 기동방식의 주회로 부분이다. 다음 물음에 답하시오

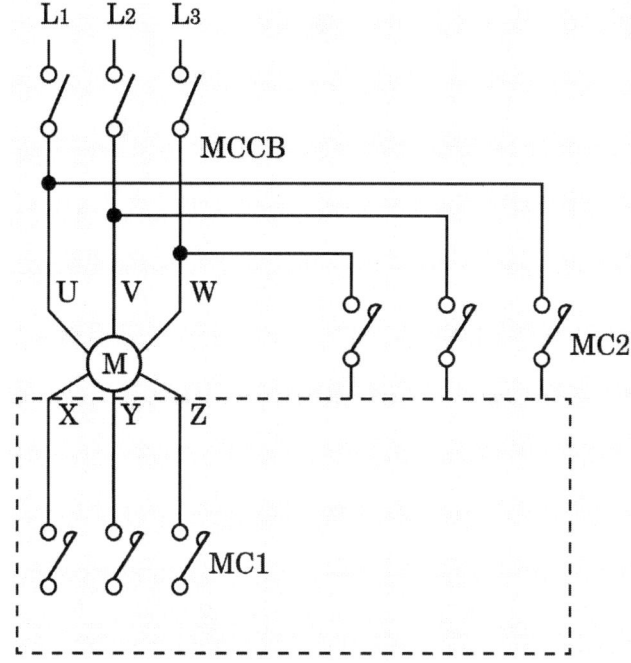

(1) 주회로 부분의 미완성 회로에 대한 결선을 완성하시오.

(2) Y-△ 기동과 전전압 기동에 대하여 기동전류 비를 제시하여 설명하시오.

(3) 3상 유도전동기를 Y-△로 기동하여 운전할 때 기동과 운전을 하기 위한 제어회로의 동작 사항을 설명하시오. (단, 동시투입 여부를 포함하여 설명하시오.)

정답

(1)
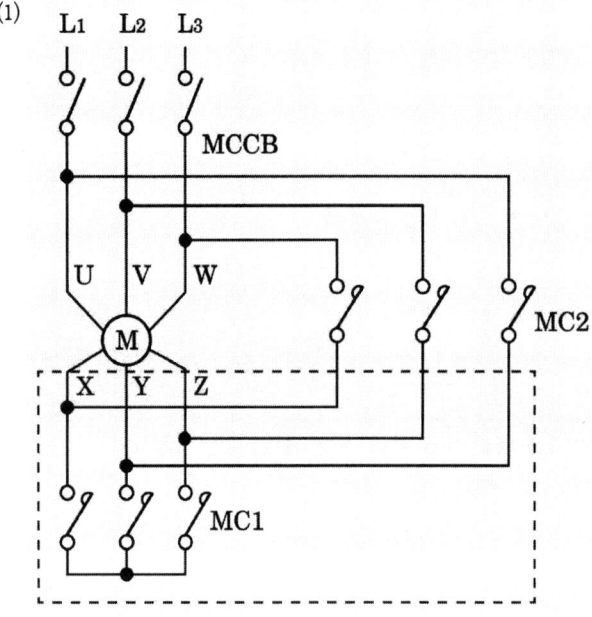

(2) Y-△ 기동 시 기동전류는 전전압 기동 시 기동전류의 $\frac{1}{3}$ 배가 된다.

(3) ① MCCB를 투입하고 기동 스위치를 누르면 MC_1 전자접촉기가 여자되어 Y결선 기동
  ② 일정시간 후 MC_1는 소자되고, MC_2 전자접촉기가 여자되어 △결선 운전하게 된다(MC_1과 MC_2는 동시 투입되어서는 안 된다.)
  ③ 정지 스위치를 누르면 MC_2가 소자되어 전동기는 정지한다.

05

전력시설물 공사감리업무 수행지침에서 정하는 발주자는 외부적 사업환경의 변동, 사업추진 기본계획의 조정, 민원에 따른 노선변경, 공법변경, 그 밖의 시설물 추가 등으로 설계변경이 필요한 경우에는 다음의 서류를 첨부하여 반드시 서면으로 책임 감리원에게 설계변경을 하도록 지시하여야 한다. 이 경우 첨부하여야 하는 서류 5가지를 쓰시오. (단, 그 밖에 필요한 서류는 제외한다)

정답

① 설계변경 개요서 ② 설계변경 도면 ③ 설계 설명서 ④ 계산서 ⑤ 수량산출서

> **핵심이론**
>
> □ 설계변경 및 계약금액 조정(전력시설물 공사감리업무 수행지침 제52조)
>
> 발주자는 외부적 사업환경의 변동, 사업추진 기본계획의 조정, 민원에 따른 노선변경, 공법변경, 그 밖의 시설물 추가 등으로 설계변경이 필요한 경우에는 다음 각 호의 서류를 첨부하여 반드시 서면으로 책임감리원에게 설계변경을 하도록 지시하여야 한다.
>
> 다만, 발주자가 설계변경 도서를 작성할 수 없을 경우에는 설계변경개요서만 첨부하여 설계변경 지시를 할 수 있다.
>
> 1. 설계변경 개요서
> 2. 설계변경 도면, 설계설명서, 계산서 등
> 3. 수량산출 조서
> 4. 그 밖에 필요한 서류

06

그림의 단선결선도를 보고 ① ~ ⑤에 들어갈 기기에 대하여 표준 심벌을 그리고 약호, 명칭, 용도 또는 역할에 대해서 쓰시오.

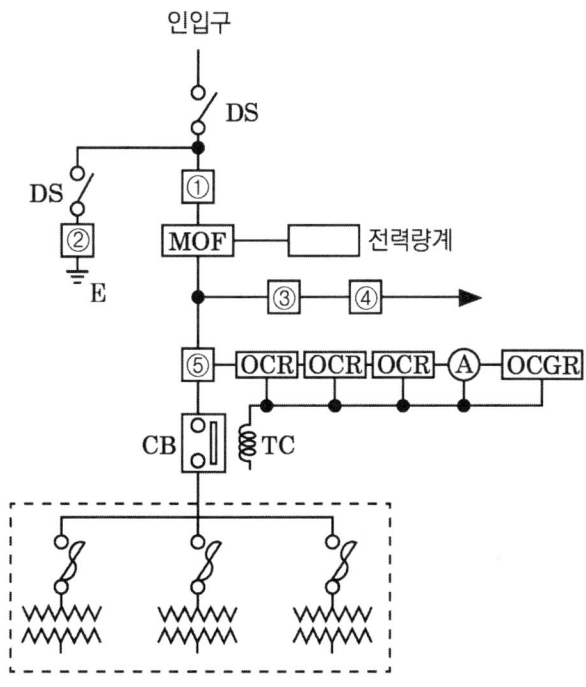

정답

번호	심벌	약호	명칭	용도 및 역할
①		PF	전력퓨즈	단락전류 및 고장전류 차단
②		LA	피뢰기	이상전압 침입 시 이를 대지로 방전시키며 속류를 차단한다.
③		COS	컷아웃스위치	계기용변압기 및 부하 측에 고장 발생시 이를 고압 회로로부터 분리하여 사고의 확대를 방지한다.
④		PT	계기용변압기	고전압을 저전압(정격 110V)으로 변성한다.
⑤		CT	계기용변류기	대전류를 소전류(정격 5A)으로 변성한다.

07

알칼리 축전지의 정격용량이 100 [Ah]이고, 상시부하가 5 [kW], 표준전압이 100 [V]인 부동충전방식이 있다. 이 부동충전방식에서 다음 각 물음에 답하시오.

(1) 부동충전방식의 충전기 2차전류는 몇 [A]인지 계산하시오.
(2) 부동충전방식의 회로도를 전원, 축전지, 부하, 충전기(정류기) 등을 이용하여 간단히 답란에 그리시오. 단, 심벌은 일반적인 심벌로 표현하되 심벌 부근에 심벌에 따른 명칭을 쓰도록 하시오.

정답

(1) $I_2 = \dfrac{100}{5} + \dfrac{5 \times 10^3}{100} = 70$ [A]   답 70 [A]

(2)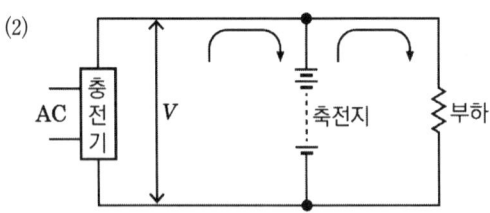

핵심이론

□ 충전기의 2차 전류
- $I_2 = \dfrac{\text{축전지의 정격용량 [Ah]}}{\text{축전지 방전율 [h]}} + \dfrac{\text{상시부하용량 [W]}}{\text{표준전압 [V]}}$
- 연축전지의 방전율은 10 [H], 알칼리축전지의 방전율은 5 [H]이다.

08

양수량 15 [m³/min], 양정 20 [m]의 양수 펌프용 전동기의 소요전력 [kW]을 구하시오. (단, K = 1.1, 펌프효율은 80%로 한다)

정답

$$P = \frac{KQH}{6.12\,\eta} = \frac{1.1 \times 15 \times 20}{6.12 \times 0.8} = 67.4 \,[\text{kW}]$$

답 67.4 [kW]

09

전력설비 점검 시 보호계전 계통의 오동작 원인 3가지만 쓰시오.

정답

① 보호 계전기의 허용 범위를 초과한 온도
② 높은 습도에 의한 절연성능 저하 및 부식
③ 진동, 충격

10

154 [kV] 중성점 직접 접지 계통의 피뢰기 정격전압은 어떤 것을 선택해야 하는가? (단, 접지계수는 0.75이고, 유도계수는 1.1이다)

피뢰기의 정격전압(표준값 [kV])

126	144	154	168	182	196

정답

$V_n = \alpha\beta V_m = 0.75 \times 1.1 \times 170 = 140.25 \,[\text{kV}]$

답 144 [kV]

11

3상 4선식 22.9 [kV] 수전설비의 부하전류가 30 [A]이다. 60/5 [A]의 변류기를 통하여 과전류 계전기를 시설하였다. 120 [%]의 과부하에서 차단시키려면 트립전류치를 몇 [A]로 설정하여야 하는지 구하시오.

정답

과전류계전기의 전류 탭 $I_t = 30 \times \dfrac{5}{60} \times 1.2 = 3$ [A]

답 3 [A]

12

가로의 길이가 10 [m], 세로의 길이가 30 [m], 높이 3.85 [m]인 사무실에 40 [W] 형광등 1개의 광속이 2500 [lm]인 2등용 형광등 기구를 시설하여 400 [lx]의 평균 조도를 얻고자 할 때 다음 요구사항을 구하시오. (단, 조명률이 60%, 감광보상률은 1.3, 책상면에서 천장까지의 높이는 3 [m]이다)

(1) 실지수
(2) 형광등 기구 수

정답

(1) 실지수 $RI = \dfrac{XY}{H(X+Y)} = \dfrac{10 \times 30}{3(10+30)} = 2.5$

답 2.5

(2) $N = \dfrac{EAD}{FU} = \dfrac{400 \times 10 \times 30 \times 1.3}{2500 \times 2 \times 0.6} = 52$

답 52 등기구

핵심이론

□ 광속의 결정
$FUN = EAD$

- E : 평균 조도
- A : 실내의 면적
- U : 조명률
- D : 감광 보상율
- N : 소요 등수
- F : 1등당 광속
- M : 보수율(감광 보상율의 역수)

13

그림은 어떤 변전소의 도면이다. 변압기 상호 부등률이 1.3이고, 부하의 역률 90 [%]이다. STr의 내부 임피던스 4.5%, Tr_1, Tr_2, Tr_3의 %임피던스가 10 [%] 154 [kV] BUS의 내부 임피던스가 0.4 [%]이다. 부하는 표와 같다고 할 때 주어진 도면과 참고 표를 이용하여 다음 물음에 답하시오.

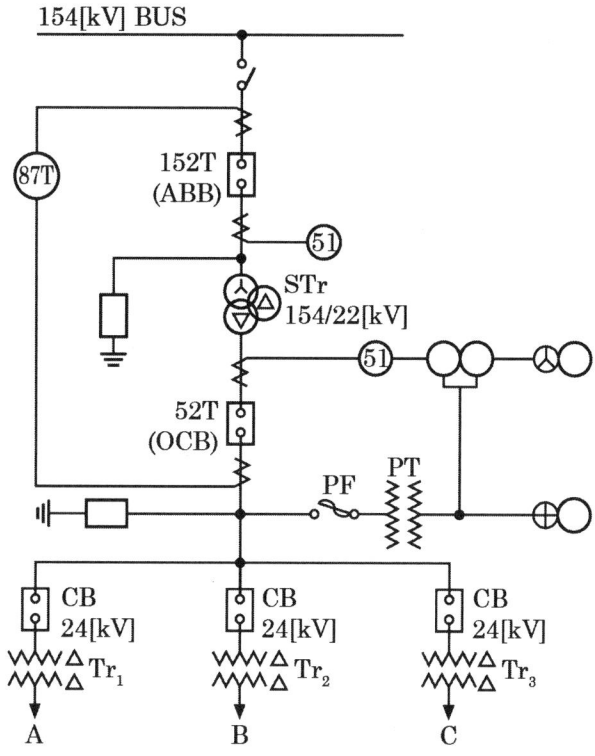

부하	용량	수용률	부등률
A	5000 [kW]	80 [%]	1.2
B	3000 [kW]	84 [%]	1.2
C	7000 [kW]	92 [%]	1.2

〈 152T ABB 용량표 [MVA] 〉

100	200	300	500	750	1000	2000	3000	4000	5000	6000	7000

〈 52T OCB 용량표 [MVA] 〉

100	200	300	500	750	1000	2000	3000	4000	5000	6000	7000

〈 154 kV 변압기 용량표 [kVA] 〉

5000	6000	7000	8000	10000	15000	20000	30000	40000	50000

⟨ 22kV 변압기 용량표 [kVA] ⟩

200	250	500	750	1000	1500	2000	3000
4000	5000	6000	7000	8000	9000	10000	

(1) Tr_1, Tr_2, Tr_3 변압기 용량 [kVA]은?
(2) STr의 변압기 용량 [kVA]은?
(3) 차단기 152T의 용량 [MVA]은?
(4) 차단기 52T의 용량 [MVA]은?
(5) 87T의 우리말 명칭을 쓰고 그 역할에 대하여 쓰시오.
(6) 51의 우리말 명칭을 쓰고 그 역할에 대하여 쓰시오.

정답

(1) 변압기 용량 = $\dfrac{설비용량 \times 수용률}{부등률 \times 역률}$ [kVA]

① $Tr_1 = \dfrac{5000 \times 0.8}{1.2 \times 0.9} = 3703.7$ [kVA]

② $Tr_2 = \dfrac{3000 \times 0.84}{1.2 \times 0.9} = 2333.33$ [kVA]

③ $Tr_3 = \dfrac{7000 \times 0.92}{1.2 \times 0.9} = 5962.96$ [kVA]

　답 TR_1 = 4000 [kVA], TR_2 = 3000 [kVA], TR_3 = 6000 [kVA]

(2) $STr = \dfrac{3703.7 + 2333.33 + 5962.96}{1.3} = 9230.76$ [kVA]

　답 10000 [kVA]

(3) $P_s = \dfrac{100}{\%Z} P_n = \dfrac{100}{0.4} \times 10 = 2500$ [MVA]

　답 3000 [MVA]

(4) $P_s = \dfrac{100}{\%Z} P_n = \dfrac{100}{0.4 + 4.5} \times 10 = 204.08$ [MVA]

　답 300 [MVA]

(5) • 명칭 : 주변압기 차동 계전기
　• 역할 : 변압기의 내부 고장 보호

(6) • 명칭 : 과전류 계전기
　• 역할 : 정정값 이상의 전류가 흘렀을 때 동작하여 경보를 발하거나 차단기를 동작

14

콘덴서회로에서 고조파를 감소시키기 위한 직렬리액터 회로에 대하여 다음 각 물음에 답하시오.

(1) 제5고조파를 감소시키기 위한 리액터의 용량은 콘덴서의 몇 % 이상이어야 하는지 쓰시오.
(2) 설계 시 주파수 변동이나 경제성을 고려하여 리액터의 용량은 콘덴서의 몇 % 정도를 표준으로 하고 있는지 쓰시오.
(3) 제3고조파를 감소시키기 위한 리액터의 용량은 콘덴서의 몇 % 이상이어야 하는지 쓰시오.

정답

(1) 4%   (2) 6%   (3) 11%

핵심이론

□ 직렬리액터의 용량

역할	이론 용량	실제용량
제3고조파 제거	실제로는 11% 여유 필요	13% 여유
제5고조파 제거	실제로는 4% 여유 필요	5~6% 여유

15

그림은 누름버튼스위치 PB$_1$, PB$_2$, PB$_3$를 조작하여 기계 A, B, C를 운전하는 시퀀스 회로도이다. 이 회로도를 타임차트 1~3의 요구사항과 같이 병렬 우선 순위회로로 고쳐서 그리시오. (단, R$_1$, R$_2$, R$_3$는 계전기이며, 이 계전기의 보조 a접점 또는 b접점을 추가 또는 삭제하여 작성하되 불필요한 접점을 사용하지 않도록 하며, 보조 접점에는 접점명을 기입하도록 한다)

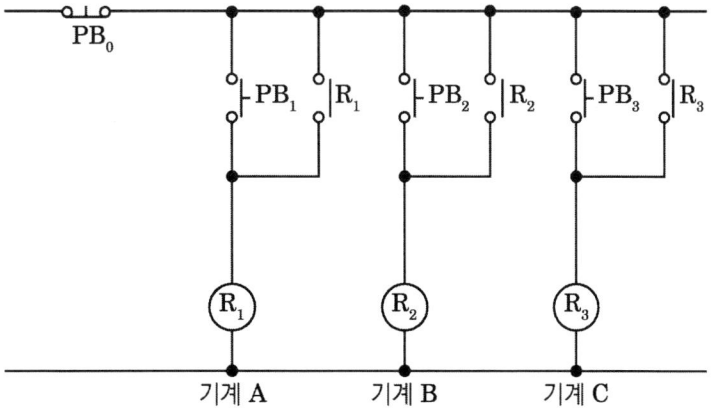

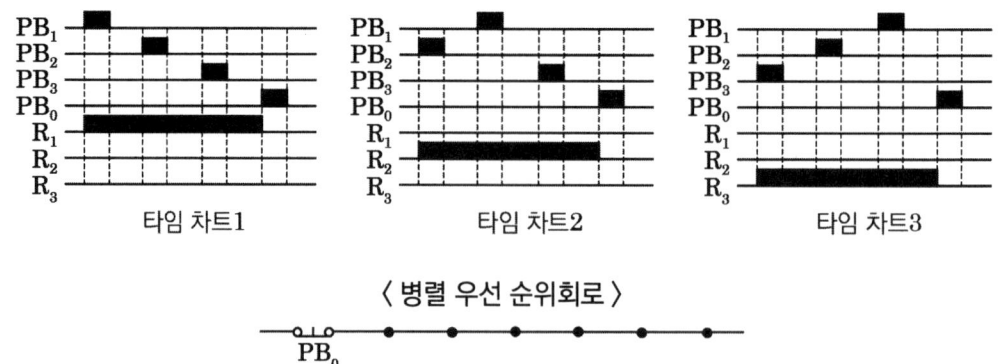

〈 병렬 우선 순위회로 〉

정답

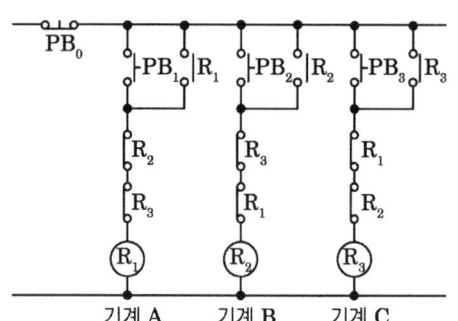

16

1선 지락 고장 시 접지계통별 고장전류의 경로를 답란에 쓰시오.

정답

단일 접지계통	선로-지락점-대지-접지점-중성점-선로
중성점 접지계통	선로-지락점-대지-접지점-중성점-선로
다중 접지계통	선로-지락점-대지-다중 접지극의 접지점-중성점-선로

17

그림과 같은 논리회로를 이용하여 다음 각 물음에 답하시오.

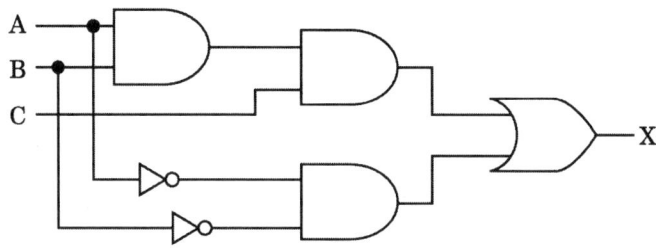

(1) 주어진 논리회로를 논리식으로 표현하시오.

(2) 논리회로의 동작 상태를 다음의 타임차트에 나타내시오.

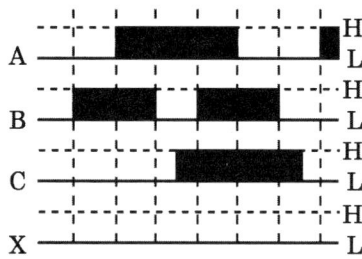

(3) 다음과 같은 진리표를 완성하시오. (단, L은 Low이고, H는 high이다.)

A	L	L	L	L	H	H	H	H
B	L	L	H	H	L	L	H	H
C	L	H	L	H	L	H	L	H
X								

정답

(1) $X = A \cdot B \cdot C + \overline{A} \cdot \overline{B}$

(2)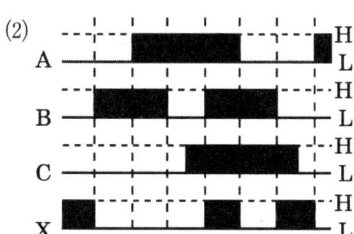

(3)

A	L	L	L	L	H	H	H	H
B	L	L	H	H	L	L	H	H
C	L	H	L	H	L	H	L	H
X	H	H	L	L	L	L	L	H

2017년 제3회

01

수전전압이 6000 [V]인 2 [km] 3상 3선식 선로에 1000 [kW] (늦은역률 0.8) 부하가 연결되어 있다고 한다. 다음 물음에 답하시오. (단, 1선당 저항은 0.3 [Ω/km], 1선당 리액턴스는 0.4 [Ω/km]이다)

(1) 선로의 전압강하를 구하시오.
(2) 선로의 전압강하율을 구하시오.
(3) 선로의 전력손실을 구하시오.

정답

(1) 전압강하 $e = \dfrac{P}{V}(R + X\tan\theta) = \dfrac{1000 \times 10^3}{6000} \times \left(0.3 \times 2 + 0.4 \times 2 \times \dfrac{0.6}{0.8}\right) = 200$ [V]

답 200 [V]

(2) 전압강하율 $\epsilon = \dfrac{e}{V_r} \times 100 = \dfrac{200}{6000} \times 100 = 3.33$ [%]

답 3.33 [%]

(3) 전력손실 $P_l = \dfrac{P^2 R}{V^2 \cos^2\theta} = \dfrac{(1000 \times 10^3)^2 \times 0.3 \times 2}{6000^2 \times 0.8^2} \times 10^{-3} = 26.04$ [kW]

답 26.04 [kW]

02

다음 기기의 명칭을 쓰시오.

(1) 가공 배전선로 사고의 대부분은 조류 및 수목에 의한 접촉, 강풍, 낙뢰 등에 의한 플래시오버 사고로서 이런 사고 발생시 신속하게 고장구간을 차단하고 사고점의 아크를 소멸 시킨 후 즉시 재투입이 가능한 개폐장치이다.

(2) 보안상 책임 분계점에서 보수 점검 시 전로를 개폐하기 위하여 시설하는 것으로 반드시 무부하 상태에서 개방하여야 한다. 근래에는 ASS를 사용하며, 66kV 이상의 경우에는 이를 사용한다.

정답

(1) 리클로저 (2) 선로 개폐기

03

전압 30 [V], 저항 4 [Ω] 유도성 리액턴스 3 [Ω]일 때 콘덴서를 병렬로 연결하여 종합역률 1로 만들기 위해 병렬 연결하는 용량성 리액턴스는 몇 [Ω]인가?

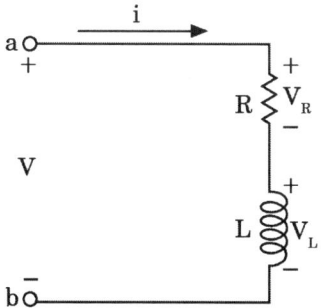

정답

■ 계산과정

- 어드미턴스 $Y = \dfrac{1}{R+jX_L} + j\dfrac{1}{X_c} = \dfrac{R}{R^2+X_L^2} + j\left(\dfrac{1}{X_c} - \dfrac{X_L}{R^2+X_L^2}\right)$

- 역률이 1이 되기 위해서는 허수부가 0이 되어야 하므로,

- $X_c = \dfrac{R^2+X_L^2}{X_L} = \dfrac{4^2+3^2}{3} = 8.33\ [\Omega]$

답 8.33 [Ω]

04

다음은 컴퓨터 등의 중요한 부하에 대한 무정전 전원공급을 위한 그림이다. "㈎ ~ ㈓"에 적당한 전기 시설물의 명칭을 쓰시오.

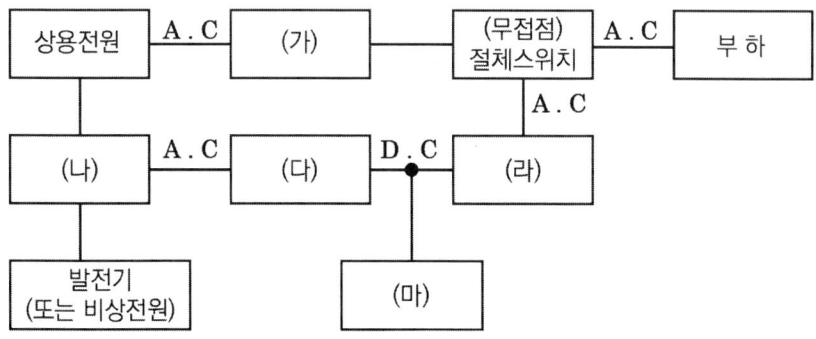

정답

㈎ 자동전압조정기(AVR)   ㈏ 절체 스위치   ㈐ 정류기(컨버터)   ㈑ 인버터   ㈒ 축전지

05

그림은 3상 유도 전동기의 역상 제동 시퀀스회로이다. 물음에 답하시오. (단, 플러깅 릴레이 Sp는 전동기가 회전하며 접점이 닫히고, 속도가 0에 가까우면 열리도록 되어 있다)

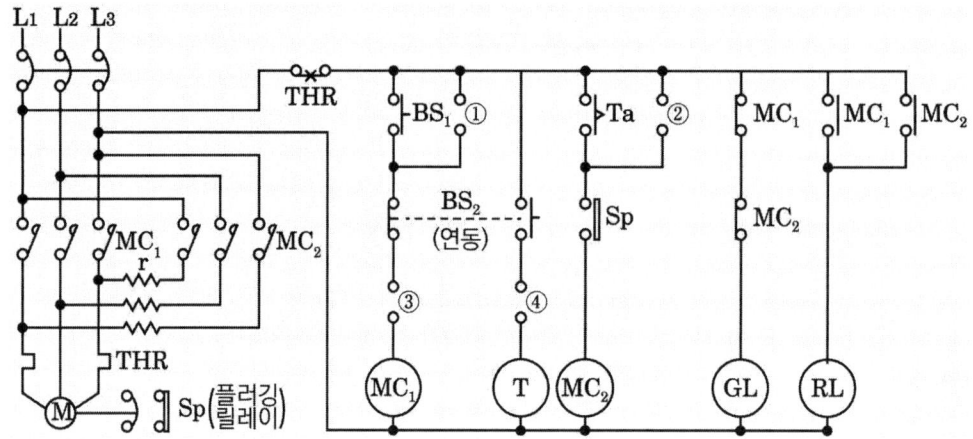

(1) 회로에서 ① ~ ④에 접점과 기호를 넣으시오.
(2) MC_1, MC_2의 동작 과정을 간단히 설명하시오.
(3) 보조릴레이 T와 저항 r에 대하여 그 용도 및 역할에 대하여 간단히 설명하시오.

정답

(1)

①	②	③	④
MC_1 (b접점)	MC_2 (b접점)	MC_2 (a접점)	MC_1 (a접점)

(2) ① BS_1으로 MC_1을 여자시켜 전동기를 직입 기동한다(자기유지).
② BS_2를 눌러 MC_1이 소자되면 전동기는 전원에서 분리되나 회전자 관성모멘트로 인하여 회전은 계속된다.
③ 이때, BS_2의 연동접점으로 T가 MC_1 소자 즉시 여자되며, BS_2를 누르고 있는 상태에서 설정 시간 후 MC_2가 여자되어 전동기는 역회전하려고 한다(자기유지).
④ 전동기의 속도가 급격히 감소하여 0에 가까워지면 플러깅 릴레이에 의하여 전동기는 전원에서 완전히 분리되어 급정지한다(플러깅 제동).

(3) • T : 시간 지연 릴레이를 사용하여 제동 시 과전류를 방지하는 시간적인 여유를 주기 위해 사용한다.
• r : 역상 제동 시 저항의 전압 강하로 전압을 줄이고 제동력을 제한한다.

6

변압기의 절연내력 시험전압에 대한 ① ~ ⑦의 알맞은 내용을 빈칸에 쓰시오.

구분	권선의 종류 (최대사용전압 기준)	시험전압
①	최대 사용전압 7 kV 이하 단, 시험전압이 500 V 미만으로 되는 경우에는 500 V	최대사용전압×( )배
②	7 kV 초과 25 kV 이하의 권선으로서 중성점 접지식 전로에 접속하는 것	최대사용전압×( )배
③	7 kV 초과 60 kV 이하의 권선(2란의 것을 제외한다) 단, 시험전압이 10500 V 미만으로 되는 경우에는 10500 V	최대사용전압×( )배
④	60 kV를 초과하는 권선으로서 중성점 비접지식 전로에 접속하는 것	최대사용전압×( )배
⑤	60 kV를 초과하는 권선으로서 중성점 접지식 전로에 접속하고 또한 성형결선의 권선의 경우에는 그 중성점에, 스콧결선의 권선의 경우에는 좌 권선과 주좌권선의 접속점에 피뢰기를 시설하는 것. 단, 시험전압이 75 kV 미만으로 되는 경우에는 75 kV	최대사용전압×( )배
⑥	최대사용전압이 60 kV를 초과하는 권선으로서 중성점 직접 접지식 전로에 접속하는 것. 다만, 170 kV를 초과하는 권선에는 그 중성점에 피뢰기를 시설하는 것에 한한다.	최대사용전압×( )배
⑦	170 kV를 초과하는 권선으로서 중성점직접접지식 전로에 접속하고 또한 그 중성점을 직접 접지하는 것	최대사용전압×( )배
	기타의 권선	최대사용전압×1.1배

정답

①	②	③	④	⑤	⑥	⑦
1.5	0.92	1.25	1.25	1.1	0.72	0.64

7

전압과 역률이 일정할 때 전력손실이 2배가 되려면 전력은 몇 [%] 증가해야 하는가?

정답

■ 계산과정

전력손실 $P_l = \dfrac{P^2 R}{V^2 \cos^2\theta}$ 의 식에서 전력 $P \propto \sqrt{P_l}$ 이므로 전력 $P = \sqrt{2}$ 배가 된다.

∴ 전력은 $\dfrac{\sqrt{2}-1}{1} \times 100 = 41.42\,\%$ 증가해야 한다.

답 41.42%

08

답안지의 그림은 3상 4선식 전력량계의 결선도를 나타낸 것이다. PT와 CT를 사용하여 미완성 부분의 결선도를 완성하시오.

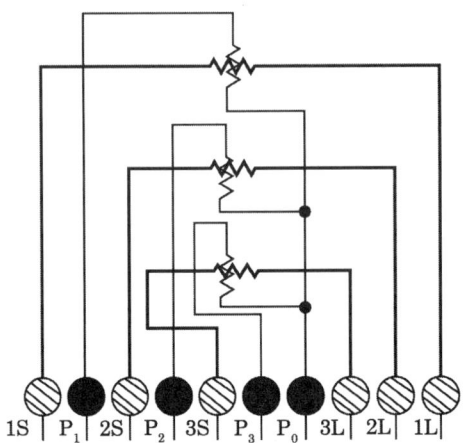

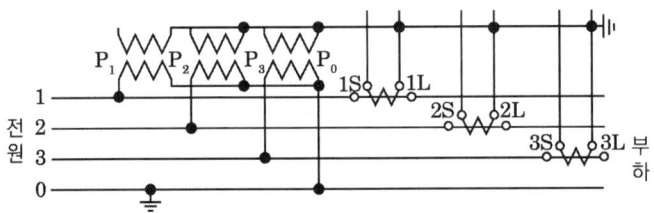

정답

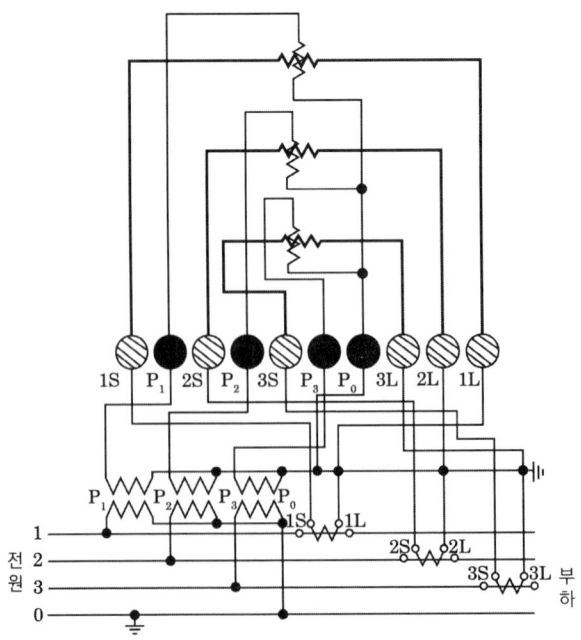

09

정격전압 380 [V]인 3상 직입기동 전동기 1.5 [kW] 1대, 3.7 [kW] 2대와 3상 15 [kW] 기동기 사용 전동기 1대 및 3상 전열기 3 [kW]를 간선에 연결하였다. 이때 간선 굵기, 간선의 과전류차단기 용량을 주어진 표를 이용하여 구하시오. (단, 공사방법 A1, PVC 절연전선을 사용하였다)

[참고자료]

[표1] 3상 유도 전동기의 규약 전류값

출력		전류 [A]		출력		전류 [A]	
[kW]	환산 [HP]	200 [V]용	380 [V]용	[kW]	환산 [HP]	200 [V]용	380 [V]용
0.2	1/4	1.8	0.95	18.5	25	79	41.58
0.4	1/2	3.2	1.68	22	30	93	48.95
0.75	1	4.8	2.53	30	40	124	65.26
1.5	2	8.0	4.21	37	50	151	80
2.2	3	11.1	5.84	45	60	180	100
3.7	5	17.4	9.16	55	75	225	121
5.5	7.5	26	13.68	75	100	300	163
7.5	10	34	17.89	90	120	360	189.5
11	15	48	25.26	110	147	440	231.6
15	20	65	34.21	132	176	499.7	263

[주1] 사용하는 회로의 표준전압이 220[V]인 경우 200[V]인 것의 0.9배로 한다.
[주2] 고효율 전동기는 제작자에 따라 차이가 있으므로 제작자의 기술자료를 참조할 것

[표] 380[V] 3상 유도전동기의 간선의 굵기 및 기구의 용량

전동기 kW 수의 총계 kW 이하	최대 사용 전류 [A] 이하	배선종류에 의한 간선의 최소 굵기[mm²]						직입기동 전동기 중 최대 용량의 것										
		공사방법 A1		공사방법 B1		공사방법 C		0.75	1.5	2.2	3.7	5.5	7.5	11	15	18.5	22	30	37
		3개선		3개선		3개선		Y-△ 기동기 사용 전동기 중 최대용량의 것											
								-	-	-	-	5.5	7.5	11	15	18.5	22	30	37
		PVC	XLPE EPR	PVC	XLPE EPR	PVC	XLPE EPR	과전류차단기(배선용 차단기) 용량 [A] 직입기동 - (칸 위 숫자), Y-△ 기동 - (칸 아래 숫자)											
3	7.9	2.5	2.5	2.5	2.5	2.5	2.5	15 -	15 -	15 -	-	-	-	-	-	-	-	-	-
4.5	10.5	2.5	2.5	2.5	2.5	2.5	2.5	15 -	15 -	20 -	30 -	-	-	-	-	-	-	-	-
6.3	15.8	2.5	2.5	2.5	2.5	2.5	2.5	20 -	20 -	30 -	30 -	40 30	-	-	-	-	-	-	-
8.2	21	4	2.5	2.5	2.5	2.5	2.5	30 -	30 -	30 -	30 -	40 30	-	-	-	-	-	-	-
12	26.3	6	4	4	2.5	4	2.5	40 -	40 -	40 -	40 -	40 40	50 40	75 40	-	-	-	-	-
15.7	39.5	10	6	10	6	6	4	50 -	50 -	50 -	50 -	50 50	60 50	75 50	100 60	-	-	-	-
19.5	47.4	16	10	10	6	10	6	60 -	60 -	60 -	60 -	60 60	75 60	75 60	100 60	125 75	-	-	-
23.2	52.6	16	10	16	10	10	10	75 -	75 -	75 -	75 -	75 75	75 75	100 75	100 75	125 78	125 100	-	-
30	65.8	25	16	16	10	16	10	100 -	100 -	100 -	100 -	100 100	100 100	100 100	125 100	125 100	125 100	-	-
37.5	78.9	35	25	25	16	25	16	100 -	100 -	100 -	100 -	100 100	100 100	100 100	125 100	125 100	125 100	125 125	-
45	92.1	50	25	35	25	25	16	125 -	125 -	125 -	125 -	125 125	125 125	125 125	125 125	125 125	125 125	125 125	125 125
52.5	105	20	35	35	25	35	25	125 -	125 -	125 -	125 -	125 125	125 125	125 125	125 125	125 125	125 125	150 150	150 150
63.7	131	70	50	50	35	50	35	175 -	175 -	175 -	175 -	175 175	175 175	175 175	175 175	175 175	175 175	175 175	175 175
75	157	95	70	70	50	70	50	200 -	200 -	200 -	200 -	200 200	200 200	200 200	200 200	200 200	200 200	200 200	200 200
86.2	184	120	95	95	70	95	70	225 -	225 -	225 -	225 -	225 225	225 225	225 225	225 225	225 225	225 225	225 225	225 225

[비고 1] 최소 전선 굵기는 1회선에 대한 것이며, 2회선 이상일 경우는 복수회로 보정계수를 적용하여야 한다.

[비고 2] 공사방법 A1은 벽 내의 전선관에 공사한 절연전선 또는 단심케이블, B1은 벽면의 전선관에 공사한 절연전선 또는 단심케이블, 공사방법 C는 벽면에 공사한 단심 또는

다심케이블을 시설하는 경우의 전선 굵기를 표시하였다.

[비고 3] 「전동기중 최대의 것」에 동시 기동하는 경우를 포함한다.

[비고 4] 배선용차단기의 용량은 해당 조항에 규정되어 있는 범위에서 실용상 최댓값을 표시한다.

[비고 5] 배선용차단기의 선정은 최대용량의 정격전류의 3배에 다른 전동기의 정격전류의 합계를 가산한 값 이하를 표시한다.

[비고 6] 배선용차단기를 배·분전반, 제어반 내부에 시설하는 경우는 그 반 내의 온도상승에 주의하여야 한다.

정답

(1) • 전열기 전류 $I_H = \dfrac{3 \times 10^3}{\sqrt{3} \times 380 \times 1} = 4.56\,\text{A}$

• 최대사용전류 $I = (4.21 + 9.16 \times 2 + 34.21) + 4.56 = 61.3\,\text{A}$

• 최대사용전류 65.8 A, A1, PVC 에 의하여 간선굵기 25 [mm²]

답 25 [mm²]

(2) 최대사용전류 65.8 [A]난과 기동기 사용 15 [kW]난에서 과전류차단기 100 [A] 선정

답 100 [A]

10

중성점 직접 접지 계통에 인접한 통신선의 전자 유도 장해 경감에 관한 대책을 경제성이 높은 것부터 설명하시오.

(1) 근본 대책
(2) 전력선측 대책(3가지)
(3) 통신선측 대책(3가지)

정답

(1) 근본대책 : 전자유도 전압의 억제

(2) 전력선 측 대책
　① 송전선로를 될 수 있는 대로 통신선로로부터 멀리 떨어져 건설한다.
　② 접지장소를 적당히 선정해서 기유도 전류의 분포를 조절한다.
　③ 고속도 지락보호 계전 방식을 채용한다.

④ 차폐선을 설치한다.
⑤ 지중전선로 방식을 채용한다.

(3) 통신선 측 대책
① 절연 변압기를 설치하여 구간을 분리한다.
② 연피케이블을 사용한다.
③ 통신선에 우수한 피뢰기를 사용한다.
④ 배류코일을 설치한다.
⑤ 전력선과 교차 시 수직 교차한다.

11

그림과 같은 점광원으로부터 원뿔 밑면까지의 거리가 4 [m], 밑면의 반지름이 3 [m]인 원형면의 평균조도가 100 [lx]라면 이 점광원의 평균광도 [cd]는?

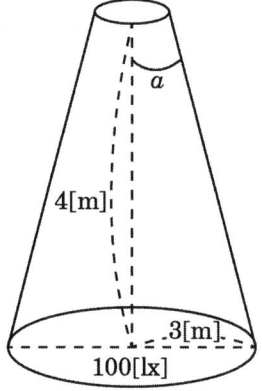

정답

■ 계산과정

$$\cos \alpha = \frac{4}{\sqrt{4^2 + 3^2}} = 0.8$$

광속 $F = ES = E\pi a^2$

광도 $I = \frac{F}{\omega} = \frac{E\pi a^2}{2\pi(1-\cos\alpha)} = \frac{100\pi \times 3^2}{2\pi(1-0.8)} = 2250$ [cd]

답 2250 cd

12

그림은 고압 전동기 100 [HP] 미만을 사용하는 고압 수전설비 결선도이다. 이 그림을 보고 다음 각 물음에 답하시오.

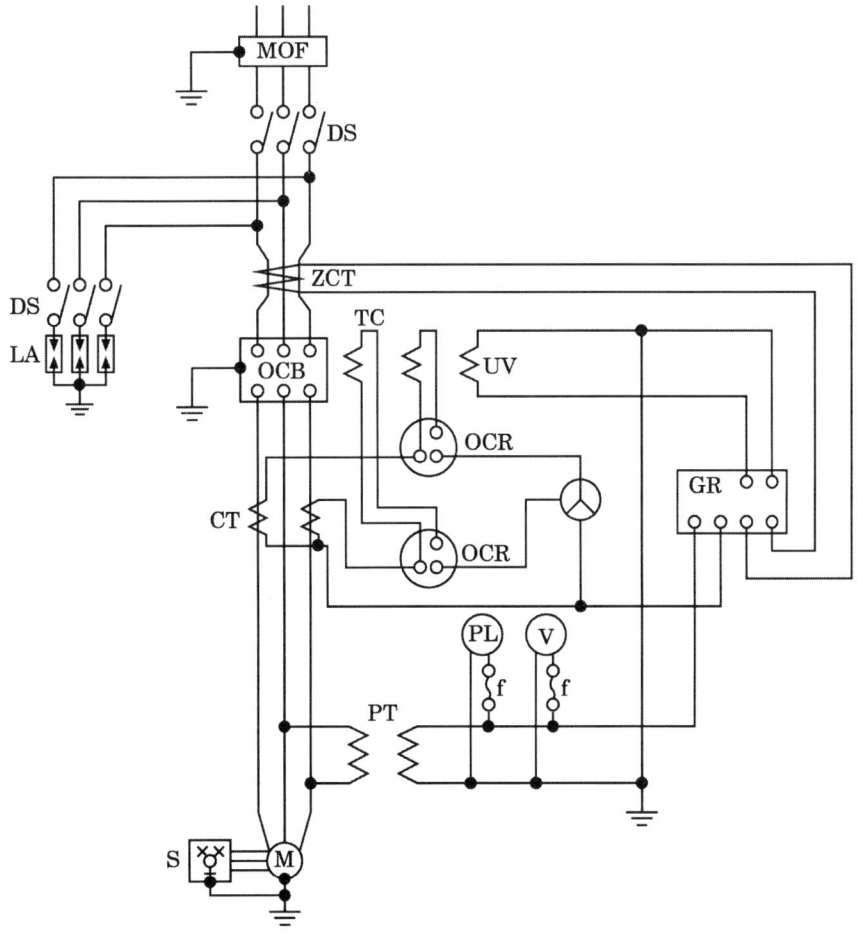

(1) 본 도면에서 생략할 수 있는 부분은?
(2) 전력용 콘덴서에 고조파 전류가 흐를 때 사용하는 기기는 무엇인가?
(3) 다음 명칭과 용도 또는 역할을 쓰시오.

번호	약호	명칭	역할
①	MOF		
②	LA		
③	ZCT		
④	OCB		
⑤	OC		
⑥	G		

> 정답

(1) LA용 DS

(2) 직렬 리액터

(3)
번호	약호	명칭	역할
①	MOF	전력수급용 계기용 변성기	고전압, 대전류를 변압, 변류하여 전력량계에 공급
②	LA	피뢰기	이상전압 내습시 이를 대지로 방전하고, 속류를 차단
③	ZCT	영상변류기	지락사고시 영상전류 검출
④	OCB	유입차단기	단락 및 과부하, 지락사고 등 사고전류를 차단 및 부하전류를 개폐하기 위한 장치
⑤	OC	과전류계전기	정정값 이상의 전류가 흐르면 동작되는 계전기
⑥	G	지락계전기	지락사고 발생시 동작하는 계전기

13

평형 3상 회로에 변류비 100/5인 변류기 2대를 그림과 같이 접속하였을 때 전류계에 4 A의 전류가 흘렀다 1차 전류의 크기는 몇 [A]인가?

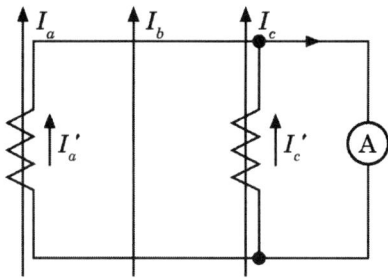

> 정답

■ 계산과정

가동결선이므로 $I_a' = I_c' = I = 4A$

$I_1 = I_2 \times CT비 = 4 \times \dfrac{100}{5} = 80$ [A]

답 80 [A]

14

다음 그림은 릴레이 인터록 회로이다. 그림을 보고 다음 각 물음에 답하시오.

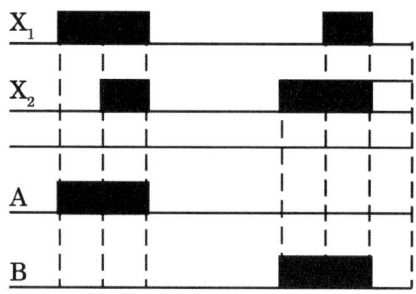

(1) 이 회로를 논리회로로 고쳐 완성하시오.

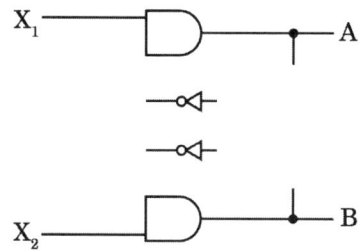

(2) 논리식을 쓰고 진리표를 완성하시오.
 • 논리식
 • 진리표

X_1	X_2	A	B
0	0		
0	1		
1	0		

정답

(1)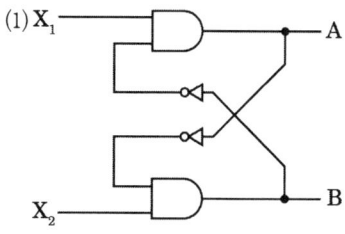

(2) • 논리식 : $A = X_1 \cdot \overline{B}$, $B = X_2 \cdot \overline{A}$
 • 진리표

X_1	X_2	A	B
0	0	0	0
0	1	0	1
1	0	1	0

15

비접지 선로의 접지전압을 검출하기 위하여 그림과 같은 Y-Y-개방△ 결선을 한 GPT가 있다. 다음 물음에 답하시오.

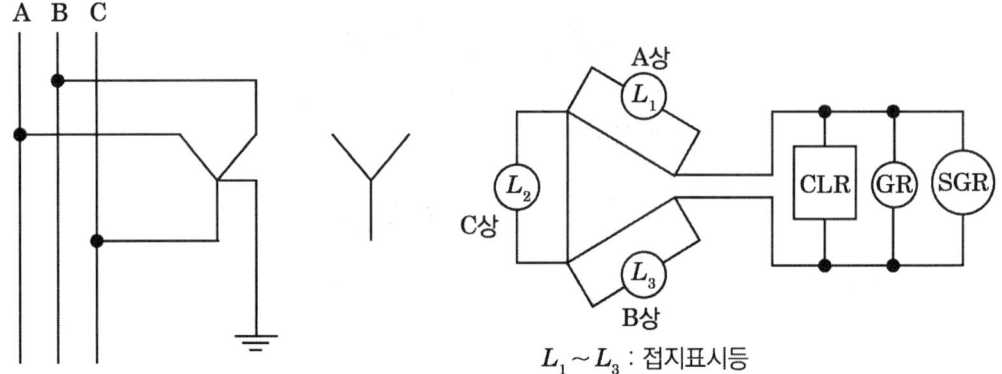

$L_1 \sim L_3$: 접지표시등

(1) A상 고장 시(완전 지락 시), 2차 접지표시등 L_1, L_2, L_3의 점멸과 밝기를 비교하시오.
(2) 1선 지락 사고 시 건전상(사고가 안 난 상)의 대지 전위의 변화를 간단히 설명하시오.
(3) CLR, SGR 의 정확한 명칭을 우리말로 쓰시오.

정답

(1) • L_1 : 소등
 • L_2, L_3 : 점등(더욱 밝아짐)
(2) 평상시의 건전상의 대지전위는 $110/\sqrt{3}$ [V]이나 1선 지락 사고 시에는 전위가 $\sqrt{3}$ 배로 증가하여 110 [V]가 된다.
(3) • CLR : 한류저항기
 • SGR : 선택지락 계전기

16

주택 및 아파트에 설치하는 콘센트의 수는 주택의 크기, 생활수준, 생활방식 등이 다르기 때문에 일률적으로 규정하기는 곤란하다. 내선규정에서는 이 점에 대하여 아래의 표와 같이 규모별로 표준적인 콘센트 수와 바람직한 콘센트수를 규정하고 있다. 아래 표를 완성하시오.

방의 크기 [m^2]	표준적인 설치 수
5 미만	
5 ~ 10 미만	
10 ~ 15 미만	
15 ~ 20 미만	
부엌	

[비고 1] 콘센트 구수에 관계없이 1개로 본다.
[비고 2] 콘센트 2구 이상 콘센트를 설치하는 것이 바람직하다.
[비고 3] 대형전기기계기구의 전용콘센트 및 환풍기, 전기시계 등을 벽에 붙이는 전용콘센트는 위 표에 포함되어 있지 않다.
[비고 4] 다용도실이나 세면장에는 방수형 콘센트를 시설하는 것이 바람직하다.

정답

방의 크기 [m^2]	표준적인 설치 수
5 미만	1
5 ~ 10 미만	2
10 ~ 15 미만	3
15 ~ 20 미만	3
부엌	2

핵심이론

□ 주택의 콘센트 수

방의 크기 [m^2]	표준적인 설치 수	바람직한 설치 수
5 미만	1	2
5 이상 10 미만	2	3
10 이상 15 미만	3	4
15 이상 20 미만	3	5
부엌	2	4

17

변압기의 1일 부하 곡선이 그림과 같은 분포일 때 다음 물음에 답하시오. (단, 변압기의 전부하 동손은 130 [W], 철손은 100 [W]이다)

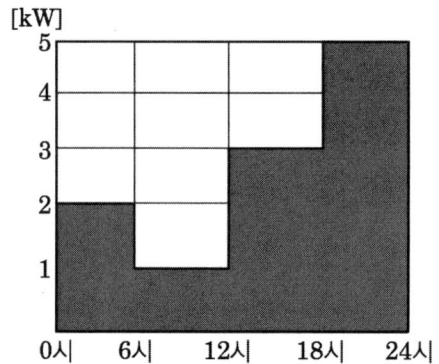

(1) 1일 중의 사용 전력량은 몇 [kWh]인가?
(2) 1일 중의 전손실 전력량은 몇 [kWh]인가?
(3) 1일 중 전일효율은 몇 [%]인가?

정답

(1) 1일 중 사용 전력량 $W = 2 \times 6 + 1 \times 6 + 3 \times 6 + 5 \times 6 = 66$ [kWh]

답 66 [kWh]

(2) 1일 중의 전손실 전력량

① 동손 $P_c = \left[\left(\dfrac{2}{5}\right)^2 + \left(\dfrac{1}{5}\right)^2 + \left(\dfrac{3}{5}\right)^2 + \left(\dfrac{5}{5}\right)^2\right] \times 0.13 \times 6 = 1.22$ [kWh]

② 철손 $P_i = 0.1 \times 24 = 2.4$ [kWh]

③ 전체손실 $P_l = P_i + P_c = 2.4 + 1.22 = 3.62$ [kWh]

답 3.62 [kWh]

(3) 효율 $\eta = \dfrac{P}{P + P_l} = \dfrac{66}{66 + 3.62} \times 100 = 94.8$ [%]

답 94.8 [%]

18

기자재가 그림과 같이 주어졌다.

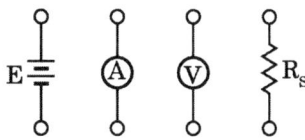

(1) 전압, 전류계법으로 저항값을 측정하기 위한 회로를 완성하시오.
(2) 저항 R_s에 대한 식을 쓰시오.

정답

(1)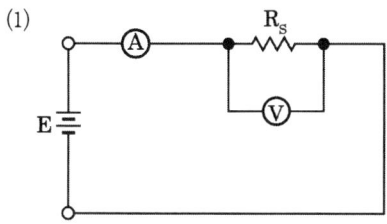

(2) $R_s = \dfrac{\text{Ⓥ}}{\text{Ⓐ}}\ [\Omega]$

01

그림과 같은 교류 3상 3선식 전로에 연결된 3상 평형 부하가 있다. 이때 C상의 P점이 단선된 경우, 이 부하의 소비전력은 단선 전 소비전력에 비하여 어떻게 되는지 계산식을 이용하여 설명하시오. (단, 선간 전압은 E [V]이며, 부하의 저항은 R [Ω]이다)

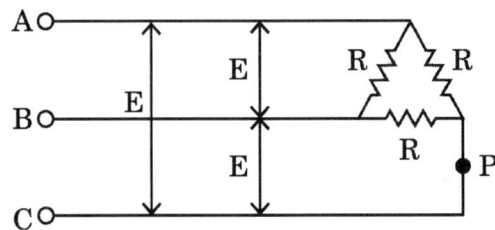

정답

■ 계산과정

- P점 단선 전 전력 $P = 3\dfrac{E^2}{R}$

- 단선 후 저항 $R_L = \dfrac{R \times 2R}{R + 2R} = \dfrac{2}{3}R$

- 단선 후 전력 $P = \dfrac{E^2}{R_L} = \dfrac{E^2}{\dfrac{2}{3}R} = \dfrac{3}{2}\dfrac{E^2}{R}$

- 소비전력 비 : $\dfrac{\text{단선 후}}{\text{단선 전}} = \dfrac{\dfrac{3}{2}\dfrac{E^2}{R}}{\dfrac{3E^2}{R}} = \dfrac{1}{2}$

답 단선 후의 소비전력은 단선 전 소비전력의 $\dfrac{1}{2}$배

02

가로 12 [m], 세로 18 [m], 천장 높이 3 [m], 작업면 높이 0.8 [m]인 사무실에 천장직부 형광등 (22 [W]×2등용)을 설치하고자 할 때 다음 물음에 답하시오.

[조건]
① 작업면 소요 조도 500 [lx]
② 천장 이용률 50 [%]
③ 벽 이용률 50 [%]
④ 바닥 이용율 10 [%]
⑤ 22 [W] 1등의 광속 2500 [lm]
⑥ 보수율 70 [%]

〈 조명률 기준표 〉

반사율	천장	80 [%]				70 [%]				50 [%]				30 [%]				0[%]
	벽	70	50	30	10	70	50	30	10	70	50	30	10	70	50	30	10	0[%]
	바닥	10 [%]				10 [%]				10 [%]				10 [%]				0[%]
실지수		조명률[%]																
1.5		67	58	50	45	64	55	49	43	58	51	45	41	52	46	42	38	33
2.0		72	64	57	52	69	61	55	50	62	56	51	47	57	52	48	44	38
2.5		75	68	62	57	7	66	60	55	65	60	56	52	60	55	52	48	42
3.0		78	71	66	61	74	69	64	59	68	63	59	55	62	58	55	52	45
4.0		81	76	71	67	77	73	69	65	71	67	64	61	65	62	59	56	50
5.0		83	78	75	71	79	75	72	69	73	70	67	64	67	64	62	60	52

(1) 실지수를 구하시오.
(2) 조명률을 구하시오.
(3) 등기구를 효율적으로 배치하기 위한 등기구의 최소 수량을 구하시오.
(4) 형광등의 입력과 출력이 같을 때 하루 10시간 30일 동작 시 최소 소비전력량을 구하시오.

정답

(1) $H = 3 - 0.8 = 2.2$ [m]

$$RI = \frac{XY}{H(X+Y)} = \frac{12 \times 18}{2.2 \times (12+18)} = 3.27$$

답 3.0

(2) 조명률 기준표에서 63 [%]

답 63 [%]

(3) 소요 등기구 수 $N = \dfrac{EAD}{FU} = \dfrac{EA}{FUM} = \dfrac{500 \times (12 \times 18)}{2500 \times 2 \times 0.63 \times 0.7} = 48.979$

답 49 [조]

(4) 소비 전력량 $W = Pt = (22 \times 2) \times 49 \times 10 \times 30 \times 10^{-3} = 646.8$ [kWh]

답 646.8 [kWh]

03

초고압 송전전압이 345 [kV]이다. 송전거리가 200 [km]인 경우 1회선당 가능한 송전전력은 몇 [kW]인지 Still 식에 의해 구하시오.

정답

■ 계산과정

- $V = 5.5\sqrt{0.6l + \dfrac{P}{100}}$ [kV]
- $P = \left[\left(\dfrac{V}{5.5}\right)^2 - 0.6l\right] \times 100 = \left[\left(\dfrac{345}{5.5}\right)^2 - 0.6 \times 200\right] \times 100 = 381471.07$ [kW]

답 381,471.07 [kW]

04

피뢰기에 대한 다음 물음에 답하시오.

(1) 현재 사용되고 있는 교류용 피뢰기의 구조는 무엇과 무엇으로 구성되어 있는지 쓰시오.
(2) 피뢰기의 정격전압에 대해서 쓰시오.
(3) 피뢰기의 제한전압에 대해서 쓰시오.

정답

(1) 직렬 갭과 특성요소
(2) 속류를 차단할 수 있는 교류 최고전압
(3) 피뢰기 방전 중 피뢰기 단자에 남게 되는 충격전압

05

비상용 조명 부하의 사용전압이 110 [V]이고, 60 [W]용 55등, 100 [W]용 77등이 있다. 방전시간 30분 축전지 HS형 54 [cell], 허용 최저전압 100 [V], 최저 축전지 온도 5 [℃]일 때 축전지 용량은 몇 [Ah]인지 계산하시오. (단, 경년용량 저하율이 0.8, 용량환산 시간계수 K = 1.2이다)

정답

■ 계산과정

- 부하전류 $I = \dfrac{P}{V} = \dfrac{60 \times 55 + 100 \times 77}{110} = 100$ [A]

- 축전지용량 $C = \dfrac{1}{L}KI = \dfrac{1}{0.8} \times 1.2 \times 100 = 150$ [Ah]

답 150 [Ah]

06

그림과 같이 3상 4선식 배전선로에 역률 100 [%]인 부하 A-N, B-N, C-N이 각 상과 중성선간에 연결되어 있다. A, B, C 상에 흐르는 전류가 110 [A], 86 [A], 95 [A] 일 때 중성선에 흐르는 전류를 계산하시오.

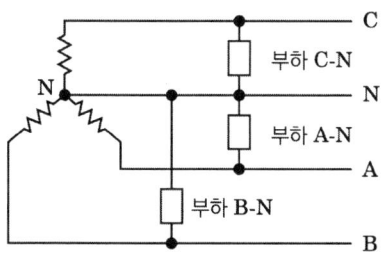

정답

■ 계산과정

$$I_n = \dot{I}_a + \dot{I}_b + \dot{I}_c = 110 + 86\left(-\dfrac{1}{2} - j\dfrac{\sqrt{3}}{2}\right) + 95\left(-\dfrac{1}{2} + j\dfrac{\sqrt{3}}{2}\right)$$
$$= 110 - 43 - j43\sqrt{3} - 47.5 + j47.5\sqrt{3} = 19.5 + j7.79 = \sqrt{19.5^2 + 7.79^2}$$
$$= 21 \text{ [A]}$$

답 21 [A]

07

단권변압기는 1차, 2차 회로에 공통된 권선부분을 가진 변압기이다. 단권변압기의 장점 3가지 및 단점 2가지, 사용용도 2가지에 대해서 쓰시오.

정답

(1) 장점
   ① 동량을 줄일 수 있어 경제적이다.
   ② 동손이 감소하여 효율이 좋아진다.
   ③ 전압강하, 전압변동률이 작다.

(2) 단점
   ① 누설 임피던스가 적어 단락전류가 크다.
   ② 1차 측에 이상전압 발생 시 2차 측에도 고전압이 걸려 위험하다.

(3) 용도
   ① 초고압 전력용 변압기
   ② 승압 및 강압용 변압기

08

배전용 변전소에 접지공사를 하고자 한다. 접지목적을 3가지로 요약하여 설명하고, 중요한 접지개소를 4가지만 쓰시오.

(1) 접지목적(3가지)
(2) 접지개소(4가지)

정답

(1) 접지목적
   ① 인체감전 방지
   ② 기기의 손상방지
   ③ 보호계전기의 확실한 동작

(2) 접지개소
   ① 일반기기 및 제어반 외함 접지
   ② 피뢰기 접지
   ③ 피뢰침 접지
   ④ 옥외 철구 및 경계책 접지

09

3상 3선식 3,000 [V], 200 [kVA]의 배전선로의 전압을 3,100 [V]로 승압하기 위해서 단상 변압기 3대를 그림과 같이 접속하였다. 이 변압기의 1, 2차 전압과 용량을 구하시오. (단, 변압기의 손실은 무시하는 것으로 한다)

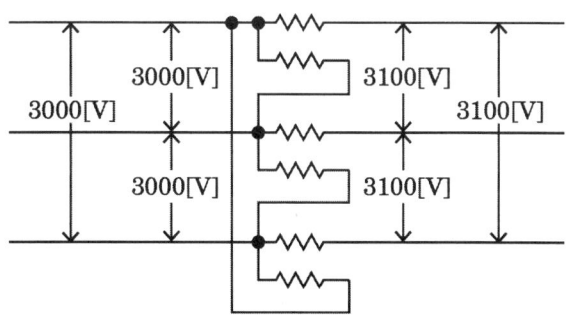

(1) 변압기 1, 2차 전압 [V]
(2) 변압기 용량 [kVA]

정답

(1) $V_e = -\dfrac{V_1}{2} + \sqrt{\dfrac{V_2^2}{3} - \dfrac{V_1^2}{12}} = -\dfrac{3000}{2} + \sqrt{\dfrac{3100^2}{3} - \dfrac{3000^2}{12}} = 66.31$ [V]

답 변압기 1차 전압 : 3000 [V], 2차 전압 : 66.31 [V]

(2) 자기용량 $= \dfrac{3\,V_e}{\sqrt{3}\,V_2} \times 부하용량 = \dfrac{3 \times 66.31}{\sqrt{3} \times 3100} \times 200 = 7.41$ [kVA]   **답** 7.41 [kVA]

10

변압기 특성과 관련된 다음 각 물음에 답하시오.

(1) 변압기의 호흡작용이란 무엇인지 쓰시오.
(2) 호흡작용으로 인하여 발생되는 문제점에 대하여 쓰시오.
(3) 호흡작용으로 인하여 발생되는 문제점을 방지하기 위한 대책에 대하여 쓰시오.

정답

(1) 변압기 외부 온도와 내부에서 발생하는 열에 의해 변압기 내부에 있는 절연유의 부피가 수축 팽창하게 되고 이로 인하여 외부의 공기가 변압기 내부로 출입하게 되는데 이를 변압기 호흡작용이라 한다.

(2) 호흡작용으로 인한 변압기 내부에 수분 및 불순물이 혼입되어 절연유의 절연내력을 저하시키고 침전물을 발생시킬 수 있다.

(3) 호흡기(흡습 호흡기)를 설치한다.

11

어느 전등 수용가의 총 부하는 120 [kW]이고, 각 수용가의 수용률은 어느 곳이나 0.5라고 한다. 이 수용가군을 설비용량 50 [kW], 40 [kW] 및 30 [kW]의 3군으로 나누어 그림처럼 변압기 T_1, T_2 및 T_3로 공급할 때 다음 각 물음에 답하시오.

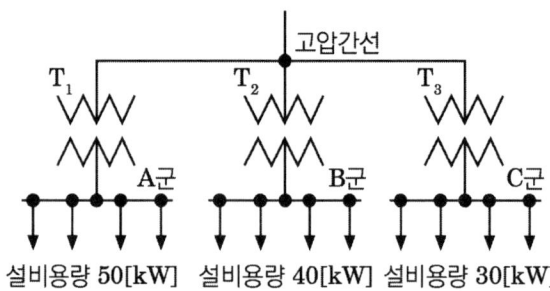

[조건]
- 각 변압기마다 수용가 상호 간의 부등률은 T_1 : 1.2, T_2 : 1.1, T_3 : 1.2
- 각 변압기마다 종합 부하율은 T_1 : 0.6, T_2 : 0.5, T_3 : 0.4
- 각 변압기 부하 상호 간의 부등률은 1.3이라 하고, 전력손실은 무시하는 것으로 한다.

(1) 각 군(A군, B군, C군)의 종합 최대수용전력 [kW]를 구하시오.

구분	계산과정	답
A군		
B군		
C군		

(2) 고압 간선에 걸리는 최대부하 [kW]를 구하시오.

(3) 각 변압기의 평균수용전력 [kW]를 구하시오.

구분	계산과정	답
A군		
B군		
C군		

(4) 고압 간선의 종합부하율 [%]을 구하시오.

정답

(1)

구분	계산과정	답
A군	$\dfrac{50 \times 0.5}{1.2} = 20.83 \text{ [kW]}$	20.83 [kW]
B군	$\dfrac{40 \times 0.5}{1.1} = 18.18 \text{ [kW]}$	18.18 [kW]
C군	$\dfrac{30 \times 0.5}{1.2} = 12.5 \text{ [kW]}$	12.5 [kW]

(2) 최대부하 $= \dfrac{20.83 + 18.18 + 12.5}{1.3} = 39.62 \text{ [kW]}$ 　답 39.62 [kW]

(3)

구분	계산과정	답
A군	$20.83 \times 0.6 = 12.5$ [kW]	12.5 [kW]
B군	$18.18 \times 0.5 = 9.09$ [kW]	9.09 [kW]
C군	$12.5 \times 0.4 = 5$ [kW]	5 [kW]

(4) 종합부하율 $= \dfrac{12.5 + 9.09 + 5}{39.62} \times 100 = 67.11 \text{ [\%]}$ 　답 67.11 [%]

12

정격출력 500 [kW]의 발전기가 있다. 이 발전기를 발열량 10,000 [kcal/L]인 중유 250 [L]를 사용하여 운전하는 경우 몇 시간 운전이 가능한지 계산하시오.(단, 부하율은 0.5이고 발전기의 열효율은 34.4 [%]이다)

정답

■ 계산과정

- 효율 $\eta = \dfrac{860\,Pt}{mH} \times$ 부하율

- 시간 $t = \dfrac{mH\eta}{860\,P \times 부하율} = \dfrac{250 \times 10000 \times 0.344}{860 \times 500 \times 0.5} = 4 \text{ [h]}$ 　답 4시간

13

다음은 콘덴서 기동형 단상 유도전동기의 정역회전 회로도이다. 다음 각 물음에 답하시오. 단, 푸시버튼 Start1을 누르면 정회전, Start2를 누르면 역회전한다.

(1) 미완성 결선도를 완성하시오.
(2) 콘덴서 기동형 단상 유도전동기의 기동원리를 쓰시오.
(3) WL, RL, GL은 어떤 표시등인지 쓰시오.

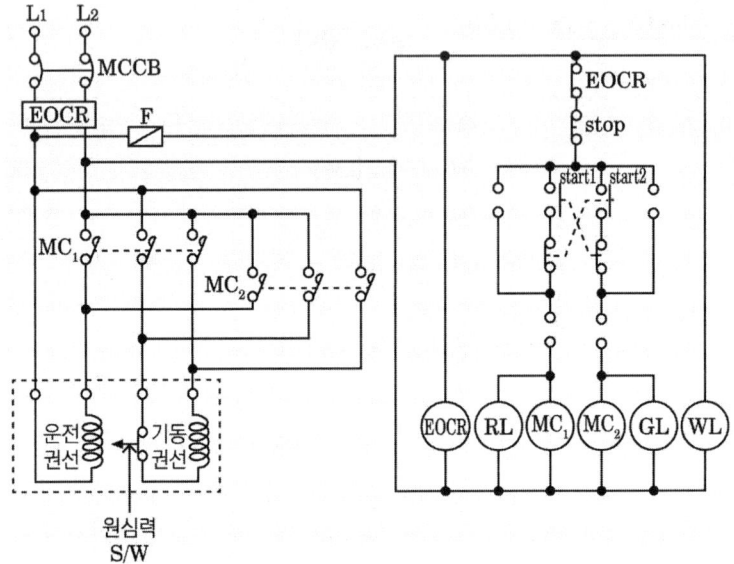

정답

(1)

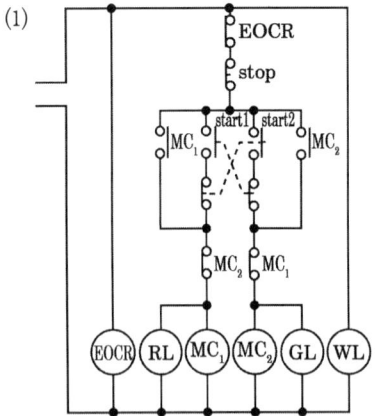

(2) 주권선(운전권선) 전류와 보조권선(기동권선) 전류의 위상차에 의한 회전자계에 의해 기동하는 단상 유도 전동기이다.

(3) • WL : 전원공급 표시등 • RL : 정회전 운전 표시등 • GL : 역회전운전 표시등

14

그림과 같은 수전계통을 보고 다음 각 물음에 답하시오.

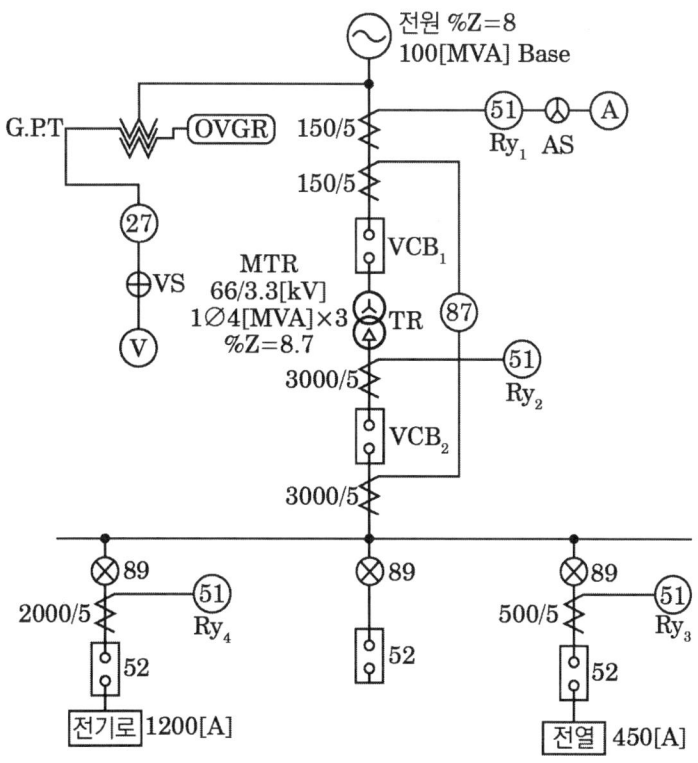

(1) "27"과 "87" 계전기의 명칭과 용도를 설명하시오.

기기	명칭	용도
27		
87		

(2) 다음의 조건에서 과전류계전기 Ry_1, Ry_2, Ry_3, Ry_4의 탭(Tap) 설정값은 몇 [A]가 가장 적당한지를 계산에 의하여 정하시오.

[조건]
- Ry_1, Ry_2의 탭 설정값은 부하전류 160 [%]에서 설정한다.
- Ry_3의 탭 설정값은 부하전류 150 [%]에서 설정한다.
- Ry_4는 부하가 변동 부하이므로, 탭 설정값은 부하전류 200 [%]에서 설정한다.
- 과전류 계전기의 전류탭은 2 [A], 3 [A], 4 [A], 5 [A], 6 [A], 7 [A], 8 [A]가 있다.

계전기	계산과정	설정값
Ry$_1$		
Ry$_2$		
Ry$_3$		
Ry$_4$		

(3) 차단기 VCB$_1$의 정격전압은 몇 [kV]인가?

(4) 전원 측 차단기 VCB$_1$의 정격용량을 계산하고, 다음의 표에서 가장 적당한 것을 선정하도록 하시오.

〈 차단기의 정격표준용량 [MVA] 〉

1000	1500	2500	3500

정답

(1)
기기	명칭	용도
27	부족전압 계전기	상시전원 정전시 또는 부족전압시 동작하여 경보를 발하거나 차단기를 동작
87	비율차동계전기	발전기나 변압기의 내부고장에 대한 보호용으로 사용

(2)
계전기	계산과정	설정값
Ry$_1$	$I = \dfrac{4 \times 10^6 \times 3}{\sqrt{3} \times 66 \times 10^3} \times \dfrac{5}{150} \times 1.6 = 5.6$	6 [A]
Ry$_2$	$I = \dfrac{4 \times 10^6 \times 3}{\sqrt{3} \times 3.3 \times 10^3} \times \dfrac{5}{3000} \times 1.6 = 5.6$	6 [A]
Ry$_3$	$I = 450 \times \dfrac{5}{500} \times 1.5 = 6.75$	7 [A]
Ry$_4$	$I = 1200 \times \dfrac{5}{2000} \times 2 = 6$	6 [A]

(3) 72.5 [kV]

(4) 단락용량 $P_s = \dfrac{100}{\%Z} P_n = \dfrac{100}{8} \times 100 = 1250$ [MVA]

답 1500 [MVA] 선정

15

3상 유도 전동기 회로의 간선의 굵기와 기구의 용량을 주어진 표에 의하여 간이로 설계하고자 한다. 조건이 다음과 같을 때 간선의 최소 굵기와 과전류 차단기의 용량을 구하시오.

[조건]
설계는 전선관에 3본 이하의 전선을 넣을 경우로 하며 공사방법 B1, PVC 절연전선을 사용하는 것으로 한다. 전동기 부하는 다음과 같다.
- 0.75 [kW] 직입기동(사용전류 2.53 [A])
- 1.50 [kW] 직입기동(사용전류 4.16 [A])
- 3.70 [kW] 직입기동(사용전류 9.22 [A])
- 3.70 [kW] 직입기동(사용전류 9.22 [A])
- 7.50 [kW] 기동기 사용(사용전류 17.69 [A])

[풀이]

- 전동기 [kW]수의 총계: $0.75 + 1.50 + 3.70 + 3.70 + 7.50 = 17.15$ [kW]
- 표에서 19.5 [kW] 이하의 행을 선택한다.
- 공사방법 B1, PVC 절연전선이므로 간선의 최소 굵기 = **10 [mm²]**
- 직입기동 중 최대 용량: 3.70 [kW], Y-△ 기동 중 최대 용량: 7.50 [kW]
- 과전류차단기 용량 = **60 [A]**

[비고 1] 최소 전선 굵기는 1회선에 대한 것이며, 2회선 이상일 경우는 부록 500-2의 복수회로 보정계수를 적용하여야 한다.

[비고 2] 공사방법 A1은 벽 내의 전선관에 공사한 절연전선 또는 단심케이블, B1은 벽면의 전선관에 공사한 절연전선 또는 단심케이블, 공사방법 C는 벽면에 공사한 단심 또는 다심케이블을 시설하는 경우의 전선 굵기를 표시하였다.

[비고 3] 「전동기중 최대의 것」에 동시 기동하는 경우를 포함함

[비고 4] 배선용차단기의 용량은 해당 조항에 규정되어 있는 범위에서 실용상 최댓값을 표시함

[비고 5] 배선용차단기의 선정은 최대용량의 정격전류의 3배에 다른 전동기의 정격전류의 합계를 가산한 값 이하를 표시함

[비고 6] 배선용차단기를 배·분전반, 제어반 내부에 시설하는 경우는 그 반 내의 온도상승에 주의할 것

(1) 간선의 최소 굵기
(2) 과전류 차단기 용량

정답

(1) 전동기 용량의 총화 = 0.75 + 1.5 + 3.7 + 3.7 + 7.5 = 17.15 [kW]이므로 표에서 전동기 총화 19.5 [kW]와 B1, PVC에 의하여 간선의 굵기 : 10 [mm^2] 선정

답 10 [mm^2]

(2) 사용전류의 총화 = 2.53 + 4.16 + 9.22 + 9.22 + 17.69 = 42.82 [A]이므로 표에서 최대사용전류 47.4 [A]난과 기동기 사용 7.5 [kW]난에서 과전류차단기 60 [A] 선정

답 60 [A]

16

다음 그림은 22.9 [kV] 수전설비에서 접지형 계기용변압기(GPT)의 미완성 결선도이다. 다음 각 물음에 답하시오. (단, GPT 1차 및 2차 보호퓨즈는 생략한다)

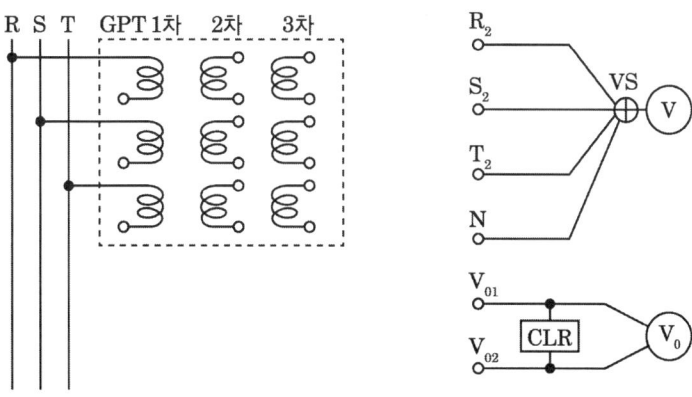

(1) GPT를 활용하여 주회로의 전압 등을 나타내는 회로이다. 회로도에서 활용 목적에 알맞도록 미완성 부분을 직접 그리시오. (단, 접지 개소는 반드시 표시하여야 한다)
(2) GPT 사용용도를 쓰시오.
(3) GPT 정격 1차, 2차, 3차의 전압을 쓰시오.
(4) GPT의 3차 권선 각 상에 110 [V]의 램프 접속 시 어느 한 상에서 지락사고가 발생하였다면 램프의 점등상태는 어떻게 되는가?

정답

(1)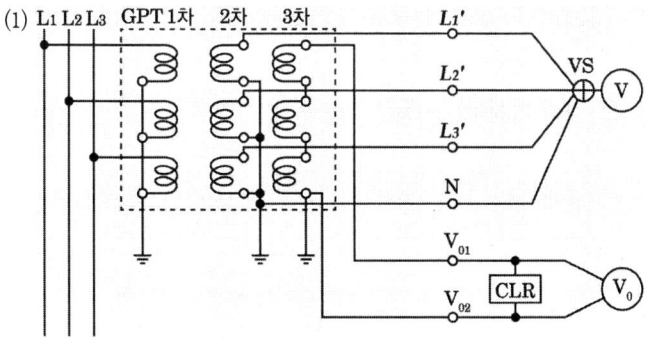

(2) 비접지 선로의 접지전압을 검출

(3) 1차 : $\dfrac{22900}{\sqrt{3}}$, 2차 : $\dfrac{190}{\sqrt{3}}$, 3차 : $\dfrac{190}{3}$

(4) 지락된 상의 램프는 소등되고, 건전상의 두 램프의 밝기는 더욱 밝아진다.

17

감리원은 공사 완료 후 준공검사 전에 공사업자로부터 시운전 절차를 준비하도록 하여 시운전에 입회할 수 있다. 이에 따른 시운전 완료 후 성과품을 공사업자로부터 제출받아 검토한 후 발주자에게 인계하여야 할 사항(서류 등)을 5가지만 쓰시오.

정답

① 운전개시, 가동절차 및 방법
② 점검항목 점검표
③ 운전지침
④ 시험성적서
⑤ 성능시험 성적서(성능시험 보고서)

핵심이론

□ 준공검사 등의 절차(전력시설물 공사감리업무 수행지침 제59조)
　감리원은 시운전 완료 후에 다음 각 호의 성과품을 공사업자로부터 제출받아 검토 후 발주자에게 인계하여야 한다.
　1. 운전개시, 가동절차 및 방법
　2. 점검항목 점검표
　3. 운전지침
　4. 기기류 단독 시운전 방법 검토 및 계획서
　5. 실가동 Diagram
　6. 시험구분, 방법, 사용매체 검토 및 계획서
　7. 시험성적서
　8. 성능시험 성적서(성능시험 보고서)

18

다음 그림과 같은 유접점 회로에 대한 주어진 미완성 PLC 래더 다이어그램을 완성하고, 표의 빈칸 ①~⑥에 해당하는 프로그램을 완성하시오. (단, 회로시작 LOAD, 출력 OUT, 직렬 AND, 병렬 OR, b접점 NOT, 그룹 간 묶음 AND LOAD 이다)

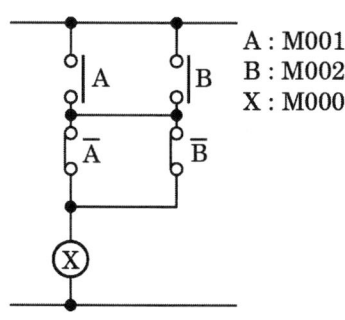

- 프로그램

차례	명령	번지
0	LOAD	M001
1	①	M002
2	②	③
3	④	⑤
4	⑥	-
5	OUT	M000

- 래더 다이어그램

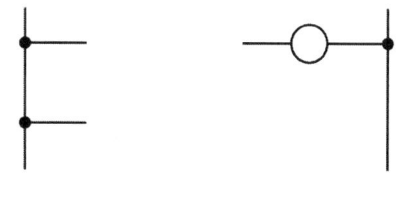

정답

- 래더 다이어그램

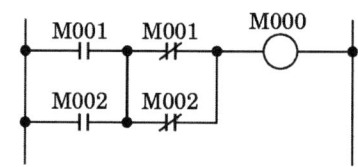

- 프로그램 : ① OR ② LOAD NOT ③ M001 ④ OR NOT ⑤ M002 ⑥ AND LOAD

2016년 제2회

01

변압기, 발전기, 모선 또는 이를 지지하는 애자는 어느 전류에 의하여 생기는 기계적 충격에 견디는 강도를 가져야 하는가?

정답

단락전류

> **핵심이론**
>
> □ 발전기 등의 기계적 강도
> 발전기·변압기·조상기·계기용 변성기·모선 또는 이를 지지하는 애자는 단락전류에 의하여 생기는 기계적 충격에 견디는 것이어야 한다.

02

변압기 손실과 효율에 대하여 다음 각 물음에 답하시오.

(1) 변압기의 무부하손 및 부하손에 대하여 설명하시오.
(2) 변압기의 효율을 구하는 공식을 쓰시오.
(3) 최대효율 조건을 쓰시오.

정답

(1) • 무부하손 : 부하의 유무에 관계없이 발생하는 손실로 철손이 있다.
  • 부하손 : 부하전류에 의한 저항손을 말하며 동손이 있다.

(2) 효율 $\eta = \dfrac{출력}{출력 + 철손 + 동손} \times 100\,[\%]$

(3) 최고효율의 조건은 철손과 동손이 같을 때이다.

03

가로 20 [m], 세로 50 [m]인 사무실에서 평균조도 300 [lx]를 얻고자 형광등 40 [W] 2등용을 시설할 경우 다음 각 물음에 답하시오.

[조건]
- 40 [W] 2등용 전체광속 : 4600 [lm]
- 조명률 0.5, 감광보상률 1.3
- 전기방식은 단상 2선식 200 [V]이며, 40 [W] 2등용 형광등의 전체 입력전류는 0.87 [A]이다.
- 1회로의 최대전류는 16 [A]로 한다.

(1) 형광등 기구 수를 구하시오.
(2) 최소 분기회로 수를 구하시오.

정답

(1) $N = \dfrac{EAD}{FU} = \dfrac{300 \times 20 \times 50 \times 1.3}{4600 \times 0.5} = 169.57$

답 170 [등기구]

(2) $n = \dfrac{170 \times 0.87}{16} = 9.24$

답 16 [A] 분기 10회로

핵심이론

□ 광속의 결정

$FUN = EAD$

- E : 평균 조도
- A : 실내의 면적
- U : 조명률
- D : 감광 보상율
- N : 소요 등수
- F : 1등당 광속
- M : 보수율(감광 보상율의 역수)

4

지표면상 15 [m] 높이에 수조가 있다. 이 수조에 초당 0.2 [m³]의 물을 양수하려고 한다. 여기에 사용되는 펌프용 전동기에 3상 전력을 공급하기 위하여 단상 변압기 2대를 사용하였다. 펌프 효율이 55 [%]이면, 변압기 1대의 용량은 몇 [kVA]이며, 이때의 변압기 결선방법을 쓰시오. (단, 유도전동기의 역률은 90 [%]이며, 여유계수는 1.1로 한다.)

(1) 변압기 1대의 용량은 몇 [kVA]인가?
(2) 변압기 결선방식은 무엇인가?

정답

(1) • 펌프용 전동기용량 $P_a = \dfrac{9.8\,QHK}{\eta} = \dfrac{9.8 \times 0.2 \times 15 \times 1.1}{0.55 \times 0.9} = 65.33$ [kVA]

• 변압기 1대 용량 $P_1 = \dfrac{P_v}{\sqrt{3}} = \dfrac{65.33}{\sqrt{3}} = 37.72$ [kVA]

답 37.72 [kVA]

(2) V결선

5

다음과 같은 그림에서 3상의 임피던스가 각 Z = 24 − j32일 때 소비전력을 구하시오.

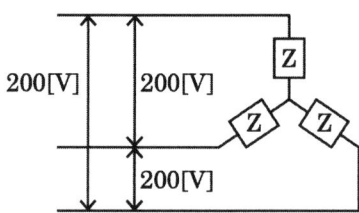

정답

■ 계산과정

소비전력 $P = 3I_p^2 R = \dfrac{V^2 R}{R^2 + X^2} = \dfrac{200^2 \times 24}{24^2 + 32^2} = 600$ [W]

답 600 [W]

06

기동용량 500 [kVA]인 유도전동기를 발전기에 연결하고자 한다. 기동 시 순시 전압강하는 20%, 발전기의 과도리액턴스 25 [%]이다. 전동기를 운전할 수 있는 자가 발전기의 최소 용량 [kVA]을 구하여라.

정답

■ 계산과정

$$P \geq \left(\frac{1}{\text{허용전압강하}} - 1\right) \times \text{과도리액턴스} \times \text{기동용량}$$
$$= \left(\frac{1}{e} - 1\right) \times x_d \times \text{기동용량} = \left(\frac{1}{0.2} - 1\right) \times 0.25 \times 500 = 500 \text{ [kVA]}$$

답 500 [kVA]

07

다음은 3상 4선식 22.9 [kV] 수전설비 단선결선도이다. 도면의 내용을 보고 다음 각 물음에 답하시오.

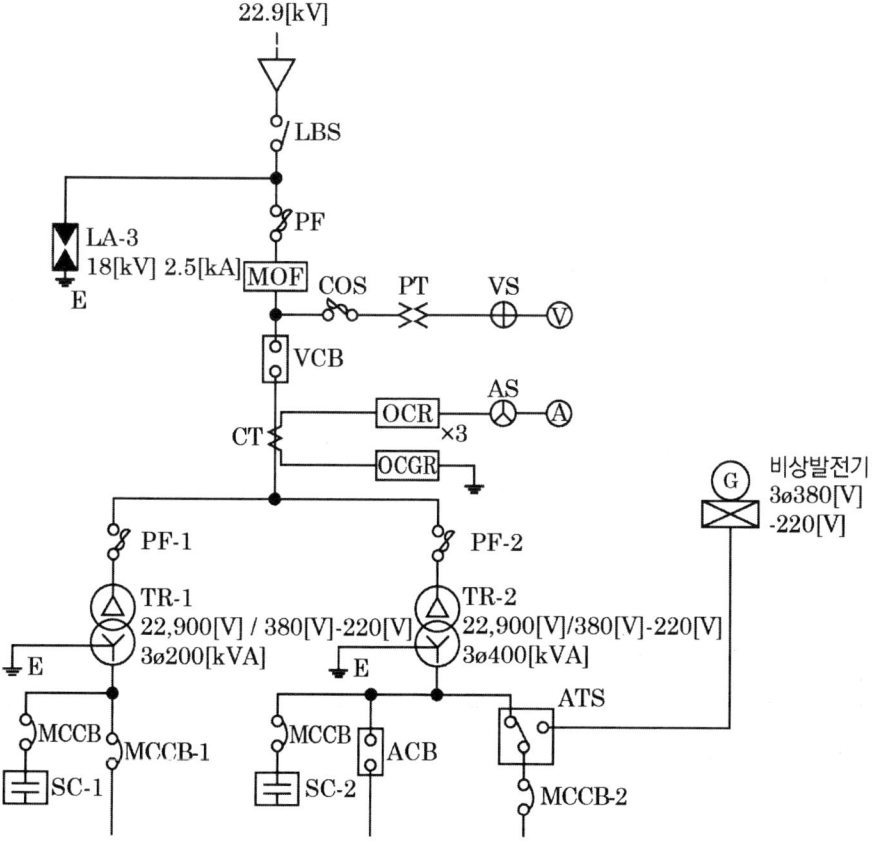

〈 부하집계표 〉

구분	전등 및 전열	일반동력	비상동력
설비용량 및 효율	합계 350 [kW] 100 [%]	합계 635 [kW] 85 [%]	• 유도전동기1 7.5 [kW] 2대 [85%] • 유도전동기2 11 [kW] 1대 [85%] • 유도전동기3 15 [kW] 1대 [85%] • 비상조명 8000 [W] [100%]
평균(종합)역률	80 [%]	90 [%]	90 [%]
수용률	45 [%]	45 [%]	100 [%]

(1) 수전설비 단선결선도에서 LBS에 대하여 답하시오.
  ① 우리말 명칭을 쓰시오.
  ② 기능과 역할에 대해 간단히 설명하시오.
  ③ 같은 용도로 사용되는 기기를 2종류만 쓰시오.

(2) 부하집계 및 입력환산표를 다음에 완성하시오. (단, 입력환산 [kVA] 계산 시 계산값의 소수 둘째 자리 이하는 버린다)

구분		설비용량 [kW]	효율 [%]	역률 [%]	입력환산 [kVA]
전등 및 전열		350			
일반동력		635			
비상동력	유도전동기 1	7.5×2			
	유도전동기 2	11			
	유도전동기 3	15			
	비상조명				
	소 계	-	-	-	

(3) 위의 결선도에서 비상동력부하 중 '기동 [kW] - 입력 [kW]'의 값이 최대로 되는 전동기를 최후에 기동하는데 필요한 발전기 용량 [kVA]을 구하시오.

> [조건]
> • 유도전동기의 출력 1 [kW]당 기동 [kVA]는 7.2로 한다.
> • 유도전동기의 기동방식은 모두 직입 기동방식, 기동방식에 따른 계수는 1로 한다.
> • 부하의 종합효율은 0.85를 적용한다.
> • 발전기의 역률은 0.9로 한다.
> • 전동기의 기동 시 역률은 0.4로 한다.

(4) 위 결선도에서 VCB 개폐 시 발생하는 이상전압으로부터 TR1, TR2를 보호하기 위한 보호기기를 그리시오.

(1) ① 부하개폐기

② • 기능 : 무부하 및 부하전류가 흐르고 있는 회로의 개폐
  • 역할 : 개폐 빈도가 낮은 송배전선 및 수변전 설비의 인입구 개폐

③ 기중 부하개폐기, 자동고장 구분개폐기

(2) 입력환산 $= \dfrac{\text{설비용량}}{\text{효율} \times \text{역률}}$

• 전등전열 : $\dfrac{350}{1 \times 0.8} = 437.5 \text{ [kVA]}$

• 일반동력 : $\dfrac{635}{0.85 \times 0.9} = 830 \text{ [kVA]}$

• 유도전동기1 : $\dfrac{7.5 \times 2}{0.85 \times 0.9} = 19.6 \text{ [kVA]}$

• 유도전동기2 : $\dfrac{11}{0.85 \times 0.9} = 14.3 \text{ [kVA]}$

• 유도전동기3 : $\dfrac{15}{0.85 \times 0.9} = 19.6 \text{ [kVA]}$

• 비상조명 : $\dfrac{8}{1 \times 0.9} = 8.8 \text{ [kVA]}$

구분		설비용량 [kW]	효율 [%]	역률 [%]	입력환산 [kVA]
전등 및 전열		350	100%	80%	437.5
일반동력		635	85%	90%	830
비상동력	유도전동기 1	7.5×2	85%	90%	19.6
	유도전동기 2	11	85%	90%	14.3
	유도전동기 3	15	85%	90%	19.6
	비상조명	8	100%	90%	8.8
	소 계	-	-	-	62.3

(3) $P_{G3} = \left(\dfrac{49 - 15}{0.85} + 15 \times 7.2 \times 1 \times 0.4 \right) \times \dfrac{1}{0.9} = 92.44 \text{ [kVA]}$

답 92.44 [kVA]

(4)

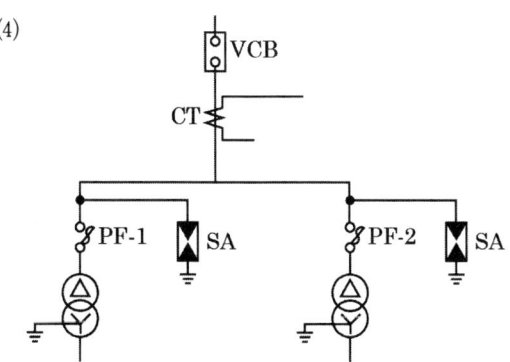

> **핵심이론**
>
> □ 최대 기동전류를 가지는 전동기를 최후에 기동하는데 필요한 발전기 용량
>
> $$P_G = \left[\frac{\sum P_L - P_m}{\eta_L} + P_m \cdot \beta \cdot C \cdot Pf_M \right] \times \frac{1}{\cos\theta} \text{ [kVA]}$$
>
> $\sum P_L$: 부하용량의 합계 P_m : 최대기동전류를 갖는 전동기 출력
> η_L : 부하의 종합효율 β : 전동기 기동계수 C : 전동기 기동방식에 따른 계수
> Pf_M : 최대 기동전류를 갖는 전동기의 기동 시 역률 $\cos\theta_G$: 발전기의 역률

08

3상 380 [V] 전동기 부하가 분전반으로부터 300 [m] 되는 지점(전선 한 가닥의 길이)에 설치되어 있을 때 전동기는 1대로 입력이 78.98 [kVA]라고 하며, 전압강하를 6 [V]로 하여 분기회로의 전선을 정하고자 할 때, 전선의 최소규격과 전선관의 규격을 구하시오. (단, 전선은 450/750 [V] 일반용 단심 비닐절연전선으로 하고, 전선관은 후강전선관으로 하며, 부하는 평형되었다)

[참고자료]

[표1] 전선 최대 길이 (3상 3선식 380 [V], 전압강하 3.8 [V])

전류 [A]	전선의 굵기 [mm²]												
	2.5	4	6	10	16	25	35	50	95	150	185	240	300
	전선 최대 길이 [m]												
1	534	854	1281	2135	3416	5337	7472	10674	20281	32022	39494	51236	64045
2	267	427	640	1067	1708	2669	3736	5337	10140	16011	19747	25618	32022
3	178	285	427	712	1139	1779	2491	3558	6760	10674	13165	17079	21348
4	133	213	320	534	854	1334	1868	2669	5070	8006	9874	12809	16011
5	107	171	256	427	683	1067	1494	2135	4056	6404	7899	10247	12809
6	89	142	213	356	569	890	1245	1779	3380	5337	6582	8539	10674
7	76	122	183	305	488	762	1067	1525	2897	4575	5642	7319	9149
8	67	107	160	267	427	667	934	1334	2535	4003	4937	6404	8006
9	59	95	142	237	380	593	830	1186	2253	3558	4388	5693	7116
12	44	71	107	178	285	445	623	890	1690	2669	3291	4270	5337
14	38	61	91	152	244	381	534	762	1449	2287	2821	3660	4575
15	36	57	85	142	228	356	498	712	1352	2135	2633	3416	4270
16	33	53	80	133	213	334	467	667	1268	2001	2468	3202	4003
18	30	47	71	119	190	297	412	593	1127	1779	2194	2846	3558
25	21	34	51	85	137	213	299	427	811	1281	1580	2049	2562
35	15	24	37	61	98	152	213	305	579	915	1128	1464	1830
45	12	19	28	47	76	119	166	237	451	712	878	1139	1423

[표2] 후강 전선관 굵기의 선정

도체 단면적 [mm²]	전선본수									
	1	2	3	4	5	6	7	8	9	10
	전선관의 최소 굵기 [호]									
2.5	16	16	16	16	22	22	22	28	28	28
4	16	16	16	22	22	22	28	28	28	28
6	16	16	22	22	22	28	28	28	36	36
10	16	22	22	28	28	36	36	36	36	36
16	16	22	28	28	36	36	36	42	42	42
25	22	28	28	36	36	42	54	54	54	54
35	22	28	36	42	54	54	54	70	70	70
50	22	36	54	54	54	70	70	82	82	82
70	28	42	54	54	54	70	70	82	82	82
95	28	54	54	70	70	70	82	92	92	104
120	36	54	54	70	70	70	82	92		
150	36	70	70	82	82	92	104	104		
185	36	70	82	92	104					
240	42	82	92	104						

(1) 전선의 최소규격 선정
(2) 전선관 규격 선정

정답

(1) • 부하전류 $I = \dfrac{P}{\sqrt{3}\,V} = \dfrac{78.98 \times 10^3}{\sqrt{3} \times 380} = 120\,[\text{A}]$

• 전선의 최대길이 $= \dfrac{300 \times (120/12)}{(6/3.8)} = 1900\,[\text{m}]$

따라서, 표의 12 [A]난에서 전선 최대 길이가 1900 [m]를 넘는 2669 [m]인 전선의 굵기 150[mm²] 선정

답 150 [mm²]

(2) [표2]에서 도체 단면적 150 [mm²]와 전선본수 3본을 적용하면 70 [mm] 선정

답 70 [mm]

09

전력퓨즈에 대한 그 역할과 기능에 대하여 다음 각 물음에 답하시오.

(1) 퓨즈의 역할을 2가지로 대별하여 간단하게 설명하시오.

(2) 답안지 표와 같은 각종 개폐기와의 기능 비교표의 관계(동작)되는 해당 란에 ○표로 표시하시오.

기능 \ 능력	회로분리		사고차단	
	무부하	부하	과부하	단락
퓨즈				
차단기				
개폐기				
단로기				
전자접촉기				

(3) 퓨즈의 성능(특성) 3가지를 쓰시오.

정답

(1) ① 부하전류는 안전하게 통전한다.
② 어떤 일정값 이상의 과전류는 차단하여 전로나 기기를 보호한다.

(2)

기능 \ 능력	회로분리		사고차단	
	무부하	부하	과부하	단락
퓨즈	○			○
차단기	○	○	○	○
개폐기	○	○	○	
단로기	○			
전자접촉기	○	○	○	

(3) ① 용단특성
② 단시간 허용특성
③ 전차단 특성

10

어느 변전소에서 그림과 같은 일부하 곡선을 갖는 3개의 부하 A, B, C의 수용가가 있을 때, 다음 각 물음에 답하시오.

[참고자료]

부하	평균전력 [kW]	역률 [%]
A	4500	100
B	2400	80
C	900	60

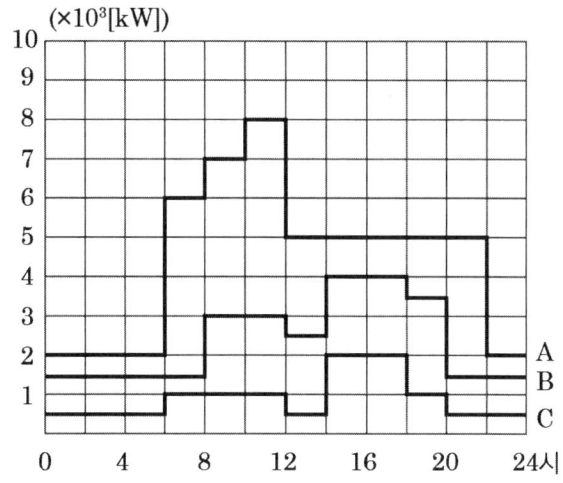

(1) 합성최대전력 [kW]을 구하시오.
(2) 종합부하율 [%]을 구하시오.
(3) 부등률을 구하시오.
(4) 최대 부하 시 종합역률 [%]을 구하시오.
(5) A수용가에 대한 다음 물음에 답하시오.
  ① 첨두부하는 몇 [kW]인가?
  ② 첨두부하가 지속되는 시간은 몇 시부터 몇 시까지인가?
  ③ 하루 공급된 전력량은 몇 [MWh]인가?

정답

(1) 합성최대전력 $= (8+3+1) \times 10^3 = 12{,}000$ [kW]

답 12,000 [kW]

(2) 종합부하율 = $\dfrac{4500 + 2400 + 900}{12000} \times 100 = 65\,[\%]$

답 65 [%]

(3) 부등률 = $\dfrac{8000 + 4000 + 2000}{12000} = 1.166$

답 1.17

(4)

구분	유효전력	무효전력
A	8,000 [kW]	0 [kVar]
B	3,000 [kW]	$3000 \times \dfrac{0.6}{0.8} = 2{,}250$ [kVar]
C	1,000 [kW]	$1000 \times \dfrac{0.8}{0.6} = 1{,}333.33$ [kVar]
종합	12,000 [kW]	3,583.33 [kVar]

∴ 종합역률 $\cos\theta = \dfrac{12000}{\sqrt{12000^2 + 3583.33^2}} \times 100 = 95.82\,[\%]$

답 95.82 [%]

(5) ① 8,000 [kW]
　② 10 ~ 12시
　③ $4500 \times 24 \times 10^{-3} = 108$ [MWh]

답 108 [MWh]

11

콘덴서 회로에 제3고조파의 유입으로 인한 사고를 방지하기 위하여 콘덴서 용량의 13 [%]인 직렬 리액터를 설치하고자 한다. 이 경우 투입시의 전류는 콘덴서의 정격전류(정상시 전류)의 몇 배의 전류가 흐르게 되는가?

정답

■ 계산과정

돌입전류 $I_c = I_n\left(1 + \sqrt{\dfrac{X_c}{X_L}}\right) = I_n\left(1 + \sqrt{\dfrac{X_c}{0.13 X_c}}\right) = 3.77 I_n$

답 3.77배

12

다음 A, B 전등 중 어느 것을 사용하는 편이 유리한가를 다음 표를 이용하여 산정하시오.

전등의 종류	전등의 수명	1 [cd]당 소비전력 [W] (수명 중의 평균)	평균 구면광도 [cd]	1 [kWh]당 전력요금 [원]	전등 단가 [원]
A	1500 시간	1.0	38	70	1900
B	1800 시간	1.1	40	70	2000

정답

전구	전력비 [원/시간]	전구비 [원/시간]	계 [원/시간]
A	$1.0 \times 38 \times 10^{-3} \times 70 = 2.66$	$\frac{1900}{1500} = 1.27$	3.93
B	$1.1 \times 40 \times 10^{-3} \times 70 = 3.08$	$\frac{2000}{1800} = 1.11$	4.19

답 A 전등이 유리하다.

13

부하의 특성에 기인하는 전압의 동요에 의하여 조명등이 깜빡거리거나 텔레비전 영상이 일그러지는 등의 현상을 플리커라고 한다. 배전계통에서 플리커 발생 부하가 증설될 경우에 이를 미리 예측하고 경감을 위하여 수용가 측에서 행하는 방법 중 전원계통에 리액터분을 보상하는 방법 2가지를 쓰시오.

정답

① 직렬 콘덴서 방식 ② 3권선 보상 변압기 방식

핵심이론

□ 수용가 측 플리커 방지 대책
  ① 전원계통에 리액턴스 보상하는 방법
    • 직렬 콘덴서 방식
    • 3권선 보상 변압기 방식 사용
  ② 전압강하 보상하는 방법
    • 부스터 방식
    • 상호 보상 리액터 방식

③ 부하의 무효전력 변동분 흡수하는 방법
- 동기 조상기와 리액터 방식
- 사이리스터 이용 콘덴서 개폐 방식

④ 플리커 부하전류 변동분 억제하는 방법
- 직렬 리액터 방식
- 직렬 리액터 가포화 방식

14

3상 3선식 배전선로의 각 선간의 전압강하의 근사값을 구하고자 하는 경우에 이용할 수 있는 약산식을 다음의 조건을 이용하여 구하시오.

[조건]
1. 배전선로의 길이 : L [m], 배전선의 굵기 : A [mm²], 배전선의 전류 : I [A]
2. 표준연동선의 고유저항 20 [℃] : $\frac{1}{58}$ [$\Omega \cdot$ mm²/m], 동선의 도전율 : 97 [%]
3. 선로의 리액턴스를 무시하고 역률은 1로 간주해도 무방한 경우이다.

정답

■ 계산과정
- 저항 $R = \frac{1}{58} \times \frac{100}{97} \times \frac{L}{A} = 0.0178 \frac{L}{A} = \frac{17.8 L}{1000 A}$
- 전압강하 $e = \sqrt{3} IR = \frac{\sqrt{3} \times 17.8 LI}{1000 A} = \frac{30.8 LI}{1000 A}$ [V]

답 전압강하 $e = \frac{30.8 LI}{1000 A}$ [V]

핵심이론

□ 전압강하

배전방식	전압강하	측정 기준
단상 2선식	$e = \frac{35.6 LI}{1000 A}$	선간
3상 3선식	$e = \frac{30.8 LI}{1000 A}$	선간
단상 3선식 3상 4선식	$e = \frac{17.8 LI}{1000 A}$	대지간

15

전력용 진상콘덴서의 정기점검(육안검사) 항목 3가지를 쓰시오.

정답

① 단자의 이완 및 과열유무 점검 ② 용기의 발청 유무점검 ③ 유 누설유무 점검

16

다음 조건과 같은 동작이 되도록 제어회로의 배선과 감시반 회로 배선단자를 상호 연결하시오.

[조건]
- 배선용차단기(MCCB)를 투입(ON)하면 GL1과 GL2가 점등된다.
- 선택스위치(SS)를 "L" 위치에 놓고 PB2를 누른 후 놓으면 전자접촉기(MC)에 의하여 전동기가 운전되고, RL1과 RL2는 점등, GL1과 GL2는 소등된다.
- 전동기 운전 중 PB1을 누르면 전동기는 정지하고, RL1과 RL2는 소등, GL1과 GL2는 점등된다.
- 선택스위치(SS)를 "R" 위치에 놓고 PB3를 누른 후 놓으면 전자접촉기(MC)에 의하여 전동기가 운전되고, RL1과 RL2는 점등, GL1과 GL2는 소등된다.
- 전동기 운전 중 PB4를 누르면 전동기는 정지하고, RL1과 RL2는 소등되고, GL1과 GL2가 점등된다.
- 전동기 운전 중 과부하에 의하여 EOCR이 작동되면 전동기는 정지하고 모든 램프는 소등되며, EOCR을 RESET하면 초기상태로 된다.

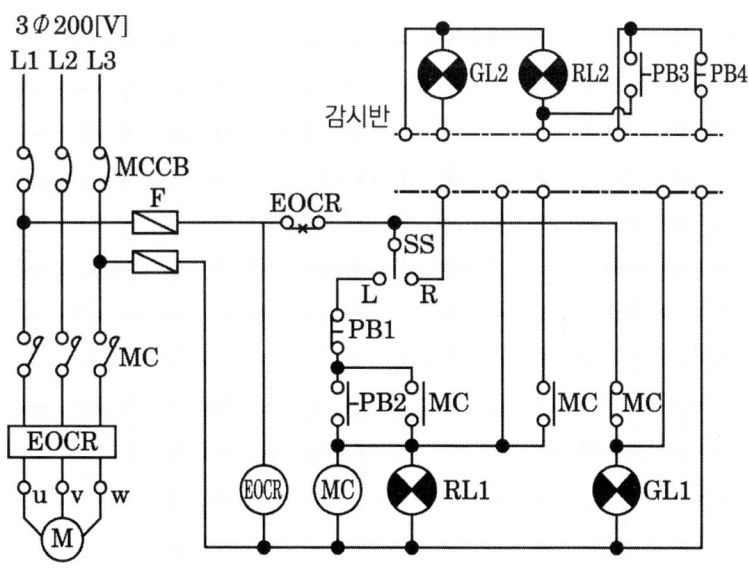

정답

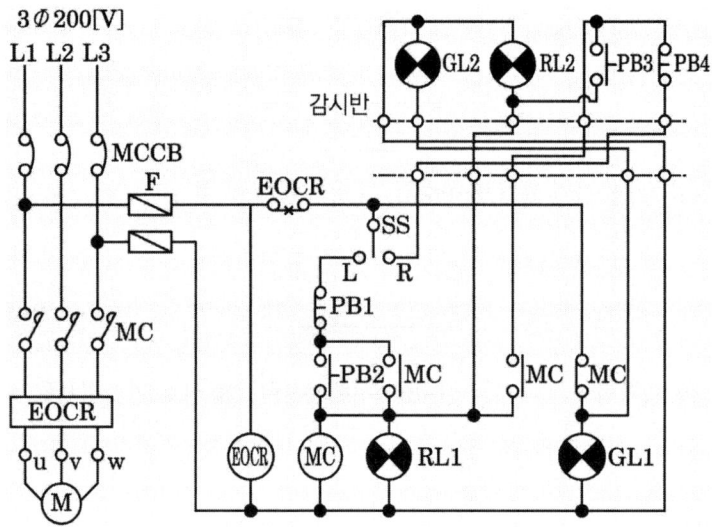

17

감리원은 매 분기마다 공사업자로부터 안전관리 결과 보고서를 제출받아 이를 검토하고 미비한 사항이 있을 때에 시정조치 해야 한다. 안전관리 결과 보고서에 포함되어야 하는 서류 5가지를 쓰시오.

정답

① 안전관리 조직표 ② 안전보건 관리체제 ③ 재해발생 현황
④ 산재요양신청서 사본 ⑤ 안전교육 실적표

> **핵심이론**
>
> □ 안전관리결과 보고서의 검토(전력시설물 공사감리업무 수행지침 제49조)
>   감리원은 매 분기마다 공사업자로부터 안전관리 결과보고서를 제출받아 이를 검토하고 미비한 사항이 있을 때에는 시정하도록 조치하여야 하며, 안전관리결과보고서에는 다음 각 호와 같은 서류가 포함되어야 한다.
>   1. 안전관리 조직표   2. 안전보건 관리체제
>   3. 재해 발생 현황   4. 산재요양신청서 사본
>   5. 안전교육 실적표   6. 그 밖에 필요한 서류

18

어떤 건축물의 변전설비가 22.9 [KV-y], 용량 500 [kVA]이다. 변압기 2차 측 모선에 연결되어 있는 배선용차단기(MCCB)에 대하여 다음 각 물음에 답하시오. (단, 변압기의 %Z = 5 [%], 2차 전압은 380 [V]이고, 선로의 임피던스는 무시한다)

(1) 변압기 2차 측 정격전류 [A]
(2) 변압기 2차 측 단락전류 [A] 및 배선용차단기의 최소차단전류 [kA]
 ① 변압기 2차 측 단락전류 [A]
 ② 배선용차단기의 최소차단전류 [kA]
(3) 차단용량 [MVA]

정답

(1) $I_{2n} = \dfrac{P}{\sqrt{3}\,V} = \dfrac{500 \times 10^3}{\sqrt{3} \times 380} = 759.67$ [A]

답 759.67 [A]

(2) ① $I_{2s} = \dfrac{100}{\%Z} I_{2n} = \dfrac{100}{5} \times 759.67 = 15,193.4$ [A]
 ② 15.2 [kA]

답 15.2 [kA]

(3) $P_s = \dfrac{100}{\%Z} P_n = \dfrac{100}{5} \times 500 \times 10^{-3} = 10$ [MVA]

답 10 [MVA]

01

그림과 같이 전류계 3대를 갖고 부하전력 및 역률을 측정하려고 한다. 각 전류계의 눈금이 $A_1 = 10$ [A], $A_2 = 4$ [A], $A_3 = 7$ [A]일 때, 부하전력 및 역률은 얼마인가? (단, $R = 25$ [Ω])

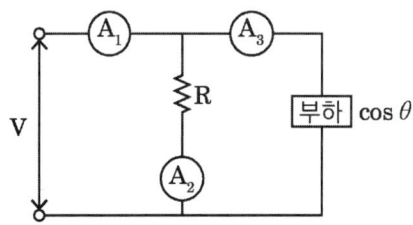

정답

(1) 부하전력 $P = \dfrac{R}{2}(A_1^2 - A_2^2 - A_3^2) = \dfrac{25}{2}(10^2 - 4^2 - 7^2) = 437.5$ [W]

답 437.5 [W]

(2) 역률 $\cos\theta = \dfrac{A_1^2 - A_2^2 - A_3^2}{2A_2 A_3} = \dfrac{10^2 - 4^2 - 7^2}{2 \times 4 \times 7} \times 100\% = 62.5$ [%]

답 62.5 [%]

02

고압 및 특고압에서 피뢰기 접지공사를 실시한 후, 접지저항을 보조 접지 2개(A와 B)를 시설하여 측정하였더니 주 접지와 A 사이의 저항은 110 [Ω], A와 B 사이의 저항은 220 [Ω], B와 주접지 사이의 저항은 120 [Ω]이었다. 이때 다음 각 물음에 답하시오.

(1) 피뢰기의 접지저항 값을 구하시오

(2) 접지공사의 적합여부를 판단하고, 그 이유를 설명하시오.

정답

(1) $R_0 = \dfrac{1}{2}(110 + 120 - 220) = 5\ [\Omega]$

답 5 [Ω]

(2) 적합하다.
피뢰기의 접지공사는 고압 및 특고압에 시설하는 경우 10 [Ω] 이하여야 하기 때문

03

한국전기설비규정에 따라 사용전압 154 [kV]인 중성점 직접 접지식 전로의 절연 내력 시험을 하고자 한다. 시험전압과 시험 방법에 대하여 다음 각 물음에 답하시오.

(1) 절연내력 시험전압
(2) 절연내력 시험방법

정답

(1) 시험전압 : 154000 × 0.72 = 110880 [V]

(2) 절연내력 시험할 부분에 최대사용전압에 의하여 결정되는 시험전압을 연속하여 10분간 가하여 견디어야 한다.

핵심이론

□ 전로의 절연저항 및 절연내력(KEC 132)

구분	최대사용전압	시험전압	최소전압
비접지	7 kV 이하	1.5배	500 V
	7 kV 초과	1.25배	10.5 kV
중성선 다중접지	7 kV ~ 25 kV	0.92배	-
중성점 접지식	60 kV 초과	1.1배	75 kV
중성점 직접접지식	60 kV ~ 170 kV	0.72배	-
	170 kV 초과	0.64배	-

04

비상용 자가발전기를 구입하고자 한다. 부하는 단일 부하로서 유도전동기이며, 기동용량이 1800 [kVA]이고, 기동 시의 전압강하는 20 [%]까지 허용하며, 발전기의 과도 리액턴스는 26 [%]로 본다면 자가발전기의 용량은 이론(계산)상 몇 [kVA] 이상의 것을 선정하여야 하는지 구하시오.

정답

■ 계산과정

$$P \geq \left(\frac{1}{0.2} - 1\right) \times 0.26 \times 1800 = 1,872 \text{ [kVA]}$$

답 1,872 [kVA]

핵심이론

□ 발전기 용량

발전기 용량 [kVA] $\geq \left(\dfrac{1}{허용전압강하} - 1\right) \times$ 과도리액턴스 $\times$ 기동용량

05

다음은 가공송전계통도이다. 다음 각 물음에 답하시오.

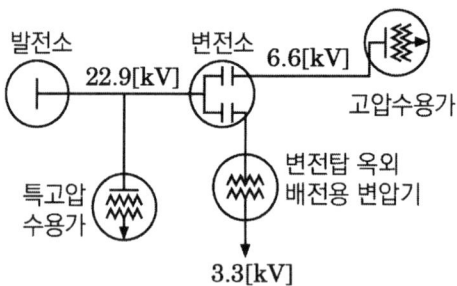

(1) 피뢰기를 설치하여야 하는 장소를 도면에 "●"로 표시하시오.
(2) 한국전기설비규정에 의한 피뢰기를 설치하여야 하는 장소에 대한 기준 4가지를 쓰시오.

> 정답

(1)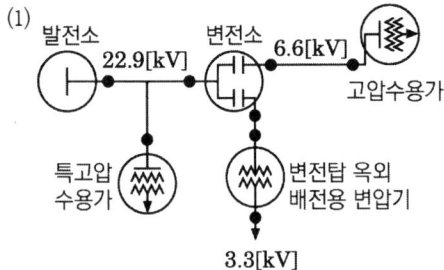

(2) ① 발전소, 변전소 또는 이에 준하는 장소의 가공전선 인입구 및 인출구
   ② 가공전선로에 접속하는 배전용 변압기의 고압 및 특고압 측
   ③ 고압 및 특고압 가공전선로로부터 공급 받는 수용가의 인입구
   ④ 가공전선로와 지중전선로가 접속되는 곳

06

부하설비가 100 [kW]이며, 뒤진 역률이 85 [%]인 부하를 100 [%]로 개선하기 위한 전력용 콘덴서의 용량은 몇 [kVA]가 필요한지 계산하시오.

> 정답

■ 계산과정

역률을 100 [%]로 하기 위한 콘덴서의 용량은 무효전력의 크기와 같으므로

$$Q_c = P_a \sin\theta = P \times \frac{\sin\theta}{\cos\theta} = 100 \times \frac{\sqrt{1-0.85^2}}{0.85} = 61.97 \text{ [kVA]}$$

답 61.97 [kVA]

07

정격전압 380 [V]인 3상 직입기동 전동기 1.5 [kW] 1대, 3.7 [kW] 2대와 3상 15 [kW] 기동기 사용 전동기 1대를 간선에 연결하였다. 이때 간선 굵기, 간선의 과전류차단기 용량을 주어진 표를 이용하여 구하시오. 단, 공사방법 B1, PVC 절연전선을 사용하였다.

[참고자료]

[표1] 3상 유도 전동기의 규약 전류값

출력		전류 [A]		출력		전류 [A]	
[kW]	환산 [HP]	200 [V]용	380 [V]용	[kW]	환산 [HP]	200 [V]용	380 [V]용
0.2	1/4	1.8	0.95	18.5	25	79	41.58
0.4	1/2	3.2	1.68	22	30	93	48.95
0.75	1	4.8	2.53	30	40	124	65.26
1.5	2	8.0	4.21	37	50	151	80
2.2	3	11.1	5.84	45	60	180	100
3.7	5	17.4	9.16	55	75	225	121
5.5	7.5	26	13.68	75	100	300	163
7.5	10	34	17.89	90	120	360	189.5
11	15	48	25.26	110	147	440	231.6
15	20	65	34.21	132	176	499.7	263

[주1] 사용하는 회로의 표준전압이 220 [V]인 경우 200 [V]인 것의 0.9배로 한다.

[주2] 고효율 전동기는 제작자에 따라 차이가 있으므로 제작자의 기술자료를 참조할 것

[표] 380 [V] 3상 유도전동기의 간선의 굵기 및 기구의 용량

전동기 [kW] 수의 총계 [kW] 이하	최대 사용 전류 [A] 이하	배선종류에 의한 간선의 최소굵기 [mm²]						직입기동 전동기 중 최대 용량의 것										
		공사방법 A1 (3개선)		공사방법 B1 (3개선)		공사방법 C (3개선)		0.75	1.5	2.2	3.7	5.5	7.5	11	15	18.5	22	30	37
								Y-△ 기동기 사용 전동기 중 최대용량의 것											
								-	-	-	-	5.5	7.5	11	15	18.5	22	30	37
		PVC	XLPE EPR	PVC	XLPE EPR	PVC	XLPE EPR	과전류차단기(배선용 차단기) 용량 [A] 직입기동 - (칸 위 숫자), Y-△ 기동 - (칸 아래 숫자)											
3	7.9	2.5	2.5	2.5	2.5	2.5	2.5	15 -	15 -	15 -	-	-	-	-	-	-	-	-	-
4.5	10.5	2.5	2.5	2.5	2.5	2.5	2.5	15 -	15 -	20 -	30 -	-	-	-	-	-	-	-	-
6.3	15.8	2.5	2.5	2.5	2.5	2.5	2.5	20 -	20 -	30 -	30 -	40 30	-	-	-	-	-	-	-
8.2	21	4	2.5	2.5	2.5	2.5	2.5	30 -	30 -	30 -	30 -	40 30	-	-	-	-	-	-	-
12	26.3	6	4	4	2.5	4	2.5	40 -	40 -	40 -	40 -	40 40	50 40	75 40	-	-	-	-	-
15.7	39.5	10	6	10	6	6	4	50 -	50 -	50 -	50 -	50 50	60 50	75 50	100 60				
19.5	47.4	16	10	10	6	10	6	60 -	60 -	60 -	60 -	60 60	75 60	75 60	100 60	125 75			
23.2	52.6	16	10	16	10	10	10	75 -	75 -	75 -	75 -	75 75	75 75	100 75	100 75	125 78	125 100		
30	65.8	25	16	16	10	16	10	100 -	100 -	100 -	100 -	100 100	100 100	100 100	125 100	125 100	125 100		
37.5	78.9	35	25	25	16	25	16	100 -	100 -	100 -	100 -	100 100	100 100	100 100	125 100	125 100	125 100	125	
45	92.1	50	25	35	25	25	16	125 -	125 -	125 -	125 -	125 125	125 125	125 125	125 125	125 125	125 125	125 125	125 125
52.5	105	20	35	25	35	35	25	125 -	125 -	125 -	125 -	125 125	125 125	125 125	125 125	125 125	125 125	150 150	
63.7	131	70	50	50	35	50	35	175 -	175 -	175 -	175 -	175 175	175 175	175 175	175 175	175 175	175 175	175 175	175 175
75	157	95	70	70	50	70	50	200 -	200 -	200 -	200 -	200 200	200 200	200 200	200 200	200 200	200 200	200 200	200 200
86.2	184	120	95	95	70	95	70	225 -	225 -	225 -	225 -	225 225	225 225	225 225	225 225	225 225	225 225	225 225	225 225

[비고 1] 최소 전선 굵기는 1회선에 대한 것이며, 2회선 이상일 경우는 복수회로 보정계수를 적용하여야 한다.

[비고 2] 공사방법 A1은 벽 내의 전선관에 공사한 절연전선 또는 단심 케이블, B1은 벽면의 전선관에 공사한 절연전선 또는 단심 케이블, 공사방법 C는 벽면에 공사한 단심 또는 다심케이블을 시설하는 경우의 전선 굵기를 표시하였다.

[비고 3] "전동기중 최대의 것"에는 동시 기동하는 경우를 포함한다.

[비고 4] 배선용차단기의 용량은 해당 조항에 규정되어 있는 범위에서 실용상 거의 최댓값을 표시한다.

[비고 5] 배선용차단기의 선정은 최대 용량의 정격전류의 3배에 다른 전동기의 정격전류의 합계를 가산한 값 이하를 표시한다.

[비고 6] 배선용차단기를 배·분전반, 제어반 내부에 시설하는 경우는 그 반 내의 온도상승에 주의하여야 한다.

정답

(1) 전동기 용량의 총화 = 1.5 + 3.7×2 + 15 = 23.9 [kW]이므로
전동기 총화 30 [kW]와 B1, PVC에 의하여 간선의 굵기 : 16 [mm^2] 선정

답 16 [mm^2]

(2) 사용전류의 총화 = 4.21 + 9.16×2 + 34.21 = 56.74 [A]이므로
최대사용전류 65.8 [A]난과 기동기 사용 15 [kW]난에서 과전류차단기 100 [A] 선정

답 100 [A]

08.

다음 그림은 어느 수용가의 수전설비 계통도이다. 다음 각 물음에 답하시오.

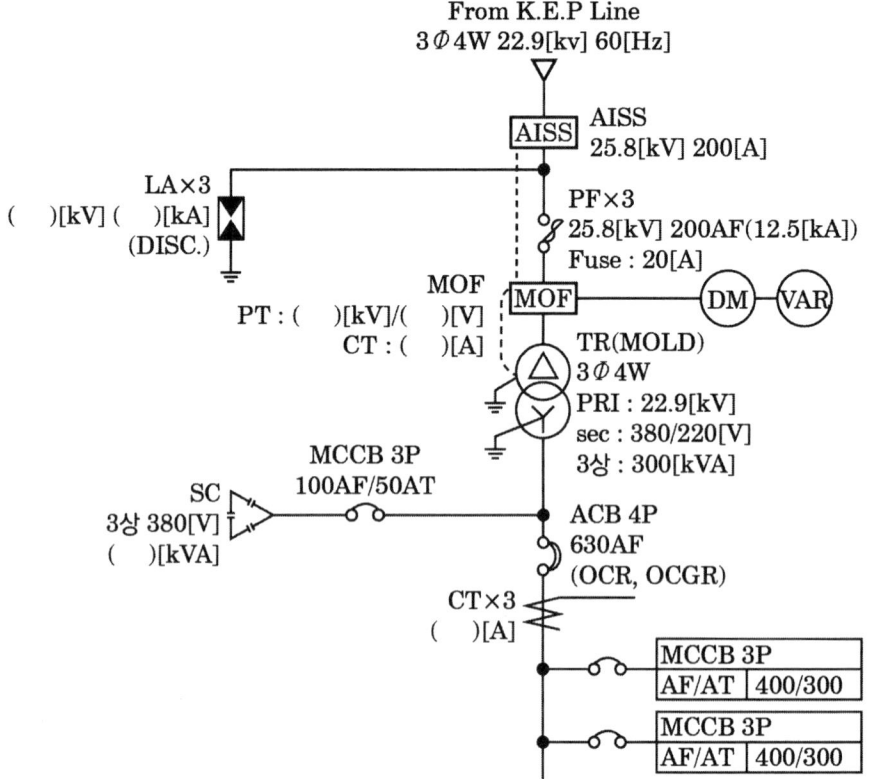

(1) AISS의 명칭을 쓰고, 기능을 2가지 쓰시오.
(2) 피뢰기의 정격전압 및 공칭 방전전류를 쓰고, 도면에서 DISC.의 기능을 간단히 설명하시오.
(3) MOF의 정격을 구하시오.
(4) Mold TR의 장점 및 단점을 각각 2가지만 쓰시오.
(5) ACB의 명칭을 쓰시오.
(6) CT비를 구하시오.

정답

(1) • 명칭 : 기중형 고장구간 자동 개폐기
   • 기능 : ① 고장구간을 자동으로 개방하여 사고파급을 방지
           ② 전부하 상태에서 자동(또는 수동)으로 개방하여 과부하 보호

(2) • 정격전압 : 18 [kV], 공칭 방전전류 : 2500 [A]
   • DSIC.의 기능 : 피뢰기 고장 시 개방되어 피뢰기를 대지로부터 분리

(3) • PT비 : 13200/110
   • CT비 $= I_1 = \dfrac{300}{\sqrt{3} \times 22.9} = 7.56$ [A] : 10/5

(4) ① 장점
      • 난연성이 우수하다.
      • 전력손실이 적다.
   ② 단점
      • 충격파 내전압이 낮다.
      • 수지층에 차폐물이 없으므로 운전 중 코일 표면과 접촉하면 위험하다.

(5) 기중차단기

(6) $I_1 = \dfrac{300 \times 10^3}{\sqrt{3} \times 380} \times (1.25 \sim 1.5) = 569.75 \sim 683.70$ [A]

답 600/5

09

일반 수용가의 개별 최대전력이 200 [W], 300 [W], 800 [W], 1200 [W], 2500 [W]일 때 변압기의 용량을 결정하시오. (단, 부등률은 1.14, 역률은 0.9로 하며, 표준변압기 용량으로 선정한다)

〈 단상 변압기 표준용량 [kVA] 〉

1, 2, 3, 5, 7.5, 10, 15, 20, 30, 50, 100, 150, 200

정답

■ 계산과정

$$P_a = \frac{200 + 300 + 800 + 1200 + 2500}{1.14 \times 0.9} \times 10^{-3} = 4.87 \text{ [kVA]}$$

답 5 [kVA]

10

한국전기설비규정에 의하여 욕실 등 인체가 물에 젖어 있는 상태에서 물을 사용하는 장소에 콘센트를 시설하는 경우에 설치하여야 하는 저압 차단기의 정확한 명칭을 쓰시오.

정답

인체감전보호용 누전차단기(정격감도전류 15 [mA] 이하, 동작시간 0.03초 이하의 전류동작형)

11

다음 동작설명을 보고 만족하는 주회로 및 제어회로의 미완성 결선도를 직접 그려 완성하시오. (단, 접점기호와 명칭 등을 정확히 나타내시오)

[동작설명]
- 전원스위치 MCCB를 투입하면 주회로 및 제어회로에 전원이 공급된다.
- 누름버튼스위치(PB1)를 누르면 MC1이 여자되고 MC1의 보조접점에 의하여 RL이 점등되며, 전동기는 정회전한다.
- 누름버튼스위치(PB1)를 누른 후 손을 떼어도 MC1은 자기유지 되어 전동기는 계속 정회전한다.

- 전동기 운전 중 누름버튼스위치(PB2)를 누르면 연동에 의하여 MC1이 소자되어 전동기가 정지되고, RL은 소등된다. 이때, MC2는 자기유지 되어 전동기는 역회전(역상제동을 함)하고 타이머가 여자되며, GL이 점등된다.
- 타이머 설정시간 후 역회전 중인 전동기는 정지하고 GL도 소등된다. 또한, MC1과 MC2의 보조접점에 의하여 상호 인터록이 되어 동시에 동작되지 않는다.
- 전동기 운전중 과전류가 감지되어 EOCR이 동작되면, 모든 제어회로의 전원은 차단되고 OL만 점등된다.
- EOCR을 리셋(Reset)하면 초기상태로 복귀된다.

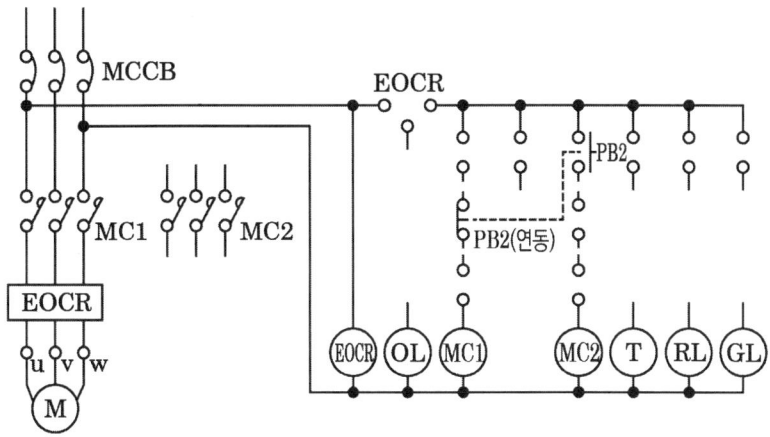

정답

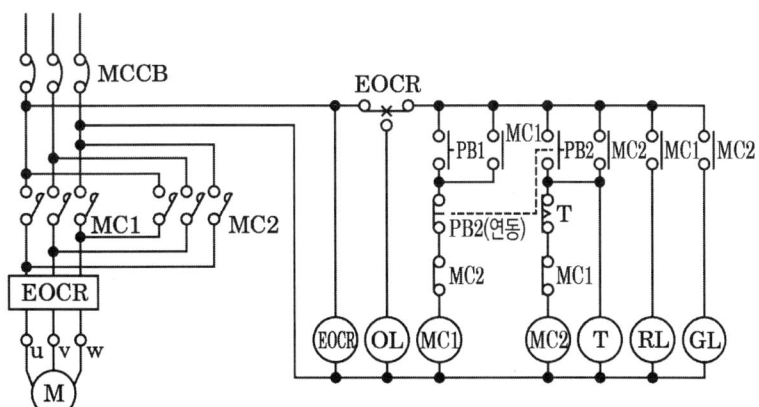

12

그림과 같은 유접점 시퀀스회로를 무접점 논리회로로 변경하여 그리시오.

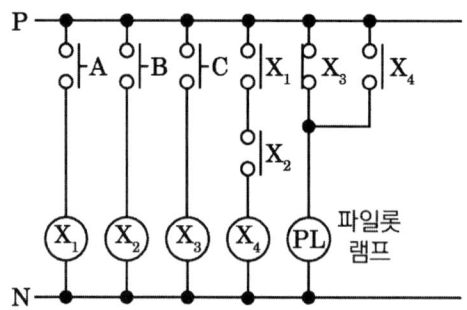

> 정답

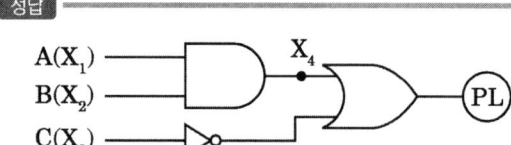

13

다음은 전력시설물 공사감리업무 수행지침 중 감리원의 공사 중지명령과 관련된 사항이다. ①~⑤의 알맞은 내용을 답란에 쓰시오.

> 감리원은 시공된 공사가 품질확보 미흡 또는 중대한 위해를 발생시킬 우려가 있다고 판단되거나, 안전상 중대한 위험이 발견된 경우에는 공사중지를 지시할 수 있으며 공사중지는 부분중지와 전면중지로 구분한다. 부분 중지의 경우는 다음 각 호와 같다.
> - (①)이(가) 이행되지 않는 상태에서는 다음 단계의 공정이 진행됨으로써 (②)이(가) 될 수 있다고 판단될 때
> - 안전 시공상 (③)이(가) 예상되어 물적, 인적 중대한 피해가 예견될 때
> - 동일 공정에 있어 (④)이(가) 이행되지 않을 때
> - 동일 공정에 있어 (⑤)이(가) 있었음에도 이행도지 않을 때

> 정답

① 재시공 지시 ② 하자발생 ③ 중대한 위험 ④ 3회 이상 시정지 시 ⑤ 2회 이상 경고

14

그림과 같은 도면을 보고 각 차단기의 차단용량을 구하시오.

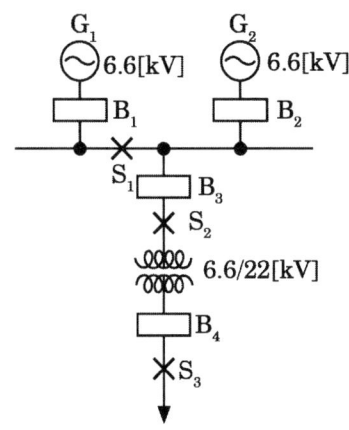

[조건]
- 발전기 G_1 : 용량 10 [MVA], $\%X_{G1}$ = 10 [%]
- 발전기 G_2 : 용량 20 [MVA], $\%X_{G2}$ = 14 [%]
- 변압기 T : 용량 30 [MVA], $\%X_T$ = 12 [%]
- S_1, S_2, S_3는 단락사고 발생 지점이며, 선로 측으로 부터의 단락전류는 고려하지 않는다.

(1) S_1 지점에서 단락사고가 발생하였을 때 B_1, B_2 차단기의 차단용량 [MVA]을 계산하시오.

(2) S_2 지점에서 단락사고가 발생하였을 때 B_3 차단기의 차단용량 [MVA]을 계산하시오.

(3) S_3 지점에서 단락사고가 발생하였을 때 B_4 차단기의 차단용량 [MVA]을 계산하시오.

정답

⟨ 기준용량 100 [MVA] ⟩

$\%X_{G1} = \dfrac{100}{10} \times 10 = 100$ [%], $\%X_{G2} = \dfrac{100}{20} \times 14 = 70$ [%], $\%X_r = \dfrac{100}{30} \times 12 = 40$ [%]

(1) • B_1 : $P_s = \dfrac{100}{\%X_{G1}} P_n = \dfrac{100}{100} \times 100 = 100$ [MVA]

• B_2 : $P_s = \dfrac{100}{\%X_{G2}} P_n = \dfrac{100}{70} \times 100 = 142.86$ [MVA]

(2) • $\%X_2 = \dfrac{100 \times 70}{100 + 70} = 41.18$

• B_3 : $P_s = \dfrac{100}{\%X_2} P_n = \dfrac{100}{41.18} \times 100 = 242.84$ [MVA]

(3) • $\%X_3 = \%X_2 + \%X_r = 41.18 + 40 = 81.18\ [\%]$

• $B_4 : P_s = \dfrac{100}{\%X_3}P_n = \dfrac{100}{81.18} \times 100 = 123.18\ [MVA]$

15

4 [L]의 물을 15 [℃]에서 90 [℃]로 온도를 높이는 1 [kW]의 전열기로 30분간 가열하였다. 이 전열기의 효율을 계산하시오.

정답

■ 계산과정

$$\eta = \dfrac{cm(t-t_0)}{860Pt} \times 100\% = \dfrac{1 \times 4 \times (90-15)}{860 \times 1 \times 0.5} \times 100 = 69.77\ [\%]$$

답 69.77 [%]

핵심이론

□ 전열기의 효율

$$\eta = \dfrac{cm(t-t_0)}{860Pt} \times 100\%$$

c : 비열(물은 1), m : 물 부피 [L], t : 나중온도 [℃]
t_0 : 초기온도 [℃], P : 출력 [kW], t : 시간 [h]

16

단상 유도전동기는 반드시 기동장치가 필요하다. 다음 물음에 답하시오.

(1) 기동장치가 필요한 이유를 설명하시오.
(2) 단상 유도전동기의 기동방식에 따라 분류할 때 그 종류를 4가지 쓰시오.

정답

(1) 단상 유도전동기는 회전자계가 생기지 않아 자기 기동을 하지 못하므로, 보조권선의 수단에 의해 회전자계를 발생시켜 기동하게 하기 위함이다.

(2) ① 분상 기동형 ② 셰이딩 코일형 ③ 반발 기동형 ④ 콘덴서 기동형

2015년 제1회

01

발전기에 대한 다음 각 물음에 답하시오.

(1) 정격전압 6000 [V], 용량 5000 [kVA]인 3상 교류 발전기에서 여자전류가 300 [A], 무부하 단자전압은 6000 [V], 단락전류 700 [A]라고 한다. 이 발전기의 단락비는 얼마인가?

(2) "단락비가 큰 교류 발전기는 일반적으로 기계의 치수가 (①), 가격이 (②), 풍손, 마찰손, 철손이 (③), 효율은 (④), 전압변동률은 (⑤), 안정도는 (⑥)"에서 ( ) 안에 알맞은 말을 쓰되, ( ) 안의 내용은 크다(고), 낮다(고), 적다(고) 등으로 표현한다.

정답

(1) $I_n = \dfrac{P_n}{\sqrt{3} \times V_n} = \dfrac{5000 \times 10^3}{\sqrt{3} \times 6000} = 481.13$ [A]

∴ 단락비 $K_s = \dfrac{I_s}{I_n} = \dfrac{700}{481.13} = 1.45$

(2) ① 크고 ② 크고 ③ 크고 ④ 낮고 ⑤ 적고 ⑥ 높다

핵심이론

□ 단락비 $\left(K = \dfrac{100}{\%Z}\right)$가 크면

(1) 철손이 크며 효율이 낮다.
(2) 전압변동률, 전압강하, 전기자 반작용이 작다.
(3) 안정도가 높다.
(4) 선로 충전용량이 커진다.
(5) 동기임피던스, %Z (퍼센트 임피던스)가 작다.
(6) 중량이 크다.
(7) 과부하 내량이 증가한다(가격 상승).
(8) 계자철심이 크고, 주 자속이 크다.

02

지중선을 가공선과 비교하여 장단점을 각각 4가지만 쓰시오.

정답

(1) 장점
① 동일 루트에 다회선이 가능하여 도심지역에 적합하다.
② 외부 기상 여건 등의 영향이 거의 없다.
③ 설비의 단순 고도화로 보수 업무가 비교적 적다.
④ 차폐 케이블 사용으로 유도 장해가 경감된다.

(2) 단점
① 고장점 발견이 어렵고 복구가 어렵다.
② 발생열의 구조적 냉각 장해로 가공전선에 비해 송전용량이 낮다.
③ 건설비가 비싸고, 건설기간이 길다.
④ 설비 구성상 신규수용 대응 탄력성이 결여된다.

03

3상 농형 유도전동기의 제동방법 중에서 역상제동에 대하여 설명하시오.

정답

전동기 급제동시 회전 중에 있는 전동기의 1차 권선의 3단자 중 임의의 2단자의 접속을 바꿔 전동기의 회전과 역방향의 토크를 발생시켜 제동하는 방법 다음은 3∅4W 22.9[kV] 수전설비 단선결선도이다. 다음 각 물음에 답하시오.

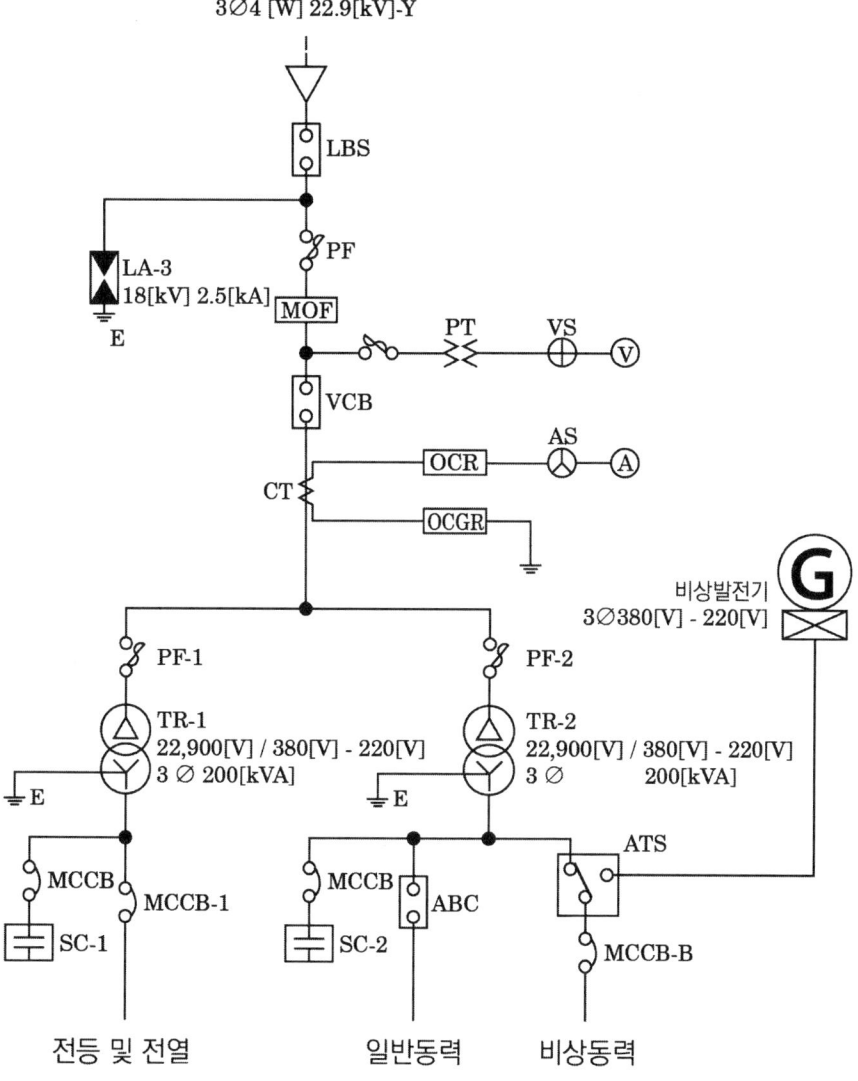

(1) 수전설비 단선결선도의 LA에 대하여 다음 물음에 답하시오.
   (가) 우리말 명칭은 무엇인가?
   (나) 기능과 역할에 대하여 간단하게 설명하시오.
   (다) 요구되는 성능조건을 4가지만 쓰시오.
(2) 수전설비 단선결선도의 부하집계 및 입력환산표를 완성하시오.
   단, 입력환산[kVA]은 계산 값의 소수점 둘째자리에서 반올림한다.

구분	전등 및 전열	일반동력	비상동력
설비용량 및 효율	350[kW] 100[%]	635[kW] 85[%]	유도전동기1 : 7.5[kW] 2대 85[%] 유도전동기2 : 11.0[kW] 1대 85[%] 유도전동기3 : 15.0[kW] 1대 85[%] 비상조명 : 8,000[W] 100[%]
평균(종합)역률	80[%]	90[%]	90[%]
수용률	60[%]	45[%]	100[%]

• 부하집계 및 입력환산표

구분		설비용량[kW]	효율[%]	역률[%]	입력환산[kVA]
전등 및 전열		350			
일반동력		635			
비상동력	유도전동기1	7.5 × 2			
	유도전동기2				
	유도전동기3	15			
	비상조명				
	소계	-			

(3) 단선결선도와 "(2)"항의 부하집계표에 의한 TR-2의 적정용량은 몇 [kVA]인지 구하시오.

[참고사항]
- 일반 동력군과 비상 동력군 간의 부등률은 1.3으로 본다.
- 변압기 용량은 15[%] 정도의 여유를 갖게 한다.
- 변압기의 표준규격[kVA]은 200, 300, 400, 500, 600으로 한다.

(4) 단선결선도에서 TR-2의 2차 측 중성점의 접지선 굵기[mm^2]를 구하시오.

[참고사항]
- 접지선은 GV전선을 사용하고 표준굵기[mm^2]는 6, 10, 16, 25, 35, 50, 70으로 한다.
- GV전선의 허용최고 온도는 160[℃]이고 고장전류가 흐르기 전의 접지선의 온도는 30[℃]로 한다.
- 고장전류는 정격전류의 20배로 본다.
- 변압기 2차의 과전류 보호차단기는 고장전류에서 0.1초 이내에 차단되는 것이다.
- 변압기 2차의 과전류 차단기의 정격전류는 변압기 정격전류의 1.5배로 한다.

> 정답

(1) (가) 피뢰기

(나) 이상전압(낙뢰, 개폐서지)으로부터 전력설비 기기를 보호하고 이상전압 억제기능과 이상전압 방전 후 자동으로 회복(속류차단)하는 기능

(다) 요구되는 성능조건
① 상용주파 방전 개시 전압이 높을 것
② 충격 방전 개시 전압이 낮을 것
③ 제한 전압이 낮을 것
④ 속류 차단 능력이 클 것

(2)

구분		설비용량[kW]	효율[%]	역률[%]	입력환산[kVA]
전등 및 전열		350	100	80	$\frac{350}{1 \times 0.8} = 437.5$
일반동력		635	85	90	$\frac{635}{0.85 \times 0.9} = 830.1$
비상동력	유도전동기1	7.5×2	85	90	$\frac{7.5 \times 2}{0.85 \times 0.9} = 19.6$
	유도전동기2	11	85	90	$\frac{11}{0.85 \times 0.9} = 14.4$
	유도전동기3	15	85	90	$\frac{15}{0.85 \times 0.9} = 19.6$
	비상조명	8	100	90	$\frac{8}{1 \times 0.9} = 8.9$
	소계	-	-	-	62.5

(3) 변압기 TR-2의 용량

$$P_a = \frac{830.1 \times 0.45 + 62.5 \times 1}{1.3} \times (1 + 0.15) = 385.7 \text{ [kVA]}$$

답 표준용량 400 [kVA] 선정

(4) 변압기 2차 정격전류 $I_{2n} = \frac{400 \times 10^3}{\sqrt{3} \times 380} = 607.74$ [A]

접지선의 굵기 : $A = 0.0496 I_n = 0.0496 \times (607.74 \times 1.5) = 45.22$ [mm²]

답 표준굵기 50 [mm²] 선정

05

측정범위 1 [mA], 내부저항 20 [kΩ]의 전류계에 분류기를 붙여서 5 [mA]까지 측정하고자 한다. 몇 [Ω]의 분류기를 사용하여야 하는지 계산하시오.

정답

■ 계산과정
- 분류기 배율 $m = \dfrac{5[mA]}{1[mA]} = 5$
- 분류 저항기 $R_s = \dfrac{1}{m-1} R_A = \dfrac{1}{5-1} \times 20 \times 10^3 = 5000\,[\Omega]$

답 5000 [Ω]

06

머레이 루프법(Murray loop)으로 선로의 고장 지점을 찾고자 한다. 선로의 길이가 4 [km](0.2 [Ω/km])인 선로에 그림과 같이 접지 고장이 생겼을 때 고장점까지의 거리 X는 몇 [km]인가? (단, G는 검류계이고 P = 270 [Ω], Q = 90 [Ω]에서 브리지가 평형되었다고 한다)

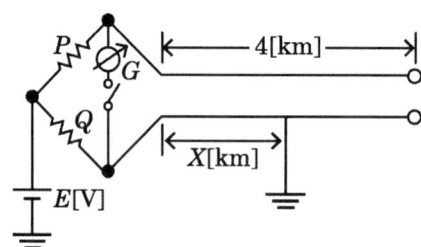

정답

■ 계산과정

$PX = Q(8 - X)$ 이므로 이를 풀면 $PX = 8Q - XQ$

$X = \dfrac{Q}{P+Q} \times 8 = \dfrac{90}{270 + 90} \times 8 = 2\,[km]$

답 2 [km]

07

Spot Network 수전방식에 대해 설명하고 장점 4가지를 쓰시오.

(1) Spot Network 방식이란?
(2) 장점

정답

(1) Spot Network 방식 : 배전용 변전소로부터 2회선 이상의 배전선으로 수전하는 방식으로 배전선 1회선에 사고가 발생한 경우일지라도 건전한 회선으로부터 자동적으로 수전할 수 있는 무정전 방식으로 신뢰도가 매우 높은 방식이다.

(2) 장점
  ① 무정전 전력공급이 가능하다.
  ② 공급신뢰도가 높다.
  ③ 전압 변동률이 낮다.
  ④ 부하증가에 대한 적응성이 좋다.

8

다음 조명에 대한 각 물음에 답하시오.

(1) 어느 광원의 광색이 어느 온도의 흑체의 광색과 같을 때 그 흑체의 온도를 이 광원의 무엇이라 하는지 쓰시오.
(2) 빛의 분광 특성이 색의 보임에 미치는 효과를 말하며, 동일한 색을 가진 것이라도 조명하는 빛에 따라 다르게 보이는 특성을 무엇이라 하는지 쓰시오.

정답

(1) 색온도(Color temperature)
(2) 연색성(Color rendition)

9

단상 2선식 220 [V], 28 [W]×2등용 형광등기구 100대를 16 [A]의 분기회로로 설치하려고 하는 경우 필요한 분기회로수를 구하시오. (단, 형광등의 역률은 80 [%]이고, 안정기 손실은 고려하지 않으며, 1회로의 부하전류는 분기회로 용량의 80 [%]이다)

정답

■ 계산과정

분기회로 수 $N = \dfrac{28 \times 2 \times 100}{220 \times 0.8 \times (16 \times 0.8)} = 2.49$

답 16 [A] 분기 3회로

10

ACB가 설치되어 있는 배전반 전면에 전압계, 전류계, 전력계, CTT, PTT가 설치되어 있다. 수변전 단선도가 없어 CT비를 알 수 없는 상태에서 전류계의 지시는 R, S, T상 모두 240 [A]이고, CTT 측 단자의 전류를 측정한 결과 2[A]였을 때 CT비 (I_1/I_2)를 구하시오. (단, CT 2차 측 전류는 5 [A]로 한다)

정답

■ 계산과정

전류비 $\dfrac{I_1}{I_2} = \dfrac{240}{2} = 120$, $I_1 = I_2 \times$ 전류비 $= 5 \times 120 = 600$ [A]

답 600/5

11

수전단전압 60 [kV], 전류 200 [A], 선로의 저항 및 리액턴스가 각각 7.61 [Ω], 11.85 [Ω]일 때, 송전단전압과 전압 강하율을 구하시오. (단, 수전단 역률은 0.8(지상)이다)

정답

■ 계산과정
- 전압강하 $e = \sqrt{3}\,I(R\cos\theta + X\sin\theta)$
  $= \sqrt{3} \times 200(7.61 \times 0.8 + 11.85 \times 0.6) = 4571.92$ [V]

(1) 송전단전압 $V_s = V_r + e = 60 \times 10^3 + 4571.92 = 64571.92$ [V] 답 64571.92 [V]

(2) 전압강하율 $\epsilon = \dfrac{e}{V_r} \times 100 = \dfrac{4571.92}{60 \times 10^3} \times 100 = 7.62$ [%] 답 7.62 [%]

12

폭 20 [m], 길이 30 [m], 천장 높이 4.85 [m]인 실내의 작업면 평균조도를 300 [lx]로 하려고 한다. 다음 각 물음에 답하시오. (단, 조명률은 50 [%], 유지율은 70 [%], 32 [W] 형광등의 전광속은 2890 [lm]이며, 작업면 높이는 0.85 [m]이다)

(1) 실지수를 구하시오.

(2) 32 [W] 2등용 등기구 수량을 구하시오.

정답

(1) 실지수 $RI = \dfrac{XY}{H(X+Y)} = \dfrac{20 \times 30}{(4.85 - 0.85)(20 + 30)} = 3$ 답 3

(2) 등기구 수 $N = \dfrac{EA}{FUM} = \dfrac{300 \times (20 \times 30)}{(2890 \times 2) \times 0.5 \times 0.7} = 88.98$ 답 32 [W] 2등용 89등

13

어느 빌딩 수용가가 자가용 디젤 발전기 설비를 계획하고 있다. 발전기 용량 산출에 필요한 부하의 종류 및 특성이 다음과 같을 때 주어진 조건과 참고자료를 이용하여 전부하를 운전하는 데 필요한 발전기 용량[kVA]을 답안지의 빈칸을 채우면서 선정하시오.

[조건]
① 참고자료의 수치는 최소치를 적용한다.
② 전동기 기동 시에 필요한 용량은 무시한다.
③ 수용률 : 동력 전동기의 대수가 1대인 경우에는 100[%], 2대인 경우에는 80[%]를 적용, 전등, 기타 등은 100 [%]를 적용한다.
④ 전등, 기타의 역률은 100 [%]를 적용한다.
⑤ 자가용 디젤발전기 용량은 50, 100, 150, 200, 300, 400, 500에서 산정한다(단위 : [kVA]).

부하의 종류	출력 [kW]	극 수 [극]	대수 [대]	적용부하	기동 방법
전동기	37	6	1	소화전 펌프	리액터 기동
	22	6	2	급수펌프	리액터 기동
	11	6	2	배풍기	Y-△ 기동
	5.5	4	1	배수펌프	직입기동
전등, 기타	50	-	-	비상조명	-

[표1] 표준 보호형 전동기의 전 부하 특성

정격 출력 [kW]	극 수	동기 속도 [rpm]	전부하 특성 효율 η [%]	전부하 특성 역률 pf [%]	비 고 무부하전류 I_0 (각 상의 전류값) [A]	비 고 전부하전류 I (각 상의 전류값) [A]	전부하 슬립 S[%]
5.5	4	1800	85.0 이상	78.0 이상	10.9	21.8	6.0
7.5			86.0 이상	79.0 이상	13.6	28.2	6.0
11			87.0 이상	80.0 이상	20.0	40.9	6.0
15			88.0 이상	80.5 이상	25.5	54.5	5.5
(19)			88.5 이상	80.5 이상	30.9	67.3	5.5
22			89.0 이상	81.5 이상	34.5	78.2	5.5
30			89.5 이상	82.0 이상	44.5	104.5	5.5
37			90.0 이상	82.5 이상	53.6	128.2	3.5
5.5	6	1200	84.5 이상	73.0 이상	13.6	22.7	6.0
7.5			85.5 이상	74.0 이상	17.3	30.9	6.0
11			86.5 이상	75.5 이상	22.7	43.6	6.0
15			87.5 이상	76.5 이상	29.1	58.2	6.0
(19)			88.0 이상	76.5 이상	37.3	70.9	5.5
22			88.5 이상	77.5 이상	39.1	82.7	5.5
30			89.0 이상	78.5 이상	49.1	110.9	5.5
37			89.5 이상	79.0 이상	53.0	135.5	5.5
5.5	8	900	80.0 이상	66.5 이상	17.2	26.9	6.5
7.5			81.0 이상	69.5 이상	21.7	34.4	6.5
11			84.0 이상	71.5 이상	29.7	47.5	6.0
15			85.5 이상	73.5 이상	37.8	62.2	5.5
(19)			86.5 이상	74.5 이상	43.9	75.0	5.5
22			87.5 이상	76.5 이상	48.3	26.0	5.5
30			88.0 이상	77.0 이상	63.3	114.0	5.5
37			88.5 이상	77.0 이상	68.6	142.5	4.5

[표2] 자가용 디젤 표준 출력 [kVA]

50	100	150	200	300	400	500

구분	효율 [%]	역률 [%]	입력 [kVA]	수용률 [%]	수용률 적용값 [kVA]
37×1					
22×2					
11×2					
5.5×1					
50					
계					

정답

구분	효율 [%]	역률 [%]	입력 [kVA]	수용률 [%]	수용률 적용값 [kVA]
37×1	89.5	79.0	$\dfrac{37}{0.895 \times 0.79} = 52.33$	100	52.33
22×2	88.5	77.5	$\dfrac{22 \times 2}{0.885 \times 0.775} = 64.15$	80	51.32
11×2	86.5	75.5	$\dfrac{11 \times 2}{0.865 \times 0.755} = 33.69$	80	26.95
5.5×1	85.0	78.0	$\dfrac{5.5}{0.85 \times 0.78} = 8.3$	100	8.3
50	100	100	50	100	50
계	-	-	208.47[kVA]		188.9[kVA]

답 발전기 용량 : 200 [kVA]

14

그림과 같은 방전특성을 갖는 부하에 필요한 축전지 용량은 몇 [Ah]인가?
(단, 방전전류 : I_1 = 200 [A], I_2 = 300 [A], I_3 = 150 [A], I_4 = 100 [A]
　　방전시간 : T_1 = 130 [분], T_2 = 120 [분], T_3 = 40 [분], T_4 = 5 [분]
　　용량환산시간 : K_1 = 2.45, K_2 = 2.45, K_3 = 1.46, K_4 = 0.45
　　보수율은 0.7로 적용한다.)

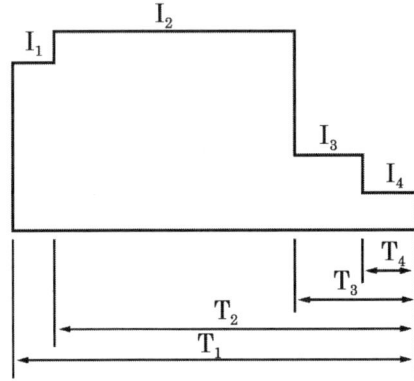

정답

■ 계산과정

$$\text{용량 } C = \frac{1}{L}[K_1 I_1 + K_2(I_2 - I_1) + K_3(I_3 - I_2) + K_4(I_4 - I_3)]$$

$$= \frac{1}{0.7}[2.45 \times 200 + 2.45(300 - 200) + 1.46(150 - 300) + 0.45(100 - 150)]$$

$$= 705 \text{ [Ah]}$$

답 705 [Ah]

15

철손이 1.2 [kW], 전부하 시의 동손이 2.4 [kW]인 변압기가 하루 중 7시간 무부하 운전, 11시간 1/2부하 운전, 그리고 나머지 전부하 운전할 때 하루의 총 손실은 얼마인지 계산하시오.

■ 계산과정
- 철손 $P_i = 1.2 \times 24 = 28.8$ [kWh]
- 동손 $P_c = \left(\dfrac{1}{2}\right)^2 \times 2.4 \times 11 + 2.4 \times 6 = 21$ [kWh]
- 총 손실 $P_l = P_i + P_c = 28.8 + 21 = 49.8$ [kWh]

답 49.8 [kWh]

16

다음 회로를 이용하여 각 물음에 답하시오.

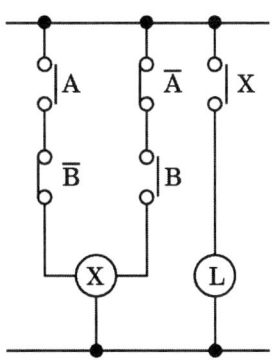

(1) 그림과 같은 회로의 명칭을 쓰시오.
(2) 논리식을 쓰시오.
(3) 무접점 논리회로를 그리시오.

(1) 배타적논리합(Exclusive OR) 회로
(2) 출력 $X = A\overline{B} + \overline{A}B$, $L = X$

(3)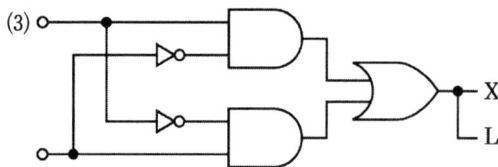

17

다음은 PLC 래더 다이어그램에 의한 프로그램이다. 아래의 명령어를 활용하여 각 스텝에 알맞은 내용으로 프로그램 하시오.

명령어	
입력 a 접점 : LD	입력 b 접점 : LDI
직렬 a 접점 : AND	직렬 b 접점 : ANI
병렬 a 접점 : OR	병렬 b 접점 : ORI
블록 간 병렬접속 : OB	블록 간 직렬접속 : ANB

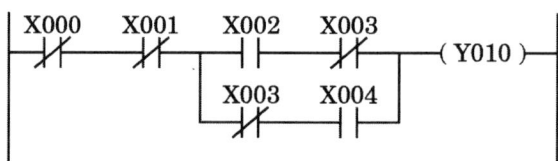

Step	명령	번지	Step	명령	번지
1	LDI	X000	6		
2			7		
3			8		
4			9	OUT	Y010
5					

정답

Step	명령	번지	Step	명령	번지
1	LDI	X000	6	AND	X004
2	ANI	X001	7	OB	-
3	LD	X002	8	ANB	-
4	ANI	X003	9	OUT	Y010
5	LDI	X003			

01

설비불평형률에 대한 다음 각 물음에 답하시오. (단, 전동기의 출력[kW]를 입력[kVA]로 환산하면 5.2 [kVA]이다)

(1) 저압, 고압 및 특고압 수전의 3상 3선식 또는 3상 4선식에서 불평형 부하의 한도는 단상 부하로 계산하여 설비불평형률은 몇 [%] 이하로 하는 것을 원칙으로 하는가?

(2) 아래 그림과 같은 3상 3선식 440[V] 수전인 경우 설비 불평형률을 구하시오.

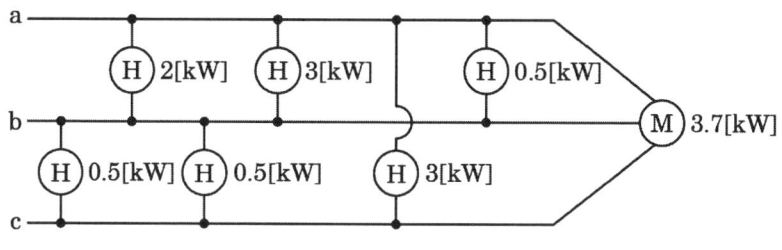

(H:전열부하, M:동력부하)

정답

(1) 30 [%]

(2) 불평형률 $= \dfrac{(2+3+0.5)-(0.5+0.5)}{\dfrac{1}{3}(2+3+0.5+5.2+3+0.5+0.5)} \times 100 = 91.84\,[\%]$

핵심이론

□ 설비 불평형률

① 단상 3선식

설비불평형률 $= \dfrac{\text{중성선과 각 전압 측 선간에 접속되는 부하설비용량의 차}}{\text{총 부하설비용량} \times \dfrac{1}{2}} \times 100\,[\%]$

② 3상 3선식 또는 3상 4선식

설비불평형률 $= \dfrac{\text{각 간선에 접속되는 단상부하 총 설비용량의 최대와 최소의 차}}{\text{총 부하설비용량} \times \dfrac{1}{3}} \times 100\,[\%]$

02

배전선의 기본파 전압 실횻값이 V₁ [V], 고조파 전압의 실횻값이 V₃ [V], V₅ [V], Vₙ [V]이다. THD(Total Harmonics Distortion)의 정의와 계산식을 쓰시오.

정답

- 정의 : THD는 전고조파왜율로 기본파의 실횻값에 대한 전고조파의 실횻값의 비로서 고조파 발생의 정도를 나타낸다.

- 계산식 : $THD = \dfrac{\sqrt{V_3^2 + V_5^2 + \cdots + V_n^2}}{V_1}$

03

단상 200 [V], 6 [kW], 역률 0.6(지상)의 부하에 전력을 공급하고 있는 전선 1가닥의 저항이 0.15 [Ω], 리액턴스가 0.1 [Ω]인 2선식 배전선이 있다. 지금 부하의 역률을 1로 개선하면 역률 개선 전 후의 전력손실 차이는 몇 [W]인지 계산하시오.

정답

■ 계산과정

- 역률 개선 전 전류 $I_1 = \dfrac{P}{V\cos\theta_1} = \dfrac{6 \times 10^3}{200 \times 0.6} = 50$ [A]

- 역률 개선 후 전류 $I_2 = \dfrac{P}{V\cos\theta_2} = \dfrac{6 \times 10^3}{200 \times 1} = 30$ [A]

- 역률 개선 전 전력손실 $P_{l1} = I_1^2 R = 50^2 \times (2 \times 0.15) = 750$ [W]

- 역률 개선 후 전력손실 $P_{l2} = I_1^2 R = 30^2 \times (2 \times 0.15) = 270$ [W]

- 역률 개선 전 후 전력손실 차 $P_l = P_{l1} - P_{l2} = 750 - 270 = 480$ [W]

답 480 [W]

04

전선이 정삼각형의 정점에 배치된 3상 선로에서 전선의 굵기, 선간거리, 표고, 기온에 의하여 코로나 임계전압이 받는 영향을 쓰시오.

구분	임계전압이 받는 영향
전선의 굵기	
선간거리	
표고 [m]	
기온 [℃]	

정답

구분	임계전압이 받는 영향
전선의 굵기	전선의 굵기가 커지면 코로나 임계전압이 높아진다.
선간거리	전선의 등가선간거리가 커지면 코로나 임계전압이 높아진다.
표고 [m]	표고가 높아지면 기압이 낮아지므로 코로나 임계전압이 낮아진다.
기온 [℃]	기온이 상승하면 상대공기밀도가 낮아지므로 코로나 임계전압이 낮아진다.

핵심이론

- 코로나 임계전압 $E_0 = 24.3 m_0 m_1 \delta d \log_{10} \dfrac{D}{r}$

  - 상대공기밀도 $\delta = \dfrac{0.386 b}{273 + t}$ (b 기압, t 온도)
  - m_0 전선의 표면계수
  - m_1 날씨계수
  - D 등가선간거리
  - d 전선의 직경
  - r 전선의 반지름

5

그림과 같은 단선계통도를 보고 다음 각 물음에 답하시오. (단, 한국전력 측의 전원 용량은 500,000 [kVA]이고, 선로손실 등 제시되지 않은 조건은 무시하기도 한다)

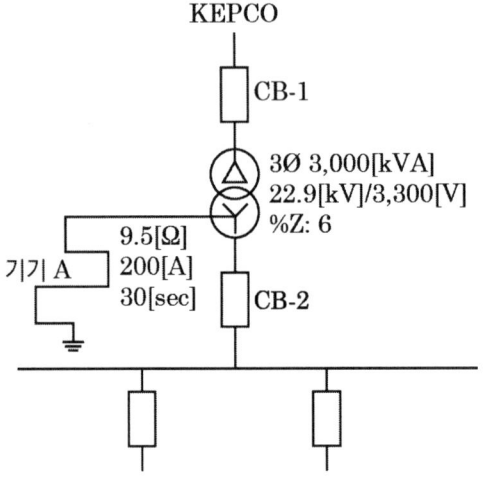

(1) CB-2의 정격을 계산하시오. (단, 차단용량은 [MVA]로 표기하시오.)
(2) 기기-A의 명칭과 기능을 설명하시오.

정답

(1) 기준용량을 3000 [kVA]로 하면

① 전원 측 $\%Z_s = \dfrac{P_n}{P_s} \times 100 = \dfrac{3000}{500000} \times 100 = 0.6 \ [\%]$

② CB-2 2차 측까지의 합성 임피던스 $\%Z = \%Z_s + \%Z_r = 0.6 + 6 = 6.6 \ [\%]$

③ 차단용량 $P_s = \dfrac{100}{6.6} \times 3000 \times 10^{-3} = 45.45 \ [\text{MVA}]$

답 45.45 [MVA]

(2) • 명칭 : 중성점 접지 저항기
• 기능 : 지락사고 시 지락전류 억제 및 건전상 대지전위 상승 억제

06

변압기의 절연내력 시험전압에 대한 ① ~ ⑦의 알맞은 내용을 빈칸에 쓰시오.

구분	권선의 종류(최대사용전압 기준)	시험전압
①	최대 사용전압 7 kV 이하 단, 시험전압이 500V 미만으로 되는 경우에는 500 V	최대사용전압×( )배
②	7 kV 초과 25 kV 이하의 권선으로서 중성점 접지식 전로에 접속하는 것	최대사용전압×( )배
③	7 kV 초과 60 kV 이하의 권선 (2란의 것을 제외한다) 단, 시험전압이 10500V 미만으로 되는 경우에는 10500V	최대사용전압×( )배
④	60 kV를 초과하는 권선으로서 중성점 비접지식 전로에 접속하는 것	최대사용전압×( )배
⑤	60 kV를 초과하는 권선으로서 중성점 접지식 전로에 접속하고 또한 성형결선의 권선의 경우에는 그 중성점에, 스콧결선의 권선의 경우에는 T좌 권선과주좌 권선의 접속점에 피뢰기를 시설하는 것. 단, 시험전압이 75 kV 미만으로 되는 경우에는 75 kV	최대사용전압×( )배
⑥	최대사용전압이 60 kV를 초과하는 권선으로서 중성점 직접접지식 전로에 접속하는 것. 다만, 170 kV를 초과하는 권선에는 그 중성점에 피뢰기를 시설하는 것에 한한다.	최대사용전압×( )배
⑦	170 kV를 초과하는 권선으로서 중성점직접접지식 전로에 접속하고 또한 그 중성점을 직접 접지하는 것	최대사용전압×( )배
	기타의 권선	최대사용전압×11배

정답

- 전기설비기술기준의 판단기준 제16조(변압기 전로의 절연내력)

①	②	③	④	⑤	⑥	⑦
1.5	0.92	1.25	1.25	1.1	0.72	0.64

07

어느 공장에서 기중기의 권상하중 50 [ton], 12 [m] 높이를 4분에 권상하려고 한다. 이것에 필요한 권상 전동기의 출력을 구하시오. (단, 권상기구의 효율은 75 [%]이다)

정답

■ 계산과정

권상용 전동기 출력 $P = \dfrac{WV}{6.12\eta} = \dfrac{50 \times \dfrac{12}{4}}{6.12 \times 0.75} = 32.68$ [kW]

답 32.68 [kW]

08

조명설계 시 사용되는 용어 중 감광보상률이란 무엇을 의미하는지 설명하시오.

> 정답

조명설비는 시간의 경과에 따라 광원의 노화, 오손, 효율저하에 따른 광속의 감소하므로 조명설계를 할 때 이러한 광속의 감소를 미리 예상하여 소요 광속에 여유를 두는 정도를 말한다.

09

그림과 같이 정격전압 440 [V], 정격 전기자전류 540 [A], 정격 회전속도 900 [rpm]인 직류 분권전동기가 있다. 브러시 접촉저항을 포함한 전기자 회로의 저항은 0.041 [Ω], 자속은 항시 일정할 때, 다음 각 물음에 답하시오.

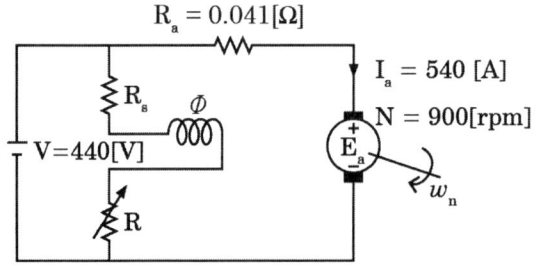

(1) 전기자 유기전압 E_a 는 몇 [V]인지 구하시오.
(2) 이 전동기의 정격부하 시 회전자에서 발생하는 토크 T [N·m]을 구하시오.
(3) 이 전동기는 75 [%] 부하일 때 효율이 최대이다. 이때 고정손(철손+기계손)을 구하시오.

> 정답

(1) 역기전력 $E_a = V - I_a R_a = 440 - 540 \times 0.041 = 417.86$ [V]

답 417.86 [V]

(2) 토크 $T = 9.55 \dfrac{P}{N} = 9.55 \dfrac{E_a I_a}{N} = 9.55 \dfrac{417.86 \times 540}{900} = 2394.34$ [N·m]

답 2394.34 [Nm]

(3) • 전부하동손 $P_c = I_a^2 R_a = 540^2 \times 0.041 = 11955.6$ [W]
  • 고정손 $P_i = m^2 P_c = 0.75^2 \times 11955.6 = 6725.03$ [W]

답 6725.03 [W]

10

그림과 같은 전력 시스템의 A점에서 고장이 발생하였을 경우 이 지점에서의 3상 단락전류를 옴법에 의하여 구하시오. (단, 발전기 G1, G2 및 변압기의 %리액턴스는 자가용량 기준으로 각각 30 [%], 30 [%] 및 8 [%]이며, 선로의 저항은 0.5 [Ω/km]이다)

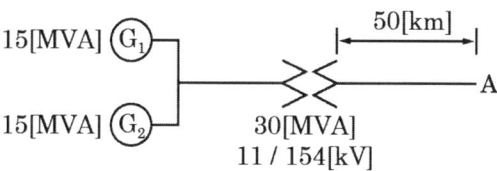

정답

- 발전기 G_1 : $X_{G1} = \dfrac{\%X_{G1} \times 10V^2}{P} = \dfrac{30 \times 10 \times 154^2}{15 \times 10^3} = 474.32\ [\Omega]$

- 발전기 G_2 : $X_{G2} = \dfrac{\%X_{G2} \times 10V^2}{P} = \dfrac{30 \times 10 \times 154^2}{15 \times 10^3} = 474.32\ [\Omega]$

- 변압기 : $X_T = \dfrac{\%X_r \times 10V^2}{P} = \dfrac{8 \times 10 \times 154^2}{30 \times 10^3} = 63.24\ [\Omega]$

- 선로의 저항 : $R = 0.5 \times 50 = 25\ [\Omega]$

- 합성임피던스 : $Z = \sqrt{25^2 + \left(\dfrac{474.32}{2} + 63.24\right)^2} = 301.44\ [\Omega]$

- 3상 단락전류 : $I_s = \dfrac{E}{Z} = \dfrac{154000/\sqrt{3}}{301.44} = 294.96\ [A]$

답 294.96 [A]

11

3상 농형 유도 전동기 부하가 다음 표와 같을 때 간선의 굵기를 구하려고 한다. 주어진 참고 표의 해당 부분을 적용시켜 간선의 최소 전선 굵기를 구하시오. (단, 전선은 PVC 절연전선을 사용하며, 배선은 공사방법 B1에 의한다고 한다)

〈 부하내역 〉

상수	전압	용량	대수	기동 방법
3상	200 [V]	22 [kW]	1대	기동기 사용
		7.5 [kW]	1대	직입 기동
		5.5 [kW]	1대	직입 기동
		1.5 [kW]	1대	직입 기동
		0.75 [kW]	1대	직입 기동

[표] 200 [V] 3상 유도전동기의 간선의 굵기 및 기구의 용량(B종 퓨즈)

전동기 [kW] 수의 총계 [kW] 이하 ①	최대 사용 전류 [A] 이하 ①	배선종류에 의한 간선의 최소굵기[mm²] ①						직입기동 전동기 중 최대 용량의 것										
		공사방법 A1		공사방법 B1		공사방법 C		0.75	1.5	2.2	3.7	5.5	7.5	11	15	18.5	22	30	37~55
		3개선		3개선		3개선		기동기 사용 전동기 중 최대 용량의 것											
								-	-	-	5.5	7.5	11 15	18.5 22	-	30 37	-	45	55
		PVC	XLPE EPR	PVC	XLPE EPR	PVC	XLPE EPR	과전류차단기[A] ------(칸 위 숫자) ③ 개폐기 용량[A] ------(칸 아래 숫자) ④											
3	15	2.5	2.5	2.5	2.5	2.5	2.5	15 30	20 30	30 30	-	-	-	-	-	-	-	-	-
4.5	20	4	2.5	2.5	2.5	2.5	2.5	20 30	20 30	30 30	50 60	-	-	-	-	-	-	-	-
6.3	30	6	4	6	4	4	2.5	30 30	30 30	50 60	50 60	72 100	-	-	-	-	-	-	-
8.2	40	10	6	10	6	6	4	50 60	50 60	50 60	75 100	75 100	100 100	-	-	-	-	-	-
12	50	16	10	10	10	10	6	50 60	50 60	50 60	75 100	75 100	100 100	150 200	-	-	-	-	-
15.7	75	35	25	25	16	16	16	75 100	75 100	75 100	75 100	100 100	100 100	150 200	150 200	-	-	-	-
19.5	90	50	25	35	25	25	16	100 100	100 100	100 100	100 100	100 100	150 200	150 200	200 200	200 200	-	-	-
23.2	100	50	35	35	25	35	25	100 100	100 100	100 100	100 100	100 100	150 200	150 200	200 200	200 200	200 200	-	-
30	125	70	50	50	35	50	35	150 200	150 200	150 200	150 200	150 200	150 200	150 200	200 200	200 200	200 200	-	-
37.5	150	95	70	70	50	70	50	150 200	150 200	150 200	150 200	150 200	150 200	150 200	200 200	300 300	300 300	300 300	-
45	175	120	70	95	50	70	50	200 200	200 200	200 200	200 200	200 200	200 200	200 200	200 200	300 300	300 300	300 300	300 300
52.5	200	150	95	95	70	95	70	200 200	200 200	200 200	200 200	200 200	200 200	200 200	200 300	300 300	300 300	400 400	400 400
63.7	250	240	150	-	95	120	95	300 300	300 300	300 300	300 300	300 300	300 300	300 300	300 300	300 400	400 400	400 400	500 600
75	300	300	185	-	120	185	120	300 300	300 300	300 300	300 300	300 300	300 400	300 400	300 400	300 400	400 400	400 400	500 600
86.2	350	-	240	-	-	240	150	400 400	400 400	400 400	400 400	400 400	400 400	400 400	400 400	400 400	400 400	400 400	600 600

[비고 1] 최소 전선 굵기는 1회선에 대한 것이며, 2회선 이상일 경우는 부록 500-2의 복수회로 보정계수를 적용하여야 한다.

[비고 2] 공사방법 A1은 벽 내의 전선관에 공사한 절연전선 또는 단심케이블, B1은 벽면의 전선관에 공사한 절연전선 또는 단심 케이블, 공사방법 C는 벽면에 공사한 단심 또는 다심케이블을 시설하는 경우의 전선 굵기를 표시하였다.

[비고 3] "전동기중 최대의 것"에는 동시 기동하는 경우를 포함한다.

[비고 4] 과전류 차단기의 용량은 해당 조항에 규정되어 있는 범위에서 실용상 거의 최댓값을 표시한다.

[비고 5] 과전류 차단기의 선정은 최대 용량의 정격전류의 3배에 다른 전동기의 정격전류의 합계를 가산한 값 이하를 표시한다.

[비고 6] 이 표의 전선굵기 및 허용전류는 부록 500-2에서 공사방법 A1, B1, C는 표 A.52-4와 표 A.52-5에 의한 값으로 하였다.

[비고 7] 고리퓨즈는 300 [A] 이하에서 사용하여야 한다.

정답

전동기 [kW] 수의 총화 = 22 + 7.5 + 5.5 + 1.5 + 0.75 = 37.25 [kW]

∴ 표의 37.5 [kW], 공사방법 B1, PVC 절연전선에서 70 [mm^2]를 선정

12

변류기(CT)에 관한 다음 각 물음에 답하시오.

(1) Y-△로 결선한 주변압기의 보호로 비율차동계전기를 사용한다면 CT의 결선은 어떻게 하여야 하는지 설명하시오.

(2) 통전 중에 있는 변류기 2차 측에 접속된 기기를 교체하고자 할 때 가장 먼저 취하여야 할 사항을 설명하시오.

(3) 수전전압이 22.9 [kV], 수전설비의 부하전류가 65 [A]이다. 100/5 [A]의 변류기를 통하여 과부하 계전기를 시설하였다. 120 [%]의 과부하에서 차단기를 차단시킨다면 과부하 계전기의 전류값은 몇 [A]로 설정해야 하는지 계산하시오.

정답

(1) 변압기의 1차 측과 2차 측의 위상차를 보정하기 위하여 △-Y로 결선하여야 한다.

(2) 변류기의 2차 측을 단락하여야 한다.

(3) 과부하계전기의 트립전류 $I_T = 65 \times \dfrac{5}{100} \times 1.2 = 3.9$ [A]

답 4 [A] 탭

13

발전소 및 변전소에 사용되는 다음 각 모선 방식에 대하여 설명하시오.

- 전류 차동 계전방식 :
- 전압 차동 계전방식 :
- 위상 비교 계전방식 :
- 방향 비교 계전방식 :

정답

- 전류 차동 계전방식 : 각 모선에 설치된 CT의 2차 회로를 차동 접속하고 거기에 과전류 계전기를 설치한 것으로서, 모선 내 고장에서는 모선에 유입하는 전류의 총계와 유출하는 전류의 총계가 서로 다르다는 것을 이용해서 고장 검출을 하는 방식
- 전압 차동 계전방식 : 각 모선에 설치된 CT의 2차 회로를 차동 접속하고 거기에 임피던스가 큰 전압계전기를 설치한 것으로서, 모선내 고장에서는 계전기에 큰 전압이 인가되어서 동작하는 방식
- 위상 비교 계전방식 : 모선에 접속된 각 회선의 전류 위상을 비교함으로써 모선 내 고장인지 외부 고장인지를 판별하는 방식
- 방향 비교 계전방식 : 모선에 접속된 각 회선에 전력방향계전기 또는 거리방향 계전기를 설치하여 모선으로부터 유출하는 고장 전류가 없는데 어느 회선으로부터 모선 방향으로 고장 전류의 유입이 있는지 파악하여 모선 내 고장인지 외부 고장인지를 판별하는 방식

14

전압 22,900 [V], 주파수 60 [Hz], 선로길이 7 [km] 1회선의 3상 지중 송전선로가 있다. 이의 3상 무부하 충전전류 및 충전용량을 구하시오. (단, 케이블의 1선당 작용 정전용량은 0.4 [μF/km]라고 한다)

(1) 무부하 충전전류
(2) 충전용량

정답

(1) $I_c = \omega CE = 2\pi f\, Cl\, E = 2\pi \times 60 \times 0.4 \times 10^{-6} \times 7 \times \dfrac{22900}{\sqrt{3}} = 13.96$ [A]

📖 13.96 [A]

(2) $Q_c = 3EI_c = 3 \times \dfrac{22900}{\sqrt{3}} \times 13.96 \times 10^{-3} = 553.71$ [kVA]

📖 553.71 [kVA]

15

다음과 같은 축전지의 충전방식은 어떤 충전방식인지 그 명칭을 쓰시오.

(1) 정류기가 축전지의 충전에만 사용되지 않고 평상시 다른 직류부하의 전원으로 병행하여 사용되는 충전방식
(2) 축전지의 각 전해조에 일어나는 전위차를 보정하기 위해 1~3개월마다 1회 정전압으로 10~12시간 충전하는 충전방식

정답

(1) 부동충전방식
(2) 균등충전방식

16

출력 100 [kW]의 디젤 발전기를 8시간 운전하여 발열량 10,000 [kcal/kg]의 연료를 215 [kg] 소비할 때 발전기의 종합효율은 몇 [%]인지 구하시오.

정답

$$\eta = \frac{860\,Pt}{mH} = \frac{860 \times 100 \times 8}{215 \times 10000} \times 100 = 32\,[\%]$$

답 32 [%]

핵심이론

□ 디젤 발전기의 종합효율

$$\eta = \frac{860\,Pt}{mH}\,[\text{kW}] \qquad m: \text{연료 [kg]}, \quad H: \text{발열량 [kcal/kg]}, \quad P: \text{출력 [kW]}, \quad t: \text{시간 [h]}$$

17

지중 케이블의 고장점 탐지법 3가지와 각각의 사용 용도를 쓰시오.

고장점 탐지법	사용용도

정답

고장점 탐지법	사용용도
머레이 루프(Murray loop)법	1선지락, 2선지락, 선간단락
펄스레이더(Pulse radar)법	단선사고, 3상단락
정전브리지(Capacity bridge)법	단선사고

18

그림은 3상 유도전동기의 Y-△ 기동방식의 주회로 부분이다. 다음 물음에 답하시오.

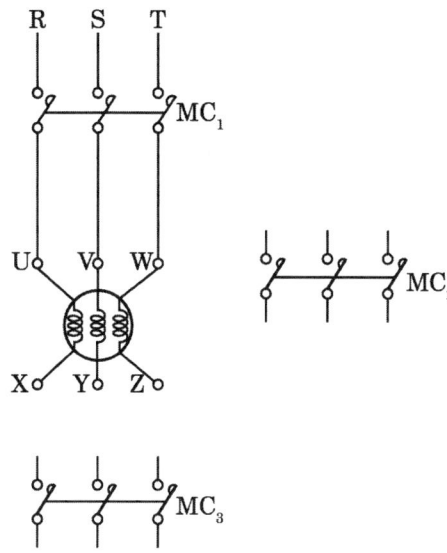

(1) 주회로 부분의 미완성 회로에 대한 결선을 완성하시오.
(2) Y-△ 기동과 전전압 기동에 대하여 기동전류 비를 제시하여 설명하시오.
(3) 3상 유도전동기를 Y-△로 기동하여 운전할 때 기동과 운전을 하기 위한 제어회로의 동작 사항을 설명하시오.

정답

(1)
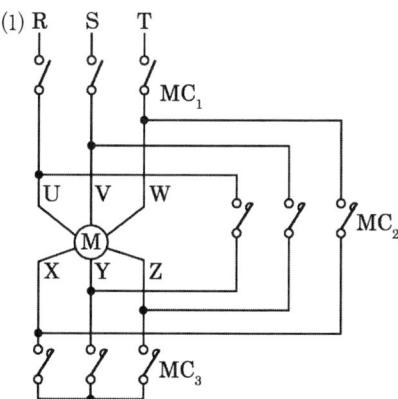

(2) Y-△ 기동 시 기동전류는 전전압 기동 시 기동전류의 $\frac{1}{3}$ 배가 된다.

(3) ① 기동 스위치를 누르면 MC_1과 MC_3 전자접촉기가 여자되어 Y결선 기동된다.
② 일정시간 후 MC_3는 소자되고, MC_2 전자접촉기가 여자되어 △결선 운전하게 된다.

19

그림과 같은 유접점 회로를 무접점 회로로 바꾸고, 이 논리회로를 NAND만의 회로로 변환하시오.

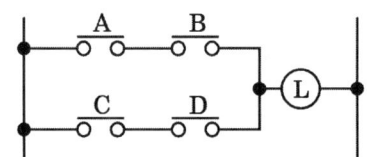

구분	무접점 논리회로	NAND만의 논리회로
논리식		
회로도		

정답

구분	무접점 논리회로	NAND만의 논리회로
논리식	$L = AB + CD$	$L = \overline{\overline{A \cdot B} \cdot \overline{C \cdot D}}$
회로도		

01

그림과 같이 3상 △-Y 결선 30 [MVA], 33/11 [kV] 변압기가 차동계전기에 의하여 보호되고 있다. 고장전류가 정격전류의 200 [%] 이상에서 동작하는 계전기의 전류(i_r) 정정값을 구하시오. (단, 변압기 1차 측 및 2차 측 CT의 변류비는 각각 500/5 [A], 2000/5 [A]이다)

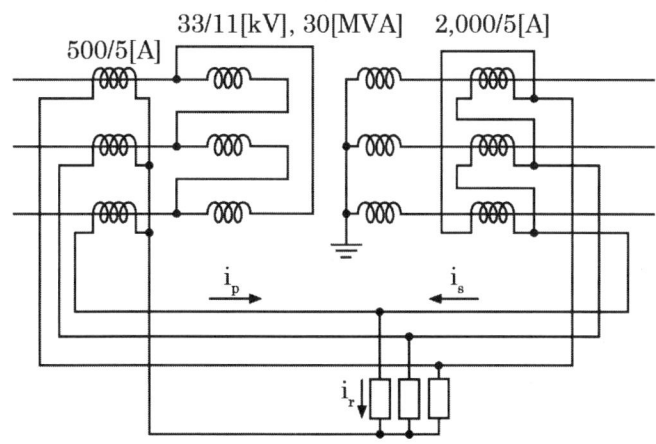

정답

■ 계산과정

- $i_p = \dfrac{30 \times 10^3}{\sqrt{3} \times 33} \times \dfrac{5}{500} = 5.25$ [A]

- $i_s = \sqrt{3} \times \dfrac{30 \times 10^3}{\sqrt{3} \times 11} \times \dfrac{5}{2000} = 6.82$ [A]

- 정정값 $i_r = 2 \times |i_p - i_s| = 2 \times |5.25 - 6.82| = 3.14$ [A]

답 3.14 [A]

02

전기 방폭설비란 무엇을 의미하는지 설명하시오.

정답

전기설비가 원인이 되어 증기 또는 분진 등이 인화되거나 폭발하여 폭발사고가 발생하는 것을 방지하기 위한 전기설비를 뜻함

03

다음 회로도는 푸시버튼스위치 하나로 전동기를 기동·정지를 제어하는 미완성 시퀀스도이다. 동작사항과 회로를 보고 각 물음에 답하시오. (단, X1, X2 : 8핀 릴레이, MC : 5a2b 전자접촉기, PB : 푸시버튼스위치, RL : 적색램프)

[동작사항]
① 푸시버튼스위치(PB)를 한번 누르면 X1에 의하여 MC동작(전동기운전), RL램프 점등
② 푸시버튼스위치(PB)를 한번 더 누르면 X2에 의하여 MC소자(전동기정지), RL램프 소등
③ 푸시버튼스위치(PB)를 누를 때마다 전동기는 기동과 정지를 반복하여 동작

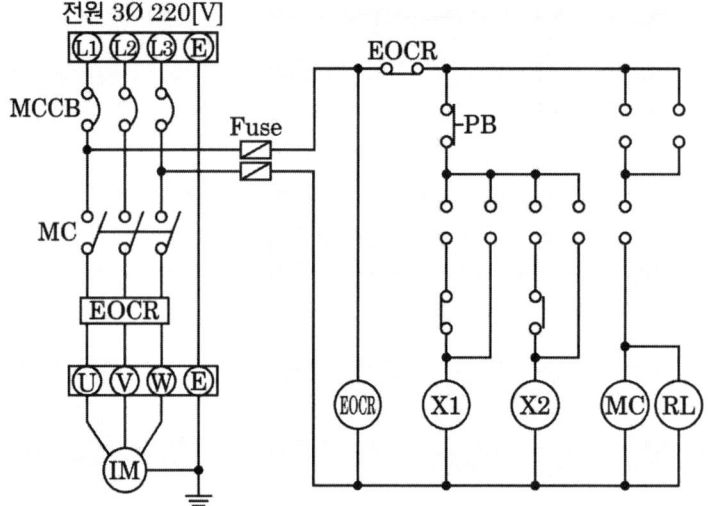

(1) 시퀀스도의 동작사항에 알맞도록 릴레이와 전자접촉기의 접점을 이용하여 제어회로를 완성하시오. (단, 회로도에 접점의 그림기호를 직접 그리고, 접점의 명칭을 정확히 표시하시오.)
(2) MCCB의 명칭을 쓰시오.
(3) EOCR의 명칭과 사용목적에 대하여 쓰시오.

> 정답

(1)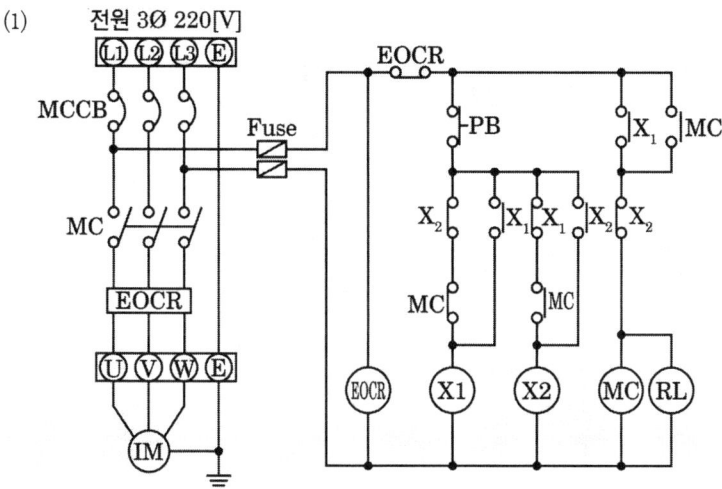

(2) 배선용차단기

(3) ① 명칭 : 전자식 과전류계전기(Electronic Over Current Relay)
　② 목적 : 전동기에 과부하가 걸려 과전류가 흐르면 EOCR이 동작하여 전자접촉기를 소자시켜 전동기를 정지하여 전동기를 보호한다.

4

변압비 30인 계기용 변압기를 그림과 같이 잘못 접속하였다. 각 전압계 V_1, V_2, V_3에 나타나는 단자전압은 몇 [V]인가?

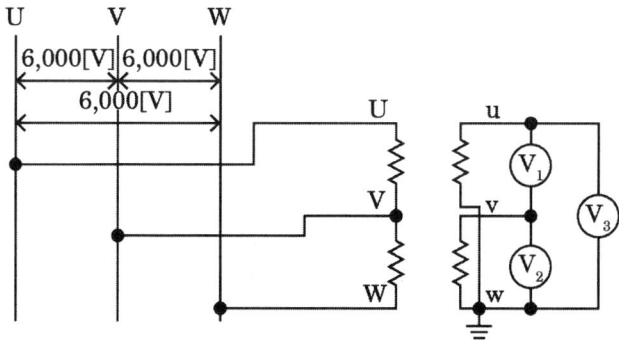

> 정답

① $V_1 = \dfrac{6000}{30} \times \sqrt{3} = 346.41$ [V]　② $V_2 = \dfrac{6000}{30} = 200$ [V]　③ $V_3 = \dfrac{6000}{30} = 200$ [V]

05

380 [V], 4극 3상 유도 전동기 37 [kW]의 분기회로 긍장이 50 [m]일 때 전압강하를 5 [V] 이하로 하는 데 필요한 전선 굵기[mm²]를 구하시오. (단, 전압강하계수는 1.1, 전동기의 전부하전류는 75 [A], 3상3선식 회로이다)

정답

■ 계산과정

전선의 굵기 $A = \dfrac{30.8\,LI}{1000\,e} = \dfrac{30.8 \times 50 \times (75 \times 1.1)}{1000 \times 5} = 25.41\ [\text{mm}^2]$

답 표준굵기 35 [mm²] 선정

핵심이론

□ 전압강하

배전방식	전압강하	측정 기준
단상 2선식	$e = \dfrac{35.6\,LI}{1000\,A}$	선간
3상 3선식	$e = \dfrac{30.8\,LI}{1000\,A}$	선간
단상 3선식 3상 4선식	$e = \dfrac{17.8\,LI}{1000\,A}$	대지간

06

그림과 같이 폭 30 [m]인 도로의 양쪽에 지그재그식으로 300 [W]의 고압 수은등을 배치하여 도로의 평균조도를 5 [lx]로 하려고 한다. 각 등의 간격 S [m]을 구하시오. (단, 조명률은 0.32, 감광보상률은 1.3, 수은등의 광속은 5500 [lm]이다)

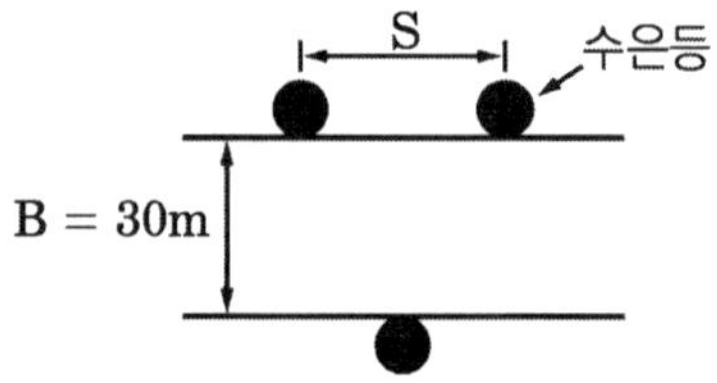

정답

$F = \dfrac{BSED}{2U}$ 에서 $S = \dfrac{2FU}{BED} = \dfrac{2 \times 5500 \times 0.32}{30 \times 5 \times 1.3} = 18.05\ [\text{m}]$

답 18.05 [m]

07

역률을 개선하면 전기요금의 저감과 배전선의 손실 경감, 전압강하 감소, 설비 여력의 증가등을 기할 수 있으나, 너무 과보상하면 역효과가 나타난다. 즉, 경부하시에 콘덴서가 과대 삽입되는 경우의 결점을 3가지 쓰시오.

정답

- 앞선 역률에 의한 전력손실이 생긴다.
- 모선 전압이 과상승한다.
- 과부하 운전이 될 수 있다.

08

수전용 차단기와 과전류계전기 연동시험 시 시험전류를 가하기 전에 점검하여야 할 사항을 3가지만 쓰시오.

정답

- 정전의 확인
- 시험회로에 접지가 된 부분이 없는지 확인
- 시험용 배선의 접속상태 확인
- 과전류계전기의 전류 정정탭과 시한 레버상태 확인

09

역률 80 [%], 10000 [kVA]의 부하를 가진 자가용 변전소에 2000 [kVA]의 진상용 콘덴서를 설치하여 역률을 개선하면 변압기에 걸리는 부하는 몇 [kVA]인가?

정답

- 계산과정
  - 역률 개선 전 유효전력 $P = 10000 \times 0.8 = 8000$ [kW]
  - 역률 개선 전 무효전력 $P_r = 10000 \times 0.6 = 6000$ [kVar]
  - 역률 개선 후 무효전력 $P_r' = 6000 - 2000 = 4000$ [kVar]

  따라서, 피상전력 $P_a = \sqrt{8000^2 + 4000^2} = 8944.27$ [kVA]

답 8944.27 [kVA]

10

200세대 아파트의 전등, 전열설비 부하가 600 [kW], 동력설비 부하가 350 [kW]이다. 이 아파트의 변압기 용량을 500 [kVA], 1뱅크로 선정하였다면 전부하에 대한 수용률을 구하시오. (단, 전등, 전열설비 부하의 역률은 1.0, 동력설비부하의 역률은 0.7이고, 효율은 무시한다)

정답

- 계산과정
  - 유효전력 $P = 600 + 350 = 950$ [kW]
  - 무효전력 $P_r = \dfrac{350}{0.7} \times \sqrt{1 - 0.7^2} = 357.07$ [kVar]
  - 피상전력 $P_a = \sqrt{P^2 + P_r^2} = \sqrt{950^2 + 357.07^2} = 1014.89$ [kVA]
  - 수용률 $= \dfrac{\text{최대수요전력}}{\text{설비용량}} \times 100 = \dfrac{500}{1014.89} \times 100 = 49.27$ [%]

답 49.27 [%]

11

접지공사의 목적을 3가지만 쓰시오.

정답

- 누전에 의한 감전사고를 방지하기 위하여
- 이상전압이 발생하였을 경우 대지 전위상승을 억제하고 기기를 보호하기 위하여
- 지락사고 시 보호계전기의 동작을 신속, 확실하게 하기 위하여

12

배전용 변압기의 고압 측(1차 측)에 여러 개의 탭을 설치하는 이유를 설명하시오.

정답

선로의 전압강하에 의하여 변전소로부터 먼 거리에 있는 배전용 변압기일수록 변압기 1차 측 전압이 낮으므로 탭전압을 조정하여 배전용 변압기 2차 측의 부하 단자전압을 거리에 관계없이 일정하게 유지하기 위해서

13

유효낙차 100 [m], 최대사용수량 10 [m³/sec]의 수력발전소에 발전기 1대를 설치하는 경우 적당한 발전기의 용량 [kVA]을 구하시오. (단, 수차와 발전기의 종합효율 및 부하역률은 각각 85 [%]로 한다)

정답

■ 계산과정

$$P_a = \frac{9.8\,QH\eta}{\cos\theta} = \frac{9.8 \times 10 \times 100 \times 0.85}{0.85} = 9800\ [\text{kVA}]$$

답 9800 [kVA]

14

사용 중인 UPS의 2차 측에 단락사고 등이 발생했을 경우 UPS와 고장회로를 분리하는 방식 3가지를 쓰시오.

정답

• 배선용 차단기(MCCB)에 의한 보호 • 속단퓨즈에 의한 보호 • 반도체 차단기에 의한 보호

15

20개의 가로등이 500 [m] 거리에 균등하게 배치되어 있다. 한 등의 소요전류가 4 [A], 전선(동선)의 단면적 35 [mm^2], 도전율 97 [%]라면 한 쪽 끝에서 단상 220 [V]로 급전할 때 최종 전등에 가해지는 전압을 구하시오. (단, 표준연동의 고유저항은 1/58 [Ω · mm^2/m]이다)

정답

■ 계산과정
- 말단에 집중부하로 생각하여 전압강하를 구하면,

$$e = 2IR = 2I \times \rho \frac{l}{A} = 2 \times 4 \times 20 \times \frac{1}{58} \times \frac{100}{97} \times \frac{500}{35} = 40.63 \text{ [V]}$$

- 분포 부하는 말단 집중 부하보다 1/2만의 전압강하가 되므로
- 따라서, 최종 전등 전압 $V = 220 - \dfrac{40.63}{2} = 199.69$ [V]

답 199.66 [V]

16

기계설비에 접속되어 있는 3상 교류 전동기는 용량의 대소에 관계없이 고장이 발생하면 여러 가지 면에서 문제가 발생한다. 전동기를 보호하기 위하여 과부하 보호 이외에 여러 가지 보호장치가 구성된다. 3상 교류 전동기 보호를 위한 종류를 5가지만 쓰시오. (단, 과부하 보호는 제외한다)

정답

① 결상보호   ② 역상보호   ③ 단락보호   ④ 지락보호   ⑤ 구속보호

17

도면과 같이 345 [kV] 변전소의 단선도와 변전소에 사용되는 주요 제원을 이용하여 다음 각 물음에 답하시오.

(1) 도면의 345 [kV] 측 모선 방식은 어떤 모선 방식인가?
(2) 도면에서 ①번 기기의 설치 목적은 무엇인가?
(3) 도면에 주어진 제원을 참조하여 주변압기에 대한 등가 %임피던스(Z_H, Z_M, Z_L)를 구하고 ②번 23 [kV] VCB의 차단용량을 계산하시오. (단, 그림과 같은 임피던스 회로는 100 [MVA] 기준이다.)
(4) 도면의 345 [kV] GCB에 내장된 BCT의 오차계급은 C800이다. 부담은 몇 [VA]인가?
(5) 도면의 ③번 차단기의 설치 목적을 설명하시오.
(6) 도면의 주변압기 1 Bank(단상×3대)을 증설하여 병렬 운전시키고자 한다. 이때 병렬운전 조건 4가지를 쓰시오.

[주변압기]
- 단권변압기 345 [kV]/154 [kV]/23 [kV](Y-Y-△)
- 166.7 [MVA]×3대 ≒ 500 [MVA]
- OLTC부 %임피던스 (500 [MVA] 기준)
  1차 ~ 2차 : 10 [%]
  1차 ~ 3차 : 78 [%]
  2차 ~ 3차 : 67 [%]

[차단기]
- 362 [kV] GCB 25 [GVA] 4000 [A] ~ 2000 [A]
- 170 [kV] GCB 15 [GVA] 4000 [A] ~ 2000 [A]
- 25.8 [kV] VCB (   )[MVA] 2500 [A] ~ 1200 [A]

[단로기]
- 362 [kV] DS 4000 [A] ~ 2000 [A]
- 170 [kV] DS 4000 [A] ~ 2000 [A]
- 25.8 [kV] DS 2500 [A] ~ 1200 [A]

[피뢰기]
- 288 [kV] LA 10 [kA]
- 144 [kV] LA 10 [kA]
- 21 [kV] LA 10 [kA]

[분로 리액터] 23 [kV] sh.R 30 [MVar]
[주모선] Al-Tube 200∅

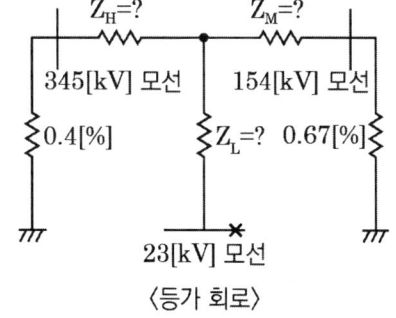

〈등가 회로〉

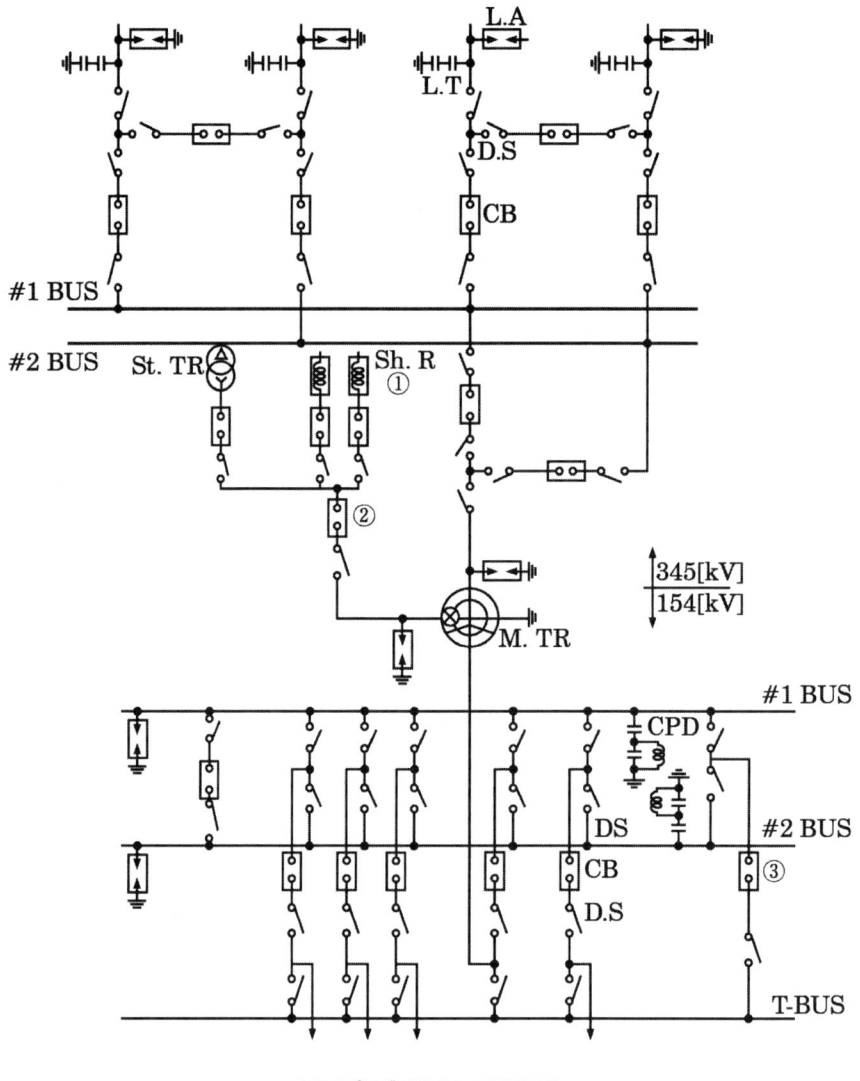

〈 345[kV] 변전소 단선도 〉

정답

(1) 2중 모선 방식의 1.5 차단방식

(2) 페란티 현상 방지

(3) ① 등가 %임피던스
- 500[MVA] 기준 %Z

  1차 ~ 2차 : $Z_{HM} = 10$ [%]

  2차 ~ 3차 : $Z_{ML} = 67$ [%]

  3차 ~ 1차 : $Z_{LH} = 78$ [%]

- 100[MVA] 기준으로 환산하면

$$Z_{HM} = \frac{100}{500} \times 10 = 2\,[\%]$$

$$Z_{ML} = \frac{100}{500} \times 67 = 13.4\,[\%]$$

$$Z_{LH} = \frac{100}{500} \times 78 = 15.6\,[\%]$$

- 등가 임피던스

$$Z_H = \frac{1}{2}(Z_{HM} + Z_{LH} - Z_{ML}) = \frac{1}{2}(2 + 15.6 - 13.4) = 2.1\,[\%]$$

$$Z_M = \frac{1}{2}(Z_{HM} + Z_{ML} - Z_{LH}) = \frac{1}{2}(2 + 13.4 - 15.6) = -0.1\,[\%]$$

$$Z_L = \frac{1}{2}(Z_{LH} + Z_{ML} - Z_{HM}) = \frac{1}{2}(15.6 + 13.4 - 2) = 13.5\,[\%]$$

② 23[kV] VCB 차단용량 등가 회로로 그리면

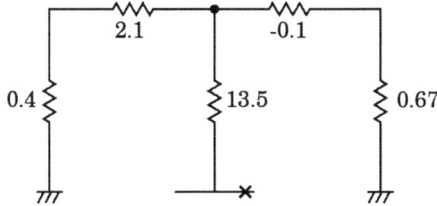

따라서, 등가회로를 알기 쉽게 다시 그리면 아래와 같이 된다.

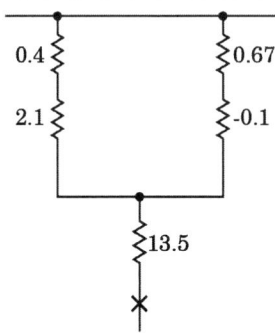

- 23[kV] VCB 설치점까지 전체 임피던스

$$\%Z = 13.5 + \frac{(2.1+0.4)(-0.1+0.67)}{(2.1+0.4)+(-0.1+0.67)} = 13.96\,[\%]$$

∴ 23[kV] VCB 단락용량 $P_s = \dfrac{100}{\%Z}P_n = \dfrac{100}{13.96} \times 100 = 716.33\,[\text{MVA}]$

답 716.33 [MVA]

(4) 오차 계급 C800에서 임피던스는 8 [Ω]이므로 부담 $I^2R = 5^2 \times 8 = 200\,[\text{VA}]$

(5) 모선절체 : 무정전으로 점검하기 위해

⑹ ① 정격전압(전압비)이 같을 것
② 극성이 같을 것
③ %임피던스가 같을 것
④ 내부저항과 누설 리액턴스 비가 같을 것

18

동기발전기를 병렬로 접속하여 운전하는 경우에 생기는 횡류(橫流) 3가지를 쓰고, 각각의 작용에 대하여 설명하시오.

정답

(1) 동기화전류 : 출력이 주기적으로 동요하며 발전기가 과열된다.
(2) 무효순환전류 : 두 발전기의 역률이 달라지고 발전기가 과열된다.
(3) 고조파 무효순환전류 : 저항손실이 증가하고 권선을 과열시킨다.

01

양수량 50 [m³/min], 총 양정 15 [m]의 양수 펌프용 전동기의 소요 출력 [kW]은 얼마인지 계산하시오. (단, 펌프의 효율은 70 [%]이며, 여유계수는 1.1로 한다)

정답

■ 계산과정

$$P = \frac{KQH}{6.12\eta} = \frac{1.1 \times 50 \times 15}{6.12 \times 0.7} = 192.58 \text{ [kW]}$$

답 192.58 [kW]

02

폭 15 [m]인 도로의 양쪽에 간격 20 [m]를 두고 대칭 배열로 가로등이 점등되어 있다. 한 등의 전광속은 3500 [lm], 조명률은 45 [%]일 때, 도로의 평균조도를 계산하시오.

정답

■ 계산과정

평균조도 $E = \dfrac{FUN}{AD} = \dfrac{3500 \times 0.45 \times 1}{\dfrac{1}{2} \times 15 \times 20 \times 1} = 10.5 \text{ [lx]}$

답 10.5 [lx]

핵심이론

□ 광속의 결정

$FUN = EAD$

- E: 평균 조도
- A: 실내의 면적
- U: 조명률
- D: 감광 보상율
- N: 소요 등수
- F: 1등당 광속
- M: 보수율(감광 보상율의 역수)

3

전압 220[V], 1시간 사용 전력량 40[kWh], 역률 80[%]인 3상 부하가 있다. 이 부하의 역률을 개선하기 위하여 용량 30[kVA]의 진상 콘덴서를 설치하는 경우, 개선 후의 무효전력과 전류는 몇 [A] 감소하였는지 계산하시오.

(1) 개선 후의 무효전력
(2) 감소된 전류

정답

(1) 개선 후의 무효전력 $P_r = 40 \times \dfrac{0.6}{0.8} - 30 = 0$ [kVar] **답** 0 [kVar]

(2) 감소된 전류 $I = \dfrac{40 \times 10^3}{\sqrt{3} \times 220 \times 0.8}(0.8 - j0.6) - \dfrac{40 \times 10^3}{\sqrt{3} \times 220 \times 1} = -j278.73$ [A]

답 278.73[A]

4

그림은 전위 강하법에 의한 접지저항 측정방법이다. E, P, C가 일직선상에 있을 때, 다음 물음에 답하시오. (단, E는 반지름 r인 반구모양 전극(측정대상 전극)이다)

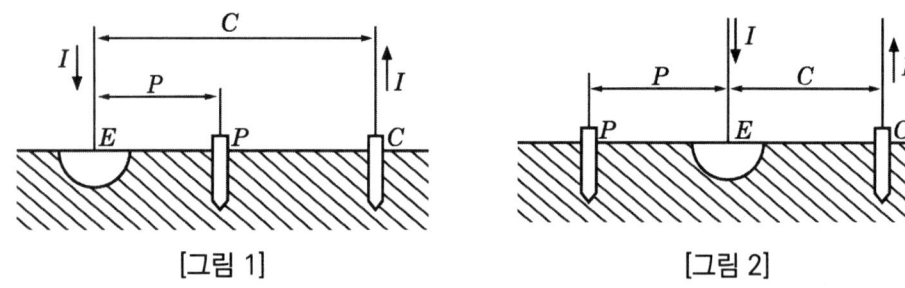

[그림 1]   [그림 2]

(1) 그림 [1]과 그림 [2]의 측정방법 중 접지저항 값이 참값에 가까운 측정방법은?
(2) 반구모양 접지 전극의 접지저항을 측정할 때 E - C 간 거리의 몇 [%]인 곳에 전위 전극을 설치하면 정확한 접지저항 값을 얻을 수 있는지 설명하시오.

정답

(1) 그림 [1]

(2) 61.8 [%]

05

수전전압 6600 [V], 가공 전선로의 %임피던스가 60.5 [%]일 때, 수전점의 3상 단락전류가 7000 [A]인 경우 기준용량을 구하고, 수전용 차단기의 차단용량을 선정하시오.

차단기의 정격용량 [MVA]

10	20	30	50	75	100	150	250	300	400	500

(1) 기준용량

(2) 차단용량

정답

(1) • 단락전류 $I_s = \dfrac{100}{\%Z} I_n$ 에서 정격전류 $I_n = \dfrac{\%Z}{100} I_s = \dfrac{60.5}{100} \times 7000 = 4235$ [A]

• 기준용량 $P_n = \sqrt{3}\, VI_n = \sqrt{3} \times 6600 \times 4235 \times 10^{-6} = 48.41$ [MVA]

답 48.41 [MVA]

(2) 차단용량 $P_s = \sqrt{3}\, V_n I_s = \sqrt{3} \times 7200 \times 7000 \times 10^{-6} = 87.3$ [MVA]

표에 의하여 표준용량 100 [MVA] 선정

답 100 [MVA]

핵심이론

□ 단락전류
- 기준용량 $P_n = \sqrt{3} \times$ 공칭전압 $\times$ 정격전류
- 단락용량 $P_n = \sqrt{3} \times$ 공칭전압 $\times$ 단락전류
- 차단용량 $P_n = \sqrt{3} \times$ 정격전압 $\times$ 단락전류

06

다음의 논리식을 간단히 하시오.

(1) $Z = (A + B + C)A$

(2) $Z = \overline{A}C + BC + AB + \overline{B}C$

정답

(1) $Z = (A + B + C)A = AA + AB + AC = A + AB + AC = A(1 + B + C) = A$

(2) $Z = \overline{A}C + BC + AB + \overline{B}C = C(B + \overline{B} + \overline{A}) + AB = C(1 + \overline{A}) + AB = AB + C$

07

그림은 3상 유도전동기의 기동 보상기에 의한 기동 제어회로 미완성 도면이다. 이 도면을 보고 다음 각 물음에 답하시오. (단, MCCB : 배선용차단기, M1~M3 : 전자접촉기, THR : 과부하(열동)계전기, T : 타이머, X : 릴레이, PB1~PB2 : 누름버튼스위치이다)

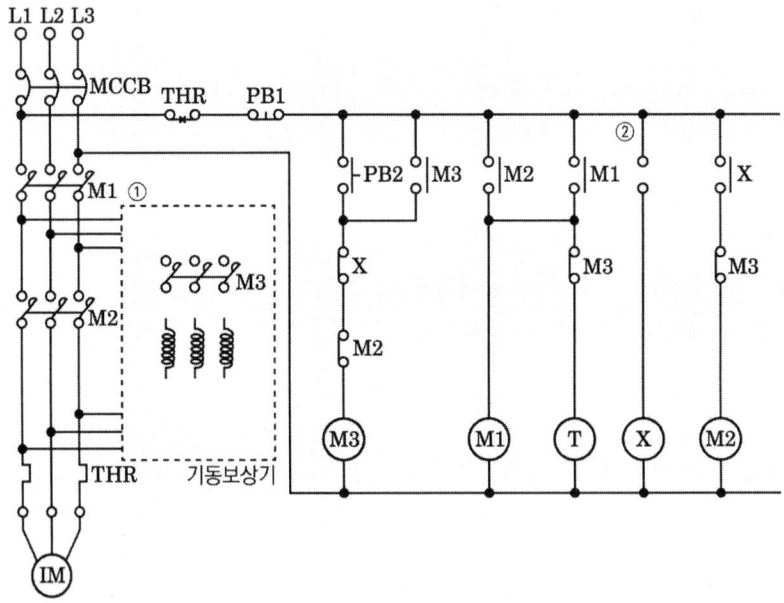

(1) ①의 부분에 들어갈 기동보상기와 M3의 주회로 배선을 회로도에 직접 그리시오.

(2) ②의 부분에 들어갈 적당한 접점의 기호와 명칭을 회로도에 직접 그리시오.

(3) 제어회로에서 잘못된 부분이 있으면 모두 ◯로 표시하고 올바르게 나타내시오.

예시) ◯X → ┤M1

(4) 기동 보상기에 의한 유도전동기 기동방법을 간단히 설명하시오.

정답

(1), (2), (3)

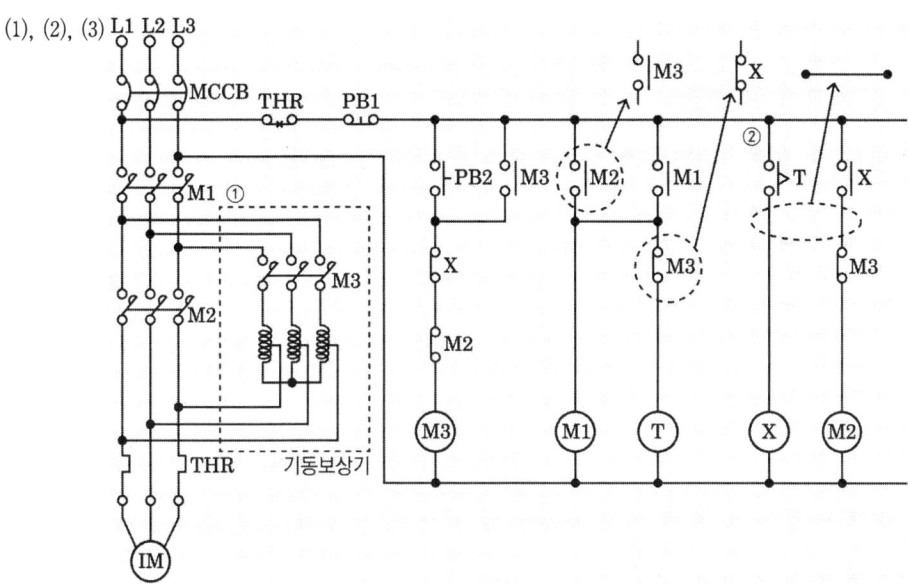

(4) 3상 단권변압기를 이용하여 전동기에 인가하는 기동전압을 감소시킴으로써 기동전류를 감소하고, 기동완료시 기동보상기가 회로에서 분리되며, 전전압 운전하는 방식이다.

08

예비전원으로 사용되는 축전지 설비에 대한 다음 각 물음에 답하시오.

(1) 연축전지 설비의 초기에 단전지 전압의 비중이 저하되고, 전압계가 역전하였다. 어떤 원인으로 추정할 수 있는가?

(2) 충전장치고장, 과충전, 액면 저하로 인한 극판 노출, 교류분 전류의 유입과대 등의 원인에 의하여 발생될 수 있는 현상은?

(3) 축전지와 부하를 충전기에 병렬로 접속하여 사용하는 충전방식은 어떤 충전방식인가?

(4) 축전지 용량은 $C = \dfrac{1}{L}KI$ [Ah]로 계산한다. 공식에서 문자 L, K, I는 무엇을 의미하는지 쓰시오.

> 정답

(1) 축전지의 역접속

(2) 축전지의 현저한 온도상승 또는 소손

(3) 부동충전방식

(4) • L : 보수율   • K : 용량환산시간   • I : 방전전류

9

전기설비를 방폭화한 방폭기기의 구조에 따른 종류 중 4가지만 쓰시오.

> 정답

① 내압 방폭구조   ② 유입 방폭구조   ③ 안전증 방폭구조   ④ 본질안전 방폭구조

10

정지형 무효전력 보상장치(SVC)에 대하여 간단히 설명하시오.

> 정답

정지형 무효전력 보상장치는 사이리스터를 이용하여 병렬 콘덴서와 분로리액터를 신속하게 접속 제어하여 무효전력 및 전압을 제어하는 장치이다.

11

그림은 특고압 수전설비에 대한 단선결선도이다. 이 결선도를 보고 다음 물음에 답하시오.

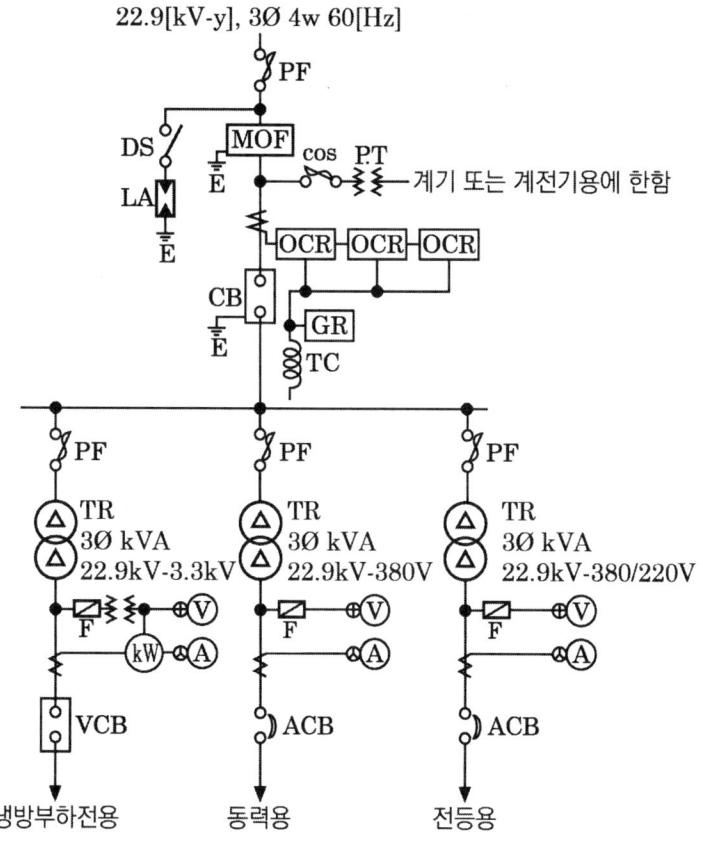

⟨ 3상 변압기 표준용량 [kVA] ⟩

100	150	200	250	300	400	500

(1) 동력용 변압기에 연결된 동력부하 설비용량이 300 [kW], 부하역률은 80 [%], 효율 85 [%], 수용률 50 [%]라고 할 때, 동력용 3상 변압기의 용량 [kVA]을 선정하시오.

(2) 냉방부하용 터보 냉동기 1대를 설치하고자 한다. 냉방부하 전용 차단기로 VCB를 설치하였다. VCB 2차 측 선로의 전류는 몇 [A]인가? (단, 전동기는 150 [kW], 정격전압 3300 [V], 3상 농형 유도 전동기로서 역률 80 [%], 효율은 85 [%]이다)

정답

(1) 변압기용량 $P_a = \dfrac{300 \times 0.5}{0.8 \times 0.85} = 220.59$ [kVA]   답 250 [kVA]

(2) 전류 $I = \dfrac{150 \times 10^3}{\sqrt{3} \times 3300 \times 0.8 \times 0.85} = 38.59$ [A]   답 38.59 [A]

12

3.7 [kW]와 7.5 [kW]의 직입기동 농형 전동기 및 22 [kW]의 기동기 사용 권선형 전동기등 3대를 그림과 같이 접속하였다. 이때 다음 각 물음에 답하시오. (단, 공사방법은 B1이고, XLPE 절연전선을 사용하였으며, 정격전압은 200[V]이고, 간선 및 분기회로에 사용되는 전선 도체의 재질 및 종류는 같다고 한다)

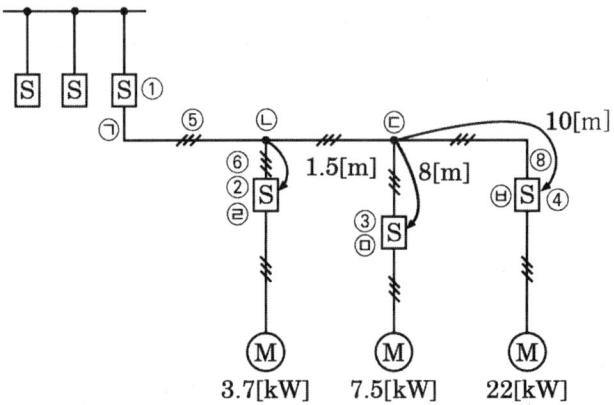

(1) 간선에 사용되는 스위치 ①의 최소 용량은 몇 [A]인가?
(2) 간선에 사용되는 퓨즈의 최소 용량은 몇 [A]인가?
(3) 간선의 최소 굵기는 몇 [mm^2]인가?
(4) 22[kW] 전동기 분기회로에 사용되는 ④의 개폐기 및 퓨즈의 용량은 몇 [A]인가?
(5) ⓒ ~ ⓜ 사이의 분기회로에 사용되는 전선의 최소 굵기는 몇 [mm^2]인가?
(6) ⓒ ~ ⓗ 사이의 분기회로에 사용되는 전선의 최소 굵기는 몇 [mm^2]인가?

[표1] 200 [V] 3상 유도전동기의 간선의 굵기 및 기구의 용량(B종 퓨즈)

전동기 [kW] 수의 총계 [kW] 이하 ①	최대 사용 전류 [A] 이하 ①	배선종류에 의한 간선의 최소굵기[mm²]①						직입기동 전동기 중 최대 용량의 것										
		공사방법 A1		공사방법 B1		공사방법 C		0.75	1.5	2.2	3.7	5.5	7.5	11	15	18.5	22	30	37~55
		3개선		3개선		3개선		기동기 사용 전동기 중 최대 용량의 것											
								-	-	-	5.5	7.5	11 / 15	18.5 / 22	-	30 / 37	-	45	55
		PVC	XLPE EPR	PVC	XLPE EPR	PVC	XLPE EPR	과전류차단기[A]--------(칸 위 숫자) ③ 개폐기 용량[A]--------(칸 아래 숫자) ④											
3	15	2.5	2.5	2.5	2.5	2.5	2.5	15/30	20/30	30/30	-	-	-	-	-	-	-	-	-
4.5	20	4	2.5	2.5	2.5	2.5	2.5	20/30	20/30	30/30	50/60	-	-	-	-	-	-	-	-
6.3	30	6	4	6	4	4	2.5	30/30	30/30	50/60	50/60	72/100	-	-	-	-	-	-	-
8.2	40	10	6	10	6	6	4	50/60	50/60	50/60	75/100	75/100	100/100	-	-	-	-	-	-
12	50	16	10	10	10	10	6	50/60	50/60	50/60	75/100	75/100	100/100	150/200	-	-	-	-	-
15.7	75	35	25	25	16	16	16	75/100	75/100	75/100	75/100	100/100	100/100	150/200	150/200	-	-	-	-
19.5	90	50	25	35	25	25	16	100/100	100/100	100/100	100/100	100/100	150/200	150/200	200/200	200/200	-	-	-
23.2	100	50	35	35	25	35	25	100/100	100/100	100/100	100/100	100/100	150/200	150/200	200/200	200/200	200/200	-	-
30	125	70	50	50	35	50	35	150/200	150/200	150/200	150/200	150/200	150/200	150/200	200/200	200/200	200/200	-	-
37.5	150	95	70	70	50	70	50	150/200	150/200	150/200	150/200	150/200	150/200	150/200	200/300	300/300	300/300	300/300	-
45	175	120	70	95	50	70	50	200/200	200/200	200/200	200/200	200/200	200/200	200/200	300/300	300/300	300/300	300/300	300/300
52.5	200	150	95	95	70	95	70	200/200	200/200	200/200	200/200	200/200	200/200	200/200	300/300	300/300	400/400	400/400	400/400
63.7	250	240	150	-	95	120	95	300/300	300/300	300/300	300/300	300/300	300/300	300/300	300/400	400/400	400/400	500/600	-
75	300	300	185	-	120	185	120	300/300	300/300	300/300	300/300	300/300	300/300	300/300	300/400	400/400	400/400	500/600	-
86.2	350	-	240	-	-	240	150	400/400	400/400	400/400	400/400	400/400	400/400	400/400	400/400	400/400	400/400	600/600	-

[비고 1] 최소 전선 굵기는 1회선에 대한 것이다.

[비고 2] 공사방법 A1은 벽 내의 전선관에 공사한 절연전선 또는 단심케이블, B1은 벽면의 전선관에 공사한 절연전선 또는 단심 케이블, 공사방법 C는 벽면에 공사한 단심 또는 다심케이블을 시설하는 경우의 전선 굵기를 표시하였다.

[비고 3] "전동기중 최대의 것"에는 동시 기동하는 경우를 포함한다.

[비고 4] 과전류 차단기의 용량은 해당 조항에 규정되어 있는 범위에서 실용상 거의 최댓값을 표시한다.

[비고 5] 과전류 차단기의 선정은 최대 용량의 정격전류의 3배에 다른 전동기의 정격전류의 합계를 가산한 값 이하를 표시한다.

[비고 6] 고리퓨즈는 300 [A] 이하에서 사용하여야 한다.

[표2] 200[V] 3상 유도 전동기 1대인 경우의 분기회로(B종 퓨즈의 경우)

정격 출력 [A]	전부하 전류 [A]	배선 종류에 의한 동 전선의 최소 굵기 [mm^2]					
		공사방법 A1 3개선		공사방법 B1 3개선		공사방법 C 3개선	
		PVC	XLPE, EPR	PVC	XLPE, EPR	PVC	XLPE, EPR
0.2	1.8	2.5	2.5	2.5	2.5	2.5	2.5
0.4	3.2	2.5	2.5	2.5	2.5	2.5	2.5
0.75	4.8	2.5	2.5	2.5	2.5	2.5	2.5
1.5	8	2.5	2.5	2.5	2.5	2.5	2.5
2.2	11.1	2.5	2.5	2.5	2.5	2.5	2.5
3.7	17.4	2.5	2.5	2.5	2.5	2.5	2.5
5.5	26	6	4	4	2.5	4	2.5
7.5	34	10	6	6	4	6	4
11	48	16	10	10	6	10	6
15	65	25	16	16	10	16	10
18.5	79	35	25	25	16	25	16
22	93	50	25	35	25	25	16
30	124	70	50	50	35	50	35
37	152	95	70	70	50	70	50

정격 출력 [kW]	전부하 전류 [A]	개폐기 용량 [A]				과전류 차단기(B종 퓨즈) [A]				전동기용 초과눈금 정격전류 [A]	접지선의 최소굵기 [mm^2]
		직입기동		기동기 사용		직입 기동		기동기 사용			
		현장 조작	분기	현장 조작	분기	현장 조작	분기	현장 조작	분기		
0.2	1.8	15	15			15	15			3	2.5
0.4	3.2	15	15			15	15			5	2.5
0.75	4.8	15	15			15	15			5	2.5
1.5	8	15	30			15	20			10	4
2.2	11.1	30	30			20	30			15	4
3.7	17.4	30	60			30	50			20	6
5.5	26	60	60	30	60	50	60	30	50	30	65
7.5	34	100	100	60	100	75	100	50	75	30	10
11	48	100	200	100	100	100	150	75	100	60	16
15	65	100	200	100	100	100	15	100	100	60	16
18.5	79	200	200	100	200	150	200	100	150	100	16
22	93	200	200	100	200	150	200	100	150	100	16
30	124	200	400	200	200	200	300	150	200	150	25
37	152	200	400	200	200	200	300	150	200	200	25

[비고 1] 최소 전선 굵기는 1회선에 대한 것이며, 2회선 이상일 경우는 부록 500-2의 복수회로 보정계수를 적용하여야 한다.

[비고 2] 공사방법 A1은 벽 내의 전선관에 공사한 절연전선 또는 단심케이블 B1은 벽면의 전선관에 공사한 절연전선 또는 단심 케이블, 공사방법 C는 벽면에 공사한 단심 또는 다심케이블을 시설하는 경우의 전선 굵기를 표시하였다.

[비고 3] 전동기 2대 이상을 동일회로로 할 경우는 간선의 표를 적용하여야 한다.

정답

(1) 전동기 수의 총화 = 3.7 + 7.5 + 22 = 33.2 [kW]이므로 표1에서 전동기의 총화 37.5 [kW]난과 기동기 사용 22 [kW]난에서 개폐기 200 [A] 선정

답 200 [A]

(2) 전동기 수의 총화 = 3.7 + 7.5 + 22 = 33.2 [kW]이므로 표1에서 전동기의 총화 37.5 [kW]난과 기동기 사용 22 [kW]난에서 과전류 차단기 150 [A] 선정

답 150 [A]

(3) 전동기 수의 총화 = 3.7 + 7.5 + 22 = 33.2 [kW]이므로 표1에서 전동기의 총화 37.5 [kW]난에서 전선 50 [mm^2] 선정

답 50 [mm^2]

(4) 표2에서 정격출력 22 [kW]난의 기동기 사용시 개폐기 용량 200 [A] 및 과전류 차단기 150 [A] 선정

답) 분기 개폐기 200 [A], 과전류 차단기 150 [A]

(5) 8 [m] 이내 이므로 $50 \times \dfrac{1}{5} = 10$ [mm²]

답) 10 [mm²]

(6) 8 [m]를 초과하였으므로 $50 \times \dfrac{1}{2} = 25$ [mm²]

답) 25 [mm²]

13

송전선로의 길이가 길어지면서 송전선로의 전압이 대단히 높아지고 있다. 이에 따라 단도체 대신 복도체 또는 다도체 방식이 채용되고 있는데 복도체(또는 다도체) 방식을 단도체 방식과 비교할 때 그 장점과 단점을 쓰시오.

(1) 장점(4가지)
(2) 단점(2가지)

정답

(1) 장점 ① 송전용량 증대
② 코로나 손실감소
③ 안정도 증대
④ 선로의 인덕턴스 감소 및 정전용량 증가
(2) 단점 ① 페란티효과에 의한 수전단 전압 상승
② 단락 시 대전류 등이 흐를 때 소도체 사이에 흡인력 발생

14

길이 2 [km]인 3상 배전선에서 전선의 저항이 0.3 [Ω/km], 리액턴스 0.4 [Ω/km]라 한다. 지금 송전단 전압 V_s를 3450 [V]로 하고 송전단에서 거리 1 [km]인 점에 I_1 = 100 [A], 역률 0.8 (지상), 1.5 [km]인 지점에 I_2 = 100 [A], 역률 0.6(지상), 종단점에 I_3 = 100 [A], 역률 0(진상)인 부하가 있다면 종단에서의 선간전압은 몇 [V]가 되는가?

정답

■ 계산과정

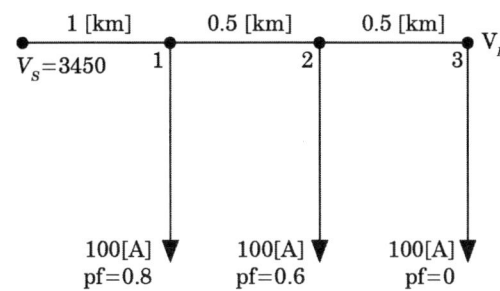

- $V_r = V_s - \sqrt{3}\left[(I_1\cos\theta_1 + I_2\cos\theta_2 + I_3\cos\theta_3)r_1 + (I_1\sin\theta_1 + I_2\sin\theta_2 + I_3\sin\theta_3)x_1\right.$
  $+ (I_2\cos\theta_2 + I_3\cos\theta_2)r_2 + (I_2\sin\theta_2 + I_3\sin\theta_3)x_2$
  $\left. + (I_3\cos\theta_3)r_3 + (I_3\sin\theta_3)x_3\right]$ 이므로

- $V_r = 3450 - \sqrt{3}\,[(100\times0.8 + 100\times0.6 + 100\times0)\times0.3$
  $+ (100\times0.6 + 100\times0.8 + 100\times(-1))\times0.4$
  $+ (100\times0.6 + 100\times0)\times0.15 + (100\times0.8 + 100\times(-1))\times0.2$
  $+ (100\times0)\times0.15 + (100\times(-1))\times0.2]$
  $= 3375.52\ [V]$

답 3375.52 [V]

15

용량 10 [kVA], 철손 120 [W], 전부하 동손 200 [W]인 단상 변압기 2대를 V 결선하여 부하를 걸었을 때, 전부하 효율은 약 몇 [%]인가? (단, 부하의 역률은 $\frac{\sqrt{3}}{2}$이라 한다)

정답

■ 계산과정

단상 변압기가 2대이므로 철손, 동손 모두 2배가 된다.

$$\eta = \frac{P_v}{P_v + 2P_i + 2P_c} = \frac{\sqrt{3} \times 10 \times \frac{\sqrt{3}}{2}}{\sqrt{3} \times 10 \times \frac{\sqrt{3}}{2} + 2 \times 0.12 + 2 \times 0.2} \times 100 = 95.91 \, [\%]$$

답 95.91 [%]

16

정격전압 1차 6600 [V], 2차 210 [V], 10 [kVA]의 단상 변압기 2대를 승압기로 V결선하여 6300 [V]의 3상 전원에 접속하였다. 다음 물음에 답하시오.

(1) 승압된 전압은 몇 [V]인지 계산하시오.
(2) 3상 V결선 승압기의 결선도를 완성하시오.

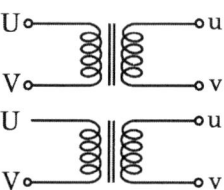

정답

(1) $V_2 = V_1\left(1 + \frac{1}{a}\right) = 6300\left(1 + \frac{210}{6600}\right) = 6500.45 \, [\text{V}]$ 답 6500.45 [V]

(2)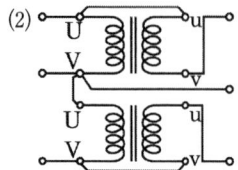

17

154 [kV]의 송전선이 그림과 같이 연가되어 있을 경우 중성점과 대지 간에 나타나는 잔류 전압을 구하시오. (단, 전선 1 [km]당의 대지 정전용량은 맨 윗선 0.004 [μF], 가운데선 0.0045 [μF], 맨 아래선 0.005 [μF]라 하고 다른 선로정수는 무시한다)

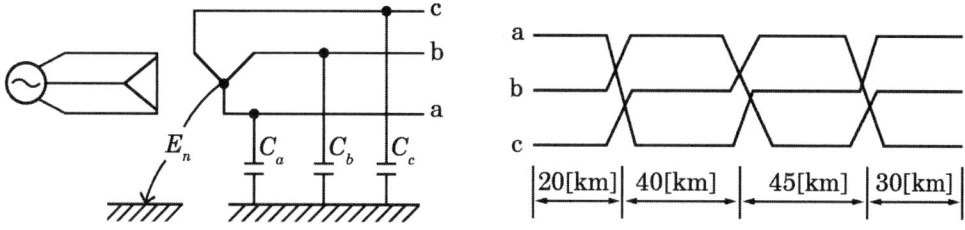

정답

■ 계산과정
- a선의 정전용량 $C_a = 0.004 \times 20 + 0.005 \times 40 + 0.0045 \times 45 + 0.004 \times 30 = 0.6025$ [μF]
- b선의 정전용량 $C_b = 0.0045 \times 20 + 0.004 \times 40 + 0.005 \times 45 + 0.0045 \times 30 = 0.61$ [μF]
- c선의 정전용량 $C_c = 0.005 \times 20 + 0.0045 \times 40 + 0.004 \times 45 + 0.005 \times 30 = 0.61$ [μF]
- 잔류전압

$$E_n = \frac{\sqrt{C_a(C_a - C_b) + C_b(C_b - C_c) + C_c(C_c - C_a)}}{C_a + C_b + C_c} \times \frac{V}{\sqrt{3}}$$

$$= \frac{\sqrt{0.6025(0.6025 - 0.61) + 0.61(0.61 - 0.61) + 0.61(0.61 - 0.6025)}}{0.6025 + 0.61 + 0.61} \times \frac{154000}{\sqrt{3}}$$

$$= 365.89 \text{ [V]}$$

답 365.89 [V]

18

단상 2선식 220 [V] 옥내배선에서 용량 100 [VA], 역률 80 [%]의 형광등 50개와 소비전력 60 [W]인 백열등 50개를 설치할 때 최소 분기회로 수는 몇 회로인가? (단, 16 [A] 분기회로로 하며, 수용률은 80 [%]로 한다)

정답

■ 계산과정
- 유효전력 $P = 100 \times 0.8 \times 50 + 60 \times 50 = 7000$ [W]
- 무효전력 $Q = 100 \times 0.6 \times 50 = 3000$ [Var]
- 피상전력 $P_a = \sqrt{7000^2 + 3000^2} = 7615.77$ [VA]
- $N = \dfrac{7615.77 \times 0.8}{220 \times 16} = 1.73$ [회로]

답 16[A] 분기회로 2회로

01

다음 각 물음에 답하시오.

(1) 최대사용 전압이 3.3 [kV]인 중성점 비접지 전로의 절연내력 시험전압은 얼마인가?
(2) 최대사용전압 380 [V]인 전동기의 절연내력 시험전압 [V]은?
(3) 고압 및 특고압 전로의 절연내력시험 방법에 대하여 설명하시오.

정답

(1) 시험전압 : $3300 \times 1.5 = 4950$ [V]

(2) 시험전압 : $380 \times 1.5 = 570$ [V]

(3) 시험전압으로 충전부분과 대지 사이에 연속하여 10분간 가하여 절연내력을 시험하였을 때에 이에 견디어야 한다.

핵심이론

□ 전로의 절연저항 및 절연내력(KEC 132)

구분	최대사용전압	시험전압	최소전압
비접지	7 kV 이하	1.5배	500 V
	7 kV 초과	1.25배	10.5 kV
중성선 다중접지	7 kV ~ 25 kV	0.92배	-
중성점 접지식	60 kV 초과	1.1배	75 kV
중성점 직접접지식	60 kV ~ 170 kV	0.72배	-
	170 kV 초과	0.64배	-

02

4극 10 [HP], 200 [V], 60 [Hz]의 3상 권선형 유도 전동기가 35 [kg·m]의 부하를 걸고 슬립 3 [%] 로 회전하고 있다. 여기에 1.2 [Ω]의 저항 3개를 Y결선으로 하여 2차에 삽입하니 회전속도가 1530 [rpm]로 되었다. 2차 권선의 저항[Ω]은 얼마인가?

정답

■ 계산과정

- 동기속도 $N_s = \dfrac{120f}{P} = \dfrac{120 \times 60}{4} = 1800$ [rpm]

- 슬립 $s_2 = \dfrac{N_s - N}{N_s} = \dfrac{1800 - 1530}{1800} = 0.15$

- 비례추이 $\dfrac{r_2}{s_1} = \dfrac{r_2 + 1.2}{s_2}$ 에서 $s_1(r_2 + 1.2) = s_2 r_2$

- 2차저항 $r_2 = \dfrac{1.2 s_1}{s_2 - s_1} = \dfrac{1.2 \times 0.03}{0.15 - 0.03} = 0.3$ [Ω]

답 0.3[Ω]

03

500 [kVA]의 변압기에 역률 80 [%]인 부하 500 [kVA]가 접속되어 있다. 지금 변압기에 전력용 콘덴서 150 [kVA]를 설치하여 변압기의 전용량까지 사용하고자 할 경우 증가 시킬 수 있는 유효전력은 몇 [kW]인가? (단, 증가 되는 부하의 역률은 1이라고 한다)

정답

■ 계산과정

- 부하의 유효전력 $P = 500 \times 0.8 = 400$ [kW]

- 부하의 무효전력 $P_r = 500 \times 0.6 = 300$ [kVar]

- 피상전력 $500 = \sqrt{(400 + P_2)^2 + (300 - 150)^2}$ 에서

- 증가 유효전력 $P_2 = \sqrt{500^2 - 150^2} - 400 = 76.97$ [kW]

답 76.97 [kW]

4

도면을 보고 다음 각 물음에 답하시오.

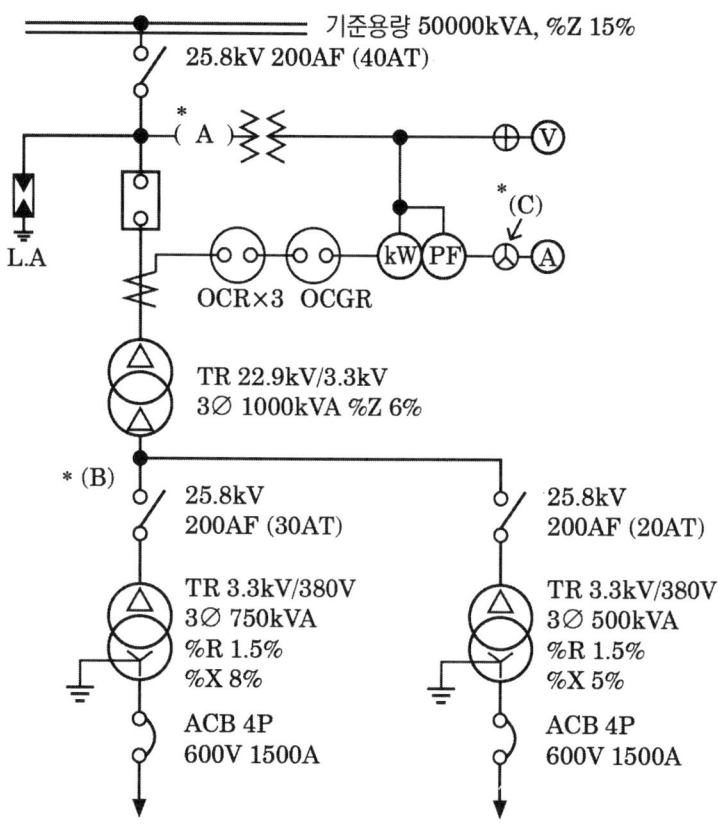

(1) (A)에 사용될 기기를 약호로 답하시오.
(2) (C)의 명칭을 약호로 답하시오.
(3) B점에서 단락되었을 경우 단락전류는 몇 [A]인가? (단, 선로 임피던스는 무시한다)
(4) VCB의 최소 차단용량은 몇 [MVA]인가?
(5) ACB의 우리말 명칭은 무엇인가?
(6) 단상 변압기 3대를 이용한 △-△ 결선도 및 △-Y 결선도를 그리시오.

정답

(1) COS

(2) AS

(3) 전 계통의 기준 BASE를 1000 [kVA]로 하면

$\%Z = \dfrac{1000}{50000} \times 15 = 0.3\ [\%]$

합성 %$Z = 6 + 0.3 = 6.3$ [%]

단락전류 $I_s = \dfrac{100}{\%Z} I_n = \dfrac{100}{6.3} \times \dfrac{1000 \times 10^3}{\sqrt{3} \times 3300} = 2777.06$ [A]

답 2777.06 [A]

(4) 차단용량 $P_s = \dfrac{100}{\%Z} P_n = \dfrac{100}{15} \times 50 = 333.33$ [MVA]

답 333.33 [MVA]

(5) 기중차단기

(6) ① △-△   ② △-Y

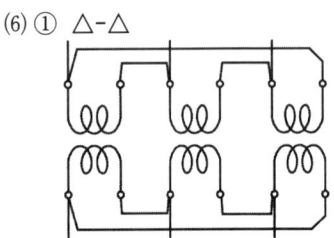
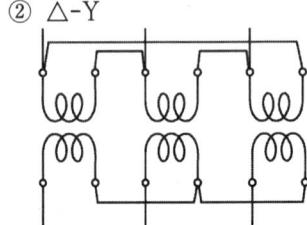

05

분전반에서 20 [m]의 거리에 있는 단상 2선식, 부하전류 5[A]인 부하에 배선설계의 전압강하를 0.5 [V] 이하로 하고자 할 경우 필요한 전선의 굵기를 구하시오. (단, 전선의 도체는 구리이다)

전선 굵기 [mm²]	2.5, 4, 6, 10, 16, 25, 35, 70, 90

정답

■ 계산과정

전선의 굵기 $A = \dfrac{35.6LI}{1000e} = \dfrac{35.6 \times 20 \times 5}{1000 \times 0.5} = 7.12$ [mm²]

답 10 [mm²]

핵심이론

□ 전압강하

배전방식	전압강하	측정 기준
단상 2선식	$e = \dfrac{35.6LI}{1000A}$	선간
3상 3선식	$e = \dfrac{30.8LI}{1000A}$	선간
단상 3선식 3상 4선식	$e = \dfrac{17.8LI}{1000A}$	대지간

06

다음 표에 나타낸 어느 수용가들 사이의 부등률을 1.1로 한다면 이들의 합성 최대전력은 몇 [kW]인가?

수용가	설비용량 [kW]	수용률 [%]
A	100	85
B	200	75
C	300	65

정답

■ 계산과정

$$합성최대전력 = \frac{설비용량 \times 수용률}{부등률} = \frac{100 \times 0.85 + 200 \times 0.75 + 300 \times 0.65}{1.1}$$
$$= 390.91 \text{ [kW]}$$

답 390.91 [kW]

07

두 대의 변압기 병렬운전에서 다른 정격은 모두 같고 1차 환산 누설 임피던스만이 $2 + j3$ [Ω]과 $3 + j2$ [Ω]이다. 부하전류가 50 [A]이면 순환전류 [A]는 얼마인가?

정답

■ 계산과정

임피던스의 크기가 같으므로 부하전류는 각 회로에 25[A]씩 흐른다.

$$I_c = \frac{25(3+j2) - 25(2+j3)}{(3+j2) + (2+j3)} = \frac{25 - j25}{5 + j5} = \frac{5 - j5}{1 + j} = -j5 \text{ [A]}$$

답 5 [A]

08

조명설비에 대한 다음 각 물음에 답하시오.

(1) 배선도면에 ○$_{N400}$으로 표현되어 있다. 이것의 의미를 쓰시오.

(2) 평면이 15×10 [m]인 사무실에 전광속 3100 [lm]인 형광등을 사용하여 평균조도를 300 [lx]로 유지하도록 설계하고자 한다. 이 사무실에 필요한 형광등 수를 산정하시오. (단, 조명률은 0.6이고, 감광보상률은 1.3이다)

정답

(1) 400 [W] 나트륨등

(2) 등기구수 $N = \dfrac{EAD}{FU} = \dfrac{300 \times 15 \times 10 \times 1.3}{3100 \times 0.6} = 31.45$ [등]

답 32 [등]

핵심이론

□ 광속의 결정

$FUN = EAD$

- E : 평균 조도
- A : 실내의 면적
- U : 조명률
- D : 감광 보상율
- N : 소요 등수
- F : 1등당 광속
- M : 보수율(감광 보상율의 역수)

09

다음과 같은 상태에서 영상변류기(ZCT)의 영상전류 검출에 대해 설명하시오.

(1) 정상상태(평형부하)
(2) 지락상태

정답

(1) 영상전류가 검출되지 않는다.
(2) 영상전류가 검출된다.

10

다음 그림은 농형 유도 전동기를 공사방법 B1, XLPE 절연전선을 사용하여 시설한 것이다. 도면을 충분히 이해한 다음 참고자료를 이용하여 다음 각 물음에 답하시오. (단, 전동기 4대의 용량은 다음과 같다)

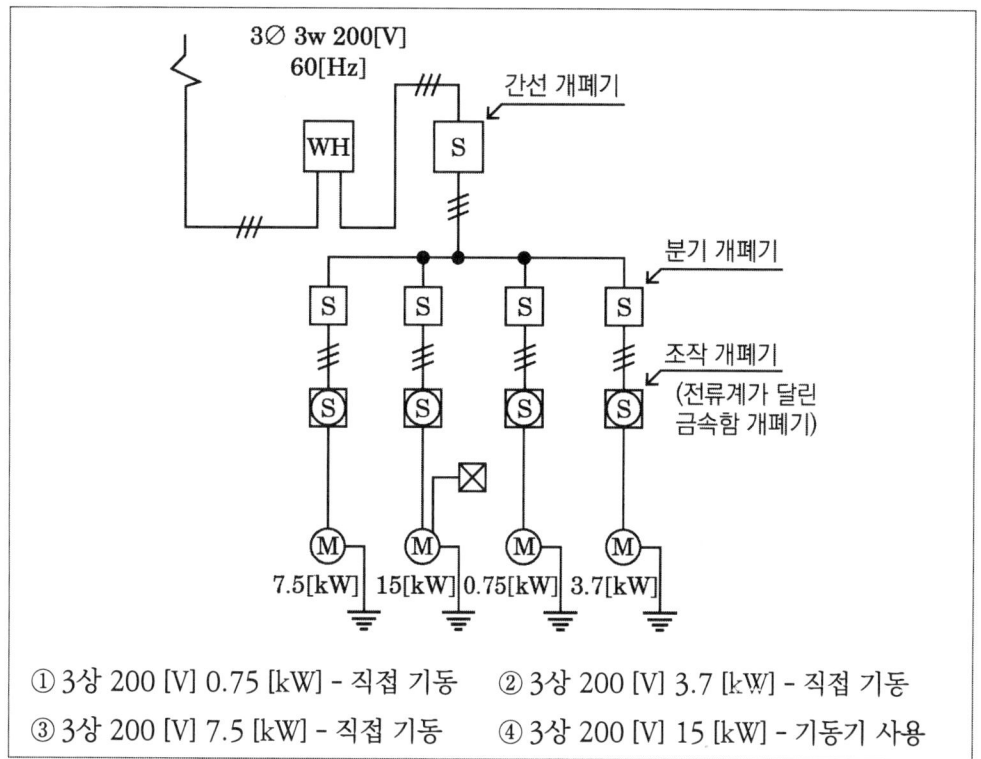

① 3상 200 [V] 0.75 [kW] - 직접 기동 ② 3상 200 [V] 3.7 [kW] - 직접 기동
③ 3상 200 [V] 7.5 [kW] - 직접 기동 ④ 3상 200 [V] 15 [kW] - 기동기 사용

(1) 간선의 최소 굵기 [mm²] 및 간선 금속관의 최소 굵기는?
(2) 간선의 과전류 차단기 용량 [A] 및 간선의 개폐기 용량[A]은?
(3) 7.5 [kW] 전동기의 분기회로에 대한 다음을 구하시오.
   ① 개폐기용량 (분기, 조작)
   ② 과전류 차단기 용량 (분기, 조작)
   ③ 접지선 굵기 [mm²]
   ④ 초과 눈금 전류계 [A]
   ⑤ 금속관의 최소 굵기 [호]

[표1] 200 [V] 3상 유도 전동기 1대인 경우의 분기회로(B종 퓨즈의 경우)

정격 출력 [kW]	전부하 전류 [A]	배선 종류에 의한 동 전선의 최소 굵기 [mm²]					
		공사방법 A1 (3개선)		공사방법 B1 (3개선)		공사방법 C (3개선)	
		PVC	XLPE, EPR	PVC	XLPE, EPR	PVC	XLPE, EPR
0.2	1.8	2.5	2.5	2.5	2.5	2.5	2.5
0.4	3.2	2.5	2.5	2.5	2.5	2.5	2.5
0.75	4.8	2.5	2.5	2.5	2.5	2.5	2.5
1.5	8	2.5	2.5	2.5	2.5	2.5	2.5
2.2	11.1	2.5	2.5	2.5	2.5	2.5	2.5
3.7	17.4	2.5	2.5	2.5	2.5	2.5	2.5
5.5	26	6	4	4	2.5	4	2.5
7.5	34	10	6	6	4	6	4
11	48	16	10	10	6	10	6
15	65	25	16	16	10	16	10
18.5	79	35	25	25	16	25	16
22	93	50	25	35	25	25	16
30	124	70	50	50	35	50	35
37	152	95	70	70	50	70	50

정격 출력 [kW]	전부하 전류 [A]	개폐기 용량 [A]				과전류 차단기(B종퓨즈) [A]				전동기용 초과눈금 정격전류 [A]	접지선의 최소굵기 [mm²]
		직입기동		기동기 사용		직입 기동		기동기 사용			
		현장조작	분기	현장조작	분기	현장조작	분기	현장조작	분기		
0.2	1.8	15	15			15	15			3	2.5
0.4	3.2	15	15			15	15			5	2.5
0.75	4.8	15	15			15	15			5	2.5
1.5	8	15	30			15	20			10	4
2.2	11.1	30	30			20	30			15	4
3.7	17.4	30	60			30	50			20	6
5.5	26	60	60	30	60	50	60	30	50	30	65
7.5	34	100	100	60	100	75	100	50	75	30	10
11	48	100	200	100	100	100	150	75	100	60	16
15	65	100	200	100	100	100	15	100	100	60	16
18.5	79	200	200	100	200	150	200	100	150	100	16
22	93	200	200	100	200	150	200	100	150	100	16
30	124	200	400	200	200	200	300	150	200	150	25
37	152	200	400	200	200	200	300	150	200	200	25

[비고 1] 최소 전선 굵기는 1회선에 대한 것이며, 2회선 이상일 경우는 부록 500-2의 복수회로 보정계수를 적용 하여야 한다.

[비고 2] 공사방법 A1은 벽 내의 전선관에 공사한 절연전선 또는 단심케이블 B1은 벽면의 전선관에 공사한 절연전선 또는 단심 케이블, 공사방법 C는 벽면에 공사한 단심 또는 다심케이블을 시설하는 경우의 전선 굵기를 표시하였다.

[비고 3] 전동기 2대 이상을 동일회로로 할 경우는 간선의 표를 적용하여야 한다.

[표 2] 200[V] 3상 유도전동기의 간선의 굵기 및 기구의 용량(B종 퓨즈)

전동기 [kW] 수의 총계 [kW] 이하 ①	최대 사용 전류 [A] 이하 ①	배선종류에 의한 간선의 최소굵기[mm²]①						직입기동 전동기 중 최대 용량의 것									
		공사방법 A1 (3개선)		공사방법 B1 (3개선)		공사방법 C (3개선)		0.75	1.5	2.2	3.7	5.5	7.5	11	15	18.5	22	30	37~55
								기동기 사용 전동기 중 최대 용량의 것									
								-	-	-	5.5	7.5	11 / 15	18.5 / 22	-	30 / 37	-	45	55
		PVC	XLPE EPR	PVC	XLPE EPR	PVC	XLPE EPR	과전류차단기[A]------------(칸 위 숫자) ③ 개폐기 용량[A]------------(칸 아래 숫자) ④									
3	15	2.5	2.5	2.5	2.5	2.5	2.5	15/30	20/30	30/30	-	-	-	-	-	-	-	-	-
4.5	20	4	2.5	2.5	2.5	2.5	2.5	20/30	20/30	30/30	50/60	-	-	-	-	-	-	-	-
6.3	30	6	4	6	4	4	2.5	30/30	30/30	50/60	50/60	72/100	-	-	-	-	-	-	-
8.2	40	10	6	10	6	6	4	50/60	50/60	50/60	75/100	75/100	100/100	-	-	-	-	-	-
12	50	16	10	10	10	10	6	50/60	50/60	50/60	75/100	75/100	100/100	150/200	-	-	-	-	-
15.7	75	35	25	25	16	16	16	75/100	75/100	75/100	75/100	100/100	100/200	150/200	150/200	-	-	-	-
19.5	90	50	25	35	25	25	16	100/100	100/100	100/100	100/100	100/100	150/200	150/200	200/200	200/200	-	-	-
23.2	100	50	35	35	25	35	25	100/100	100/100	100/100	100/100	100/100	150/200	150/200	200/200	200/200	-	-	-
30	125	70	50	50	35	50	35	150/200	150/200	150/200	150/200	150/200	150/200	200/200	200/200	200/200	-	-	-
37.5	150	95	70	70	50	70	50	150/200	150/200	150/200	150/200	150/200	150/200	150/200	200/300	300/300	300/300	-
45	175	120	70	95	50	70	50	200/200	200/200	200/200	200/200	200/200	200/200	200/200	300/300	300/300	300/300	300/300
52.5	200	150	95	95	70	95	70	200/200	200/200	200/200	200/200	200/200	200/200	200/200	300/300	400/400	400/400
63.7	250	240	150	-	95	120	95	300/300	300/300	300/300	300/300	300/300	300/300	300/300	300/300	400/400	500/600
75	300	300	185	-	120	185	120	300/300	300/300	300/300	300/300	300/300	300/300	300/300	300/300	400/400	500/600
86.2	350	-	240	-	-	240	150	400/400	400/400	400/400	400/400	400/400	400/400	400/400	400/400	400/400	600/600

[비고 1] 최소 전선 굵기는 1회선에 대한 것이며, 2회선 이상일 경우는 부록 500-2의 복수회로 보정계수를 적용하여야 한다.

[비고 2] 공사방법 A1은 벽 내의 전선관에 공사한 절연전선 또는 단심케이블, B1은 벽면의 전선관에 공사한 절연전선 또는 단심 케이블, 공사방법 C는 벽면에 공사한 단심 또는 다심케이블을 시설하는 경우의 전선 굵기를 표시하였다.

[비고 3] "전동기중 최대의 것"에는 동시 기동하는 경우를 포함한다.

[비고 4] 과전류 차단기의 용량은 해당 조항에 규정되어 있는 범위에서 실용상 거의 최댓값을 표시한다.

[비고 5] 과전류 차단기의 선정은 최대 용량의 정격전류의 3배에 다른 전동기의 정격전류의 합계를 가산한 값 이하를 표시한다.

[비고 6] 이 표의 전선굵기 및 허용전류는 부록 500-2에서 공사방법 A1, B1, C는 표 A.52-4와 표 A.52-5에 의한 값으로 하였다.

[비고 7] 고리퓨즈는 300[A] 이하에서 사용하여야 한다.

[표3] 후강 전선관 굵기의 선정

도체 단면적 [mm²]	전선본수									
	1	2	3	4	5	6	7	8	9	10
	전선관의 최소 굵기 [호]									
2.5	16	16	16	16	22	22	22	28	28	28
4	16	16	16	22	22	22	28	28	28	28
6	16	16	22	22	22	28	28	28	36	36
10	16	22	22	28	28	36	36	36	36	36
16	16	22	28	28	36	36	36	42	42	42
25	22	28	28	36	36	42	45	54	54	54
35	22	28	36	42	54	54	45	70	70	70
50	22	36	54	54	70	70	70	82	82	82
70	28	42	54	54	70	70	70	82	82	82
95	28	54	54	70	70	82	82	92	92	104
120	36	54	54	70	70	82	82	92		
150	36	70	70	82	92	92	104	104		
185	36	70	70	82	92	104				
240	42	82	82	92	104					

정답

(1) 전동기 [kW]수의 총계 = 0.75 + 3.7 + 7.5 + 15 = 26.95 [kW]이므로
표1에서 30 [kW]난에서 공사방법 B1, XLPE 절연전선 난에서 간선의 굵기 35 [mm^2] 선정
또한, 표3에서 35[mm^2] 3본인 경우에 후강전선관의 최소 굵기는 36 [호]가 된다.

답 간선의 최소 굵기 : 35 [mm^2], 간선 금속관의 최소 굵기 : 36 [호]

(2) 전동기 [kW] 수 총계는 26.95 [kW]이므로 표2에서 30 [kW]난과 기동기 사용 전동기 15 [kW]난의 교차하는 곳의 과전류 차단기 용량은 150 [A]이고, 개폐기 용량은 200 [A]이다.

답 간선의 과전류 차단기 용량 : 150 [A], 간선의 개폐기 용량 : 200 [A]

(3) 7.5 [kW] 200 [V] 3상 유도 전동기의 분기회로에 대한 것을 표1에서 구하면 다음과 같다.
① 개폐기용량(분기 100 [A], 조작 100 [A])
② 과전류 차단기 용량(분기 100 [A], 조작 75 [A])
③ 접지선 굵기 : 10 [mm^2]
④ 초과 눈금 전류계 : 30 [A]
⑤ 금속관의 최소 굵기 : 16 [호]

11

그림과 같은 무접점 논리회로에 대응하는 유접점 릴레이(시퀀스) 회로를 그리고, 논리식으로 표현하시오.

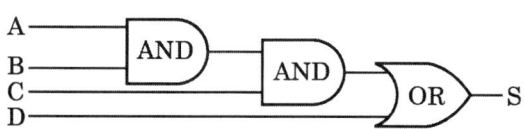

정답

(1)

(2) $S = A \cdot B \cdot C + D$

12

다음 물음에 답하시오.

(1) 단순부하인 경우 부하출력이 600 [kW], 역률 0.8, 효율 0.85일 때 비상용일 경우 발전기 출력은?
(2) 발전기실의 위치를 선정할 때 고려해야 할 사항을 3가지만 쓰시오.
(3) 발전기 병렬운전 조건을 4가지만 쓰시오.

정답

(1) 발전기 출력 $P_a = \dfrac{600}{0.8 \times 0.85} = 882.35$ [kVA]

답 882.35 [kVA]

(2) ① 엔진기초는 건물기초와 관계없는 장소로 할 것
　　② 엔진 및 배기관의 소음, 진동이 주위에 영향을 미치지 않는 장소일 것
　　③ 급·배기가 잘되는 장소 일 것

(3) ① 기전력의 크기가 같을 것
　　② 기전력의 위상이 같을 것
　　③ 기전력의 주파수가 같을 것
　　④ 기전력의 파형이 같을 것

13

전력용 콘덴서의 설치목적 4가지를 쓰시오.

정답

① 변압기와 배전선의 전력손실 경감

② 전압강하의 감소

③ 설비용량의 여유증가

④ 전기요금의 감소

14

22.9 [kV-Y] 중성선 다중 접지 전선로에 정격전압 13.2 [kV], 정격용량 250 [kVA]의 단상 변압기 3대를 이용하여 아래 그림과 같이 Y-△결선하고자 한다. 다음 각 물음에 답하시오.

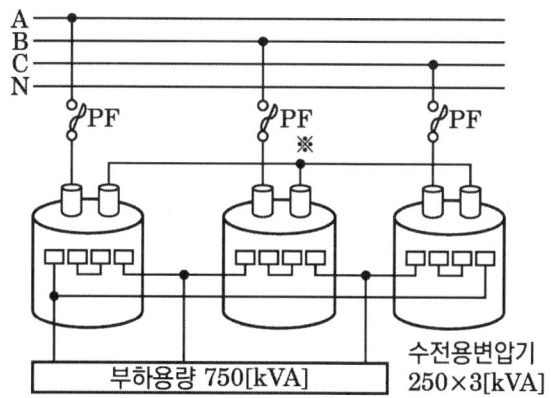

(1) 변압기 1차 측 Y결선의 중성점을 전로로 N선에 연결해야 하는가? 연결해서는 안 되는가?
(2) 연결해야 한다면 연결해야 하는 이유를, 연결해서는 안 된다면 연결해서는 안 되는 이유를 설명하시오.
(3) 전력퓨즈의 용량은 몇 [A]인지 선정하시오.

퓨즈의 정격용량 [A]								
1	3	5	10	15	20	30	40	50
60	75	100	125	150	200	250	300	400

정답

(1) 연결해서는 안 된다.

(2) 임의의 한 상이 결상 시 나머지 2대의 변압기가 역V결선되므로 과부하로 인하여 변압기가 소손 될 수 있다.

(3) 전부하 전류 $I = \dfrac{750 \times 10^3}{\sqrt{3} \times 22900} = 18.91$ [A]

퓨즈는 전부하전류의 1.5배를 고려하여 선정하면 $18.91 \times 1.5 = 28.37$ [A]

답 30 [A]

15

방폭구조에 관한 다음 물음에 답하시오.

(1) 방폭형 전동기에 대하여 설명하시오.
(2) 전기설비의 방폭구조 종류 중 3가지만 쓰시오.

정답

(1) 지정된 폭발성가스 중에서 사용에 적합하도록 특별히 고려된 전동기
(2) 내압 방폭구조, 유입 방폭구조, 압력 방폭구조, 안전증 방폭구조

16

TV나 형광등과 같은 전기제품에서의 깜빡거림 현상을 플리커 현상이라 하는데 이 플리커 현상을 경감시키기 위한 전원 측과 수용가 측에서의 대책을 각각 3가지씩 쓰시오.

(1) 전원 측
(2) 수용가 측

정답

(1) 전원 측
  ① 전용계통으로 공급한다.
  ② 공급전압을 승압한다.
  ③ 단락용량이 큰 계통에서 공급한다.

(2) 수용가 측
  ① 직렬 콘덴서 설치
  ② 부스터 설치
  ③ 직렬 리액터 설치

17

T-5 램프의 특징 5가지를 쓰시오.

정답

① 발광 효율이 높음

② 평균 수명이 약 16,000시간

③ 수명 기간 내 거의 일정한 빛을 제공하는 높은 광 출력

④ 전용의 전자 안정기와 조합하여 동작(높은 주파수 작동)

⑤ 램프 표면온도가 약 35℃에서 최적의 밝기가 됨

18

선로나 간선에 고조파 전류를 발생시키는 발생기기가 있을 경우 그 대책을 적절히 세워야 한다. 이 고조파 억제 대책을 5가지만 쓰시오.

정답

① 전력변환장치의 펄스 수를 크게 한다.

② 전력변환장치의 전원 측에 교류 리액터를 설치한다.

③ 부하 측 부근에 고조파 필터를 설치한다.

④ 기기의 접지를 고조파 발생기기의 접지와 분리한다.

⑤ 고조파 발생기기와 충분한 이격거리 확보 및 차폐 케이블을 사용한다.

2014년 제3회

01

3상 3선식 배전선로에 역률 0.8, 출력 180 [kW]인 3상 평형유도부하가 접속되어 있다. 부하단의 수전전압이 6000 [V], 배전선 1조의 저항이 6[Ω], 리액턴스가 4[Ω]라고 하면 송전단 전압은 몇 [V]인가?

정답

■ 계산과정

- 전압강하 $e = \dfrac{P}{V}(R + X\tan\theta) = \dfrac{180 \times 10^3}{6000}\left(6 + 4 \times \dfrac{0.6}{0.8}\right) = 270 \text{ [V]}$

- 송전단전압 $V_s = V_r + e = 6000 + 270 = 6270 \text{ [V]}$

답 6270 [V]

02

정격이 5 [kW], 50 [V]인 타여자 직류 발전기가 있다. 무부하로 하였을 경우 단자전압이 55 [V]가 된다면, 발전기의 전기자 회로의 등가저항은 얼마인가?

정답

■ 계산과정

- 전기자전류 $I_a = I = \dfrac{P}{V} = \dfrac{5 \times 10^3}{50} = 100 \text{ [A]}$

- 유기기전력 $E = V + I_a R_a$에서 전기자저항 $R_a = \dfrac{E - V}{I_a} = \dfrac{55 - 50}{100} = 0.05 \text{ [Ω]}$

답 0.05 [Ω]

03

폭 24 [m]의 도로 양쪽에 20 [m] 간격으로 가로등을 지그재그식으로 배치하여 노면의 평균 조도를 5 [lx]로 한다면 각 등주 상에 몇 [lm]의 전구가 필요한가? (단, 도로면에서의 광속이용률은 25 [%], 감광보상률은 1이다)

정답

■ 계산과정

광속 $F = \dfrac{EAD}{UN} = \dfrac{5 \times \dfrac{1}{2} \times 24 \times 20 \times 1}{0.25 \times 1} = 4800$ [lm]

답 4800 [lm]

핵심이론

□ 광속의 결정

$FUN = EAD$

- E : 평균 조도
- A : 실내의 면적
- U : 조명률
- D : 감광 보상율
- N : 소요 등수
- F : 1등당 광속
- M : 보수율(감광 보상율의 역수)

04

66 [kV], 500 [MVA], %임피던스가 30[%]인 발전기에 용량이 600 [MVA], %임피던스 20 [%], 변압비가 66 [kV]/345 [kV]인 변압기가 접속 되어 있다. 지금 변압기 2차 345 [kV] 측에서 단락이 일어났을 때 단락전류는 몇 [A]인가?

정답

■ 계산과정

기준용량 600 [MVA] 선정

- 기준용량으로 환산한 발전기의 %임피던스 $\%Z_g = \dfrac{600}{500} \times 30 = 36$ [%]
- 단락점에서의 %임피던스 $\%Z = \%Z_g + \%Z_t = 36 + 20 = 56$ [%]
- 2차 측 정격전류 $I_{2n} = \dfrac{P}{\sqrt{3}\, V_{2n}} = \dfrac{600 \times 10^3}{\sqrt{3} \times 345} = 1004.09$ [A]
- 2차 측 단락전류 $I_s = \dfrac{100}{\%Z} I_{2n} = \dfrac{100}{56} \times 1004.09 = 1793.02$ [A]

답 1793.02 [A]

05

도면과 같은 시퀀스도는 기동 보상기에 의한 전동기의 기동제어 회로의 미완성 도면이다. 이 도면을 보고 다음 각 물음에 답하시오.

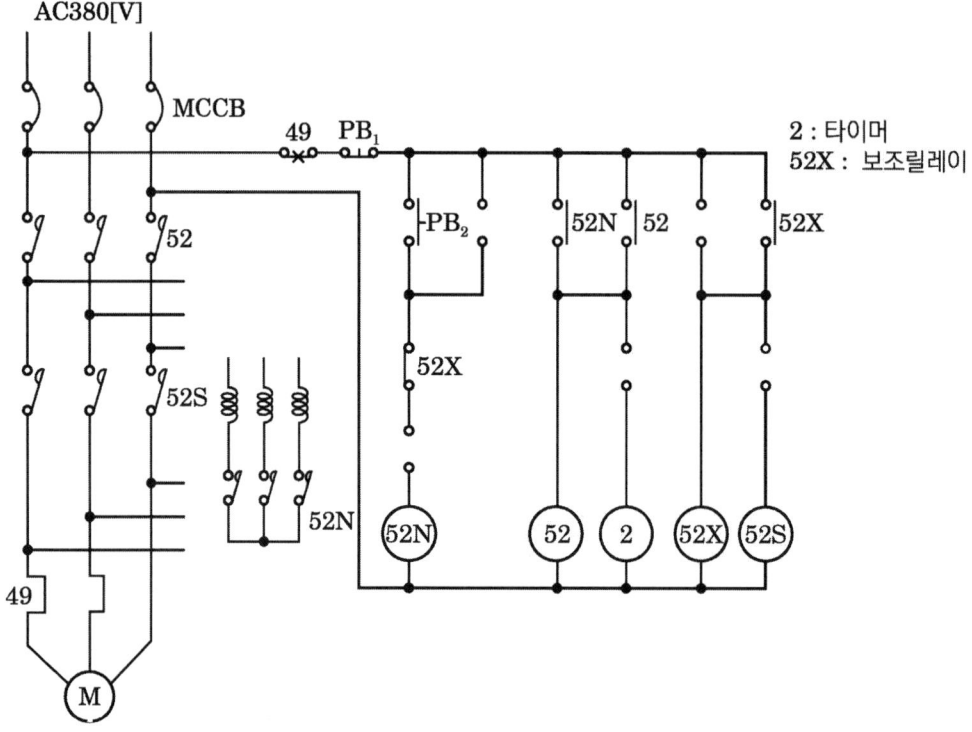

(1) 전동기의 기동 보상기 기동제어는 어떤 기동 방법인지 그 방법을 상세히 설명하시오.
(2) 주회로에 대한 미완성 부분을 완성하시오.
(3) 보조회로의 미완성 접점을 그리고 그 접점 명칭을 표기하시오.

정답

(1) 기동 시 전동기에 대한 인가전압을 단권 변압기로 감압하여 공급함으로써 기동전류를 억제하고 기동 완료 후 전전압을 가하는 방식

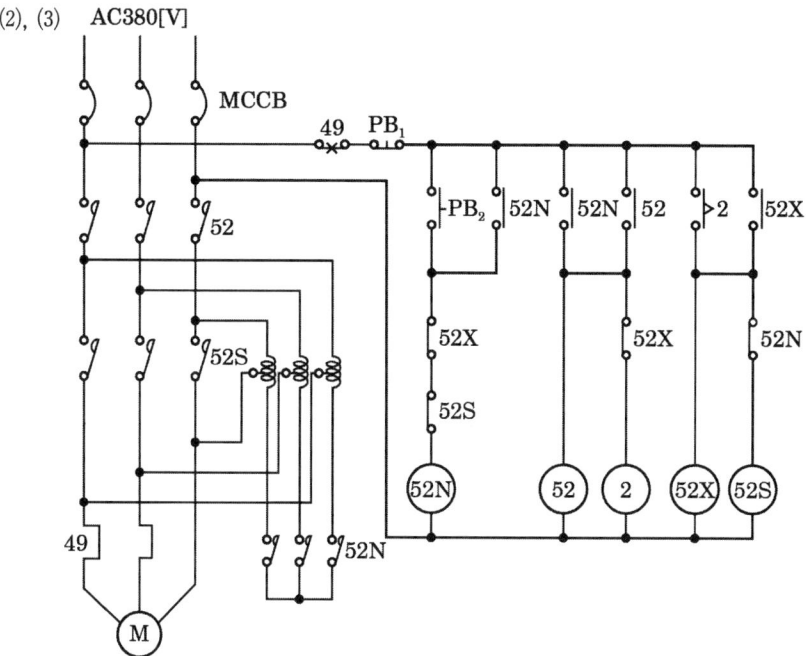

06

대지 고유저항률 400 [Ω·m], 직경 19 [mm], 길이 2400 [mm]인 접지봉을 전부 매입했다고 한다. 접지저항(대지저항)값은 얼마인가?

> 정답

■ 계산과정

$$R = \frac{\rho}{2\pi l} \ln \frac{2l}{r} = \frac{400}{2\pi \times 2.4} \times \ln \frac{2 \times 2400}{19/2} = 165.13 \,[\Omega]$$

답 165.13 [Ω]

07

도면은 어느 154 [kV] 수용가의 수전설비 단선 결선도의 일부분이다. 주어진 표와 도면을 이용하여 다음 각 물음에 답하시오.

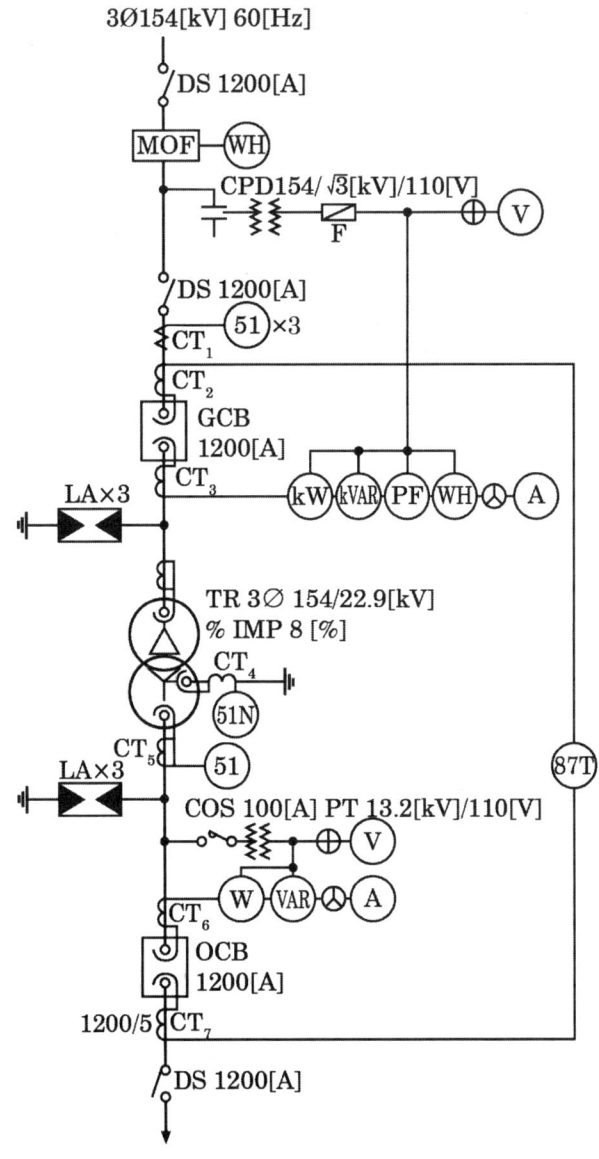

〈 CT의 정격 〉

1차 정격전류 [A]	200	400	600	800	1200
2차 정격전류 [A]	5				

(1) 변압기 2차 부하설비용량이 51 [MW], 수용률이 70 [%], 부하역률이 90 [%]일 때 도면의 변압기 용량은 몇 [MVA]가 되는가?
(2) 변압기 1차 측 DS의 정격전압은 몇 [kV]인가?
(3) CT_1의 비는 얼마인지를 계산하고 표에서 선정하시오.
(4) GCB 내에 사용되는 가스는 주로 어떤 가스가 사용되는지 그 가스 명칭을 쓰시오.
(5) OCB의 정격 차단전류가 23[kA]일 때, 이 차단기의 차단용량은 몇 [MVA]인가?
(6) 과전류 계전기의 정격부담이 9[VA]일 때 이 계전기의 임피던스는 몇 [Ω]인가?
(7) CT_7 1차 전류가 600[A]일 때 CT_7의 2차에서 비율 차동 계전기의 단자에 흐르는 전류는 몇 [A]인가?

정답

(1) 변압기 용량 $= \dfrac{\text{설비용량} \times \text{수용률}}{\text{부등률} \times \text{역률} \times \text{효율}} = \dfrac{51 \times 0.7}{0.9} = 39.67 \text{[MVA]}$

답 39.67[MVA]

(2) 170 [kV]

(3) CT의 1차전류 $I = \dfrac{39.67 \times 10^6}{\sqrt{3} \times 154 \times 10^3} = 148.72 \text{ [A]}$

배수 적용하면 $148.72 \times (1.25 \sim 1.5) = 185.9 \sim 223.08$ [A]
∴ 표에서 200/5 선정

답 200/5

(4) SF_6 (육불화황)

(5) $P_s = \sqrt{3}\, V_n I_s = \sqrt{3} \times 25.8 \times 23 = 1027.8$ [MVA]

답 1027.8 [MVA]

(6) $P = I^2 Z$ [Ω] $Z = \dfrac{P}{I^2} = \dfrac{9}{5^2} = 0.36$

답 0.36 [Ω]

(7) $I_2 = 600 \times \dfrac{5}{1200} \times \sqrt{3} = 4.33$ [A]

답 4.33 [A]

08

3150/210 [V]인 변압기의 용량이 각각 250 [kVA], 200 [kVA]이고, %임피던스 강하가 각각 2.5 [%]와 3 [%]일 때 그 병렬 합성용량 [kVA]은?

정답

■ 계산과정

P_A를 기준으로 하여 P_B의 %임피던스는 $\%Z_B = \dfrac{250}{200} \times 3 = 3.75\,[\%]$

부하부담은 %임피던스에 반비례하므로 P_A가 P_B보다 부하부담이 크며,

P_B는 P_A의 $\dfrac{2.5}{3.75}$ 만큼 부담하므로 $P_b = P_A \times \dfrac{2.5}{3.75} = 166.67\,[\text{kVA}]$

합성용량 $P = P_A + P_b = 250 + 166.67 = 416.67\,[\text{kVA}]$

답 416.67 [kVA]

09

정격출력 1500 [kVA], 역률 65 [%]인 전동기 회로에 역률 개선용 콘덴서를 설치하여 역률 96 [%]로 개선하기 위하여 다음 표를 이용하여 콘덴서 용량을 구하시오.

[참고자료]

[표] 부하에 대한 콘덴서 용량 산출표 [%]

개선 전 역률/개선 후 역률	1.0	0.99	0.98	0.97	0.96	0.95	0.94	0.93	0.92	0.91	0.9	0.875	0.85	0.825	0.8	0.775	0.75	0.725	6.7
0.4	230	216	210	205	201	197	194	190	187	184	181	175	168	161	155	149	142	136	128
0.425	213	198	192	188	184	180	176	173	180	167	164	157	151	144	138	131	124	118	111
0.45	198	183	177	173	168	165	161	158	155	152	149	142	136	129	123	116	110	103	96
0.475	185	171	165	161	56	153	149	146	143	140	137	130	123	116	110	104	98	91	84
0.5	173	159	153	148	144	140	137	134	130	128	125	118	112	104	98	92	85	87	71
0.525	162	148	142	137	133	129	126	122	119	117	114	107	100	93	87	81	74	67	60
0.55	152	138	132	127	123	119	116	112	109	106	104	97	90	87	77	71	64	57	50
0.575	142	128	122	117	114	110	106	103	99	96	94	87	80	74	67	60	54	47	40
0.6	133	119	113	108	104	101	97	94	91	88	85	78	71	65	58	52	46	39	32
0.625	125	111	105	100	96	92	89	85	82	79	77	70	63	56	50	44	37	30	23
0.65	117	103	97	92	88	84	81	77	74	71	69	62	55	48	42	36	29	22	15
0.675	109	95	89	84	80	76	73	70	66	64	61	54	47	40	34	28	21	14	7

개선 전 역률/ 개선 후 역률	1.0	0.99	0.98	0.97	0.96	0.95	0.94	0.93	0.92	0.91	0.9	0.875	0.85	0.825	0.8	0.775	0.75	0.725	6.7
0.7	102	88	81	77	73	69	66	62	59	56	54	46	40	33	27	20	14	7	
0.725	95	81	75	70	66	62	59	55	52	49	46	39	33	26	20	13	7		
0.75	88	74	67	63	58	55	52	49	45	43	40	33	23	19	13	6.5			
0.775	81	67	61	57	52	49	45	42	39	36	33	26	19	12	6.5				
0.8	75	61	54	50	46	42	39	35	32	29	27	19	13	6					
0.825	69	54	48	44	40	36	33	29	26	23	21	14	7						
0.85	62	48	42	37	33	29	26	22	19	16	14	7							
0.875	55	41	35	30	26	23	19	16	13	10	7								
0.9	48	34	28	23	19	16	12	9	6	2.8									

정답

■ 계산과정

[표]에서 0.65난과 0.96난의 계수는 0.88이므로

콘덴서 용량 [kVA] = 1500 × 0.65 × 0.88 = 858 [kVA]

답 858 [kVA]

10

주어진 표는 어떤 부하 데이터의 예이다. 이 부하 데이터를 수용할 수 있는 발전기 용량을 산정하시오. (단, 발전기 표준 역률은 0.8, 허용 전압강하 25 [%], 발전기 리액턴스 20 [%], 원동기 기관 과부하 내량 1.2이다)

예	부하의 종류	출력 [kW]	전부하특성				기동특성		기동 순서	비고
			역률 [%]	효율 [%]	입력 [kVA]	입력 [kW]	역률 [%]	입력 [kVA]		
200[V] 60[Hz]	조명	10	100	-	10	10	-	-	1	
	스프링쿨러	55	86	90	71.1	61.1	40	142.2	2	Y-△기동
	소화전펌프	15	83	87	21.0	17.2	40	42	3	Y-△기동
	양수펌프	7.5	83	86	10.5	8.7	40	63	3	직입기동

(1) 전부하 정상 운전 시의 입력에 의한 것

(2) 전동기 기동에 필요한 용량

[참고] $P = \dfrac{1 - \triangle E}{\triangle E} \times x_d \times Q_L$ [kVA]

(3) 순시 최대 부하에 의한 용량

[참고] $P = \dfrac{\sum W_0 + \{Q_{L_{\max}} \times \cos\theta_{Q_L}\}}{K \times \cos\theta_G}$ [kVA]

정답

(1) $P = \dfrac{10 + 61.1 + 17.2 + 8.7}{0.8} = 121.25$ [kVA]

답 121.25 [kVA]

(2) $P = \dfrac{1 - 0.25}{0.25} \times 0.2 \times 142.2 = 85.32$ [kVA]

답 85.32 [kVA]

(3) 부하가 최대로 되는 순간은 기동 순서 2에서 3으로 이행하는 때이므로 순시 최대부하용량은

$P = \dfrac{(\text{기운전 중인 부하의 합계}) + (\text{기동돌입부하} \times \text{기동 시 역률})}{(\text{원동기기관 과부하내량}) \times (\text{발전기 표준역률})}$

$= \dfrac{(10 + 61.1) + (42 + 63) \times 0.4}{1.2 \times 0.8} = 117.81$ [kVA]

답 117.81 [kVA]

11

역률을 개선하면 전기요금의 저감과 배전선의 손실경감, 전압강하 감소, 설비 여력의 증가 등을 기할 수 있으나, 너무 과보상하면 역효과가 나타난다. 즉, 경부하시에 콘덴서가 과대 삽입되는 경우 결점을 2가지 쓰시오.

정답

① 앞선 역률에 의한 전력손실이 생긴다.

② 모선 전압이 과상승할 수 있다.

③ 과부하 운전이 될 수 있다.

12

다음 물음에 답하시오.

(1) 그림과 같은 송전 철탑에서 등가 선간거리 [m]는?

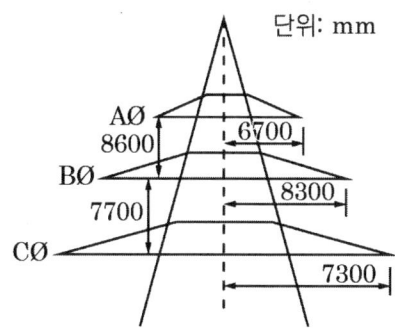

(2) 간격 400 [mm]인 정4각형 배치의 4도체에서 소선 상호 간의 기하학적 평균거리 [m]는?

정답

(1) $D_{AB} = \sqrt{8.6^2 + (8.3 - 6.7)^2} = 8.75$ [m]

$D_{BC} = \sqrt{7.7^2 + (8.3 - 7.3)^2} = 7.76$ [m]

$D_{CA} = \sqrt{(8.6 + 7.7)^2 + (7.3 - 6.7)^2} = 16.31$ [m]

등가선간거리 $D = \sqrt[3]{D_{AB} D_{BC} D_{CA}} = \sqrt[3]{8.75 \times 7.76 \times 16.31} = 10.35$ [m]

답 10.35 [m]

(2) 정사각형 배치의 등가평균거리 $D_0 = \sqrt[6]{2}\, D = \sqrt[6]{2} \times 0.4 = 0.45$ [m]

답 0.45 [m]

13

그림과 같은 3상 3선식 배전선로에서 불평형률을 구하고, 양호하게 되었는지의 여부를 판단하시오.

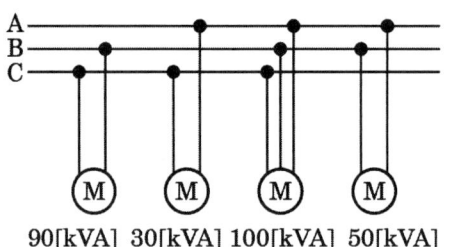

정답

■ 계산과정

설비불평형률 = $\dfrac{90 - 30}{\dfrac{1}{3}(90 + 30 + 100 + 50)} \times 100 = 66.67\,[\%]$

답 66.67 [%], 불평형률이 30 [%]를 초과하였으므로 양호하지 않다.

14

다음 그림과 같은 3상 3선식 배전선로가 있다. 각 물음에 답하시오. (단, 전선 1가닥의 저항은 0.5 [Ω/km]라고 한다)

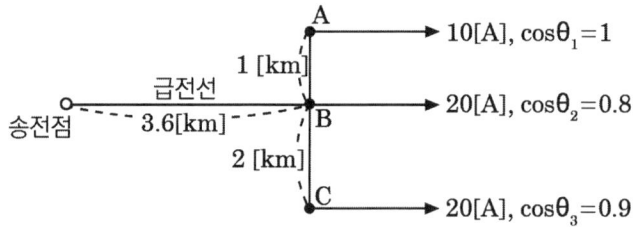

(1) 급전선에 흐르는 전류는 몇 [A]인가?
(2) 전체 선로손실은 몇 [W]인가?

정답

(1) $\dot{I} = \dot{I}_a + \dot{I}_b + \dot{I}_c = 10 + 20(0.8 - j0.6) + 20(0.9 - j\sqrt{1 - 0.9^2}) = 44 - j20.72\,[\text{A}]$

$|\dot{I}| = \sqrt{44^2 + 20.72^2} = 48.63\,[\text{A}]$

답 48.63 [A]

(2) $P_l = 3I^2R + 3I_a^2R_a + 3I_b^2R_b$
   $= 3 \times 48.63^2 \times (3.6 \times 0.5) + 3 \times 10^2 \times (1 \times 0.5) + 3 \times 20^2 \times (2 \times 0.5)$
   $= 14120.34 \ [\text{W}]$

답 14120.34 [W]

15

어떤 공장의 어느 날 부하실적이 1일 사용전력량 192 [kWh]이며, 1일의 최대전력이 12 [kW]이고, 최대전력일 때의 전류값이 34 [A]이었을 경우 다음 각 물음에 답하시오. (단, 이 공장은 220 [V], 11 [kW]인 3상 유도전동기를 부하설비로 사용한다고 한다)

(1) 일 부하율은 몇 [%]인가?
(2) 최대공급전력일 때의 역률은 몇 [%]인가?

정답

(1) 부하율 $= \dfrac{\text{평균수용전력}}{\text{최대수용전력}} \times 100 = \dfrac{192}{12 \times 24} \times 100 = 66.67 \ [\%]$

답 66.67 [%]

(2) 역률 $\cos\theta = \dfrac{P}{\sqrt{3}\ VI} = \dfrac{12 \times 10^3}{\sqrt{3} \times 220 \times 34} \times 100 = 92.62 \ [\%]$

답 92.62 [%]

16

기자재가 그림과 같이 주어졌다.

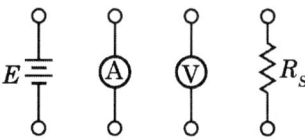

(1) 전압, 전류계법으로 저항값을 측정하기 위한 회로를 완성하시오.
(2) 저항 R_s에 대한 식을 쓰시오.

정답

(1)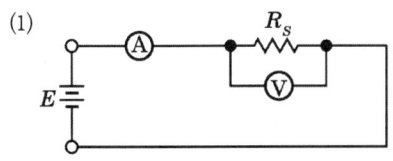

(2) $R_s = \dfrac{\text{\textcircled{V}}}{\text{\textcircled{A}}} \ [\Omega]$

17

다음의 PLC 프로그램을 보고, 래더 다이어그램을 완성하시오.

차례	명령	번지
0	STR	P00
1	OR	P01
2	STR NOT	P02
3	OR	P03
4	AND STR	-
5	AND NOT	P04
6	OUT	P10

정답

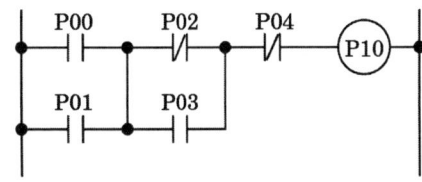

18

피뢰기에 대한 다음 각 물음에 답하시오.

(1) 피뢰기의 기능상 필요한 구비조건 4가지만 쓰시오.

(2) 피뢰기의 설치장소 4개소를 쓰시오.

정답

(1) ① 충격파 방전 개시전압이 낮을 것
　　② 제한전압이 낮을 것
　　③ 상용주파 방전 개시전압이 높을 것
　　④ 속류 차단능력이 클 것

(2) ① 발전소·변전소 또는 이에 준하는 장소의 가공전선 인입구 및 인출구
　　② 가공전선로에 접속하는 배전용 변압기의 고압 측 및 특고압 측
　　③ 고압 및 특고압 가공전선로로부터 공급을 받는 수용장소의 인입구
　　④ 가공전선로와 지중전선로가 접속되는 곳

01

그림과 같은 수전계통을 보고 다음 각 물음에 답하시오.

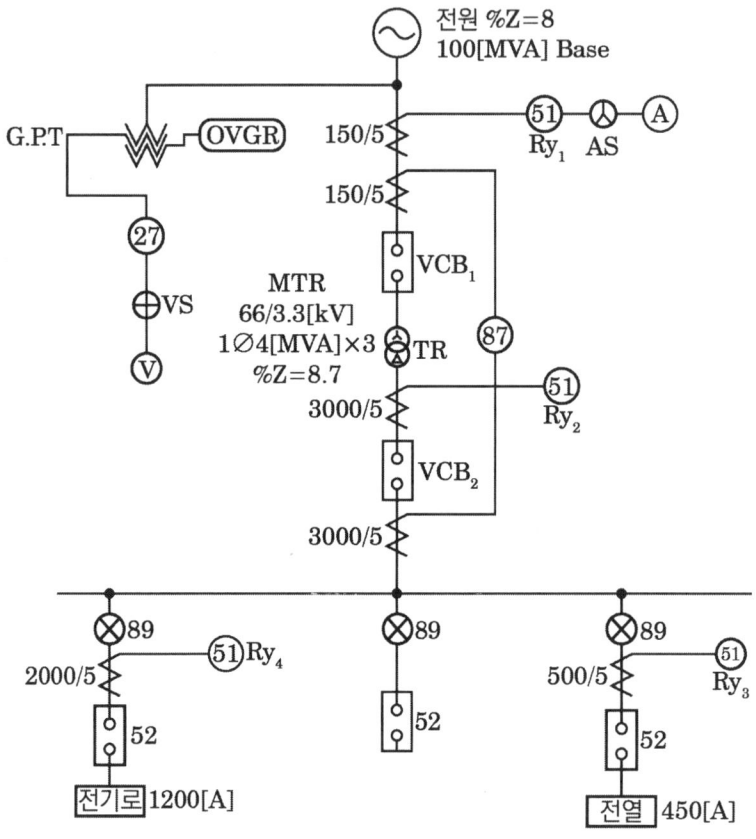

(1) "27"과 "87" 계전기의 명칭과 용도를 설명하시오.

기기	명칭	용도
27		
87		

(2) 다음의 조건에서 과전류계전기 Ry_1, Ry_2, Ry_3, Ry_4의 탭(Tap) 설정값은 몇 [A]가 가장 적당한지를 계산에 의하여 정하시오.

[조건]
Ry₁, Ry₂의 탭 설정값은 부하전류 160 [%]에서 설정한다.
Ry₃의 탭 설정값은 부하전류 150 [%]에서 설정한다.
Ry₄는 부하가 변동 부하이므로 탭 설정값은 부하전류 200 [%]에서 설정한다.
과전류 계전기의 전류탭은 2 [A], 3 [A], 4 [A], 5 [A], 6 [A], 7 [A], 8 [A]가 있다.

계전기	계산과정	설정값
Ry₁		
Ry₂		
Ry₃		
Ry₄		

(3) 차단기 VCB₁의 정격전압은 몇 [kV]인가?

(4) 전원 측 차단기 VCB₁의 정격용량을 계산하고, 다음의 표에서 가장 적당한 것을 선정하도록 하시오.

⟨ 차단기의 정격표준용량 [MVA] ⟩

1000	1500	2500	3500

정답

(1)

기기	명칭	용도
27	부족전압 계전기	상시전원 정전 시 또는 부족전압 시 동작하여 경보를 발하거나 차단기를 동작
87	비율차동계전기	발전기나변압기의 내부고장에 대한 보호용으로 사용

(2)

계전기	계산과정	설정값
Ry_1	$I = \dfrac{4 \times 10^6 \times 3}{\sqrt{3} \times 66 \times 10^3} \times \dfrac{5}{150} \times 1.6 = 5.6$ [A]	6 [A]
Ry_2	$I = \dfrac{4 \times 10^6 \times 3}{\sqrt{3} \times 3.3 \times 10^3} \times \dfrac{5}{3000} \times 1.6 = 5.6$ [A]	6 [A]
Ry_3	$I = 450 \times \dfrac{5}{500} \times 1.5 = 6.75$ [A]	7 [A]
Ry_4	$I = 1200 \times \dfrac{5}{2000} \times 2 = 6$ [A]	6 [A]

(3) 72.5 [kV]

(4) 단락용량 $P_s = \dfrac{100}{\%Z} P_n = \dfrac{100}{8} \times 100 = 1250$ [MVA] 답 1500 [MVA] 선정

02

그림과 같이 3상 4선식 배전선로에 역률 100 [%]인 부하 a-n, b-n, c-n이 각 상과 중성선 간에 연결되어 있다. a, b, c상에 흐르는 전류가 220 [A], 172 [A], 190 [A]일 때 중성선에 흐르는 전류를 계산하시오.

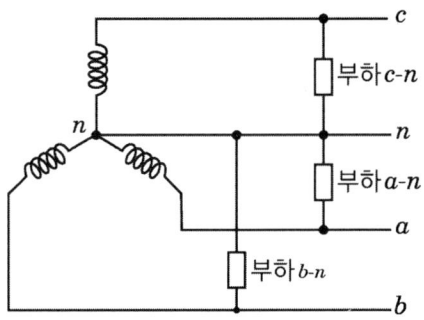

정답

■ 계산과정

$$I_n = \dot{I}_a + \dot{I}_b + \dot{I}_c = 220 + 172\left(-\frac{1}{2} - j\frac{\sqrt{3}}{2}\right) + 190\left(-\frac{1}{2} + j\frac{\sqrt{3}}{2}\right)$$
$$= 220 - 86 - i148.96 - 95 + i164.54 = 39 + i15.58 = \sqrt{39^2 + 15.58^2} = 42 \text{ [A]}$$

답 42 [A]

03

길이 30 [m], 폭 50 [m]인 방에 평균조도 200 [lx]를 얻기 위해 전광속 2500 [lm]의 40[W] 형 광등을 사용했을 때 필요한 등수를 계산하시오. (단, 조명률 0.6, 감광보상률 1.2이고 기타 요인은 무시한다)

정답

■ 계산과정

$$N = \frac{EAD}{FU} = \frac{200 \times 30 \times 50 \times 1.2}{2500 \times 0.6} = 240 \text{ [등]}$$

답 240[등]

핵심이론

□ 광속의 결정

$FUN = EAD$

- E : 평균 조도
- A : 실내의 면적
- U : 조명률
- D : 감광 보상율
- N : 소요 등수
- F : 1등당 광속
- M : 보수율(감광 보상율의 역수)

04

전동기에 개별로 콘덴서를 설치할 경우 발생할 수 있는 자기여자현상의 발생 이유와 현상을 설명하시오

- 이유
- 현상

정답

- 이유 : 콘덴서가 전동기의 무부하 전류보다 큰 경우 발생
- 현상 : 전동기 단자전압이 일시적으로 정격전압을 초과하는 현상

05

옥외용 변전소 내의 변압기 사고라고 생각할 수 있는 사고의 종류 5가지만 쓰시오.

정답

① 권선의 상간단락 및 층간단락

② 권선과 철심 간의 절연파괴에 의한 지락사고

③ 고저압 권선의 혼촉

④ 권선의 단선

⑤ Bushing Lead선의 절연파괴

06

3상 전원에 단상 전열기 2대를 연결하여 사용할 경우 3상 평형전류가 흐르는 변압기의 결선 방법이 있다. 3상을 2상으로 변환하는 이 결선 방법의 명칭과 결선도를 그리시오. 단, 단상변압기 2대를 사용한다.

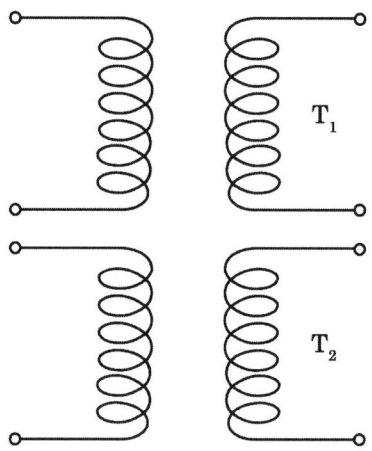

- 명칭
- 결선도

정답

- 명칭 : 스코트 결선(T결선)
- 결선도

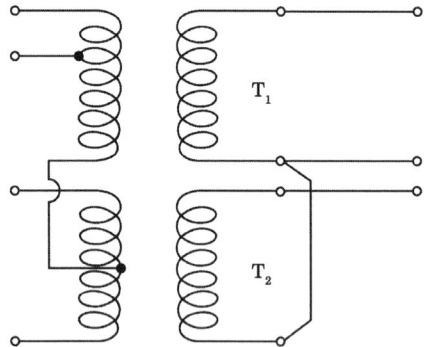

07

그림은 축전지 충전회로이다. 다음 물음에 답하시오.

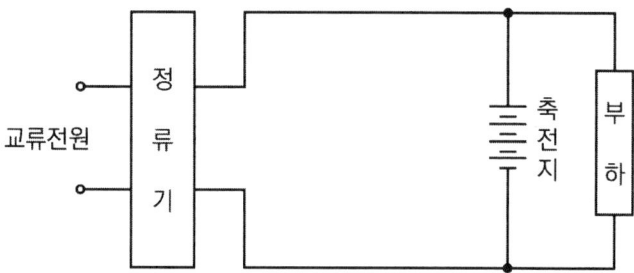

(1) 충전방식은?
(2) 이 방식의 역할(특징)을 쓰시오.

정답

(1) 부동충전방식

(2) 축전지의 자기 방전을 보충함과 동시에 사용 부하에 대한 전력공급은 충전기가 부담하도록 하되 충전기가 부담하기 어려운 일시적인 대전류 부하는 축전지가 부담하도록 하는 방식

8

전동기 $M_1 \sim M_5$의 사양이 주어진 조건과 같고 이것을 그림과 같이 배치하여 공사방법 B_1으로 XLPE 절연전선을 사용한다고 가정할 때 간선 및 분기 회로의 설계에 필요한 다음 각 물음에 대한 답을 작성하도록 하시오.

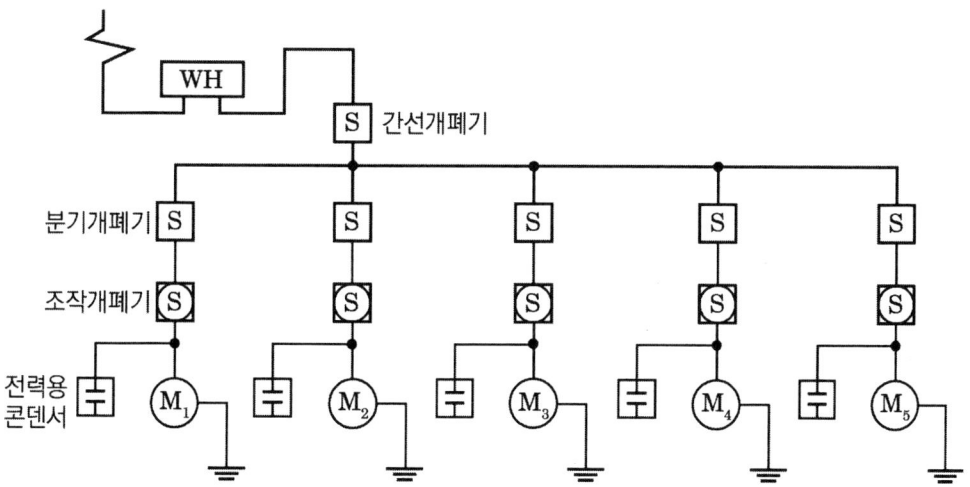

[조건]
- M_1 : 3Φ 200 [V] 0.75 [kW] 농형 유도 전동기(직입 기동)
- M_2 : 3Φ 200 [V] 3.7 [kW] 농형 유도 전동기(직입 기동)
- M_3 : 3Φ 200 [V] 5.5 [kW] 농형 유도 전동기(직입 기동)
- M_4 : 3Φ 200 [V] 15 [kW] 농형 유도 전동기(Y-△ 기동)
- M_5 : 3Φ 200 [V] 30 [kW] 농형 유도 전동기(기동 보상기 기동)

(1) 각 전동기 분기 회로의 전압강하를 2[%]로 할 때 해당되는 값을 표에서 찾아 답안지 표의 빈칸에 기입하시오.

구분		M_1	M_2	M_3	M_4	M_5
규약전류 [A]						
전선최소굵기						
개폐기용량 [A]	분기					
	현장조작					
과전류차단기 [A]	분기					
	현장조작					
초과눈금전류계 [A]						
접지선의 굵기 [mm^2]						
금속관의 굵기 [호]						
콘덴서용량 [μF]						

(2) 간선의 전압강하를 2[%]로 할 때 해당되는 값을 표에서 찾아 답안지 표의 빈칸에 기입하시오.

구분	전선최소굵기 [mm^2]	개폐기용량 [A]	과전류차단기용량 [A]	금속관의 굵기 [호]
간선				

[표1] 후강 전선관 굵기의 선정

도체 단면적 [mm²]	전선본수									
	1	2	3	4	5	6	7	8	9	10
	전선관의 최소 굵기 [호]									
2.5	16	16	16	16	22	22	22	28	28	28
4	16	16	16	22	22	22	28	28	28	28
6	16	16	22	22	22	28	28	28	36	36
10	16	22	22	28	28	36	36	36	36	36
16	16	22	28	28	36	36	36	42	42	42
25	22	28	28	36	36	42	54	54	54	54
35	22	28	36	42	54	54	54	70	70	70
50	22	36	54	54	54	70	70	82	82	82
70	28	42	54	54	54	70	70	82	82	82
95	28	54	54	70	70	70	82	92	92	104
120	36	54	54	70	70	70	82	92		
150	36	70	70	82	82	92	104	104		
185	36	70	82	92	104					
240	42	82	92	104						

[표2] 00 [V] 3상 유도 전동기 1대인 경우의 분기회로 (B종 퓨즈의 경우)

정격 출력 [kW]	전부하 전류 [A]	배선 종류에 의한 동 전선의 최소 굵기 [mm²]					
		공사방법 A1 3개선		공사방법 B1 3개선		공사방법 C 3개선	
		PVC	XLPE, EPR	PVC	XLPE, EPR	PVC	XLPE, EPR
0.2	1.8	2.5	2.5	2.5	2.5	2.5	2.5
0.4	3.2	2.5	2.5	2.5	2.5	2.5	2.5
0.75	4.8	2.5	2.5	2.5	2.5	2.5	2.5
1.5	8	2.5	2.5	2.5	2.5	2.5	2.5
2.2	11.1	2.5	2.5	2.5	2.5	2.5	2.5
3.7	17.4	2.5	2.5	2.5	2.5	2.5	2.5
5.5	26	6	4	4	2.5	4	2.5
7.5	34	10	6	6	4	6	4
11	48	16	10	10	6	10	6
15	65	25	16	16	10	16	10
18.5	79	35	25	25	16	25	16
22	93	50	25	35	25	25	16
30	124	70	50	50	35	50	35
37	152	95	70	70	50	70	50

정격 출력 [kW]	전부하 전류 [A]	개폐기 용량 [A]				과전류 차단기(B종 퓨즈) [A]				전동기용 초과눈금 정격전류 [A]	접지선의 최소굵기 [mm²]
		직입기동		기동기 사용		직입기동		기동기 사용			
		현장 조작	분기	현장 조작	분기	현장 조작	분기	현장 조작	분기		
0.2	1.8	15	15			15	15			3	2.5
0.4	3.2	15	15			15	15			5	2.5
0.75	4.8	15	15			15	15			5	2.5
1.5	8	15	30			15	20			10	4
2.2	11.1	30	30			20	30			15	4
3.7	17.4	30	60			30	50			20	6
5.5	26	60	60	30	60	50	60	30	50	30	6
7.5	34	100	100	60	100	75	100	50	75	30	10
11	48	100	200	100	100	100	150	75	100	60	16
15	65	100	200	100	100	100	15	100	100	60	16
18.5	79	200	200	100	200	150	200	100	150	100	16
22	93	200	200	100	200	150	200	100	150	100	16
30	124	200	400	200	200	200	300	150	200	150	25
37	152	200	400	200	200	200	300	150	200	200	25

[비고 1] 최소 전선 굵기는 1회선에 대한 것이며, 2회선 이상일 경우는 부록 500-2의 복수회로 보정계수를 적용 하여야 한다.

[비고 2] 공사방법 A1은 벽 내의 전선관에 공사한 절연전선 또는 단심케이블 B1은 벽면의 전선관에 공사한 절연전선 또는 단심케이블, 공사방법 C는 벽면에 공사한 단심 또는 다심케이블을 시설하는 경우의 전선 굵기를 표시하였다.

[비고 3] 전동기 2대 이상을 동일회로로 할 경우는 간선의 표를 적용할 것

[표3] 200 [V] 3상 유도전동기의 간선의 굵기 및 기구의 용량(B종 퓨즈)

전동기 수의 총계 [kW] 이하 ①	최대 사용 전류 [A] 이하 ①	배선종류에 의한 간선의 최소굵기 [mm²] ①						직입기동 전동기 중 최대 용량의 것									
		공사방법 A1 3개선		공사방법 B1 3개선		공사방법 C 3개선		0.75	1.5	2.2	3.7	5.5	7.5	11	15	18.5	22	30	37~55
								기동기 사용 전동기 중 최대 용량의 것									
								-	-	-	5.5	7.5	11/15	18.5/22	-	30/37	-	45	55
		PVC	XLPE EPR	PVC	XLPE EPR	PVC	XLPE EPR	과전류차단기[A]---------------(칸 위 숫자) ③ 개폐기 용량[A]---------------(칸 아래 숫자) ④									
3	15	2.5	2.5	2.5	2.5	2.5	2.5	15/30	20/30	30/30	-	-	-	-	-	-	-	-	-
4.5	20	4	2.5	2.5	2.5	2.5	2.5	20/30	20/30	30/30	50/60	-	-	-	-	-	-	-	-
6.3	30	6	4	6	4	4	2.5	30/30	30/30	50/60	50/60	72/100	-	-	-	-	-	-	-
8.2	40	10	6	10	6	6	4	50/60	50/60	50/60	75/100	75/100	100/100	-	-	-	-	-	-
12	50	16	10	10	10	10	6	50/60	50/60	50/60	75/100	75/100	100/100	150/200	-	-	-	-	-
15.7	75	35	25	25	16	16	16	75/100	75/100	75/100	75/100	100/100	100/100	150/200	150/200	-	-	-	-
19.5	90	50	25	35	25	25	16	100/100	100/100	100/100	100/100	100/100	150/200	150/200	200/200	200/200	-	-	-
23.2	100	50	35	35	25	35	25	100/100	100/100	100/100	100/100	100/100	150/200	150/200	200/200	200/200	200/200	-	-
30	125	70	50	50	35	50	35	150/200	150/200	150/200	150/200	150/200	150/200	150/200	200/200	200/200	200/200	-	-
37.5	150	95	70	70	50	70	50	150/200	150/200	150/200	150/200	150/200	150/200	150/200	200/200	300/300	300/300	300/300	-
45	175	120	70	95	50	70	50	200/200	200/200	200/200	200/200	200/200	200/200	200/200	200/200	300/300	300/300	300/300	300/300
52.5	200	150	95	95	70	95	70	200/200	200/200	200/200	200/200	200/200	200/200	200/200	300/400	300/400	300/400	400/400	400/400
63.7	250	240	150	-	95	120	95	300/300	300/300	300/300	300/300	300/300	300/300	300/300	300/400	400/400	400/400	500/600	-
75	300	300	185	-	120	185	120	300/300	300/300	300/300	300/300	300/300	300/300	300/300	300/400	400/400	400/400	500/600	-
86.2	350	-	240	-	-	240	150	400/400	400/400	400/400	400/400	400/400	400/400	400/400	400/400	400/400	400/400	600/600	-

[비고 1] 최소 전선 굵기는 1회선에 대한 것이며, 2회선 이상일 경우는 부록 500-2의 복수회로 보정계수를 적용 하여야 한다.

[비고 2] 공사방법 A1은 벽 내의 전선관에 공사한 절연전선 또는 단심케이블 B1은 벽면의 전선관에 공사한 절연전선 또는 단심케이블, 공사방법 C는 벽면에 공사한 단심 또는 다심케이블을 시설하는 경우의 전선 굵기를 표시하였다.

[비고 3] "전동기중 최대의 것"에는 동시 기동하는 경우를 포함한다.

[비고 4] 과전류 차단기의 용량은 해당 조항에 규정되어 있는 범위에서 실용상 거의 최댓값을 표시한다.

[비고 5] 과전류 차단기의 선정은 최대 용량의 정격전류의 3배에 다른 전동기의 정격전류의 합계를 가산한 값 이하를 표시한다.

[비고 6] 이 표의 전선굵기 및 허용전류는 부록 500-2에서 공사방법 A1, B1, C는 표 A.52-4 와 표 A.52-5에 의한 값으로 하였다.

[비고 7] 고리퓨즈는 300 [A] 이하에서 사용하여야 한다.

정답

(1)

구분		M_1	M_2	M_3	M_4	M_5
규약전류 [A]		4.8	17.4	26	65	124
전선최소굵기		2.5	2.5	2.5	10	35
개폐기용량 [A]	분기	15	60	60	100	100
	현장조작	15	30	60	100	200
과전류차단기 [A]	분기	15	50	60	100	200
	현장조작	15	30	50	100	150
초과눈금전류계 [A]		5	20	30	60	150
접지선의 굵기 [mm²]		2.5	6	6	16	25
금속관의 굵기 [호]		16	16	16	36	36
콘덴서용량 [μF]		30	100	150	300	600

(2) 전동기 수의 총화 = 0.75 + 3.7 + 5.5 + 15 + 30 = 54.95 [kW]

전류 총화 = 4.8 + 17.4 + 26 + 65 + 124 = 237.2 [A]

따라서, 표 3에서 전동기수의 총화 63.7 [kW], 250 [A]난에서 선정한다.

구분	전선최소굵기 [mm²]	개폐기용량 [A]	과전류차단기용량 [A]	금속관의 굵기 [호]
간선	95	300	300	54

09

그림과 같이 부하를 운전 중인 상태에서 변류기의 2차 측의 전류계를 교체할 때에는 어떠한 순서로 작업을 하여야 하는지 쓰시오. (단, K와 L은 변류기 1차 단자, k와 l은 변류기 2차 단자, a와 b는 전류계 단자이다)

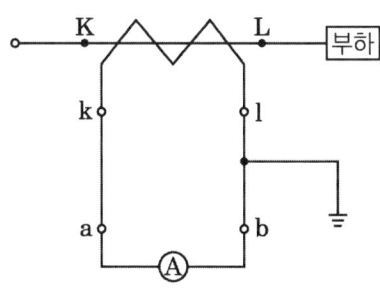

정답

① 변류기 2차 단자 k와 l을 단락
② 전류계단자 a와 b를 분리하여 전류계를 교체
③ 단락하였던 변류기 2차 단자 k와 l을 개방

10

그림과 같은 배전선로가 있다. 이 선로의 전력손실은 몇 [kW]인지 계산하시오.

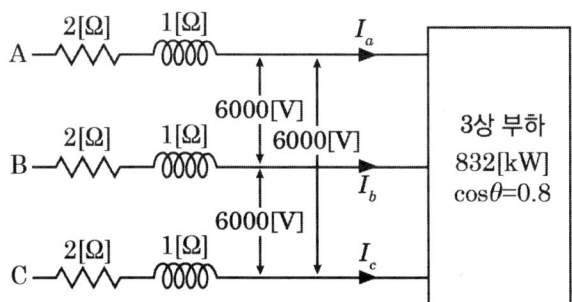

정답

■ 계산과정

$$P_1 = 3I^2R = 3 \times \left(\frac{832 \times 10^3}{\sqrt{3} \times 6000 \times 0.8}\right)^2 \times 2 \times 10^{-3} = 60.09 \text{ [kW]}$$

답 60.09 [kW]

11

다음 그림은 리액터 기동정지 조작회로의 미완성 도면이다. 이 도면에 대하여 다음 물음에 답하시오.

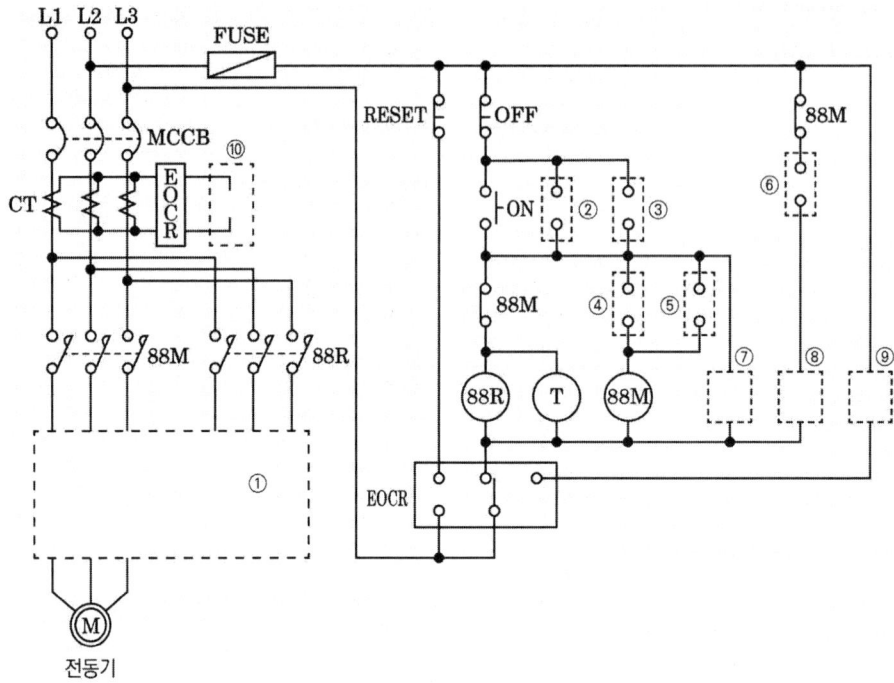

(1) ① 부분의 미완성 주회로를 회로도에 직접 그리시오.

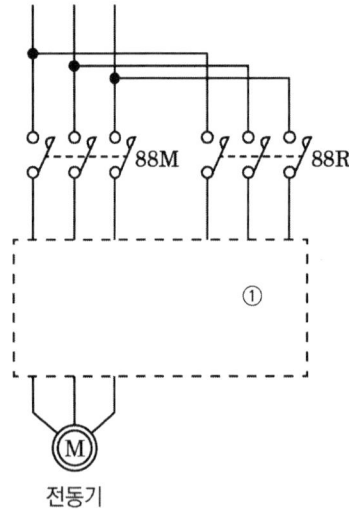

(2) 제어회로에서 ②, ③, ④, ⑤, ⑥ 부분의 접점을 완성하고 그 기호를 쓰시오.

구분	②	③	④	⑤	⑥
접점 및 기호					

(3) ⑦, ⑧, ⑨, ⑩ 부분에 들어갈 Lamp와 계기의 그림기호를 그리시오.

(예 : Ⓖ 정지, Ⓡ 기동 및 운전, Ⓨ 과부화로 인한 정지)

구분	⑦	⑧	⑨	⑩
접점 및 기호				

(4) 직입기동 시 시동전류가 정격전류의 6배가 되는 전동기를 65 [%] 탭에서 리액터 시동한 경우 시동전류는 약 몇 배 정도가 되는지 계산하시오.

(5) 직입기동 시 시동토크가 정격토크의 2배였다고 하면 65 [%] 탭에서 리액터 시도한 경우 시동토크는 어떻게 되는지 설명하시오.

정답

(1)
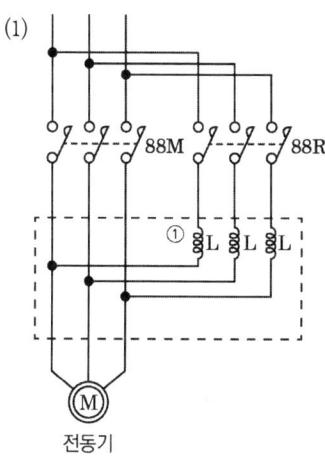

(2)
구분	②	③	④	⑤	⑥
접점 및 기호	88R	88M	T-a	88M	88R

(3)
구분	⑦	⑧	⑨	⑩
접점 및 기호	Ⓡ	Ⓖ	Ⓨ	Ⓐ

(4) 기동전류 $I_s \propto V_1$ 이고, 기동전류는 정격전류의 6배이므로

$I_s = 6I \times 0.65 = 3.9 I$

답 3.9배

(5) 시동토크 $T_s \propto V_1^2$ 이고, 시동토크는 정격토크의 2배이므로

$T_s = 2T \times 0.65^2 = 0.85 T$

답 0.85배

12

부하가 유도전동기이며, 기동용량이 1000 [kVA]이고, 기동 시 전압강하는 20 [%]이며, 발전기의 과도리액턴스가 25 [%]이다. 이 전동기를 운전할 수 있는 자가발전기의 최소용량은 몇 [kVA]인지 계산하시오.

정답

■ 계산과정

$$P \geq \left(\frac{1}{e} - 1\right) \times X_d \times 기동용량 = \left(\frac{1}{0.2} - 1\right) \times 0.25 \times 1000 = 1000 \text{ [kVA]}$$

답 1000 [kVA]

> **핵심이론**
>
> □ 발전기 용량
>
> 발전기 용량 [kVA] $\geq \left(\dfrac{1}{허용전압강하} - 1\right) \times 과도리액턴스 \times 기동용량$

13

정격용량 100 [kVA]인 변압기에서 지상 역률 60 [%]의 부하에 100 [kVA]를 공급하고 있다. 역률 90 [%]로 개선하여 변압기의 전용량까지 부하에 공급하고자 한다. 다음 물음에 답하시오.

(1) 소요되는 전력용 콘덴서의 용량은 몇 [kVA]인가?
(2) 역률 개선에 따른 유효전력의 증가분은 몇 [kW]인가?

정답

(1) • 역률개선 후 무효전력 $P_r' = P_a \sin\theta = 100\sqrt{1 - 0.9^2} = 43.59$ [kVar]

　　• 역률개선 전 무효전력 $P_r = P_a \sin\theta = 100 \times 0.8 = 80$ [kVar]

　　$Q_c = P_r - P_r' = 80 - 43.59 = 36.41$ [kVA]

답 36.41 [kVA]

(2) 역률 개선에 따른 유효전력 증가분

　　$\triangle P = P_a(\cos\theta_2 - \cos\theta_1) = 100(0.9 - 0.6) = 30$ [kW]

답 30 [kW]

14

전력계통의 발전기, 변압기 등의 증설이나 송전선의 신·증설로 인하여 단락·지락전류가 증가하여 송변전 기기의 손상이 증대되고, 부근에 있는 통신선의 유도장해가 증가하는 등의 문제점이 예상된다. 따라서 이러한 문제점을 해결하기 위하여 전력계통의 단락용량의 경감 대책을 세워야 한다. 이 대책을 3가지만 쓰시오.

정답

① 고 임피던스 기기를 채택한다. ② 모선계통을 분리 운용한다. ③ 한류 리액터를 설치한다.

15

다음 개폐기의 종류를 나열한 것이다. 기기의 특징에 알맞은 명칭을 빈칸에 쓰시오.

구분	명칭	특징
①		• 전로의 접속을 바꾸거나 끊는 목적으로 사용 • 전류의 차단능력은 없음 • 무전류 상태에서 전로 개폐 • 변압기, 차단기 등의 보수점검을 위한 회로 분리용 및 전력계통 변환을 위한 회로분리용으로 사용
②		• 평상시 부하전류의 개폐는 가능하나 이상 시(과부하, 단락) 보호기능은 없음 • 개폐 빈도가 적은 부하의 개폐용 스위치로 사용 • 전력 Fuse와 사용시 결상방지 목적으로 사용
③		• 평상시 부하전류 혹은 과부하전류까지 안전하게 개폐 • 부하의 개폐, 제어가 주목적이고, 개폐 빈도가 많음 • 부하의 조작, 제어용 스위치로 이용 • 전력 Fuse와의 조합에 의한 Combination Switch로 널리 사용
④		• 평상시 전류 및 사고 시 대전류를 지장 없이 개폐 • 회로보호가 주목적이며 가구, 제어회로가 Tripping 우선으로 되어 있음 • 주회로 보호용 사용
⑤		• 일정치 이상의 과부하전류에서 단락전류까지 대전류 차단 • 로의 개폐 능력은 없다. • 고압개폐기와 조합하여 사용

정답

① 단로기 ② 부하개폐기 ③ 전자접촉기 ④ 차단기 ⑤ 전력퓨즈

16

수용가들의 일부하곡선이 그림과 같을 때 다음 각 물음에 답하시오. (단, 실선은 A 수용가, 점선은 B 수용가이다)

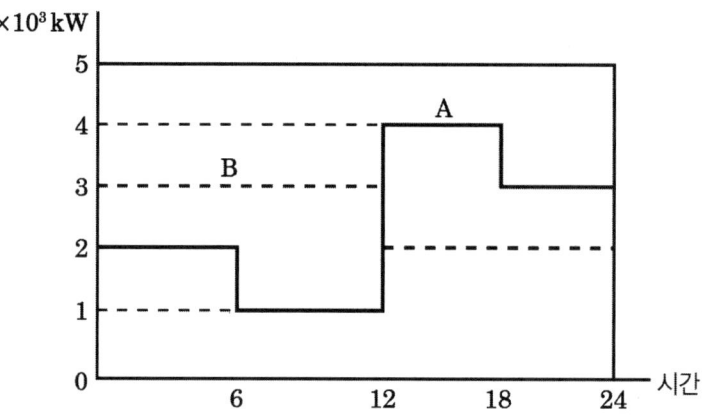

(1) A, B 각 수용가의 수용률은 얼마인가? (단, 설비용량은 수용가 모두 10×10^3 [kW]이다.)
(2) A, B 각 수용가의 일부하율은 얼마인가?
(3) A, B 각 수용가 상호 간의 부등률을 계산하고 부등률의 의미를 간단히 쓰시오.

정답

(1) ① A 수용가 수용률 $= \dfrac{4 \times 10^3}{10 \times 10^3} \times 100 = 40$ [%]

답 40 [%]

② B 수용가 수용률 $= \dfrac{3 \times 10^3}{10 \times 10^3} \times 100 = 30$ [%]

답 30 [%]

(2) ① A 수용가 부하율 $= \dfrac{(2000 + 1000 + 4000 + 3000) \times 6}{4000 \times 24} \times 100 = 62.5$ [%]

답 62.5 [%]

② B 수용가 부하율 $= \dfrac{(3000 + 2000) \times 12}{3000 \times 24} \times 100 = 83.33$ [%]

답 83.33 [%]

(3) ① 부등률 $= \dfrac{4000 + 3000}{4000 + 2000} = 1.17$

② 부등률의 의미 : 각 부하가 최대 부하를 나타내는 시간대가 각각 다른 정도를 나타내며, 항상 1보다 크다.

17

그림과 같은 부하를 갖는 변압기의 최대 수용전력은 몇 [kVA]인지 계산하시오. (단, ① 부하 간 부등률은 1.2이다, ② 부하의 역률은 모두 85 [%]이다, ③ 부하에 대한 수용률은 아래 표와 같다)

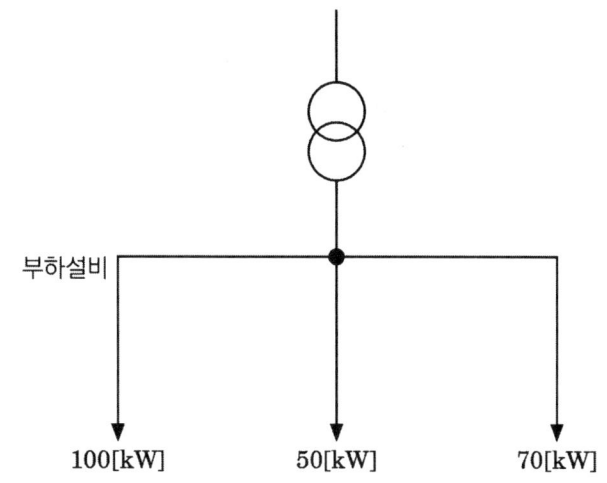

부하	수용률
10 [kW] 이상 ~ 50 [kW] 미만	70 [%]
50 [kW] 이상 ~ 100 [kW] 미만	60 [%]
100 [kW] 이상 ~ 150 [kW] 미만	50 [%]
150 [kW] 이상	45 [%]

정답

■ 계산과정

$$최대수요전력 = \frac{설비용량 \times 수용률}{부등률 \times 역률} = \frac{100 \times 0.5 + 50 \times 0.6 + 70 \times 0.6}{1.2 \times 0.85}$$

$$= 119.61 \, [kVA]$$

답 119.61 [kVA]

2013년 제2회

01

아몰퍼스 변압기의 장점 3가지와 단점 3가지를 쓰시오.

정답

(1) 장점 ① 철손과 여자전류가 매우 적다.
② 전기저항이 높다.
③ 결정 자기이방성이 없다.

(2) 단점 ① 포화자속 밀도가 낮다.
② 점적률이 나쁘다.
③ 압축응력이 가해지면 특성이 저하된다.

02

그림과 같은 송전계통 S점에서 3상 단락사고가 발생하였다. 주어진 도면과 조건을 참고하여 다음 각 물음에 답하시오.

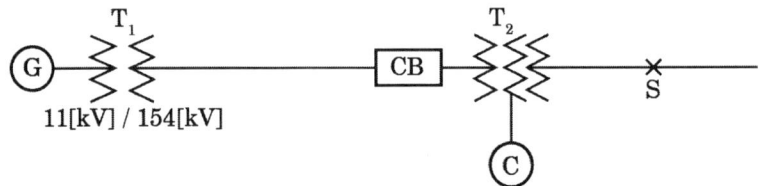

[조건]

번호	기기명	용량	전압	%X
1	G : 발전기	50,000 [kVA]	11 [kV]	30
2	T_1 : 변압기	50,000 [kVA]	11/154 [kV]	12
3	송전선		154 [kV]	10(10,000 [kVA] 기준)
4	T_2 : 변압기	1차 : 25,000 [kVA]	154 [kV]	12(25,000 [kVA] 기준, 1차 ~ 2차)
		2차 : 25,000 [kVA]	77 [kV]	15(25,000 [kVA] 기준, 2차 ~ 3차)
		3차 : 10,000 [kVA]	11 [kV]	10.8(10,000 [kVA] 기준, 3차 ~ 1차)
5	C : 조상기	10,000 [kVA]	11 [kV]	20(10,000 [kVA] 기준)

(1) 발전기, 변압기(T_1), 송전선 및 조상기의 %리액턴스를 기준출력 100 [MVA]로 환산하시오.
- 발전기
- 변압기(T_1)
- 송전선
- 조상기

(2) 변압기2)의 각각의 %리액턴스를 100 [MVA] 출력으로 환산하고, 1차(P), 2차(T), 3차(S)의 %리액턴스를 구하시오.

(3) 고장점과 차단기를 통과하는 각각의 단락전류를 구하시오.
- 고장점의 단락전류
- 차단기의 단락전류

(4) 차단기의 단락용량은 몇 [MVA]인가?

정답

(1) • 발전기 : $\%X_G = \dfrac{100}{50} \times 30 = 60[\%]$ 답 60[%]

• 변압기(T_1) : $\%X_G = \dfrac{100}{50} \times 12 = 24\,[\%]$ 답 24[%]

• 송전선 : $\%X_G = \dfrac{100}{50} \times 10 = 100\,[\%]$ 답 100[%]

• 조상기 : $\%X_G = \dfrac{100}{50} \times 20 = 200\,[\%]$ 답 200[%]

(2) • 1차 ~ 2차 간 : $X_{P-S} = \dfrac{100}{25} \times 12 = 48\,[\%]$

• 2차 ~ 3차 간 : $X_{S-T} = \dfrac{100}{25} \times 15 = 60\,[\%]$

• 3차 ~ 1차 간 : $X_{T-P} = \dfrac{100}{10} \times 10.8 = 108\,[\%]$

• 1차 : $X_P = \dfrac{1}{2}(48 + 108 - 60) = 48\,[\%]$

• 2차 : $X_S = \dfrac{1}{2}(48 + 60 - 108) = 0\,[\%]$

• 3차 : $X_T = \dfrac{1}{2}(60 + 108 - 48) = 60\,[\%]$

(3) 발전기에서 T_2 변압기 1차까지 $\%X_1 = 60 + 24 + 100 + 48 = 232\,[\%]$

조상기에서 T_2 변압기 3차까지 $\%X_2 = 200 + 60 = 260\,[\%]$

합성 $\%Z = \dfrac{\%X_1 \times \%X_2}{\%X_1 + \%X_2} + \%X_S = \dfrac{232 \times 260}{232 + 260} + 0 = 122.6\,[\%]$

- 고장점의 단락전류

$$I_S = \frac{100}{\%Z} I_n = \frac{100}{122.6} \times \frac{100000}{\sqrt{3} \times 77} = 611.59 \, [A]$$

답 611.59 [A]

- 차단기의 단락전류

$$I_{s1} = I_s \times \frac{\%X_2}{\%X_1 + \%X_2} = 611.59 \times \frac{260}{232 + 260} = 323.2 \, [A]$$

이를 154 [kV]로 환산하면

$$I_{s10} = 323.2 \times \frac{77}{154} = 161.6 \, [A]$$

답 161.6 [A]

(4) 차단기 단락용량

$$P_s = \sqrt{3} \, VI_{s10} = \sqrt{3} \times 170 \times 161.6 \times 10^{-3} = 47.58 \, [MVA]$$

답 47.58 [MVA]

3

다음은 컴퓨터 등의 중요한 부하에 대한 무정전 전원공급을 위한 그림이다. "(가) ~ (바)"에 적당한 전기 시설물의 명칭을 쓰시오.

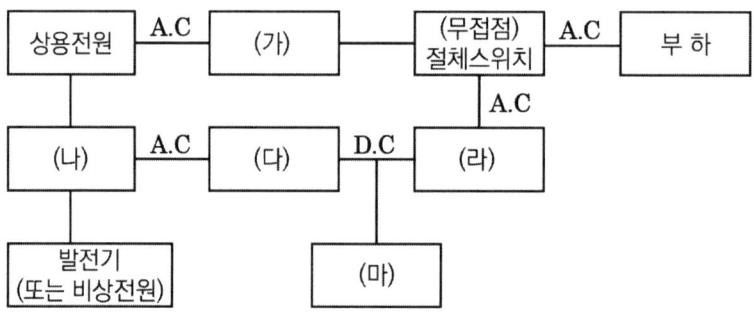

정답

(가) 자동전압조정기(AVR)

(나) 절체용 개폐기

(다) 정류기(컨버터)

(라) 역변환장치(인버터)

(마) 축전지

4

연축전지의 정격용량 100 [Ah], 상시부하 5 [kW], 표준전압 100 [V]인 부동충전방식이 있다. 이 부동충전방식의 충전기 2차 전류는 몇 [A]인가?

정답

■ 계산과정

$$I = \frac{100}{10} + \frac{5 \times 10^3}{100} = 60 \text{ [A]}$$

답 60 [A]

5

특고압 및 고압수전에서 대용량의 단상전기로 등의 사용으로 설비 부하평형의 제한에 따르기가 어려울 경우는 전기사업자와 협의하여 다음 각 호에 의하여 시설하는 것을 원칙으로 한다. 빈칸에 들어갈 말은?

(1) 단상부하 1개의 경우는 (   ) 접속에 의할 것. 다만 300[kVA]를 초과하지 말 것
(2) 단상부하 2개의 경우는 (   ) 접속에 의할 것. 다만, 1개의 용량이 200 [kVA] 이하인 경우는 부득이한 경우에 한하여 보통의 변압기 2대를 사용하여 별개의 선간에 부하를 접속할 수 있다.
(3) 단상부하 3개 이상인 경우는 가급적 선로전류가 (   )이 되도록 각 선간에 부하를 접속할 것

정답

(1) 2차 역V
(2) 스코트
(3) 평형

06

다음 물음에 답하시오.

(1) 역률을 개선하기 위한 전력용 콘덴서 용량은 최대 무슨 전력 이하로 설정하여야 하는지 쓰시오.
(2) 고조파를 제거하기 위해 콘덴서에 무엇을 설치해야 하는지 쓰시오.
(3) 역률 개선 시 나타나는 효과 3가지를 쓰시오.

정답

(1) 부하의 지상 무효전력

(2) 직렬리액터

(3) ① 전력손실 경감 ② 전압강하의 감소 ③ 설비용량의 여유 증가

07

아래의 그림에 계통접지와 기기접지의 접지선을 연결하고 그 기능을 설명하시오. (접지극과 연결된 부위를 선으로 연결하시오)

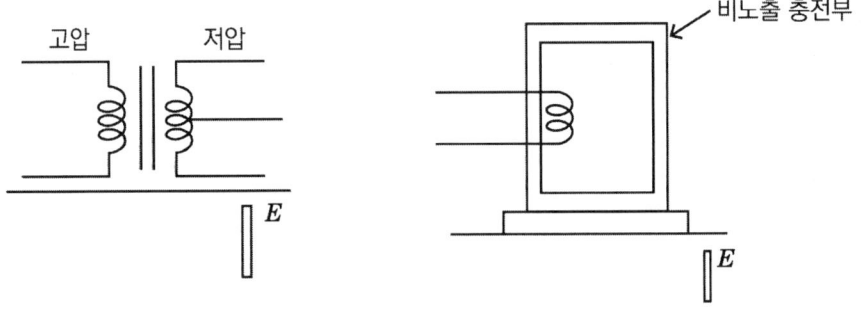

정답

(1) 계통접지
   ① 결선 :
   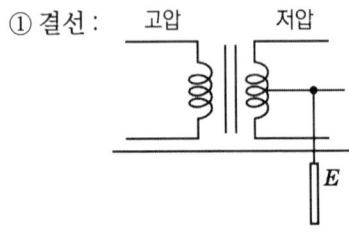

   ② 기능 고저압 혼촉 시 저압 측 전위상승 억제

(2) 기기접지
  ① 결선 :

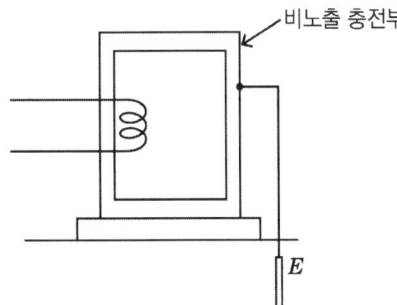

  ② 기능 : 감전예방 및 화재예방

08

다음 미완성 부분의 결선도를 완성하고, 필요한 곳에 접지를 하시오.

(1) CT와 AS와 전류계 결선도

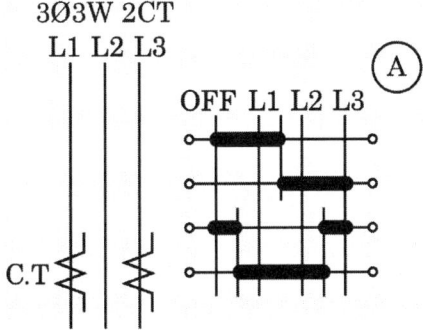

(2) PT와 VS와 전압계 결선도

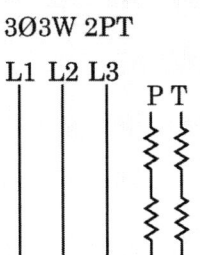 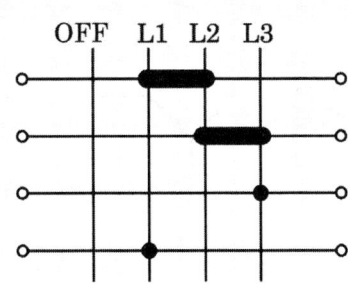

정답

(1) 3상3선식 2CT

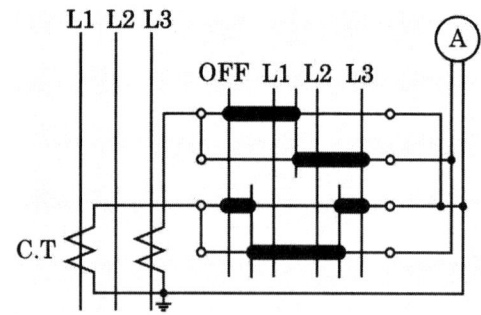

(2) 3상3선식 2PT

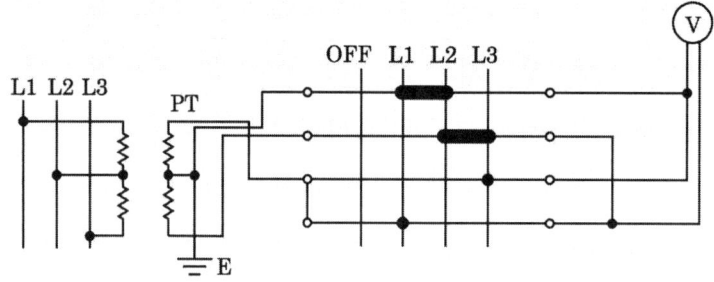

09

다음 그림은 변류기를 영상 접속시켜 그 잔류 회로에 지락 계전기 DG를 삽입시킨 것이다. 선로 전압은 66 [kV], 중성점에 300 [Ω]의 저항 접지로 하였고, 변류기의 변류비는 300/5이다. 송전 전력 20000 [kW], 역률 0.8(지상)이고, a상에 완전 지락사고가 발생하였다고 할 때 다음 각 물음에 답하시오.

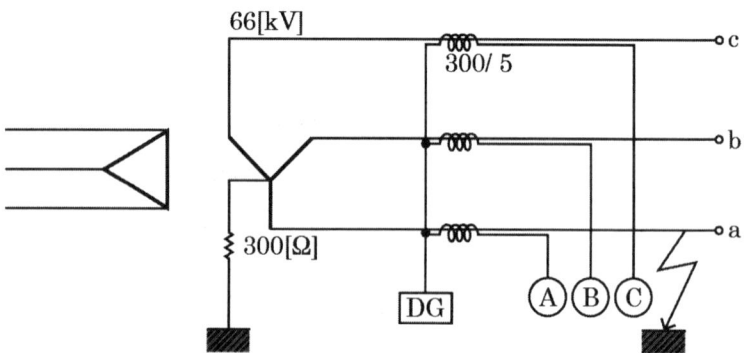

(1) 지락 계전기 DG에 흐르는 전류는 몇 [A]인가?
(2) a상 전류계 A에 흐르는 전류는 몇 [A]인가?

(3) b상 전류계 B에 흐르는 전류는 몇 [A]인가?

(4) c상 전류계 C에 흐르는 전류는 몇 [A]인가?

정답

(1) 지락전류 $I_g = \dfrac{E}{R} = \dfrac{V/\sqrt{3}}{R} = \dfrac{66000}{\sqrt{3} \times 300} = 127.02$ [A]

지락계전기 DG에 흐르는 전류 $I_{DG} = 127.02 \times \dfrac{5}{300} = 2.12$ [A]

답 2.12 [A]

(2) ① 부하전류 $I = \dfrac{20000}{\sqrt{3} \times 66 \times 0.8} \times (0.8 - j0.6) = 174.95 - j131.22$ [A]

② 전류계 A에는 부하전류와 지락전류의 합이 흐르므로

$I_a = I_g + I = 127.02 + 174.95 - j131.22 = 301.97 - j131.22$ [A]

$|I_a| = \sqrt{301.97^2 + 131.22^2} = 329.25$ [A]

$\therefore A = 329.25 \times \dfrac{5}{300} = 5.49$ [A]

답 5.49 [A]

(3) 전류계 B에는 부하전류가 흐르므로

b상 전류 $I_b = \dfrac{20000}{\sqrt{3} \times 66 \times 0.8} = 218.69$ [A]

$\therefore B = 218.69 \times \dfrac{5}{300} = 3.64$ [A]

답 3.64 [A]

(4) 전류계 C에도 부하전류가 흐르므로

$\therefore C = 218.69 \times \dfrac{5}{300} = 3.64$ [A]

답 3.64 [A]

10

다음 논리식을 유접점 회로와 무접점 회로로 나타내시오.

$$논리식 : X = A \cdot \overline{B} + (\overline{A} + B) \cdot \overline{C}$$

정답

(1)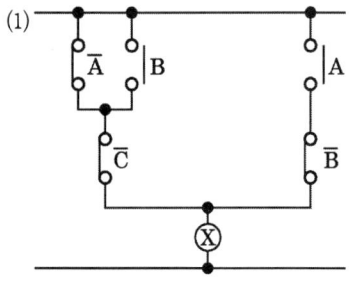

(2)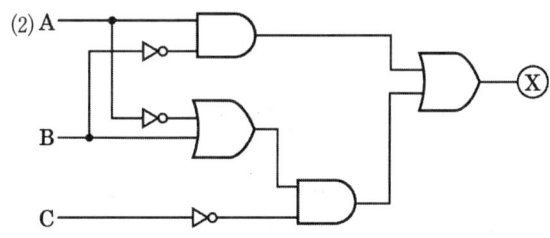

11

계약부하 설비에 의한 계약최대 전력을 정하는 경우에 부하설비 용량이 900[kW]인 경우 전력회사와의 계약 최대전력은 몇 [kW]인가? (단, 계약최대전력 환산표는 다음과 같다)

구분	계약전력 환산율	비고
처음 75 [kW]에 대하여	100 [%]	계산의 합계수치 단수가 1 [kW] 미만일 경우 소수점 이하 첫째자리에서 반올림한다.
다음 75 [kW]에 대하여	85 [%]	
다음 75 [kW]에 대하여	75 [%]	
다음 75 [kW]에 대하여	65 [%]	
300 [kW] 초과분에 대하여	60 [%]	

정답

계약전력 = 75 + 75×0.85 + 75×0.75 + 75×0.65 + 600×0.6 = 603.75 [kW]

답 604 [kW]

12

다음 심벌의 명칭을 쓰시오.

(1) [MD]　　　(2) ----[LD]----　　　(3) - - -(F7)- - -

정답

(1) 금속덕트　(2) 라이팅 덕트　(3) 플로어 덕트

13

도면은 어느 건물의 구내 간선 계통도이다. 주어진 조건과 참고자료를 이용하여 다음 각 물음에 답하시오.

(1) P_1의 전부하시 전류를 구하고, 여기에 사용될 배선용 차단기(MCCB)의 규격을 선정하시오.
(2) P_1에 사용될 케이블의 굵기는 몇 [mm²]인가?
(3) 배전반에 설치된 ACB의 최소 규격을 산정하시오.
(4) 0.6/1 [kV] 가교 폴리에틸렌 절연 비닐 시스 케이블의 영문 약호는?

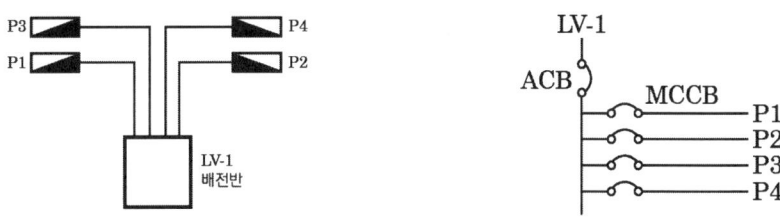

[조건]
- 전압은 380[V]/220[V]이며, 3상 4선식이다.
- 케이블은 Tray 배선으로 한다. (공중, 암거 포설)
- 전선은 가교 폴리에틸렌 절연 전선 비닐 외장 케이블이다.
- 허용 전압강하는 2[%]이다.
- 분전반간 부등률은 1.1이다.
- Cable 배선거리 및 부하용량은 표와 같다.

분전반	거리 [m]	연결부하 [kVA]	수용률 [%]
P_1	50	240	65
P_2	80	320	65
P_3	210	180	70
P_4	150	60	70

[참고자료]

[표1] 배선용 차단기(MCCB)

Frame	100			225			400		
기본형식	A11	A12	A13	A21	A22	A23	A31	A32	A33
극 수	2	3	4	2	3	4	2	3	4
정격전류 [A]	60, 75, 100			125, 150, 175, 200, 225			250, 300, 350, 400		

[표2] 기중 차단기(ACB)

TYPE	G1	G2	G3	G4
정격전류[A]	600	800	1000	1250
정격절연전압[V]	1000	1000	1000	1000
정격사용전압[V]	660	660	660	660
극 수	3, 4	3, 4	3, 4	3, 4
과전류 Trip 장치의 정격전류	200, 400, 630	400, 630, 800	630, 800, 1000	800, 1000, 1250

[표3] 전선 최대 길이 (3상 3선식 380[V], 전압강하 3.8[V])

전류 [A]	전선의 굵기 [mm²]											
	2.5	4	6	10	16	25	35	50	95	150	185	240	300
	전선 최대 길이 [m]											
1	534	854	1281	2135	3416	5337	7472	10674	20281	32022	39494	51236	64045
2	267	427	640	1067	1708	2669	3736	5337	10140	16011	19747	25618	32022
3	178	285	427	712	1139	1779	2491	3558	6760	10674	13165	17079	21348
4	133	213	320	534	854	1334	1868	2669	5070	8006	9874	12809	16011
5	107	171	256	427	683	1067	1494	2135	4056	6404	7899	10247	12809
6	89	142	213	356	569	890	1245	1779	3380	5337	6582	8539	10674
7	76	122	183	305	488	762	1067	1525	2897	4575	5642	7319	9149
8	67	107	160	267	427	667	934	1334	2535	4003	4937	6404	8006
9	59	95	142	237	380	593	830	1186	2253	3558	4388	5693	7116
12	44	71	107	178	285	445	623	890	1690	2669	3291	4270	5337
14	38	61	91	152	244	381	534	762	1449	2287	2821	3660	4575
15	36	57	85	142	228	356	498	712	1352	2135	2633	3416	4270
16	33	53	80	133	213	334	467	667	1268	2001	2468	3202	4003
18	30	47	71	119	190	297	412	593	1127	1779	2194	2846	3558
25	21	34	51	85	137	213	299	427	811	1281	1580	2049	2562
35	15	24	37	61	98	152	213	305	579	915	1128	1464	1830
45	12	19	28	47	76	119	166	237	451	712	878	1139	1423

[비고 1] 전압강하가 2 [%] 또는 3 [%] 경우, 전선길이는 각각 이 표의 2배 또는 3배가 된다. 다른 경우에도 이 예에 따른다.

[비고 2] 전류가 20 [A] 또는 200 [A] 경우의 전선길이는 각각 이 표 전류 2 [A] 경우의 1/10 또는 1/100이 된다. 다른 경우에도 이 예에 따른다.

[비고 3] 이 표는 역률 1로 하여 계산한 것이다.

정답

(1) 전부하전류 $= \dfrac{(240 \times 10^3) \times 0.65}{\sqrt{3} \times 380} = 237.02$ [A]

따라서, MCCB 규격은 표1에 의해서 표준 용량을 선정하면 400 [AF]의 정격전류 250 [A] MCCB를 선정한다.

> 답 전부하 전류 237.02[A], 배선용 차단기 400 [AF]/250 [AT]

(2) 배전선 긍장 $= \dfrac{50 \times \dfrac{237.02}{25}}{\dfrac{380 \times 0.02}{3.8}} = 237.02$ [m]

표3 전류 25[A]난에서 전선최대 길이가 237.02 [m]를 초과하는 299 [m]난의 전선 35 [mm²] 선정

> 답 35[mm²]

(3) 전류 $I = \dfrac{240 \times 0.65 + 320 \times 0.65 + 180 \times 0.7 + 60 \times 0.7}{\sqrt{3} \times 380 \times 1.1} \times 10^3 = 734.81$ [A]이므로

표2에서 G2 TYPE의 정격전류 800[A]를 선정한다.

> 답 G2 type 800 [A]

(4) CV1

14

다음 그림과 같은 사무실이 있다. 이 사무실의 평균조도를 200 [lx]로 하고자 할 때 다음 각 물음에 답하시오.

(1) 여기에 필요한 형광등 개수를 구하시오.
   (단, • 형광등은 40[W]를 사용한다.
   • 광속은 형광등 40[W] 사용 시 2500 [lm]으로 한다.
   • 조명률은 0.6으로 한다.
   • 감광보상률은 1.2로 한다.)

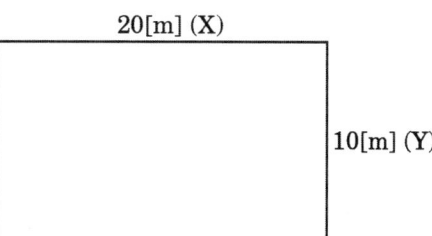

(2) 등기구를 답안지에 배치하시오.
   (단, • 기둥은 없는 것으로 한다.
   • 가장 경제적으로 할 것
   • 간격은 등기구 센터를 기준으로 한다.
   • 등기구는 ○으로 표현한다.)

(3) 등 간의 간격과 최외각에 설치된 등기구 건물 벽간의 간격(A, B, C, D)은 몇 [m]인가?

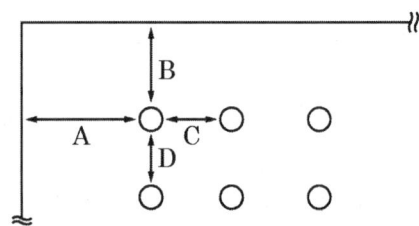

(4) 만일 주파수 60 [Hz]에 사용하는 형광방전등을 50[Hz]에서 사용한다면 광속과 점등 시간은 어떻게 되는가? (단, 증가, 감소, 빠름, 늦음 등으로 표현할 것)

(5) 양호한 전반조명이라면 등 간격은 등 높이의 몇 배 이하로 해야 하는가?

정답

(1) $N = \dfrac{EAD}{FU} = \dfrac{200 \times 10 \times 20 \times 1.2}{2500 \times 0.6} = 32$ [등]

답 32[등]

(2)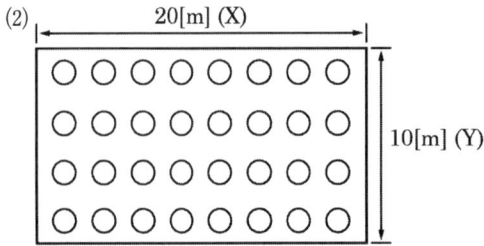

(3) A : 1.25 [m]   B : 1.25 [m]   C : 2.5 [m]   D : 2.5 [m]

(4) 광속 : 증가,   점등시간 : 늦음

(5) 1.5배

15

다음 동작설명과 같이 동작이 될 수 있는 시퀀스 제어도를 그리시오.

> [동작설명]
> 1. 3로 스위치 S3-1을 ON, S3-2를 ON 했을 시 R1, R2가 직렬 점등되고, S3-1을 OFF, S3-2를 OFF 했을 시 R1, R2가 병렬 점등한다.
> 2. 푸시버튼 스위치 PB를 누르면 R3와 B가 병렬로 동작한다.

정답

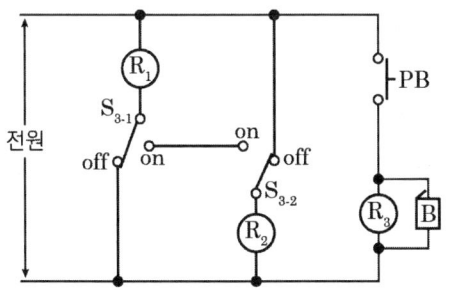

16

권상하중이 2000 [kg], 권상속도가 40 [m/min]인 권상기용 전동기 용량 [kW]을 구하시오.
(단, 여유율은 30 [%], 효율은 80 [%]로 한다)

정답

■ 계산과정

$$P = \frac{KWV}{6.12\eta} = \frac{1.3 \times 2 \times 40}{6.12 \times 0.8} = 21.24 \text{ [kW]}$$

답 21.24 [kW]

17

표와 같은 수용가 A, B, C, D에 공급하는 배전선로의 최대 전력이 800 [kW]라고 할 때 다음 각 물음에 답하시오.

수용가	설비용량 [kW]	수용률 [%]
A	250	60
B	300	70
C	350	80
D	400	80

(1) 수용가의 부등률은 얼마인가?

(2) 부등률이 크다는 것은 어떤 것을 의미하는가?

(3) 수용률의 의미를 간단히 설명하시오.

> 정답

(1) 부등률 = $\dfrac{250 \times 0.6 + 300 \times 0.7 + 350 \times 0.8 + 400 \times 0.8}{800} = 1.2$

(2) 최대전력을 소비하는 기기의 사용 시간대가 서로 다르다

(3) 수용설비가 동시에 사용되는 정도를 나타내며 주상변압기 등의 적정공급 설비용량을 파악하기 위하여 사용한다.

18

그림과 같이 변압기 2대를 사용하여 정전용량 1 [μF]인 케이블의 절연내력시험을 행하였다. 60 [Hz]인 시험전압으로 5000 [V]를 가했을 때 전압계 Ⓥ, 전류계 Ⓐ의 지시값은? (단, 여기서 변압기 탭전압은 저압 측 105 [V], 고압 측 3300 [V]로 하고 내부 임피던스 및 여자전류는 무시한다)

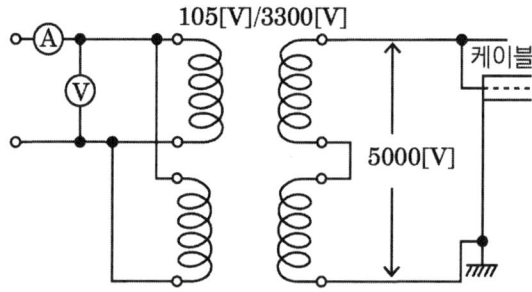

(1) 전압계의 지시값
(2) 전류계의 지시값

> 정답

(1) $V = 5000 \times \dfrac{1}{2} \times \dfrac{105}{3300} = 79.55$ [V]

답 79.55 [V]

(2) • 케이블에 흐르는 충전전류 $I_c = 2\pi f C E = 2\pi \times 60 \times 1 \times 10^{-6} \times 5000 = 1.88$ [A]

• 전류계에 흐르는 전류 $I = 1.88 \times \dfrac{3300}{105} \times 2 = 118.17$ [A]

답 118.17 [A]

01

미완성된 단선도의 ☐ 안에 유입 차단기, 피뢰기, 전압계, 전류계, 지락보호계전기, 과전류 보호계전기, 계기용 변압기, 계기용 변류기, 영상 변류기, 전압계 전환 개폐기, 전류계 전환 개폐기 등을 사용하여 3상 3선식 6600 [V] 수전설비계통의 단선도를 완성하시오. (단, 단로기, 컷아웃 스위치, 퓨즈 등도 필요 개소가 있으면 도면의 알맞은 개소에 삽입하여 그리도록 하며, 또한, 각 심벌은 KS 규정에 의하여 심벌 옆에는 약호를 쓰도록 한다)

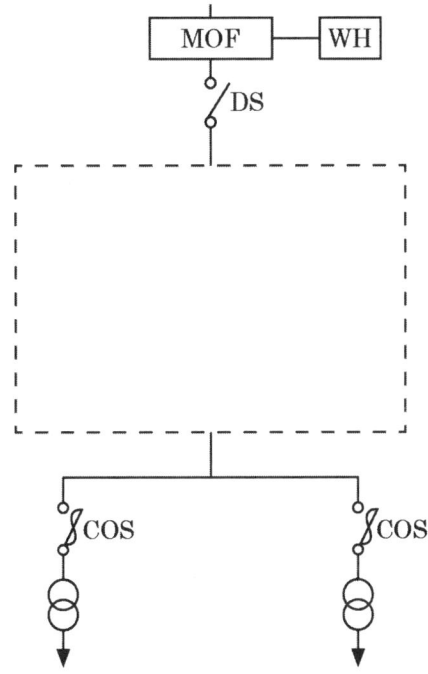

정답

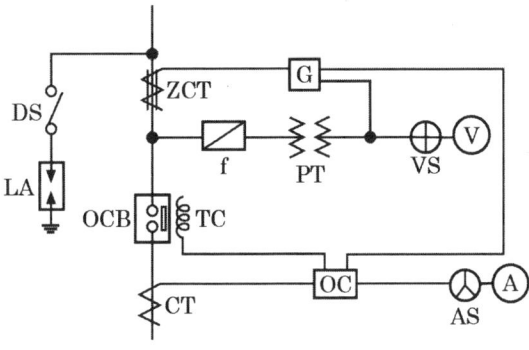

02

전압 3300 [V], 전류 43.5 [A], 저항 0.66 [Ω], 무부하손 1000 [W]인 변압기에서 다음 조건일 때의 효율을 구하시오.

(1) 전 부하 시 역률 100 [%]와 80 [%]인 경우
(2) 반 부하 시 역률 100 [%]와 80 [%]인 경우

정답

(1) ① 전부하 역률 100 [%]일 때
- 피상전력 $P_a = VI = 3300 \times 43.5 = 143550$ [VA]
- 전부하 동손 $P_c = I^2R = 43.5^2 \times 0.66 = 1248.885$ [W]

$$\eta = \frac{mP_a\cos\theta}{mP_a\cos\theta + P_i + m^2P_c} \times 100$$

$$= \frac{1 \times 143550 \times 1}{1 \times 143550 \times 1 + 1000 + 1^2 \times 1248.885} \times 100 = 98.46 \, [\%]$$

② 전부하 역률 80 [%]일 때

$$\eta = \frac{1 \times 143550 \times 0.8}{1 \times 143550 \times 0.8 + 1000 + 1^2 \times 1248.885} \times 100 = 98.08 \, [\%]$$

(2) ① 반부하 역률 100 [%]일 때

$$\eta = \frac{0.5 \times 143550 \times 1}{0.5 \times 143550 \times 1 + 1000 + 0.5^2 \times 1248.885} \times 100 = 98.2 \, [\%]$$

② 반부하 역률 80 [%]일 때

$$\eta = \frac{0.5 \times 143550 \times 0.8}{0.5 \times 143550 \times 0.8 + 1000 + 0.5^2 \times 1248.885} \times 100 = 97.77 \, [\%]$$

03

그림과 같은 평면도의 2층 건물에 대한 배선설계를 하기 위하여 주어진 조건을 이용하여 1층 및 2층을 분리하여 분기회로수를 결정하고자 한다. 다음 각 물음에 답하시오.

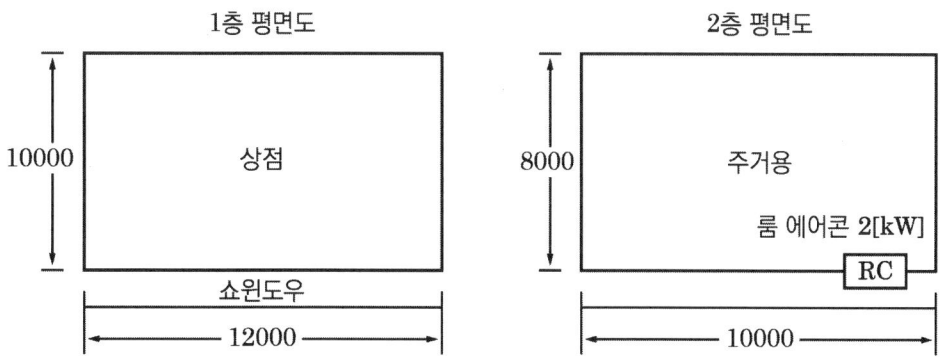

[조건]
- 분기회로는 16 [A] 분기회로로 하고 80 [%]의 정격이 되도록 한다.
- 배전전압은 220 [V]를 기준으로 하여 적용 가능한 최대 부하를 상정한다.
- 주택의 표준부하는 40 [VA/m^2], 상점의 표준부하는 30 [VA/m^2]로 하되 1층, 2층 분리하여 분기회로수를 결정하고 상점과 주거용에 각각 1000 [VA]를 가산하여 적용한다.
- 상점의 쇼윈도에 대해서는 길이 1 [m]당 300 [VA]를 적용한다.
- 옥외 광고등 500 [VA]짜리 2등이 상점에 있는 것으로 하고, 하나의 전용분기회로로 구성한다.
- 예상이 곤란한 콘센트, 틀어 끼우는 접속기, 소켓 등이 있을 경우에라도 이를 상정하지 않는다.
- RC는 전용본기회로로 한다.

(1) 1층의 부하용량과 분기회로수를 구하시오.
(2) 2층의 부하용량과 분기회로수를 구하시오.

정답

(1) • 부하용량 $P = (12 \times 10 \times 30) + 12 \times 300 + 1000 = 8200$ [VA]

• 분기회로수 $n = \dfrac{8200}{220 \times 16 \times 0.8} = 2.91$ 회로

  답 16[A] 분기 4회로 (옥외 광고등 1회로 포함)

(2) • 부하용량 $P = (10 \times 8 \times 40) + 1000 = 4200$ [VA]

• 분기회로수 $n = \dfrac{4200}{220 \times 16 \times 0.8} = 1.49$ 회로   답 16[A] 분기 3회로(RC 1회로 포함)

04

다음은 전압등급 3[kV]인 SA의 시설 적용을 나타낸 표이다. 빈칸에 적용 또는 불필요를 구분하여 쓰시오.

차단기종류 \ 2차 보호기기	전동기	변압기			콘덴서
		유입식	몰드식	건식	
VCB	①	②	③	④	⑤

정답

① 적용 ② 불필요 ③ 적용 ④ 적용 ⑤ 불필요

핵심이론

□ 서지흡수기의 적용범위

차단기 종류		VCB				
전압등급 2차 보호기기		3 [kV]	6 [kV]	10 [kV]	20 [kV]	30 [kV]
전동기		적용	적용	적용	-	-
변압기	유입식	불필요	불필요	불필요	불필요	불필요
	몰드식	적용	적용	적용	적용	적용
	건식	적용	적용	적용	적용	적용
콘덴서		불필요	불필요	불필요	불필요	불필요
변압기와 유도기기와의 혼용 사용 시		적용	적용	-	-	-

[주] 상기 표에서와 같이 VCB를 사용 시 반드시 서지흡수기를 설치하여야 하나 VCB와 유입변압기를 사용 시는 설치하지 않아도 된다.

5

그림과 같은 PLC 시퀀스(래더 다이어그램)가 있다. 물음에 답하시오.

(1) PC 프로그램에서의 신호 흐름은 단방향이므로 시퀀스를 수정해야 한다. 문제의 도면을 바르게 작성하시오.

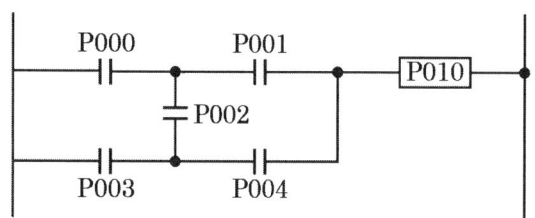

(2) PLC 프로그램을 표의 ① ~ ⑧에 완성하시오. (단, 명령어는 LOAD, AND, OR, NOT, OUT를 사용한다.)

Step	명령어	번지	Step	명령어	번지
0	LOAD	P000	7	AND	P002
1	AND	P001	8	⑤	⑥
2	①	②	9	OR LOAD	-
3	AND	P002	10	⑦	⑧
4	AND	0004	11	AND	P004
5	OR LOAD	-	12	OR LOAD	-
6	③	④	13	OUT	P010

정답

(1)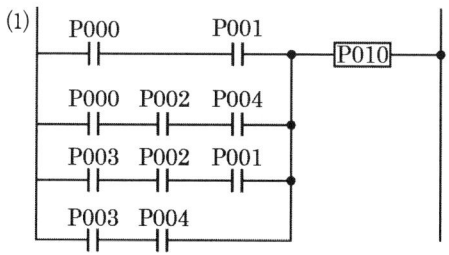

(2) ① LOAD ② P000 ③ LOAD ④ P003 ⑤ AND ⑥ P001 ⑦ LOAD ⑧ P003

06

전력용 콘덴서의 부속설비인 방전코일과 직렬리액터의 사용 목적은 무엇인가?

정답

(1) 방전코일 : 콘덴서에 축적된 잔류전하를 방전

(2) 직렬리액터 : 제5고조파를 제거하여 파형을 개선

07

Wenner의 4전극법에 대한 공식을 쓰고, 원리도를 그려 설명하시오.

정답

대지저항률 $\rho = 2\pi aR$ (단, a : 전극 간격 [m], R : 접지저항 [Ω])

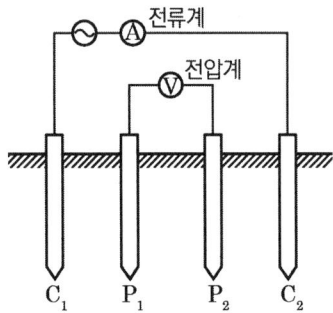

4개의 측정 전극(C_1, P_1, P_2, C_2)을 지표면에 일직선 상, 일정한 간격으로 매설하고, 측정 장비 내에서 저주파 전류를 C_1, C_2 전극을 통해 대지에 흘려보낸 후 P_1, P_2 사이의 전압을 측정하여 대지저항률을 구하는 방법이다.

08

UPS 장치 시스템의 중심부분을 구성하는 CVCF의 기본 회로를 보고 다음 각 물음에 답하시오.

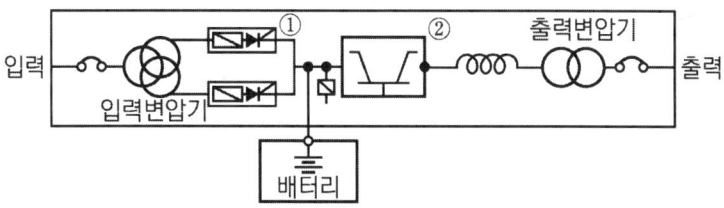

(1) UPS 장치는 어떤 장치인가?
(2) CVCF는 무엇을 뜻하는가?
(3) 도면의 ①, ②에 해당되는 것은 무엇인가?

[정답]

(1) 무정전 전원 공급장치
(2) 정전압 정주파수 장치
(3) ① 정류기(컨버터) ② 인버터

09

어느 빌딩 수용가가 자가용 디젤 발전기 설비를 계획하고 있다. 발전기 용량 산출에 필요한 부하의 종류 및 특성이 다음과 같을 때 주어진 조건과 참고자료를 이용하여 전부하를 운전하는 데 필요한 발전기 용량 [kVA]을 답안지의 빈칸을 채우면서 선정하시오.

[조건]
① 전동기 기동 시에 필요한 용량은 무시한다.
② 수용률 : 동력 전동기의 대수가 1대인 경우에는 100 [%], 2대인 경우에는 80 [%]를 적용, 전등, 기타 등은 100 [%]를 적용한다.
③ 전등, 기타의 역률은 100 [%]를 적용한다.

부하의 종류	출력 [kW]	극 수 (극)	대수 (대)	적용 부하	기동 방법
전동기	37	8	1	소화전 펌프	리액터 기동
	22	6	2	급수펌프	리액터 기동
	11	6	2	배풍기	Y-△ 기동
	5.5	4	1	배수펌프	직입기동
전등, 기타	50	-	-	비상조명	-

[표1] 저압 특수 농형 2종 전동기(KSC 4202) [개방형·반밀폐형]

정격 출력 [kW]	극 수	동기 속도 [rpm]	전부하 특성 효율 η [%]	전부하 특성 역률 pf [%]	기동전류 I_0 각 상의 전류값 [A]	비고 기동전류 I_0 각 상의 전류값 [A]	비고 기동전류 I 각 상의 전류값 [A]	전부하 슬립 S [%]
5.5	4	1800	82.5 이상	79.5 이상	150 이하	12	23	5.5
7.5			83.5 이상	80.5 이상	190 이하	15	31	5.5
11			84.5 이상	81.5 이상	280 이하	22	44	5.5
15			85.5 이상	82.0 이상	370 이하	28	59	5.0
(19)			86.0 이상	82.5 이상	455 이하	33	74	5.0
22			86.5 이상	83.0 이상	540 이하	38	84	5.0
30			87.0 이상	83.5 이상	710 이하	49	113	5.0
37			87.5 이상	84.0 이상	875 이하	59	138	5.0
5.5	6	1200	82.0 이상	74.5 이상	150 이하	15	25	5.5
7.5			83.0 이상	75.5 이상	185 이하	19	33	5.5
11			84.0 이상	77.0 이상	290 이하	25	47	5.5
15			85.0 이상	78.0 이상	380 이하	32	62	5.5
(19)			85.5 이상	78.5 이상	470 이하	37	78	5.0
22			86.0 이상	79.0 이상	555 이하	43	89	5.0
30			86.5 이상	80.0 이상	730 이하	54	119	5.0
37			87.0 이상	80.0 이상	900 이하	65	145	5.0
5.5	8	900	81.0 이상	72.0 이상	160 이하	16	26	6.0
7.5			82.0 이상	74.0 이상	210 이하	20	34	5.5
11			83.5 이상	75.5 이상	300 이하	26	48	5.5
15			84.0 이상	76.5 이상	405 이하	33	64	5.5
(19)			85.5 이상	77.0 이상	485 이하	39	80	5.5
22			86.0 이상	77.5 이상	575 이하	47	91	5.0
30			86.5 이상	78.5 이상	760 이하	56	121	5.0
37			87.0 이상	79.0 이상	940 이하	68	148	5.0

[표2] 자가용 디젤 표준 출력 [kVA]

50	100	150	200	300	400

	효율 [%]	역률 [%]	입력[kVA]	수용률 [%]	수용률 적용값 [kVA]
37 × 1					
22 × 2					
11 × 2					
5.5 × 1					
50					
계					

정답

	효율 [%]	역률 [%]	입력 [kVA]	수용률 [%]	수용률 적용값 [kVA]
37×1	87	79	$\frac{37}{0.87 \times 0.79} = 53.83$	100	53.83
22×2	86	79	$\frac{22 \times 2}{0.86 \times 0.79} = 64.76$	80	51.81
11×2	84	77	$\frac{11 \times 2}{0.84 \times 0.77} = 34.01$	80	27.21
5.5×1	82.5	79.5	$\frac{5.5}{0.825 \times 0.795} = 8.39$	100	8.39
50	100	100	50	100	50
계	-	-	210.99 [kVA]		191.24 [kVA]

답 발전기 용량 : 200 [kVA]

10

도면은 유도 전동기의 정전, 역전용 운전 단선 결선도이다. 다음 각 물음에 답하시오. 정·역회전을 할 수 있도록 조작회로를 그리시오. (단, 인입 전원은 위상(Phase) 전원을 사용하고 OFF 버튼 3개, ON 버튼 2개 및 정·역회전 시 표시 Lamp가 나타나도록 하시오)

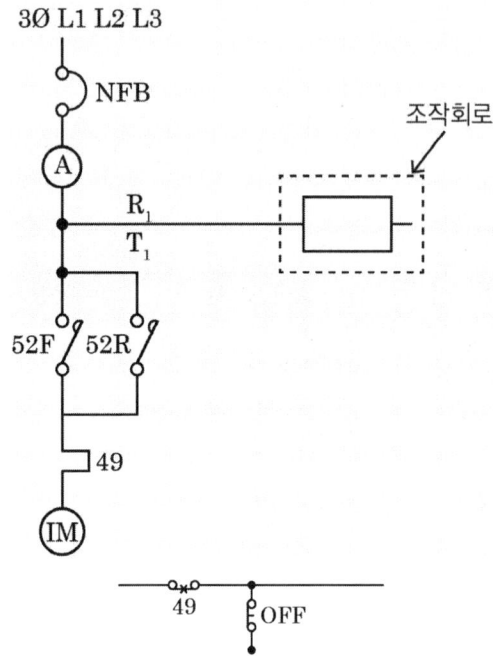

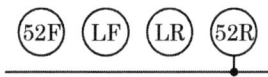

정답

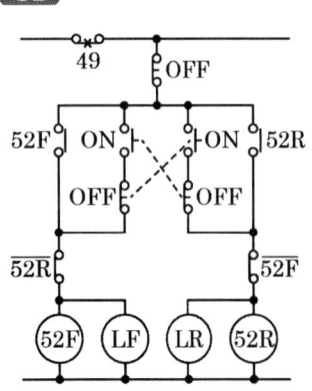

11

지중 전선로의 시설에 관한 다음 각 물음에 답하시오.

(1) 지중 전선로는 어떤 방식에 의하여 시설하여야 하는지 3가지만 쓰시오.
(2) 특고압용 지중전선에 사용하는 케이블의 종류를 2가지만 쓰시오.

정답

(1) 직접매설식, 관로식, 암거식
(2) 알루미늄피케이블, 가교 폴리에틸렌 절연비닐시스케이블(CV)

12

접지저항의 저감법 중 물리적 방법 4가지와 대지저항률을 낮추기 위한 저감재의 구비조건 4가지를 쓰시오.

정답

(1) 물리적인 저감법
　① 접지극의 길이를 길게 한다.
　② 접지극을 병렬로 접속한다.
　③ 접지봉의 매설깊이를 깊게 한다.
　④ 접지극과 대지와의 접촉저항을 향상시키기 위하여 심타공법으로 한다.

(2) 저감재의 구비 조건
　① 환경에 무해하며, 안전할 것
　② 전기적으로 양도체이고, 전극을 부식시키지 않을 것
　③ 지속성이 있을 것
　④ 작업성이 좋을 것

13

어느 수용가의 부하설비용량이 950 [kW], 수용률 65 [%], 부하역률 76 [%]일 때 변압기용량은 얼마인지 계산하고, 표준용량으로 답하시오.

정답

■ 계산과정

$$P_a = \frac{950 \times 0.65}{0.76} = 812.5 \text{ [kVA]}$$

답 1000 [kVA]

14

3상 4선식에서 역률 100 [%]의 부하가 각 상과 중성선간에 연결되어 있다. a상, b상, c상에 흐르는 전류가 각각 220 [A], 180 [A], 180 [A]이다. 중성선에 흐르는 전류의 크기의 절댓값은 몇 [A]인가?

정답

■ 계산과정

$$I_n = \dot{I_a} + \dot{I_b} + \dot{I_c} = 220 + 180\left(-\frac{1}{2} - j\frac{\sqrt{3}}{2}\right) + 180\left(-\frac{1}{2} + j\frac{\sqrt{3}}{2}\right)$$

$$= 220 - 90 - 90 = 40 \text{ [A]}$$

답 40 [A]

15

그림과 같은 배광곡선을 갖는 반사각형 수은등 400 [W] (22000 [lm])을 사용할 경우 기구직하 7 [m] 점으로부터 수평으로 5 [m] 떨어진 점의 수평면 조도를 구하시오. (단, $\cos^{-1}0.814 = 35.5°$, $\cos^{-1}0.707 = 45°$, $\cos^{-1}0.583 = 54.3°$)

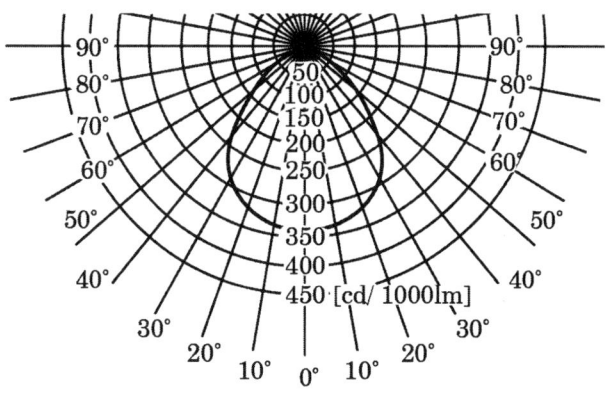

정답

■ 계산과정

$$\cos\theta = \frac{h}{\sqrt{h^2+a^2}} = \frac{7}{\sqrt{7^2+5^2}} = 0.814 \quad \therefore \theta = \cos^{-1}0.814 = 35.5°$$

표에서 각도 35.5°에서의 광도값은 약 280 [cd/1000 lm]이므로

수은등의 광도 $I = 280 \times \dfrac{22000}{1000} = 6160$ [cd]이다.

$\therefore$ 수평면 조도 $E_h = \dfrac{I}{r^2}\cos\theta = \dfrac{6160}{7^2+5^2} \times 0.814 = 67.76$ [lx]

답 67.76 [lx]

16

부하설비가 각각 A-10 [kW], B-20 [kW], C-20 [kW], D-30 [kW]되는 수용가가 있다. 이 수용장소의 수용률이 A와 B는 각각 80 [%], C와 D는 각각 60 [%]이고 이 수용장소의 부등률은 1.3이다. 이 수용장소의 종합최대전력은 몇 [kW]인가?

정답

- 계산과정

$$\text{종합최대전력} = \frac{\text{설비용량} \times \text{수용률}}{\text{부등률}} = \frac{(10+20) \times 0.8 + (20+30) \times 0.6}{1.3} = 41.54$$

답 41.54 [kW]

17

단상 변압기의 병렬운전조건 4가지를 쓰고, 이들 각각에 대하여 조건이 맞지 않을 경우에 어떤 현상이 나타나는지 쓰시오.

정답

(1) • 조건 : 극성이 일치할 것
   • 현상 : 큰 순환전류가 흘러 권선이 소손된다.
(2) • 조건 : 정격전압(권수비)이 같을 것
   • 현상 : 순환전류가 흘러 권선이 가열된다.
(3) • 조건 : %임피던스 강하(임피던스 전압)가 같을 것
   • 현상 : 부하의 분담이 용량의 비가 되지 않아 부하의 분담이 균형을 이룰 수 없다.
(4) • 조건 : 내부저항과 누설리액턴스의 비가 같을 것
   • 현상 : 각 변압기의 전류 간에 위상차가 생겨 동손이 증가한다.

2012년 제1회

01

단자전압 3000 [V]인 선로에 전압비가 3300/220 [V]인 승압기를 접속하여 60 [kW], 역률 0.85의 부하에 공급할 때 몇 [kVA]의 승압기를 사용하여야 하는가?

정답

■ 계산과정

- $V_2 = V_1\left(1 + \dfrac{1}{a}\right) = 3000\left(1 + \dfrac{220}{3300}\right) = 3200$ [V]

- 부하전류 $I_2 = \dfrac{P}{V_2 \cos\theta} = \dfrac{60 \times 10^3}{3200 \times 0.85} = 22.06$ [A]

- 승압기용량 $P_a = eI_2 = 220 \times 22.06 \times 10^{-3} = 4.85$ [kVA]

답 5 [kVA] 승압기 선정

02

어떤 인텔리전트 빌딩에 대한 등급별 추정 전원 용량에 대한 다음 표를 이용하여 각 물음에 답하시오.

등급별 추정 전원 용량 [VA/m²]

등급별 내용	0등급	1등급	2등급	3등급
조명	32	22	22	29
콘센트	-	13	5	5
사무자동화(OA) 기기	-	-	34	36
일반동력	38	45	45	45
냉방동력	40	43	43	43
사무자동화(OA) 동력	-	2	8	8
합 계	110	125	157	166

(1) 연면적 10000 [m²]인 인텔리전트 2등급인 사무실 빌딩의 전력설비 부하의 용량을 다음 표에 의하여 구하도록 하시오.

부하 내용	면적을 적용한 부하용량 [kVA]
조명	
콘센트	
OA 기기	
일반동력	
냉방동력	
OA 동력	
합계	

(2) 물음 "(1)"에서 조명, 콘센트 사무자동화기기의 적정 수용률은 0.7, 일반동력 및 사무자동화 동력의 적정 수용률은 0.5, 냉방동력의 적정 수용률은 0.8이고, 주변압기 부등률은 1.2로 적용한다. 이때 전압방식을 2단 강압 방식으로 채택할 경우 변압기의 용량에 따른 변전설비의 용량을 산출하시오. (단, 조명, 콘센트, 사무자동화 기기를 3상 변압기 1대로, 일반동력 및 사무자동화 동력을 3상 변압기 1대로, 냉방동력을 3상 변압기 1대로 구성하고, 상기 부하에 대한 주변압기 1대를 사용하도록 하며, 변압기 용량은 일반 규격 용량으로 정하도록 한다.)

• 조명, 콘센트, 사무자동화 기기에 필요한 변압기 용량 산정
• 일반동력, 사무자동화동력에 필요한 변압기 용량 산정
• 냉방동력에 필요한 변압기 용량 산정
• 주변압기 용량 산정

(3) 주변압기에서부터 각 부하에 이르는 변전설비의 단선 계통도를 간단하게 그리시오.

정답

(1)

부하 내용	면적을 적용한 부하용량[kVA]
조명	$22 \times 10000 \times 10^{-3} = 220$ [kVA]
콘센트	$5 \times 10000 \times 10^{-3} = 50$ [kVA]
OA 기기	$34 \times 10000 \times 10^{-3} = 340$ [kVA]
일반동력	$45 \times 10000 \times 10^{-3} = 450$ [kVA]
냉방동력	$43 \times 10000 \times 10^{-3} = 430$ [kVA]
OA 동력	$8 \times 10000 \times 10^{-3} = 80$ [kVA]
합 계	$157 \times 10000 \times 10^{-3} = 1570$ [kVA]

(2) • 조명, 콘센트, 사무자동화 기기에 필요한 변압기 용량 산정

$Tr_1 = (220 + 50 + 340) \times 0.7 = 427$ [kVA]   답 500 [kVA]

• 일반동력, 사무자동화동력에 필요한 변압기 용량 산정

$Tr_2 = (450 + 80) \times 0.5 = 265$ [kVA]   답 300 [kVA]

• 냉방동력에 필요한 변압기 용량 산정

$Tr_3 = 430 \times 0.8 = 344$ [kVA]   답 500 [kVA]

• 주변압기 용량 산정

$sTr = \dfrac{427 + 265 + 344}{1.2} = 863.33$ [kVA]   답 1000 [kVA]

(3)
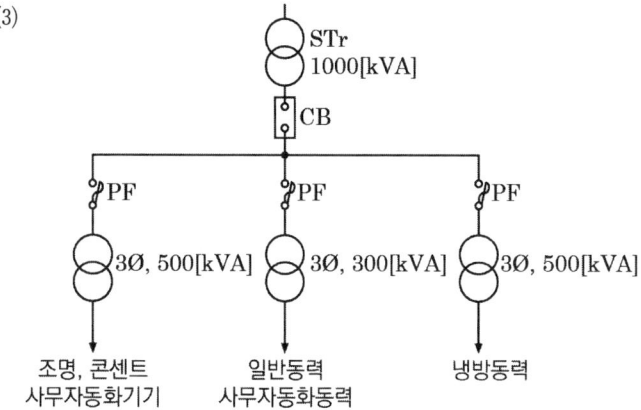

03

최대수요전력이 7000 [kW], 부하역률 0.92, 네트워크(Network) 수전 회선 수 3회선, 네트워크 변압기의 과부하율 130 [%]일 경우 네트워크 변압기 용량은 몇 [kVA] 이상이어야 하는가?

■ 계산과정

네트워크 변압기용량 $= \dfrac{7000/0.92}{3-1} \times \dfrac{100}{130} = 2926.42$ [kVA]

답 2926.42 [kVA]

04

답안지의 그림은 3상 4선식 배전선로에 단상 변압기 2대가 있는 미완성 회로이다. 이것을 역 V 결선하여 2차에 3상 전원 방식으로 결선하시오.

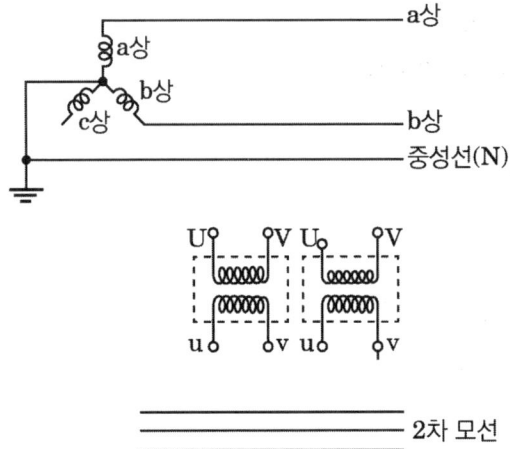

정답

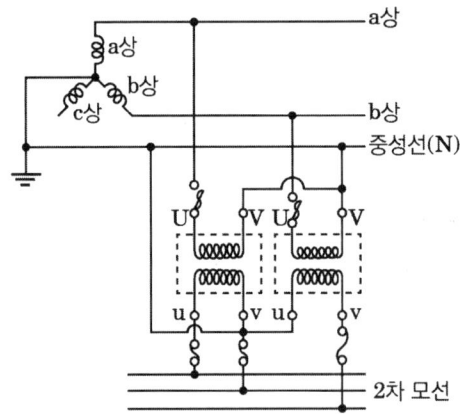

05

전동기, 가열장치 또는 전력장치의 배선에는 이것에 공급하는 부하회로의 배선에서 기계기구 또는 장치를 분리할 수 있도록 단로용 기구로 각개에 개폐기 또는 콘센트를 시설하여야 한다. 그렇지 않아도 되는 경우 2가지를 쓰시오.

정답

① 배선 중에 시설하는 현장조작개폐기가 전로의 각 극을 개폐할 수 있는 경우
② 전용분기회로에서 공급될 경우

06

정크션 박스(Joint Box)와 풀 박스(Pull Box)의 용도를 쓰시오.

(1) 정크션 박스(Joint Box)
(2) 풀 박스(Pull Box)

정답

(1) 정크션 박스 : 전선 상호 간 접속 시 접속 부분이 외부로 노출되지 않도록 하기 위해
(2) 풀박스 : 전선의 통과를 쉽게 하기 위하여 배관의 도중에 설치

07

다음 그림은 콘덴서 설비의 단선도이다. 주어진 그림의 ①, ②번과 각 기기의 우리말 이름을 쓰고, 역할을 쓰시오.

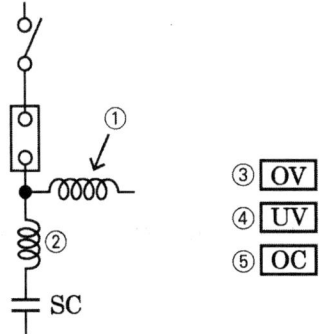

정답

① 방전코일 : 콘덴서에 축적된 잔류전하 방전

② 직렬 리액터 : 제5고조파 제거

③ 과전압계전기 : 정정값보다 높은 전압이 인가되면 동작하여 경보를 발하거나 차단기를 동작

④ 부족전압계전기 : 인가된 전압이 정정값보다 낮아지게 되면 동작하여 경보를 발하거나 차단기를 동작

⑤ 과전류계전기 : 정정값보다 큰 전류가 흐르면 동작하여 경보를 발하거나 차단기를 동작

08

다음 그림은 저압전로에 있어서의 지락고장을 표시한 그림이다. 그림의 전동기 M_1(단상 110[V])의 내부와 외함간에 누전으로 지락사고를 일으킨 경우 변압기 저압 측 전로의 1선은 전기설비기술기준령에 의하여 고·저압 혼촉시의 대지전위 상승을 억제하기 위한 접지공사를 하도록 규정하고 있다. 다음 물음에 답하시오.

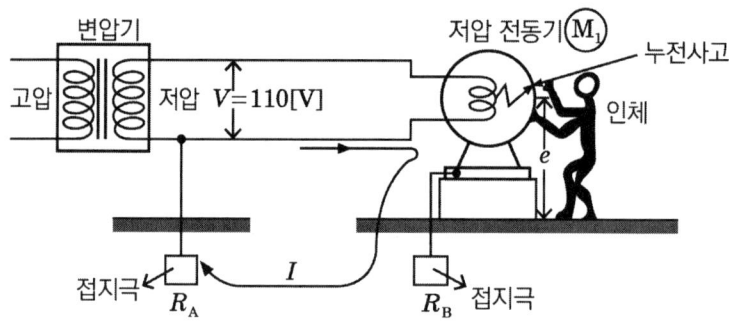

(1) 접지극의 매설 깊이는 얼마 이하로 하는가?

(2) 변압기 2차 측 접지선은 단면적 몇 [mm^2] 이상의 연동선이나 이와 동등 이상의 세기 및 굵기의 것을 사용하는가?

(3) 앞의 그림에 대한 등가회로를 그리면 아래와 같다. 물음에 답하시오.

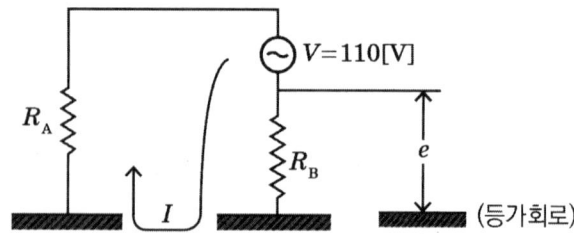

① 등가회로상의 e는 무엇을 의미하는가?

② 등가회로상의 e의 값을 표시하는 수식을 표시하시오.

③ 저압회로의 지락전류 $I = \dfrac{V}{R_A + R_B}$ [A]로 표시할 수 있다. 고압 측 전로의 중성점이 비접지식인 경우에 고압 측 전로의 1선 지락전류가 4 [A]라고 하면 변압기의 2차 측(저압 측)에 대한 접지저항값은 얼마인가? 또, 위에서 구한 접지 저항값 R_A을 기준으로 하였을 때의 R_B의 값을 구하고 위 등가회로상의 I, 즉 저압 측 전로의 1선 지락전류를 구하시오. (단, e의 값은 25 [V]로 제한하도록 한다.)

정답

(1) 75 [cm]

(2) 6 [mm^2]

(3) ① 접촉전압

② $e = \dfrac{R_B}{R_A + R_B} V$

③ $R_A = \dfrac{150}{I} = \dfrac{150}{4} = 37.5 \ [\Omega]$

$25 = \dfrac{R_B}{37.5 + R_B} \times 110, \quad R_B = 11.03 \ [\Omega]$

$I = \dfrac{V}{R_A + R_B} = \dfrac{110}{37.5 + 11.03} = 2.27 \ [A]$

$R_B = 11.03 \ [\Omega], \quad I = 2.27 \ [A]$

9

그림은 구내에 설치할 3300 [V], 220 [V], 10 [kVA]인 주상변압기의 무부하시험 방법이다. 이 도면을 보고 다음 각 물음에 답하시오.

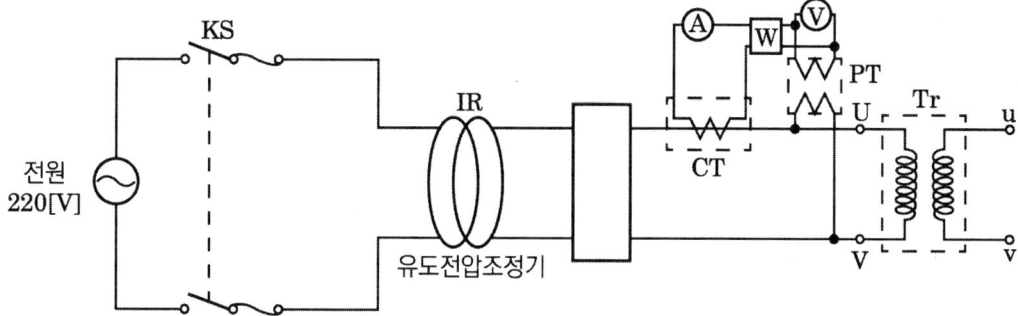

⑴ 유도전압 조정기의 오른쪽 네모 속에는 무엇이 설치되어야 하는가?
⑵ 시험할 주상변압기의 2차 측은 어떤 상태에서 시험을 하여야 하는가?
⑶ 시험할 변압기를 사용할 수 있는 상태로 두고 유도전압조정기의 핸들을 서서히 돌려 전압계의 지시값이 1차 정격전압이 되었을 때 전력계가 지시하는 값은 어떤 값을 지시하는가?

> 정답

⑴ 승압용 변압기

⑵ 개방

⑶ 철손

10

역률을 높게 유지하기 위하여 개개의 부하에 고압 및 특고압 진상용 콘덴서를 설치하는 경우에는 현장조작 개폐기보다도 부하 측에 접속하여야 한다. 콘덴서의 용량, 접속방법 등은 어떻게 시설하는 것을 원칙으로 하는지와 고조파 전류의 증대 등에 대한 다음 각 물음에 답하시오.

⑴ 콘덴서의 용량은 부하의 (   )보다 크게 하지 말 것.
⑵ 콘덴서는 본선에 직접 접속하고 특히 전용의 (   ), (   ), (   ) 등을 설치하지 말 것
⑶ 고압 및 특고압 진상용 콘덴서의 설치로 공급회로의 고조파전류가 현저하게 증대할 경우는 콘덴서 회로에 유효한 (   )를 설치하여야 한다.
⑷ 가연성 유봉입(可燃性油封入)의 고압진상용 콘덴서를 설치하는 경우는 가연성의 벽, 천장 등과 (   ) [m] 이상 이격하는 것이 바람직하다.

> 정답

⑴ 무효분

⑵ 개폐기, 퓨즈, 유입차단기

⑶ 직렬리액터

⑷ 1

11

표의 빈칸 ㉮ ~ ㉕에 알맞은 내용을 써서 그림 PLC 시퀀스의 프로그램을 완성하시오. (단, 사용 명령어는 회로시작(R), 출력(W), AND(A), OR(O), NOT(N), 시간지연(DS)이고, 0.1초 단위이다)

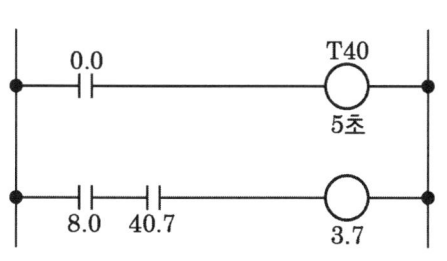

STEP	OP	ADD
0	R	㉮
1	DS	㉯
2	W	㉰
3	㉱	8.0
4	㉲	㉳
5	㉴	㉵

정답

㉮ 0.0 ㉯ 50 ㉰ T40 ㉱ R ㉲ A ㉳ 40.7 ㉴ W ㉵ 3.7

12

그림은 PB-ON 스위치를 ON한 후 일정 시간이 지난 다음에 MC가 동작하여 전동기 M이 운전되는 회로이다. 여기에 사용한 타이머 ⓣ는 입력 신호를 소멸했을 때 열려서 이탈되는 형식인데 전동기가 회전하면 릴레이 ⓧ가 복구되어 타이머에 입력 신호가 소멸되고 전동기는 계속 회전할 수 있도록 할 때 이 회로는 어떻게 고쳐야 하는가?

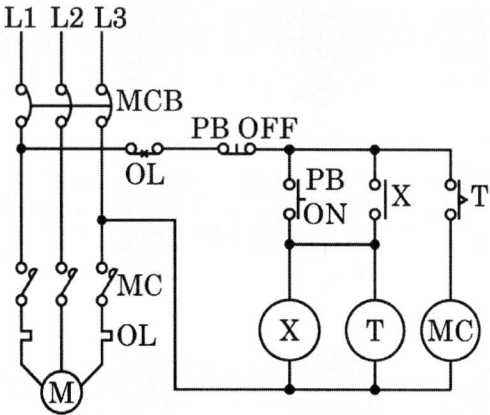

> 정답

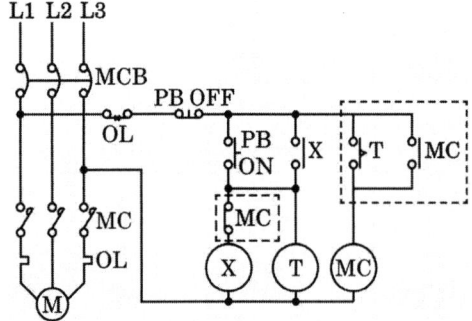

13

역률을 개선하면 전기요금의 저감과 배전선의 손실 경감, 전압강하 감소, 설비 여력의 증가등을 기할 수 있으나, 너무 과보상하면 역효과가 나타난다. 즉, 경부하시에 콘덴서가 과대 삽입되는 경우의 결점을 3가지 쓰시오.

> 정답

① 앞선 역률에 의한 전력손실이 생긴다.
② 모선 전압이 과상승할 수 있다.
③ 설비용량이 감소하여 과부하가 될 수 있다.

14

그림과 같은 시퀀스 제어 회로를 AND, OR, NOT의 기본 논리회로(Logic symbol)를 이용하여 무접점 회로를 나타내시오.

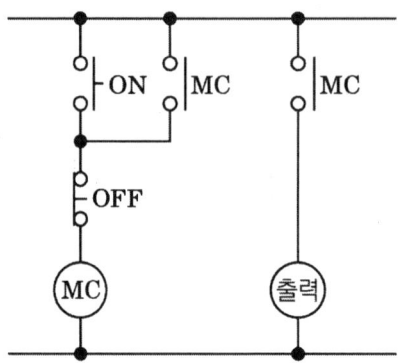

정답

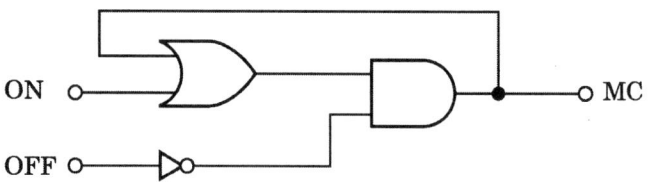

15

저항 4 [Ω]과 정전용량 C [F]인 직렬회로에 주파수 60 [Hz]의 전압을 인가한 경우 역률이 0.8이었다. 이 회로에 30 [Hz], 220 [V]의 교류전압을 인가하면 소비전력은 몇 [W]가 되겠는가?

정답

- 주파수 60[Hz]인 경우

  역률 $\cos\theta = \dfrac{R}{\sqrt{R^2 + X_c^2}} = \dfrac{4}{\sqrt{4^2 + X_c^2}} = 0.8$ 이므로

$X_c = \sqrt{\left(\dfrac{4}{0.8}\right)^2 - 4^2} = 3\,[\Omega]$

$X_c = \dfrac{1}{2\pi f C}$ 에서 $X_c \propto \dfrac{1}{f}$ 이므로 주파수가 30 [Hz]인 경우 $X_c{'} = 6\,[\Omega]$

소비전력 $P = \dfrac{V^2 R}{R^2 + X_c{'}^2} = \dfrac{220^2 \times 4}{4^2 + 6^2} = 3723.08\,[W]$

답 3723.08 [W]

16

매분 12 [m³]의 물을 높이 15 [m]인 탱크에 양수하는 데 필요한 전력을 V결선한 변압기로 공급한다면, 여기에 필요한 단상 변압기 1대의 용량은 몇 [kVA]인가? (단, 펌프와 전동기의 합성 효율은 65 [%]이고, 전동기의 전부하 역률은 80 [%]이며 펌프의 축동력은 15 [%]의 여유를 본다고 한다)

정답

■ 계산과정

- $P = \dfrac{9.8\,QHK}{\eta} = \dfrac{9.8 \times 12 \times \dfrac{1}{60} \times 15 \times 1.15}{0.65} = 52.02\ [\text{kW}]$

- 용량 $= \dfrac{P}{\cos\theta} = \dfrac{52.02}{0.8} = 65.03\ [\text{kVA}]$

- V결선 시 출력 $P_V = \sqrt{3}\,P_1$ 에서 $P_1 = \dfrac{P_V}{\sqrt{3}} = \dfrac{65.03}{\sqrt{3}} = 37.55\ [\text{kVA}]$

답 표준용량의 50 [kVA] 단상 변압기 선정

17

평균조도 600 [lx] 전반조명을 시설한 50 [m²]의 방이 있다. 이 방에 조명기구 1대당 광속 6000 [lm], 조명률 80 [%], 유지율 62.5 [%]인 등기구를 설치하려고 한다. 이때 조명기구 1대의 소비전력을 80 [W]라면 이 방에서 24시간 연속 점등한 경우 하루의 소비전력량은 몇 [kWh]인가?

정답

■ 계산과정

- 전등 수 $N = \dfrac{EA}{FUM} = \dfrac{600 \times 50}{6000 \times 0.8 \times 0.625} = 10$ 등

- 소비전력량 $W = Pt = 80 \times 10 \times 24 \times 10^{-3} = 19.2\ [\text{kWh}]$

답 19.2 [kWh]

> **핵심이론**
>
> □ 광속의 결정
>
> $FUN = EAD$
>
> - E : 평균 조도 • A : 실내의 면적 • U : 조명률 • D : 감광 보상율
> - N : 소요 등수 • F : 1등당 광속 • M : 보수율(감광 보상율의 역수)

2012년 제2회

01

다음과 같은 아파트 단지를 계획하고 있다. 주어진 규모 및 참고자료를 이용하여 다음 각 물음에 답하시오.

[규모]
① 아파트 동수 및 세대 수 : 2동, 300세대
② 세대당 면적과 세대 수

동별	세대당 면적 [m²]	세대 수	동별	세대당 면적 [m²]	세대 수
1동	50	30	2동	50	50
	70	40		70	30
	90	50		90	40
	110	30		110	30

③ 가산 [VA]
  • 80 [m²] 이하 : 750 [VA]   • 150 [m²] 이하 : 1000 [VA]
④ 계단, 복도, 지하실 등의 공용면적
  • 1동 : 1700 [m²]   • 2동 : 1700 [m²]
⑤ [m²]당 상정부하
  • 아파트 : 30 [VA/m²]   • 공용 부분 : 7 [VA/m²]
⑥ 수용률
  • 70세대 이하 : 65 [%]   • 100세대 이하 : 60 [%]
  • 150세대 이하 : 55 [%]   • 200세대 이하 : 50 [%]

[조건]
① 모든 계산은 피상전력을 기준으로 한다.
② 역률은 100 [%]로 보고 계산한다.
③ 주변전실로부터 1동까지는 150 [m]이며 동내의 전압강하는 무시한다.
④ 각 세대의 공급방식은 220 [V]의 단상 2선식으로 한다.
⑤ 변전실의 변압기는 단상 변압기 3대로 구성한다.
⑥ 동간 부등률은 1.4로 본다.
⑦ 공용 부분의 수용률은 100 [%]로 한다.

⑧ 주변전실에서 각 동까지의 전압강하는 3 [%]로 한다.
⑨ 간선은 후강전선관 배관으로 NR 전선을 사용하며 간선의 굵기는 300 [mm^2] 이하를 사용하여야 한다.
⑩ 이 아파트 단지의 수전은 13200/22900[V]의 Y 3상 4선식의 계통에서 수전한다.
⑪ 사용설비에 의한 계약전력은 사용 설비의 개별 입력의 합계에 대하여 다음 표의 계약전력 환산율을 곱한 것으로 한다.

구분	계약전력 환산율	비고
처음 75 [kW]에 대하여	100 [%]	계산의 합계수치 단수가 1 [kW] 미만일 경우 소수점 이하 첫째자리에서 반올림한다.
다음 75 [kW]에 대하여	85 [%]	
다음 75 [kW]에 대하여	75 [%]	
다음 75 [kW]에 대하여	65 [%]	
300 [kW] 초과분에 대하여	60 [%]	

(1) 1동의 상정부하는 몇 [VA]인가?

(2) 2동의 수용부하는 몇 [VA]인가?

(3) 이 단지의 변압기는 단상 몇 [kVA]짜리 3대를 설치하여야 하는가? (단, 변압기의 용량은 10 [%]의 여유율을 보며 단상 변압기의 표준용량은 75, 100, 150, 200, 300 [kVA] 등이다)

정답

(1) 상정부하 = 바닥면적 × [m^2]당 상정부하 + 가산부하

세대당 면적 [m^2]	상정부하 [VA/m^2]	가산부하 [VA]	세대 수	상정부하[VA]
50	30	750	30	(50×30 + 750)×30 = 67,500
70	30	750	40	(70×30 + 750)×40 = 114,000
90	30	1000	50	(90×30 + 1000)×50 = 185,000
110	30	1000	30	(110×30 + 1000)×30 = 129,000
합계				495,500 [VA]

∴ 공용면적까지 고려한 상정부하 = 495,000 + 1700 × 7 = 507,400 [VA]

답 507,400 [VA]

(2)

세대당 면적 [m²]	상정부하 [VA/m²]	가산부하 [VA]	세대 수	상정부하 [VA]
50	30	750	50	(50×30 + 750)×50 = 112,500
70	30	750	30	(70×30 + 750)×30 = 85,500
90	30	1000	40	(90×30 + 1000)×40 = 148,000
110	30	1000	30	(110×30 + 1000)×30 = 129,000
합계				475,000 [VA]

∴ 공용면적까지 고려한 수용부하 = $475{,}000 \times 0.55 + 1700 \times 7 = 273{,}150$ [VA]

답 273,150 [VA]

(3) • 변압기용량 = $\dfrac{495500 \times 0.55 + 1700 \times 7 + 273150}{1.4} \times 10^{-3} = 398.27$ [kVA]

• 변압기 1대의 용량 = $\dfrac{398270}{3} \times 1.1 \times 10^{-3} = 146.03$ [kVA]

따라서, 표준용량 150 [kVA]를 산정한다.

답 150 [kVA]

02

다음의 임피던스 맵(Impedance map)과 조건을 보고 다음 각 물음에 답하시오.

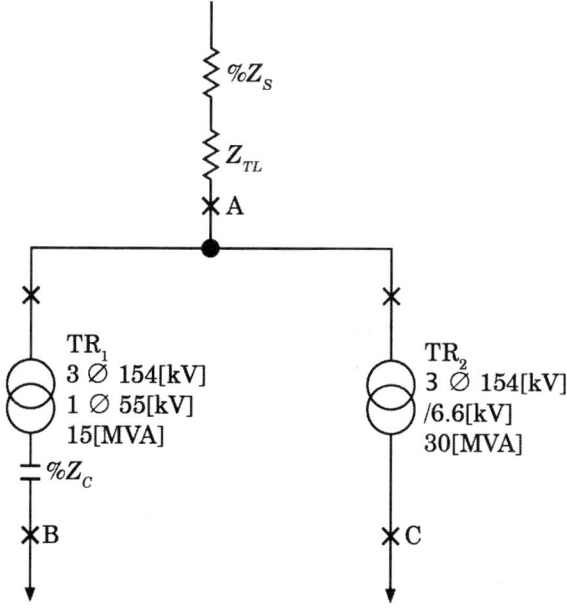

[조건]
%Z_s : 한전 s/s의 154 [kV] 인출 측의 전원 측
       정상 임피던스 1.2 [%] (100 [MVA] 기준)
%Z_{TL} : 154 [kV] 송전선로의 임피던스 1.83 [Ω]
%Z_{Tr1} = 10 [%] (15 [MVA] 기준)
%Z_{Tr2} = 10 [%] (30 [MVA] 기준)
%Z_c = 50 [%] (100 [MVA] 기준)

(1) 다음 임피던스의 100 [MVA] 기준의 %임피던스를 구하시오.
    ① %Z_{TL} ② %Z_{Tr1} ③ %Z_{Tr2}

(2) A, B, C 각 점에서의 합성 %임피던스를 구하시오.
    ① %Z_A ② %Z_B ③ %Z_C

(3) A, B, C 각 점에서의 차단기의 소요 차단전류는 몇 [kA]가 되겠는가? (단, 비대칭분을 고려한 상승 계수는 1.6으로 한다.)
    ① I_A ② I_B ③ I_C

정답

(1) ① $\%Z_{TL} = \dfrac{PZ}{10\,V^2} = \dfrac{100 \times 10^3 \times 1.83}{10 \times 154^2} = 0.77\ [\%]$

   ② $\%Z_{Tr1} = \dfrac{100}{15} \times 10 = 66.67\ [\%]$

   ③ $\%Z_{Tr2} = \dfrac{100}{30} \times 10 = 33.33\ [\%]$

(2) ① $\%Z_A = \%Z_s + \%Z_{TL} = 1.2 + 0.77 = 1.97\ [\%]$

   ② $\%Z_B = \%Z_s + \%Z_{TL} + \%Z_{Tr1} - \%Z_c = 1.2 + 0.77 + 66.67 - 50 = 18.64\ [\%]$

   ③ $\%Z_C = \%Z_s + \%Z_{TL} + \%Z_{Tr2} = 1.2 + 0.77 + 33.33 = 35.3\ [\%]$

(3) ① $I_A = \dfrac{100}{\%Z_A} I_n = \dfrac{100}{1.97} \times \dfrac{100 \times 10^3}{\sqrt{3} \times 154} \times 1.6 \times 10^{-3} = 30.45\ [kA]$

   ② $I_B = \dfrac{100}{\%Z_B} I_n = \dfrac{100}{18.64} \times \dfrac{100 \times 10^3}{55} \times 1.6 \times 10^{-3} = 15.61\ [kA]$

   ③ $I_C = \dfrac{100}{\%Z_C} I_n = \dfrac{100}{35.3} \times \dfrac{100 \times 10^3}{\sqrt{3} \times 6.6} \times 1.6 \times 10^{-3} = 39.65\ [kA]$

03

△-Y 결선방식의 주변압기 보호에 사용되는 비율차동계전기의 간략화한 회로도이다. 주변압기 1차 및 2차 측 변류기(CT)의 미결선된 2차 회로를 완성하시오.

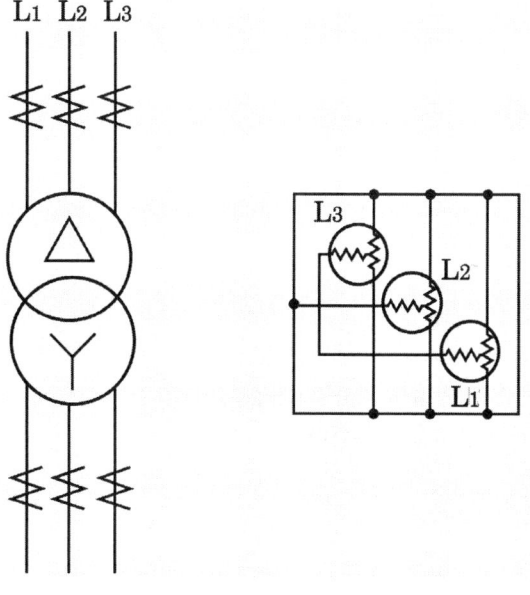

정답

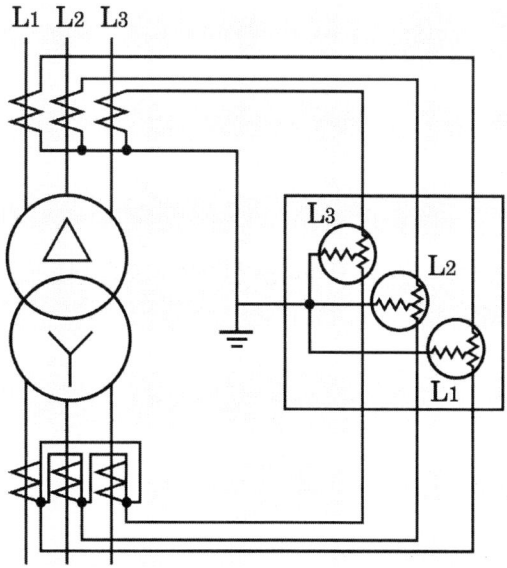

04

중성점 직접 접지 계통에 인접한 통신선의 전자 유도 장해 경감에 관한 대책을 경제성이 높은 것부터 설명하시오.

(1) 근본 대책
(2) 전력선 측 대책(5가지)
(3) 통신선 측 대책(5가지)

정답

(1) 근본대책 : 전자유도 전압의 억제
(2) 전력선 측 대책(5가지)
　① 송전선로를 될 수 있는 대로 통신선로로부터 멀리 떨어져 건설한다.
　② 중성점을 접지할 경우 저항값을 가능한 큰 값으로 한다.
　③ 고속도 지락보호 계전 방식을 채용한다.
　④ 차폐선을 설치한다.
　⑤ 지중전선로 방식을 채용한다.
(3) 통신선 측 대책(5가지)
　① 절연 변압기를 설치하여 구간을 분리한다.
　② 연피케이블을 사용한다.
　③ 통신선에 우수한 피뢰기를 사용한다.
　④ 배류코일을 설치한다.
　⑤ 전력선과 교차 시 수직교차한다.

05

그림은 교류 차단기에 장치하는 경우에 표시하는 전기용 기호의 단선도용 그림기호이다. 이 그림기호의 정확한 명칭을 쓰시오.

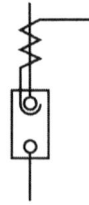

정답

부싱형 변류기

06

고압 진상용 콘덴서의 내부고장 보호방식으로 NCS 방식과 NVS 방식이 있다. 다음 각 물음에 답하시오.

(1) NCS와 NVS의 기능을 설명하시오.
(2) [그림1]의 ①, [그림2]의 ②에 누락된 부분을 완성하시오.

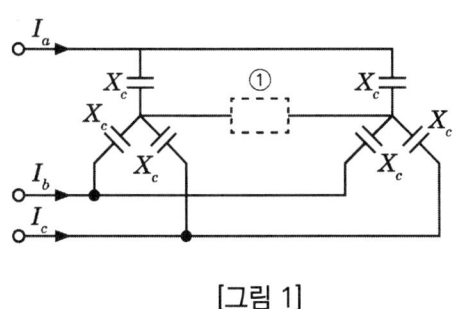
[그림 1]

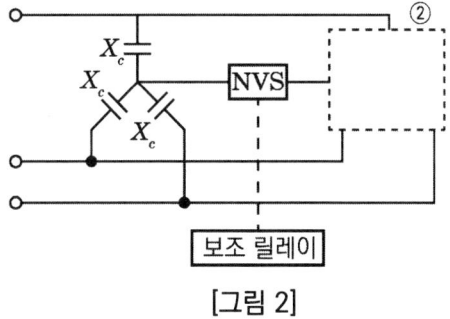
[그림 2]

정답

(1) ① NCS : 중성점 전류 검출 방식
   ② NVS : 중성점 간의 불평형 전압을 검출하는 방식

(2)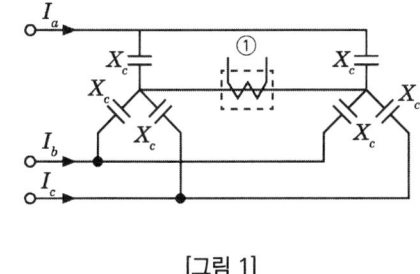
[그림 1]

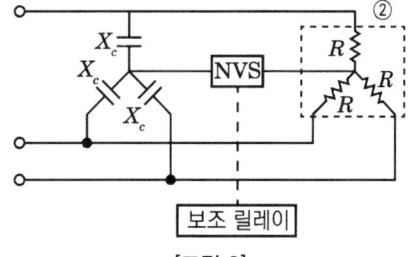
[그림 2]

07

송전단 전압 66 [kV], 수전단 전압 61 [kV]인 송전선로에서 수전단의 부하를 끊은 경우의 수전단 전압이 63 [kV]라 할 때 다음 각 물음에 답하시오.

(1) 전압 강하율을 구하시오.
(2) 전압 변동률을 구하시오.

정답

(1) 전압강하율 : $\epsilon = \dfrac{V_s - V_r}{V_r} \times 100 = \dfrac{66-61}{61} \times 100 = 8.2\,[\%]$

답 8.2 [%]

(2) 전압변동율 : $\delta = \dfrac{V_{r0} - V_r}{V_r} \times 100 = \dfrac{63-61}{61} \times 100 = 3.28\,[\%]$

답 3.28 [%]

08

부하가 유도 전동기이며, 기동 용량이 1826 [kVA]이고, 기동 시 허용전압강하는 21 [%]이며, 발전기의 과도 리액턴스가 26 [%]이다. 이 전동기를 운전할 수 있는 자가 발전기의 최소 용량은 몇 [kVA]인지를 계산하시오.

정답

■ 계산과정

$$P \geq \left(\dfrac{1}{\text{허용전압강하}} - 1\right) \times X_d \times \text{기동용량}\,[\text{kVA}]$$

$\therefore$ 발전기출력 $= \left(\dfrac{1}{0.21} - 1\right) \times 0.26 \times 1826 = 1786\,[\text{kVA}]$

답 1786 [kVA]

09

다음 상용전원과 예비전원 운전 시 유의하여야 할 사항이다. ( ) 안에 알맞은 내용을 쓰시오.

> 상용전원과 예비전원사이에는 병렬운전을 하지 않는 것이 원칙이므로 수전용 차단기와 발전용차단기 사이에는 전기적 또는 기계적 (①)을 시설해야 하며 (②)를 사용해야 한다.

정답

① 인터록 ② 전환 개폐기

10

알칼리 축전지의 정격용량은 100 [Ah], 상시부하 6 [kW], 표준전압 100 [V]인 부동충전방식의 충전기 2차 전류는 몇 [A]인지 계산하시오. (단, 알칼리 축전지의 방전율은 5시간율로 한다)

정답

■ 계산과정

$$I_2 = \frac{100}{5} + \frac{6 \times 10^3}{100} = 80 \,[A]$$

답 80 [A]

11

지중전선에 화재가 발생한 경우 화재의 확대방지를 위하여 케이블이 밀집 시설되는 개소의 케이블은 난연성케이블을 사용하여 시설하는 것이 원칙이다. 부득이 전력구에 일반케이블로 시설하고자 할 경우, 케이블에 방지대책을 하여야 하는데 케이블과 접속재에 사용하는 방재용 자재 2가지를 쓰시오.

정답

난연테이프, 난연도료

12

다음 진리표를 보고 무접점 회로와 유접점 논리회로로 각각 나타내시오.

입력			출력
A	B	C	X
0	0	0	0
0	0	1	0
0	1	0	0
0	1	1	0
1	0	0	1
1	0	1	0
1	1	0	0
1	1	1	1

(1) 논리식을 간략화하여 나타내시오.
(2) 무접점 회로
(3) 유접점 회로

정답

(1) $X = A \cdot \overline{B} \cdot \overline{C} + A \cdot B \cdot C = A \cdot (\overline{B} \cdot \overline{C} + B \cdot C)$

(2)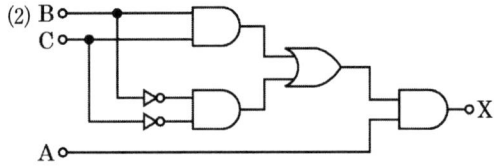

(3)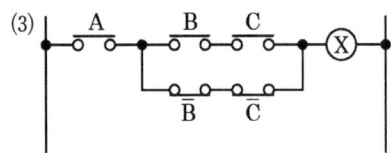

13

가로 10 [m], 세로 16 [m], 천장 높이 3.85 [m], 작업면 높이 0.85 [m]인 사무실에 천장 직부 형광등 F40 × 2를 설치하려고 한다.

(1) F40×2의 심벌을 그리시오.
(2) 이 사무실의 실지수는 얼마인가?
(3) 이 사무실의 작업면 조도를 300 [lx], 천장 반사율 70 [%], 벽 반사율 50 [%], 바닥 반사율 10 [%], 40 [W] 형광등 1등의 광속 3150 [lm], 보수율 70 [%], 조명률 61 [%]로 한다면 이 사무실에 필요한 소요 등기구 수는 몇 등인가?

정답

(1) ▭◯▭ F40×2

(2) 실지수 $= \dfrac{XY}{H(X+Y)} = \dfrac{10 \times 16}{(3.85-0.85) \times (10+16)} = 2.05$

(3) $N = \dfrac{EAD}{FU} = \dfrac{300 \times 10 \times 16}{(3150 \times 2) \times 0.61 \times 0.7} = 17.84$

답 18 [등]

[핵심이론]

□ 광속의 결정

$FUN = EAD$

- E : 평균 조도
- A : 실내의 면적
- U : 조명률
- D : 감광 보상율
- N : 소요 등수
- F : 1등당 광속
- M : 보수율(감광 보상율의 역수)

14

그림의 회로는 푸시 버튼 스위치 PB1, PB2, PB3를 ON 조작하여 기계 A, B, C를 운전하는 시퀀스 회로도이다. 이 회로를 타임차트 1 ~ 3의 요구사항과 같이 병렬운전 우선순위회로로 고쳐서 그리시오. (단, R1, R2, R3는 계전기이며, 이 계전기의 보조 a접점 또는 b접점을 추가 또는 삭제하여 작성하되 불필요한 접점을 사용하지 않도록 하며, 보조 접점에는 접점명을 기입하도록 한다)

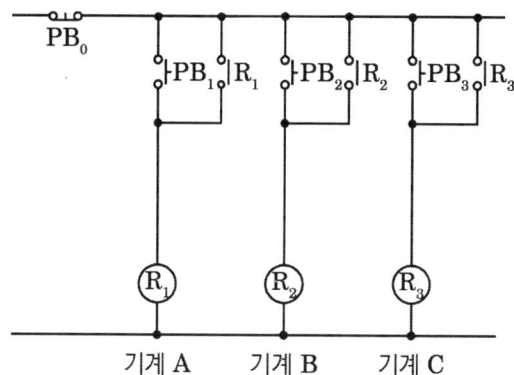

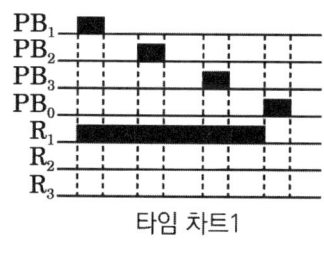
타임 차트1

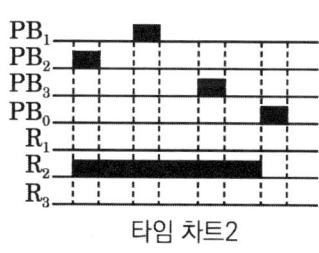
타임 차트2

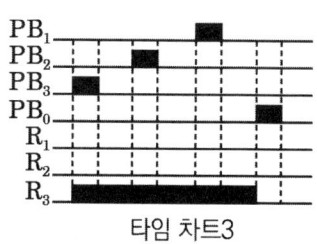
타임 차트3

R₁, R₂, R₃는 계전기이며 이 계전기의 보조 a접점, 또는 보조 b접점을 추가 또는 삭제하여 작성하되 불필요한 접점을 사용하지 않도록 할 것이며 보조 접점에는 접점의 명칭을 기입하도록 할 것

[예]

> 정답

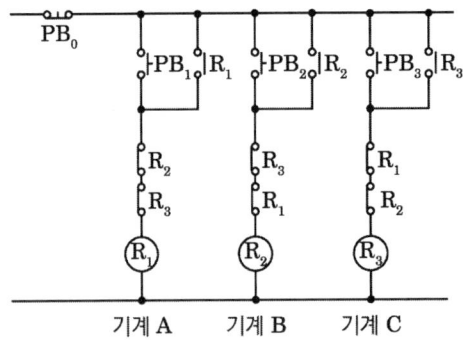

15

회전날개의 지름이 31 [m]인 프로펠러형 풍차의 풍속이 16.5 [m/s]일 때 풍력 에너지 [kW]를 계산하시오. (단, 공기의 밀도는 1.225 [kg/m³]이다)

> 정답

■ 계산과정

$$P = \frac{1}{2}mV^2 = \frac{1}{2}(\rho A V)V^3 = \frac{1}{2}\rho A V^3$$
$$= \frac{1}{2} \times 1.225 \times \frac{\pi}{4} \times 31^2 \times 16.5^3 \times 10^{-3} = 2076.69 \text{ [kW]}$$

답 2076.69 [kW]

16

그림과 같은 100/200 [V] 단상 3선식 회로를 보고 다음 물음에 답하시오.

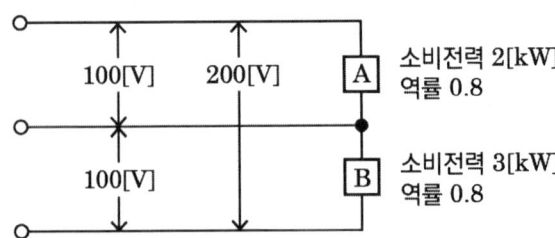

(1) 중성선 N에 흐르는 전류는 몇 [A]인가?
(2) 중성선의 굵기를 결정할 때의 전류는 몇 [A]를 기준하여야 하는가?

정답

(1) $I_A = \dfrac{P_A}{V_A \cos\theta_A} = \dfrac{2 \times 10^3}{100 \times 0.8} = 25$ [A]

$I_B = \dfrac{P_B}{V_B \cos\theta_B} = \dfrac{3 \times 10^3}{100 \times 0.8} = 37.5$ [A]

중선선에 흐르는전류 : $I_N = |I_A - I_B| = 37.5 - 25 = 12.5$ [A]

답 12.5 [A]

(2) 중성선의 굵기를 결정하는 전류 : 37.5 [A]

17

공급전압을 6600 [V]로 수전하고자 한다. 수전점에서 계산한 3상 단락용량은 70 [MVA]이다. 이 수용장소에 시설하는 수전용 차단기의 정격차단전류 [kA]를 계산하시오.

정답

■ 계산과정

단락전류 $I_s = \dfrac{P_s}{\sqrt{3}\,V} = \dfrac{70 \times 10^6}{\sqrt{3} \times 6600} \times 10^{-3} = 6.12$ [kA]

답 6.12 [kA]

01

다음 그림과 같이 200/5 [A] 변류기 1차 측에 150 [A]의 3상 평형전류가 흐를 때 전류계 A3에 흐르는 전류는 몇 [A]인가?

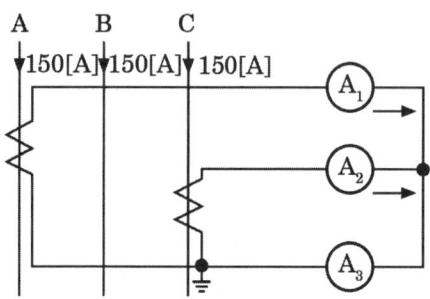

정답

■ 계산과정

$$I_2 = I_1 \times \frac{1}{CT비} = 150 \times \frac{5}{200} = 3.75 \text{ [A]}$$

A_1, A_2, A_3의 전류는 동일하다.

답 3.75[A]

02

간이 수변전설비에서는 1차 측 개폐기로 ASS(Auto Section Switch)나 인터럽터 스위치를 사용하고 있다. 이 두 스위치의 차이점을 비교 설명하시오.

(1) ASS(Automatic Section Switch)
(2) 인터럽터 스위치(Interrupter Switch)

정답

(1) ASS : 무전압시 개방이 가능하고, 과부하시 자동으로 개폐할 수 있는 고장구분 개폐기로 돌입전류 억제기능을 갖고 있다.

(2) IS : 수동 조작만 가능하고, 과부하시 자동으로 개폐할 수 없고, 돌입전류 억제기능을 갖고 있지 않으며, 용량 300 [kVA] 이하에서 ASS 대신에 주로 사용하고 있다.

03

전력용 진상콘덴서의 정기점검(육안검사) 항목 3가지를 쓰시오.

정답

① 유 누설유무 점검

② 단자의 이완 및 과열유무 점검

③ 용기의 발청 유무점검

04

비접지 선로의 접지 전압을 검출하기 위하여 아래 그림과 같이 Y-개방 △결선을 한 GPT가 있다. 그림을 보고 다음 물음에 답하시오.

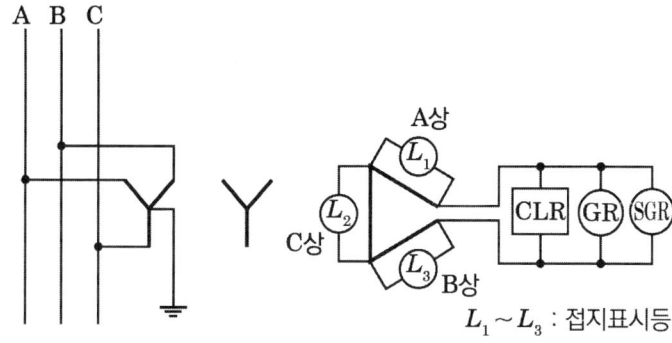

(1) A∅ 고장 시(완전 지락 시) 2차 접지 표시등 L_1, L_2, L_3의 점멸 상태와 밝기를 비교하시오.

(2) 1선 지락 사고 시 건전상의 대지 전위의 변화를 간단히 설명하시오.

(3) GR, SGR을 우리말 명칭을 간단히 쓰시오.

정답

(1) L_1 : 소등, L_2와 L_3 : 점등(더욱 밝아짐)

(2) 평상시의 건전상의 대지전위는 $110/\sqrt{3}$ [V]이나 1선 지락 사고 시에는 전위가 $\sqrt{3}$ 배로 증가하여 110 [V]가 된다.

(3) GR : 지락 계전기, SGR : 선택 지락 계전기

05

지름 30 [cm]인 완전 확산성 반구의 램프를 사용하여 평균 휘도가 1 [cm²]에 대하여 0.3 [cd]인 천장등을 가설하려고 한다. 기구의 효율은 0.75라 하면, 전구로부터 나오는 광속은 몇 [lm]이겠는가? (단, 광속발산도는 0.95 [lm/cm²]라 한다)

정답

■ 계산과정

- 광속 $F = RS = R \times 4\pi r^2 \times \dfrac{1}{2} = 0.95 \times 4\pi \times 15^2 \times \dfrac{1}{2} = 1343.03$ [lm]

- 기구 효율을 적용하면 $\therefore F_0 = \dfrac{F}{\eta} = \dfrac{1343.03}{0.75} = 1790.71$ [lm]   **답** 1790.71 [lm]

06

3층 사무실용 건물에 3상 3선식의 6000 [V]를 200 [V]로 강압하여 수전하는 설비이다. 각종 부하설비가 표와 같을 때 다음 물음에 답하시오. 참고자료도 이용하시오.

[표1] 동력 부하 설비

사용 목적	용량 [kW]	대수	상용동력 [kW]	하계동력 [kW]	동계동력 [kW]
• 난방관계					
- 보일러 펌프	6.0	1			6.0
- 오일기어 펌프	0.4	1			0.4
- 온수순환 펌프	3.0	1			3.0
• 공기조화관계					
- 1, 2, 3층 패키지 콤프레셔	7.5	6		45.0	
- 콤프레셔 팬	5.5	3	16.5		
- 냉각수 펌프	5.5	1		5.5	
- 쿨링타워	1.5	1		1.5	
• 급수, 배수 관계					
- 양수 펌프	3.0	1	3.0		
• 기타					
- 소화 펌프	5.5	1	5.5		
- 샤터	0.4	2	0.8		
합계			25.8	52.0	9.4

[표2] 조명 및 콘센트 부하설비

조명 및 콘센트 부하 설비					
사용 목적	왓트 수 [W]	설치 수량	환산 용량 [VA]	총 용량 [VA]	비고
• 전등 관계					
- 수은등 A	200	4	260	1040	200 [V] 고역률
- 수은등 B	100	8	140	1,120	100 [V] 고역률
- 형광등	40	820	55	45,100	200 [V] 고역률
- 백열전등	60	10	60	600	
• 콘센트 관계					
- 일반 콘센트		80	150	12,000	2P 15A
- 환기팬용 콘센트		8	55	440	
- 히터용 콘센트	1,500	2		3,000	
- 복사기용 콘센트		4		3,600	
- 텔레타이프용 콘센트		2		2,400	
- 룸쿨러용 콘센트		6		7,200	
• 기타					
- 전화 교환용 정류기		1		800	
계				77,300	

[참고자료1] 변압기 보호용 전력퓨즈의 정격전류

상수	단상				3상			
공칭전압	3.3 [kV]		6.6 [kV]		3.3 [kV]		6.6 [kV]	
변압기 용량 [kVA]	변압기 정격전류 [A]	정격전류 [A]	변압기 정격전류 [A]	정격전류 [A]	변압기 정격전류 [A]	정격전류 [A]	변압기 정격전류 [A]	정격전류 [A]
5	1.52	3	0.76	1.5	0.88	1.5	-	-
10	3.03	7.5	1.52	3	1.75	3	0.88	1.5
15	4.55	7.5	2.28	3	2.63	3	1.3	1.5
20	6.06	7.5	3.03	7.5	-	-	-	-
30	9.10	15	4.56	7.5	5.26	7.5	2.63	3
50	15.2	20	7.60	15	8.45	15	4.38	7.5
75	22.7	30	11.4	15	13.1	15	6.55	7.5
100	30.3	50	15.2	20	17.5	20	8.75	15
150	45.5	50	22.7	30	26.3	30	13.1	15
200	60.7	75	30.3	50	35.0	50	17.5	20
300	91.0	100	45.5	50	52.0	75	26.3	30
400	121.4	150	60.7	75	70.0	75	35.0	50
500	152.0	200	75.8	100	87.5	100	43.8	50

[참고자료2] 배전용 변압기의 정격

항목			소형 6 [kV] 유입 변압기							중형 6 [kV] 유입 변압기						
정격용량 [kVA]			3	5	7.5	10	15	20	30	50	75	100	150	200	300	500
정격 2차 전류 [A]	단상	105 [V]	28.6	47.6	71.4	95.2	143	190	286	476	714	852	1430	1904	2857	4762
		210 [V]	14.3	23.8	35.7	47.6	71.4	95.2	143	238	357	476	714	952	1429	2381
	3상	210 [V]	8	13.7	20.6	27.5	41.2	55	82.5	137	206	275	412	550	825	1376
정격 전압	정격 2차 전압		6300 [V] 6/3 [kV] 공용 : 6300 [V]/3150 [V]							6300 [V] 6/3 [kV] 공용 : 6300 [V]/3150 [V]						
	정격 2차 전압	단상	210 [V] 및 105 [V]							200 [kVA] 이하의 것 : 210 [V] 및 105 [V] 200 [kVA] 초과의 것 : 210 [V]						
		3상	210 [V]							210 [V]						
탭 전압	전용량 탭 전압	단상	6900 [V], 6600 [V] 6/3 [kV] 공용 : 6300 [V]/3150 [V], 6600 [V]/3300 [V]							6900 [V], 6600 [V]						
		3상	6600 [V] 6/3 [kV] 공용 : 6600 [V]/3300 [V]							6/3 [kV] 공용 : 6300 [V]/3150 [V], 6600 [V]/3300 [V]						
	저감용량 탭 전압	단상	6000 [V], 5700 [V] 6/3 [kV] 공용 : 6000 [V]/3000 [V], 5700 [V]/ 2580 [V]							6000 [V], 5700 [V]						
		3상	6600 [V] 6/3 [kV] 공용 : 6000 [V]/3300 [V]							6/3 [kV] 공용 : 6000 [V]/3000 [V], 5700 [V]/2850 [V]						
변압기의 결선	단상		2차 권선 : 분할결선							3상	1차 권선 : 성형권선 2차 권선 : 삼각권선					
	3상		1차 권선 : 성형권선, 2차 권선 : 성형권선													

[참고자료3] 역률개선용 콘덴서의 용량 계산표 [%]

개선 전 률/개선 후 역률	1.0	0.99	0.98	0.97	0.96	0.95	0.94	0.93	0.92	0.91	0.9	0.875	0.85	0.825	0.8	0.775
0.5	173	159	153	148	144	140	137	134	130	128	125	118	112	104	98	92
0.525	162	148	142	137	133	129	126	122	119	117	114	107	100	93	87	81
0.55	152	138	132	127	123	119	116	112	109	106	104	97	90	87	77	71
0.575	142	128	122	117	114	110	106	103	99	96	94	87	80	74	67	60
0.6	133	119	113	108	104	101	97	94	91	88	85	78	71	65	58	52
0.625	125	111	105	100	96	92	89	85	82	79	77	70	63	56	50	44
0.65	117	103	97	92	88	84	81	77	74	71	69	62	55	48	42	36
0.675	109	95	89	84	80	76	73	70	66	64	61	54	47	40	34	28
0.7	102	88	81	77	73	69	66	62	59	56	54	46	40	33	27	20
0.725	95	81	75	70	66	62	59	55	52	49	46	39	33	26	20	13
0.75	88	74	67	63	58	55	52	49	45	43	40	33	26	19	13	6.5
0.775	81	67	61	57	52	49	45	42	39	36	33	26	19	12	6.5	
0.8	75	61	54	50	46	42	39	35	32	29	27	19	13	6		
0.825	69	54	48	44	40	36	33	29	26	23	21	14	7			
0.85	32	48	42	37	33	29	26	22	19	16	14	7				
0.875	55	41	35	30	26	23	19	16	13	10	7					
0.9	48	34	28	23	19	16	12	9	6	2.8						
0.91	45	31	25	21	16	13	9	6	2.8							
0.92	43	28	22	18	13	10	6	3.1								
0.93	40	25	19	15	10	7	3.3									
0.94	36	22	16	11	7	3.6										
0.95	33	18	12	8	3.5											
0.96	29	15	9	4												
0.97	25	11	5													
0.98	20	6														
0.99	10															

(1) 동계 난방 때 온수 순환 펌프는 상시 운전하고, 보일러용과 오일 기어 펌프의 수용률이 60 [%]일 때 난방 동력 수용 부하는 몇 [kW]인가?

(2) 동력 부하의 역률이 전부 80[%]라고 한다면 피상전력은 각각 몇 [kVA]인가? (단, 상용동력, 하계동력, 동계동력별로 각각 계산하시오)

(3) 총 전기 설비용량은 몇 [kVA]를 기준으로 하여야 하는가?

(4) 전등의 수용률은 70 [%], 콘센트 설비의 수용률은 50 [%]라고 한다면 몇 [kVA]의 단상 변압기에 연결하여야 하는가? (단, 전화 교환용 정류기는 100 [%] 수용률로서 계산 결과에 포함시키며 변압기 예비율(여유율)은 무시한다)

(5) 동력 설비부하의 수용률이 모두 60 [%]라면 동력 부하용 3상 변압기의 용량은 몇 [kVA] 인가? (단, 동력부하의 역률은 80 [%]로 하며 변압기의 예비율은 무시한다)

(6) 상기 건물에 시설된 변압기 총 용량은 몇 [kVA]인가?

(7) 단상 변압기와 3상 변압기의 1차 측의 전력퓨즈의 정격전류는 각각 몇 [A]의 것을 선택하여야 하는가?

(8) 선정된 동력용변압기 용량에서 역률을 95[%]로 개선하려면 콘덴서 용량은 몇 [kVA]인가?

정답

(1) 수용부하 $= 3 + (6 + 0.4) \times 0.6 = 6.84$ [kW] 답 6.84 [kW]

(2) ① 상용동력의 피상전력 $= \dfrac{25.8}{0.8} = 32.25$ [kVA] 답 32.25 [kVA]

② 하계동력의 피상전력 $= \dfrac{52.0}{0.8} = 65$ [kVA] 답 65 [kVA]

③ 동계동력의 피상전력 $= \dfrac{9.4}{0.8} = 11.75$ [kVA] 답 11.75 [kVA]

(3) $32.25 + 65 + 77.3 = 174.55$ [kVA] 답 174.55 [kVA]

(4) ① 전등 : $(1040 + 1120 + 45100 + 600) \times 0.7 \times 10^{-3} = 33.5$ [kVA]

② 콘센트 : $(12000 + 440 + 3000 + 3600 + 2400 + 7200) \times 0.5 \times 10^{-3} = 14.32$ [kVA]

③ 기타 : $800 \times 1 \times 10^{-3} = 0.8$ [kVA]

∴ 조명 및 콘센트 부하 : $33.5 + 14.32 + 0.8 = 48.62$ [kVA]이므로

단상 변압기 용량은 50 [kVA]가 된다. 답 50 [kVA]

(5) 동계 동력과 하계 동력 중 큰 부하를 기준하고 상용 동력과 합산하여 계산하면

$\dfrac{25.8 + 52.0}{0.8} \times 0.6 = 58.35$ [kVA]이므로

3상 변압기 용량은 75 [kVA]가 된다. 답 75 [kVA]

(6) 단상변압기 3상변압기 $= 50 + 75 = 125$ [kVA] 답 125 [kVA]

(7) ① 참고자료1의 단상에서 50 [kVA]와 6.6 [kV]에 해당하는 변압기 보호용 전력퓨즈의 정격전류는 15 [A]이다. 답 15 [A]

② 참고자료1의 3상에서 75 [kVA]와 6.6 [kV]에 해당하는 변압기 보호용 전력퓨즈의 정격전류는 7.5 [A]이다. 답 7.5 [A]

(8) 역률 0.8에서 0.95로 개선하기 위해서는 참고자료3에 의하여 $K_\theta = 0.42$이므로

콘덴서용량 [kVA] $= 75 \times 0.8 \times 0.42 = 25.2$ [kVA]

답 25.2 [kVA]

07

전력용 콘덴서에 설치하는 직렬 리액터의 용량산정에 대하여 설명하시오.

정답

■ 계산과정

직렬리액터(Series Reactor : SR)는 제5고조파를 제거하기 위한 것으로서

$$5\omega L = \frac{1}{5\omega C}, \quad \omega L = \frac{1}{5^2 \omega C} = 0.04 \frac{1}{\omega C}$$

따라서, 직렬 리액터의 용량은 콘덴서 용량의 4[%] 이상이면 되는데 주파수 변동 등의 여유로 인해 실제로는 약 5 ~ 6 [%]인 것이 사용된다.

08

그림은 누전차단기를 적용하는 것으로 CVCF 출력단의 접지용 콘덴서 C_0 = 6 [μF]이고, 부하 측 라인필터의 대지 정전용량 $C_1 = C_2$ = 0.1 [μF], 누전차단기 ELB_1에서 지락점까지의 케이블 대지 정전용량 C_{L1} = 0 (ELB_1의 출력단에 지락 발생 예상), ELB_2에서 부하 2까지의 케이블 대지 정전용량 C_{L2} = 0.2 [μF]이다. 지락 저항은 무시하며, 사용전압은 200 [V], 주파수가 60 [Hz]인 경우 다음 각 물음에 답하시오.

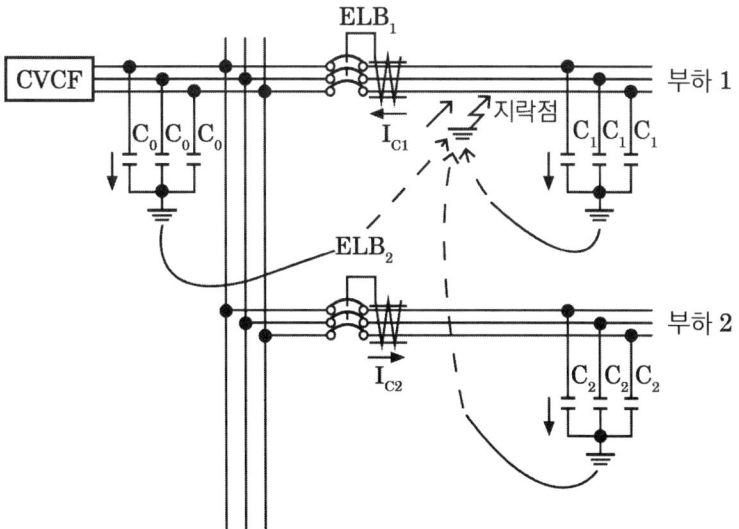

[조건]
① ELB₁에 흐르는 지락 전류 I_{g1}은 약 796[mA] ($I_{g1} = 3 \times 2\pi f\, CE$에 의하여 계산)이다.
② 누전차단기는 지락시의 지락 전류의 1/3에 동작 가능하여야 하며, 부동작 전류는 건전피더에 흐르는 지락전류의 2배 이상의 것으로 한다.
③ 누전차단기의 시설 구분에 대한 표시 기호는 다음과 같다.
  ○ : 누전차단기를 시설하는 곳
  △ : 주택에 기계기구를 시설하는 경우에는 누전차단기를 시설할 곳
  □ : 주택 구내 또는 도로에 접한 면에 룸에어컨디셔너, 아이스박스, 진열장, 자동판매기 등 전동기를 부품으로 한 기계기구를 시설하는 경우에는 누전차단기를 시설하는 것이 바람직한 곳
  ※ 사람이 조작하고자 하는 기계기구를 시설한 장소보다 전기적인 조건이 나쁜 장소에서 접촉할 우려가 있는 경우에는 전기적 조건이 나쁜 장소에 시설된 것으로 취급한다.

(1) 도면에서 CVCF는 무엇인지 우리말로 그 명칭을 쓰시오.
(2) 건전피더 ELB₂에 흐르는 지락전류 I_{g2}는 몇 [mA]인가?
(3) 누전 차단기 ELB₁, ELB₂가 불필요한 동작을 하지 않기 위해서는 정격감도전류 몇 [mA] 범위의 것을 선정하여야 하는가?
(4) 누전 차단기의 시설 예에 대한 표의 빈칸에 ○, △, □를 표현하시오.

기계기구의 시설장소 \ 전로의 대지전압	옥내 건조한 장소	옥내 습기가 많은 장소	옥측 우선 내	옥측 우선 외	옥외	물기가 있는 장소
150 [V] 이하						
150 [V] 초과 300 [V] 이하						

정답

(1) 정전압 정주파수 공급 장치

(2) 건전피더 ELB_2에 흐르는 지락전류

$$I_{g2} = 3 \times 2\pi f(C_2 + C_{L2}) \times \frac{V}{\sqrt{3}} = 3 \times 2\pi \times 60 \times (0.1 + 0.2) \times 10^{-6} \times \frac{200}{\sqrt{3}}$$

$$= 0.03918 \,[\text{A}] = 39.18 \,[\text{mA}]$$

답 39.18 [mA]

(3) 정격 감도전류의 범위

① 동작전류 $\left(\text{지락전류} \times \dfrac{1}{3}\right)$

$I_{g1} = 796 \text{ [mA]}$

$\therefore ELB_1 = 796 \times \dfrac{1}{3} = 265.33 \text{ [mA]}$

$I_{g2} = 3 \times 2\pi f(C_0 + C_1 + C_2 + C_{L2}) \times \dfrac{V}{\sqrt{3}}$

$\quad = 3 \times 2\pi \times 60 \times (6 + 0.1 + 0.1 + 0.2) \times 10^{-6} \times \dfrac{200}{\sqrt{3}}$

$\quad = 0.8358 \text{ [A]} = 835.8 \text{ [mA]}$

$\therefore ELV_2 = 853.8 \times \dfrac{1}{3} = 278.6 \text{ [mA]}$

② 부동작 전류(건전피더 지락전류×2)

- Cable ① 지락 시 Cable ②에 흐르는 지락전류

$I_{g2} = 3 \times 2\pi f(C_2 + C_{L2}) \times \dfrac{V}{\sqrt{3}}$

$\quad = 3 \times 2\pi \times 60 \times (0.1 + 0.2) \times \dfrac{200}{\sqrt{3}} = 0.039178 \text{ [A]} = 39.18 \text{ [mA]}$

$\therefore ELV_2 = 39.18 \times 2 = 78.36 \text{ [mA]}$

- Cable ② 지락시 Calbe ①에 흐르는 지락전류

$I_{g1} = 3 \times 2\pi f(C_1 + C_{L1}) \times \dfrac{V}{\sqrt{3}}$

$\quad = 3 \times 2\pi \times 60 \times (0.1 + 0) \times 10^{-6} \times \dfrac{200}{\sqrt{3}} = 0.01306 \text{ [A]} = 13.06 \text{ [mA]}$

$\therefore ELB_1 = 13.06 \times 2 = 26.12 \text{ [mA]}$

답 누전차단기 정격 감도전류,
ELB₁ : 26.12 ~ 265.33 [mA]
ELB₂ : 78.36 ~ 278.60 [mA]

(4)

전로의 대지전압 \ 기계기구의 시설장소	옥내		옥측		옥외	물기가 있는 장소
	건조한 장소	습기가 많은 장소	우선 내	우선 외		
150 [V] 이하	-	-	-	□	□	○
150 [V] 초과 300 [V] 이하	△	○	-	○	○	○

09

그림과 주어진 조건 및 참고표를 이용하여 3상 단락용량, 3상 단락전류, 차단기의 차단용량 등을 계산하시오.

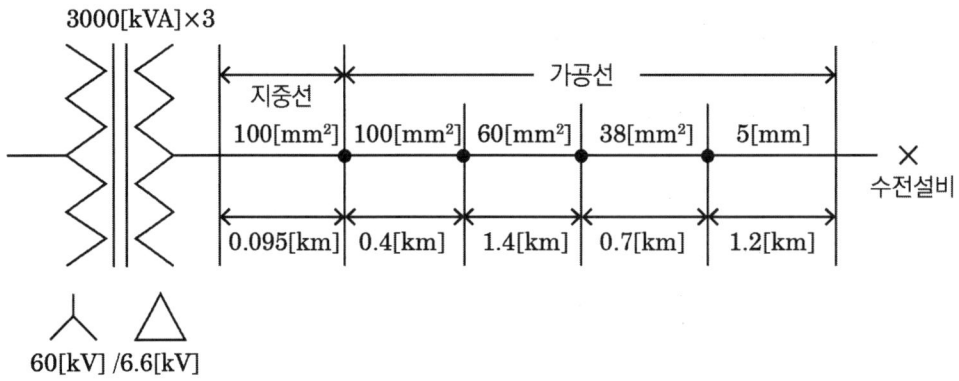

[조건]
수전설비 1차 측에서 본 1상당의 합성임피던스 %X_g = 1.5 [%]이고, 변압기 명판에는 7.4 [%]/3000 [kVA](기준용량은 10000 [kVA])이다.

[표1] 유입차단기 전력퓨즈의 정격차단용량

정격전압 [V]	정격차단용량 표준치(3상 [MVA])
3600	10 25 50 (75) 100 150 250
7200	25 50 (75) 100 150 (200) 250

[표2] 가공전선로(경동선) %임피던스

배선방식		%r, %x 의 값은 [%/km]								
		100	80	60	50	38	30	22	14	5 [mm]	4 [mm]
3φ3W 3 [kV]	%r	16.5	21.1	27.9	34.8	44.8	57.2	75.7	119.15	83.1	127.8
	%x	29.3	30.6	31.4	32.0	32.9	33.6	34.4	35.7	35.1	36.4
3φ3W 6 [kV]	%r	4.1	5.3	7.0	8.7	11.2	18.9	29.9	29.9	20.8	32.5
	%x	7.5	7.7	7.9	8.0	8.2	8.4	8.6	8.7	8.8	9.1
3φ3W 5.2 [kV]	%r	5.5	7.0	9.3	11.6	14.9	19.1	25.2	39.8	27.7	43.3
	%x	10.2	10.5	10.7	10.9	11.2	11.5	11.8	12.2	12.0	12.4

[주] 3상 4선식, 5.2 [kV] 선로에서 전압선 2선, 중앙선 1선인 경우 단락용량의 계획은 3상 3선식 3 [kV] 시에 따른다.

[표3] 지중케이블 전로의 %임피던스

배선방식		%r, %x 의 값은 [%/km]									
		250	200	150	125	100	80	60	50	38	30	22
3φ3W 3 [kV]	%r	6.6	8.2	13.7	13.4	16.8	20.9	27.6	32.7	43.4	55.9	118.5
	%x	5.5	5.6	5.8	5.9	6.0	6.2	6.5	6.6	6.8	7.1	8.3
3φ3W 6 [kV]	%r	1.6	2.0	2.7	3.4	4.2	5.2	6.9	8.2	8.6	14.0	29.6
	%x	1.5	1.5	1.6	1.6	1.7	1.8	1.9	1.9	1.9	2.0	-
3φ3W 5.2 [kV]	%r	2.2	2.7	3.6	4.5	5.6	7.0	9.2	14.5	14.5	18.6	-
	%x	2.0	2.0	2.1	2.2	2.3	2.3	2.4	2.6	2.6	2.7	-

[주] 1. 3상 4선식, 5.2 [kV] 전로의 %r, %x의 값은 6[kV] 케이블을 사용한 것으로 계산한 것이다.

    2. 3상 3선식 5.2 [kV]에서 전압선 2선, 중앙선 1선의 경우 단락용량의 계산은 3상 3선식 3 [kV] 전로에 따른다.

(1) 수전설비에서의 합성 %임피던스를 계산하시오.
(2) 수전설비에서의 3상 단락용량을 계산하시오.
(3) 수전설비에서의 3상 단락전류를 계산하시오.
(4) 수전설비에서의 정격차단용량을 계산하고, 표에서 적당한 용량을 찾아 선정하시오.

정답

(1) ① 변압기 : 기준용량 10000 [kVA]으로 환산하면 $\%X_t = \dfrac{10000}{3000} \times 7.4 = 24.67\,[\%]$

  ② 지중선 : 표3에 의하여
$$\%Z_l = \%r + j\%x = (0.095 \times 4.2) + j(0.095 \times 1.7) = 0.399 + j0.1615$$

  ③ 가공선 : 표2에 의하여

	%r	%x
100 [mm²]	0.4×4.1 = 1.64	0.4×7.5 = 3
60 [mm²]	1.4×7 = 9.8	1.4×7.9 = 11.06
38 [mm²]	0.7×11.2 = 7.84	0.7×8.2 = 5.74
5 [mm²]	1.2×20.8 = 24.96	1.2×8.8 = 10.56
합계	44.24	30.36

  ④ 합성 %임피던스 $\%Z = \%Z_g + \%Z_t + \%Z_l$
$$= j1.5 + j24.67 + 0.399 + j0.1615 + 44.24 + j30.36$$
$$= 44.639 + j56.6915 = 72.16\,[\%]$$

답 72.16 [%]

(2) 단락용량 $P_s = \dfrac{100}{\%Z} P_n = \dfrac{100}{72.16} \times 10000 = 13858.09$ [kVA]

답 13858.09 [kVA]

(3) 단락전류 $I_s = \dfrac{100}{\%Z} I_n = \dfrac{100}{72.16} \times \dfrac{10000}{\sqrt{3} \times 6.6} = 1212.27$ [A]

답 1212.27 [A]

(4) 차단용량 $P_s = \sqrt{3}\, V_n I_s = \sqrt{3} \times 7200 \times 1212.27 \times 10^{-6} = 15.12$ [MVA]

답 25 [MVA]

10

아래의 표에서 금속관 부품의 특징에 해당하는 부품명을 쓰시오.

부품명	특징
①	관과 박스를 접속할 경우 파이프 나사를 죄어 고정시키는데 사용되며 6각형과 기어형이 있다.
②	전선 관단에 끼우고 전선을 넣거나 빼는데 있어서 전선의 피복을 보호하여 전선이 손상되지 않게 하는 것으로 금속제와 합성수지제의 2종류가 있다.
③	금속관 상호 접속 또는 관과 노멀밴드와의 접속에 사용되며 내면에 나사가 있으며 관의 양측을 돌리어 사용할 수 없는 경우 유니온 커플링을 사용한다.
④	노출배관에서 금속관을 조영재에 고정시키는데 사용되며 합성수지 전선관, 가요전선관, 케이블 공사에도 사용된다.
⑤	배관의 직각 굴곡에 사용하며 양단에 나사가 나있어 관과 접속에는 커플링을 사용한다.
⑥	금속관을 아웃렛 박스에 노크아웃에 취부할 때 노크아웃의 구멍이 관의 구멍보다 클 때 사용된다.
⑦	매입형의 스위치나 콘센트를 고정하는데 사용되며 1개용, 2개용, 3개용 등이 있다.
⑧	전선관 공사에 있어 전등 기구나 점멸기 또는 콘센트의 고정, 접속함으로 사용되며 4각 및 8각이 있다.

정답

① 로크너트(Lock nut)   ② 부싱(Bushing)   ③ 커플링(Coupling)
④ 새들(Saddle)   ⑤ 노멀밴드(Normal band)   ⑥ 링리듀서(Ring reducer)
⑦ 스위치 박스(Switch box)   ⑧ 아울렛 박스(Outlet box)

11

단권 변압기 3대를 사용한 3상 △결선 승압기에 의해 45 [kVA]인 3상 평형 부하의 전압을 3000 [V]에서 3300 [V]로 승압하는 데 필요한 변압기의 총용량은 얼마인지 계산하시오.

정답

■ 계산과정

$$\text{변압기용량} = \frac{3300^2 - 3000^2}{\sqrt{3} \times 3300 \times 3000} \times 45 = 4.95 \text{ [kVA]}$$

답 5 [kVA]

핵심이론

□ 용량비

사용 변압기	용량비
단권변압기 1대	$\dfrac{\text{자기용량}}{\text{부하용량}} = \dfrac{V_h - V_\ell}{V_h}$
단권변압기 2대 (V결선)	$\dfrac{\text{자기용량}}{\text{부하용량}} = \dfrac{2}{\sqrt{3}} \left(\dfrac{V_h - V_\ell}{V_h} \right)$
단권변압기 3대 (Y결선)	$\dfrac{\text{자기용량}}{\text{부하용량}} = \dfrac{V_h - V_\ell}{V_h}$
단권변압기 3대 (△결선)	$\dfrac{\text{자기용량}}{\text{부하용량}} = \dfrac{V_h^2 - V_\ell^2}{\sqrt{3}\, V_h V_\ell}$

12

조명 설비에 대한 다음 각 물음에 답하시오.

(1) 배선도면에 $\bigcirc_{H250}$으로 표현되어 있다. 이것의 의미를 쓰시오.

(2) 평면이 30×15 [m]인 사무실에 32 [W], 전광속 3000 [lm]인 형광등을 사용하여 평균조도를 450 [lx]로 유지하도록 설계하고자 한다. 이 사무실에 필요한 형광등 수를 산정하시오. (단, 조명률은 0.6이고, 감광보상률은 1.3이다.)

> 정답

(1) 250 [W] 수은등

(2) $N = \dfrac{EAD}{FU} = \dfrac{450 \times 30 \times 15 \times 1.3}{3000 \times 0.6} = 146.25$ [등]

답 147 [등]

> 핵심이론

□ 실지수의 결정
 ① 실지수는 실의 크기 및 형태를 나타내는 척도
 ② 실지수 $= \dfrac{XY}{H(X+Y)}$

  X : 방의 가로 길이   Y : 방의 세로 길이   H : 작업 면으로부터 광원의 높이

13

디젤 발전기를 5시간 전부하로 운전할 때 연료 소비량이 287 [kg]이었다. 이 발전기의 정격 출력은 몇 [kVA]인가? (단, 중유의 열량은 10000 [kcal/kg], 기관의 효율은 35.3 [%], 발전기의 효율은 85.7 [%], 전부하시 발전기의 역률은 85 [%]이다)

> 정답

■ 계산과정

$$P = \dfrac{BH\eta_g \eta_t}{860 t \cos\theta} = \dfrac{287 \times 10000 \times 0.353 \times 0.857}{860 \times 5 \times 0.85} = 237.55 \text{ [kVA]}$$

답 237.55 [kVA]

> 핵심이론

□ 디젤 발전기의 종합효율

$\eta = \dfrac{860\, Pt}{mH}$ [kW]

  m : 연료 [kg],   H : 발열량 [kcal/kg],   P : 출력 [kW],   t : 시간 [h]

14

3상4선식 교류 380 [V], 50 [kVA] 부하가 변전실 배전반에서 270 [m] 떨어져 설치되어 있다. 허용전압강하는 얼마이며 이 경우 배전용 케이블의 최소 굵기는 얼마로 하여야 하는지 계산하시오. (단, 기사용장소 내 시설한 변압기이며, 케이블은 IEC 규격에 의한다)

(1) 허용 전압강하를 계산하시오.
(2) 케이블의 굵기를 선정하시오.

정답

(1) $e = 380 \times 0.07 = 26.6$ [V]

답 26.6 [V]

(2) • 부하전류 $I = \dfrac{P}{\sqrt{3}\,V} = \dfrac{50 \times 10^3}{\sqrt{3} \times 380} = 75.97$ [A]

• 전선의 굵기 $A = \dfrac{17.8IL}{1000e} = \dfrac{17.8 \times 75.97 \times 270}{1000 \times 220 \times 0.07} = 23.71$ [mm^2]

답 25 [mm^2]

핵심이론

□ 전압강하

공급변압기의 2차 측 단자 또는 인입선 접속점에서 최원단의 부하에 이르는 사이의 전선길이 [m]	전압강하 [%]	
	전기사업자로부터 저압으로 전기를 공급받는 경우	사용장소 안에 시설하는 전용변압기에서 공급하는 경우
120 이하	4 이하	(③) 이하
200 이하	(①) 이하	6 이하
200 초과	(②) 이하	(④) 이하

□ 전기 공급방식별 전압강하

배전방식	전압강하	측정 기준
단상 2선식	$e = \dfrac{35.6LI}{1000A}$	선간
3상 3선식	$e = \dfrac{30.8LI}{1000A}$	선간
단상 3선식 3상 4선식	$e = \dfrac{17.8LI}{1000A}$	대지간

15

특고압 대용량 유입변압기의 내부고장이 생겼을 경우 보호하는 장치를 설치하여야 한다. 특고압 유입변압기의 기계적인 보호장치 3가지를 쓰시오.

정답

충격압력계전기, 브흐홀쯔 계전기, 충격 가스압 계전기

16

일반적으로 보호계전 시스템은 사고시의 오동작이나 부작동에 따른 손해를 줄이기 위해 그림과 같이 주보호와 후비보호로 구성된다. 각 사고점(F_1, F_2, F_3, F_4)별 주보호 및 후비보호 요소들의 보호계전기와 해당 CB를 빈칸에 쓰시오.

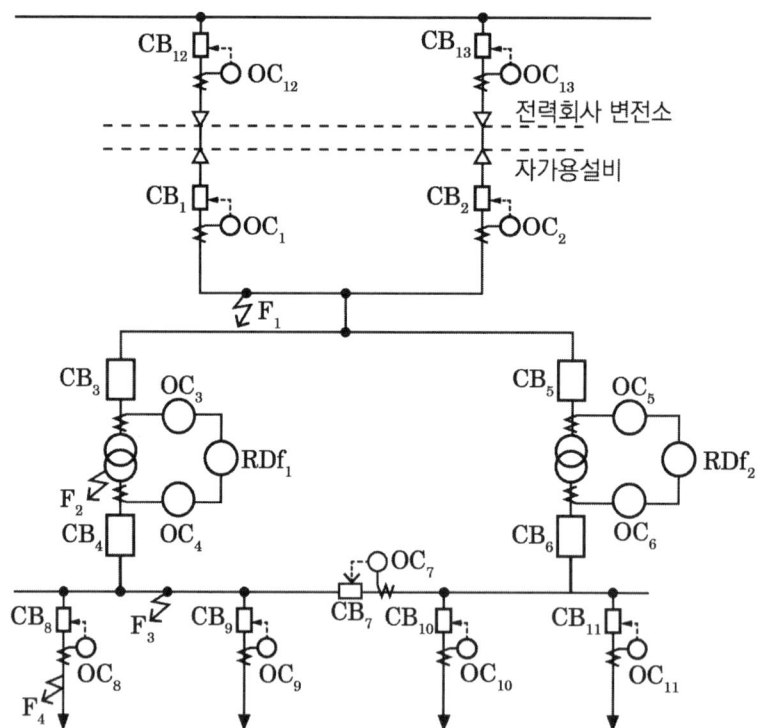

사고점	주보호	후비보호
F_1	[예] $OC_1 + CB_1$ And $OC_2 + CB_2$	①
F_2	②	③
F_3	④	⑤
F_4	⑥	⑦

정답

사고점	주보호	후비보호
F_1	$OC_1 + CB_1$ And $OC_2 + CB_2$	$OC_{12} + CB_{12}$ And $OC_{13} + CB_{13}$
F_2	$RDf_1 + OC_4 + CB_4$ And $OC_3 + CB_3$	$OC_1 + CB_1$ And $OC_2 + CB_2$
F_3	$OC_4 + CB_4$ And $OC_7 + CB_7$	$OC_3 + CB_3$ And $OC_6 + CB_6$
F_4	$OC_8 + CB_8$	$OC_4 + CB_4$ And $OC_7 + CB_7$

17

카르노 도표에 나타낸 것과 같이 논리식과 무접점 논리회로를 나타내시오. (단, "0" : L(Low Level), "1" : H(High Level)이며, 입력은 A B C, 출력은 X이다)

A/BC	0 0	0 1	1 1	1 0
0		1		1
1		1		1

(1) 논리식으로 나타낸 후 간략화하시오.
(2) 무접점 논리회로

정답

(1) $X = \overline{A} \cdot \overline{B} \cdot C + \overline{A} \cdot B \cdot \overline{C} + A \cdot \overline{B} \cdot C + A \cdot B \cdot \overline{C}$
$= \overline{B} \cdot C \cdot (\overline{A} + A) + B \cdot \overline{C} \cdot (\overline{A} + A) = \overline{B} \cdot C + B \cdot \overline{C}$

(2)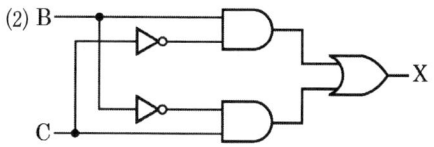

2011년 제1회

01

그림과 같은 3상 배전선에서 변전소(A점)의 전압은 3300 [V], 중간(B점) 지점의 부하는 50 [A], 역률 0.8(지상), 말단(C점)의 부하는 50 [A], 역률 0.8이고, A와 B 사이의 길이는 2 [km], B와 C 사이의 길이는 4 [km]이며, 선로의 [km]당 임피던스는 저항 0.9 [Ω], 리액턴스 0.4 [Ω]이라고 할 때 다음 물음에 답하시오.

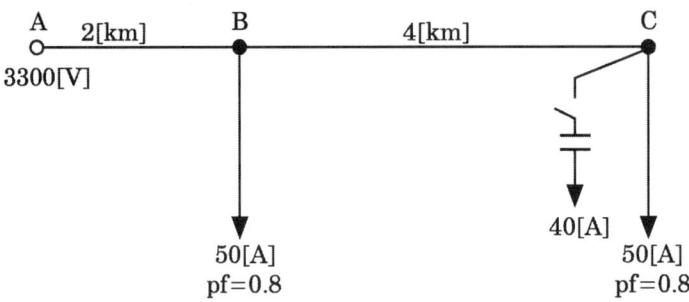

(1) 이 경우의 B점, C점의 전압은?
(2) C점에 전력용 콘덴서를 설치하여 진상 전류 40[A]를 흘릴 때 B점, C점의 전압은?
(3) 전력용 콘덴서를 설치하기 전과 후의 선로의 전력 손실을 구하시오.

정답

(1) ① B점
$$V_B = V_A - \sqrt{3}\, I_1 (R_1 \cos\theta + X_1 \sin\theta)$$
$$= 3300 - \sqrt{3} \times 100\,(1.8 \times 0.8 + 0.8 \times 0.6) = 2967.45\ [\text{V}]$$
답 2967.45 [V]

② C점
$$V_C = V_B - \sqrt{3}\, I_2 (R_2 \cos\theta + X_2 \sin\theta)$$
$$= 2967.45 - \sqrt{3} \times 50\,(3.6 \times 0.8 + 1.6 \times 0.6) = 2634.9\ [\text{V}]$$
답 2634.9 [V]

(2) ① B점
$$V_B = V_A - \sqrt{3}\,[I_1 \cos\theta \times R_1 + (I_1 \sin\theta - I_C) \times X_1]$$
$$= 3300 - \sqrt{3} \times [100 \times 0.8 \times 1.8 + (100 \times 0.6 - 40) \times 0.8] = 3022.87\ [\text{V}]$$
답 3022.87 [V]

② C점

$$V_C = V_B - \sqrt{3}\,[I_2\sin\theta \times R_2 + (I_2\sin\theta - I_C)\times X_2]$$
$$= 3022.87 - \sqrt{3}\times[50\times0.8\times3.6 + (50\times0.6-40)\times1.6] = 2801.17\,[V]$$

답 2801.17 [V]

(3) ① 설치 전

$$P_{L1} = 3I_1^2 R_1 + 3I_2^2 R_2 = 3\times100^2\times1.8 + 3\times50^2\times3.6 = 81000\,[W] = 81\,[kW]$$

답 81 [kW]

② 설치 후

$$I_1 = 100(0.8 - j0.6) + j40 = 80 - j20 = 82.46\,[A]$$
$$I_2 = 50(0.8 - j0.6) + j40 = 40 + j10 = 41.23\,[A]$$
$$P_{L2} = 3\times82.46^2\times1.8 + 3\times41.23^2\times3.6 = 55077\,[W] = 55.08\,[kW]$$

답 55.08 [kW]

02

그림과 같이 부하가 A, B, C에 시설될 경우, 이것에 공급할 변압기 Tr의 용량을 계산하여 표준용량을 선정하시오. (단, 부등률은 1.1, 부하역률은 80 [%]로 한다)

변압기 표준용량 [kVA]

50	100	150	200	250	300	350

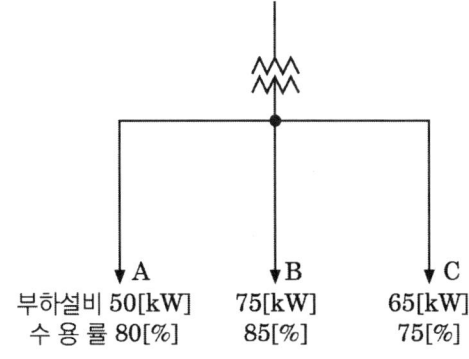

A	B	C
부하설비 50[kW]	75[kW]	65[kW]
수 용 률 80[%]	85[%]	75[%]

정답

$$\text{변압기 용량} = \frac{\text{설비용량}\times\text{수용률}}{\text{부등률}\times\text{역률}} = \frac{50\times0.8 + 75\times0.85 + 65\times0.75}{1.1\times0.8} = 173.3\,[kVA]$$

답 표준용량 200 [kVA] 선정

03

지표면상 10 [m] 높이에 수조가 있다. 이 수조에 초당 1 [m³]의 물을 양수하는 데 사용되는 펌프용 전동기에 3상 전력을 공급하기 위하여 단상 변압기 2대를 V결선하였다. 펌프효율이 70 [%]이고, 펌프축 동력에 20 [%]의 여유를 두는 경우 다음 각 물음에 답하시오. (단, 펌프용 3상 농형 유도 전동기의 역률을 100 [%]로 가정한다)

(1) 펌프용 전동기의 소요 동력은 몇 [kW]인가?
(2) 변압기 1대의 용량은 몇 [kVA]인가?

정답

(1) $P = \dfrac{9.8\,QHK}{\eta} = \dfrac{9.8 \times 1 \times 10 \times 1.2}{0.7} = 168\,[\text{kW}]$

$P_a = \dfrac{P}{\cos\theta} = \dfrac{168}{1} = 168\,[\text{kVA}]$

답 168 [kVA]

(2) 단상 변압기 2대를 V결선 했을 경우의 출력 $P_V = \sqrt{3}\,P_1$에서

$\sqrt{3}\,P_1 = 168\,[\text{kVA}]$

∴ 변압기 1대 정격용량 : $P_1 = \dfrac{P_V}{\sqrt{3}} = \dfrac{168}{\sqrt{3}} = 96.99\,[\text{kVA}]$

답 96.99[kVA]

04

점멸기의 그림 기호에 대한 다음 각 물음에 답하시오.

(1) 용량 표시방법에 몇 [A]이상일 때 전류치를 표기하는가?
(2) ① ●$_{2P}$와 ② ●$_4$는 어떻게 구분되는가?
(3) ③ 방수형과 ④ 방폭형은 어떤 문자를 표기하는가?

정답

(1) 15 [A]

(2) ① 2극 스위치   ② 4로 스위치

(3) ③ 방수형 : WP   ④ 방폭형 : EX

5

그림에 제시된 건물의 표준 부하표를 보고 건물 단면도의 분기회로수를 산출하시오.
(단, ① 사용전압은 220[V]로 하고 룸 에어컨은 별도 회로로 한다.
  ② 가산해야할 [VA]수는 표에 제시된 값 범위 내에서 큰 값을 적용한다.
  ③ 부하의 상정은 표준 부하법에 의해 설비 부하용량을 산출한다.)

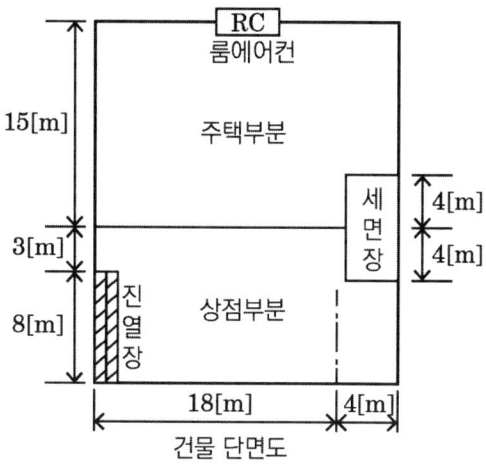

건물 단면도

[표] 건물의 표준 부하표

	건물의 종류	표준부하 [VA/m²]
P	공장, 공회당, 사원, 교회, 극장, 연회장 등	10
	기숙사, 여관, 호텔, 병원, 학교, 음식점, 다방, 대중목욕탕 등	20
	사무실, 은행, 상점, 이용소, 미장원	30
	주택, 아파트	40
Q	복도, 계단, 세면장, 창고, 다락	5
	강당, 관람석	10
C	주택, 아파트(1세대마다)에 대하여	500 ~ 1000 [VA]
	상점의 진열장은 폭 1[m]에 대하여	300 [VA]
	옥외의 광고등, 광전사인, 네온사인 등	실 [VA] 수
	극장, 댄스홀, 등의 무대조명, 영화관의 특수 전등부하	실 [VA] 수

P : 주 건축물의 바닥면적 Q : 건축물의 부분의 바닥면적 C : 가산해야할 [VA] 수

정답

- 상정부하 $= (15 \times 22 - 4 \times 4) \times 40 + (11 \times 22 - 4 \times 4) \times 30 + 8 \times 4 \times 5 + 8 \times 300 + 1000$
  $= 22900$ [VA]

- 분기회로 수 $= \dfrac{22900}{220 \times 16} = 6.51$ ∴ 16 [A] 분기 7회로, 에어컨 별도 분기 1회로

  답 16 [A] 분기 7회로, 에어컨 별도 분기 1회로

06

다음 결선도는 수동 및 자동(하루 중 설정시간 동안 운전) Y-△ 배기팬 MOTOR 결선도 및 조작회로이다. 다음 각 물음에 답하시오.

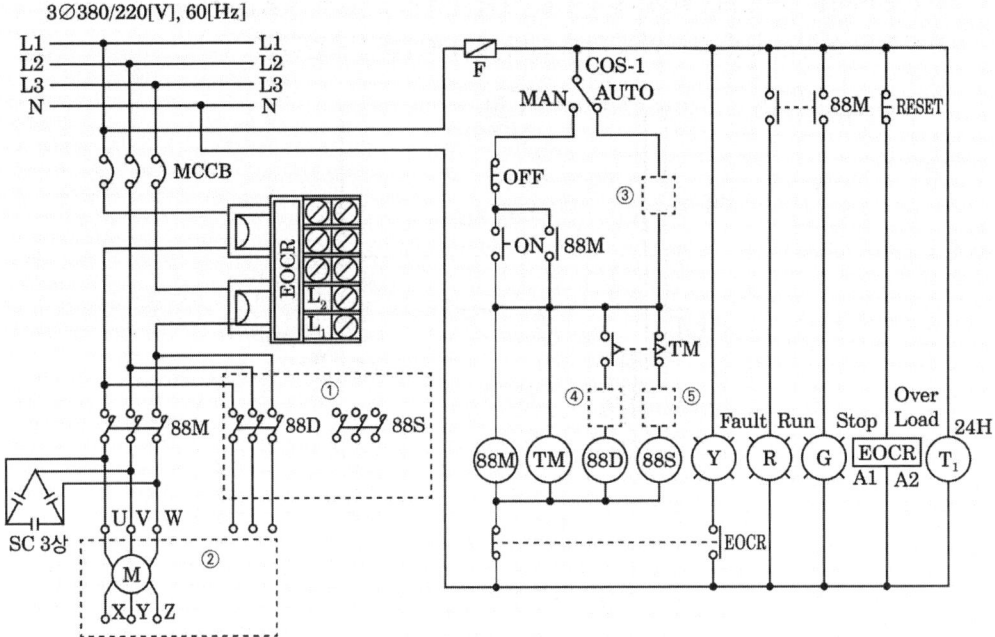

(1) ①, ② 부분의 누락된 회로를 완성하시오.

(2) ③, ④, ⑤의 미완성 부분의 접점을 그리고 그 접점기호를 표기하시오.

(3) ─o─∧─o─ 의 접점 명칭을 쓰시오.

(4) Time Chart를 완성하시오.

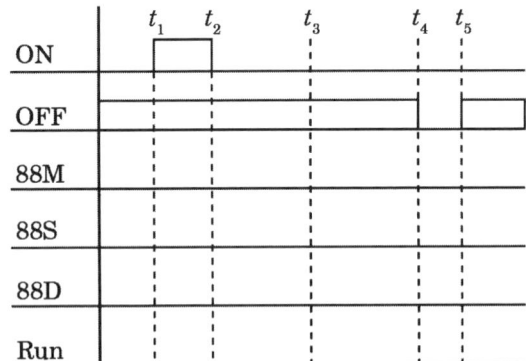

> 정답

(1)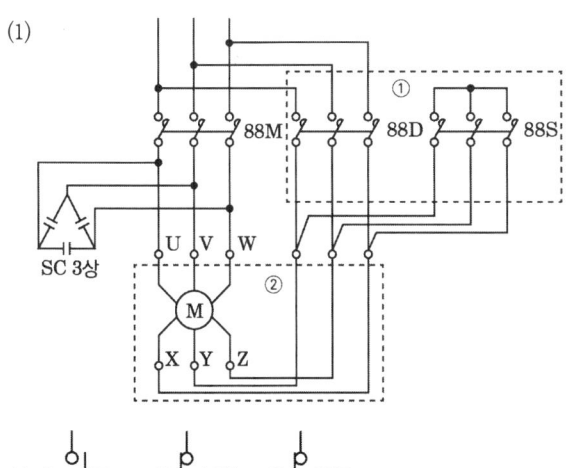

(2)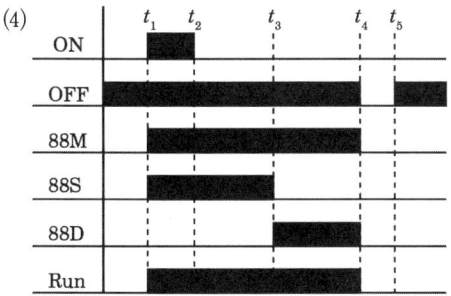

(3) 한시동작 a접점

(4)

	t_1	t_2	t_3	t_4	t_5
ON					
OFF					
88M					
88S					
88D					
Run					

07

역률 80 [%], 500 [kVA]의 부하를 가지는 변압설비에 150 [kVA]의 콘덴서를 설치해서 역률을 개선하는 경우 변압기에 걸리는 부하는 몇 [kVA]인지 계산하시오.

> 정답

- 역률 개선 전 유효전력 $P = P_a \cos\theta = 500 \times 0.8 = 400$ [kW]

- 역률 개선 전 무효전력 $P_r = P_a \cos\theta = 500 \times 0.6 = 300$ [kVar]

- 역률 개선 후 무효전력 $P_r{'} = 300 - 150 = 150$ [kVar]

- 역률 개선 후 피상전력 $P_a = \sqrt{P^2 + P_r^2} = \sqrt{400^2 + 150^2} = 427.20$ [kVA]

답 427.20 [kVA]

08

3개의 접지판 상호 간의 저항을 측정한 값이 그림과 같다면 G_3의 접지 저항값은 몇 [Ω]이 되겠는가?

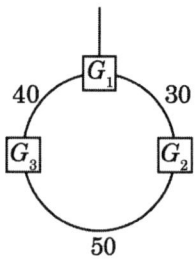

정답

■ 계산과정

접지저항값 $R_{G3} = \dfrac{1}{2}(40 + 50 - 30) = 30\,[\Omega]$

답 $30\,[\Omega]$

09

각 방향에 900 [cd]의 광도를 갖는 광원을 높이 3[m]에 취부한 경우 직하로부터 30° 방향의 수평면 조도 [lx]를 구하시오.

정답

■ 계산과정

수평면 조도 $E_h = \dfrac{I}{r^2}\cos\theta = \dfrac{I}{h^2}\cos^3\theta = \dfrac{900}{3^2} \times \cos^3 30° = 64.95\,[\text{lx}]$

답 $64.95\,[\text{lx}]$

10

다음 그림은 전력계통의 일부를 나타낸 것이다. 다음 물음에 답하시오.

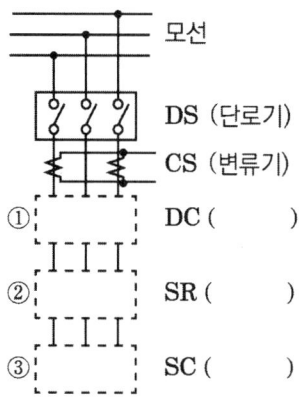

(1) ①, ②, ③의 회로를 완성하시오.
(2) ①, ②, ③의 명칭을 한글로 쓰시오.
(3) ①, ②, ③의 설치 사유를 쓰시오.

정답

(1)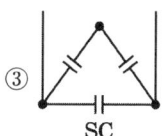

(2) ① 방전코일   ② 직렬리액터   ③ 전력용 콘덴서

(3) ① 콘덴서에 축적된 잔류전하 방전
   ② 제 5고조파 제거
   ③ 역률 개선

11

그림에서 3개의 접점 A, B, C 가운데 둘 이상이 ON 되었을 때, RL이 동작하는 회로이다. 다음 물음에 답하시오.

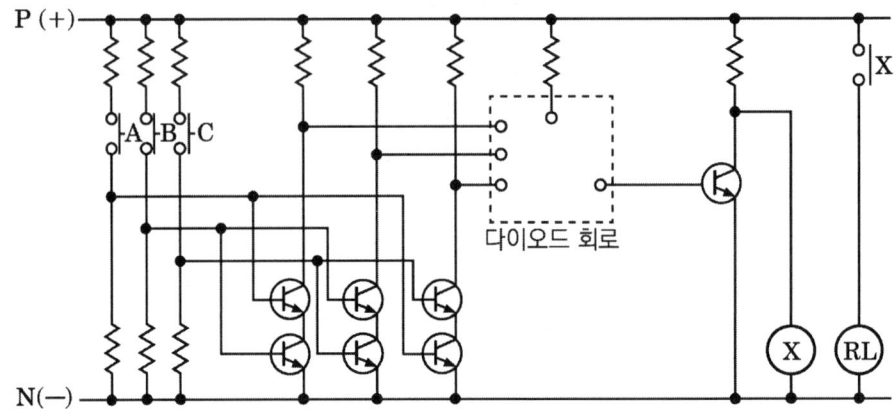

(1) 회로에서 점선 안의 내부회로를 다이오드 소자를 이용하여 올바르게 연결하시오.

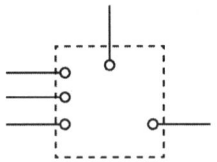

(2) 진리표를 완성하시오.

입력			출력
A	B	C	X
0	0	0	
0	0	1	
0	1	0	
0	1	1	
1	0	0	
1	0	1	
1	1	0	
1	1	1	

(3) X의 논리식을 간략화 하시오.

정답

(1)

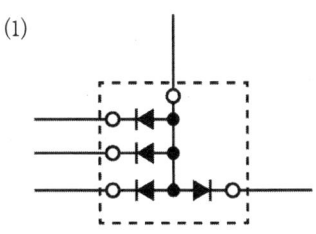

(2)

입력			출력
A	B	C	X
0	0	0	0
0	0	1	0
0	1	0	0
0	1	1	1
1	0	0	0
1	0	1	1
1	1	0	1
1	1	1	1

(3) $X = \overline{A}BC + A\overline{B}C + AB\overline{C} + ABC$
$= \overline{A}BC + A\overline{B}C + AB\overline{C} + ABC + ABC + ABC$
$= (\overline{A} + A)BC + (\overline{B} + B)AC + (\overline{C} + C)AB$
$= AB + BC + CA$

12

수전전압 22.9 [kV-Y]에 진공차단기와 몰드변압기를 사용하는 경우 개폐 시 이상전압으로부터 변압기 등 기기보호 목적으로 사용되는 것으로 LA와 같은 구조와 특성을 가진 것을 쓰시오.

정답

서지흡수기(SA)

13

그림과 같은 회로에서 단상전압 105 [V] 전동기의 전압 측 리드선과 전동기 외함 사이가 완전히 지락되었다. 변압기의 저압 측은 접지 저항값이 20 [Ω], 전동기의 접지 저항값은 30 [Ω]이라 한다. 변압기 및 선로의 임피던스를 무시한 경우에 전동기 외함에 접촉한 사람에게 위험을 줄 대지 전압은 얼마가 되겠는가?

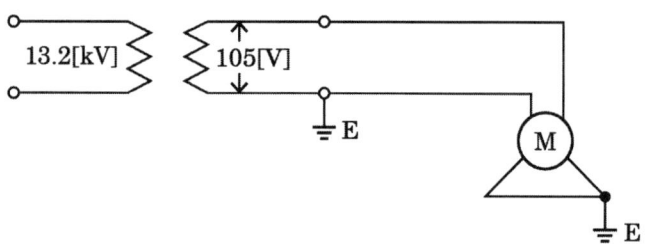

정답

■ 계산과정

$$e = \frac{R_3}{R_2 + R_3} V = \frac{30}{20 + 30} \times 105 = 63 \,[V]$$

답 63 [V]

14

사용 중의 변류기 2차 측을 개로하면 변류기에는 어떤 현상이 발생하는지 원인과 결과를 쓰시오.

정답

변류기 1차 측 부하전류가 모두 여자전류가 되어 변류기 2차 측에 고전압을 유기하여 변류기의 절연을 파괴할 수 있다.

15

예비 전원으로 이용되는 축전지에 대한 다음 각 물음에 답하시오.

(1) 그림과 같은 부하 특성을 갖는 축전지를 사용할 때 보수율은 0.8, 최저 축전지 온도 5 [℃], 허용최저전압 90 [V]일 때 몇 [Ah] 이상인 축전지를 선정하여야 하는가? (단, K_1 = 1.15 [A], K_2 = 0.91 [A]이고 셀(cell)당 전압은 1.06 [V/cell]이다.

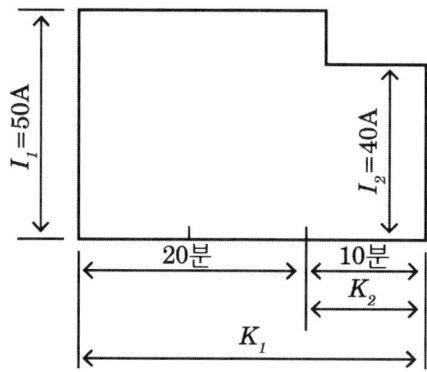

(2) 축전지의 과방전 및 방치 상태, 가벼운 설페이션(Sulfation) 현상 등이 생겼을 때 기능 회복을 위하여 실시하는 충전방식은 무엇인가?

(3) 연 축전지와 알칼리 축전지의 공칭전압은 각각 몇 [V]인가?

(4) 축전지 설비를 하려고 한다. 그 구성을 크게 4가지로 구분하시오.

정답

(1) $C = \dfrac{1}{L}[K_1 L_1 + K_2(I_2 - I_1)] = \dfrac{1}{0.8}[1.15 \times 50 + 0.91(40 - 50)] = 60.5$ [Ah]

(2) 회복충전

(3) ① 연축전지 : 2 [V/cell]
　② 알칼리 축전지 : 1.2 [V/cell]

(4) ① 축전지　② 충전장치　③ 보안장치　④ 제어장치

16

부하율에 대하여 설명하고 부하율이 적다는 것은 무엇을 의미하는지 2가지를 쓰시오.

정답

(1) 부하율 : 어떤 기간 중의 평균 수용 전력과 최대 수용 전력과의 비를 나타낸다.

즉, 부하율 = $\dfrac{평균전력}{최대전력} \times 100$ [%]

(2) 부하율이 적다의 의미
 ① 공급설비를 유용하게 사용하지 못한다.
 ② 평균수요전력과 최대수요전력과의 차가 커지게 되므로 부하설비의 가동률이 저하된다.

17

유도 전동기는 농형과 권선형으로 구분되는데 각 형식별 기동법을 다음 빈칸에 쓰시오.

전동기 형식	기동법	기동법의 특징
농형	①	전동기에 직접 전원을 접속하여 기동하는 방식으로 5 [kW] 이하의 소용량에 사용
농형	②	1차 권선을 Y접속으로 하여 전동기를 기동 시 상전압을 감압하여 기동하고 속도가 상승되어 운전속도에 가깝게 도달하였을 때 △접속으로 바꿔 큰 기동 전류를 흘리지 않고 기동하는 방식으로 보통 5.5 ~ 37 [kW] 정도의 용량에 사용
농형	③	기동전압을 떨어뜨려서 기동전류를 제한하는 기동방식으로 고전압 농형 유도전동기를 기동할 때 사용
권선형	④	유도전동기의 비례추이 특성을 이용하여 기동하는 방법으로 회전자 회로에 슬립링을 통하여 가변저항을 접속하고 그의 저항을 속도의 상승과 더불어 순차적으로 바꾸어서 적게 하면서 기동하는 방법
권선형	⑤	회전자 회로에 고정저항과 리액터를 병렬 접속한 것을 삽입하여 기동하는 방법

정답

① 직입기동 ② Y-△ 기동 ③ 기동보상기법 ④ 2차 저항 기동법 ⑤ 2차 임피던스 기동법

01

그림은 단상 전파정류 회로에서 교류 측 공급전압 628sin(314t) [V] 직류 측 부하저항 20 [Ω]이다. 물음에 답하시오.

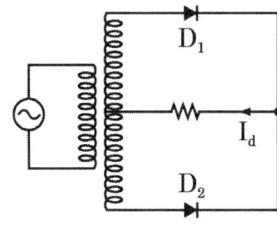

(1) 직류 부하전압의 평균값은?
(2) 직류 부하전류의 평균값은?
(3) 교류전류의 실횻값은?

정답

(1) 평균전압 $V_{dc} = \dfrac{2}{\pi} V_m = \dfrac{2}{\pi} \times 628 = 399.80$ [V]

답 399.80 [V]

(2) 평균전류 $I_{dc} = \dfrac{V_{dc}}{R} = \dfrac{399.80}{20} = 19.99$ [A]

답 19.99 [A]

(3) 실효전류 $I_{rms} = \dfrac{V_{rms}}{R} = \dfrac{628/\sqrt{2}}{20} = 22.20$ [A]

답 22.20 [A]

02

단상 유도 전동기에 대한 다음 각 물음에 답하시오.

(1) 기동 방식을 4가지만 쓰시오.
(2) 분상 기동형 단상 유도 전동기의 회전 방향을 바꾸려면 어떻게 하면 되는가?
(3) 단상 유도 전동기의 절연을 E종 절연물로 하였을 경우 최고 허용온도는 몇 [℃]인가?

정답

(1) ① 반발 기동형 ② 세이딩 코일형 ③ 콘덴서 기동형 ④ 분상 기동형
(2) 기동권선의 접속을 반대로 바꾸어 준다.
(3) 120 [℃]

03

불평형 부하의 제한에 관련된 다음 물음에 답하시오.

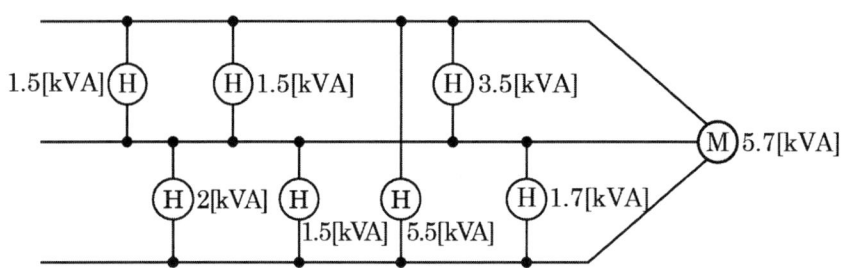

(1) 저압, 고압 및 특고압 수전의 3상 3선식 또는 3상 4선식에서 불평형 부하의 한도는 단상 접속 부하로 계산하여 설비 불평형률을 몇 [%] 이하로 하는 것을 원칙으로 하는가?
(2) "(1)"항 문제의 제한 원칙에 따르지 않아도 되는 경우를 2가지만 쓰시오.
(3) 부하 설비가 그림과 같을 때 설비 불평형률은 몇 [%]인가? (단, Ⓗ는 전열기 부하이고, Ⓜ은 전동기 부하이다.)

정답

(1) 30 [%] 이하

(2) ① 저압 수전에서 전용 변압기 등으로 수전하는 경우
   ② 고압 및 특고압 수전에서 100 [kVA] 이하의 단상 부하인 경우

(3) 불평형률 $= \dfrac{(3.5 + 1.5 + 1.5) - (2 + 1.5 + 1.7)}{\dfrac{1}{3}(1.5 + 1.5 + 3.5 + 5.7 + 2 + 1.5 + 5.5 + 1.7)} \times 100 = 17.03$ [%]

> **핵심이론**

□ 설비 불평형률

(1) 단상 3선식
- 저압수전의 단상 3선식에서 중성선과 각 전압 측 전선 간의 부하는 평형이 되게 하는 것을 원칙으로 한다. 부득이한 경우 설비불평형률은 40%까지 할 수 있다.

$$설비불평형률 = \frac{중성선과\ 각\ 전압\ 측\ 선간에\ 접속되는\ 부하설비용량의\ 차}{총\ 부하설비용량 \times \frac{1}{2}} \times 100\,[\%]$$

(2) 3상 3선식 또는 3상 4선식
- 저압, 고압 및 특고압 수전의 3상 3선식 또는 3상 4선식에서 불평형부하의 한도는 단상 접속부하로 계산하며 설비불평형률을 30% 이하로 하는 것을 원칙으로 한다.

$$설비불평형률 = \frac{각\ 간선에\ 접속되는\ 단상부하\ 총\ 설비용량의\ 최대와\ 최소의\ 차}{총\ 부하설비용량 \times \frac{1}{3}} \times 100\,[\%]$$

- 예외의 경우
  ① 저압 수전에서 전용 변압기 등으로 수전하는 경우
  ② 고압 및 특고압 수전에서 100 [kVA] 이하의 단상 부하인 경우
  ③ 특고압 및 고압 수전에서 단상부하용량의 최대와 최소의 차가 100 [kVA] 이하인 경우
  ④ 특고압 수전에서는 100 [kVA] 이하의 단상 변압기 2대로 역 V결선하는 경우

04

태양광 발전의 장단점은?

정답

(1) 장점
  ① 규모에 관계없이 발전 효율이 일정하다.
  ② 태양 빛이 있는 곳이라면 어디에서나 설치 할 수 있고 보수가 용이하다.
  ③ 자원이 반영구적이다.
  ④ 확산광(산란광)도 이용할 수 있다.

(2) 단점
  ① 태양광의 에너지 밀도가 낮다.
  ② 비가 오거나 흐린 날씨에는 발전능력이 저하한다.

05

TV나 형광등과 같은 전기제품에서의 깜빡거림 현상을 플리커 현상이라 하는데 이 플리커 현상을 경감시키기 위한 전원 측과 수용가 측에서의 대책을 각각 3가지씩 쓰시오.

(1) 전원 측
(2) 수용가 측

정답

(1) 전원 측
　① 전용계통으로 공급한다.
　② 공급 전압을 승압한다.
　③ 단락용량이 큰 계통에서 공급한다.

(2) 수용가 측
　① 직렬 콘덴서 설치
　② 부스터 설치
　③ 직렬 리액터 설치

06

주상 변압기의 고압 측의 사용탭이 6600 [V]인 때에 저압 측의 전압이 95 [V]였다. 저압 측의 전압을 약 100 [V]로 유지하기 위해서는 고압 측의 사용탭은 얼마로 하여야 하는가? (단, 변압기의 정격전압은 6600/105 [V]이다)

정답

■ 계산과정

고압 측의 탭전압 $E_1 = \dfrac{V_1}{V_2} E_2 = \dfrac{6600}{100} \times 95 = 6270$ [V]

∴ 탭전압의 표준값인 6300 [V] 탭으로 선정한다.

답 6300 [V]

07

지표면상 18 [m] 높이의 수조가 있다. 이 수조에 25 [m³/min] 물을 양수하는 데 필요한 펌프용 전동기의 소요동력은 몇 [kW]인가? (단, 펌프의 효율은 82 [%]로 하고, 여유계수는 1.1로 한다)

정답

■ 계산과정

$$P = \frac{QHK}{6.12\eta} = \frac{25 \times 18 \times 1.1}{6.12 \times 0.82} = 98.64 \,[\text{kW}]$$

답 98.64 [kW]

08

3상 380 [V], 20 [kW], 역률 80 [%]인 부하의 역률을 개선하기 위하여 15 [kVA]의 진상 콘덴서를 설치하는 경우 전류의 차(역률 개선 전과 역률 개선 후)는 몇 [A]가 되겠는가?

정답

■ 계산과정

① 역률 개선 전 전류 $I_1 = \dfrac{P}{\sqrt{3}\,V\cos\theta_1} = \dfrac{20 \times 10^3}{\sqrt{3} \times 380 \times 0.8} = 37.98\,[\text{A}]$

② 역률 개선 후 전류 I_2

- 콘덴서 설치후 무효전력 $Q = \dfrac{P}{\cos\theta_1} \times \sin\theta - Q_c = \dfrac{20}{0.8} \times 0.6 - 15 = 0\,[\text{kVar}]$

- 콘덴서 설치후 역률 $\cos\theta_2 = \dfrac{P}{\sqrt{P^2 + Q^2}} = \dfrac{20}{\sqrt{20^2 + 0^2}} = 1$

- 역률 개선 후 전류 $I_2 = \dfrac{P}{\sqrt{3}\,V\cos\theta_2} = \dfrac{20 \times 10^3}{\sqrt{3} \times 380 \times 1} = 30.39$

③ 차전류 $I = I_1 - I_2 = 37.98(0.8 - j0.6) - 30.39 = -j22.79\,[\text{A}]$

답 22.79 [A]

09

다음 논리 회로에 대한 물음에 답하시오.

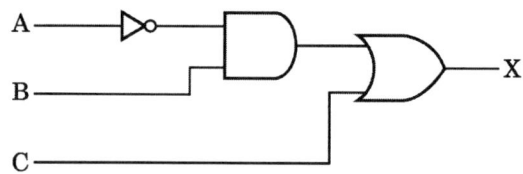

(1) NOR만의 회로를 그리시오.
(2) NAND만의 회로를 그리시오.

정답

(1), (2) 회로도 생략

10

유입변압기와 비교한 몰드 변압기의 장점 5가지를 쓰시오.

정답

① 단시간 과부하 내량이 높다.
② 난연성이 우수하다.
③ 소형 경량화 할 수 있다.
④ 내습, 내진성이 양호하다.
⑤ 절연유를 사용하지 않으므로 유지보수가 용이하다.

> **핵심이론**

□ 몰드변압기
 (1) 몰드변압기 장점
  ① 소형, 경량화 할 수 있다.
  ② 난연성이 우수하다.
  ③ 절연유를 사용하지 않으므로 유지보수가 용이하다.
  ④ 전력손실이 적다.
  ⑤ 내습, 내진성이 양호하다.
  ⑥ 단시간 과부하 내량이 높다.
 (2) 몰드변압기 단점
  ① 충격파 내전압이 낮다.
  ② 가격이 비싸다.
  ③ 수지층에 차폐물이 없으므로 운전 중 코일 표면과 접촉하면 위험하다.

11

수전전압 6600 [V], 가공 전선로의 %임피던스가 58.5 [%]일 때 수전점의 3상 단락 전류가 7000 [A]인 경우 기준 용량과 수전용 차단기의 차단용량은 얼마인가?

〈 차단기의 정격용량 [MVA] 〉

10	20	30	50	75	100	150	250	300	400	500

> **정답**

(1) • 단락전류 $I_s = \dfrac{100}{\%Z} I_n$

  • 정격전류 $I_n = \dfrac{\%Z}{100} I_s = \dfrac{58.5}{100} \times 7000 = 4095$ [A]

  • 기준용량 $P_n = \sqrt{3}\, VI_n = \sqrt{3} \times 6600 \times 4095 \times 10^{-6} = 46.81$ [MVA]

  답 46.81 [MVA]

(2) • 차단용량 $P_s = \sqrt{3}\, V_n I_s = \sqrt{3} \times 7200 \times 7000 \times 10^{-6} = 87.3$ [MVA]
  • 표에 의하여 표준용량 100 [MVA]

  답 100 [MVA]

> **핵심이론**
>
> □ 단락전류
> - 기준용량 $P_n = \sqrt{3} \times$ 공칭전압 $\times$ 정격전류
> - 단락용량 $P_n = \sqrt{3} \times$ 공칭전압 $\times$ 단락전류
> - 차단용량 $P_n = \sqrt{3} \times$ 정격전압 $\times$ 단락전류

12

평균조도 500 [lx] 전반조명을 시설한 40 [m²]의 방이 있다. 이 방에 조명기구 1대당 광속 500 [lm], 조명률 50 [%], 유지율 80 [%]인 등기구를 설치하려고 한다. 이때 조명기구 1대의 소비전력을 70 [W]라면 이 방에서 24시간 연속 점등한 경우 하루의 소비전력량은 몇 [kWh]인가?

> **정답**
>
> ■ 계산과정
> - 전등 수 $N = \dfrac{EA}{FUM} = \dfrac{500 \times 40}{500 \times 0.5 \times 0.8} = 100$ 등
> - 소비전력량 $W = Pt = 70 \times 100 \times 24 \times 10^{-3} = 168$ [kWh]
>
> 답 168 [kWh]

> **핵심이론**
>
> □ 광속의 결정
> $FUN = EAD$
>
> - E : 평균 조도 · A : 실내의 면적 · U : 조명률 · D : 감광 보상율
> - N : 소요 등수 · F : 1등당 광속 · M : 보수율(감광 보상율의 역수)

13

일반용 전기설비 및 자가용 전기설비에 있어서의 과전류 종류 2가지와 각각에 대한 용어의 정의를 쓰시오.

정답

① 과부하전류 : 기기에 대하여는 그 정격전류, 전선에 대하여는 그 허용전류를 어느 정도 초과하여 그 계속되는 시간을 합하여 생각하였을 때, 기기 또는 전선의 손상 방지상 자동차단을 필요로 하는 전류를 말한다.

② 단락전류 : 전로의 선간이 임피던스가 적은 상태로 접속되었을 경우에 그 부분을 통하여 흐르는 큰 전류를 말한다.

14

피뢰기에 흐르는 정격방전전류는 변전소의 차폐유무와 그 지방의 연간 뇌우 발생 일수와 관계되나 모든 요소를 고려한 경우 일반적인 시설장소별 적용할 피뢰기의 공칭방전전류를 쓰시오.

공칭 방전전류	설치 장소	적용 조건
①	변전소	• 154 [kV] 이상의 계통 • 66 [kV] 및 그 이하의 계통에서 Bank 용량이 3000 [kVA]를 초과하거나 특히 중요한 곳 • 장거리 송전케이블(배전선로 인출용 단거리케이블은 제외) 및 전축전기 Bank를 개폐하는 곳 • 배전선로 인출 측(배전 간선 인출용 장거리 케이블은 제외)
②	변전소	• 66 [kV] 및 그 이하의 계통에서 Bank 용량이 3000 [kVA] 이하인 곳
③	선로	• 배전선로

정답

① 10,000 [A]

② 5,000 [A]

③ 2,500 [A]

15

최대사용전압 360 [kV]의 가공 전선이 최대사용전압 161 [kV] 가공 전선과 교차하여 시설되는 경우 양자 간의 최소이격거리는 몇 [m]인가?

정답

■ 계산과정

- 단수 = $\dfrac{360 - 60}{10} = 30$
- 이격거리 = $2 + 단수 \times 0.12 = 2 + 30 \times 0.12 = 5.6$ [m]

답 5.6 [m]

핵심이론

□ 특고압 가공전선과 가공전선 간의 접근 또는 교차(KEC 333.27)

35 kV 이하	35 kV ~ 60 kV	60 kV 초과
2 m	2 m	2 m + $\dfrac{X - 60}{10} \times 0.12$ [m]
절연전선 1 m		
케이블 0.5 m		

※ $\dfrac{X-60}{10}$의 값은 소수점 첫째 자리에서 절상

16

다음 그림은 전자식 접지 저항계를 사용하여 접지극의 접지 저항을 측정하기 위한 배치도이다. 물음에 답하시오.

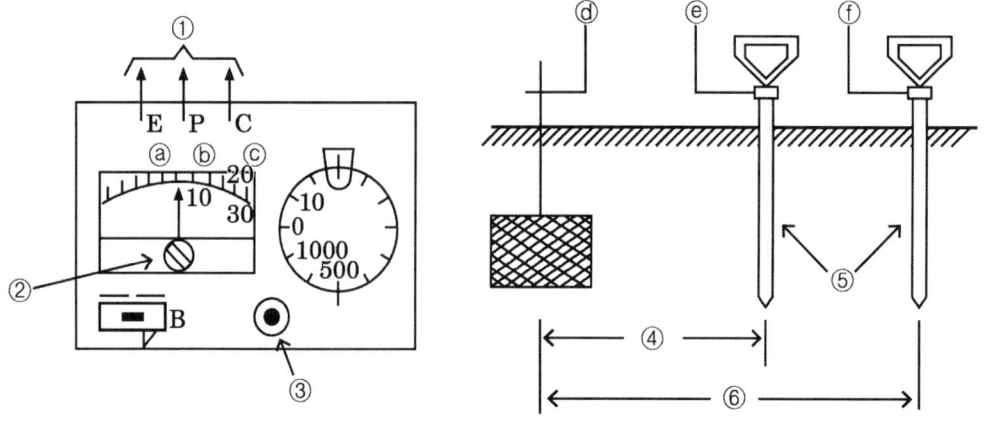

(1) 보조 접지극을 설치하는 이유는 무엇인가?
(2) ⑤와 ⑥의 설치 간격은 얼마인가?
(3) 그림에서 ①의 측정단자 접속은?
(4) 접지극의 매설 깊이는?

정답

(1) 전압과 전류를 공급하여 접지저항을 측정하기 위함

(2) ⑤ 10 [m]   ⑥ 20 [m]

(3) ⓐ ⇨ ⓓ, ⓑ ⇨ ⓔ, ⓒ ⇨ ⓕ

(4) 0.75 [m]

17

다음 그림은 변전설비의 단선결선도이다. 물음에 답하시오.

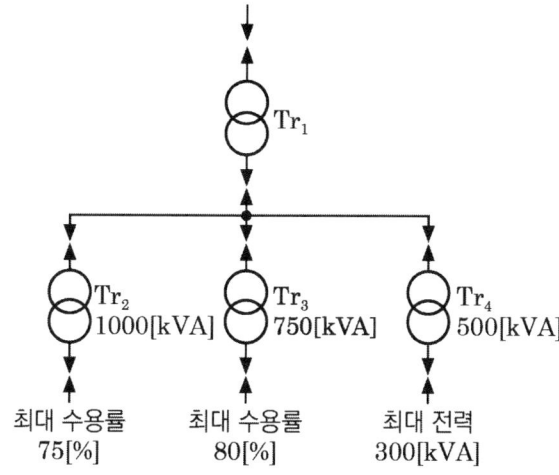

(1) 부등률 적용 변압기는?
(2) (1)항의 변압기에 부등률을 적용하는 이유를 변압기를 이용하여 설명하시오.
(3) Tr_1의 부등률은 얼마인가? (단, 최대합성전력은 1375 [kVA])
(4) 수용률의 의미를 간단히 설명하시오.
(5) 변압기 1차 측에 설치할 수 있는 차단기 3가지를 쓰시오.

정답

(1) Tr_1

(2) Tr_1에 접속되는 Tr_2, Tr_3, Tr_4는 각각의 특성에 따라 최대수용전력이 생기는 시각이 다르므로 Tr_1에 부등률을 적용해야 한다.

(3) 부등률 = $\dfrac{\text{최대수용전력의 합}}{\text{합성 최대수용전력}} = \dfrac{1000 \times 0.75 + 750 \times 0.8 + 300}{1375} = 1.2$

(4) 수용설비가 동시에 사용되는 정도를 나타낸다.

(5) 유입차단기, 진공차단기, 가스차단기

2011년 제3회

01

대용량의 변압기 내부고장을 보호할 수 있는 보호장치 5가지만 쓰시오.

정답

① 비율차동 계전기
② 과전류 계전기
③ 방압 안정장치
④ 브흐홀츠 계전기
⑤ 충격압력 계전기

02

가공전선로의 이도가 너무 크거나 너무 작을 시 전선로에 미치는 영향 4가지만 쓰시오.

정답

① 이도의 대소는 지지물의 높이를 좌우한다.
② 이도가 너무 크면 전선은 그만큼 좌우로 진동해서 다른 상의 전선에 접촉하거나 수목에 접촉해서 위험을 준다.
③ 이도가 너무 크면 도로, 철도, 통신선 등의 횡단 장소에서는 이들과 접촉될 위험이 있다.
④ 이도가 너무 작으면 전선의 장력이 증가하여 심할 경우에는 전선이 단선되기도 한다.

03

2중 모선에서 평상시에 No.1 T/L은 A모선에서 No.2 T/L은 B모선에서 공급하고 모선연락용 CB는 개방되어 있다.

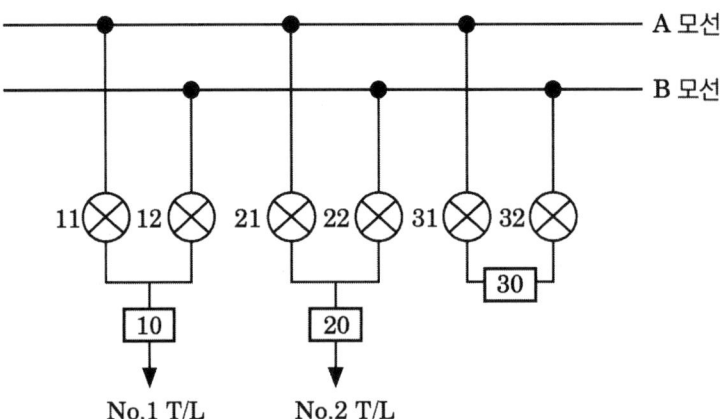

(1) B 모선을 점검하기 위하여 절체하는 순서는? (단, 10-OFF, 20-ON 등으로 표시)
(2) B 모선을 점검 후 원상 복구하는 조작 순서는? (단, 10-OFF, 20-ON 등으로 표시)
(3) 10, 20, 30에 대한 기기의 명칭은?
(4) 11, 21에 대한 기기의 명칭은?
(5) 2중 모선의 장점은?

정답

(1) 31-ON, 32-ON, 30-ON, 21-ON, 22-OFF, 30-OFF, 31-OFF, 32-OFF

(2) 31-ON, 32-ON, 30-ON, 22-ON, 21-OFF, 30-OFF, 31-OFF, 32-OFF

(3) 차단기

(4) 단로기

(5) 모선 점검 시에도 부하의 운전을 무정전 상태로 할 수 있어 전원 공급의 신뢰도가 높다.

04

눈부심이 있는 경우 작업능률의 저하, 재해 발생, 시력의 감퇴 등이 발생하므로 조명설계의 경우 이 눈부심을 적극 피할 수 있도록 고려해야 한다. 눈부심을 일으키는 원인 5가지만 쓰시오.

정답

① 고휘도의 광원, 반사면 또는 투과면
② 순응의 결핍
③ 눈에 입사하는 광속의 과다
④ 물체와 그 주위 사이의 고휘도 대비
⑤ 광원을 오랫동안 주시할 때

05

그림과 같은 송전계통 S점에서 3상 단락사고가 발생하였다. 주어진 도면과 조건을 참고하여 발전기, 변압기(T_1), 송전선 및 조상기의 %리액턴스를 기준용량 100 [MVA]로 환산하시오.

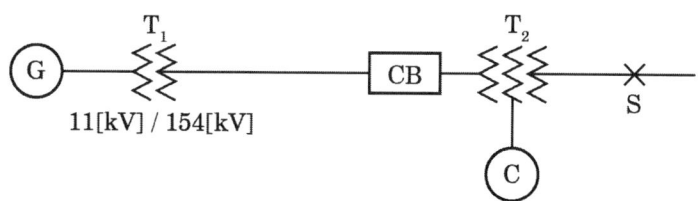

번호	기기명	용량	전압	%X
1	G : 발전기	50000 [kVA]	11 [kV]	30
2	T_1 : 변압기	50000 [kVA]	11/154 [kV]	12
3	송전선		154 [kV]	10(10000 [kVA] 기준)
4	T_2 : 변압기	1차 25000 [kVA]	154 [kV](1차 ~ 2차)	12(25000 [kVA] 기준)
		2차 25000 [kVA]	77 [kV](2차 ~ 3차)	15(25000 [kVA] 기준)
		3차 10000 [kVA]	11 [kV](3차 ~ 1차)	10.8(10000 [kVA] 기준)
5	C : 조상기	10000 [kVA]	11 [kV]	20(10000 [kVA] 기준)

정답

① 발전기 $\%X_G = \dfrac{100}{50} \times 30 = 60\ [\%]$

② 변압기 $\%X_r = \dfrac{100}{50} \times 12 = 24\ [\%]$

③ 송전선 $\%X_l = \dfrac{100}{10} \times 10 = 100\ [\%]$

④ 조상기 $\%X_c = \dfrac{100}{10} \times 20 = 200\ [\%]$

6

부하전력이 4000 [kW], 역률 80 [%]인 부하에 전력용 콘덴서 1800 [kVA]를 설치하였다. 이때 다음 각 물음에 답하시오.

(1) 역률은 몇 [%]로 개선되었는가?
(2) 부하설비의 역률이 90[%] 이하일 경우 (즉, 낮은 경우) 수용가 측면에서 어떤 손해가 있는 지 3가지만 쓰시오.
(3) 전력용 콘덴서와 함께 설치되는 방전코일과 직렬 리액터의 용도를 간단히 설명하시오.

정답

(1) ① 무효전력 $P_r = P\tan\theta - Q_c = 4000 \times \dfrac{0.6}{0.8} - 1800 = 1200\ [\text{kVar}]$

② 역률 $\cos\theta = \dfrac{P}{P_a} = \dfrac{4000}{\sqrt{4000^2 + 1200^2}} = 0.9578$

답 95.78 [%]

(2) ① 전력손실이 커진다. ② 전압강하가 커진다. ③ 전기요금이 증가한다.

(3) ① 방전코일 : 콘덴서에 축적된 잔류전하 방전
　② 직렬리액터 : 제5고조파 제거

7

다음과 같은 사고 종류에 대한 보호장치 및 보호조치를 작성하시오.

항목	사고 종류	보호장치 및 보호조치
고압 배전선로	접지사고	①
	과부하, 단락	②
	뇌해	피뢰기, 가공지선
주상 변압기	과부하, 단락	고압 퓨즈
저압 배전선로	고저압 혼촉	③
	과부하, 단락	저압 퓨즈

정답

① 접지 계전기 ② 과전류 계전기 ③ 저압 측 중성점 접지공사

8

축전지 설비의 부하특성 곡선이 그림과 같을 때 주어진 조건을 이용하여 필요한 축전지의 용량을 산정하시오. (단, K_1 = 1.45, K_2 = 0.69, K_3 = 0.25이고 보수율은 0.8이다)

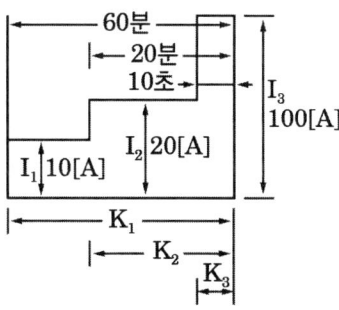

정답

■ 계산과정

$$C = \frac{1}{L}[K_1 I_1 + K_2(I_2 - I_1) + K_3(I_3 - I_2)]$$

$$= \frac{1}{0.8}[1.45 \times 10 + 0.69(20 - 10) + 0.25(100 - 20)] = 51.75\ [Ah]$$

답 51.75 [Ah]

9

3상 3선식 송전선로가 있다. 수전단 전압이 60 [kV], 역률 80 [%], 전력손실률이 10 [%]이고 저항은 0.3 [Ω/km], 리액턴스는 0.4 [Ω/km], 전선의 길이는 20 [km]일 때 이 송전선로의 송전단 전압은 몇 [kV]인가?

정답

■ 계산과정

① 전력손실이 10[%]이므로 $P_l = 3I^2R = \sqrt{3}\,VI\cos\theta \times 0.1$ 에서

전류 $I = \dfrac{\sqrt{3}\,V\cos\theta \times 0.1}{3R} = \dfrac{\sqrt{3} \times 60 \times 10^3 \times 0.8 \times 0.1}{3 \times 0.3 \times 20} = 461.88$ [A]

② 송전단전압 $V_s = V_r + \sqrt{3}\,I(R\cos\theta + X\sin\theta)$ [Kv]

$= 60 + \sqrt{3} \times 461.88(6 \times 0.8 + 8 \times 0.6) \times 10^{-3} = 67.68$ [kV]

답 67.68 [kV]

10

다음 그림과 같이 L₁ 전등 100 [V] 200 [W], L₂ 전등 100 [V] 250 [W]을 직렬로 연결하고 200 [V]를 인가하였을 때 L₁, L₂ 전등에 걸리는 전압을 동일하게 유지하기 위하여 어느 전등에 몇 [Ω]의 저항을 병렬로 설치하여야 하는가?

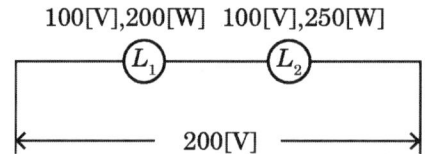

정답

■ 계산과정

① L_1 전등의 저항 $R_1 = \dfrac{V^2}{P_1} = \dfrac{100^2}{200} = 50$ [Ω]

② L_2 전등의 저항 $R_2 = \dfrac{V^2}{P_2} = \dfrac{100^2}{250} = 40$ [Ω]

③ L_1과 L_2에 전압이 동일하기 위해서는 저항이 동일해야 하므로 L_1에 저항을 연결하여 $R = 40$ [Ω]으로 만들어야 하므로 $\dfrac{50R}{50+R} = 40$ [Ω]에서 저항 $R = 200$ [Ω]이 된다.

그러므로 L_1에 200 [Ω]의 저항을 병렬로 연결하여야 한다.

답 200 [Ω]

11

주어진 논리회로의 출력을 입력변수로 나타내고, 이 식을 AND, OR, NOT 소자만의 논리회로로 변환하여 논리식과 논리회로를 그리시오.

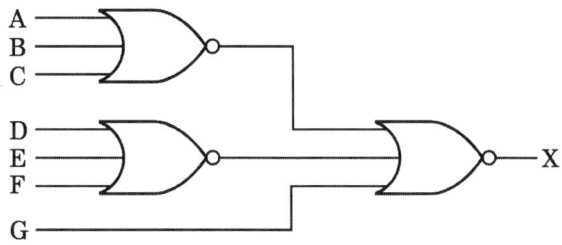

정답

- 논리식 : $X = \overline{\overline{(A+B+C)} + \overline{D+E+F} + G} = (A+B+C) \cdot (D+E+F) \cdot \overline{G}$

- 논리회로

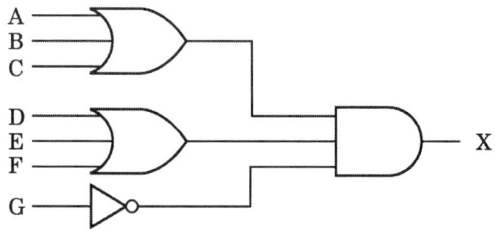

12

어느 수용가의 총 설비 부하 용량은 전등 600 [kW], 동력 1000 [kW]라고 한다. 각 수용가의 수용률은 50 [%]이고, 각 수용가 간의 부등률은 전등 1.2, 동력 1.5, 전등과 동력 상호 간은 1.4라고 하면 여기에 공급되는 변전시설용량은 몇 [kVA]인가? (단, 부하전력손실은 5 [%]로 하며, 역률은 1로 계산한다)

정답

■ 계산과정

$$\text{변압기 용량} = \frac{\text{설비용량} \times \text{수용률}}{\text{부등률} \times \text{역률}}$$

$$= \frac{\frac{600 \times 0.5}{1.2} + \frac{1000 \times 0.5}{1.5}}{1.4} \times (1 + 0.05) = 437.5 \text{ [kVA]}$$

답 437.5 [kVA]

13

아래 도면은 수전설비의 단선 결선도이다. 물음에 답하시오.

(1) ① ~ ⑧, ⑫에 해당되는 부분의 명칭과 용도를 쓰시오.
(2) ④의 기기의 1차, 2차 전압은?
(3) ⑨ 변압기 2차 측 결선 방법은?
(4) ⑩, ⑪ 변류기의 1차, 2차 전류는 몇 [A]인가? (단, CT 정격 전류는 부하 정격 전류의 1.5배로 한다)
(5) ⑬와 같이 하는 목적은 무엇인가?

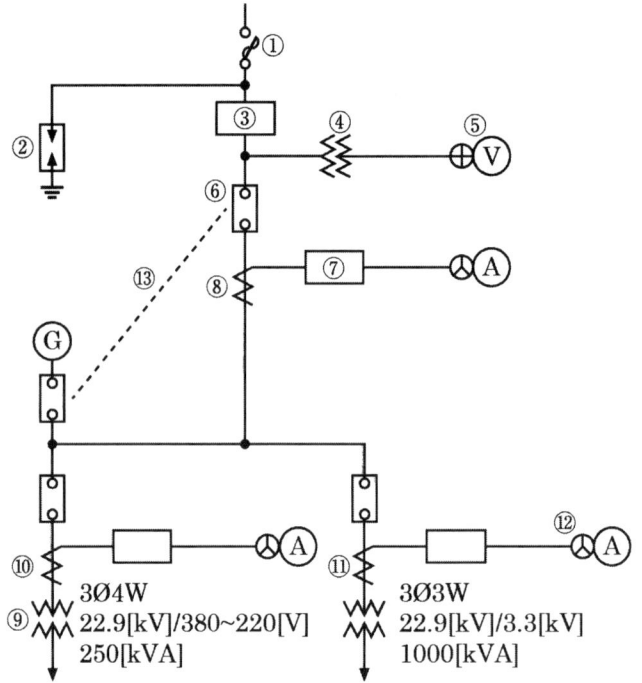

정답

(1)

번호	명칭	용도
①	전력 퓨즈	일정한 값 이상의 과전류 및 단락 전류를 차단
②	피뢰기	이상 전압이 내습하면 이를 대지로 방전하고 속류를 차단
③	전력 수급용 계기변성기	전력량계 위한 PT와 CT를 한 탱크 안에 넣은 것
④	계기용변압기	고전압을 저전압으로 변성하여 계기 및 계전기 등의 전원 공급
⑤	전압계용 전환 개폐기	1대의 전압계로 3상 각 전압을 측정하기 위한 전환 개폐기
⑥	차단기	단락사고, 과부하, 지락사고 등 사고 전류와 부하 전류를 차단하기 위한 장치
⑦	과전류계전기	정정값 이상의 전류가 흐르면 동작하여 차단기의 트립코일 여자
⑧	변류기	대전류를 소전류로 변성하여 계기 및 계전기에 전원 공급
⑫	전류계용 전환 개폐기	1대의 전류계로 3상 각 상의 전류를 측정하기 위한 전환 개폐기

(2) 1차 전압 : $\dfrac{22,900}{\sqrt{3}}$ [V], 2차 전압 : $\dfrac{190}{\sqrt{3}}$ [V]

(3) Y결선

(4) ⑩ $I_1 = \dfrac{250}{\sqrt{3} \times 22.9} = 6.3$ [A]

∴ $6.3 \times 1.5 = 9.45$ [A]이므로 변류비 10/5 선정

∴ $I_2 = \dfrac{250}{\sqrt{3} \times 22.9} \times \dfrac{5}{10} = 3.15$ [A]

답 1차 전류 6.3 [A], 2차 전류 3.15 [A]

⑪ $I_1 = \dfrac{1,000}{\sqrt{3} \times 22.9} = 25.21$ [A]

∴ $25.21 \times 1.5 = 37.82$ [A]이므로 변류비 40/5 선정

∴ $I_2 = \dfrac{1,000}{\sqrt{3} \times 22.9} \times \dfrac{5}{40} = 3.15$ [A]

답 1차 전류 25.21 [A], 2차 전류 3.15 [A]

(5) 상용 전원과 예비 전원의 동시 투입을 방지한다(인터록).

14

1000 [lm]을 복사하는 전등 10개를 100 [m²]의 사무실에 설치하고 있다. 그 조명률을 0.5라고 하고, 감광보상률을 1.5라 하면 그 사무실의 평균조도는 몇 [lx]인가?

정답

■ 계산과정

조도 $E = \dfrac{FUN}{AD} = \dfrac{1000 \times 0.5 \times 10}{100 \times 1.5} = 33.33$ [lx]

답 33.33 [lx]

핵심이론

□ 광속의 결정

$FUN = EAD$

- E : 평균 조도
- A : 실내의 면적
- U : 조명률
- D : 감광 보상율
- N : 소요 등수
- F : 1등당 광속
- M : 보수율(감광 보상율의 역수)

15

1개의 건축물에는 그 건축물 대지전위의 기준이 되는 접지극, 접지선 및 주 접지단자를 그림과 같이 구성한다. 건축물 내 전기기기의 노출 도전성 부분 및 계통외 도전성 부분(건축구조물의 금속제부분 및 가스, 물, 난방 등의 금속배관설비) 모두를 주 접지단자에 접속한다. 이것에 의해 하나의 건축물 내 모든 금속제 부분에 주 등전위 접속이 시설된 것이 된다. 다음 그림에서 ① ~ ⑤까지의 명칭을 쓰시오.

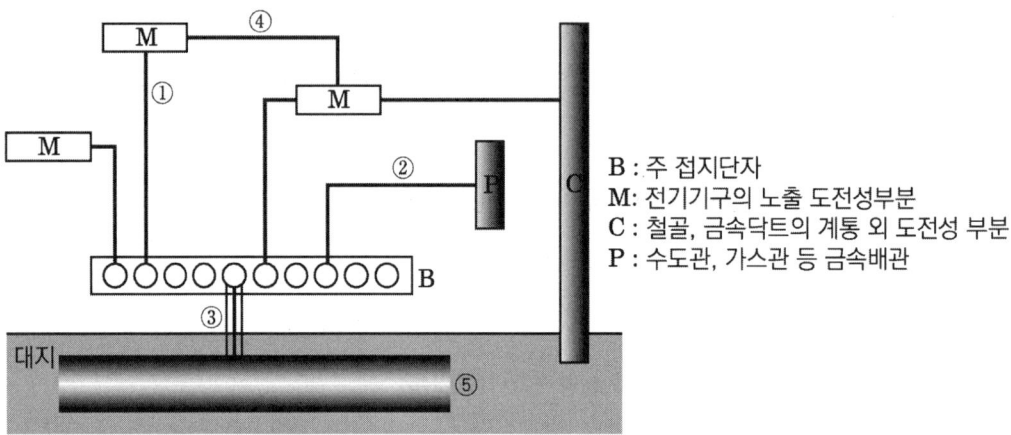

정답

① 보호선(PE) ② 주 등전위 본딩용 도체 ③ 접지도체 ④ 보조 등전위 본딩용 도체 ⑤ 접지극

16

그림과 같이 외등 3등을 거실, 현관, 대문의 3장소에 각각 점멸할 수 있도록 아래 번호의 가닥 수를 쓰고 각 점멸기의 기호를 그리시오.

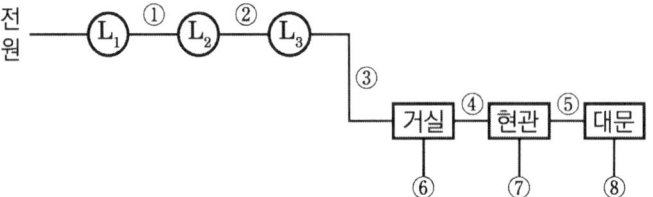

(1) ① ~ ⑤까지 전선 가닥 수를 쓰시오.
(2) ⑥ ~ ⑧까지 점멸기의 전기기호를 그리시오.

정답

(1) ① 3가닥 ② 3가닥 ③ 2가닥 ④ 3가닥 ⑤ 3가닥

(2) ⑥ ●3 ⑦ ●4 ⑧ ●3

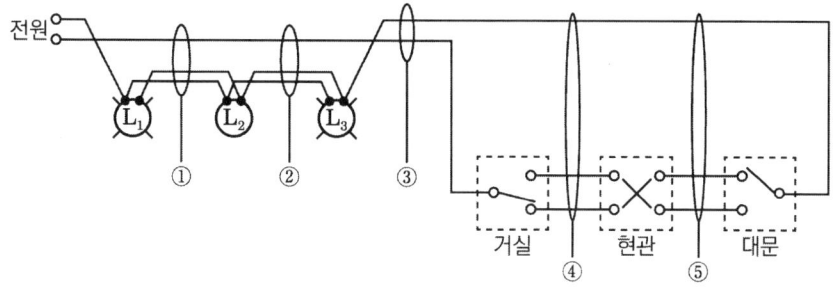

17

최대사용전압이 154,000 [V]인 중성점 직접 접지식 전로의 절연내력 시험전압은 몇 [V]인가?

정답

■ 계산과정

시험전압 = 최대사용전압 × 0.72 = 154000 × 0.72 = 110880 [V]

답 110,880 [V]

핵심이론

□ 전로의 절연저항 및 절연내력(KEC 132)

구분	최대사용전압	시험전압	최소전압
비접지	7 kV 이하	1.5배	500 V
	7 kV 초과	1.25배	10.5 kV
중성선 다중접지	7 kV ~ 25 kV	0.92배	-
중성점 접지식	60 kV 초과	1.1배	75 kV
중성점 직접접지식	60 kV ~ 170 kV	0.72배	-
	170 kV 초과	0.64배	-

2010년 제1회

01

전용 배전선에서 800 [kW] 역률 0.8의 한 부하에 공급할 경우 배전선 전력손실은 90 [kW]이다. 지금 이 부하와 병렬로 300 [kVA]의 콘덴서를 시설할 때 배전선의 전력손실은 몇 [kW]인가?

정답

■ 계산과정

① 콘덴서 설치 후의 역률 $\cos\theta_2 = \dfrac{800}{\sqrt{800^2 + (600-300)^2}} = 0.94$

② 전력손실 $P_l = \dfrac{P^2 R}{V^2 \cos^2\theta}$ 에서 $P_l \propto \dfrac{1}{\cos^2\theta}$ 이므로

$P_{l2} = \left(\dfrac{\cos\theta_1}{\cos\theta_2}\right)^2 P_{l1} = \left(\dfrac{0.8}{0.94}\right)^2 \times 90 = 65.19$ [kW]

답 65.19 [kW]

02

그림과 같이 전류계 3개를 가지고 부하전력을 측정하려고 한다. 각 전류계의 지시가 $A_1 = 7$ [A], $A_2 = 4$ [A], $A_3 = 10$ [A]이고, $R = 20$ [Ω]일 때 다음을 구하시오.

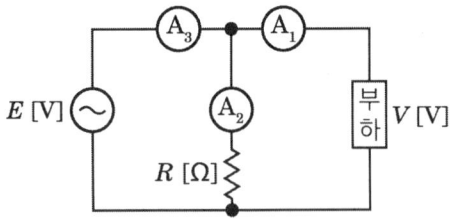

(1) 부하전력 [W]을 구하시오.
(2) 부하역률을 구하시오.

정답

(1) 전력 $P = \dfrac{R}{2}(A_3^2 - A_2^2 - A_1^2) = \dfrac{20}{2}(10^2 - 4^2 - 7^2) = 350$ [W]

답 350 [W]

(2) 역률 $\cos\theta = \dfrac{A_3^2 - A_2^2 - A_1^2}{2A_2A_1} = \dfrac{10^2 - 4^2 - 7^2}{2 \times 4 \times 7} = 0.625$ 답 62.5 [%]

03

디젤 발전기를 5시간 전부하 운전할 때 연료 소비량이 287 [kg]이었다. 이 발전기의 정격출력은 몇 [kVA]인가? (단, 중유의 열량은 10000 [kcal/kg], 기관 효율 36.3 [%], 발전기 효율 82.7 [%], 전부하시 발전기 역률 80 [%]이다.

정답

■ 계산과정

$$P = \dfrac{BH\eta_g\eta_t}{860t\cos\theta} = \dfrac{287 \times 10000 \times 0.363 \times 0.827}{860 \times 5 \times 0.8} = 250.46 \text{ [kVA]}$$

답 250.46 [kVA]

핵심이론

□ 디젤 발전기의 종합효율

$$\eta = \dfrac{860Pt}{mH} \text{ [kW]}$$

m : 연료 [kg], H : 발열량 [kcal/kg], P : 출력 [kW], t : 시간 [h]

04

전구를 수요자가 부담하는 종량 수용가에서 A, B 어느 전구를 사용하는 편이 점등 비용상 유리한가를 다음 표를 이용하여 산정하시오.

전구의 종류	전구의 수명	1cd당 소비전력 [W] (수명중의 평균)	평균 구면광도 [cd]	1 [kWh]당 전력요금[원]	전구의 값 [원]
A	1500시간	1.0	38	20	90
B	1800 시간	1.1	40	20	100

정답

전구	전력비 [원/시간]	전구비 [원/시간]	계 [원/시간]
A	$1 \times 38 \times 10^{-3} \times 20 = 0.76$	$\dfrac{90}{1500} = 0.06$	0.82
B	$1.1 \times 40 \times 10^{-3} \times 20 = 0.88$	$\dfrac{100}{1800} = 0.06$	0.94

답 A 전구가 유리하다.

05

다음 릴레이 접점에 관한 다음 각 물음에 답하시오.

(1) 한시동작 순시복귀 접점기호를 그리시오.

(2) 한시동작 순시복귀 접점의 타임 차트를 완성하시오.

(3) 한시동작 순시복귀 접점의 작동상황을 설명하시오.

정답

(1)

(2)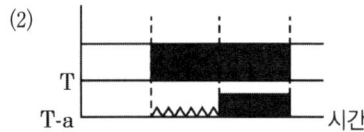

(3) 타이머가 여자되면 설정된 시간 후에 a접점은 폐로 되고 타이머가 소자되면 순시 복귀한다.

06

다음 유접점 시퀀스 회로도를 무접점 논리회로도로 전환하여 그리시오.

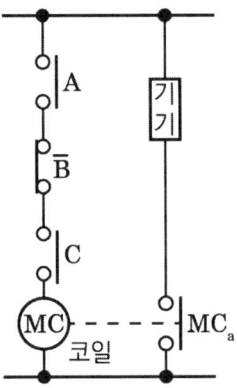

정답

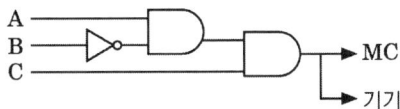

07

매분 12 [m³]의 물을 높이 15 [m]인 탱크에 양수하는 데 필요한 전력을 V결선한 변압기로 공급한다면, 여기에 필요한 단상 변압기 1대의 용량은 몇 [kVA]인가? (단, 펌프와 전동기의 합성 효율은 65 [%]이고, 전동기의 전부하 역률은 80 [%]이며 펌프의 축동력은 15 [%]의 여유를 본다고 한다)

정답

■ 계산과정

- $P = \dfrac{9.8\, QHK}{\eta} = \dfrac{9.8 \times 12 \times \dfrac{1}{60} \times 15 \times 1.15}{0.65} = 52.02\ [\text{kW}]$

- 용량 $= \dfrac{P}{\cos\theta} = \dfrac{52.02}{0.8} = 65.03\ [\text{kVA}]$

- V 결선 시 출력 $P_V = \sqrt{3}\, P_1$ 에서

- $P_1 = \dfrac{P_V}{\sqrt{3}} = \dfrac{65.03}{\sqrt{3}} = 37.55\ [\text{kVA}]$

답 표준용량의 50 [kVA] 단상 변압기 선정

> **핵심이론**
>
> □ 발전기 용량
>   (1) 수력발전기 용량 $P_a = 9.8QHK\eta$ [kW]
>   (2) 펌프 용량 $P = \dfrac{9.8QHK}{\eta}$ [kW]
>
>   Q : 유량 [m³/s], H : 낙차 높이 [m], K : 여유계수, η : 효율

08

답안지의 그림은 1, 2차 전압이 66/22 [kV]이고, Y-△ 결선된 전력용 변압기이다. 1, 2차에 CT를 이용하여 변압기의 차동 계전기를 동작시키려고 한다. 주어진 도면을 이용하여 다음 각 물음에 답하시오.

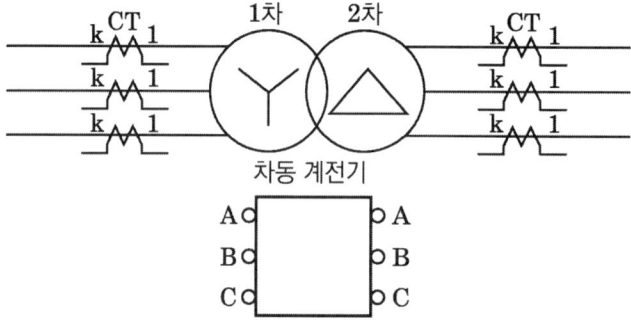

(1) CT와 차동계전기의 결선을 주어진 도면에 완성하시오.

(2) 1차 측 CT의 권수비를 200/5로 했을 때 2차 측 CT의 권수비는 얼마가 좋은지를 쓰고, 그 이유를 설명하시오.

(3) 변압기를 전력계통에 투입할 때 여자 돌입전류에 의한 차동 계전기의 오동작을 방지하기 위하여 이용되는 차동 계전기의 종류(또는 방식)를 한 가지만 쓰시오.

(4) 우리나라에서 사용되는 CT의 극성은 일반적으로 어떤 극성의 것을 사용하는가?

정답

(1)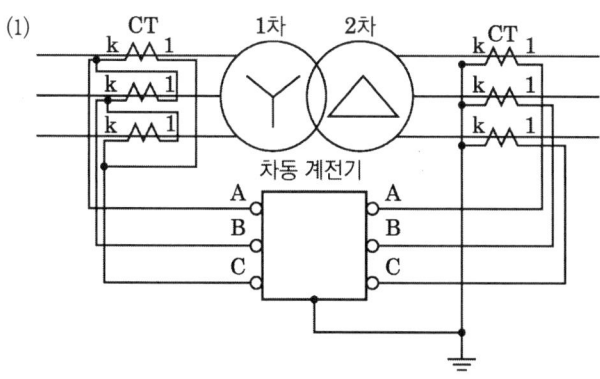

(2) 변압기의 권수비 = $\dfrac{66}{22} = 3$

따라서, 2차 측 CT의 권수비는 1차 측 CT의 권수비의 3배이어야 한다.

2차 측 CT의 권수비 = $\dfrac{200}{5} \times 3(배) = \dfrac{600}{5}$

답 600/5 선정

(3) 감도저하법

(4) 감극성

9

전동기에는 소손을 방지하기 위하여 전동기용 과부하 보호장치를 시설하여 자동적으로 회로를 차단하거나 과부하시에 경보를 내는 장치를 하여야 한다. 전동기 소손방지를 위한 과부하 보호장치의 종류를 4가지만 쓰시오.

정답

① 전동기용 퓨즈

② 열동계전기

③ 전동기 보호용 배선용 차단기

④ 정지형 계전기(전자식 계전기, 디지털식 계전기 등)

10

가스 절연 개폐설비(GIS)에 대해 다음 물음에 답하시오.

(1) 가스절연 개폐장치(GIS)의 장점 4가지를 쓰시오.
(2) 가스절연 개폐장치(GIS)에 사용되는 가스는 어떤 가스인가?

정답

(1) ① 소형화 할 수 있다(옥외 철구형 변전소의 1/10 ~ 1/15).
   ② 충전부가 완전히 밀폐되어 안정성이 높다.
   ③ 소음이 적고 환경조화를 기할 수 있다.
   ④ 대기 중의 오염물의 영향을 받지 않으므로 신뢰도가 높다.

(2) SF_6(육불화유황) 가스

11

다음 갭형 피뢰기의 각 부분의 명칭을 쓰시오.

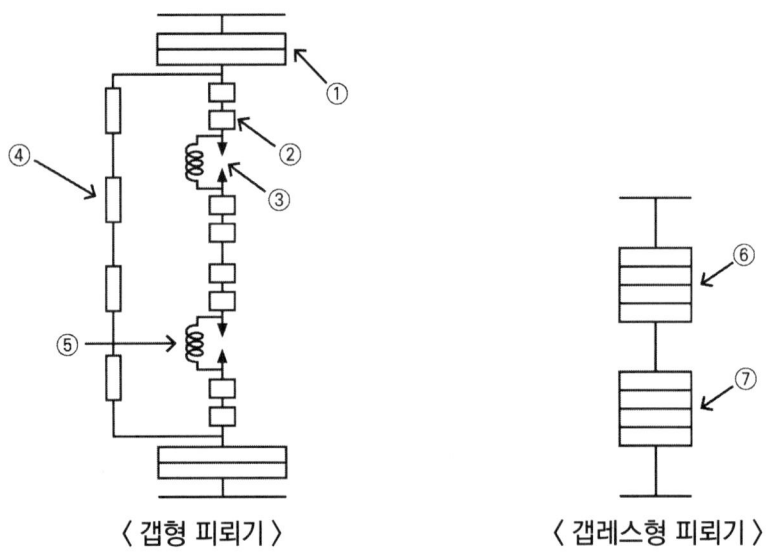

〈 갭형 피뢰기 〉   〈 갭레스형 피뢰기 〉

정답

① 특성요소 ② 주갭 ③ 측로갭 ④ 분로저항 ⑤ 소호코일 ⑥ 특성요소 ⑦ 특성요소

12

다음 명령어를 참고하여 미완성 PLC 래더 다이어그램을 완성하시오.

Step	명령	번지	Step	명령	번지
0	LOAD	P000	3	AND LOAD	-
1	LOAD	P001	4	AND NOT	P003
2	OR	P010	5	OUT	P010

정답

13

변압기의 특성에 관련된 내용 중에서, 호흡 작용에 관한 다음 물음에 답하시오.

(1) 변압기의 호흡작용이란 무엇인지 쓰시오.
(2) 호흡작용으로 인한 발생되는 문제점을 쓰시오.
(3) 호흡작용으로 발생되는 문제점을 방지하기 위한 대책은?

정답

(1) 변압기 외부 온도와 내부에서 발생하는 열에 의해 변압기 내부에 있는 절연유의 부피가 수축 팽창하게 되고 이로 인하여 외부의 공기가 변압기 내부로 출입하게 되는데 이를 변압기 호흡작용이라 한다.
(2) 호흡작용으로 인한 변압기 내부에 수분 및 불순물이 혼입되어 절연유의 절연내력을 저하시키고 침전물을 발생시킬 수 있다.
(3) 콘서베이터를 설치한다.

14

수변전 설비에서 에너지 절약을 위한 대응방안 5가지를 쓰시오.

정답

① 고효율 변압기 채택
② 변압기의 운전대수 제어가 가능하도록 뱅크를 구성하여 효율적인 운전관리를 통한 손실을 최소화
③ 전력용 콘덴서를 설치하여 역률 개선
④ 최대수요전력제어 시스템을 채택
⑤ 우수한 역률기기의 선정

15

다음 그림과 같이 5 [m]의 점에 있는 백열전등에서 광도 12500 [cd]의 빛이 수평거리 7.5 [m]의 점 P에 주어지고 있다. 이때 표1과 표2를 이용하여 다음 각 물음에 답하시오.

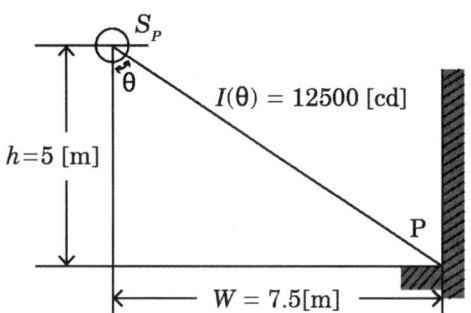

(1) P점의 수평면 조도를 구하시오.
(2) P점의 수직면 조도를 구하시오.

[표1] W/h에서 구한 $\cos^2\theta\sin\theta$의 값

W	0.1 h	0.2 h	0.3 h	0.4 h	0.5 h	0.6 h	0.7 h	0.8 h
$\cos^2\theta\sin\theta$	.099	.189	.264	.320	.358	.378	.385	.381
W	0.8 h	0.9 h	1.0 h	1.5 h	2.0 h	3.0 h	4.0 h	5.0 h
$\cos^2\theta\sin\theta$	.381	.370	.354	.256	.179	.095	.057	.038

[표2] W/h에서 구한 $\cos^3\theta$의 값

W	0.1 h	0.2 h	0.3 h	0.4 h	0.5 h	0.6 h	0.7 h	0.8 h
$\cos^3\theta$	.985	.943	.879	.800	.716	.631	.550	.476
W	0.8 h	0.9 h	1.0 h	1.5 h	2.0 h	3.0 h	4.0 h	5.0 h
$\cos^3\theta$	.476	.411	.354	.171	.089	.032	.014	.008

정답

(1) 수평면 조도

- 그림에서 $\dfrac{W}{h} = \dfrac{7.5}{5} = 1.5$ 이므로 $W = 1.5h$ 이다.
- 표2에서 $1.5h$는 0.171이므로

$$E_h = \frac{I}{r^2}\cos\theta = \frac{I}{h^2}\cos^3\theta = \frac{12500}{5^2} \times 0.171 = 85.5\,[\text{lx}]$$

답 85.5 [lx]

(2) 수직면 조도

- 그림에서 $\dfrac{W}{h} = \dfrac{7.5}{5} = 1.5$ 이므로 $W = 1.5h$ 이다.
- 표1에서 $1.5h$는 0.256이므로

$$E_h = \frac{I}{r^2}\sin\theta = \frac{I}{h^2}\cos^2\theta\sin\theta = \frac{12500}{5^2} \times 0.256 = 128\,[\text{lx}]$$

답 128 [lx]

16

DS 및 CB로 된 선로와 접지용구에 대한 그림을 보고 다음 각 물음에 답하시오.

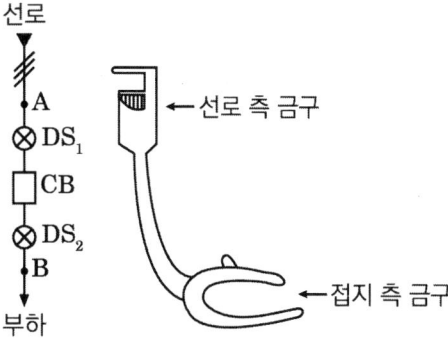

(1) 접지용구를 사용하여 접지를 하고자 할 때 접지 순서 및 접지 개소에 대하여 설명하시오.
(2) 부하 측에서 휴전 작업을 할 때의 조작 순서를 설명하시오.
(3) 휴전 작업이 끝난 후 부하 측에 전력을 공급하는 조작 순서를 설명하시오. (단, 접지 되지 않은 상태에서 작업한다고 가정한다.)
(4) 긴급할 때 DS로 개폐 가능한 전류의 종류를 2가지만 쓰시오.

정답

(1) • 접지 순서 : 대지에 먼저 연결한 후 선로에 연결한다.
   • 접지 개소 : 선로 측 A와 부하 측 B 양측에 접지한다.

(2) CB (OFF) - DS_2 (OFF) - DS_1 (OFF)

(3) DS_2 (ON) - DS_1 (ON) - CB (ON)

(4) 무부하충전전류, 변압기 여자전류

17

다음 회로는 환기팬의 자동운전회로이다. 이 회로와 동작개요를 보고 다음 물음에 답하시오.

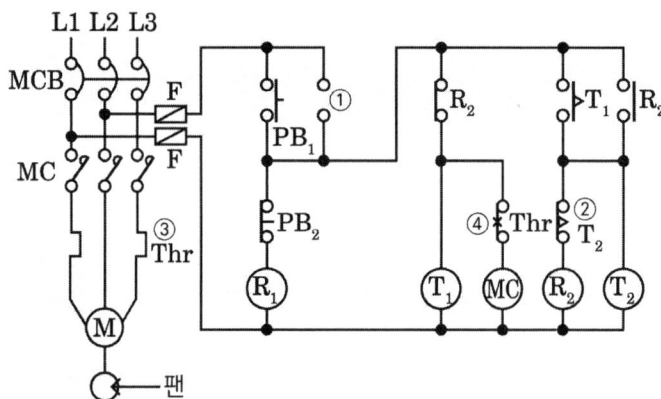

[동작개요]
① 연속 운전을 할 필요가 없는 환기용 팬등의 운전 회로에서 기동 버튼에 의하여 운전을 개시하면 그 다음에는 자동적으로 운전 정지를 반복하는 회로이다.
② 기동버튼 PB_1을 "ON"조작하면 타이머 T_1의 설정 시간만 환기팬이 운전하고 자동적으로 정지한다. 그리고 타이머 T_2의 설정 시간에만 정지하고 재차 자동적으로 운전을 개시한다.
③ 운전 도중에 환기팬을 정지시키려고 할 경우에는 버튼 스위치 PB_2를 "ON" 조작하여 행한다.

(1) 위 시퀀스도에서 릴레이 R₁에 의하여 자기 유지될 수 있도록 ①로 표시된 곳에 접점 기호를 그려 넣으시오.
(2) ②로 표시된 접점 기호의 명칭과 동작을 간단히 설명하시오.
(3) Thr로 표시된 ③, ④의 명칭과 동작을 간단히 설명하시오.

정답

(1)

(2) • 명칭 : 한시동작 순시복귀 b접점
 • 동작 : 타이머 T_2가 여자되면 일정 시간 후 개로되어 R_2와 T_2를 소자시킨다.

(3) • 명칭 : ③ 열동계전기, ④ 열동계전기 수동 복귀 b접점
 • 동작 : 전동기에 과전류가 흐르면 열동계전기 ③이 동작하여 ④ 접점이 개로되어 전동기를 정지시키며 접점의 복귀는 수동으로 한다.

2010년 제2회

01

어떤 전기 설비에서 3300 [V]의 고압 3상 회로에 변압비 33의 계기용 변압기 2대를 그림과 같이 설치하였다. 전압계 V_1, V_2, V_3의 지시값을 각각 구하여라.

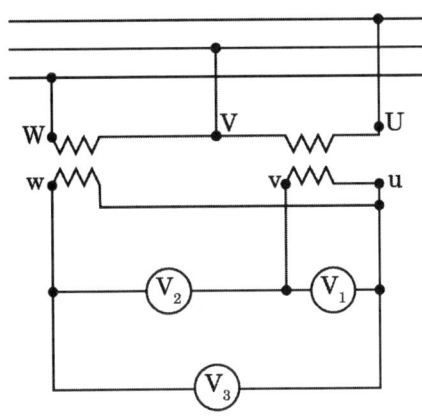

(1) V_1

(2) V_2

(3) V_3

정답

(1) $V_1 = \dfrac{3300}{33} = 100$ [V]   답 100 [V]

(2) $V_2 = \dfrac{3300}{33} \times \sqrt{3} = 173.21$ [V]   답 173.21 [V]

(3) $V_3 = \dfrac{3300}{33} = 100$ [V]   답 100 [V]

02

수변전설비를 설계하고자 한다. 기본설계에 있어서 검토할 주요 사항을 5가지만 쓰시오.

정답

① 필요한 전력의 추정

② 수전전압 및 수전방식

③ 주회로의 결선방식

④ 감시 및 제어방식

⑤ 변전설비 형식

03

1시간에 18 [m³]로 솟아나오는 지하수를 5 [m]의 높이에 배수하고자 한다. 이때 5 [kW]의 전동기를 사용한다면 매 시간당 몇 분씩 운전하면 되는지 구하시오. (단, 펌프의 효율은 75 [%]로 하고, 관로의 손실계수는 1.1로 한다)

정답

■ 계산과정

$P = \dfrac{QHK}{6.12\eta}$ 에서 $Q = \dfrac{6.12\,P\eta}{HK} = \dfrac{6.12 \times 5 \times 0.75}{5 \times 1.1} = 4.17 \;[\text{m}^3/\text{min}]$

시간 $t = \dfrac{V}{Q} = \dfrac{18}{4.17} = 4.31 \;[\text{min}]$

답 4.31 [분]

04

220 [V] 전동기의 철대를 접지해 절연 파괴로 인한 철대와 대지 사이에 위험전압을 25 [V] 이하로 하고자 한다. 공급 변압기의 접지 저항값이 10 [Ω], 저압전로의 임피던스를 무시할 경우, 전동기의 접지저항의 최댓값[Ω]을 구하시오.

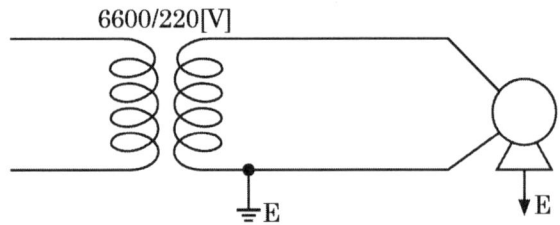

정답

■ 계산과정

- 지락전류 $I_g = \dfrac{E}{R_2 + R_3}$ [A]

- 접촉전압 $E_g = I_g R_3 = \dfrac{E}{R_2 + R_3} \times R_3$ 에서 $R_3 = \dfrac{E_g R_2}{E - E_g} = \dfrac{25 \times 10}{220 - 25} = 1.28$ [Ω]

답 1.28 [Ω]

05

다음의 PLC 래더 다이어그램을 주어진 표의 빈칸 ㉮ ~ ㉴에 명령어를 채워 프로그램을 완성하시오.

[보기]
- 입력 : LOAD
- 병렬 : OR
- 블록 간 직렬 결합 : AND LOAD
- 직렬 : AND
- 블록 간 병렬 결합 : OR LOAD

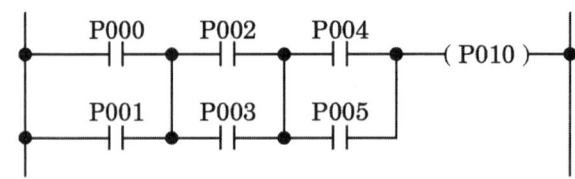

Step	명령어	번지	Step	명령어	번지
0	LOAD	P000	5	(마)	(아)
1	(가)	P001	6	(바)	P005
2	(나)	(바)	7	AND LOAD	-
3	(다)	(사)	8	OUT	P010
4	AND LOAD	-			

> 정답

㉮ OR　㉯ LOAD　㉰ OR　㉱ LOAD　㉲ OR　㉳ P002　㉴ P003　㉵ P004

06

용량이 1000 [kVA]인 발전기를 역률 80%로 운전할 때 시간당 연료소비량 [ℓ/h]을 구하시오. (단, 발전기의 효율은 0.93, 엔진의 연료 소비율은 190 [g/ps·h], 연료의 비중은 0.92이다)

> 정답

■ 계산과정

- 발전기 입력(엔진출력) = $\dfrac{1000 \times 0.8}{0.93} = 860.22$ [kW] = $\dfrac{860.22 \times 10^3}{735.5}$ [ps]

- 연료 소비량 = $\dfrac{860.22 \times 10^3}{735.5}$ [ps] $\times 190$ [g/ps·h]
  = 222.22×10^3 [g/h] = 222.22 [kg/h]

- 부피로 환산하면 222.22 [kg/h] $\times \dfrac{1}{0.92}$ [l/kg] = 241.54 [l/h]

답 241.54 [l/h]

07

전동기 부하를 사용하는 곳의 역률개선을 위하여 회로에 병렬로 역률개선용 저압콘덴서를 설치하여 전동기의 역률을 개선하여 90% 이상으로 유지하려고 한다. 필요한 3상 콘덴서의 [kVA] 용량을 구하고, 이를 다시 [μF]로 환산한 용량으로 구한 다음, 적합한 표준규격의 콘덴서를 선정하시오. (단, 정격주파수는 60 [Hz]로 계산하며, 용량은 최소치를 구하도록 한다)

전동기	번호	정격전압 [V]	정격출력 [kW]	역률 [%]	기동 방법
3상 농형 유도 전동기	(1)	200	7.5	80	직입기동
	(2)	200	15	85	기동기 사용
	(3)	200	3.7	75	직입기동

[표1] 부하에 대한 콘덴서 용량 산출표 [%]

개선 전 역률/ 개선 후 역률	1.0	0.99	0.98	0.97	0.96	0.95	0.94	0.93	0.92	0.91	0.9	0.875	0.85	0.825	0.8	0.775	0.75	0.725	6.7
0.4	230	216	210	205	201	197	194	190	187	184	181	175	168	161	155	149	142	136	128
0.425	213	198	192	188	184	180	176	173	180	167	164	157	151	144	138	131	124	118	111
0.45	198	183	177	173	168	165	161	158	155	152	149	142	136	129	123	116	110	103	96
0.475	185	171	165	161	56	153	149	146	143	140	137	130	123	116	110	104	98	91	84
0.5	173	159	153	148	144	140	137	134	130	128	125	118	112	104	98	92	85	87	71
0.525	162	148	142	137	133	129	126	122	119	117	114	107	100	93	87	81	74	67	60
0.55	152	138	132	127	123	119	116	112	109	106	104	97	90	87	77	71	64	57	50
0.575	142	128	122	117	114	110	106	103	99	96	94	87	80	74	67	60	54	47	40
0.6	133	119	113	108	104	101	97	94	91	88	85	78	71	65	58	52	46	39	32
0.625	125	111	105	100	96	92	89	85	82	79	77	70	63	56	50	44	37	30	23
0.65	117	103	97	92	88	84	81	77	74	71	69	62	55	48	42	36	29	22	15
0.675	109	95	89	84	80	76	73	70	66	64	61	54	47	40	34	28	21	14	7
0.7	102	88	81	77	73	69	66	62	59	56	54	46	40	33	27	20	14	7	
0.725	95	81	75	70	66	62	59	55	52	49	46	39	33	26	20	13	7		
0.75	88	74	67	63	58	55	52	49	45	43	40	33	23	19	13	6.5			
0.775	81	67	61	57	52	49	45	42	39	36	33	26	19	12	6.5				
0.8	75	61	54	50	46	42	39	35	32	29	27	19	13	6					
0.825	69	54	48	44	40	36	33	29	26	23	21	14	7						
0.85	62	48	42	37	33	29	26	22	19	16	14	7							
0.875	55	41	35	30	26	23	19	16	13	10	7								
0.9	48	34	28	23	19	16	12	9	6	2.8									

[표2] 저압 200 [V]용 콘덴서 규격표 정격주파수 : 60 [Hz]

상수	단상 및 3상								
정격용량 [μF]	10	15	20	30	40	50	75	100	150

정답

(1) 표1에서 계수 $K = 27$ [%]이므로

콘덴서 용량 $Q_c = 7.5 \times 0.27 = 2.03$ [kVA]

$C = \dfrac{Q}{2\pi f\, V^2} = \dfrac{2.03 \times 10^3}{2\pi \times 60 \times 200^2} = 134.62 \times 10^{-6}$ [F] $= 134.62$ [μF]

∴ 표2에서 150 [μF] **답** 150 [μF]

(2) 표1에서 계수 $K = 14$ [%]이므로

콘덴서용량 $Q_c = 15 \times 0.14 = 2.1$ [kVA]

$C = \dfrac{Q}{2\pi f\, V^2} = \dfrac{2.1 \times 10^3}{2\pi \times 60 \times 200^2} = 139.26 \times 10^{-6}$ [F] $= 139.26$ [μF]

∴ 표2에서 150 [μF] **답** 150 [μF]

(3) 표1에서 계수 $K = 40$ [%]이므로

콘덴서용량 $Q_c = 3.7 \times 0.4 = 1.48$ [kVA]

$C = \dfrac{Q}{2\pi f\, V^2} = \dfrac{1.48 \times 10^3}{2\pi \times 60 \times 200^2} = 98.15 \times 10^{-6}$ [F] $= 98.15$ [μF]

∴ 표2에서 100 [μF] **답** 100 [μF]

08

그림에서 고장표시접점 F가 닫혀 있을 때는 부저 BZ가 울리나 표시등 L은 켜지지 않으며, 스위치 24에 의하여 벨이 멈추는 동시에 표시등 L이 켜지도록 SCR의 게이트와 스위치 등을 접속하여 회로를 완성하시오. 또한, 회로 작성에 필요한 저항이 있으면 그것도 삽입하여 도면을 완성하도록 하시오. (단, 트랜지스터는 NPN 트랜지스터이며, SCR은 P게이트형을 사용한다)

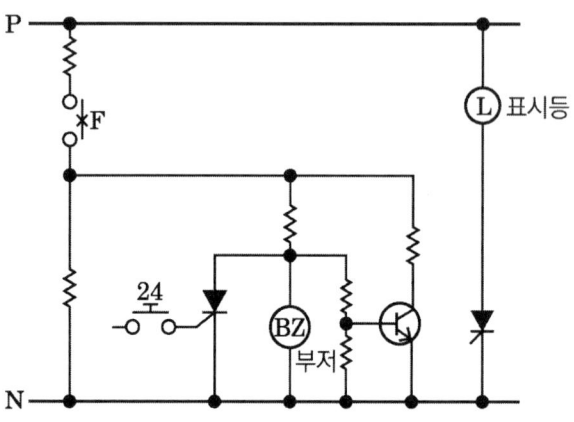

정답

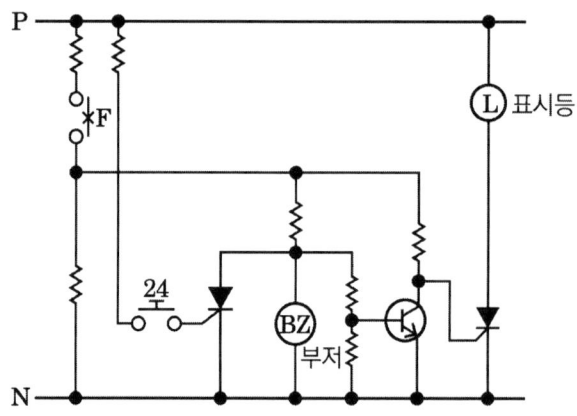

09

220 [V], 60 [Hz]의 정현파 전원에 정류기를 그림과 같이 연결하여 20 [Ω]의 부하에 전류를 통한다. 이 회로에 직렬로 접속한 가동 코일형 전류계 A₁와 가동 철편형 전류계 A₂는 각각 몇 [A]를 지시하는지 구하시오. (단, 정류기는 이상적인 정류기이고, 전류계의 저항은 무시한다)

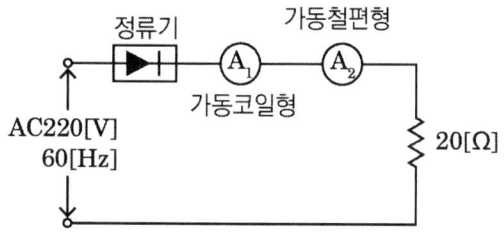

(1) 가동 코일형 전류계 A₁ 지시 값
(2) 가동 철편형 전류계 A₂ 지시 값

정답

(1) • 평균값 $V_{av} = \dfrac{V_m}{\pi} = \dfrac{220\sqrt{2}}{\pi}$ [V]

• 가동 코일형 계기는 평균값을 지시하므로

$$A_1 = I_{av} = \dfrac{V_{av}}{R} = \dfrac{220\sqrt{2}/\pi}{20} = \dfrac{11\sqrt{2}}{\pi} = \dfrac{11\sqrt{2}}{\pi} = 4.95 \text{ [A]}$$

답 4.95 [A]

(2) • 실횻값 $V = \dfrac{V_m}{2} = \dfrac{220\sqrt{2}}{2} = 110\sqrt{2}$ [V]

• 가동 철편형 계기는 실횻값을 지시하므로

$$A_2 = I = \dfrac{V}{R} = \dfrac{110\sqrt{2}}{20} = 5.5\sqrt{2} = 7.78 \text{ [A]}$$

답 7.78 [A]

10

에너지 절약을 위한 동력설비의 대응방안 중 5가지만 쓰시오.

정답

① 고효율 전동기 채용

② 부하 역률개선(역률용 콘덴서를 전동기별로 설치)

③ 전동기 제어시스템의 적용(VVVF 시스템)

④ 에너지 절약형 공조기기 system 채택

⑤ 부하에 맞는 적정용량의 전동기 선정

11

변압기에 대한 다음 각 물음에 답하시오.

(1) 유입풍냉식은 어떤 냉각방식인지를 쓰시오.
(2) 무부하 탭 절환장치는 어떠한 장치인지를 쓰시오.
(3) 비율차동계전기는 어떤 목적으로 사용 되는지 쓰시오.
(4) 무부하손은 어떤 손실을 말하는지 쓰시오.

정답

(1) 유입변압기에 방열기를 부착시키고 송풍기에 의해 강제 통풍시켜 절연유의 냉각 효과를 증대시키는 방식이다.

(2) 무부하 상태에서 변압기의 권수비를 조정하여 변압기 2차 측 전압을 조정하는 장치이다.

(3) 변압기의 내부고장 검출에 이용한다.

(4) 부하에 관계없이 전원만 공급하면 발생하는 손실로 철손, 기계손 등이 있다.

12

어느 건물의 부하는 하루에 240 [kW]로 5시간, 100 [kW]로 8시간, 75 [kW]로 나머지 시간을 사용한다. 이에 따른 수전설비를 450[kVA]로 하였을 때, 부하의 평균역률이 0.8인 경우 다음 각 물음에 답하시오.

(1) 수용률
(2) 부하율

정답

(1) 수용률 = $\dfrac{\text{최대수용전력}}{\text{설비용량}} \times 100 = \dfrac{240}{450 \times 0.8} \times 100 = 66.67\ [\%]$

답 66.67 [%]

(2) 부하율 = $\dfrac{\text{평균전력}}{\text{최대수용전력}} \times 100 = \dfrac{240 \times 5 + 100 \times 8 + 75 \times 11}{240 \times 24} \times 100 = 49.05\ [\%]$

답 49.05 [%]

13

그림과 같은 수변전 결선도를 보고 다음 물음에 답하시오.

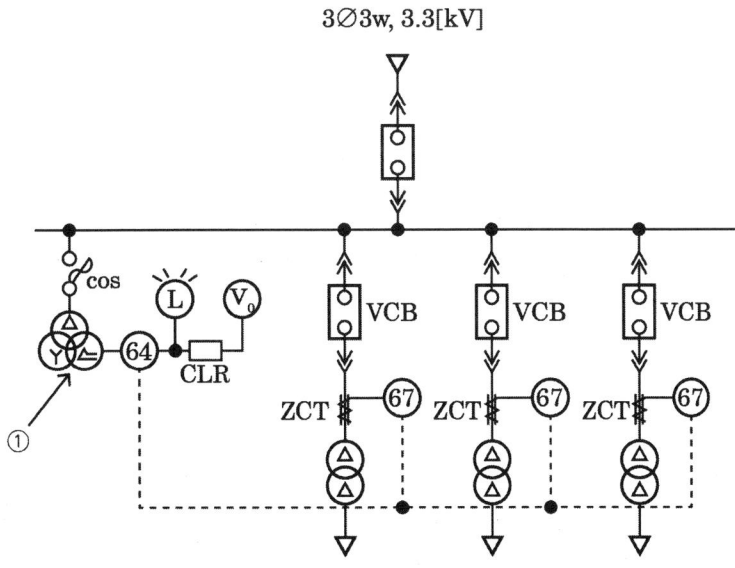

(1) ①번에 알맞은 기기의 명칭을 쓰시오.
(2) 위 배전계통의 접지 방식을 쓰시오.

(3) 도면에서 CLR의 명칭을 쓰시오.
(4) 위 도면에서 계전기 "67"의 명칭을 쓰시오.

정답

(1) 접지형 계기용변압기
(2) 비접지방식
(3) 전류제한 저항기
(4) 지락방향계전기

14

콘덴서(Condenser) 설비의 주요 사고 원인 3가지를 예로 들어 설명하시오.

정답

① 콘덴서 설비의 모선 단락 및 지락
② 콘덴서 소체 파괴 및 층간 절연 파괴
③ 콘덴서 설비내의 배선 단락

15

그림은 유도 전동기의 정·역 운전의 미완성 회로도이다. 주어진 조건을 이용하여 주회로 및 보조회로의 미완성부분을 완성하시오. (단, 접자접촉기의 보조 a, b 접점에는 전자접촉기의 기호도 함께 표시하도록 한다)

[조건]
• Ⓕ는 정회전용, Ⓡ는 역회전용 전자접촉기이다.
• 정회전을 하다가 역회전을 하려면 전동기를 정지시킨 후, 역회전 시키도록 한다.
• 역회전을 하다가 정회전을 하려면 전동기를 정지시킨 후, 정회전 시키도록 한다.
• 정회전시의 정회전용 램프 Ⓦ가 점등되고, 역회전 시 역회전용 램프 Ⓨ가 점등되며, 정지 시에는 정지용 램프 Ⓖ가 점등되도록 한다.

- 과부하시에는 전동기가 정지되고 정회전용 램프와 역회전용 램프는 소등되며, 정지 시의 램프만 점등되도록 한다.
- 스위치는 누름버튼 스위치 ON용 2개를 사용하고, 전자접촉기의 보조 a접점은 F-a 1개, R-a 1개, b접점은 F-b 2개, R-b 2개를 사용하도록 한다.

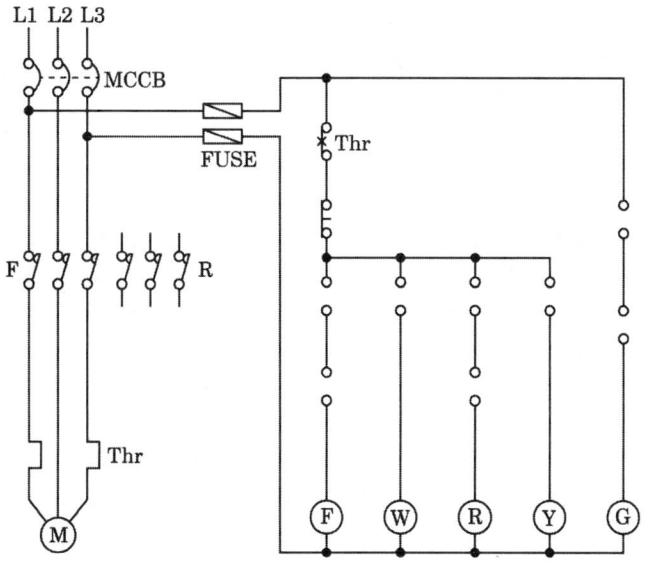

정답

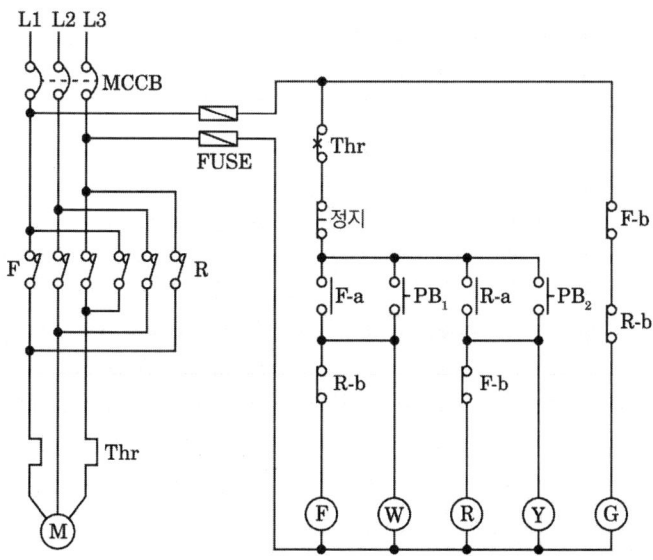

16

다음 논리식에 대한 물음에 답하시오. (단, A, B, C는 입력, X는 출력이다)

$$논리식: X = (A + B)\overline{C}$$

(1) 논리식을 로직 시퀀스도로 나타내시오.
(2) 물음 "(1)"에서 로직 시퀀스도로 표현된 것을 2입력 NOR gate만으로 등가 변환하시오.
(3) 물음 "(1)"에서 로직 시퀀스로 표현된 것을 2입력 NAND gate만으로 등가 변환하시오.

정답

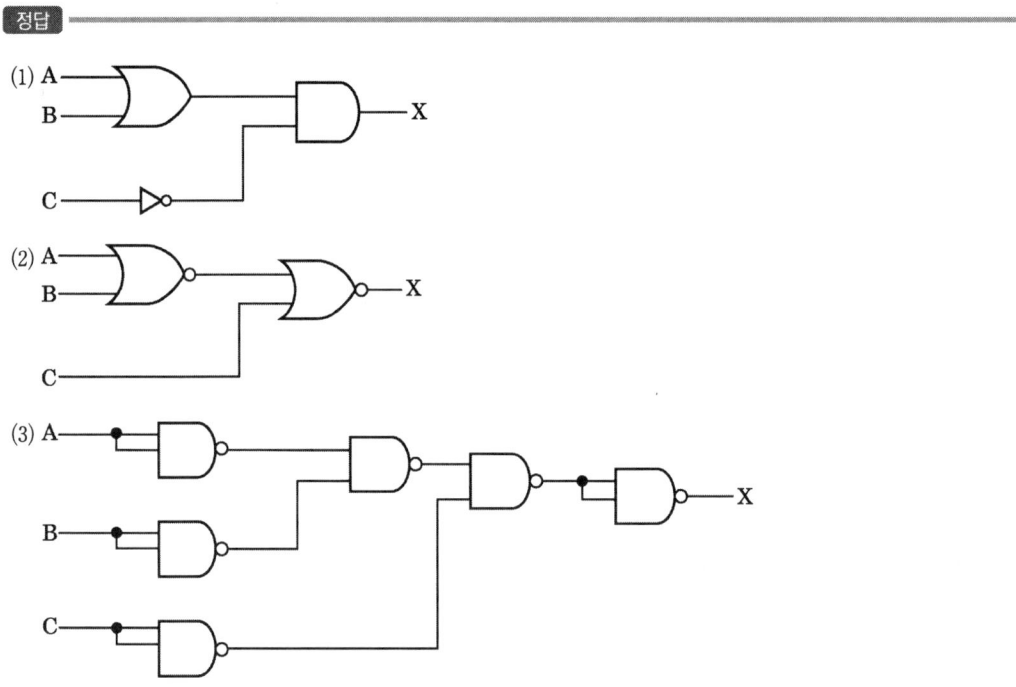

17

가로 20 [m], 세로 30 [m]인 사무실에서 평균조도 600 [lx]를 얻고자 형광등 40 [W] 2등용 사용하고 있다. 다음 각 물음에 답하시오. (단, 40 [W] 2등용 형광등 기구의 전체 광속은 4600 [lm], 조명률은 0.5, 감광보상률은 1.3, 전기방식은 단상 2선식 200 [V]이며, 400 [W] 2등용 형광등의 전체 입력전류는 0.87 [A]이고, 1회로의 최대전류는 16 [A]로 한다.)

(1) 형광등 기구 수를 구하시오.
(2) 최소분기회로 수를 구하시오.

정답

(1) 소요등 수 $N = \dfrac{EAD}{FU} = \dfrac{600 \times 20 \times 30 \times 1.3}{4600 \times 0.5} = 203.48$ [등]

답 204 [등]

(2) 분기회로 수 $n = \dfrac{204 \times 0.87}{16} = 11.09$

답 16[A] 분기 12회로

핵심이론

□ 광속의 결정

$FUN = EAD$

- E : 평균 조도 A : 실내의 면적 U : 조명률 D : 감광 보상율
- N : 소요 등수 F : 1등당 광속 M : 보수율(감광 보상율의 역수)

18

전동기에는 소손을 방지하기 위하여 전동기용 과부하 보호장치를 설치하여야 하나 설치하지 아니하여도 되는 경우가 있다. 설치하지 아니하여도 되는 경우의 예를 5가지만 쓰시오.

정답

① 전동기 자체에 유효한 과부하 소손방지장치가 있는 경우

② 전동기의 출력이 0.2 [kW] 이하일 경우

③ 부하의 성질상 전동기가 과부하 될 우려가 없을 경우

④ 공작기계용 전동기 또는 호이스트 등과 같이 취급자가 상주하여 운전할 경우

⑤ 단상 전동기 16 [A] 분기회로(배선용 차단기는 20 [A])에서 사용할 경우

2010년 제3회

01

어떤 공장에 예비전원설비로 발전기를 설계하고자 한다. 이 공장의 조건을 이용하여 다음 각 물음에 답하시오.

> [부하]
> - 부하는 전동기 부하 150 [kW] 2개, 100 [kW] 3대, 50 [kW] 2대이며, 전등 부하는 40 [kW]이다.
> - 전동기 부하의 역률은 모두 0.9이고 전등 부하의 역률은 1이다.
> - 동력부하의 수용률은 용량이 최대인 전동기 1대는 100 [%], 나머지 전동기는 그 용량의 합계를 80 [%]로 계산하며, 전등 부하는 100 [%]로 계산한다.
> - 발전기 용량의 여유율은 10 [%]를 주도록 한다.
> - 발전기 과도리액턴스는 25 [%]를 적용한다.
> - 허용 전압강하는 20 [%]를 적용한다.
> - 시동 용량은 750 [kVA]를 적용한다.
> - 기타 주어지지 않은 조건은 무시하고 계산하도록 한다.

(1) 발전기에 걸리는 부하의 합계로부터 발전기 용량을 구하시오.
(2) 부하 중 가장 큰 전동기 시동시의 용량으로부터 발전기의 용량을 구하시오.
(3) 다음 "(1)"과 "(2)"에서 계산된 값 중 어느 쪽 값을 기준하여 발전기 용량을 정하는지 그 값을 쓰고 실제 필요한 발전기 용량을 정하시오.

정답

(1) 발전기의 출력 $P = \dfrac{\sum W_L \times L}{\cos\theta}$ [kVA]에서

$P = \left(\dfrac{150 + (150 + 100 \times 3 + 50 \times 2) \times 0.8}{0.9} + \dfrac{40}{1} \right) \times 1.1 = 765.11$ [kVA]

답 765.11 [kVA]

(2) 발전기 용량 [kVA] $\geq \left(\dfrac{1}{허용전압강하} - 1 \right) \times$ 과도리액턴스 $\times$ 기동용량

$P = \left(\dfrac{1}{0.2} - 1 \right) \times 0.25 \times 750 \times 1.1 = 825$ [kVA]

답 825[kVA]

(3) 발전기 용량은 825 [kVA]를 기준으로 정하며 표준용량 1000 [kVA]를 적용한다.

02

조명설비에서 전력을 절약하는 효율적인 방법에 대하여 8가지만 쓰시오.

정답

① 고효율 등기구 채용

② 고조도 저휘도 반사갓 채용

③ 슬림라인 형광등 및 전구식 형광등 채용

④ 창 측 조명 기구 개별 점등

⑤ 재실감지기 및 카드키 채용

⑥ 적절한 조광제어 실시

⑦ 전반조명과 국부조명(TAL 조명)을 적절히 병용하여 이용

⑧ 고역률 등기구 채용

03

머레이 루프법(Murray loop)으로 선로의 고장 지점을 찾고자 한다. 선로의 길이가 4 [km](0.2 [Ω/km])인 선로에 그림과 같이 접지 고장이 생겼을 때 고장점까지의 거리 X는 몇 [km]인가? (단, P = 270 [Ω], Q = 90 [Ω]에서 브리지가 평형되었다고 한다)

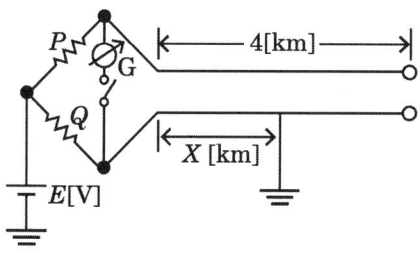

정답

$PX = Q(8 - X)$이므로 이를 풀면 $PX = 8Q - XQ$

$X = \dfrac{Q}{P+Q} \times 8 = \dfrac{90}{270+90} \times 8 = 2$ [km]

답 2 [km]

4

비접지 선로의 접지 전압을 검출하기 위하여 그림과 같은 Y-개방 △결선을 한 GPT가 있다.

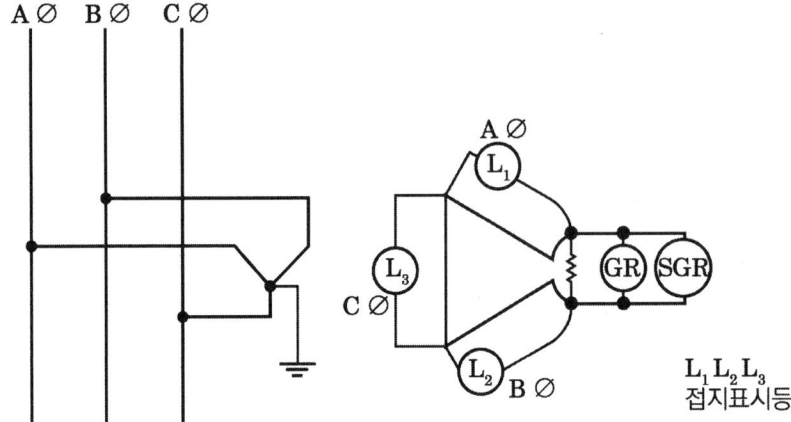

(1) A상 고장 시(완전지락 시) 2차 접지 표시등 L_1, L_2, L_3의 점멸 상태와 밝기를 비교하시오.
(2) 1선 지락사고 시 건전상의 대지 전위를 변화를 간단히 설명하시오.
(3) GR, SGR의 우리말 명칭을 간단히 쓰시오.

정답

(1) L_1 : 소등, L_2와 L_3 : 점등(더욱 밝아짐)
(2) 평상시의 건전상의 대지전위는 $110/\sqrt{3}$ [V]이나 1선 지락사고 시에는 전위가 $\sqrt{3}$ 배로 증가하여 110 [V]가 된다.
(3) GR : 지락계전기, SGR : 선택지락계전기

5

그림과 같은 3상 3선식 220 [V]의 수전회로가 있다. ⒣는 전열부하이고, Ⓜ은 역률 0.8의 전동기이다. 이 그림을 보고 다음 각 물음에 답하시오.

(1) 저압 수전의 3상 3선식 선로인 경우에 불평형률은 몇 % 이하로 하여야 하는가?
(2) 그림의 설비불평형률은 몇 %인가? (단, P, Q점은 단선이 아닌 것으로 계산한다)
(3) P, Q점에서 단선이 되었다면 설비불평형률은 몇 %가 되겠는가?

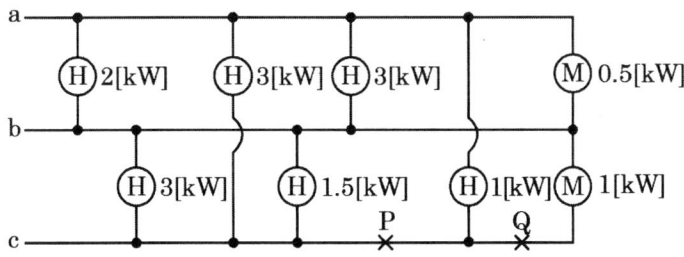

정답

(1) 30 [%]

(2) 설비불평형률 $= \dfrac{\left(3 + 1.5 + \dfrac{1}{0.8}\right) - (3 + 1)}{\dfrac{1}{3}\left(2 + 3 + \dfrac{0.5}{0.8} + 3 + 1.5 + \dfrac{1}{0.8} + 3 + 1\right)} \times 100 = 34.15$ [%]

(3) $P_{ab} = 2 + 3 + \dfrac{0.5}{0.8} = 5.625$ [kVA]

$P_{bc} = 3 + 1.5 = 4.5$ [kVA]

$P_{ca} = 3$ [kVA]

설비불평형률 $= \dfrac{5.625 - 3}{\dfrac{1}{3}(5.625 + 4.5 + 3)} \times 100 = 60$ [%]

핵심이론

□ 설비 불평형률
① 단상 3선식

설비불평형률 $= \dfrac{\text{중성선과 각 전압 측 선간에 접속되는 부하설비용량의 차}}{\text{총 부하설비용량} \times \dfrac{1}{2}} \times 100$ [%]

② 3상 3선식 또는 3상 4선식

설비불평형률 $= \dfrac{\text{각 간선에 접속되는 단상부하 총 설비용량의 최대와 최소의 차}}{\text{총 부하설비용량} \times \dfrac{1}{3}} \times 100$ [%]

06

그림은 어떤 변전소의 도면이다. 변압기 상호 변동률이 1.3이고, 부하의 역률 90 [%]이다. STr의 내부임피던스가 4.6 [%], Tr$_1$, Tr$_2$, Tr$_3$의 내부 임피던스가 10 [%], 154 [kV] BUS의 내부 임피던스가 0.4 [%]이다. 다음 물음에 답하시오.

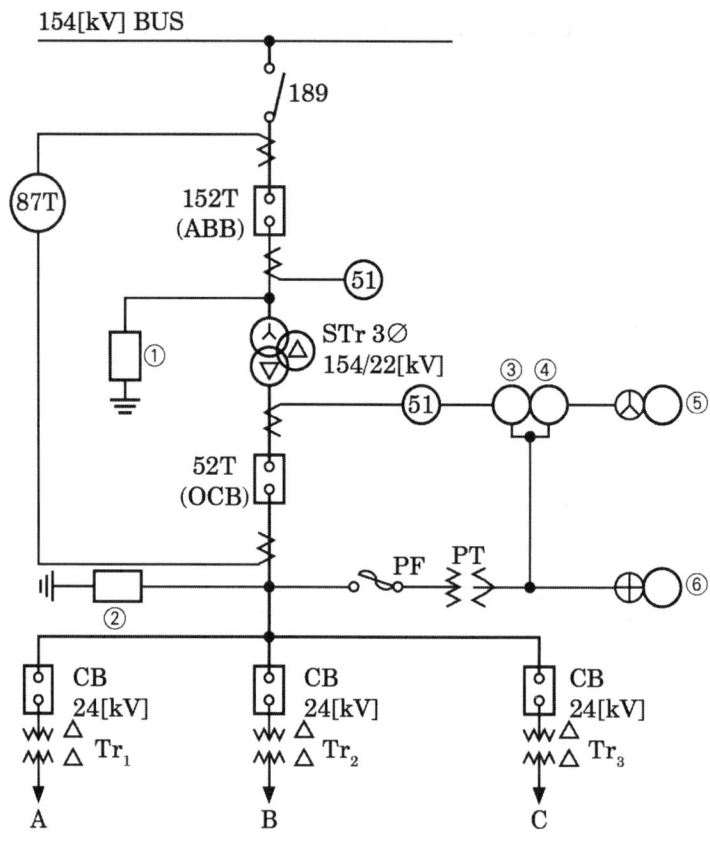

부하	용량	수용률	부등률
A	5000 [kW]	80 [%]	1.2
B	3000 [kW]	84 [%]	1.2
C	7000 [kW]	92 [%]	1.2

〈 152T ABB 용량표 MVA 〉

100	200	300	500	750	1000	2000	3000	4000	5000	6000	7000

〈 52T OCB 용량표 MVA 〉

100	200	300	500	750	1000	2000	3000	4000	5000	6000	7000

〈 154 kV 변압기 용량표 kVA 〉

5000	6000	7000	8000	10000	15000	20000	30000	40000	50000

〈 22 kV 변압기 용량표 kVA 〉

200	250	500	750	1000	1500	2000	3000
4000	5000	6000	7000	8000	9000	10000	

(1) Tr_1, Tr_2, Tr_3 변압기 용량 [kVA]은?

(2) STr의 변압기 용량 [kVA]은?

(3) 차단기 152T의 용량 [MVA]은?

(4) 차단기 52T의 용량 [MVA]은?

(5) 87T의 명칭은?

(6) 51의 명칭은?

(7) ① ~ ⑥에 알맞은 심벌을 기입하시오.

정답

(1) 변압기 용량 $= \dfrac{\text{설비용량} \times \text{수용률}}{\text{부등률} \times \text{역률}}$ [kVA]

① $Tr_1 = \dfrac{4000 \times 0.8}{1.2 \times 0.9} = 2962.96$ [kVA]   답 표에서 3000 [kVA] 선정

② $Tr_2 = \dfrac{3000 \times 0.84}{1.2 \times 0.9} = 2333.33$ [kVA]   답 표에서 3000 [kVA] 선정

③ $Tr_3 = \dfrac{6000 \times 0.92}{1.2 \times 0.9} = 5111.11$ [kVA]   답 표에서 6000 [kVA] 선정

(2) $STr = \dfrac{2962.96 + 2333.33 + 5111.11}{1.3} = 8005.69$ [kVA]   답 표에서 10000 [kVA] 선정

(3) $P_s = \dfrac{100}{\%Z} P_n = \dfrac{100}{0.4} \times 10 = 2500$ [MVA]   답 표에서 3000 [MVA] 선정

(4) $P_s = \dfrac{100}{\%Z} P_n = \dfrac{100}{0.4 + 4.6} \times 10 = 200$ [MVA]   답 표에서 200 [MVA] 선정

(5) 주변압기 차동 계전기

(6) 과전류 계전기

(7) ① ② ③ ④ ⑤ Ⓐ ⑥ Ⓥ

07

전기화재 발생 원인 5가지를 쓰시오.

정답

① 누전 ② 과전류(과부하) ③ 합선 또는 단락 ④ 불꽃방전(스파크) ⑤ 도체접속부 과열

8

그림은 전자개폐기 MC에 의한 시퀀스 회로를 개략적으로 그린 것이다. 이 그림을 보고 다음 각 물음에 답하시오.

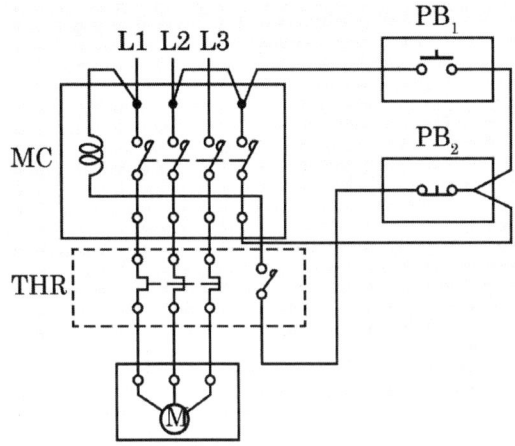

(1) 그림과 같은 회로용 전자개폐기 MC의 보조 접점을 사용하여 자기유지가 될 수 있는 일반적인 시퀀스 회로로 다시 작성하여 그리시오.

(2) 시간 t_3에 열동계전기가 작동하고, 시간 t_4에서 수동으로 복귀하였다. 이때의 동작을 타임 차트로 표시하시오.

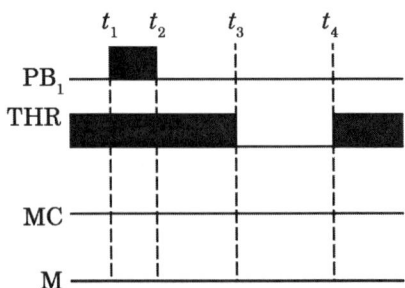

[정답]

(1)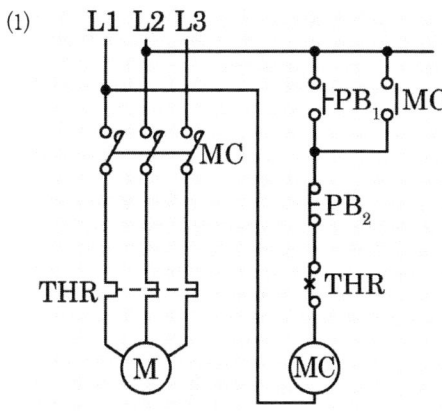

(2)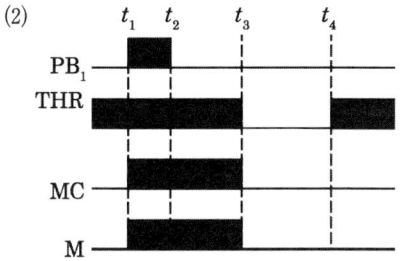

09

점포가 붙어 있는 주택이 그림과 같을 때 주어진 참고자료를 이용하여 예상되는 설비 부하 용량을 상정하고, 분기회로 수는 원칙적으로 몇 회로로 하여야 하는지를 산정하시오. (단, 사용 전압은 220 [V]라고 한다.)

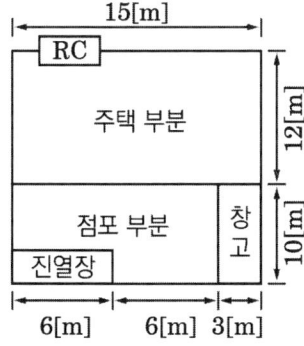

- RC는 룸 에어컨디셔너 1.1 [kW]
- 주어진 참고 자료의 수치 적용은 최댓값을 적용하도록 한다.

[참고사항]

가. 설비부하용량은 다만 "가" 및 "나"에 표시하는 종류 및 그 부분에 해당하는 표준부하에 바닥면적을 곱한 값에 "다"에 표시하는 건물 등에 대응하는 표준부하[VA]를 가한 값으로 할 것

〈 표준부하 〉

건축물의 종류	표준부하 [VA/m²]
공장, 공회당, 사원, 교회, 극장, 영화관, 연회장	10
기숙사, 여관, 호텔, 병원, 학교, 음식점, 다방, 대중 목욕탕	20
사무실, 은행, 상점, 이발소, 미장원	30
주택, 아파트	40

나. 건물(주택, 아파트 제외)중 별도 계산할 부분의 표준 부하

[부분적인 표준부하]

건축물의 부분	표준부하 [VA/m²]
복도, 계단, 세면장, 창고, 다락	5
강당, 관람석	10

다. 표준부하에 따라 산출한 수치에 가산하여야 할 [VA] 수
① 주택, 아파트(1세대마다)에 대하여 1000 ~ 500 [VA]
② 상점의 진열장에 대하여는 진열장 폭 1 [m]에 대하여 300 [VA]
③ 옥외의 광고등, 전광 사인등의 [VA] 수
④ 극장, 댄스홀 등의 무대 조명, 영화관 등의 특수 전등부하의 [VA] 수

정답

■ 계산과정
- 부하설비용량 = 바닥면적×표준부하+룸 에어컨디셔너+가산부하

  $P = 12 \times 15 \times 40 + 12 \times 10 \times 30 + 3 \times 10 \times 5 + 6 \times 300 + 1100 + 1000$
  $= 14850$ [VA]

- 분기회로 수 = $\dfrac{\text{부하용량}}{\text{사용전압} \times \text{분기회로전류}} = \dfrac{14850}{220 \times 16} = 4.22$

답 16[A] 분기 5회로

10

어느 수용가가 당초 역률(지상) 80 [%]로 150 [kW]의 부하를 사용하고 있었는데, 새로 역률(지상) 60 [%], 100 [kW]의 부하를 증가하여 사용하게 되었다. 이때 콘덴서로 합성역률 90 [%]로 개선하는데 필요한 용량은 몇 [kVA]인가?

정답

■ 계산과정

- 무효전력 $Q = \dfrac{150}{0.8} \times 0.6 + \dfrac{100}{0.6} \times 0.8 = 245.83$ [kVar]
- 유효전력 $P = 150 + 100 = 250$ [kW]
- 합성역률 $\cos\theta = \dfrac{P}{\sqrt{P^2 + Q^2}} = \dfrac{250}{\sqrt{250^2 + 245.83^2}} = 0.71$

$\therefore Q_c = P(\tan\theta_1 - \tan\theta_2) = 250\left(\dfrac{\sqrt{1-0.71^2}}{0.71} - \dfrac{\sqrt{1-0.9^2}}{0.9}\right) = 126.88$ [kVA]

답 126.88 [kVA]

11

그림과 같이 6300/210 [V]인 단상변압기 3대를 △-△결선하여 수전단 전압이 6000 [V]인 배전 선로에 접속하였다. 이 중 2대의 변압기는 감극성이고 CA상에 연결된 변압기 1대가 가극성이었다고 한다. 이때 아래 그림과 같이 접속된 전압계에는 몇 [V]의 전압이 유기되는가?

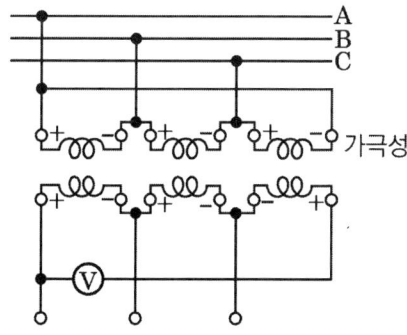

정답

■ 계산과정

- 변압기 2차 측 전압 $V = 6000 \times \dfrac{210}{6300} = 200$ [V]

- 변압기 2차 측에 키르히호프 전압법칙을 적용하면

$V = V_{rs} + V_{st} + V_{tr} = 200\angle 0 + 200\angle -120° - 200\angle 120°\angle 120$ [V]

$= 200 + 200\left(-\dfrac{1}{2} - j\dfrac{\sqrt{3}}{2}\right) - 200\left(-\dfrac{1}{2} + j\dfrac{\sqrt{3}}{2}\right) = 200 - j200\sqrt{3}$ [V]

$|V| = \sqrt{200^2 + (200\sqrt{3})^2} = 400$ [V]

답 400 [V]

12

지표면상 10 [m] 높이의 수조가 있다. 이 수조에 시간당 3600 [m³]의 물을 양수하는데 필요한 펌프용 전동기의 소요 동력은 몇 [kW]인가? (단, 펌프효율은 80 [%]이고 펌프축 동력에 20 [%] 여유를 준다)

정답

■ 계산과정

$P = \dfrac{9.8\,QHK}{\eta} = \dfrac{9.8 \times \dfrac{3600}{60 \times 60} \times 10 \times 1.2}{0.8} = 147$ [kW]

답 147 [kW]

핵심이론

□ 발전기 용량

(1) 수력발전기 용량 $P_a = 9.8QHK\eta$ [kW]

(2) 펌프 용량 $P = \dfrac{9.8\,QHK}{\eta}$ [kW]

Q : 유량 [m³/s], H : 낙차 높이 [m], K : 여유계수, η : 효율

13

100 [V], 20 [A]용 단상 적산 전력계에 어느 부하를 가할 때 원판의 회전수 20회에 대하여 40.3 [초] 걸렸다. 만일 이 계기의 20 [A]에 있어서 오차가 +2 [%]라 하면 부하전력은 몇 [kW]인가? (단, 이 계기의 계기 정수는 1000 [Rev/kWh]이다)

정답

■ 계산과정
- 적산전력계의 측정값 $P_M = \dfrac{3600n}{tk} = \dfrac{3600 \times 20}{40.3 \times 1000} = 1.79$ [kW]
- 오차 $E = \dfrac{M-T}{T}$ 에서 참값 $T = \dfrac{M}{1+E} = \dfrac{1.79}{1+0.02} = 1.75$ [kW]

답 1.75 [kW]

14

공사시방서란 무엇인지 설명하시오.

정답

공사별로 건설공사 수행을 위한 기준으로서 계약문서의 일부가 되며, 설계도면에 표시하기 곤란하거나 불편한 내용과 당해 공사의 수행을 위한 재료, 공법, 품질시험 및 검사 등 품질관리, 안전관리계획 등에 관한 사항을 기술하고, 당해 공사의 특수성, 지역여건, 공사방법 등을 고려하여 공사별, 공종별로 정하여 시행하는 시공기준을 말한다.

15

예상이 곤란한 콘센트, 비틀어 끼우는 접속기, 소켓 등이 있는 경우 수구의 종류에 따른 예상 부하 [VA/개]를 쓰시오.

- 콘센트
- 소형 전등수구
- 대형 전등수구

> **정답**

- 콘센트 : 150 [VA/개]
- 소형 전등수구 : 150 [VA/개]
- 대형 전등수구 : 300 [VA/개]

> **핵심이론**
>
> □ 수구의 종류에 의한 예상부하(내선규정 3315-3)
>
> | 수구의 종류 | 예상부하 (VA/개) |
> |---|---|
> | 소형 전등수구, 콘센트 | 150 |
> | 대형 전등수구 | 300 |

16

케이블의 트리현상이란 무엇인가 쓰고 종류 3가지를 쓰시오.

> **정답**

- 트리현상 : 고체절연체 속에서 나뭇가지 모양의 방전흔적을 남기는 절연열화 현상을 말한다.
- 트리의 종류 : 수트리, 전기적 트리, 화학적 트리

17

다음 그림에서 (가), (나) 부분의 전선 수는?

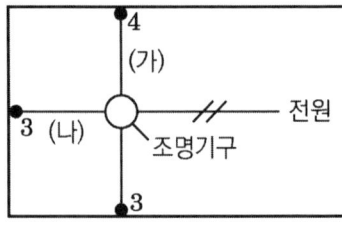

> **정답**

(가) 4가닥   (나) 3가닥

핵심이론

□ 가닥 수 회로

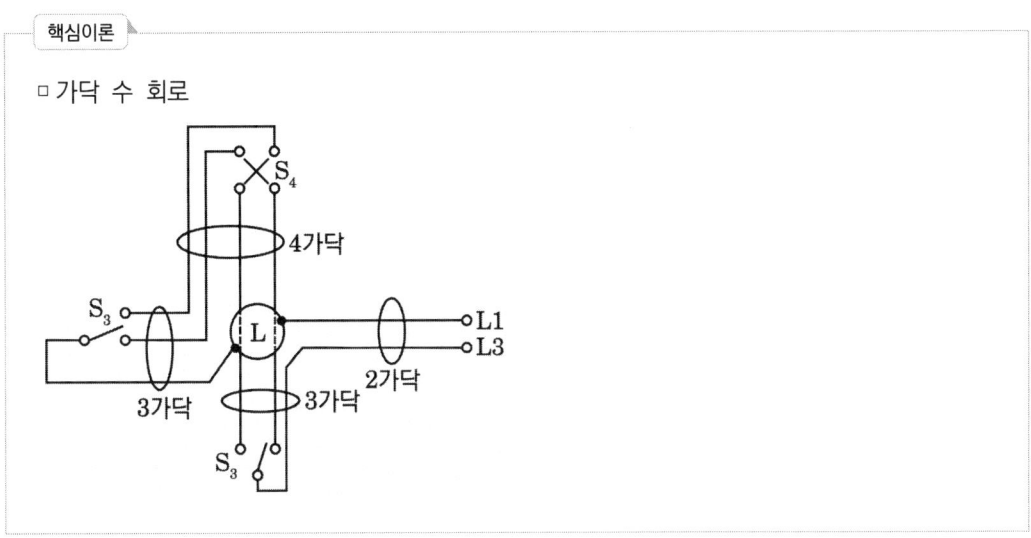

18

그림과 같은 PLC 시퀀스의 프로그램을 표의 차례 1 ~ 9에 알맞은 명령어를 각각 쓰시오. 여기서 시작(회로) 입력 STR, 출력 OUT, 직렬 AND, 병렬 OR, 부정 NOT, 그룹 직렬 AND STR, 그룹 병렬 OR STR의 명령을 사용한다.

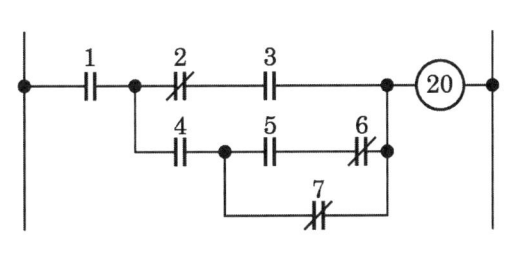

차례	명령	번지	차례	명령	번지
0	STR	1	6		7
1		2	7		-
2		3	8		-
3		4	9		-
4		5	10	OUT	20
5		6			

정답

차례	명령	번지	차례	명령	번지
0	STR	1	6	OR NOT	7
1	STR NOT	2	7	AND STR	-
2	AND	3	8	OR STR	-
3	STR	4	9	AND STR	-
4	STR	5	10	OUT	20
5	AND NOT	6			

모아 전기기사 실기 과년도 15개년

발행일   2024년 12월 2일 초판 1쇄

지은이   천은지

발행인   황모아

발행처   (주)모아교육그룹
주 소   서울특별시 영등포구 영신로 32길 29 세화빌딩 2층
전 화   02-2068-2393(출판, 주문)
등 록   제2015-000006호 (2015.1.16.)
이메일   moagbooks@naver.com
ISBN   979-11-6804-361-9 (13560)

이 책의 가격은 뒤표지에 있습니다.

Copyright ⓒ (주)모아교육그룹 Co., Ltd. All Rights Reserved.

이 책은 저작권법에 의해 보호를 받는 저작물이므로 저자와 출판사의 서면 허락 없이
내용의 전부 또는 일부를 이용하는 것을 금합니다.

전기기사 합격!
여러분의 합격은 모아의 보람입니다.

끊임없이 변화를
추구하는 교육기업
⋀ 모아교육그룹

모아를 선택해주신 여러분께 감사드립니다.

✔ 모아는 혁신적인 교육을 통해 인간의 사고(思考)를
  확장 및 변화시킬 수 있다고 믿고 있습니다.
✔ 모아는 미래를 교육으로 변화시킬 수 있다고 믿고 있습니다.
✔ 모아는 청년부터 장년, 중년, 노년까지의
  성인교육에 중점을 두고 사업을 진행하고 있습니다.

초고령화, 불확실성의 시대
모아는 당신의 미래를 함께 하는 혁신적인 교육 플랫폼이 되겠습니다.